工业和信息化部“十二五”规划教材
“十二五”国家重点图书出版规划项目

电磁场与电磁波

Electromagnetic Fields and Waves

● 陈立甲 李红梅 宗 华 李 伟 主编

哈爾濱工業大學出版社
HITP HARBIN INSTITUTE OF TECHNOLOGY PRESS

内 容 简 介

本书系统地阐述了电磁场与电磁波的有关基础理论。全书共分10章，主要内容有：矢量分析、静电场、恒定电场、恒定磁场、稳恒场的解法、时变电磁场、均匀平面电磁波、平面电磁波的反射与折射、导行电磁波和电磁波的辐射。书中包含了一定数量的插图、例题和习题，有助于学生对所学知识的运用和理解。

本书可作为高等院校电子与信息工程及信息技术类等专业的本科生教材或教学参考书，也可供其他相关专业的教师、学生和科技人员参考。

图书在版编目(CIP)数据

电磁场与电磁波/陈立甲等主编. —哈尔滨：哈尔滨工业大学出版社，2016.8(2019.3重印)
ISBN 978-7-5603-5892-5

Ⅰ.①电… Ⅱ.①陈… Ⅲ.①电磁场—高等学校—教材 ②电磁波—高等学校—教材 Ⅳ.①O441.4

中国版本图书馆CIP数据核字(2016)第051433号

责任编辑 李长波
封面设计 卞秉利
出版发行 哈尔滨工业大学出版社
社 址 哈尔滨市南岗区复华四道街10号 邮编 150006
传 真 0451-86414749
网 址 http://hitpress.hit.edu.cn
印 刷 黑龙江艺德印刷有限责任公司
开 本 787mm×1092mm 1/16 印张 21 字数 540千字
版 次 2016年8月第1版 2019年3月第2次印刷
书 号 ISBN 978-7-5603-5892-5
定 价 44.00元

前　　言

根据作者多年的教学实践以及从与本书相关的教材和参考文献中获得的信息，普遍认为“电磁场与电磁波”这门课对学生来说，不容易学；对教师来讲，也不容易教。可以列举出很多难教和难学的原因，比如经常听到学生讲它的物理概念抽象、所用的数学工具不好熟悉并熟练掌握等。从国内外数量繁多的相关教材，可以看出很多教学工作者关于电磁场这门课的教学方法和教学理念也不尽相同。

对于我国高校的大学生而言，在学习专业电磁场理论之前，已经不止一次地接触过电与磁的相关理论，比如高中和大学的物理课中都有相关内容，尤其是大学物理中，内容还很深入。但为什么这些知识好像对专业电磁场的学习没有太多帮助呢？思考之下，可能是之前学习的内容主要从一维空间出发，没有强调场的地位和作用；而专业电磁场理论则以场的概念作为基本思考角度，对场进行三维空间加时间描述，即从标量场扩展到矢量场，而且使用对学生来说全新的矢量微积分作为数学工具。因此几乎全部的内容，对学生来说都很具有挑战性。故而本书以由浅入深、循序渐进的方式介绍电磁场理论的各部分内容，使读者在学习过程中取得比较好的效果。

本书的内容安排具有以下特点：

(1)针对读者对于矢量微积分这个数学工具的生疏问题，专门在第 1 章做了重点介绍。分别从几何直观的角度和数学分析的角度对照进行内容梳理。从最基本的矢量加减法开始，逐渐过渡到矢量的微积分，再到场的散度、旋度以及其他重要定理及公式。对每一个定理，着重强调了其物理意义，这对电磁场内容的理解起到了关键作用。

(2)对电磁理论的概念和公式的介绍尽量做到由浅入深、循序渐进。例如在均匀平面波的章节中，考虑到读者不容易正确想象和体会均匀平面波的空间分布及随时间的变化规律等特性，从最简单的时域余弦波开始介绍，并与空域余弦波相对应，逐步深入到均匀平面波的内容中，便于读者的理解。

(3)对电磁理论，每部分的内容做到数学描述和文字描述并重。数学描述容易晦涩抽象，但比较精准；文字描述便于解说，但有所不及。因此如果读者能够将二者所表达的意思相互印证，会有助于加深和正确理解理论。

(4)在介绍理论过程中，对涉及的对电磁场理论的发展有重要贡献的科学家，进行了生平介绍。介绍中突出了其对电磁场理论做出贡献的事件或过程，使读者明白电磁场理论的发展是以实验为基础的。麦克斯韦方程组之所以完美，是经历了无数次的实验洗礼的。

(5)对涉及的重要的有难度的公式，需要时都在文中详细给出。比如第 1 章中的 $1/r$ 的梯度等，它是理解后面高斯散度定理推导的基础。对文中容易出现理解歧义的公式，比如矢量形式的波动方程，在需要时均给出了它的分量形式，使读者对矢量微分方程掌握得更加准确。

(6)对于复数形式的电磁场方程，尽量强调了其时域形式。因为在场与波的分析中，多数以时谐场为对象。若内容中仅充斥着复数形式的方程，读者容易忘记复数描述的方程与现实世界物理场的对应关系。

(7)每章都有本章小结,对重点内容进行点睛;学习完每章后,读者可根据小结回想章节内容,以及每一个公式的物理意义。章节中的重点内容后面,配以例题,增加读者对内容的感性认识。每章后面附有比较典型的习题,可以加深对内容的理解。

本书的第1,2章由宗华编写,第3,4,5章由李红梅编写,第6,7,8章由陈立甲编写,第9,10章由李伟编写。全书由陈立甲统稿。

在本书的编写过程中,哈尔滨工业大学电子与信息工程学院微波工程系的全体教师,特别是邱景辉教授、林澍副研究员对有关内容提供帮助,在此表示感谢。感谢杨莘元教授对本书内容提出的宝贵意见和建议。

本书可作为高等院校电子与信息工程及信息技术类等专业的本科生教材或教学参考书,也可供其他相关专业的教师、学生和科技人员参考。

由于作者水平有限,时间也较为仓促,书中疏漏及不足之处在所难免,敬请广大读者批评指正,非常感谢。

作　者

2015年12月

目　　录

第1章　矢量分析

电磁理论需要研究某些物理量(如电位、电场强度、磁场强度等)在空间中的分布和变化规律,因此引入了场的概念。广义而言,如果一个物理量在空间中的某一区域内的每一点都有一个确定值,则称在这个区域中构成该物理量的场。若该物理量为标量,这种场则称为标量场,如温度场、电位场等;若该物理量为矢量,这种场则称为矢量场,如速度场、电场等。若考虑到场量随时间变化的情况,则把不随时间变化的场称为静态场或稳恒场,否则称为动态场或时变场。

场一般用场函数来描述。原则上,场所分布的空间维数在数学上是没有限制的,然而经典电磁学只涉及分布于三维空间的标量场和矢量场,加之时间变量,一般的场函数为四个变量的函数。矢量分析是研究电磁场的时空分布和变化规律的基本数学工具之一,是研究电磁场的数学语言。采用矢量描述和分析电磁场不仅可以为复杂电磁现象提供紧凑的数学描述,而且便于直观想象和运算变换。因此,本章将从标量场和矢量场的基本概念和运算入手,引出描述标量场在空间变化规律的梯度,以及描述矢量场在空间变化规律的散度和旋度,并在此基础上介绍亥姆霍兹定理。

1.1　矢量及其运算

1.1.1　标量和矢量

在物理学中,被赋予物理单位的量称为物理量,电磁场理论中绝大多数的物理量都可以分为两类 —— 标量和矢量。

一个仅用大小就能完整描述的物理量称为标量。如电压 u、电荷量 Q、时间 t、质量 m 等。

一个既有大小又有方向特性的物理量称为矢量,常用黑体字母或带箭头的字母表示①,如作用力 $\boldsymbol{F}$、速度 $\boldsymbol{v}$、电场强度 $\boldsymbol{E}$、磁场强度 $\boldsymbol{H}$ 等。

1.1.2　矢量的表示方法

一个矢量 $\mathbf{A}$ 可用一条有方向的线段来表示。如图 1.1 所示,线段的长度表示矢量 $\mathbf{A}$ 的大小或模,$A=|\mathbf{A}|$,箭头指向表示矢量 $\mathbf{A}$ 的方向,这种描述方法称为矢量的几何表示。$\mathbf{A}$ 代表一个从 O 点指向 P 点的矢量。

注意　矢量的值与它在空间的位置无关,只要两矢量具有相同的模值和方向,二者即

---

① 本书中矢量用黑斜体字母表示

相等。故可将矢量在空间平移,从而为计算提供方便。

模值为零的矢量称为空矢或零矢。模值和方向都保持不变的矢量称为常矢量。模值为 1 的矢量称为单位矢量,单位矢量可以用于表示任一矢量的方向。本书中用 $\boldsymbol{a}_A$ 表示与矢量 $\boldsymbol{A}$ 同方向的单位矢量,显然

$$\boldsymbol{a}_A=\frac{\boldsymbol{A}}{A} \tag{1.1.1}$$

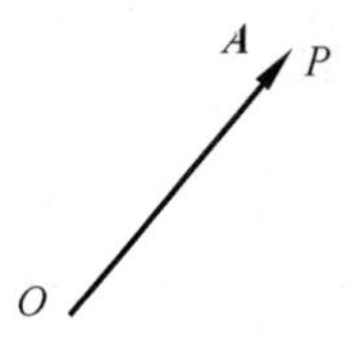

图 1.1　矢量的几何表示

于是,矢量 $\boldsymbol{A}$ 可以写成

$$\boldsymbol{A}=\boldsymbol{a}_A A=\boldsymbol{a}_A|\boldsymbol{A}| \tag{1.1.2}$$

此式也可称为矢量的代数表示或解析表示。

注意　单位矢量不一定是常矢量。

本书的讨论多数是以空间直角坐标系为前提条件,下面给出矢量在直角坐标系中的表示方法。在直角坐标系中,坐标轴是 x, y, z 轴,一个矢量 $\boldsymbol{A}$ 在直角坐标系中有三个互相垂直的分量,用 A_x,A_y,A_z 表示,如图 1.2 所示。A_x,A_y,A_z 是矢量 $\boldsymbol{A}$ 在三个坐标轴上的投影,于是矢量 $\boldsymbol{A}$ 可表示为

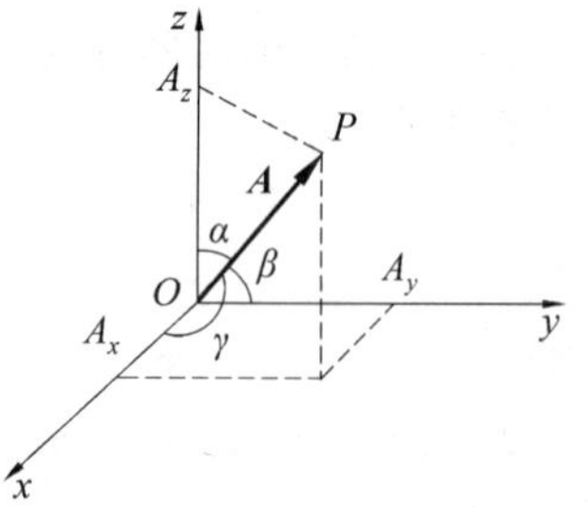

$$\boldsymbol{A}=\boldsymbol{a}_x A_x+\boldsymbol{a}_y A_y+\boldsymbol{a}_z A_z \tag{1.1.3}$$

其中,$\boldsymbol{a}_x$,$\boldsymbol{a}_y$,$\boldsymbol{a}_z$ 称为坐标单位矢量,它们的模均等于 1,方向分别是三个坐标轴的正方向。矢量 $\boldsymbol{A}$ 的长度或模值 $|\boldsymbol{A}|$ 可表示为

$$A=\sqrt{A_x^2+A_y^2+A_z^2} \tag{1.1.4}$$

图 1.2　矢量的直角坐标表示

从图 1.2 还可以看出,矢量 $\boldsymbol{A}$ 与坐标轴正向之间的夹角分别是 α,β,γ,因此把 $\cos\alpha$,$\cos\beta$,$\cos\gamma$ 称为矢量 $\boldsymbol{A}$ 的方向余弦。借助方向余弦的定义,式(1.1.3) 还可以表示成

$$\boldsymbol{A}=(\boldsymbol{a}_x\cos\alpha+\boldsymbol{a}_y\cos\beta+\boldsymbol{a}_z\cos\gamma)A=\boldsymbol{a}_A A \tag{1.1.5}$$

因此,利用方向余弦,单位方向矢量 $\boldsymbol{a}_A$ 还可表示为

$$\boldsymbol{a}_A=\boldsymbol{a}_x\cos\alpha+\boldsymbol{a}_y\cos\beta+\boldsymbol{a}_z\cos\gamma \tag{1.1.6}$$

前面所讨论的矢量均是以坐标原点 O 为起点,引向空间中任一点 $P(x,y,z)$ 的矢量 $\boldsymbol{r}$,称为点 P 的矢径。显然点 P 的矢径可表示为

$$\boldsymbol{r}=\boldsymbol{a}_x x+\boldsymbol{a}_y y+\boldsymbol{a}_z z \tag{1.1.7}$$

空间任一点 P 对应着一个矢径 $\boldsymbol{r}=\overrightarrow{OP}$,反之,每一矢径 $\boldsymbol{r}$ 确定空间中的一点 P,即矢径的终点,故 $\boldsymbol{r}$ 又称为位置矢量,简称位矢。因此,点 $P(x,y,z)$ 也可表示为 $P(\boldsymbol{r})$。

注意　位矢的概念在后面的运算中经常用到,且在各个坐标系的表述形式不同。

可见,矢量的表示及矢量之间的运算都是借助于单位矢量进行的,任何一个矢量都可以表示为该矢量的方向矢量与模值的乘积形式。

1.1.3　矢量的代数运算

1. 加法和减法

两矢量 $\boldsymbol{A}$ 和 $\boldsymbol{B}$ 相加,其和为另一矢量 $\boldsymbol{C}$,表示为 $\boldsymbol{C}=\boldsymbol{A}+\boldsymbol{B}$。矢量加法按平行四边形法则(或首尾相接法则) 得到:从同一点引出的矢量 $\boldsymbol{A}$ 和 $\boldsymbol{B}$,构成一个平行四边形,其对角线矢量即为矢量 $\boldsymbol{C}$,如图 1.3 所示。

矢量的加法服从交换律和结合律

交换律　　$\boldsymbol{A}+\boldsymbol{B}=\boldsymbol{B}+\boldsymbol{A}$　　(1.1.8)

结合律　　$\boldsymbol{A}+(\boldsymbol{B}+\boldsymbol{C})=(\boldsymbol{A}+\boldsymbol{B})+\boldsymbol{C}$　　(1.1.9)

如果 $\boldsymbol{B}$ 是一个矢量，则 $-\boldsymbol{B}$（负 $\boldsymbol{B}$）也是一个矢量，与 $\boldsymbol{B}$ 的大小相同、方向相反。用 $-\boldsymbol{B}$ 表示，可定义矢量减法为

$$\boldsymbol{A}-\boldsymbol{B}=\boldsymbol{A}+(-\boldsymbol{B}) \tag{1.1.10}$$

图 1.4 表示 $\boldsymbol{A}$ 减去 $\boldsymbol{B}$，相当于从 $\boldsymbol{B}$ 的末端指向 $\boldsymbol{A}$ 的末端的矢量，即减量末端指向被减量末端。

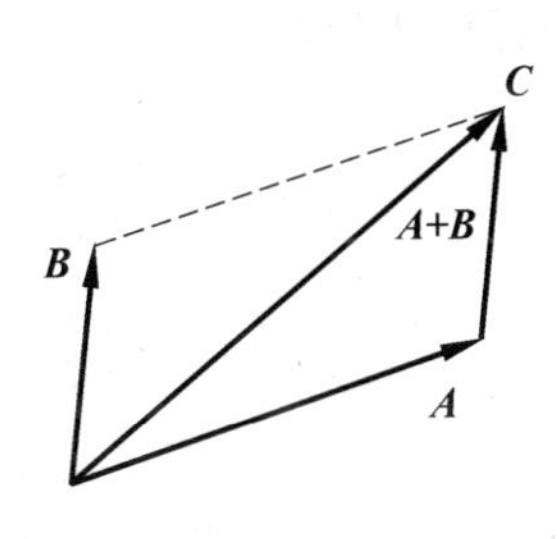

图 1.3　矢量的加法

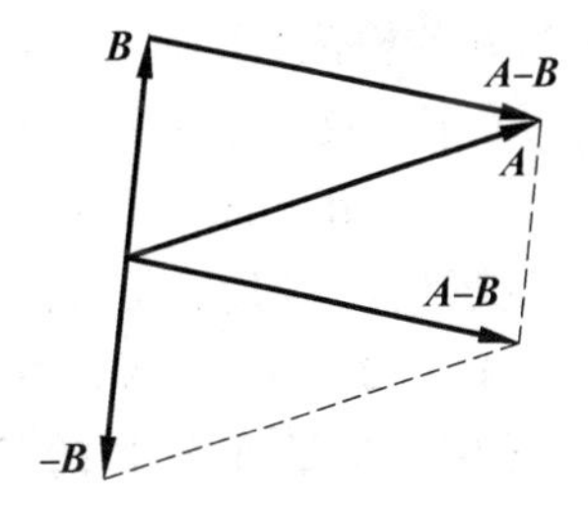

图 1.4　矢量的减法

在直角坐标系中两矢量 $\boldsymbol{A}$ 和 $\boldsymbol{B}$ 的加法和减法是

$$\boldsymbol{A}\pm\boldsymbol{B}=\boldsymbol{a}_x(A_x\pm B_x)+\boldsymbol{a}_y(A_y\pm B_y)+\boldsymbol{a}_z(A_z\pm B_z) \tag{1.1.11}$$

2. 标量乘以矢量

一个标量 k 与一个矢量 $\boldsymbol{A}$ 的乘积 $k\boldsymbol{A}$ 仍为矢量，若用矢量 $\boldsymbol{B}$ 表示，则

$$\boldsymbol{B}=k\boldsymbol{A} \tag{1.1.12}$$

显然，$\boldsymbol{B}$ 的大小是 $\boldsymbol{A}$ 的 $|k|$ 倍。而且，若 $k>0$，则 $\boldsymbol{B}$ 与 $\boldsymbol{A}$ 同向；若 $k<0$，则 $\boldsymbol{B}$ 与 $\boldsymbol{A}$ 反向。若 $|k|>1$，$\boldsymbol{B}$ 比 $\boldsymbol{A}$ 长；若 $|k|<1$，$\boldsymbol{B}$ 比 $\boldsymbol{A}$ 短。即 $\boldsymbol{B}$ 平行于 $\boldsymbol{A}$，方向相同或相反，故经常称 $\boldsymbol{B}$ 为 $\boldsymbol{A}$ 的相依矢量。

3. 点积或标量积

两个矢量的点积写作 $\boldsymbol{A}\cdot\boldsymbol{B}$，读作"$\boldsymbol{A}$ 点乘 $\boldsymbol{B}$"，它定义为两矢量大小与它们之间较小夹角的余弦之积，如图 1.5 所示，即

$$\boldsymbol{A}\cdot\boldsymbol{B}=AB\cos\theta \tag{1.1.13}$$

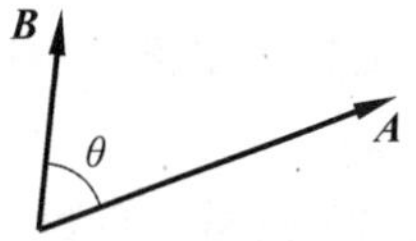

图 1.5　矢量的点积

从上式可看出，矢量 $\boldsymbol{A}$ 和 $\boldsymbol{B}$ 的点积是一个标量，因此点积也称为标量积。当两矢量平行时点积最大；若两非零矢量的点积为零，则两矢量互相垂直或正交。

矢量的点积服从交换律和分配率

交换律　　$\boldsymbol{A}\cdot\boldsymbol{B}=\boldsymbol{B}\cdot\boldsymbol{A}$　　(1.1.14)

分配律　　$\boldsymbol{A}\cdot(\boldsymbol{B}+\boldsymbol{C})=\boldsymbol{A}\cdot\boldsymbol{B}+\boldsymbol{A}\cdot\boldsymbol{C}$　　(1.1.15)

式(1.1.13)中的量 $B\cos\theta$ 称为 $\boldsymbol{B}$ 沿 $\boldsymbol{A}$ 的分量，也常称为 $\boldsymbol{B}$ 在 $\boldsymbol{A}$ 上的标投影；若引入沿 $\boldsymbol{A}$ 的单位矢量，可以定义 $\boldsymbol{a}_A B\cos\theta$ 为 $\boldsymbol{B}$ 在 $\boldsymbol{A}$ 上的矢投影。

在直角坐标系中两矢量 $\boldsymbol{A}$ 和 $\boldsymbol{B}$ 的点积是

$$\boldsymbol{A}\cdot\boldsymbol{B}=AB\cos\theta=A_xB_x+A_yB_y+A_zB_z \tag{1.1.16}$$

4. 叉积或矢量积

两个矢量的叉积写作 $\boldsymbol{A}\times\boldsymbol{B}$,读作"$\boldsymbol{A}$ 叉乘 $\boldsymbol{B}$",它是一个矢量,其方向垂直于包含 $\boldsymbol{A}$ 和 $\boldsymbol{B}$ 的平面,模值定义为两矢量大小与它们之间较小夹角的正弦之积,如图 1.6 所示,即

$$\boldsymbol{A}\times\boldsymbol{B}=\boldsymbol{a}_nAB\sin\theta \tag{1.1.17}$$

式中,$\boldsymbol{a}_n$ 是垂直于 $\boldsymbol{A}$ 和 $\boldsymbol{B}$ 所形成的平面的单位矢量,方向为右手四指从 $\boldsymbol{A}$ 到 $\boldsymbol{B}$ 旋转 θ 时大拇指所指的方向(右手关系)。由于叉积得出的是矢量,因此又称矢量积。

如图 1.6 所示,因为 $B\sin\theta$ 等于矢量 $\boldsymbol{A}$ 和 $\boldsymbol{B}$ 所组成的平行四边形的高,可见 $\boldsymbol{A}\times\boldsymbol{B}$ 的模值 $|AB\sin\theta|$ 在数值上等于平行四边形的面积。根据式(1.1.17)及右手关系容易得出

$$\boldsymbol{B}\times\boldsymbol{A}=-\boldsymbol{A}\times\boldsymbol{B} \tag{1.1.18}$$

因此,叉积不服从交换律,但其满足分配律

$$\boldsymbol{A}\times(\boldsymbol{B}+\boldsymbol{C})=\boldsymbol{A}\times\boldsymbol{B}+\boldsymbol{A}\times\boldsymbol{C} \tag{1.1.19}$$

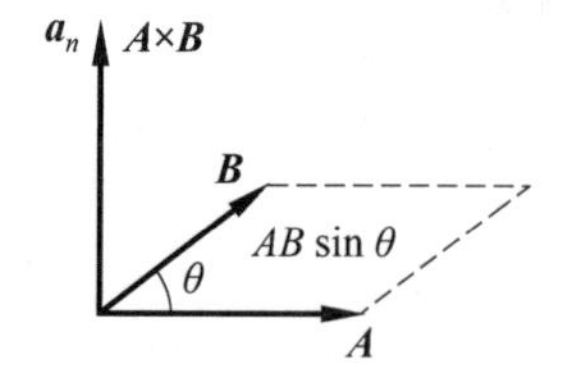

图 1.6 矢量的叉积

在直角坐标系中两矢量 $\boldsymbol{A}$ 和 $\boldsymbol{B}$ 的叉积是

$$\boldsymbol{A}\times\boldsymbol{B}=\boldsymbol{a}_x(A_yB_z-A_zB_y)+\boldsymbol{a}_y(A_zB_x-A_xB_z)+\boldsymbol{a}_z(A_xB_y-A_yB_x)$$
$$=\begin{vmatrix}\boldsymbol{a}_x & \boldsymbol{a}_y & \boldsymbol{a}_z\\ A_x & A_y & A_z\\ B_x & B_y & B_z\end{vmatrix} \tag{1.1.20}$$

5. 三重积

(1) 标量三重积

矢量 $\boldsymbol{A}$,$\boldsymbol{B}$ 和 $\boldsymbol{C}$ 的标量三重积是一个标量,可按下式计算

$$\boldsymbol{C}\cdot(\boldsymbol{A}\times\boldsymbol{B})=ABC\sin\theta\cos\varphi \tag{1.1.21}$$

其中,θ 和 φ 分别代表矢量 $\boldsymbol{A}$ 与 $\boldsymbol{B}$ 和矢量 $\boldsymbol{C}$ 与 $\boldsymbol{A}\times\boldsymbol{B}$ 的夹角。显然,若三个矢量代表一个六面体的边,则标量三重积是它的体积。从式(1.1.21)可知,三个共面矢量的标量三重积为零。

变换矢量循环次序,标量三重积满足如下性质

$$\boldsymbol{A}\cdot(\boldsymbol{B}\times\boldsymbol{C})=\boldsymbol{B}\cdot(\boldsymbol{C}\times\boldsymbol{A})=\boldsymbol{C}\cdot(\boldsymbol{A}\times\boldsymbol{B}) \tag{1.1.22}$$

(2) 矢量三重积

矢量 $\boldsymbol{A}$,$\boldsymbol{B}$ 和 $\boldsymbol{C}$ 的矢量三重积是一个矢量,可写作 $\boldsymbol{A}\times(\boldsymbol{B}\times\boldsymbol{C})$,可以证明矢量三重积不满足结合律,但满足如下性质

$$\boldsymbol{A}\times(\boldsymbol{B}\times\boldsymbol{C})=(\boldsymbol{A}\cdot\boldsymbol{C})\boldsymbol{B}-(\boldsymbol{A}\cdot\boldsymbol{B})\boldsymbol{C} \tag{1.1.23}$$

1.1.4 矢量函数及微分运算

前面已经介绍过,模值和方向都不变的矢量为常矢;相对而言,模和方向或其中之一会改变的矢量称为变矢。表示物理量的矢量一般都是一个或几个(标量)变量的函数,称为矢量函数。

矢量函数一般是空间坐标 x,y,z 的函数,有时也是时间 t 的函数。研究矢量场时,必然涉及矢量函数随空间坐标和时间的变化率问题,即对上述变量求导数的问题。

设 $\boldsymbol{F}(u)$ 是单变量 u 的矢量函数，它对 u 的导数定义是

$$\frac{\mathrm{d}\boldsymbol{F}}{\mathrm{d}u}=\lim_{\Delta u\to 0}\frac{\Delta \boldsymbol{F}}{\Delta u}=\lim_{\Delta u\to 0}\frac{\boldsymbol{F}(u+\Delta u)-\boldsymbol{F}(u)}{\Delta u} \tag{1.1.24}$$

这里假定此极限存在，即极限是单值且有限的。

如图 1.7 所示，矢量的增量 $\Delta\boldsymbol{F}$ 一般与矢量 $\boldsymbol{F}$ 的方向不同。若 $\boldsymbol{F}$ 是常矢量，则 $\frac{\mathrm{d}\boldsymbol{F}}{\mathrm{d}u}$ 必为零。若 $\boldsymbol{F}$ 不是常矢量，其二阶导数以及更高阶导数可据式(1.1.24) 逐次求出。

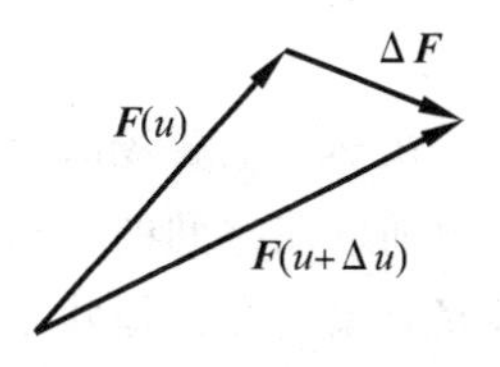

图 1.7　矢量函数的微分

若 f 和 $\boldsymbol{F}$ 分别是变量 u 的标量函数和矢量函数，则二者之积的导数为

$$\begin{aligned}\frac{\mathrm{d}(f\boldsymbol{F})}{\mathrm{d}u}&=\lim_{\Delta u\to 0}\frac{(f+\Delta f)(\boldsymbol{F}+\Delta\boldsymbol{F})-f\boldsymbol{F}}{\Delta u}\\&=f\lim_{\Delta u\to 0}\frac{\Delta\boldsymbol{F}}{\Delta u}+\boldsymbol{F}\lim_{\Delta u\to 0}\frac{\Delta f}{\Delta u}+\lim_{\Delta u\to 0}\frac{\Delta\boldsymbol{F}}{\Delta u}\Delta f\end{aligned} \tag{1.1.25}$$

当 $\Delta u\to 0$ 时，上式右端最后一项趋于零，故

$$\frac{\mathrm{d}(f\boldsymbol{F})}{\mathrm{d}u}=f\frac{\mathrm{d}\boldsymbol{F}}{\mathrm{d}u}+\boldsymbol{F}\frac{\mathrm{d}f}{\mathrm{d}u} \tag{1.1.26}$$

可见，一个标量函数与一个矢量函数之积的导数与两标量函数之积的导数运算方法相同。

若 $\boldsymbol{F}$ 是两个变量 u_1 和 u_2 的函数，则对 u_1 的偏导数的定义是

$$\frac{\partial\boldsymbol{F}}{\partial u_1}=\lim_{\Delta u\to 0}\frac{\boldsymbol{F}(u_1+\Delta u_1,u_2)-\boldsymbol{F}(u_1,u_2)}{\Delta u_1} \tag{1.1.27}$$

对更多元函数的偏导数可仿照式(1.1.27) 进行定义。由式(1.1.27) 还可以得出

$$\frac{\partial(f\boldsymbol{F})}{\partial u_1}=f\frac{\partial\boldsymbol{F}}{\partial u_1}+\boldsymbol{F}\frac{\partial f}{\partial u_1} \tag{1.1.28}$$

对式(1.1.28) 再取偏导数，可得到其二阶偏导数。显然，矢量函数的二阶和更高阶偏导数仍然是矢量函数。若矢量函数 $\boldsymbol{F}$ 至少有连续的二阶偏导数，则有

$$\frac{\partial^2\boldsymbol{F}}{\partial u_1\partial u_2}=\frac{\partial^2\boldsymbol{F}}{\partial u_2\partial u_1} \tag{1.1.29}$$

在直角坐标系中，坐标单位矢量 $\boldsymbol{a}_x,\boldsymbol{a}_y,\boldsymbol{a}_z$ 都是常矢量，其导数为零。这样，利用式(1.1.29) 可得

$$\begin{aligned}\frac{\partial\boldsymbol{F}}{\partial x}&=\frac{\partial}{\partial x}(\boldsymbol{a}_xF_x+\boldsymbol{a}_yF_y+\boldsymbol{a}_zF_z)\\&=\boldsymbol{a}_x\frac{\partial F_x}{\partial x}+F_x\frac{\partial\boldsymbol{a}_x}{\partial x}+\boldsymbol{a}_y\frac{\partial F_y}{\partial x}+F_y\frac{\partial\boldsymbol{a}_y}{\partial x}+\boldsymbol{a}_z\frac{\partial F_z}{\partial x}+F_z\frac{\partial\boldsymbol{a}_z}{\partial x}\\&=\boldsymbol{a}_x\frac{\partial F_x}{\partial x}+\boldsymbol{a}_y\frac{\partial F_y}{\partial x}+\boldsymbol{a}_z\frac{\partial F_z}{\partial x}\end{aligned} \tag{1.1.30}$$

由式(1.1.30) 可得结论，在直角坐标系中，矢量函数对某一坐标变量的偏导数(或导数) 仍是一个矢量，它的各个分量等于原矢量函数各分量对该坐标变量的偏导数(或导数)。简单而言，只需把坐标单位矢量提到微分号外即可。但这里需注意的是，在柱坐标和球坐标系中，坐标单位矢量并非常矢量，故不能将其提到微分运算符号外，而需按照函数乘积的求导法则运算。

对于矢量函数的积分，无论是不定积分还是定积分，除了需注意柱坐标和球坐标的坐标单位矢量同样不能提到积分运算符号外，均可按照一般函数积分的基本法则求解，这里不再赘述。

1.2　正交坐标系

在学习电磁场时，所讨论的物理量一般来说都是空间和时间的函数。为了描述这样一些物理量在空间的分布和变化规律，必须采用适当的坐标系来表示所有的空间点。根据被研究对象的几何形状不同需要采取不同的坐标系，在电磁场理论中，用得最多的坐标系为直角（笛卡尔）坐标系、圆柱坐标系（简称柱坐标系）和球坐标系。

在三维空间中，一个点可由三个经适当选择的曲面的交点确定。设这三族面可分别表示为 $u_1=$常数、$u_2=$常数和 $u_3=$常数，其中 u_i 既可以是长度也可以是角度。当这三个面互相垂直时，便可获得一个正交坐标系。直角坐标系、圆柱坐标系和球坐标系为众多正交曲线坐标系中最常用的三种。

为了矢量分析的需要，对于空间任一点 M，可沿三条坐标曲线的切线方向各取一个单位矢量，即前文提到的坐标单位矢量。设 $\boldsymbol{a}_{u_1}$，$\boldsymbol{a}_{u_2}$，$\boldsymbol{a}_{u_3}$ 为三个坐标方向的单位矢量，在一般的右手正交曲线坐标系中①，这些矢量满足如下关系

$$\boldsymbol{a}_{u_1}\times\boldsymbol{a}_{u_2}=\boldsymbol{a}_{u_3} \tag{1.2.1a}$$

$$\boldsymbol{a}_{u_2}\times\boldsymbol{a}_{u_3}=\boldsymbol{a}_{u_1} \tag{1.2.1b}$$

$$\boldsymbol{a}_{u_3}\times\boldsymbol{a}_{u_1}=\boldsymbol{a}_{u_2} \tag{1.2.1c}$$

上述关系表明三个坐标单位矢量相互垂直。而这三个方程并不完全是独立的，因为其中一个成立意味着另外两个必然成立，故有

$$\boldsymbol{a}_{u_1}\cdot\boldsymbol{a}_{u_2}=\boldsymbol{a}_{u_2}\cdot\boldsymbol{a}_{u_3}=\boldsymbol{a}_{u_3}\cdot\boldsymbol{a}_{u_1}=0 \tag{1.2.2a}$$

和

$$\boldsymbol{a}_{u_1}\cdot\boldsymbol{a}_{u_1}=\boldsymbol{a}_{u_2}\cdot\boldsymbol{a}_{u_2}=\boldsymbol{a}_{u_3}\cdot\boldsymbol{a}_{u_3}=1 \tag{1.2.2b}$$

任何一个矢量 $\boldsymbol{A}$ 可以写成它在三个正交方向的分量之和，即

$$\boldsymbol{A}=\boldsymbol{a}_{u_1}A_{u_1}+\boldsymbol{a}_{u_2}A_{u_2}+\boldsymbol{a}_{u_3}A_{u_3} \tag{1.2.3}$$

其中，三个分量 A_{u_1}，A_{u_2} 和 A_{u_3} 的大小可能随 $\boldsymbol{A}$ 空间位置的变化而变化，即它们可能是 u_1，u_2 和 u_3 的函数。据式(1.2.3)，$\boldsymbol{A}$ 的模为

$$A=|\boldsymbol{A}|=\sqrt{A_{u_1}^2+A_{u_2}^2+A_{u_3}^2} \tag{1.2.4}$$

在电磁场计算中，经常要计算线、面和体积分，因此需要在不同的坐标系下写出某一坐标的微分增量相对应的微分长度增量，进而得到线元、面积元和体积元的表达式。然而某些坐标可能并不是长度，这就需要一个变换因子来将微分增量 $\mathrm{d}u_i$ 变换成微分长度增量 $\mathrm{d}l_i$

$$\mathrm{d}l_i=h_i\mathrm{d}u_i \tag{1.2.5}$$

其中，h_i 称为度量系数，其本身可能是 u_1，u_2 和 u_3 的函数。一个沿任意方向的定向线元矢量，可以写成各个分量长度增量的矢量和

① 本书只采用右手正交坐标系：在右手坐标系中，第三个坐标 u_3 的方向被选为右手四指从坐标方向 u_1 向坐标方向 u_2 旋转 90° 时，拇指所指的方向

$$\mathrm{d}\boldsymbol{l}=\boldsymbol{a}_{u_1}\mathrm{d}l_1+\boldsymbol{a}_{u_2}\mathrm{d}l_2+\boldsymbol{a}_{u_3}\mathrm{d}l_3 \tag{1.2.6a}$$

或

$$\mathrm{d}\boldsymbol{l}=\boldsymbol{a}_{u_1}(h_1\mathrm{d}u_1)+\boldsymbol{a}_{u_2}(h_2\mathrm{d}u_2)+\boldsymbol{a}_{u_3}(h_3\mathrm{d}u_3) \tag{1.2.6b}$$

第 2 章会涉及描述流经一个微分面积的电流或流量，就必须用到垂直于电流流动方向的截面积，若将微分面积看作一矢量，其方向定义为该面积的某一法向，则会给计算带来很大方便，即

$$\mathrm{d}\boldsymbol{s}=\boldsymbol{a}_n\mathrm{d}s \tag{1.2.7}$$

一般地，在广义正交曲线坐标系中，垂直于单位矢量 $\boldsymbol{a}_{u_1}$ 的面积元矢量$\mathrm{d}\boldsymbol{s}_1$ 可表示为

$$\mathrm{d}\boldsymbol{s}_1=\boldsymbol{a}_{u_1}\mathrm{d}l_2\mathrm{d}l_3 \tag{1.2.8}$$

或

$$\mathrm{d}\boldsymbol{s}_1=\boldsymbol{a}_{u_1}(h_2h_3\mathrm{d}u_2\mathrm{d}u_3) \tag{1.2.9}$$

相似地，垂直于单位矢量 $\boldsymbol{a}_{u_2}$ 和 $\boldsymbol{a}_{u_3}$ 的面积元矢量分别为

$$\mathrm{d}\boldsymbol{s}_2=\boldsymbol{a}_{u_2}(h_1h_3\mathrm{d}u_1\mathrm{d}u_3) \tag{1.2.10}$$

和

$$\mathrm{d}\boldsymbol{s}_3=\boldsymbol{a}_{u_3}(h_1h_2\mathrm{d}u_1\mathrm{d}u_2) \tag{1.2.11}$$

由三个分别沿 $\boldsymbol{a}_{u_1}$，$\boldsymbol{a}_{u_2}$ 和 $\boldsymbol{a}_{u_3}$ 方向的微分坐标分量 $\mathrm{d}u_1$，$\mathrm{d}u_2$ 和 $\mathrm{d}u_3$ 所构成的体积元 $\mathrm{d}v$ 可表示为($\mathrm{d}l_1\mathrm{d}l_2\mathrm{d}l_3$)，或

$$\mathrm{d}v=h_1h_2h_3\mathrm{d}u_1\mathrm{d}u_2\mathrm{d}u_3 \tag{1.2.12}$$

1.2.1　直角坐标系

作三条互相垂直的轴线，使它们相交于原点 O，并标明它们为 x，y，z 轴，如图 1.8 所示。空间任一点对三个坐标轴的投影 x，y 和 z，可以用来确定通过该点的三个正交平面，即

$$\begin{cases}u_1=x\\u_2=y\\u_3=z\end{cases} \tag{1.2.13}$$

故直角坐标系的任一点 $M(x,y,z)$ 是由三个互相正交的坐标平面的交点确定的，坐标变量为 x，y，z，坐标单位矢量为 $\boldsymbol{a}_x$，$\boldsymbol{a}_y$，$\boldsymbol{a}_z$。

从坐标原点 O 到点 $M(x,y,z)$ 的位置矢量是

$$\boldsymbol{r}=\boldsymbol{a}_xx+\boldsymbol{a}_yy+\boldsymbol{a}_zz \tag{1.2.14}$$

由于 x，y 和 z 都是长度，因此度量系数均为 1，即 $h_1=h_2=h_3=1$，根据式(1.2.6) 和式(1.2.9) ~ (1.2.12)，直角坐标系下的线元矢量、面积元矢量和体积元(图 1.9) 分别为

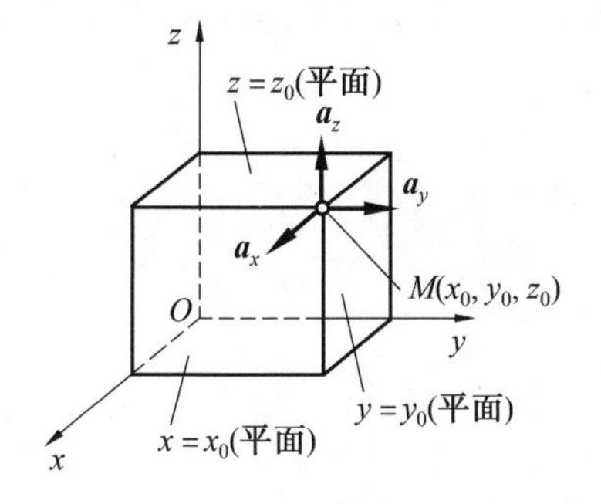

图 1.8　直角坐标系

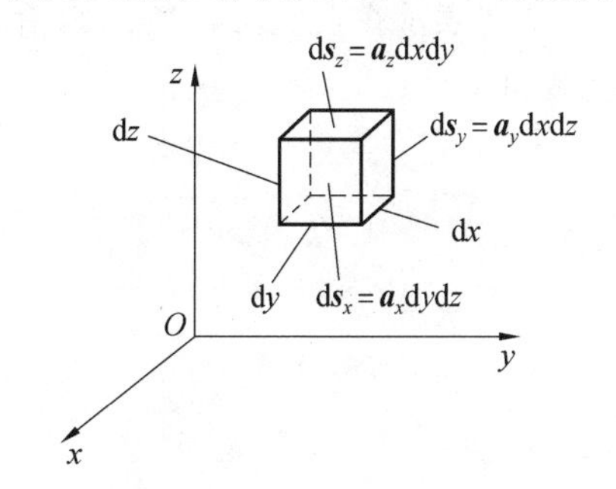

图 1.9　直角坐标系的长度元、面积元、体积元

$$d\boldsymbol{l} = \boldsymbol{a}_x dx + \boldsymbol{a}_y dy + \boldsymbol{a}_z dz \tag{1.2.15}$$

$$\begin{cases} d\boldsymbol{s}_x = \boldsymbol{a}_x dy dz \\ d\boldsymbol{s}_y = \boldsymbol{a}_y dx dz \\ d\boldsymbol{s}_z = \boldsymbol{a}_z dx dy \end{cases} \tag{1.2.16}$$

和

$$dv = dx dy dz \tag{1.2.17}$$

1.2.2 圆柱坐标系

坐标为 ρ，φ 和 z 的圆柱坐标系由以下三族曲面的交点建立

$$\begin{cases} u_1 = \rho = \sqrt{x^2 + y^2} \\ u_2 = \varphi = \arctan\left(\dfrac{y}{x}\right) \\ u_3 = z \end{cases} \tag{1.2.18}$$

这里规定平方根取正号，且 $0 \leqslant \varphi \leqslant 2\pi$。如图 1.10 所示，第一族曲面由以 z 轴为轴、半径 ρ 为常数的同轴圆柱面组成；第二族曲面由从 z 轴发出且与 z 轴平行的辐射状平面组成，该族的各个曲面由它们与 xOz 平面构成的夹角 φ 来确定；第三族曲面由与 z 轴垂直的平面组成，该族的各个曲面由它们至 xOy 平面的距离 z 确定。故圆柱坐标系中的任一点 $M(\rho,\varphi,z)$ 可用通过点 M 的三族曲面分别对应的三个坐标 ρ，φ 和 z 来确定，坐标单位矢量为 $\boldsymbol{a}_\rho$，$\boldsymbol{a}_\varphi$，$\boldsymbol{a}_z$。

从坐标原点 O 到点 $M(\rho,\varphi,z)$ 的位置矢量是

$$\boldsymbol{r} = \boldsymbol{a}_\rho \rho + \boldsymbol{a}_z z \tag{1.2.19}$$

三个坐标中的 ρ 和 z 都是长度，故 $h_1 = h_3 = 1$，而 φ 是角度，需要一个度量系数 $h_3 = \rho$ 才能将 $d\varphi$ 转换成长度量，于是根据式(1.2.6)，柱坐标中线元矢量普遍表达式为

$$d\boldsymbol{l} = \boldsymbol{a}_\rho d\rho + \boldsymbol{a}_\varphi \rho d\varphi + \boldsymbol{a}_z dz \tag{1.2.20}$$

面积元矢量和体积元分别为

$$\begin{cases} d\boldsymbol{s}_\rho = \boldsymbol{a}_\rho dl_\varphi dl_z = \boldsymbol{a}_\rho \rho d\varphi dz \\ d\boldsymbol{s}_\varphi = \boldsymbol{a}_\varphi dl_\rho dl_z = \boldsymbol{a}_\varphi d\rho dz \\ d\boldsymbol{s}_z = \boldsymbol{a}_z dl_\rho dl_\varphi = \boldsymbol{a}_z \rho d\rho d\varphi \end{cases} \tag{1.2.21}$$

和

$$dv = \rho d\rho d\varphi dz \tag{1.2.22}$$

图 1.11 表示在点(ρ,φ,z)处，由沿三个正交坐标方向的微分增量 $d\rho$，$d\varphi$ 和 dz 所构成的典型体积元。

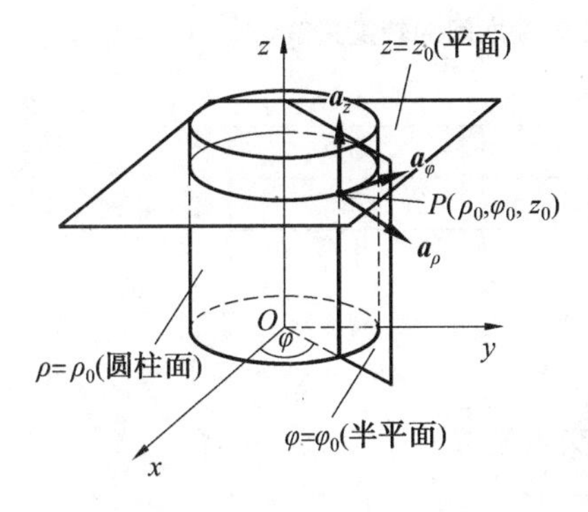

图 1.10　圆柱坐标系

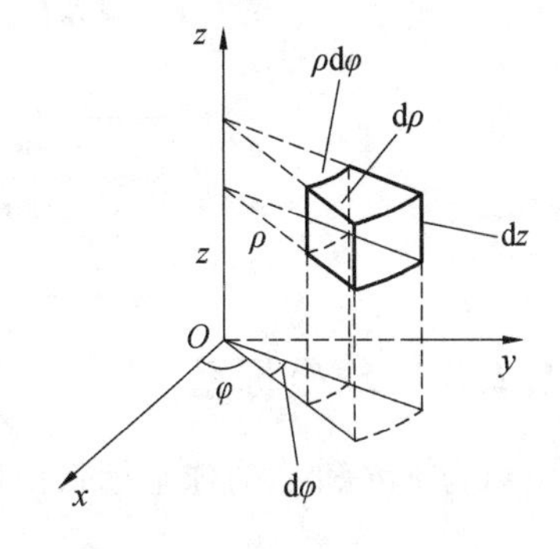

图 1.11　圆柱坐标系中的线元、面元和体积元

以柱坐标表示的矢量可以转换成以直角坐标系表示的矢量，反之亦然。若要将矢量 $\boldsymbol{A}=\boldsymbol{a}_\rho A_\rho+\boldsymbol{a}_\varphi A_\varphi+\boldsymbol{a}_z A_z$ 转换成直角坐标系形式，即写成 $\boldsymbol{A}=\boldsymbol{a}_x A_x+\boldsymbol{a}_y A_y+\boldsymbol{a}_z A_z$，则需确定 A_x，A_y 和 A_z。首先可注意到 $\boldsymbol{A}$ 沿 z 方向的分量 A_z 并不随之改变，故只需确定 A_x 和 A_y。为了确定 A_x，可令 $\boldsymbol{A}$ 的两种表达式与 $\boldsymbol{a}_x$ 的点积相等，即

$$A_x=\boldsymbol{A}\cdot\boldsymbol{a}_x=A_\rho\boldsymbol{a}_\rho\cdot\boldsymbol{a}_x+A_\varphi\boldsymbol{a}_\varphi\cdot\boldsymbol{a}_x \tag{1.2.23}$$

由于 $\boldsymbol{a}_x\cdot\boldsymbol{a}_z=0$，所以式中并不含有 $\boldsymbol{a}_z$ 项，图 1.12 描述了单位矢量 $\boldsymbol{a}_x$，$\boldsymbol{a}_y$，$\boldsymbol{a}_\rho$ 和 $\boldsymbol{a}_\varphi$ 的相对位置关系，可知

$$\boldsymbol{a}_\rho\cdot\boldsymbol{a}_x=\cos\varphi \tag{1.2.24a}$$

和

$$\boldsymbol{a}_\varphi\cdot\boldsymbol{a}_x=\cos\left(\frac{\pi}{2}+\varphi\right)=-\sin\varphi \tag{1.2.24b}$$

因此

$$A_x=A_\rho\cos\varphi-A_\varphi\sin\varphi \tag{1.2.25a}$$

同理可得

$$A_y=A_\rho\sin\varphi+A_\varphi\cos\varphi \tag{1.2.25b}$$

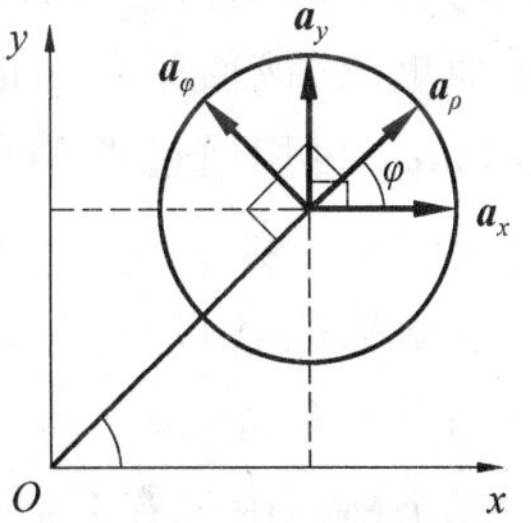

图 1.12　直角坐标系与柱坐标系之间单位矢量的关系

为了方便，可把矢量在直角坐标系和柱坐标系中的分量之间的关系写成矩阵形式

$$\begin{bmatrix}A_x\\A_y\\A_z\end{bmatrix}=\begin{bmatrix}\cos\varphi & -\sin\varphi & 0\\ \sin\varphi & \cos\varphi & 0\\ 0 & 0 & 1\end{bmatrix}\begin{bmatrix}A_\rho\\A_\varphi\\A_z\end{bmatrix} \tag{1.2.26a}$$

按照类似的方法，可以把矢量在柱坐标系和直角坐标系中的分量之间的关系也写成矩阵形式

$$\begin{bmatrix}A_\rho\\A_\varphi\\A_z\end{bmatrix}=\begin{bmatrix}\cos\varphi & \sin\varphi & 0\\ -\sin\varphi & \cos\varphi & 0\\ 0 & 0 & 1\end{bmatrix}\begin{bmatrix}A_x\\A_y\\A_z\end{bmatrix} \tag{1.2.26b}$$

显然，上式中的转换矩阵与式(1.2.26a)中的转换矩阵互为逆矩阵。

同理可得到直角坐标系与柱坐标系单位矢量之间的转换关系，见表 1.1，可见其转换关系与分量之间的转换关系是一致的。

表 1.1　直角坐标系与柱坐标系单位矢量之间的转换关系

	$\boldsymbol{a}_x$	$\boldsymbol{a}_y$	$\boldsymbol{a}_z$
$\boldsymbol{a}_\rho$	$\cos\varphi$	$\sin\varphi$	0
$\boldsymbol{a}_\varphi$	$-\sin\varphi$	$\cos\varphi$	0
$\boldsymbol{a}_z$	0	0	1

1.2.3　球坐标系

坐标为 r,θ 和 φ 的球坐标系由以下三族曲面的交点建立

$$\begin{cases} u_1 = r = \sqrt{x^2+y^2+z^2} \\ u_2 = \theta = \arccos\left(\dfrac{z}{r}\right) \\ u_3 = \varphi = \arctan\left(\dfrac{y}{x}\right) \end{cases} \tag{1.2.27}$$

这里规定平方根取正号，且 $0\leqslant\theta\leqslant\pi, 0\leqslant\varphi\leqslant 2\pi$。如图 1.13 所示，第一族曲面由球心在原点、半径为 r 的球面组成；第二族曲面由顶点在原点、轴线与 z 轴重合的圆锥面组成，该族的各个曲面由这些锥面的半顶角 θ 确定；第三族曲面由平行于 z 轴且与其相交的辐射状半平面组成，该族的各个曲面由它们与 xOz 平面的夹角 φ 确定。故球坐标系中的任一点 $M(r,\theta,\varphi)$ 可用通过点 M 的三族曲面分别对应的三个坐标 r,θ 和 φ 来确定，坐标单位矢量为 $\boldsymbol{a}_r,\boldsymbol{a}_\theta,\boldsymbol{a}_\varphi$。

从坐标原点 O 到点 $M(r,\theta,\varphi)$ 的位置矢量是

$$\boldsymbol{r} = \boldsymbol{a}_r r \tag{1.2.28}$$

三个坐标中仅有 r 是长度，故 $h_1=1$；而 θ 和 φ 都是角度，增量均为弧长，需要度量系数 $h_2=r$ 和 $h_3=r\sin\theta$ 才能将 $\mathrm{d}\theta$ 和 $\mathrm{d}\varphi$ 转换成长度量，于是根据式(1.2.6b)，球坐标中线元矢量表达式为

$$\mathrm{d}\boldsymbol{l} = \boldsymbol{a}_r\mathrm{d}r + \boldsymbol{a}_\theta r\mathrm{d}\theta + \boldsymbol{a}_\varphi r\sin\theta\mathrm{d}\varphi \tag{1.2.29}$$

面积元矢量和体积元分别为

$$\begin{cases} \mathrm{d}\boldsymbol{s}_r = \boldsymbol{a}_r\mathrm{d}l_\theta\mathrm{d}l_\varphi = \boldsymbol{a}_r r^2\sin\theta\mathrm{d}\theta\mathrm{d}\varphi \\ \mathrm{d}\boldsymbol{s}_\theta = \boldsymbol{a}_\theta\mathrm{d}l_r\mathrm{d}l_\varphi = \boldsymbol{a}_\theta r\sin\theta\mathrm{d}r\mathrm{d}\varphi \\ \mathrm{d}\boldsymbol{s}_\varphi = \boldsymbol{a}_\varphi\mathrm{d}l_r\mathrm{d}l_\theta = \boldsymbol{a}_\varphi r\mathrm{d}r\mathrm{d}\theta \end{cases} \tag{1.2.30}$$

和

$$\mathrm{d}v = r^2\sin\theta\mathrm{d}r\mathrm{d}\theta\mathrm{d}\varphi \tag{1.2.31}$$

图 1.14 表示在点(r,θ,φ)处，由沿三个正交坐标方向的微分增量 $\mathrm{d}r,\mathrm{d}\theta$ 和 $\mathrm{d}\varphi$ 所构成的典型体积元。

以球坐标表示的矢量也可以转换成以直角坐标系表示的矢量，反之亦然。矢量在直角坐标系和球坐标系中的分量之间的关系写成如下矩阵形式

$$\begin{bmatrix} A_x \\ A_y \\ A_z \end{bmatrix} = \begin{bmatrix} \sin\theta\cos\varphi & \cos\theta\cos\varphi & -\sin\varphi \\ \sin\theta\sin\varphi & \cos\theta\sin\varphi & \cos\varphi \\ \cos\varphi & -\sin\varphi & 0 \end{bmatrix} \begin{bmatrix} A_r \\ A_\theta \\ A_\varphi \end{bmatrix} \tag{1.2.32}$$

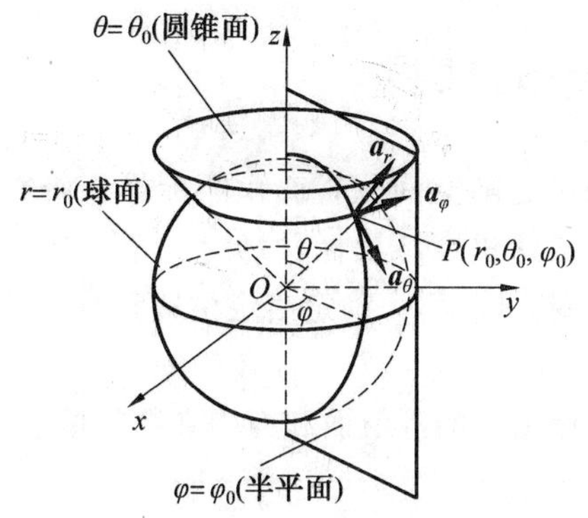

图 1.13　球坐标系

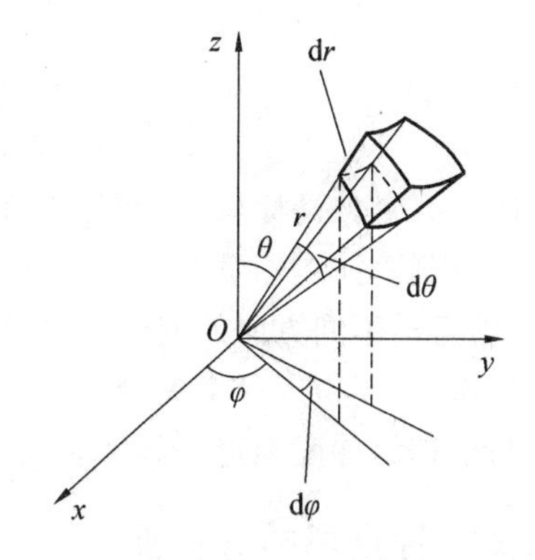

图 1.14　球坐标系中的线元、面元和体积元

以及

$$\begin{bmatrix} A_r \\ A_\theta \\ A_\varphi \end{bmatrix} = \begin{bmatrix} \sin\theta\cos\varphi & \sin\theta\sin\varphi & \cos\theta \\ \cos\theta\cos\varphi & \cos\theta\sin\varphi & -\sin\theta \\ -\sin\varphi & \cos\varphi & 0 \end{bmatrix} \begin{bmatrix} A_x \\ A_y \\ A_z \end{bmatrix} \tag{1.2.33}$$

将直角坐标系与球坐标系以及柱坐标系与球坐标系单位矢量之间的转换关系列于表 1.2 和表 1.3 中。

表 1.2　直角坐标系与球坐标系单位矢量之间的转换关系

	$\boldsymbol{a}_x$	$\boldsymbol{a}_y$	$\boldsymbol{a}_z$
$\boldsymbol{a}_r$	$\sin\theta\cos\varphi$	$\sin\theta\sin\varphi$	$\cos\theta$
$\boldsymbol{a}_\theta$	$\cos\theta\cos\varphi$	$\cos\theta\sin\varphi$	$-\sin\theta$
$\boldsymbol{a}_\varphi$	$-\sin\varphi$	$\cos\varphi$	0

表 1.3　柱坐标系与球坐标系单位矢量之间的转换关系

	$\boldsymbol{a}_\rho$	$\boldsymbol{a}_\varphi$	$\boldsymbol{a}_z$
$\boldsymbol{a}_r$	$\sin\theta$	0	$\cos\theta$
$\boldsymbol{a}_\theta$	$\cos\theta$	0	$-\sin\theta$
$\boldsymbol{a}_\varphi$	0	1	0

方便起见，将三个正交坐标系的基本矢量、度量系数及微分体积的表达式列于表 1.4 中。

表 1.4　三个正交坐标系基本元素

坐标系		直角坐标系(x,y,z)	圆柱坐标系(ρ,φ,z)	球坐标系(r,θ,φ)
基本矢量	$\boldsymbol{a}_{u_1}$	$\boldsymbol{a}_x$	$\boldsymbol{a}_\rho$	$\boldsymbol{a}_r$
	$\boldsymbol{a}_{u_2}$	$\boldsymbol{a}_y$	$\boldsymbol{a}_\varphi$	$\boldsymbol{a}_\theta$
	$\boldsymbol{a}_{u_3}$	$\boldsymbol{a}_z$	$\boldsymbol{a}_z$	$\boldsymbol{a}_\varphi$
度量系数	h_1	1	1	1
	h_2	1	ρ	r
	h_3	1	1	$r\sin\theta$
体积元	$\mathrm{d}v$	$\mathrm{d}x\mathrm{d}y\mathrm{d}z$	$\rho\mathrm{d}\rho\mathrm{d}\varphi\mathrm{d}z$	$r^2\sin\theta\mathrm{d}r\mathrm{d}\theta\mathrm{d}\varphi$

1.3 标量场的梯度

本节的研究对象是标量场，其各个时刻的场量是随空间位置变化的标量。研究目标是寻找在给定时刻下描述标量场的空间变化的方法，这里要涉及标量场对三个空间坐标变量的偏导数，而且沿不同方向的变化率可能有所不同。因此，为确定给定位置和时刻的标量场的空间变化率，需要引入一个矢量 —— 梯度。

为了易于理解梯度的定义和性质，首先引入标量场的等值面和方向导数的概念。

1.3.1 标量场的等值面

一个标量场可以用一个标量函数来表示。如在直角坐标系中，一个标量函数 u 可表示为

$$u=u(x,y,z) \tag{1.3.1}$$

或若用矢径确定点的位置就可写成 $u=u(\boldsymbol{r})$。以下的讨论均假定标量函数 $u(x,y,z)$ 是坐标变量的连续可微函数。

在研究标量函数时，常用等值面形象、直观地描述物理量在空间的分布情况。在标量场中，使标量函数 $u(x,y,z)$ 取得相同数值的点构成的空间曲面，称为标量场的等值面。例如，在温度场中，由温度相同的点构成等温面；电位场中，由电位相同的点构成等位面。

对于任意给定的常数 C，方程

$$u(x,y,z)=C \tag{1.3.2}$$

是等值面方程。

标量场的等值面具有以下特点：

(1) 常数 C 取一系列不同的值，将得到一系列不同的等值面，形成等值面族(图 1.15)。

(2) 标量场中的任一点都对应着一个通过该点的等值面，因此等值面族充满场所在的整个空间。

(3) 空间的每一点只对应一个场函数的确定值，即一个点只能在一个等值面上，因此标量场的等值面互不相交。

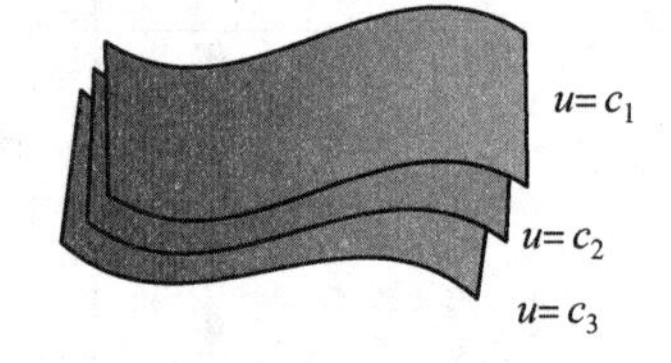

图 1.15 等值面族

若某一场量 u 是分布在二维空间的函数，这样的场称为平面标量场。此时，等值面退化为等值线，同样充满整个平面的等值线是互不相交的。

1.3.2 方向导数

标量场的等值面或等值线可以形象地描述物理量 u 在场中总的分布情况，但在研究标量场时，常常还需要了解这个标量函数在场中任一点的邻域内沿各个方向的变化规律，为此引入了标量场的方向导数。

1. 方向导数的概念

设 M_0 为标量场 $u(M)$ 中的一点，从点 M_0 出发向任意方向引一条射线 $\boldsymbol{l}$，并在该方向上靠近 M_0 取一动点 M，到点 M_0 的距离为 Δl。当 $\Delta l\to 0$ 时，比值 $\dfrac{u(M)-u(M_0)}{\Delta l}$ 的极限称为

标量场 $u(M)$ 在点 M_0 处沿方向 $\boldsymbol{l}$ 的方向导数，记作$\left.\frac{\partial u}{\partial l}\right|_{M_0}$，即

$$\left.\frac{\partial u}{\partial l}\right|_{M_0}=\lim_{\Delta l\to 0}\frac{u(M)-u(M_0)}{\Delta l}\tag{1.3.3}$$

由以上定义可知，方向导数$\frac{\partial u}{\partial l}$表示标量场$u(M)$在点$M_0$处沿方向$\boldsymbol{l}$的距离变化率。在直角坐标系中，$\frac{\partial u}{\partial x}$，$\frac{\partial u}{\partial y}$和$\frac{\partial u}{\partial z}$就是函数$u$沿三个坐标轴方向的方向导数。

方向导数具有以下性质：

(1) 若$\left.\frac{\partial u}{\partial l}\right|_{M_0}>0$，说明函数$u$在$M_0$点沿$\boldsymbol{l}$方向是增加的。

(2) 若$\left.\frac{\partial u}{\partial l}\right|_{M_0}<0$，说明函数$u$在$M_0$点沿$\boldsymbol{l}$方向是减小的。

(3) 若$\left.\frac{\partial u}{\partial l}\right|_{M_0}=0$，说明函数$u$在$M_0$点沿$\boldsymbol{l}$方向无变化。

注意　方向导数既与点M_0有关，也与方向有关。因此，在标量场中，在一个给定点M_0处沿不同方向$\boldsymbol{l}$的方向导数不同。

2. 方向导数的计算公式

方向导数的定义与坐标系无关，但方向导数的具体计算公式与坐标系有关。根据复合函数求导法则，在直角坐标系中

$$\frac{\partial u}{\partial l}=\frac{\partial u}{\partial x}\frac{\mathrm{d}x}{\mathrm{d}l}+\frac{\partial u}{\partial y}\frac{\mathrm{d}y}{\mathrm{d}l}+\frac{\partial u}{\partial z}\frac{\mathrm{d}z}{\mathrm{d}l}$$

设$\boldsymbol{l}$方向的方向余弦是$\cos\alpha$，$\cos\beta$和$\cos\gamma$，即

$$\frac{\mathrm{d}x}{\mathrm{d}l}=\cos\alpha,\quad \frac{\mathrm{d}y}{\mathrm{d}l}=\cos\beta,\quad \frac{\mathrm{d}z}{\mathrm{d}l}=\cos\gamma$$

则得到直角坐标系中方向导数的计算公式为

$$\frac{\partial u}{\partial l}=\frac{\partial u}{\partial x}\cos\alpha+\frac{\partial u}{\partial y}\cos\beta+\frac{\partial u}{\partial z}\cos\gamma\tag{1.3.4}$$

1.3.3　标量场的梯度

方向导数是标量函数$u(x,y,z)$在给定点M沿某个方向对距离的变化率。从给定点出发有无穷多个方向，一般说来沿不同方向上的变化率是不同的，在某个方向上变化率可能取最大值，实际情况中往往这个最大值才是最有价值的。那么，标量场在什么方向上变化率最大，其最大的变化率又是多少呢？为了解决这个问题，引入了梯度的概念。

1. 梯度的概念

标量场u在点M处的梯度是一个矢量，它的方向是场量u变化率最大的方向，大小等于其最大变化率，并记作 grad u，即

$$\mathrm{grad}\,u=\boldsymbol{a}_l\left.\frac{\partial u}{\partial l}\right|_{\max}\tag{1.3.5}$$

式中，$\boldsymbol{a}_l$是场量u变化率最大方向的单位矢量。

梯度描述了标量场在某点的最大变化率及其变化最大的方向。

2. 梯度的计算

梯度的定义与坐标系无关，但梯度的具体表达式与坐标系有关。在直角坐标系中，$\boldsymbol{l}$ 方向的单位矢量用方向余弦表示为

$$\boldsymbol{a}_l=\boldsymbol{a}_x\cos\alpha+\boldsymbol{a}_y\cos\beta+\boldsymbol{a}_z\cos\gamma \tag{1.3.6}$$

若把式(1.3.4)中的$\frac{\partial u}{\partial x}$，$\frac{\partial u}{\partial y}$和$\frac{\partial u}{\partial z}$看作一个矢量 $\boldsymbol{G}$ 沿三个坐标轴方向的分量，则

$$\boldsymbol{G}=\boldsymbol{a}_x\frac{\partial u}{\partial x}+\boldsymbol{a}_y\frac{\partial u}{\partial y}+\boldsymbol{a}_z\frac{\partial u}{\partial z}$$

这样 $\boldsymbol{G}$ 和 $\boldsymbol{a}_l$ 的标量积(点乘)恰好等于 u 在 $\boldsymbol{l}$ 方向上的方向导数，即

$$\frac{\partial u}{\partial l}=\boldsymbol{G}\cdot\boldsymbol{a}_l=|\boldsymbol{G}|\cos(\boldsymbol{G}\cdot\boldsymbol{a}_l) \tag{1.3.7}$$

由式(1.3.7)可知，当方向 $\boldsymbol{l}$ 与 $\boldsymbol{G}$ 矢量的方向一致，即 $\cos(\boldsymbol{G}\cdot\boldsymbol{a}_l)=1$ 时，方向导数取最大值，且等于矢量 $\boldsymbol{G}$ 的模 $|\boldsymbol{G}|$，即

$$\left.\frac{\partial u}{\partial l}\right|_{\max}=|\boldsymbol{G}| \tag{1.3.8}$$

根据梯度的定义，矢量 $\boldsymbol{G}$ 被称为 $u(x,y,z)$ 在给定点的梯度，记作

$$\text{grad}\ u=\boldsymbol{G} \tag{1.3.9}$$

在直角坐标系中梯度的表达式为

$$\text{grad}\ u=\boldsymbol{a}_x\frac{\partial u}{\partial x}+\boldsymbol{a}_y\frac{\partial u}{\partial y}+\boldsymbol{a}_z\frac{\partial u}{\partial z} \tag{1.3.10}$$

这里需指出，$\boldsymbol{G}=\boldsymbol{a}_x\frac{\partial u}{\partial x}+\boldsymbol{a}_y\frac{\partial u}{\partial y}+\boldsymbol{a}_z\frac{\partial u}{\partial z}$ 在固定点是与方向 $\boldsymbol{l}$ 无关的一个固定的矢量，即$\frac{\partial u}{\partial x}$，$\frac{\partial u}{\partial y}$和$\frac{\partial u}{\partial z}$都有一个确定的值，它只与函数 $u(x,y,z)$ 有关；而 $\boldsymbol{a}_l$ 则是在给定点引出的任一方向上的单位矢量，它与标量函数 $u(x,y,z)$ 无关。另外，式(1.3.7)还说明 u 在 $\boldsymbol{l}$ 方向上的方向导数等于 $\boldsymbol{G}$ 在 $\boldsymbol{l}$ 方向上的投影。

为了计算方便，引入一个算子符号

$$\nabla=\boldsymbol{a}_x\frac{\partial}{\partial x}+\boldsymbol{a}_y\frac{\partial}{\partial y}+\boldsymbol{a}_z\frac{\partial}{\partial z} \tag{1.3.11}$$

称为哈密顿算符(读作“del”或“Nabla”)。算符∇具有矢量和微分的双重性质，故又称为矢性微分算符。

算符∇作用于标量函数 u 为一矢量函数，故标量场 u 的梯度可用哈密顿算符表示为

$$\text{grad}\ u=\left(\boldsymbol{a}_x\frac{\partial}{\partial x}+\boldsymbol{a}_y\frac{\partial}{\partial y}+\boldsymbol{a}_z\frac{\partial}{\partial z}\right)u=\nabla u \tag{1.3.12}$$

该式表明，标量场 u 的梯度可认为是算符∇作用于标量函数的一种运算。

在圆柱坐标系和球坐标系中，梯度的表达式分别为

$$\nabla u=\boldsymbol{a}_\rho\frac{\partial u}{\partial\rho}+\boldsymbol{a}_\varphi\frac{1}{\rho}\frac{\partial u}{\partial\varphi}+\boldsymbol{a}_z\frac{\partial u}{\partial z} \tag{1.3.13}$$

$$\nabla u=\boldsymbol{a}_r\frac{\partial u}{\partial r}+\boldsymbol{a}_\theta\frac{1}{r}\frac{\partial u}{\partial\theta}+\boldsymbol{a}_\varphi\frac{1}{r\sin\theta}\frac{\partial u}{\partial\varphi} \tag{1.3.14}$$

3. 梯度的性质

(1) 一个标量函数 u 的梯度是一个矢量函数。在给定点，梯度的方向就是标量函数变化

率最大的方向，其模值表示标量函数 u 在该点最大变化率的数值。由于函数 u 沿梯度方向的方向导数$\left.\frac{\partial u}{\partial l}\right|_{\max}=|\text{grad } u|$恒大于零，说明梯度总是指向函数值增大的方向。

(2) 标量函数 u 沿任意方向 $\boldsymbol{l}$ 的方向导数，是函数 u 的梯度在该方向上的投影。

(3) 在任意一点 M，标量场 u 的梯度垂直于通过该点的等值面（或切平面）（图1.16）。

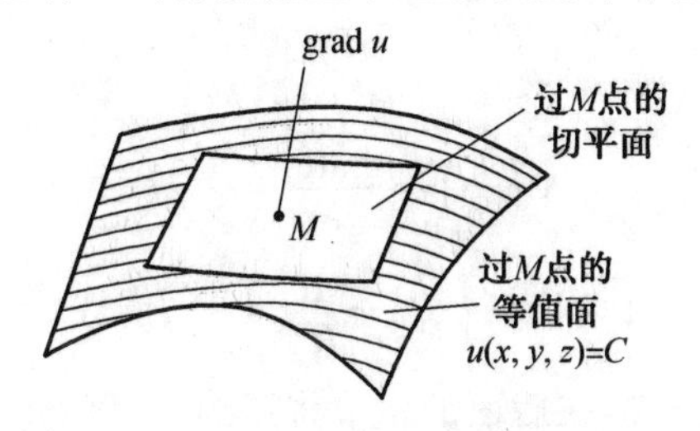

图 1.16　梯度方向垂直于等值面

4. 梯度运算的基本公式

$$\nabla C=0 \quad (C\text{ 为常数}) \tag{1.3.15}$$

$$\nabla(Cu)=C\,\nabla u \quad (C\text{ 为常数}) \tag{1.3.16}$$

$$\nabla(u\pm v)=\nabla u\pm\nabla v \tag{1.3.17}$$

$$\nabla(uv)=u\,\nabla v+v\,\nabla u \tag{1.3.18}$$

$$\nabla\left(\frac{u}{v}\right)=\frac{1}{v^2}(v\,\nabla u-u\,\nabla v) \tag{1.3.19}$$

$$\nabla f(u)=f'(u)\,\nabla u \tag{1.3.20}$$

这些公式与一般函数求导的法则类似，这里仅以式(1.3.20)为例，证明如下：

$$\begin{aligned}\nabla f(u)&=\left(\boldsymbol{a}_x\frac{\partial}{\partial x}+\boldsymbol{a}_y\frac{\partial}{\partial y}+\boldsymbol{a}_z\frac{\partial}{\partial z}\right)f(u)\\&=\boldsymbol{a}_x\frac{\partial f(u)}{\partial x}+\boldsymbol{a}_y\frac{\partial f(u)}{\partial y}+\boldsymbol{a}_z\frac{\partial f(u)}{\partial z}\\&=\boldsymbol{a}_x\left[\frac{\partial f(u)}{\partial u}\cdot\frac{\partial u}{\partial x}\right]+\boldsymbol{a}_y\left[\frac{\partial f(u)}{\partial u}\cdot\frac{\partial u}{\partial y}\right]+\boldsymbol{a}_z\left[\frac{\partial f(u)}{\partial u}\cdot\frac{\partial u}{\partial z}\right]\\&=\frac{\mathrm{d}f(u)}{\mathrm{d}u}\left[\boldsymbol{a}_x\frac{\partial u}{\partial x}+\boldsymbol{a}_y\frac{\partial u}{\partial y}+\boldsymbol{a}_z\frac{\partial u}{\partial z}\right]\end{aligned}$$

所以$\nabla f(u)=f'(u)\,\nabla u$。

例 1.1　$R=[(x-x')^2+(y-y')^2+(z-z')^2]^{\frac{1}{2}}$，试证明

$$\nabla\left(\frac{1}{R}\right)=-\nabla'\left(\frac{1}{R}\right)$$

其中，R 表示空间点(x,y,z)和点(x',y',z')之间的距离。符号∇'表示对x',y',z'微分，即

$$\nabla'=\boldsymbol{a}_x\frac{\partial}{\partial x'}+\boldsymbol{a}_y\frac{\partial}{\partial y'}+\boldsymbol{a}_z\frac{\partial}{\partial z'}$$

证明　$\nabla\left(\frac{1}{R}\right)=\nabla[(x-x')^2+(y-y')^2+(z-z')^2]^{-\frac{1}{2}}$

$$=\boldsymbol{a}_x\frac{\partial}{\partial x}[(x-x')^2+(y-y')^2+(z-z')^2]^{-\frac{1}{2}}+$$

$$
\begin{aligned}
&\boldsymbol{a}_y \frac{\partial}{\partial y}\left[(x-x')^2+(y-y')^2+(z-z')^2\right]^{-\frac{1}{2}}+\\
&\boldsymbol{a}_z \frac{\partial}{\partial z}\left[(x-x')^2+(y-y')^2+(z-z')^2\right]^{-\frac{1}{2}}\\
=&-\frac{\left[\boldsymbol{a}_x(x-x')+\boldsymbol{a}_y(y-y')+\boldsymbol{a}_z(z-z')\right]}{\left[(x-x')^2+(y-y')^2+(z-z')^2\right]^{\frac{3}{2}}}
\end{aligned}
$$

故

$$\nabla\left(\frac{1}{R}\right)=-\frac{\boldsymbol{R}}{R^3}=-\frac{\boldsymbol{a}_R}{R^2}$$

对于$\nabla'\left(\frac{1}{R}\right)$，仿照$\nabla\left(\frac{1}{R}\right)$可求得$\nabla'\left(\frac{1}{R}\right)=\frac{\boldsymbol{R}}{R^3}=\frac{\boldsymbol{a}_R}{R^2}$，所以$\nabla\left(\frac{1}{R}\right)=-\nabla'\left(\frac{1}{R}\right)$。

注意　此等式可作为公式，在后面的章节将用到，应该熟练掌握。

1.4　矢量场的散度

研究电磁场问题时，不仅需要了解标量场及其梯度，更需要掌握矢量场及其空间导数。矢量场本身比标量场更复杂，在空间中的任一点不仅要确定场量的大小还要规定场量的方向。这种附加的自由度导致矢量场存在两种完全不同且相互独立的空间导数：(1) 散度，它是沿着矢量场方向的导数；(2) 旋度，它是垂直于矢量场方向的导数。本节重点讨论散度的特性，下节将讨论旋度。

与介绍标量场及其梯度类似，为了易于理解散度的定义和性质，首先引入矢量线和通量的概念。

1.4.1　矢量场的矢量线

一个矢量场可以用一个矢量函数来表示。如在直角坐标系中，一个矢量函数 $\boldsymbol{F}$ 可表示为

$$\boldsymbol{F}=\boldsymbol{F}(x,y,z) \tag{1.4.1}$$

或用分量表示为

$$\boldsymbol{F}=\boldsymbol{a}_x F_x(x,y,z)+\boldsymbol{a}_y F_y(x,y,z)+\boldsymbol{a}_z F_z(x,y,z) \tag{1.4.2}$$

上式中 $F_x(x,y,z)$，$F_y(x,y,z)$ 和 $F_z(x,y,z)$ 分别是矢量 $\boldsymbol{F}(x,y,z)$ 在三个坐标轴上的投影。以下的讨论假定它们都是坐标变量的单值函数，且具有连续偏导数。

为了形象直观地描述矢量场的空间分布状态，引入矢量线的概念。矢量线是这样的族曲线，其上每一点的切线方向代表了该点矢量场的方向，如图 1.17 所示。例如，电场中的电场线和磁场中的磁场线等都描述了相应的矢量场的性质。

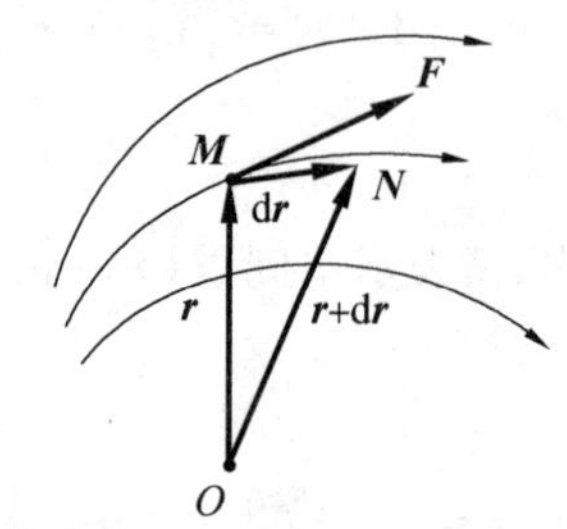

图 1.17　矢量场的矢量线

为了精确地绘出矢量线，必须求出矢量线方程。矢量线方程显然依赖于矢量的方程，设直角坐标系中的矢量场 $\boldsymbol{F}=\boldsymbol{a}_x F_x+\boldsymbol{a}_y F_y+\boldsymbol{a}_z F_z$，$M(x,y,z)$ 是场中矢量线上任意一点，其矢径为

$$\boldsymbol{r} = \boldsymbol{a}_x x + \boldsymbol{a}_y y + \boldsymbol{a}_z z$$

则其微分矢量为

$$\mathrm{d}\boldsymbol{r} = \boldsymbol{a}_x \mathrm{d}x + \boldsymbol{a}_y \mathrm{d}y + \boldsymbol{a}_z \mathrm{d}z$$

$\mathrm{d}\boldsymbol{r}$ 在点 M 处与矢量线相切。根据矢量线的定义，该微分矢量 $\mathrm{d}\boldsymbol{r}$ 在点 M 处应与矢量场 $\boldsymbol{F}$ 方向平行，即 $\mathrm{d}\boldsymbol{r} \mathbin{/\!/} \boldsymbol{F}$，于是得到

$$\frac{\mathrm{d}x}{F_x} = \frac{\mathrm{d}y}{F_y} = \frac{\mathrm{d}z}{F_z} \tag{1.4.3}$$

即为矢量线的微分方程组。求得其通解可得到矢量线方程，从而绘制出矢量线。

矢量场的矢量线具有以下特点：

(1) 矢量线上每一点的切线方向都代表该点的矢量场方向。

(2) 矢量场中的每一点均有唯一的一条矢量线通过。

(3) 矢量线充满了整个矢量场所在空间。

1.4.2　通量

在分析和描绘矢量场的性质时，矢量场穿过一个曲面的通量是一个重要的基本概念。利用矢量线的概念可以定义通量，即穿过曲面 S 的矢量线的总数。在给出通量的数学描述之前首先引入面元矢量的概念。

1. 面元矢量

设 S 为一空间曲面，$\mathrm{d}s$ 为曲面 S 上的面元，取一个与此面元相垂直的单位矢量 $\boldsymbol{n}$，则称矢量

$$\mathrm{d}\boldsymbol{s} = \boldsymbol{n}\mathrm{d}s \tag{1.4.4}$$

为面元矢量。

面元矢量方向 $\boldsymbol{n}$ 的取法有两种情况：(1) $\mathrm{d}s$ 为开曲面 S 上的一个面元，这个开曲面由一条闭合曲线 C 围成，选择闭合曲线 C 的绕行方向后，按右手螺旋法则规定 $\boldsymbol{n}$ 的方向（如图1.18 闭合曲线 C 若为逆时针方向，则 $\boldsymbol{n}$ 为如图所示方向）；(2) $\mathrm{d}s$ 为闭合曲面 S 上的一个面元，则取 $\boldsymbol{n}$ 的方向为闭合曲面的外法线方向。

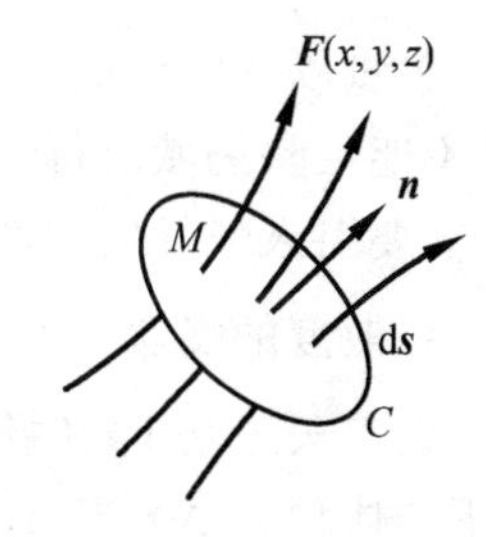

图 1.18　矢量场的通量

2. 通量

矢量场 $\boldsymbol{F}$ 在场中某个曲面 S 上的面积分，称为该矢量场通过此曲面的通量，记作

$$\psi = \int_S \boldsymbol{F} \cdot \mathrm{d}\boldsymbol{s} = \int_S \boldsymbol{F} \cdot \boldsymbol{n}\mathrm{d}s \tag{1.4.5}$$

在矢量场中的任意曲面 S 上的点 M 周围取一面积元 $\mathrm{d}s$，这一小面元有两个方向相反的单位法线矢量 $\pm\boldsymbol{n}$。设取如图 1.18 所示的单位法线矢量 $\boldsymbol{n}$，则 $\boldsymbol{F}$ 与 $\mathrm{d}\boldsymbol{s}$ 之间的夹角 $\theta < 90°$，可知 $\mathrm{d}\psi = \boldsymbol{F} \cdot \boldsymbol{n}\mathrm{d}s = \boldsymbol{F}\cos\theta\mathrm{d}s > 0$；反之，若取单位法线矢量 $-\boldsymbol{n}$，则可得 $\mathrm{d}\psi < 0$。因此，通量是一个代数量，其正负与面元矢量的法线方向有关。

例如，在电场中，电位移矢量 $\boldsymbol{D}$ 在某一曲面 S 上的面积分就是矢量 $\boldsymbol{D}$ 通过该曲面的电通量；在磁场中，磁感应强度 $\boldsymbol{B}$ 在某一曲面 S 上的面积分就是矢量 $\boldsymbol{B}$ 通过该曲面的磁通量。

如果 S 是一闭合曲面，则通过闭合曲面的总通量表示为

$$\psi = \oint_S \boldsymbol{F} \cdot \mathrm{d}\boldsymbol{s} = \oint_S \boldsymbol{F} \cdot \boldsymbol{n} \mathrm{d}s \tag{1.4.6}$$

对于空间任一闭合曲面 S，规定其上面积元 $\mathrm{d}s$ 的单位法线矢量 $\boldsymbol{n}$ 方向为由面内指向面外。若矢量场 $\boldsymbol{F}$ 的方向为由面内指向面外，即 $\boldsymbol{F}$ 与 $\mathrm{d}\boldsymbol{s}$ 之间的夹角 $\theta < 90°$，则穿过 M 点周围小面元 $\mathrm{d}\boldsymbol{s}$ 的通量为正值；反之为负值。

式(1.4.6) 中的 ψ 表示从 S 内穿出的正通量与从 S 外穿入的负通量的代数和，称为通过曲面 S 的净通量。当 $\psi > 0$ 时，穿出闭合面 S 的通量线多于穿入 S 的通量线，这时在 S 内必然有发出通量线的源，称为正源；当 $\psi < 0$ 时，S 内必然有吸收(中止) 通量线的源，称为负源。$\psi = 0$ 时，S 内或者根本没有源，或者 S 内的正源和负源完全相等并抵消，这种场称为无源场、无散场或管型场。和通量有关的源称为通量源。因此，闭合曲面的通量从宏观上建立了矢量场通过闭合曲面的通量与曲面内产生该矢量场的源的关系。例如，静电场中的正电荷发出电力线，在包围它的任意闭合曲面上的通量为正值；负电荷吸收电力线，在包围它的任意闭合面上的通量为负值。闭合面的电荷电量的代数和为零或没有电荷时，闭合面上的通量等于零。可见，静电场是具有通量源的矢量场，对于什么是产生静电场的通量源这一问题将在第 2 章讨论。

由矢量函数的可叠加性，可以得出结论：通量是可叠加的，即若有

$$\boldsymbol{F} = \boldsymbol{F}_1 + \boldsymbol{F}_2 + \cdots + \boldsymbol{F}_n = \sum_{i=1}^{n} \boldsymbol{F}_i$$

则通过面 S 的矢量场 $\boldsymbol{F}$ 的通量是

$$\psi = \oint_S \boldsymbol{F} \cdot \mathrm{d}\boldsymbol{s} = \oint_S \left(\sum_{i=1}^{n} \boldsymbol{F}_i\right) \cdot \mathrm{d}\boldsymbol{s} = \sum_{i=1}^{n} \oint_S \boldsymbol{F}_i \cdot \mathrm{d}\boldsymbol{s} \tag{1.4.7}$$

1.4.3 散度

矢量场在闭合面 S 上的通量是由 S 内的通量源决定的。但是，通量描绘的是一个积分量，不能反映场域内每一点上场与源之间的关系。为了研究矢量场在一个点附近的通量特性，需要引入矢量场的散度。

1. 散度的概念

设有矢量场 $\boldsymbol{F}$，在场中任意一点 M 的某个邻域内作一包含 M 点的任一闭合面 S，设 S 所包围的体积为 Δv，当 Δv 以任意方式趋于零(即缩至 M 点) 时，取下述极限

$$\lim_{\Delta v \to 0} \frac{\oint_S \boldsymbol{F} \cdot \mathrm{d}\boldsymbol{s}}{\Delta v} = \lim_{\Delta v \to 0} \frac{\oint_S \boldsymbol{F} \cdot \boldsymbol{n} \mathrm{d}s}{\Delta v} \tag{1.4.8}$$

这个极限称为矢量场 $\boldsymbol{F}$ 在 M 点的散度，记为 $\mathrm{div}\,\boldsymbol{F}$，即

$$\mathrm{div}\,\boldsymbol{F} = \lim_{\Delta v \to 0} \frac{\oint_S \boldsymbol{F} \cdot \boldsymbol{n} \mathrm{d}s}{\Delta v} \tag{1.4.9}$$

$\mathrm{div}\,\boldsymbol{F}$ 表示矢量场在 M 点处，通过包围该点的单位体积表面的通量，因此散度也可称为通量体密度。若 $\mathrm{div}\,\boldsymbol{F} > 0$，则该点具有发出矢量线的正通量源；若 $\mathrm{div}\,\boldsymbol{F} < 0$，则该点具有汇聚矢量线的负通量源；若 $\mathrm{div}\,\boldsymbol{F} = 0$，则该点无通量源，如图 1.19 所示。若某一区域内所有的点上的矢量场的散度都等于零，则称该区域内的矢量场为无源场。

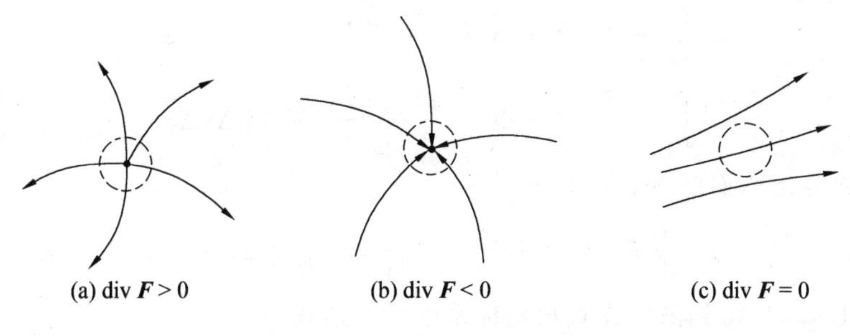

(a) div $\boldsymbol{F}>0$　　(b) div $\boldsymbol{F}<0$　　(c) div $\boldsymbol{F}=0$

图 1.19　散度的物理意义

2. 散度的计算

散度的定义与所选取的坐标系无关，但散度的具体表达式与坐标系有关。下面推导在直角坐标系中散度的表达式。

根据散度的定义，场中点 M 的 div $\boldsymbol{F}$ 与所取体积元 Δv 的形状无关，只要在取极限过程中，所有尺寸都趋于 0 即可。如图 1.20 所示，在直角坐标系中，以点 $M(x,y,z)$ 为顶点作一个无限小的直角六面体，各边的长度分别为 Δx，Δy 和 Δz，各面分别与三个坐标面平行，体积 $\Delta v=\Delta x\Delta y\Delta z$。

设在点 $M(x,y,z)$，矢量 $\boldsymbol{F}$ 的三个分量为 F_x，F_y，F_z，即

$$\boldsymbol{F}=\boldsymbol{a}_xF_x+\boldsymbol{a}_yF_y+\boldsymbol{a}_zF_z$$

矢量场 $\boldsymbol{F}$ 穿出该六面体的表面 S 的通量为

图 1.20　直角坐标系下计算散度

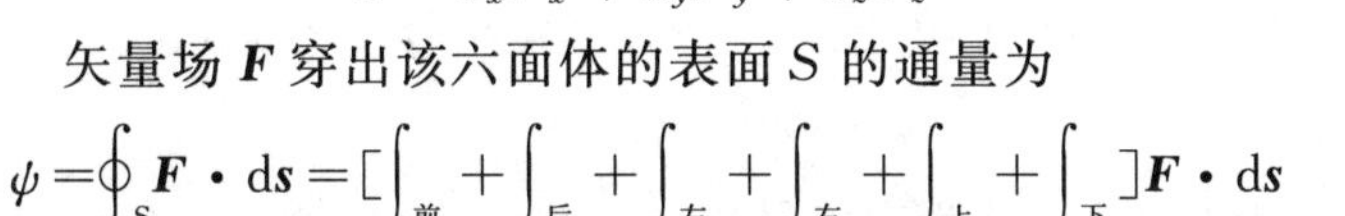

$$\psi=\oint_S\boldsymbol{F}\cdot\mathrm{d}\boldsymbol{s}=\left[\int_{前}+\int_{后}+\int_{左}+\int_{右}+\int_{上}+\int_{下}\right]\boldsymbol{F}\cdot\mathrm{d}\boldsymbol{s}$$

在计算前、后两个面上的面积分时，F_y 和 F_z 对积分没有贡献，且由于六个面均很小，所以

$$\int_{前}\boldsymbol{F}\cdot\mathrm{d}\boldsymbol{s}\approx F_x(x+\Delta x,y,z)\Delta y\Delta z$$

$$\int_{后}\boldsymbol{F}\cdot\mathrm{d}\boldsymbol{s}\approx -F_x(x,y,z)\Delta y\Delta z$$

根据泰勒公式

$$\begin{aligned}F_x(x+\Delta x,y,z)&\approx F_x(x,y,z)+\frac{\partial F_x(x,y,z)}{\partial x}\Delta x+\\&\qquad\frac{1}{2}\frac{\partial^2F_x(x,y,z)}{\partial x^2}(\Delta x)^2+\cdots\\&\approx F_x(x,y,z)+\frac{\partial F_x(x,y,z)}{\partial x}\Delta x\end{aligned}$$

所以

$$\int_{前}\boldsymbol{F}\cdot\mathrm{d}\boldsymbol{s}\approx F_x(x,y,z)\Delta y\Delta z+\frac{\partial F_x(x,y,z)}{\partial x}\Delta x\Delta y\Delta z$$

于是

$$\left[\int_{前}+\int_{后}\right]\boldsymbol{F}\cdot\mathrm{d}\boldsymbol{s}\approx\frac{\partial F_x(x,y,z)}{\partial x}\Delta x\Delta y\Delta z$$

同理可得

$$\left[\int_{左}+\int_{右}\right]\boldsymbol{F}\cdot \mathrm{d}\boldsymbol{s}\approx \frac{\partial F_y(x,y,z)}{\partial y}\Delta x\Delta y\Delta z$$

$$\left[\int_{上}+\int_{下}\right]\boldsymbol{F}\cdot \mathrm{d}\boldsymbol{s}\approx \frac{\partial F_z(x,y,z)}{\partial z}\Delta x\Delta y\Delta z$$

因此，矢量场 $\boldsymbol{F}$ 穿出六面体的表面 S 的通量为

$$\psi=\oint_S \boldsymbol{F}\cdot \mathrm{d}\boldsymbol{s}=\left(\frac{\partial F_x}{\partial x}+\frac{\partial F_y}{\partial y}+\frac{\partial F_z}{\partial z}\right)\Delta x\Delta y\Delta z$$

根据式 (1.4.9)，得到散度在直角坐标系中的表达式

$$\mathrm{div}\ \boldsymbol{F}=\lim_{\Delta v\to 0}\frac{\oint_S \boldsymbol{F}\cdot \mathrm{d}\boldsymbol{s}}{\Delta v}=\frac{\partial F_x}{\partial x}+\frac{\partial F_y}{\partial y}+\frac{\partial F_z}{\partial z} \tag{1.4.10}$$

利用哈密顿算符∇，可将 div $\boldsymbol{F}$ 表示为

$$\mathrm{div}\ \boldsymbol{F}=\left(\boldsymbol{a}_x\frac{\partial}{\partial x}+\boldsymbol{a}_y\frac{\partial}{\partial y}+\boldsymbol{a}_z\frac{\partial_z}{\partial z}\right)\cdot(\boldsymbol{a}_xF_x+\boldsymbol{a}_yF_y+\boldsymbol{a}_zF_z)=\nabla\cdot \boldsymbol{F}$$

可见，一个矢量函数的散度是一个标量函数。在场中任一点，矢量场 $\boldsymbol{F}$ 的散度等于 $\boldsymbol{F}$ 在各坐标轴上的分量对各自坐标变量的偏导数之和。

类似地，可推出圆柱坐标系和球坐标系中的散度计算公式，分别为

$$\nabla\cdot \boldsymbol{F}=\frac{1}{\rho}\frac{\partial(\rho F_\rho)}{\partial \rho}+\frac{1}{\rho}\frac{\partial F_\varphi}{\partial \varphi}+\frac{\partial F_z}{\partial z} \tag{1.4.11}$$

$$\nabla\cdot \boldsymbol{F}=\frac{1}{r^2}\frac{\partial}{\partial r}(r^2F_r)+\frac{1}{r\sin\theta}\frac{\partial}{\partial\theta}(\sin\theta F_\theta)+\frac{1}{r\sin\theta}\frac{\partial F_\varphi}{\partial\varphi} \tag{1.4.12}$$

3. 散度的基本运算公式

$$\nabla\cdot \boldsymbol{C}=0\quad(\boldsymbol{C}\text{ 为常矢量}) \tag{1.4.13}$$

$$\nabla\cdot(\boldsymbol{C}f)=\boldsymbol{C}\cdot\nabla f\quad(\boldsymbol{C}\text{ 为常矢量}) \tag{1.4.14}$$

$$\nabla\cdot(k\boldsymbol{F})=k\,\nabla\cdot \boldsymbol{F}\quad(k\text{ 为常数}) \tag{1.4.15}$$

$$\nabla\cdot(f\boldsymbol{F})=f\,\nabla\cdot \boldsymbol{F}+\boldsymbol{F}\cdot\nabla f \tag{1.4.16}$$

$$\nabla\cdot(\boldsymbol{F}\pm \boldsymbol{G})=\nabla\cdot \boldsymbol{F}\pm\nabla\cdot \boldsymbol{G} \tag{1.4.17}$$

1.4.4 高斯散度定理

根据散度的定义，$\nabla\cdot \boldsymbol{F}$ 为空间某一点从包围该点的单位体积穿出 $\boldsymbol{F}$ 的净通量。所以从空间任一体积 V 内穿出 $\boldsymbol{F}$ 的通量应等于$\nabla\cdot \boldsymbol{F}$ 在体积 V 内的积分，即

$$\psi=\int_V \nabla\cdot \boldsymbol{F}\mathrm{d}v$$

这个通量也就是从限定体积 V 的闭合面 S 上穿出的净通量。因此

$$\oint_S \boldsymbol{F}\cdot \mathrm{d}\boldsymbol{s}=\int_V \nabla\cdot \boldsymbol{F}\mathrm{d}v$$

这就是高斯散度定理。其物理意义是：任意矢量场 $\boldsymbol{F}$ 的散度在场中任意一个体积内的体积分等于矢量场 $\boldsymbol{F}$ 在限定该体积的闭合面上的法向分量沿闭合面的积分。

现在证明高斯散度定理。

如图 1.21 所示，在矢量场 $\boldsymbol{F}$ 中，任取体积 V，限定这个体积的闭合表面是 S。可以把体积 V 分为 N 个小体积元，它们的体积分别是 $\Delta v_1,\Delta v_2,\cdots,\Delta v_N$，体积元的表面积是 Δs_1，

$\Delta s_2,\cdots,\Delta s_N$。对其中的任意一个小体积 Δv_i，根据散度的定义式（1.4.9）有

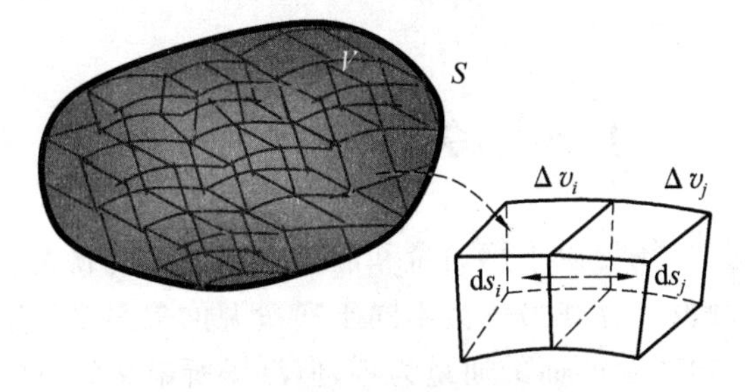

图 1.21　高斯散度定理的证明

$$\nabla\cdot\boldsymbol{F}=\lim_{\Delta v_i\to 0}\frac{\oint_{\Delta s_i}\boldsymbol{F}\cdot\boldsymbol{n}\mathrm{d}s}{\Delta v_i}$$

当 $\Delta v_i\to 0$ 时，下式成立

$$\Delta\psi_i=\oint_{\Delta s_i}\boldsymbol{F}\cdot\mathrm{d}\boldsymbol{s}=\oint_{\Delta s_i}(\boldsymbol{F}\cdot\boldsymbol{n})\mathrm{d}s=\lim_{\Delta v_i\to 0}(\nabla\cdot\boldsymbol{F})\Delta v_i$$

式中，$\Delta\psi_i$ 表示矢量场 $\boldsymbol{F}$ 在闭合表面 Δs_i 上的通量，也就是从体积元 Δv_i 内穿出的通量。

再考虑与 Δv_i 相邻的体积元 Δv_j，也有

$$\Delta\psi_j=\oint_{\Delta s_j}\boldsymbol{F}\cdot\mathrm{d}\boldsymbol{s}=\oint_{\Delta s_j}(\boldsymbol{F}\cdot\boldsymbol{n})\mathrm{d}s=\lim_{\Delta v_j\to 0}(\nabla\cdot\boldsymbol{F})\Delta v_j$$

由 Δv_i 和 Δv_j 组成的体积中穿出的通量应为

$$\lim_{\Delta v_i\to 0}(\nabla\cdot\boldsymbol{F})\Delta v_i+\lim_{\Delta v_j\to 0}(\nabla\cdot\boldsymbol{F})\Delta v_j=\oint_{\Delta s_i}(\boldsymbol{F}\cdot\boldsymbol{n})\mathrm{d}s+\oint_{\Delta s_j}(\boldsymbol{F}\cdot\boldsymbol{n})\mathrm{d}s$$

这里需要注意，在等式右边的两个闭合面积分中，Δs_i 和 Δs_j 有一个公共面。在这个面上，$\boldsymbol{n}_i=-\boldsymbol{n}_j$，但场量 $\boldsymbol{F}$ 相同，所以在计算总通量时，公共面上的面积分值相互抵消。结果等式右边的积分等于由 Δs_i 和 Δs_j 组成的体积的外表面的通量。依此类推，当体积 V 是由 N 个小体积元组成时，穿出体积 V 的总通量 ψ 应等于限定 V 的闭合面 S 上的通量，即

$$\psi=\sum_{i=1}^{N}\lim_{\Delta v_i\to 0}(\nabla\cdot\boldsymbol{F})\Delta v_i=\sum_{i=1}^{N}\oint_{\Delta s_i}(\boldsymbol{F}\cdot\boldsymbol{n})\mathrm{d}s=\oint_S\boldsymbol{F}\cdot\mathrm{d}\boldsymbol{s}$$

上式中，当 $\Delta v_i\to 0$ 时，$N\to\infty$，根据体积分的定义

$$\sum_{i=1}^{N}\lim_{\substack{\Delta v_i\to 0\\ N\to\infty}}(\nabla\cdot\boldsymbol{F})\Delta v_i=\int_V\nabla\cdot\boldsymbol{F}\mathrm{d}v$$

所以

$$\oint_S\boldsymbol{F}\cdot\mathrm{d}\boldsymbol{s}=\int_V\nabla\cdot\boldsymbol{F}\mathrm{d}v$$

这就证明了高斯散度定理。

高斯散度定理是闭合曲面积分与体积分之间的一个变换关系，在电磁场理论中有着广泛的应用。

1.5　矢量场的旋度

一个具有通量源的矢量场可以采用通量和散度来描述场与源之间的关系，然而不是所有的矢量场都由通量源激发。存在另一类不同于通量源的矢量源，它所激发的矢量场的矢量线是闭合的，它对于任何闭合曲面的通量为零，但沿场所定义的空间中闭合路径的积分不为零。对于这种矢量场，为了描述场与源之间的关系，就必须引入环量和旋度的概念。

1.5.1　环量

矢量场 $\boldsymbol{F}$ 沿场中某一有向闭合曲线（路径）C 的曲线积分

$$\Gamma=\oint_C \boldsymbol{F}\cdot \mathrm{d}\boldsymbol{l} \tag{1.5.1}$$

称为矢量场 $\boldsymbol{F}$ 沿闭合曲线的环量或环流。其中 $\boldsymbol{F}$ 是闭合积分路径上任一点的矢量，$\mathrm{d}\boldsymbol{l}$ 是该点路径的切线长度元矢量，它的方向取决于闭合曲线 C 的环绕方向，如图 1.22 所示。

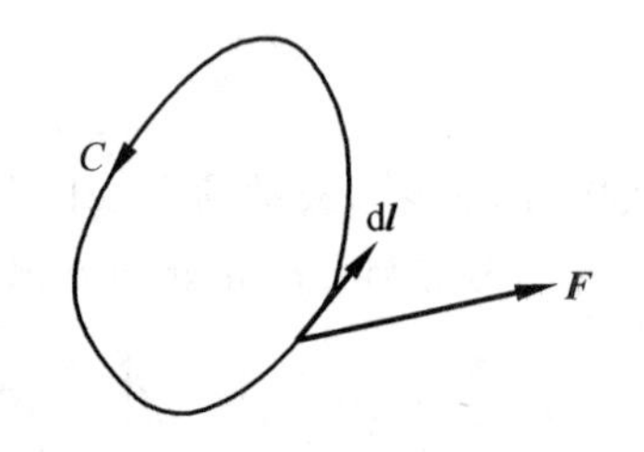

图 1.22　有向闭合路径

从矢量场的环量的定义可以看出，环量是一个代数量，它的大小和正负不仅与矢量场 $\boldsymbol{F}$ 的分布有关，而且与所取积分路径的环绕方向有关。

矢量场的环量与通量一样，都是描述矢量场性质的重要的量。例如，在电磁场理论中，根据安培环路定律可知，磁场强度 $\boldsymbol{H}$ 沿闭合路径 C 的环量等于通过以路径 C 为周界的曲面 S 的总电流。

如果矢量场的环量不为零，称该矢量场为有旋矢量场，能够激发有旋矢量场的源称为旋涡源。例如，电流是磁场强度矢量的旋涡源；如果矢量场沿任意闭合路径的环流恒为零，则在这个场中不可能存在旋涡源，称该矢量场为无旋场，又称为保守场。例如，静电场和重力场都是保守场。

1.5.2　环量面密度

矢量场的环量给出了矢量场与积分回路所围曲面内旋涡源的宏观联系。从矢量分析的要求来看，希望知道在每一点附近的环流状态，即某一点的环量大小，因此引入环量面密度的概念。在矢量场 $\boldsymbol{F}$ 中任意点 M 处，任取一个单位矢量 $\boldsymbol{n}$，再过点 M 作一个微小面积元 Δs，使其法向为 $\boldsymbol{n}$，周界 C 的环绕方向与 $\boldsymbol{n}$ 的方向构成右手关系，如图 1.23 所示。

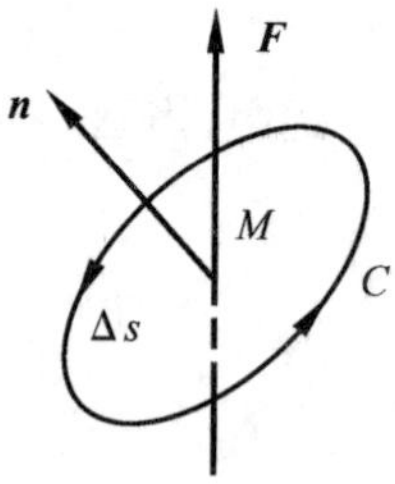

保持 $\boldsymbol{n}$ 方向不变，使以 C 为周界的面元 Δs 以任意方式趋近于零，则定义极限

$$\mathrm{rot}_n\boldsymbol{F}=\lim_{\Delta s\to 0}\frac{\oint_C \boldsymbol{F}\cdot \mathrm{d}\boldsymbol{l}}{\Delta s} \tag{1.5.2}$$

图 1.23　方向关系的确定

为矢量场在点 M 处沿方向 $\boldsymbol{n}$ 的环量面密度。

环量面密度是一个标量函数，它的数值与面元Δs 的周界 C 形状无关，但与所围面积的方向 $\boldsymbol{n}$ 有关。例如，在磁场中，如果某点附近的面元方向与电流方向重合，则磁场强度 $\boldsymbol{H}$ 的环量面密度有最大值；如果面元方向与电流方向垂直，则磁场强度 $\boldsymbol{H}$ 的环量面密度为 0。

为了清楚地说明这一点，推导直角坐标系下的$\mathrm{rot}_x\boldsymbol{F}$，$\mathrm{rot}_y\boldsymbol{F}$，$\mathrm{rot}_z\boldsymbol{F}$ 的表达式。

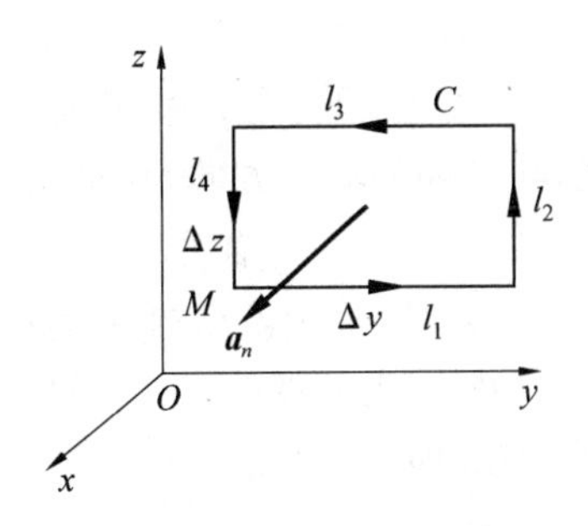

图 1.24　推导$\mathrm{rot}_x\boldsymbol{F}$ 的示意图

由于环量面密度与环路形状无关，因此如图 1.24 所示，在与 x 轴垂直的一个平面上取一个很小的逆时针方向的矩形环路 C，环路的长和宽分别为 Δy 和 Δz。显然，环路 C 所围成的面元方向 $\boldsymbol{n}=\boldsymbol{a}_x$。设矢量场

$$\boldsymbol{F}=\boldsymbol{a}_xF_x+\boldsymbol{a}_yF_y+\boldsymbol{a}_zF_z$$

则 $\boldsymbol{F}$ 沿这个闭合回路的线积分为

$$\begin{aligned}\oint_C\boldsymbol{F}\cdot\mathrm{d}\boldsymbol{l}&=\int_{l_1}\boldsymbol{F}\cdot\boldsymbol{a}_y\mathrm{d}y+\int_{l_2}\boldsymbol{F}\cdot\boldsymbol{a}_z\mathrm{d}z+\int_{l_3}\boldsymbol{F}\cdot(-\boldsymbol{a}_y\mathrm{d}y)+\int_{l_4}\boldsymbol{F}\cdot(-\boldsymbol{a}_z\mathrm{d}z)\\&\approx F_y\Delta y+\left(F_z+\frac{\partial F_z}{\partial y}\Delta y\right)\Delta z-\left(F_y+\frac{\partial F_y}{\partial z}\Delta z\right)\Delta y-F_z\Delta z\\&=\left(\frac{\partial F_z}{\partial y}-\frac{\partial F_y}{\partial z}\right)\Delta y\Delta z\end{aligned}$$

故得

$$\mathrm{rot}_x\boldsymbol{F}=\lim_{\Delta s\to 0}\frac{\oint_C\boldsymbol{F}\cdot\mathrm{d}\boldsymbol{l}}{\Delta s}=\frac{\partial F_z}{\partial y}-\frac{\partial F_y}{\partial z}\tag{1.5.3}$$

同理可得

$$\mathrm{rot}_y\boldsymbol{F}=\frac{\partial F_x}{\partial z}-\frac{\partial F_z}{\partial x}\tag{1.5.4}$$

$$\mathrm{rot}_z\boldsymbol{F}=\frac{\partial F_y}{\partial x}-\frac{\partial F_x}{\partial y}\tag{1.5.5}$$

1.5.3　旋度

矢量场的环量面密度给出了矢量场 $\boldsymbol{F}$ 在给定点 M 处沿某个方向的环量大小。一般说来，从给定点 M 出发沿不同方向上的环量面密度是不同的，其值与面元Δs 的方向 $\boldsymbol{n}$ 有关，因此在某个方向上环量面密度可能取最大值，实际情况中往往这个最大值才是最有价值的。矢量场的环量面密度在什么方向上变化率最大，其最大的变化率又是多少呢？为了解决这个问题，引入矢量场的旋度的概念。

1. 旋度的概念

矢量场 $\boldsymbol{F}$ 在点 M 处的旋度为一矢量，记作 rot $\boldsymbol{F}$ 或者 curl $\boldsymbol{F}$，它的方向是使环流面密度取得最大值的面元法线方向，大小为该环流面密度最大值，即

$$\mathrm{rot}\ \boldsymbol{F}=\boldsymbol{n}\left[\mathrm{rot}_n\boldsymbol{F}\right]_{\max}=\boldsymbol{n}\lim_{\Delta s\to 0}\frac{1}{\Delta s}\oint_C\boldsymbol{F}\cdot\mathrm{d}\boldsymbol{l}\bigg|_{\max}\tag{1.5.6}$$

式中，$\boldsymbol{n}$ 是环量面密度取得最大值时面元正法线的单位矢量。

由旋度的定义不难看出，一个矢量函数的旋度仍然是一个矢量函数，它可以用来描述场在空间单点的变化规律，表征矢量场是否有旋以及旋转的强弱(大小)，其方向表示矢量场 $\boldsymbol{F}$ 在点 M 处的旋转方向，其模表示场在该点旋转的强弱。矢量场 $\boldsymbol{F}$ 在点 M 处的旋度就是在该点的旋涡源密度，描述的是空间各点场与旋涡源的关系。例如，在磁场中，磁场强度 $\boldsymbol{H}$ 在点 M 处的旋度等于该点的电流密度矢量 $\boldsymbol{J}$。

另外，由旋度的定义还可以看出，矢量场沿任一方向的环流面密度等于旋度在该方向上的投影，即

$$\mathrm{rot}_n\boldsymbol{F}=\boldsymbol{a}_n\cdot\mathrm{rot}\,\boldsymbol{F} \tag{1.5.7}$$

2. 旋度的计算

旋度的定义与所选取的坐标系无关，但旋度的具体表达式与坐标系有关。下面推导旋度在直角坐标系中的表达式。

式(1.5.3)～(1.5.5)已经得出了 rot $\boldsymbol{F}$ 在三个坐标方向上的分量，根据旋度的定义可得到旋度在直角坐标系中的表达式为

$$\mathrm{rot}\,\boldsymbol{F}=\boldsymbol{a}_x\left(\frac{\partial F_z}{\partial y}-\frac{\partial F_y}{\partial z}\right)+\boldsymbol{a}_y\left(\frac{\partial F_x}{\partial z}-\frac{\partial F_z}{\partial x}\right)+\boldsymbol{a}_z\left(\frac{\partial F_y}{\partial x}-\frac{\partial F_x}{\partial y}\right) \tag{1.5.8}$$

由上式可以看出，rot $\boldsymbol{F}$ 刚好等于哈密顿算子∇与矢量 $\boldsymbol{F}$ 的矢量积，即

$$\begin{aligned}\nabla\times\boldsymbol{F}&=\left(\boldsymbol{a}_x\frac{\partial}{\partial x}+\boldsymbol{a}_y\frac{\partial}{\partial y}+\boldsymbol{a}_z\frac{\partial}{\partial z}\right)\times(\boldsymbol{a}_xF_x+\boldsymbol{a}_yF_y+\boldsymbol{a}_zF_z)\\&=\begin{vmatrix}\boldsymbol{a}_x & \boldsymbol{a}_y & \boldsymbol{a}_z\\ \dfrac{\partial}{\partial x} & \dfrac{\partial}{\partial y} & \dfrac{\partial}{\partial z}\\ F_x & F_y & F_z\end{vmatrix}=\mathrm{rot}\,\boldsymbol{F}\end{aligned} \tag{1.5.9}$$

类似地，可推出圆柱坐标系和球坐标系中的旋度计算公式，分别为

$$\nabla\times\boldsymbol{F}=\frac{1}{\rho}\begin{vmatrix}\boldsymbol{a}_\rho & \rho\,\boldsymbol{a}_\varphi & \boldsymbol{a}_z\\ \dfrac{\partial}{\partial\rho} & \dfrac{\partial}{\partial\varphi} & \dfrac{\partial}{\partial z}\\ F_\rho & \rho F_\varphi & F_z\end{vmatrix} \tag{1.5.10}$$

$$\nabla\times\boldsymbol{F}=\frac{1}{r^2\sin\theta}\begin{vmatrix}\boldsymbol{a}_r & r\,\boldsymbol{a}_\theta & r\sin\theta\,\boldsymbol{a}_\varphi\\ \dfrac{\partial}{\partial r} & \dfrac{\partial}{\partial\theta} & \dfrac{\partial}{\partial\varphi}\\ F_r & rF_\theta & r\sin\theta F_\varphi\end{vmatrix} \tag{1.5.11}$$

3. 旋度与散度的区别

旋度与散度都是描述矢量场在某一点处场与源之间的关系，但二者有明显的区别。

(1) 一个矢量场的散度是一个标量函数，而一个矢量场的旋度是一个矢量函数。

(2) 从散度和旋度在直角坐标系中的计算公式可以看出，若矢量场为 $\boldsymbol{F}$，散度公式是场分量 F_x, F_y, F_z 分别对相应的坐标变量 x, y, z 求偏导数，故散度描述的是场分量沿着各自方向上的变化规律。旋度公式中，矢量场 $\boldsymbol{F}$ 的 x 方向分量 F_x 对 y, z 求偏导数，F_y 和 F_z 也类似地只对与其垂直方向的坐标变量求偏导数，所以旋度描述场分量沿着与它相垂直的方向

上的变化规律。

(3) 散度与旋度均描述矢量场与源的关系，但散度描述矢量场与通量源之间的关系，而旋度描述矢量场与旋涡源之间的关系。前者是利用通量(矢量函数的曲面积分)来描述场的，后者是利用环量(矢量函数的曲线积分)来描述场的。

4. 旋度的有关公式

$$\nabla\times\boldsymbol{C}=\boldsymbol{0}\quad(\boldsymbol{C}\text{ 为常矢量})\tag{1.5.12}$$

$$\nabla\times(k\boldsymbol{F})=k\,\nabla\times\boldsymbol{F}\quad(k\text{ 为常数})\tag{1.5.13}$$

$$\nabla\times(f\boldsymbol{C})=\nabla f\times\boldsymbol{C}\quad(\boldsymbol{C}\text{ 为常矢量})\tag{1.5.14}$$

$$\nabla\times(f\boldsymbol{F})=f\,\nabla\times\boldsymbol{F}+\nabla f\times\boldsymbol{F}\quad(f\text{ 为标量函数})\tag{1.5.15}$$

$$\nabla\times(\boldsymbol{F}\pm\boldsymbol{G})=\nabla\times\boldsymbol{F}\pm\nabla\times\boldsymbol{G}\tag{1.5.16}$$

$$\nabla\cdot(\boldsymbol{F}\times\boldsymbol{G})=\boldsymbol{G}\cdot(\nabla\times\boldsymbol{F})-\boldsymbol{F}\cdot\nabla\times\boldsymbol{G}\tag{1.5.17}$$

这里仅对式(1.5.17)证明如下：

$$\begin{aligned}\nabla\cdot(\boldsymbol{F}\times\boldsymbol{G})&=\frac{\partial}{\partial x}(\boldsymbol{F}\times\boldsymbol{G})_x+\frac{\partial}{\partial y}(\boldsymbol{F}\times\boldsymbol{G})_y+\frac{\partial}{\partial z}(\boldsymbol{F}\times\boldsymbol{G})_z\\&=\frac{\partial}{\partial x}(F_yG_z-F_zG_y)+\frac{\partial}{\partial y}(F_zG_x-F_xG_z)+\frac{\partial}{\partial z}(F_xG_y-F_yG_x)\\&=G_x\left(\frac{\partial F_z}{\partial y}-\frac{\partial F_y}{\partial z}\right)+G_y\left(\frac{\partial F_x}{\partial z}-\frac{\partial F_z}{\partial x}\right)+G_z\left(\frac{\partial F_y}{\partial x}-\frac{\partial F_x}{\partial y}\right)-\\&\quad F_x\left(\frac{\partial G_z}{\partial y}-\frac{\partial G_y}{\partial z}\right)-F_y\left(\frac{\partial G_x}{\partial z}-\frac{\partial G_z}{\partial x}\right)-F_z\left(\frac{\partial G_y}{\partial x}-\frac{\partial G_x}{\partial y}\right)\\&=\boldsymbol{G}\cdot(\nabla\times\boldsymbol{F})-\boldsymbol{F}\cdot(\nabla\times\boldsymbol{G})\end{aligned}$$

1.5.4　斯托克斯定理

相应于矢量场的散度及高斯散度定理，对于矢量场的旋度，有斯托克斯定理。斯托克斯定理描述的是由环量联系起来的矢量场的曲面积分和曲线积分之间的积分变换关系。

在矢量场 $\boldsymbol{F}$ 所在的空间中，对于任一个以曲线 C 为周界的曲面 S，存在以下关系

$$\oint_C\boldsymbol{F}\cdot\mathrm{d}\boldsymbol{l}=\int_S\nabla\times\boldsymbol{F}\cdot\mathrm{d}\boldsymbol{s}\tag{1.5.18}$$

式(1.5.18)描述的就是斯托克斯定理。它的物理意义是：矢量场 $\boldsymbol{F}$ 沿任意闭合曲线的线积分等于该矢量场的旋度在该闭合曲线所围曲面上的面积分。换句话说，$\boldsymbol{F}$ 沿任意闭合曲线的环量等于 $\nabla\times\boldsymbol{F}$ 在该闭合曲线所围曲面的通量。同高斯散度定理一样，斯托克斯定理表示的积分变换关系在电磁场理论中具有重要的意义。

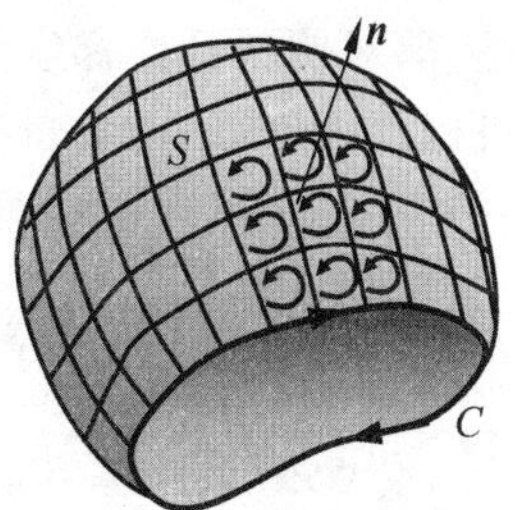

图 1.25　斯托克斯定理的证明

斯托克斯定理的证明同高斯散度定理的证明十分相似。

如图 1.25 所示，在矢量场 $\boldsymbol{F}$ 中，任取一个非闭合曲面 S，它的周界是 C。将 S 分成许多面积元矢量 $\boldsymbol{n}_1\Delta s_1,\boldsymbol{n}_2\Delta s_2,\cdots$，对于其中任一面积元 $\boldsymbol{n}_i\Delta s_i=\Delta\boldsymbol{s}_i$，其周界为 Δc_i，应用旋度的定义式(1.5.6)得

$$\lim_{\Delta s_i\to 0}\frac{\oint_{\Delta c_i}\boldsymbol{F}\cdot\mathrm{d}\boldsymbol{l}}{\Delta s_i}=(\nabla\times\boldsymbol{F})\cdot\boldsymbol{n}_i$$

在 $\Delta s_i \to 0$ 的条件下,下式成立

$$\oint_{\Delta c_i} \boldsymbol{F} \cdot \mathrm{d}\boldsymbol{l} = \lim_{\Delta s_i \to 0} (\nabla \times \boldsymbol{F}) \cdot \boldsymbol{n}_i \Delta s_i$$
$$= \lim_{\Delta s_i \to 0} (\nabla \times \boldsymbol{F}) \cdot \Delta \boldsymbol{s}_i$$

上式左端表示 $\boldsymbol{F}$ 在 Δs_i 的周界 Δc_i 上的环量,右端表示 $\nabla \times \boldsymbol{F}$ 在小面元 Δs_i 上的通量。曲面 S 上 $\nabla \times \boldsymbol{F}$ 的通量,就是把上式两端分别求和,即

$$\sum_{i=1}^{N} \oint_{\Delta c_i} \boldsymbol{F} \cdot \mathrm{d}\boldsymbol{l} = \sum_{i=1}^{N} \lim_{\Delta s_i \to 0} (\nabla \times \boldsymbol{F}) \cdot \Delta \boldsymbol{s}_i \tag{1.5.19}$$

注意上式左端求和时,各小面元之间的公共边上都经过两次积分,但因公共边上 $\boldsymbol{F}$ 相同而积分元 $\mathrm{d}\boldsymbol{l}$ 方向相反,即 $\mathrm{d}\boldsymbol{l}_i = -\mathrm{d}\boldsymbol{l}_j$,所以两者的积分值相互抵消。于是,整个求积项就只剩下曲面周界 C 上的各个线元的积分值不被抵消,即

$$\sum_{i=1}^{N} \oint_{\Delta c_i} \boldsymbol{F} \cdot \mathrm{d}\boldsymbol{l} = \oint_{C} \boldsymbol{F} \cdot \mathrm{d}\boldsymbol{l}$$

式 (1.5.19) 右端的求和在 $N \to \infty$ 时,即为 $\nabla \times \boldsymbol{F}$ 在曲面 S 上的面积分,即

$$\sum_{i=1}^{N} \lim_{\Delta s_i \to 0} (\nabla \times \boldsymbol{F}) \cdot \Delta \boldsymbol{s}_i = \int_{S} (\nabla \times \boldsymbol{F}) \cdot \mathrm{d}\boldsymbol{s}$$

于是得到

$$\oint_{C} \boldsymbol{F} \cdot \mathrm{d}\boldsymbol{l} = \int_{S} \nabla \times \boldsymbol{F} \cdot \mathrm{d}\boldsymbol{s}$$

这就证明了斯托克斯定理。

注意 斯托克斯定理中的曲面是周界为 C 的任意曲面,因此在某些场合可以选择最特殊的曲面 —— 平面来简化问题。

1.6 场函数的二阶微分运算

场函数包括标量函数和矢量函数。梯度、散度和旋度运算都属于场函数的一阶微分运算,只要场函数是连续的,这些一阶微分运算就可以进行。如果这些一阶微分运算还具有一阶偏导数,则可以将上述运算进行适当组合,来进行二阶微分运算。对标量函数只可作梯度运算,对所得到的梯度矢量还可以作散度或旋度运算;矢量函数的散度是标量函数,对它还可以作梯度运算;矢量函数的旋度是矢量函数,对它还可以作散度或旋度运算。引进一些微分算子可使上述运算简化,并能推导出许多在电磁场理论中很有用的恒等式。

1.6.1 零恒等式

1. $\nabla \times (\nabla u) \equiv 0$

标量场的梯度的旋度恒等于零。由于梯度和旋度的定义都与采取的坐标系无关,因此选择在直角坐标系下证明该恒等式。

证明 由 $\nabla u = \boldsymbol{a}_x \dfrac{\partial u}{\partial x} + \boldsymbol{a}_y \dfrac{\partial u}{\partial y} + \boldsymbol{a}_z \dfrac{\partial u}{\partial z}$,得

$$\nabla\times(\nabla u)=\begin{vmatrix} \boldsymbol{a}_x & \boldsymbol{a}_y & \boldsymbol{a}_z \\ \dfrac{\partial}{\partial x} & \dfrac{\partial}{\partial y} & \dfrac{\partial}{\partial z} \\ \dfrac{\partial u}{\partial x} & \dfrac{\partial u}{\partial y} & \dfrac{\partial u}{\partial z} \end{vmatrix}$$

$$=\boldsymbol{a}_x\left(\frac{\partial}{\partial y}\frac{\partial u}{\partial z}-\frac{\partial}{\partial z}\frac{\partial u}{\partial y}\right)+\boldsymbol{a}_y\left(\frac{\partial}{\partial z}\frac{\partial u}{\partial x}-\frac{\partial}{\partial x}\frac{\partial u}{\partial z}\right)+\boldsymbol{a}_z\left(\frac{\partial}{\partial x}\frac{\partial u}{\partial y}-\frac{\partial}{\partial y}\frac{\partial u}{\partial x}\right)\equiv 0$$

注意　当函数 u 的混合偏导数在区域内连续时，$\dfrac{\partial^2 u}{\partial y\partial z}=\dfrac{\partial^2 u}{\partial z\partial y}$。

该结论的逆定理也成立：若已知一矢量场的旋度为零，则该矢量场可以表示为一个标量场的梯度。

设有一矢量函数 $\boldsymbol{F}$ 的旋度恒为零，即 $\nabla\times\boldsymbol{F}\equiv 0$，则存在一个标量函数 ϕ，使得 $\boldsymbol{F}=-\nabla\phi$。式中之所以加上负号是为了让该结论与静电学中电场强度和标量电位之间的基本关系相一致，第 2 章将讨论这个问题。

旋度为零的矢量场称为保守场，故任何标量场的梯度构成的矢量场都是保守场，反之，保守场均可以表示成一个标量场的梯度。

2. $\nabla\cdot(\nabla\times\boldsymbol{F})\equiv 0$

矢量场的旋度的散度恒等于零。仍然选择在直角坐标系下证明该恒等式。

证明

$$\nabla\cdot(\nabla\times\boldsymbol{F})=\frac{\partial}{\partial x}\left(\frac{\partial\boldsymbol{F}}{\partial y}-\frac{\partial\boldsymbol{F}}{\partial z}\right)+\frac{\partial}{\partial y}\left(\frac{\partial\boldsymbol{F}}{\partial z}-\frac{\partial\boldsymbol{F}}{\partial x}\right)+\frac{\partial}{\partial z}\left(\frac{\partial\boldsymbol{F}}{\partial x}-\frac{\partial\boldsymbol{F}}{\partial y}\right)\equiv 0$$

该结论的逆定理也成立：若已知一矢量场的散度为零，则该矢量场可以表示为另一个矢量场的旋度。

设有一矢量函数 $\boldsymbol{F}$ 的散度恒为零，即 $\nabla\cdot\boldsymbol{F}\equiv 0$，则存在另一个矢量数 $\boldsymbol{A}$，使得 $\boldsymbol{F}=\nabla\times\boldsymbol{A}$。

散度为零的矢量场称为无源场、无散场或管型场，故由任何矢量场的旋度所构成的新的矢量场都是管型场，反之，任何管型场均可以表示成一个矢量函数的旋度。

1.6.2　拉普拉斯运算

1. $\nabla^2 u=\nabla\cdot(\nabla u)$

此式为标性拉普拉斯运算。这里算子 ∇^2 表示标量函数的梯度的散度，称为拉普拉斯算子。$\nabla^2 u$ 读作拉普拉辛 u。

推导直角坐标系下的表达式为

$$\nabla\cdot\nabla u=\left(\boldsymbol{a}_x\frac{\partial}{\partial x}+\boldsymbol{a}_y\frac{\partial}{\partial y}+\boldsymbol{a}_z\frac{\partial}{\partial z}\right)\cdot\left(\boldsymbol{a}_x\frac{\partial u}{\partial x}+\boldsymbol{a}_y\frac{\partial u}{\partial y}+\boldsymbol{a}_z\frac{\partial u}{\partial z}\right)$$

$$=\frac{\partial^2 u}{\partial x^2}+\frac{\partial^2 u}{\partial y^2}+\frac{\partial^2 u}{\partial z^2}=\left(\frac{\partial^2}{\partial x^2}+\frac{\partial^2}{\partial y^2}+\frac{\partial^2}{\partial z^2}\right)u=\nabla^2 u$$

圆柱坐标系和球坐标系下的表达式分别为

$$\nabla^2 u=\frac{1}{\rho}\frac{\partial}{\partial\rho}\left(\rho\frac{\partial u}{\partial\rho}\right)+\frac{1}{\rho^2}\frac{\partial^2 u}{\partial\varphi^2}+\frac{\partial^2 u}{\partial z^2} \tag{1.6.1}$$

$$\nabla^2 u=\frac{1}{r^2}\frac{\partial}{\partial r}\left(r^2\frac{\partial u}{\partial r}\right)+\frac{1}{r^2\sin\theta}\frac{\partial}{\partial\theta}\left(\sin\theta\frac{\partial u}{\partial\theta}\right)+\frac{1}{r^2\sin^2\theta}\frac{\partial^2 u}{\partial\varphi^2} \tag{1.6.2}$$

2. $\nabla^2 \boldsymbol{F} = \nabla(\nabla \cdot \boldsymbol{F}) - \nabla \times (\nabla \times \boldsymbol{F})$

此式为矢性拉普拉斯运算。在直角坐标系中，矢性拉普拉斯运算表达式为

$$\nabla^2 \boldsymbol{F} = \boldsymbol{a}_x \nabla^2 F_x + \boldsymbol{a}_y \nabla^2 F_y + \boldsymbol{a}_z \nabla^2 F_z \tag{1.6.3}$$

相当于对各个分量进行标量拉氏运算再矢量合成，其中$(\nabla^2 \boldsymbol{F})_i = \nabla^2 F_i (i = x, y, z)$。

特别要指出的是，只有在直角坐标系中$\nabla^2 \boldsymbol{F}$才能有式 (1.6.3) 这样简单的表达式，即与标性拉普拉斯运算具有相似的运算形式。这是因为直角坐标系的单位矢量 $\boldsymbol{a}_x, \boldsymbol{a}_y, \boldsymbol{a}_z$ 都是与坐标变量无关的常矢量。而在柱坐标系和球坐标系中，$\nabla^2 \boldsymbol{F}$ 的表达式均非常复杂，但定义式与在直角坐标系中是相同的。

1.7 亥姆霍兹定理

通过对散度和旋度的讨论已经知道：一个矢量场 $\boldsymbol{F}$ 的散度$\nabla \cdot \boldsymbol{F}$ 唯一地确定场中任意一点的通量源密度，场的旋度$\nabla \times \boldsymbol{F}$唯一地确定场中任一点的旋涡源密度。如果仅仅知道 $\boldsymbol{F}$ 的散度或旋度，或两者都已知，能否唯一地确定这个矢量场呢？这是一个偏微分方程的定解问题。亥姆霍兹定理回答了这个问题。

亥姆霍兹定理的描述为：在空间的有限区域V内的任意一个矢量场$\boldsymbol{F}$由它的散度、旋度和边界条件(即限定体积V的闭合面S上的矢量分布)唯一地确定。这里假定矢量函数为单值，且具有有限值及连续的导数。

亥姆霍兹定理的另一种描述为：在空间的有限区域 V 内的任意一个矢量场$\boldsymbol{F}$，若已知它的散度、旋度和边界条件，则该矢量场就被唯一地确定，并可表示成一个无旋场 $\boldsymbol{F}_1 = -\nabla\phi$ 和一个无源场 $\boldsymbol{F}_2 = \nabla \times \boldsymbol{A}$ 之和，即

$$\boldsymbol{F} = \boldsymbol{F}_1 + \boldsymbol{F}_2 = -\nabla\phi + \nabla \times \boldsymbol{A} \tag{1.7.1}$$

根据亥姆霍兹定理，如果仅仅已知矢量场的散度或旋度，都不能唯一地确定这个矢量场。

亥姆霍兹定理的意义非常重要，是研究电磁场理论的一条主线。无论是静态电磁场还是时变电磁场，都要研究它们的散度、旋度和边界条件。

1.8 本章小结

本章首先介绍了标量场和矢量场的概念，然后着重讨论标量场的梯度、矢量场的散度和旋度及其运算规律，并在此基础上介绍了亥姆霍兹定理等几个重要定理。

1. 标量场和矢量场

(1) 若所研究的物理量为一标量，则该物理量所确定的场为标量场。用一个标量函数来表示该场为

$$u = u(x, y, z)$$

(2) 若所研究的物理量为一矢量，则该物理量所确定的场为矢量场。用一个矢量函数来表示该场为

$$\boldsymbol{F} = \boldsymbol{F}(x, y, z)$$

2. 标量场的梯度

标量场 u 的梯度是一个矢量场，它的方向沿场量 u 变化率最大的方向，大小等于其最大变化率。

在直角坐标系中，梯度的计算公式为

$$\nabla u = \boldsymbol{a}_x \frac{\partial u}{\partial x} + \boldsymbol{a}_y \frac{\partial u}{\partial y} + \boldsymbol{a}_z \frac{\partial u}{\partial z}$$

在圆柱坐标系和球坐标系中，梯度的计算公式分别为

$$\nabla u = \boldsymbol{a}_\rho \frac{\partial u}{\partial \rho} + \boldsymbol{a}_\varphi \frac{1}{\rho} \frac{\partial u}{\partial \varphi} + \boldsymbol{a}_z \frac{\partial u}{\partial z}$$

$$\nabla u = \boldsymbol{a}_r \frac{\partial u}{\partial r} + \boldsymbol{a}_\theta \frac{1}{r} \frac{\partial u}{\partial \theta} + \boldsymbol{a}_\varphi \frac{1}{r\sin\theta} \frac{\partial u}{\partial \varphi}$$

3. 矢量场的散度和旋度

(1) 矢量场的散度$\nabla \cdot \boldsymbol{F}$是一个标量，在直角坐标系、圆柱坐标系和球坐标系中的计算公式分别为

$$\nabla \cdot \boldsymbol{F} = \frac{\partial F_x}{\partial x} + \frac{\partial F_y}{\partial y} + \frac{\partial F_z}{\partial z}$$

$$\nabla \cdot \boldsymbol{F} = \frac{\partial (\rho F_\rho)}{\rho \partial \rho} + \frac{\partial F_\varphi}{\rho \partial \varphi} + \frac{\partial F_z}{\partial z}$$

$$\nabla \cdot \boldsymbol{F} = \frac{1}{r^2} \frac{\partial}{\partial r}(r^2 F_r) + \frac{1}{r\sin\theta} \frac{\partial}{\partial \theta}(\sin\theta F_\theta) + \frac{1}{r\sin\theta} \frac{\partial F_\varphi}{\partial \varphi}$$

(2) 矢量场的旋度$\nabla \times \boldsymbol{F}$是一个矢量，在直角坐标系、圆柱坐标系和球坐标系中的计算公式分别为

$$\nabla \times \boldsymbol{F} = \boldsymbol{a}_x \left(\frac{\partial F_z}{\partial y} - \frac{\partial F_y}{\partial z} \right) + \boldsymbol{a}_y \left(\frac{\partial F_x}{\partial z} - \frac{\partial F_z}{\partial x} \right) + \boldsymbol{a}_z \left(\frac{\partial F_y}{\partial x} - \frac{\partial F_x}{\partial y} \right)$$

$$= \begin{vmatrix} \boldsymbol{a}_x & \boldsymbol{a}_y & \boldsymbol{a}_z \\ \frac{\partial}{\partial x} & \frac{\partial}{\partial y} & \frac{\partial}{\partial z} \\ F_x & F_y & F_z \end{vmatrix}$$

$$\nabla \times \boldsymbol{F} = \frac{1}{\rho} \begin{vmatrix} \boldsymbol{a}_\rho & \rho \boldsymbol{a}_\varphi & \boldsymbol{a}_z \\ \frac{\partial}{\partial \rho} & \frac{\partial}{\partial \varphi} & \frac{\partial}{\partial z} \\ F_\rho & \rho F_\varphi & F_z \end{vmatrix}$$

$$\nabla \times \boldsymbol{F} = \frac{1}{r^2 \sin\theta} \begin{vmatrix} \boldsymbol{a}_r & r\boldsymbol{a}_\theta & r\sin\theta\, \boldsymbol{a}_\varphi \\ \frac{\partial}{\partial r} & \frac{\partial}{\partial \theta} & \frac{\partial}{\partial \varphi} \\ F_r & rF_\theta & r\sin\theta F_\varphi \end{vmatrix}$$

4. 几个重要的定理

(1) 高斯定律：矢量场在空间任意闭合曲面的通量等于该闭合曲面所包含体积中矢量场的散度的体积分，即

$$\oint_S \boldsymbol{F} \cdot \mathrm{d}\boldsymbol{s} = \int_V \nabla \cdot \boldsymbol{F} \mathrm{d}v$$

(2) 斯托克斯定理：矢量场沿任意闭合曲线的环流等于矢量场的旋度在该闭合曲线所围的曲面的通量，即

$$\oint_C \boldsymbol{F} \cdot \mathrm{d}\boldsymbol{l} = \int_S \nabla \times \boldsymbol{F} \cdot \mathrm{d}\boldsymbol{s}$$

(3) 亥姆霍兹定理：在无界空间区域，矢量场可由其散度及旋度确定，且可表示为

$$\boldsymbol{F} = \boldsymbol{F}_1 + \boldsymbol{F}_2 = -\nabla\phi + \nabla \times \boldsymbol{A}$$

习　　题

1.1　证明两个矢量 $\boldsymbol{A} = 2\,\boldsymbol{a}_x + 5\,\boldsymbol{a}_y + 3\,\boldsymbol{a}_z$ 和 $\boldsymbol{B} = 4\,\boldsymbol{a}_x + 10\,\boldsymbol{a}_y + 6\,\boldsymbol{a}_z$ 是相互平行的。

1.2　证明下列三个矢量在同一平面上，$\boldsymbol{A} = \frac{11}{3}\boldsymbol{a}_x + 3\,\boldsymbol{a}_y + 6\,\boldsymbol{a}_z$，$\boldsymbol{B} = \frac{17}{3}\boldsymbol{a}_x + 3\,\boldsymbol{a}_y + 9\,\boldsymbol{a}_z$，$\boldsymbol{C} = 4\,\boldsymbol{a}_x - 6\,\boldsymbol{a}_y + 5\,\boldsymbol{a}_z$。

1.3　在球坐标系中，试求点 $M\left(6, \frac{2\pi}{3}, \frac{2\pi}{3}\right)$ 与点 $N\left(4, \frac{\pi}{3}, 0\right)$ 之间的距离。[提示：换为直角坐标求解]

1.4　求下列矢量场的散度和旋度：

(1)$\boldsymbol{A} = (3x^2y + z)\,\boldsymbol{a}_x + (y^3 - xz^2)\,\boldsymbol{a}_y + 2xyz\,\boldsymbol{a}_z$；

(2)$\boldsymbol{A} = yz^2\,\boldsymbol{a}_x + zx^2\,\boldsymbol{a}_y + xy^2\,\boldsymbol{a}_z$；

(3)$\boldsymbol{A} = P(x)\,\boldsymbol{a}_x + Q(y)\,\boldsymbol{a}_y + R(z)\,\boldsymbol{a}_z$。

1.5　在圆柱坐标系中，一点的位置由 $\left(4, \frac{2\pi}{3}, 3\right)$ 定出，求该点在：(1) 直角坐标系中的坐标；(2) 球坐标系中的坐标。

1.6　求 div $\boldsymbol{A}$ 在给定点处的值。

(1)$\boldsymbol{A} = x^3\,\boldsymbol{a}_x + y^3\,\boldsymbol{a}_y + z^3\,\boldsymbol{a}_z$，在点 $M(1,0,-1)$ 处；

(2)$\boldsymbol{A} = 4x\,\boldsymbol{a}_x + 2xy\,\boldsymbol{a}_y + z^2\,\boldsymbol{a}_z$，在点 $M(1,1,3)$ 处。

1.7　一球面 S 半径为 5，球心在原点上，计算 $\oint_S (\boldsymbol{a}_r 3\sin\theta) \cdot \mathrm{d}\boldsymbol{s}$ 的值。

1.8　求(1) 矢量 $\boldsymbol{A} = \boldsymbol{a}_x x^2 + \boldsymbol{a}_y (xy)^2 + \boldsymbol{a}_z 24x^2y^2z^3$ 的散度；(2) 求 $\nabla \cdot \boldsymbol{A}$ 对中心在原点的一个单位立方体的积分；(3) 求 $\boldsymbol{A}$ 对此立方体表面的积分，验证散度定理。

1.9　求矢量 $\boldsymbol{A} = \boldsymbol{a}_x x + \boldsymbol{a}_y x^2 + \boldsymbol{a}_z y^2 z$ 沿 xOy 平面上的一个边长为 2 的正方形回路的线积分，此正方形的两个边分别与 x 轴和 y 轴相重合。再求 $\nabla \times \boldsymbol{A}$ 对此回路所包围的表面积分，验证斯托克斯定理。

1.10　给定矢量 $\boldsymbol{A} = 4\,\boldsymbol{a}_r + 3\,\boldsymbol{a}_\theta - 2\,\boldsymbol{a}_\varphi$，试求矢量 $\boldsymbol{A}$ 沿着图示的闭合路径的线积分。路径的曲线部分是以原点为圆心，以 r_0 为半径的圆弧；求 $\nabla \times \boldsymbol{A}$ 在它所封闭的面上的面积分，并将这两个积分结果相比较。

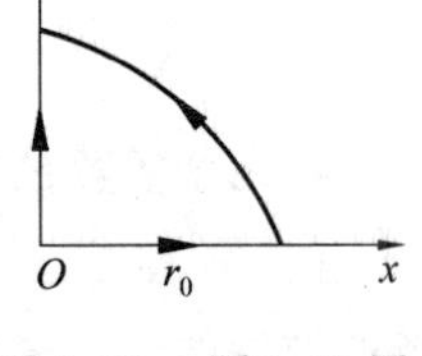

图 1.26　题 1.10 图

1.11　设 $\boldsymbol{F} = -\boldsymbol{a}_x a\sin\theta + \boldsymbol{a}_y b\cos\theta + \boldsymbol{a}_z c$，式中 a,b,c 为常数，求积分 $\boldsymbol{S} = \frac{1}{2}\int_0^{2\pi}\left(\boldsymbol{F} \times \frac{\mathrm{d}\boldsymbol{F}}{\mathrm{d}\theta}\right)\mathrm{d}\theta$。

1.12　设 $\boldsymbol{r} = \boldsymbol{a}_x x + \boldsymbol{a}_y y + \boldsymbol{a}_z z$，$r = |\boldsymbol{r}|$，$n$ 为正整数。试求 ∇r，∇r^n，

$\nabla f(r)$。

1.13　矢量 $\boldsymbol{A}$ 的分量是$A_x = y\dfrac{\partial f}{\partial z} - z\dfrac{\partial f}{\partial y}$,$A_y = z\dfrac{\partial f}{\partial x} - x\dfrac{\partial f}{\partial z}$,$A_z = x\dfrac{\partial f}{\partial y} - y\dfrac{\partial f}{\partial x}$,其中 f 是 x, y, z 的函数,还有 $\boldsymbol{r} = \boldsymbol{a}_x x + \boldsymbol{a}_y y + \boldsymbol{a}_z z$。证明:$\boldsymbol{A} = \boldsymbol{r} \times \nabla f$,$\boldsymbol{A} \cdot \boldsymbol{r} = 0$,$\boldsymbol{A} \cdot \nabla f = 0$。

1.14　已知 $u = 3x^2 z - y^2 z^3 + 4x^3 y + 2x - 3y - 5$,求$\nabla^2 u$。

1.15　求矢量场 $\boldsymbol{A} = xyz(\boldsymbol{a}_x + \boldsymbol{a}_y + \boldsymbol{a}_z)$ 在点 $M(1,3,2)$ 的旋度以及在这点沿方向 $\boldsymbol{n} = \boldsymbol{a}_x + 2\boldsymbol{a}_y + 2\boldsymbol{a}_z$ 的环量面密度。

1.16　设 $\boldsymbol{r} = \boldsymbol{a}_x x + \boldsymbol{a}_y y + \boldsymbol{a}_z z$,$r = |\boldsymbol{r}|$,$\boldsymbol{C}$ 为常矢,求:

(1) $\nabla \times \boldsymbol{r}$;　　(2) $\nabla \times [f(r)\boldsymbol{r}]$;

(3) $\nabla \times [f(r)\boldsymbol{C}]$;　(4) $\nabla \cdot [\boldsymbol{r} \times f(r)\boldsymbol{C}]$。

1.17　已知 $\boldsymbol{A}(r,\theta,\varphi) = \boldsymbol{a}_r r^2 \sin\varphi + \boldsymbol{a}_\theta 2r\cos\theta + \boldsymbol{a}_\varphi \sin\theta$,求$\dfrac{\partial \boldsymbol{A}}{\partial \varphi}$。

1.18　已知 $\boldsymbol{A}(r,\theta,\varphi) = \boldsymbol{a}_r \dfrac{2\cos\theta}{r^3} + \boldsymbol{a}_\theta \dfrac{\sin\theta}{r^3}$,求$\nabla \cdot \boldsymbol{A}$。

1.19　证明$\oint_C u\,\mathrm{d}\boldsymbol{l} = -\int_S \nabla u \times \mathrm{d}\boldsymbol{s}$, C 为曲面 S 的周界。[提示:用常矢 $\boldsymbol{A}$ 与函数 u 相乘再取旋度,然后利用斯托克斯定理。]

1.20　利用直角坐标,证明:$\nabla \cdot (f\boldsymbol{A}) = f\,\nabla \cdot \boldsymbol{A} + \boldsymbol{A} \cdot \nabla f$。

1.21　试证明:如果仅仅已知一个矢量场 $\boldsymbol{F}$ 的旋度,不可能唯一地确定这个矢量场。

1.22　试证明:如果仅仅已知一个矢量场 $\boldsymbol{F}$ 的散度,不可能唯一地确定这个矢量场。

第2章　静电场

相对于观察者静止且量值不随时间变化的电荷称为静电荷。静电荷产生的电场是不随时间变化的电场，称为静电场。显然这是针对宏观意义而言的，因为从微观上看所有带电粒子都是运动着的，故所产生的电场均是随时间变化的。然而，当这样的变化在观测时间内所引起的宏观效果可以忽略时，就可认为电荷是相对静止的。

本章首先从静电场的基本物理量和实验定律出发，讨论静电场的基本方程；继而引入电位函数，并从微分形式的基本方程导出电位的泊松方程和拉普拉斯方程；再由积分形式的基本方程导出边界条件；最后讨论导体的电容和静电场的储能问题。

静电场理论相对简单，但它的分析方法具有代表性，是研究复杂电磁场的基础。

2.1　电　荷

在很早的时候，人们就发现了用毛皮或丝绸摩擦过的琥珀、玻璃棒、火漆棒或硬橡胶棒等能够吸引羽毛、头发等轻小物体。当物体有了这种吸引轻小物体的性质，就说它带了电，或有了电荷。带电的物体称为带电体，使物体带电称为起电，用摩擦方法使物体带电称为摩擦起电。

实验指出，两根用毛皮摩擦过的硬橡胶棒互相排斥，两根用丝绸摩擦过的玻璃棒也互相排斥。可是，用毛皮摩擦过的硬橡胶棒与用丝绸摩擦过的玻璃棒互相吸引，这表明硬橡胶棒上的电荷和玻璃棒上的电荷是不同的。实验证明，所有其他物体，无论用什么方法起电，所带的电荷或者与玻璃棒上的电荷相同，或者与硬橡胶棒上的电荷相同。所以，自然界中只存在两种电荷：正电荷和负电荷；而且，同种电荷互相排斥，异种电荷互相吸引。

任何物体，不论固体、液体还是气体，内部都存在正、负电荷。在通常情况下，物体内部正负电荷数量相等，电效应相互抵消，不呈现带电状态。如果由于某种原因，物体失去一定量的电子，它就呈现带正电状态；若物体获得一定量过剩的电子，它便呈现带负电状态。因此，物体的带电过程实质上就是使物体失去一定数量的电子或获得一定数量的电子的过程。

大量实验事实证明，电荷还具有的一个属性是守恒性，它们既不能被创造也不能被消灭，只能从一个物体转移到另一个物体，或者从物体的一部分转移到另一部分。也就是说，在任何物理过程中，存在于孤立系统内部的电荷的代数和恒定不变，这就是电荷守恒定律。

物体所带电荷数量的多少，称为电量。物质的微观分析表明，电量是不连续的，它有个基本单元，即一个质子或一个电子所带电量的绝对值 e，称为基本电荷。一个质子所带电量为 e，而一个电子所带电量则是 $-e$。实验表明，每个原子核、原子、离子、分子至宏观带电体的电荷量总是为基本单元带电量的整数倍。测量表明，这个基本电荷的数值是

$$e = 1.602 \times 10^{-19}$$

单位是库仑(C)。1 C 的电荷是基本电荷的 6.25×10^{18} 倍,可见库仑是一个很大的单位,通常只会用到毫库(mC)或微库(μC)。

由于电量只能取基本电荷的整数倍,因此从物质的结构理论上来说,电荷的分布和变化是不连续的。但在研究宏观的电磁现象时,往往把电荷当成是连续分布的。这是因为一般观察到的带电体多为大量电子的集合体,能观察到的现象多为大量微观粒子的平均效应,因此常用电荷连续分布的概念来代替其离散性(即使是最大的带电原子核,其直径也只有 10^{-14} m 的数量级)。

根据电荷的分布形式可将电荷分为体电荷、面电荷、线电荷和点电荷。下面引入电荷密度的概念来描述它们在空间的分布情况。

1. 体电荷密度

连续但不一定均匀地分布在一定体积内的电荷称为体电荷。设体积 V 内包含某点的任一小体积元 Δv 所含电荷量为 Δq,将 Δq 和 Δv 之比的极限,即

$$\rho=\lim_{\Delta v\to 0}\frac{\Delta q}{\Delta v}=\frac{\mathrm{d}q}{\mathrm{d}v} \tag{2.1.1}$$

定义为体积内该点的电荷密度,单位为$\mathrm{C/m^3}$。

应该指出,这里的 Δv 趋于零与数学里的无穷小意义不同,称为物理无穷小。就是说,在宏观上 Δv 应足够小,而在微观上 Δv 又足够大,其中包含着大量的微观粒子,Δq 是它们所带电量的代数和。只有这样,体电荷密度 ρ 才是可以用连续函数表示的有意义的物理量。由于基本电荷的体积非常小,就允许采用物理无穷小代替严格的数学意义上的无穷小,从而将微观的不连续分布过渡到宏观的连续分布,这样仍然可以足够精确地使用微积分的方法来研究电磁现象及其规律。

2. 面电荷密度

连续分布在一个厚度趋于零的表面薄层内的电荷,称为面电荷。可以引入面电荷密度来描述这种电荷分布。设曲面 S 内任一小面积元 Δs 中所包含的电荷量为 Δq,将 Δq 和 Δs 之比的极限,即

$$\rho_{\mathrm{s}}=\lim_{\Delta s\to 0}\frac{\Delta q}{\Delta s}=\frac{\mathrm{d}q}{\mathrm{d}s} \tag{2.1.2}$$

定义为面电荷密度,单位为$\mathrm{C/m^2}$。

3. 线电荷密度

连续分布于横截面可忽略的曲线上的电荷,称为线电荷。可以引入线电荷密度来描述这种电荷分布。在曲线上任取一线元 Δl,所带电荷量为 Δq,将 Δq 与 Δl 之比的极限,即

$$\rho_{l}=\lim_{\Delta l\to 0}\frac{\Delta q}{\Delta l}=\frac{\mathrm{d}q}{\mathrm{d}l} \tag{2.1.3}$$

定义为线电荷密度,单位为 C/m。

4. 点电荷

当带电体的尺寸远小于观察点至带电体的距离时,带电体的形状及其中的电荷分布已无关紧要,可将带电体所带电荷看成集中在带电体的中心上,即将带电体抽象为一个几何点模型,称为点电荷。点电荷是电荷分布的极限情况,如果能够以函数的形式表示其密度,那

么就可以把它当作分布电荷来看待,这样会给研究带来很多方便。

为了找到点电荷的一种数学表达式,现在考察一个中心在坐标原点而半径为 a 的带有单位电荷电量的小球体。在 $r>a$ 的球外区域电荷密度等于零,而在 $r<a$ 的球内区域电荷密度具有很大的值。当 a 趋于零(即小的球体的体积趋于零)时,在 $r<a$ 的范围内,电荷密度趋于无穷大,但对整个空间而言总电荷量仍保持为一个单位。点电荷的这种密度分布可以借助于数学上的 δ 函数来描述。对处于原点的单位点电荷,其电荷密度可表示为

$$\delta(\boldsymbol{r})=\delta(x,y,z)=\begin{cases}0 & (\boldsymbol{r}\neq\boldsymbol{0})\\ \infty & (\boldsymbol{r}=\boldsymbol{0})\end{cases} \tag{2.1.4}$$

$$\int_V\delta(\boldsymbol{r})\mathrm{d}v=\int_V\delta(x,y,z)\mathrm{d}v=\begin{cases}0 & (\text{积分区域不含 }\boldsymbol{r}=\boldsymbol{0}\text{ 点})\\ 1 & (\text{积分区域包含 }\boldsymbol{r}=\boldsymbol{0}\text{ 点})\end{cases} \tag{2.1.5}$$

如果单位点电荷不在坐标原点而在 $\boldsymbol{r}'$ 即 (x',y',z') 处,用 δ 函数表示的电荷密度为

$$\delta(\boldsymbol{r}-\boldsymbol{r}')=\delta(x-x',y-y',z-z')=\begin{cases}0 & (\boldsymbol{r}\neq\boldsymbol{r}')\\ \infty & (\boldsymbol{r}=\boldsymbol{r}')\end{cases} \tag{2.1.6}$$

$$\int_V\delta(\boldsymbol{r}-\boldsymbol{r}')\mathrm{d}v=\int_V\delta(x-x',y-y',z-z')\mathrm{d}x\mathrm{d}y\mathrm{d}z=\begin{cases}0 & (\text{积分区域不含 }\boldsymbol{r}')\\ 1 & (\text{积分区域包含 }\boldsymbol{r}')\end{cases} \tag{2.1.7}$$

电荷量为 q 的点电荷若在 $\boldsymbol{r}'$ 处,则电荷密度分布可表示为

$$\rho(\boldsymbol{r})=q\delta(\boldsymbol{r}-\boldsymbol{r}') \tag{2.1.8}$$

对于分离的 $\boldsymbol{N}$ 个点电荷构成的点电荷系统,电荷密度分布可表示为

$$\rho(\boldsymbol{r})=\sum_{i=1}^{N}q_i\delta(\boldsymbol{r}-\boldsymbol{r}'_i) \tag{2.1.9}$$

δ 函数在近代物理学中有着广泛的应用,这里不对它做深入讨论,只是把它作为点电荷密度分布的一种表达形式,并从极限的意义来理解它。下面仅列出在电磁场理论中将要用到的有关 δ 函数的一些重要性质:

(1)
$$\int_V f(\boldsymbol{r})\delta(\boldsymbol{r}-\boldsymbol{r}')\mathrm{d}v=\begin{cases}0 & (\text{积分区域不含 }\boldsymbol{r}')\\ f(\boldsymbol{r}') & (\text{积分区域包含 }\boldsymbol{r}')\end{cases} \tag{2.1.10}$$

式中,$f(\boldsymbol{r}')$ 为在点 $\boldsymbol{r}'$ 处连续的任意标量函数。

式(2.1.10)说明 δ 函数具有抽样特性,可以把任意函数 $f(\boldsymbol{r})$ 在 $\boldsymbol{r}'$ 处的值抽选出来。

(2)
$$\nabla^2\left(\frac{1}{r}\right)=-4\pi\delta(x,y,z) \tag{2.1.11}$$

式中,$r=(x^2+y^2+z^2)^{1/2}$ 表示点 (x,y,z) 与原点之间的距离,相当于点电荷在原点时的情况。

(3)
$$\nabla^2\left(\frac{1}{R}\right)=-4\pi\delta(x-x',y-y',z-z') \tag{2.1.12}$$

式中,$R=|\boldsymbol{r}-\boldsymbol{r}'|=[(x-x')^2+(y-y')^2+(z-z')^2]^{1/2}$,表示从点 (x,y,z) 到点 (x',y',z') 之间的距离,相当于点电荷在点 (x',y',z') 时的情况。

在电磁场理论中,点电荷的概念占有重要的地位。这不仅是因为可把带电粒子及线度很小的带电体(与观察者到该带电体的距离相比)看作点电荷,而且也可以把连续分布的体、面、线电荷分割成无限多个点电荷,从而简化分析和计算。

2.2　库仑定律和电场强度

2.2.1　库仑定律

发现电现象后两千多年的长时期内，人们对电的了解一直处于定性的初级阶段。这是因为，一方面社会生产力的发展还没有提出应用电力的急迫需要，另一方面，人们对电的规律的研究必须借助于较精密的仪器，这也只有在生产力水平达到一定高度时才能实现。这种状况一直延续到了 19 世纪，人们才开始对电的规律及其本质有比较深入的了解。

最早的定量研究是在 1785 年，法国物理学家查尔斯·奥古斯丁·德·库仑(Charles Augustin de Coulomb) 通过著名的"扭秤实验" 总结出两个相对静止的点电荷间相互作用的规律，被称为库仑定律。可表述为：真空中静止的两个点电荷 q_1 和 q_2 之间的相互作用力 $\boldsymbol{F}$ 的大小与两电量 q_1，q_2 的乘积成正比，与它们之间距离 R 的平方成反比；$\boldsymbol{F}$ 的方向沿着它们的连线方向；两点电荷同号时为斥力，异号时为吸力。在 MKSA 单位制(目前公认的国际单位制 SI 的一部分) 中的数学表达式是

$$\boldsymbol{F}_{12} = \frac{q_1 q_2 \boldsymbol{R}_{12}}{4\pi\varepsilon_0 R_{12}^3} \tag{2.2.1}$$

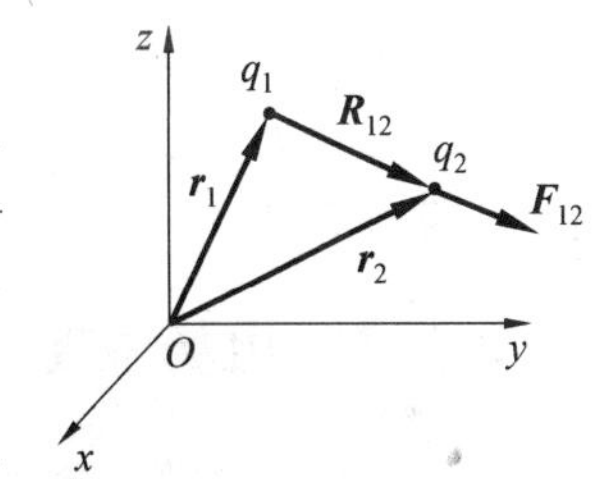

图 2.1　库仑定律

式中，$\boldsymbol{F}_{12}$ 表示点电荷 q_1 对点电荷 q_2 的作用力，单位是牛顿(N)；$\boldsymbol{R}_{12}$ 是由点电荷 q_1 指向 q_2 的距离矢量，如图 2.1 所示，两点电荷之间的距离为 $R_{12} = |\boldsymbol{R}_{12}| = |\boldsymbol{r}_2 - \boldsymbol{r}_1| = [(x_2 - x_1)^2 + (y_2 - y_1)^2 + (z_2 - z_1)^2]^{1/2}$；$\varepsilon_0 = 1/(36\pi \times 10^9) \approx 8.85 \times 10^{-12}$ 为真空(或自由空间) 介电常数或电容率，单位是法 / 米(F/m)。

无论 q_1，q_2 的正负如何，式(2.2.1) 都适用。当 q_1，q_2 同号时，$\boldsymbol{F}_{12}$ 沿 $\boldsymbol{R}_{12}$ 方向，即为斥力；当 q_1，q_2 异号时，q_1 与 q_2 乘积为负，$\boldsymbol{F}_{12}$ 沿 $-\boldsymbol{R}_{12}$ 方向，即为引力。

点电荷 q_2 对 q_1 的作用力可表示为

$$\boldsymbol{F}_{21} = \frac{q_1 q_2 \boldsymbol{R}_{21}}{4\pi\varepsilon_0 R_{12}^3} \tag{2.2.2}$$

式中，$\boldsymbol{R}_{21} = -\boldsymbol{R}_{12}$，因此 $\boldsymbol{F}_{21} = -\boldsymbol{F}_{12}$。可见两点电荷之间的相互作用力符合牛顿第三定律。

库仑定律不仅对点电荷有效，而且对可以看成点电荷的带电体也是适用的。当带电体的尺度远远小于它们之间的距离时就可以看作点电荷。

库仑及扭秤实验

查尔斯·奥古斯丁·德·库仑(1736—1806)，法国物理学家、军事工程师、土力学奠基人。1773 年他发表有关材料强度的论文，所提出的计算物体上应力和应变分布情况的方法沿用到现在，是结构工程的理论基础。1777 年他开始研究静电和磁力问题。当时法国科学院悬赏征求改良航海指南针中的磁针问题。库仑认为磁针支架在轴上，必然会带来摩擦，提出用细头发丝或丝线悬挂磁针。研究中发现线扭转时的扭力和针转过的角度成比例关系，从而可利用这种装置测出静电力和磁力的大小，这导致他发明了扭秤。他还根据丝线或金属细丝扭转时扭力和指针转过的角度成正比，从而确立了弹性扭转定律。他根据 1779 年对

摩擦力的分析，提出有关润滑剂的科学理论，于1781年发现了摩擦力与压力的关系，表述出摩擦定律、滚动定律和滑动定律。他还设计出水下作业法，类似现代的沉箱。1785—1789年，他用扭秤测量静电力和磁力，导出著名的库仑定律。库仑定律使电磁学的研究从定性进入定量阶段，是电磁学史上重要的里程碑。

磁学中的库仑定律也是利用类似的方法得到的。1789年，他的一部重要著作问世，在这部书里，他对有两种形式的电的认识发展到磁学理论方面，并归纳出类似于两个点电荷相互作用的两个磁极相互作用定律。库仑以自己一系列的著作丰富了电学与磁学研究的计量方法，将牛顿的力学原理扩展到电学与磁学中。库仑的研究为电磁学的发展、电磁场理论的建立开拓了道路，同时他的扭秤在精密测量仪器及物理学的其他方面也得到了广泛的应用。另外，他还留下了不少宝贵的著作，其中最主要的是《电气与磁性》一书，共七卷，于1785年至1789年先后公开出版发行。

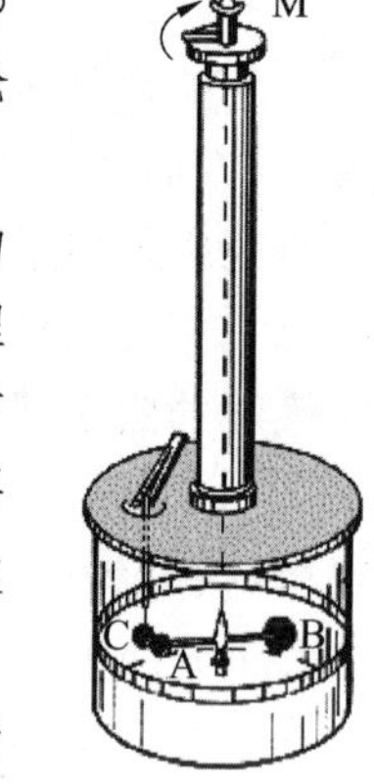

图2.2　库仑扭秤

库仑扭秤的结构示于图2.2，在细金属丝下悬挂一根秤杆，它的一端有一小球A，另一端有平衡体B，在A旁还置有另一与它一样大小的固定小球C。为了研究带电体之间的作用力，先使A，C各带一定的电荷，这时秤杆会因A端受力而偏转。转动悬丝上端的旋钮M，使小球回到原来位置，这时悬丝的扭力矩等于施于小球A上电力的力矩。如果悬丝的扭力矩与扭转角度之间的关系已事先校准、标定，则由旋钮上指针转过的角度读数和已知的秤杆长度可以得知在此距离下A和C之间的相互作用力。

2.2.2　电场强度

人用手推桌子时，通过手和桌子直接接触，把力作用在桌子上；马拉车时，通过绳子和车直接接触，把力作用到车上。在这些例子里，力都是存在于直接接触的物体之间的，这种力的作用称为接触作用或近距作用。然而，电力（电荷之间的相互作用力）、磁力（如磁铁对铁块的吸引力）和重力等几种力，却可以发生在两个相隔一定距离的物体之间，两物体之间并不需要有任何由原子、分子组成的物质作为媒介。这些作用力究竟是怎样传递的呢？

库仑定律虽然从定量关系上说明了真空中两个静止点电荷之间的相互作用力的大小和方向，但并未涉及这一作用力的物理本质问题，即这一作用力是通过什么途径传递的。实验表明，任何电荷都在自己的周围空间激发电场，而电场对处于其中的其他电荷都有力的作用，称为电场力。因此，电荷之间的相互作用力正是通过电场来传递的。

为了定量地描述电场的性质，引入电场强度 $\boldsymbol{E}$ 这样一个物理量来表征电场的特性。

上面讲到，电场的一个重要性质是它对处于其中的电荷施加作用力，为此须在电场中引入一电荷以测量电场对它的作用力。为了使测量精确，这个电荷必须满足以下一些要求：首先，要求这个电荷的电量 q_0 充分小，因为引入这个电荷是为了研究空间原来存在的电场的性质，它不能影响原有的电荷分布，从而改变原来的电场分布情况；其次，电荷 q_0 的几何尺度也要充分小，即可以把它看作是点电荷，这样才可以用它来确定空间各点的电场性质。把满足这样条件的电荷 q_0 称为试验电荷。

首先分析点电荷产生的电场。设空间某点处有一点电荷 q，则其周围会产生电场。如

果在这个电场中再引入试验电荷 q_0，它必然要受到作用力，据库仑定律 q_0 受到的作用力是

$$\boldsymbol{F}=\frac{qq_0\boldsymbol{R}}{4\pi\varepsilon_0 R^3} \tag{2.2.3}$$

式中，$\boldsymbol{R}$ 是由点电荷 q 指向试验电荷 q_0（观察点）的单位矢量。从上式看出，$\boldsymbol{F}$ 与 q_0 的比值只与产生电场的电荷 q 和观察点的位置有关，因此可以用这个比值描述电场，把它作为电场强度矢量 $\boldsymbol{E}$ 的定义，即

$$\boldsymbol{E}=\frac{\boldsymbol{F}}{q_0}=\frac{1}{q_0}\frac{qq_0\boldsymbol{R}}{4\pi\varepsilon_0 R^3}=\frac{q\boldsymbol{R}}{4\pi\varepsilon_0 R^3} \tag{2.2.4}$$

$\boldsymbol{E}$ 是一个矢量函数，单位为伏 / 米（V/m）或牛 / 库（N/C）。空间中某一点电场强度（简称场强）的大小等于单位电荷在该点所受电场力的大小，它的方向与正电荷在该点所受电场力的方向一致。场强 $\boldsymbol{E}$ 的定义来源于库仑定律并反映了电场的基本性质，它是静电场的基本物理量。

在式（2.2.4）中，$\boldsymbol{E}$ 描述的是点电荷 q 在其周围产生的电场强度，因此 q 所在点称为源点，设其坐标为 (x',y',z')；而试验电荷 q_0 所在点称为场点，设其坐标为 (x,y,z)，如图 2.3 所示。因此 $\boldsymbol{R}$ 的方向是由源点指向场点。若分别用 $\boldsymbol{r}'$ 和 $\boldsymbol{r}$ 来表示源点和场点的矢径，则由源点指向场点的距离矢量 $\boldsymbol{R}$ 是

$$\boldsymbol{R}=\boldsymbol{r}-\boldsymbol{r}' \tag{2.2.5}$$

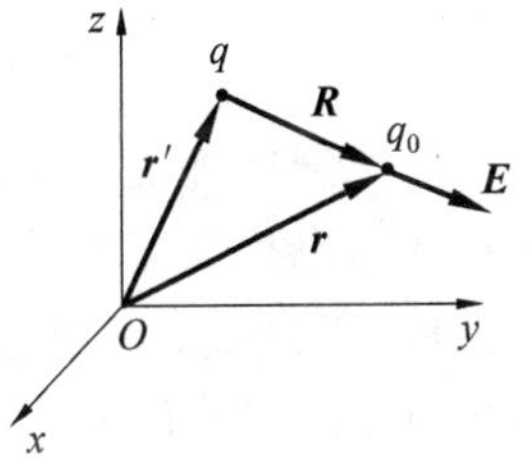

图 2.3　点电荷 q 的电场

场点和源点之间的距离则为

$$R=|\boldsymbol{r}-\boldsymbol{r}'|=[(x-x')^2+(y-y')^2+(z-z')^2]^{1/2} \tag{2.2.6}$$

所以式（2.2.4）还可以写成

$$\boldsymbol{E}(\boldsymbol{r})=\frac{q}{4\pi\varepsilon_0}\cdot\frac{\boldsymbol{r}-\boldsymbol{r}'}{|\boldsymbol{r}-\boldsymbol{r}'|^3} \tag{2.2.7}$$

因为源点 q 是固定的，即 (x',y',z') 为常数，所以电场强度矢量 $\boldsymbol{E}$ 是 (x,y,z) 的函数。若 q 是正点电荷，则在场点 $\boldsymbol{E}$ 的方向与 $\boldsymbol{R}$ 方向一致；如果 q 是负点电荷，则在场点 $\boldsymbol{E}$ 的方向与 $\boldsymbol{R}$ 方向相反。

式（2.2.4）还表明，电场强度与产生电场的电荷 q 之间存在简单的线性关系，因此可以利用叠加原理来计算出由 N 个点电荷所组成的点电荷系统在空间任一点激发的电场强度，即场中任一点的电场强度等于各个点电荷单独在该点产生的电场强度的矢量和。数学表达式为

$$\boldsymbol{E}(\boldsymbol{r})=\sum_{i=1}^{N}\frac{q_i}{4\pi\varepsilon_0 R_i^3}\boldsymbol{R}_i \tag{2.2.8}$$

式中，$R_i=|\boldsymbol{r}-\boldsymbol{r}'_i|=[(x-x'_i)^2+(y-y'_i)^2+(z-z'_i)^2]^{1/2}$ 表示源点 $\boldsymbol{r}'$ 到场点 $\boldsymbol{r}$ 处的距离。

对于分别以电荷体密度、面密度和线密度连续分布的带电体，可以将带电体分割成很多小带电单元，而每个带电单元可看作一个点电荷，这样就可由式（2.2.8）计算电场强度。

若电荷按体密度 $\rho(\boldsymbol{r}')$ 分布在区域 V' 内，任取一体积元 $\Delta v'_i$，则小体积元 $\Delta v'_i$ 所带电量 $\Delta q_i=\rho(\boldsymbol{r}')\Delta v'_i$，可将其视为一点电荷，而体电荷就是由无穷多个这样的点电荷所构成。根据叠加原理，可得体电荷在空间任一点产生的电场强度为

$$\boldsymbol{E}(\boldsymbol{r})=\frac{1}{4\pi\varepsilon_0}\lim_{\substack{\Delta v'_i\to 0\\ N\to\infty}}\sum_{i=1}^{N}\frac{\rho(\boldsymbol{r}')\Delta v'_i\boldsymbol{R}}{R^3}\tag{2.2.9}$$

上式右端实际上是定义了一个体积分，故可写成

$$\boldsymbol{E}(\boldsymbol{r})=\frac{1}{4\pi\varepsilon_0}\int_{V'}\frac{\rho(\boldsymbol{r}')\boldsymbol{R}}{R^3}\mathrm{d}v'\tag{2.2.10}$$

式中，$\rho(\boldsymbol{r}')$ 表示源点(x',y',z')处的体电荷密度；$\mathrm{d}v'$ 是体积元 $\mathrm{d}x'\mathrm{d}y'\mathrm{d}z'$。$R=|\boldsymbol{r}-\boldsymbol{r}'|$由式 (2.2.6) 确定，是$(x',y',z')$的函数，这里在积分号内的场点$(x,y,z)$可看作常数，体积分是对源点坐标$(x',y',z')$进行的，所以积分结果是场点坐标的函数。

用同样的分析方法，可以得到分布于曲面 S' 和曲线 L' 上的面电荷 $\rho_s(r')$ 和线电荷 $\rho_l(r')$ 的电场强度分别为

$$\boldsymbol{E}(\boldsymbol{r})=\frac{1}{4\pi\varepsilon_0}\int_{S'}\frac{\rho_s(\boldsymbol{r}')\boldsymbol{R}}{R^3}\mathrm{d}s'\tag{2.2.11}$$

$$\boldsymbol{E}(\boldsymbol{r})=\frac{1}{4\pi\varepsilon_0}\int_{L'}\frac{\rho_l(\boldsymbol{r}')\boldsymbol{R}}{R^3}\mathrm{d}l'\tag{2.2.12}$$

电场强度 $\boldsymbol{E}$ 是一个矢量。本书 1.4 节中已经阐述过，矢量场可以用矢量线来形象直观地描述。电场强度 $\boldsymbol{E}$ 的矢量线称为电场线或电力线。电场线上每点的切线方向就是该点 $\boldsymbol{E}$ 的方向，其分布密度(垂直于 $\boldsymbol{E}$ 单位面积上电场线的数目)正比于 $\boldsymbol{E}$ 的大小，则画出的电场线既可以表示场强的方向，又可以表示场强的大小。为了精确地描绘出电场线，可根据 $\boldsymbol{E}$ 的函数表达式写出电场线的微分方程并求得通解获得。

静电场的电场线具有如下性质：

(1) 电场线是一族发于正电荷而止于负电荷的非闭合曲线。

(2) 在没有电荷的空间里，电场线互不相交，在电场中的平衡点即 $\boldsymbol{E}=0$ 处，电场线没有一定的方向。

例 2.1 计算电偶极子的电场。

解 电偶极子是由相距很近、带等值异号的两个点电荷组成的电荷系统，如图 2.4 所示。采用球坐标系，使电偶极子的中心与坐标系的原点重合，并使电偶极子的轴线与 z 轴重合。根据叠加原理，场点 $P(r,\theta,\varphi)$ 的电场强度 $\boldsymbol{E}$ 为 $+q$ 产生的电场$\boldsymbol{E}_+$ 和 $-q$ 产生的电场$\boldsymbol{E}_-$ 的矢量和。

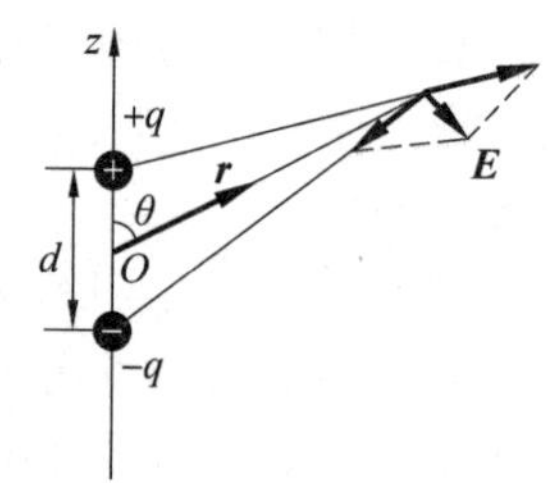

图 2.4 电偶极子的电场

在球坐标系中，场点 $P(r,\theta,\varphi)$ 的位置矢量为 $\boldsymbol{r}=\boldsymbol{a}_r r$，两点电荷的位置矢量分别为$\boldsymbol{r}'_+=\boldsymbol{a}_z\dfrac{d}{2}$ 和$\boldsymbol{r}'_-=-\boldsymbol{a}_z\dfrac{d}{2}$，根据式 (2.2.8) 可知

$$\boldsymbol{E}(\boldsymbol{r})=\frac{q}{4\pi\varepsilon_0}\left(\frac{\boldsymbol{r}_1}{r_1^3}-\frac{\boldsymbol{r}_2}{r_2^3}\right)=\frac{q}{4\pi\varepsilon_0}\left(\frac{\boldsymbol{r}-\boldsymbol{a}_z d/2}{|\boldsymbol{r}-\boldsymbol{a}_z d/2|^3}-\frac{\boldsymbol{r}+\boldsymbol{a}_z d/2}{|\boldsymbol{r}+\boldsymbol{a}_z d/2|^3}\right)$$

在电磁场理论中，常常感兴趣的是远离电偶极子区域(即 $r\gg d$) 的场。此时

$$\left|\boldsymbol{r}-\boldsymbol{a}_z\frac{d}{2}\right|^{-3}=\left[\left(\boldsymbol{r}-\boldsymbol{a}_z\frac{d}{2}\right)\cdot\left(\boldsymbol{r}-\boldsymbol{a}_z\frac{d}{2}\right)\right]^{-3/2}$$

$$=\left(r^2-\boldsymbol{r}\cdot\boldsymbol{a}_z\frac{d}{2}+\frac{d^2}{4}\right)^{-3/2}\approx r^{-3}\left(1-\frac{\boldsymbol{r}\cdot\boldsymbol{a}_z d}{r^2}\right)^{-3/2}$$

将上式中的$\left(1-\dfrac{\boldsymbol{r}\cdot\boldsymbol{a}_z d}{r^2}\right)^{-3/2}$应用二项式公式展开，并忽略所有包含$\dfrac{d}{r}$的二次方和高次方项，则

$$\left|\boldsymbol{r}-\boldsymbol{a}_z\frac{d}{2}\right|^{-3}\approx r^{-3}\left(1+\frac{3}{2}\frac{\boldsymbol{r}\cdot\boldsymbol{a}_z d}{r^2}\right)$$

同理

$$\left|\boldsymbol{r}+\boldsymbol{a}_z\frac{d}{2}\right|^{-3}\approx r^{-3}\left(1-\frac{3}{2}\frac{\boldsymbol{r}\cdot\boldsymbol{a}_z d}{r^2}\right)$$

这样，当 $r\gg d$ 时，点 $P(\boldsymbol{r})$ 的电场强度近似为

$$\boldsymbol{E}(\boldsymbol{r})\approx\frac{q}{4\pi\varepsilon_0 r^3}\left(\frac{3\boldsymbol{r}\cdot\boldsymbol{a}_z d}{r^2}\boldsymbol{r}-\boldsymbol{a}_z d\right)$$

根据球坐标与直角坐标的转换关系$\boldsymbol{a}_z=\boldsymbol{a}_r\cos\theta+\boldsymbol{a}_\theta\sin\theta$，得

$$\boldsymbol{E}(\boldsymbol{r})\approx\frac{qd}{4\pi\varepsilon_0 r^3}(\boldsymbol{a}_r 2\cos\theta+\boldsymbol{a}_\theta\sin\theta)$$

上式结果表明：① 电偶极子的场强与距离 r 的三次方成反比，它比点电荷的场强随 r 递减的速度快得多；② 电偶极子的场强只与 q 和 d 的乘积有关。如果 q 增大一倍而 d 减少一半，偶极子在远处产生的场强不变。这表明 q 和 d 的乘积是描述电偶极子属性的一个物理量，通常称为它的电偶极矩，将于后面章节详述。

例 2.2　求无限长均匀带电直线的电场。

解　一无限长直线均匀带电，电荷线密度为 η，如图 2.5 所示。考察点 P 到直线的距离为 R，垂足为 O，直线上离 O 点为 l 到 $l+\mathrm{d}l$ 处的线段元所带的电量为

$$\mathrm{d}q=\eta\mathrm{d}l$$

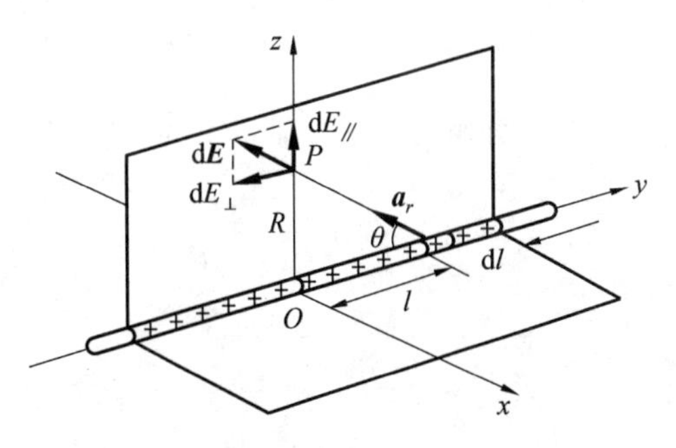

图 2.5　无限长均匀带电直线的电场

电荷元单独产生的电场的场强

$$\mathrm{d}\boldsymbol{E}=\frac{1}{4\pi\varepsilon_0}\frac{\eta\mathrm{d}l}{r^2}\boldsymbol{a}_r$$

$\mathrm{d}\boldsymbol{E}$ 的两个分量 $\mathrm{d}E_{/\!/}$ 和 $\mathrm{d}E_{\perp}$ 分别为

$$\mathrm{d}E_{/\!/}=\mathrm{d}E\sin\theta=\frac{1}{4\pi\varepsilon_0}\frac{\eta\mathrm{d}l}{r^2}\sin\theta$$

$$\mathrm{d}E_{\perp}=\mathrm{d}E\cos\theta=\frac{1}{4\pi\varepsilon_0}\frac{\eta\mathrm{d}l}{r^2}\cos\theta$$

由于

$$r=R\csc\theta,\quad l=R\cot\theta$$

于是

$$\mathrm{d}l=-R\frac{\mathrm{d}\theta}{\sin^2\theta}$$

$$\mathrm{d}E_{/\!/}=-\frac{1}{4\pi\varepsilon_0}\frac{\eta}{R}\sin\theta\mathrm{d}\theta$$

$$\mathrm{d}E_{\perp}=-\frac{1}{4\pi\varepsilon_0}\frac{\eta}{R}\cos\theta\mathrm{d}\theta$$

对以上两式积分，即得所求电场。若导线有限长，长度为L，考察点在导线的中垂线上，则积分限为θ_0和$\pi-\theta_0$，满足$L/2=R\cot\theta_0$，于是有

$$E_{/\!/}=-\frac{1}{4\pi\varepsilon_0}\frac{\eta}{R}\int_{\pi-\theta_0}^{\theta_0}\sin\theta\mathrm{d}\theta=\frac{1}{4\pi\varepsilon_0}\frac{2\eta}{R}\cos\theta_0=\frac{1}{4\pi\varepsilon_0}\frac{\eta L}{\sqrt{R^2+L^2/4}}$$

$$E_{\perp}=-\frac{1}{4\pi\varepsilon_0}\frac{\eta}{R}\int_{\pi-\theta_0}^{\theta_0}\cos\theta\mathrm{d}\theta=0$$

若带电直线为无限长，即$\theta\to0$，则

$$\boldsymbol{E}=\boldsymbol{a}_R\frac{1}{2\pi\varepsilon_0}\frac{\eta}{R}$$

$\boldsymbol{a}_R$为由O点指向考察点P的单位矢量，即场强大小与电荷线密度η成正比，与考察点离带电直线的距离R成反比，场强的方向与带电直线垂直。

例 2.3　求均匀带电圆环轴线上的电场。

解　设圆环半径为a，电量为q，位于xOy平面内。圆环中心位于坐标原点，考察点P位于z轴上，离原点的距离为b，如图 2.6(a) 所示。圆环上的电荷线密度为

$$\eta=\frac{q}{2\pi a}$$

电荷元$\mathrm{d}q=\eta\mathrm{d}l$在考察点单独产生的电场的场强为

$$\mathrm{d}\boldsymbol{E}=\frac{1}{4\pi\varepsilon_0}\frac{\eta\mathrm{d}l}{r^2}\boldsymbol{a}_r=\frac{1}{4\pi\varepsilon_0}\frac{q}{2\pi a}\frac{\mathrm{d}l}{r^2}\boldsymbol{a}_r$$

$\mathrm{d}\boldsymbol{E}$可分解为沿着z轴的分量$\mathrm{d}E_{/\!/}$和垂直z轴的分量$\mathrm{d}E_{\perp}$两部分，根据对称性，各$\mathrm{d}E_{\perp}$的结果为零，故有

$$E=\int\mathrm{d}E_{/\!/}=\int\frac{1}{4\pi\varepsilon_0}\frac{q}{2\pi a}\frac{\mathrm{d}l}{r^2}\cos\theta=\frac{q}{4\pi\varepsilon_0 r^2}\cos\theta$$

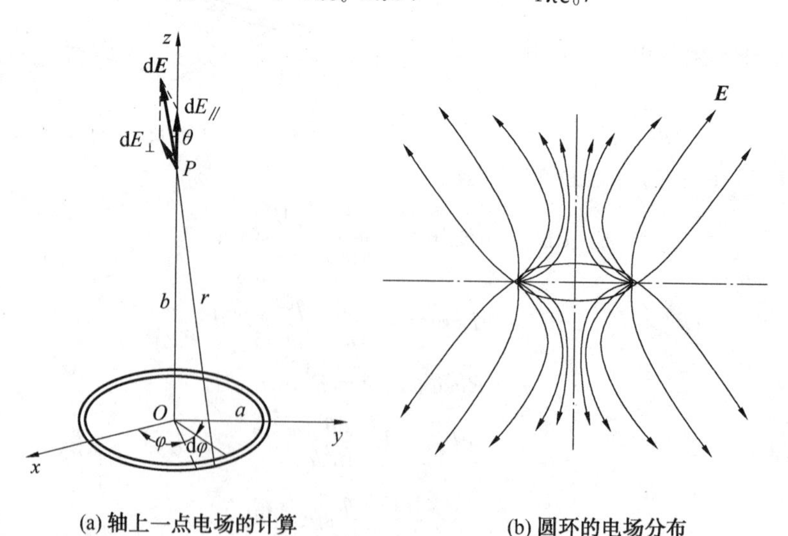

(a) 轴上一点电场的计算　　　　(b) 圆环的电场分布

图 2.6　均匀带电圆环的电场

由于

$$\cos\theta=\frac{b}{\sqrt{a^2+b^2}}$$

故
$$E=\frac{1}{4\pi\varepsilon_0}\frac{qb}{(a^2+b^2)^{3/2}}$$

除了 z 轴上的各点外，带电圆环其他地方的场强计算相当复杂，将涉及椭圆积分，这里不做讨论。图 2.6(b) 描述了带电圆环周围的电场分布。

2.3　真空中静电场的基本方程

亥姆霍兹定理指出，任一矢量场由它的散度、旋度和边界条件唯一地确定。因此，要确定静电场，首先要讨论它的散度和旋度。

2.3.1　静电场的散度和高斯定律

讨论静电场的散度和高斯定律是以库仑定律为依据的。设电荷按体密度 $\rho(\boldsymbol{r}')$ 连续分布在区域 V' 内，由库仑定律得到的电场强度公式为

$$\boldsymbol{E}(\boldsymbol{r})=\frac{1}{4\pi\varepsilon_0}\int_{V'}\frac{\boldsymbol{R}}{R^3}\rho(\boldsymbol{r}')\mathrm{d}v' \tag{2.3.1}$$

式中，$\boldsymbol{R}=\boldsymbol{r}-\boldsymbol{r}'$，$R=|\boldsymbol{r}-\boldsymbol{r}'|$。

利用等式$\nabla\left(\frac{1}{R}\right)=-\frac{\boldsymbol{R}}{R^3}$，可将式(2.3.1) 写成

$$\boldsymbol{E}(\boldsymbol{r})=-\frac{1}{4\pi\varepsilon_0}\int_{V'}\rho(\boldsymbol{r}')\ \nabla\left(\frac{1}{R}\right)\mathrm{d}v' \tag{2.3.2}$$

对上式两边以场点坐标(x,y,z) 为变量作散度运算，并注意上式右端的积分是对源点坐标(x',y',z') 进行的，所以散度符号可以移到积分号内，即

$$\nabla\cdot\boldsymbol{E}(\boldsymbol{r})=-\frac{1}{4\pi\varepsilon_0}\int_{V'}\rho(\boldsymbol{r}')\ \nabla^2\left(\frac{1}{R}\right)\mathrm{d}v' \tag{2.3.3}$$

利用关系式$\nabla^2\left(\frac{1}{R}\right)=-4\pi\delta(\boldsymbol{r}-\boldsymbol{r}')$，上式变为

$$\nabla\cdot\boldsymbol{E}(\boldsymbol{r})=\frac{1}{\varepsilon_0}\int_{V'}\rho(\boldsymbol{r}')\delta(\boldsymbol{r}-\boldsymbol{r}')\mathrm{d}v' \tag{2.3.4}$$

再利用 δ 函数的抽样特性，有

$$\int_{V}\rho(\boldsymbol{r}')\delta(\boldsymbol{r}-\boldsymbol{r}')\mathrm{d}v'=\begin{cases}0 & (\text{积分区域不包含 }\boldsymbol{r}=\boldsymbol{r}')\\ \rho(\boldsymbol{r}) & (\text{积分区域包含 }\boldsymbol{r}=\boldsymbol{r}')\end{cases}$$

则由式(2.3.4) 得到

$$\nabla\cdot\boldsymbol{E}(\boldsymbol{r})=\begin{cases}0 & (\boldsymbol{r}\text{ 位于区域 }V'\text{ 外})\\ \frac{1}{\varepsilon_0}\rho(\boldsymbol{r}) & (\boldsymbol{r}\text{ 位于区域 }V'\text{ 内})\end{cases}$$

而 $\boldsymbol{r}$ 位于区域 V' 外时有 $\rho(\boldsymbol{r})=0$，故上式也可写成

$$\nabla\cdot\boldsymbol{E}=\frac{\rho}{\varepsilon_0} \tag{2.3.5}$$

这就是真空中高斯定律的微分形式。

高斯定律的微分形式说明：空间任一点上电场强度 $\boldsymbol{E}$ 的散度等于该点的体电荷密度与真空介电常数的比值。根据散度的概念，若空间中某点的$\nabla\cdot\boldsymbol{E}>0$，则$\rho>0$（正电荷），即该

点有电场线向外发散；若空间中某点的$\nabla\cdot \boldsymbol{E}<0$，则$\rho<0$（负电荷），即有电场线从四周向该点汇聚；若空间中某点$\nabla\cdot \boldsymbol{E}=0$，则$\rho=0$（没有电荷），说明电场线既不是从该点发出也不是向该点汇聚，而只是通过该点。因此，高斯定律说明静电场的另一个重要性质：它是一个具有通量源的场，静电荷就是静电场的通量源；电荷密度为正称为发散源，电荷密度为负称为汇聚源；电场线从正电荷发出而终止于负电荷。

对式（2.3.5）两端在任一体积V内作体积分

$$\int_V \nabla\cdot \boldsymbol{E}\mathrm{d}v=\frac{1}{\varepsilon_0}\int_V \rho\,\mathrm{d}v \tag{2.3.6}$$

应用高斯散度定理把上式左端变换成限定体积V的闭合曲面S上的面积分，右端的体积分等于闭合曲面S内的总电量q，则有

$$\oint_S \boldsymbol{E}\cdot\mathrm{d}\boldsymbol{s}=\frac{q}{\varepsilon_0} \tag{2.3.7}$$

这就是真空中高斯定律的积分形式。

高斯定律的积分形式说明：电场强度$\boldsymbol{E}$在任一闭合面的通量恒等于该闭合面所包围的总电量与真空介电常数的比值。必须强调指出，式（2.3.7）中的$\boldsymbol{E}$是带电体系统中所有电荷（包括闭合面S内、外的电荷）产生的总场强，而q只是S面内的总电荷。这是因为S面外的电荷对S面上的$\boldsymbol{E}$通量没有贡献，而对总场强$\boldsymbol{E}$是有贡献的。S面通常被称为高斯面。

在静电场中任一闭合面上$\boldsymbol{E}$的通量不恒等于零，说明静电场是有通量源的场，显然这个通量源就是电荷。这与从高斯定律的微分形式得到的结论是一致的。

2.3.2 静电场的旋度和环路定理

在式(2.3.2)中，微分算符∇是对场点坐标$\boldsymbol{r}$求导，与源点坐标$\boldsymbol{r}'$无关，故可将算符∇从积分号中移出，即

$$\boldsymbol{E}(\boldsymbol{r})=-\nabla\left[\frac{1}{4\pi\varepsilon_0}\int_{V'}\frac{\rho(\boldsymbol{r}')}{R}\mathrm{d}v'\right]$$

对上式两边取旋度，即

$$\nabla\times\boldsymbol{E}(\boldsymbol{r})=-\nabla\times\nabla\left[\frac{1}{4\pi\varepsilon_0}\int_{V'}\frac{\rho(\boldsymbol{r}')}{R}\mathrm{d}v'\right]$$

上式右端括号内是一个连续的标量函数，根据任何标量函数的梯度的旋度恒为0，故上式右端为0，则得

$$\nabla\times\boldsymbol{E}=\boldsymbol{0} \tag{2.3.8}$$

这就是真空中环路定理的微分形式。

安培环路定律的微分形式说明点电荷的电场强度$\boldsymbol{E}$的旋度等于零，此结论同样适用于点电荷系统和其他形式的分布电荷。因此可以得到结论：任何静电荷产生的电场的旋度恒为零，静电场是无旋场。

将式（2.3.8）对任一曲面S求积分，并利用斯托克斯定理把该式左端变换成限定曲面S的周界C上的线积分，则有

$$\oint_C \boldsymbol{E}\cdot\mathrm{d}\boldsymbol{l}=0 \tag{2.3.9}$$

这就是真空中环路定理的积分形式。

安培环路定律的积分形式说明静电场的电场强度 $\boldsymbol{E}$ 沿任意闭合路径 C 的积分恒为零。其物理意义是将单位正电荷沿静电场中的任一个闭合路径移动一周，电场力不做功，或者说静电场是保守场，这与从环路定理的微分形式得到的结论是一致的。

高斯定律同库仑定律一样也是静电场的基本定理之一，它给出了场与源的联系，但并没有给出场分布与产生电场的源电荷之间的直接联系。因此在一般情况下，已知电荷分布，很难直接利用高斯定律求得场强分布，这也是高斯定律没有包括库仑定律全部信息的反映。但是在电荷分布具有某种对称性，从而使场分布也具有某种对称性（注意这些信息并非来自高斯定律）时，可以直接用高斯定律通过电荷分布求得场的分布。下面通过几个例子来说明这一点。

例 2.4　求均匀带正电球壳内外的电场，设球壳带电总量为 q，半径为 R，如图 2.7(a) 所示。

解　如果用场强叠加法来解这个问题，就需要把带电球壳分割成许多小面元 $\mathrm{d}s$，将各个小面元上电荷所产生的电场微元 $\mathrm{d}\boldsymbol{E}$ 进行矢量叠加。这样做显然是很复杂的，现在用高斯定律来处理它。

首先分析电场分布的对称性。由于电荷均匀分布在球壳上，这个带电体系具有球对称性，因而电场分布也应具有球对称性。这就是说，在任何与带电球壳同心的球面上各点场强的大小均相等，方向沿半径向外呈辐射状。为了具体地说明场强的方向确是如此，首先考虑空间任一场点 P，如图 2.7(b) 所示。对于带电球壳上的任何一个面元 $\mathrm{d}s$，在球面上都存在着另一个面元 $\mathrm{d}s'$，二者对 OP 连线完全对称（O 是球心），$\mathrm{d}s$ 和 $\mathrm{d}s'$ 在 P 点产生的电场微元 $\mathrm{d}\boldsymbol{E}$ 和 $\mathrm{d}\boldsymbol{E}'$ 也对 OP 连线对称，从而它们的矢量和 $\mathrm{d}\boldsymbol{E}+\mathrm{d}\boldsymbol{E}'$ 必定沿 OP 连线。整个带电球壳都可以分割成一对对的对称面元，所以在 P 点的总场强 $\boldsymbol{E}$ 一定是沿 OP 连线的。

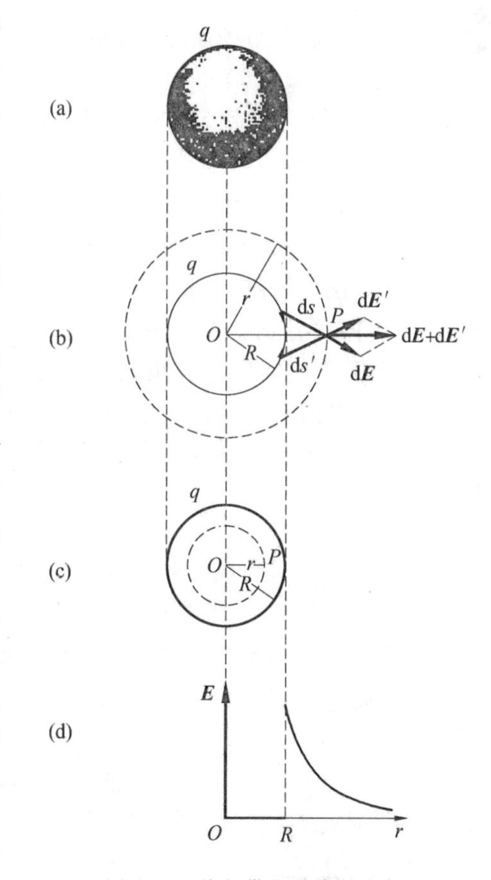

图 2.7　均匀带电球壳的电场

根据电场的球对称性特点，取高斯面为通过 P 点的同心球面，此球面上场强的大小处处都和 P 点的场强 $\boldsymbol{E}$ 相同，且场强 $\boldsymbol{E}$ 的方向与该点处面元 $\mathrm{d}\boldsymbol{s}$ 方向相同，即夹角余弦 $\cos\theta$ 处处等于 1。于是有

$$\oint_S \boldsymbol{E}\cdot\mathrm{d}\boldsymbol{s}=\oint_S E\cos\theta\mathrm{d}s=E\oint_S \mathrm{d}s=4\pi r^2 E$$

这里 r 为高斯面的半径，即 OP 的距离。

上述对称性的分析对球壳内、外的场点都是适用的，所以上式适用于任何比球壳大或小的高斯面。如果 P 点在球壳外（$r>R$，图 2.7(b)），则高斯面包围了球壳上的全部电荷 q。根据高斯定律，有

$$4\pi r^2 E = \frac{q}{\varepsilon_0}$$

由此得 P 点的场强为

$$E = \frac{1}{4\pi\varepsilon_0}\frac{q}{r^2}$$

或

$$\boldsymbol{E} = \frac{1}{4\pi\varepsilon_0}\frac{q}{r^3}\boldsymbol{r}$$

这表明：均匀带电球壳在外部空间产生的电场，与其上电荷全部集中在球心时产生的电场相同。

如果 P 点在球壳内($r < R$，图 2.8(c))，则高斯面内没有电荷。根据高斯定律，有

$$4\pi r^2 E = 0$$

由此得 P 点的场强为

$$E = 0$$

这表明：均匀带电球壳内部空间的场强处处为 0。

为了更明确地表明场强的大小随半径 r 的变化情况，作 $E-r$ 曲线于图 2.7(d)。可以看出，场强在球壳上($r=R$) 的数值有个跃变。

例 2.5 求无限大均匀带电平面的电场。

解 根据无限大均匀带电平面的对称性，可以判定整个带电平面上的电荷产生的电场的场强应与带电平面垂直并指向两侧，在离平面等距离的各点场强应相等(图 2.8)。根据场分布的这些特点，可作一柱形高斯面，使其侧面与带电平面垂直，两底分别与带电平面平行，并位于离带电平面等距离的两侧，把高斯定律应用到这一特殊形状的高斯面，注意到整个带电面上的电荷产生的总场强对柱面的侧面无通量，只对两个底面才有通量，可得

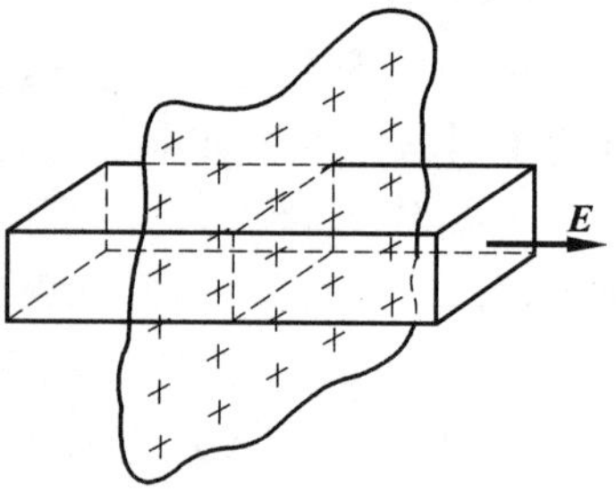

$$E = \frac{1}{2\varepsilon_0}\sigma$$

图 2.8 无限大均匀带电平面的电场

即场强为常量，与离开带电面的距离无关。值得注意的是，在本例中，包围在所作高斯曲面内的电量单独产生的电场对此高斯面的通量也等于 $\sigma\Delta s/\varepsilon_0$，但这些电荷产生的场对柱体的侧面也有通量，在柱体底面上各点的场强的大小和方向也各不相同。可以用高斯定律求得这些电荷单独产生的电场的电通量，但不能用高斯定律求得这些电荷单独产生的电场的场强。

2.4 电位函数

2.4.1 电位

矢量分析中讲过，若已知一矢量场的旋度为零，则该矢量场可以表示为一个标量函数的梯度。由于静电场为保守场，因此电场强度矢量 $\boldsymbol{E}$ 可以表示为一个标量函数 ϕ 的梯度，即

$$\boldsymbol{E}(\boldsymbol{r}) = -\nabla\phi(\boldsymbol{r}) \tag{2.4.1}$$

式中，标量函数 $\phi(\boldsymbol{r})$ 称为静电场的电位（电势）函数，简称电位，单位是伏特（V）。

此式适用于任何静止电荷产生的静电场，即静电场的电场强度矢量等于负的电位梯度。电位函数的引入通常可以简化计算，因为标量总是比矢量易于处理一些。

以点电荷为例来推导静电场中的电位函数 $\phi(\boldsymbol{r})$ 的公式，由式（2.2.7）

$$\boldsymbol{E}(\boldsymbol{r})=\frac{q}{4\pi\varepsilon_0}\cdot\frac{\boldsymbol{r}-\boldsymbol{r}'}{|\boldsymbol{r}-\boldsymbol{r}'|^3}$$

利用等式 $\nabla\left(\frac{1}{|\boldsymbol{r}-\boldsymbol{r}'|}\right)=-\frac{\boldsymbol{r}-\boldsymbol{r}'}{|\boldsymbol{r}-\boldsymbol{r}'|^3}$，有

$$\boldsymbol{E}(\boldsymbol{r})=-\nabla\left(\frac{q}{4\pi\varepsilon_0}\cdot\frac{1}{|\boldsymbol{r}-\boldsymbol{r}'|}\right) \tag{2.4.2}$$

与式（2.4.1）比较，可得到点电荷 q 产生的电场的电位函数为

$$\phi(\boldsymbol{r})=\frac{q}{4\pi\varepsilon_0|\boldsymbol{r}-\boldsymbol{r}'|}+C \tag{2.4.3}$$

式中，C 为任意常数，不会影响 $\boldsymbol{E}(\boldsymbol{r})$ 的大小和方向。

应用叠加原理，根据式（2.4.3）可得到点电荷系统、体电荷、面电荷以及线电荷产生的电场的电位函数分别为

$$\phi(\boldsymbol{r})=\frac{1}{4\pi\varepsilon_0}\sum_{i=1}^{N}\frac{q_i}{|\boldsymbol{r}-\boldsymbol{r}'_i|}+C \tag{2.4.4}$$

$$\phi(\boldsymbol{r})=\frac{1}{4\pi\varepsilon_0}\int_{V'}\frac{\rho(\boldsymbol{r}')}{|\boldsymbol{r}-\boldsymbol{r}'|}\mathrm{d}v'+C \tag{2.4.5}$$

$$\phi(\boldsymbol{r})=\frac{1}{4\pi\varepsilon_0}\int_{S'}\frac{\rho_s(\boldsymbol{r}')}{|\boldsymbol{r}-\boldsymbol{r}'|}\mathrm{d}s'+C \tag{2.4.6}$$

$$\phi(\boldsymbol{r})=\frac{1}{4\pi\varepsilon_0}\int_{L'}\frac{\rho_l(\boldsymbol{r}')}{|\boldsymbol{r}-\boldsymbol{r}'|}\mathrm{d}l'+C \tag{2.4.7}$$

若已知电荷分布，则可利用式（2.4.3）～（2.4.7）求得电位函数 $\phi(\boldsymbol{r})$，再利用 $\boldsymbol{E}(\boldsymbol{r})=-\nabla\phi(\boldsymbol{r})$ 求得电场强度 $\boldsymbol{E}(\boldsymbol{r})$，通常这样做比直接求 $\boldsymbol{E}(\boldsymbol{r})$ 简单一些。

2.4.2　电位差

在点电荷 q 所产生的电场 $\boldsymbol{E}$ 中放置一个试验电荷 q_0，在 q_0 从电场中的点 P 沿任意路径移到另一点 Q 的过程中，电场力做的功为

$$\Delta W_{\mathrm{e}}=\int_P^Q q_0\boldsymbol{E}\cdot\mathrm{d}\boldsymbol{l}=\frac{qq_0}{4\pi\varepsilon_0}\int_P^Q\frac{\mathrm{d}r}{r^2}=\frac{qq_0}{4\pi\varepsilon_0}\left(\frac{1}{r_P}-\frac{1}{r_Q}\right) \tag{2.4.8}$$

式中，r_P 和 r_Q 分别为点 P 和点 Q 到场源的距离。

结果表明，在点电荷产生的静电场中，电场力做功与路径无关，仅由起点和终点的位置决定。所以静电场和重力场一样都是保守场，这与环路定理得到的结论一致。根据叠加原理，不难看出这一结论并不限于点电荷的电场，对任意分布的电荷产生的电场都成立。

假设位于静电场 $\boldsymbol{E}(\boldsymbol{r})$ 中的点电荷 q_0 在一个与电场力 $\boldsymbol{F}_{\mathrm{e}}$ 大小相等、方向相反的外力 $\boldsymbol{F}$ 作用下，以非常缓慢的速度由场内一点 P 沿任意路径移到另一点 Q，外力 $\boldsymbol{F}$ 做的功为

$$\Delta W=\int_P^Q\boldsymbol{F}\cdot\mathrm{d}\boldsymbol{l}=-\int_P^Q\boldsymbol{F}\cdot\mathrm{d}\boldsymbol{l}=-\Delta W_{\mathrm{e}} \tag{2.4.9}$$

由于外力做的功等于电场力做的功的负值，因此也与路径无关。如果在点 P 到点 Q 的

过程中,外力做了正功,则电场力必做负功;如果外力做负功,则电场力做正功,即电场力总是反抗外力做功。不论哪种情形,电荷的动能并未改变。根据外力反抗保守力做功与势能变化的关系可知,在静电场中外力反抗静电力做的功等于电荷处在静电场中的静电势能的增量,即

$$\Delta W = W_Q - W_P \tag{2.4.10}$$

W_P 和 W_Q 分别为电荷处在静电场中 P 点和 Q 点的电势能。由式(2.4.9),静电力做的功应等于静电势能增量的负值,即等于静电势能的减少,则

$$\Delta W_e = W_P - W_Q \tag{2.4.11}$$

说明电场力做正功,电势能减少;电场力做负功,电势能增加。

反过来,电荷处在静电场内任意给定两点的电势能的变化,也可以用电场力沿连接这两点的任一路径上做的功来量度。由于静电力做功与路径无关,当场内两点的位置确定以后,电荷位于这两点的电势能差是完全确定的。

电荷处在电场内任意给定两点的电势能差,不仅与场有关,而且与此电荷的电量有关,它是描写场与电荷相互作用的物理量,但电势能差与该电荷的电量的比值

$$\frac{W_P - W_Q}{q_0} = \int_P^Q \boldsymbol{E} \cdot \mathrm{d}\boldsymbol{l} \tag{2.4.12}$$

则与电荷无关,它反映了电场本身在点 P 和点 Q 的属性。于是,用静电场内 P,Q 两点的电位差(又称电势差、电势降落或电压)来表示这一比值,即

$$\phi_P - \phi_Q = \int_P^Q \boldsymbol{E} \cdot \mathrm{d}\boldsymbol{l} \tag{2.4.13}$$

上式说明,静电场内任意 P,Q 两点的电位差,其数值等于一个单位正电荷从点 P 沿任一路径移到点 Q 的过程中,电场力所做的功。如果做功为正,则 P 点电位高于 Q 点电位。换句话说,当外力使电荷逆着电场 $\boldsymbol{E}$ 的方向运动时,电荷的电势能增加,这也是在式(2.4.1)中加负号的原因。

静电场内任意给定两点的电位差是完全确定的,但电场内某点的电位则取决于电位零参考点的选择。由于零参考点不同,同一点的电位具有不同的值,即所谓某点的电位总是相对预先选定的零参考点而言的。若取 Q 点为零电位点,则任一点 P 的电位可表示为

$$\phi_P = \int_P^Q \boldsymbol{E} \cdot \mathrm{d}\boldsymbol{l} \tag{2.4.14}$$

在理论分析中,若产生电场的源电荷分布在空间有限的范围内,则选取无限远处作为电位的零参考点是方便的,在此条件下,静电场内某一点 P 的电位实质上就是点 P 与无限远处的电位差,即

$$\phi_P = \int_P^\infty \boldsymbol{E} \cdot \mathrm{d}\boldsymbol{l} \tag{2.4.15}$$

它在数值上等于把单位正电荷由点 P 移到无限远处的过程中电场力做的功。

在实际工作中,常以大地作为电位的零参考点。

在 MKSA 单位制中,电位和电位差的单位均为伏特(V)。即把 1 C 的正电荷从静电场内一点移到另一点的过程中,若电场力做的功恰为 1 J,则称这两点的电位差为 1 V,即 1 V= 1 J/C。

2.4.3　等位面

任何静电荷产生的电场与电位函数的关系都由式（2.4.1）决定，即电场强度矢量是负的电位梯度。根据梯度的物理意义可知，场中任一点的电场强度 $\boldsymbol{E}$ 的方向总是沿着电位减小最快的方向，即从高电位指向低电位方向，其数值等于电位随距离的最大变化率。电位函数同其他的标量函数一样，可以用等电位面（简称等位面）来形象地描述电位的空间分布。由于梯度的方向总是垂直于等值面，所以电场强度与等位面垂直，或者说电场所在空间中任一点的电场线与等位面处处正交。

例 2.6　计算图 2.4 所示电偶极子的电位。

解　空间任意一点 $P(r,\theta,\varphi)$ 处的电位等于两个点电荷的电位叠加，即

$$\phi(\boldsymbol{r})=\frac{q}{4\pi\varepsilon_0}\left(\frac{1}{r_1}-\frac{1}{r_2}\right)=\frac{q}{4\pi\varepsilon_0}\frac{r_2-r_1}{r_1r_2}$$

式中

$$r_1=\sqrt{r^2+(l/2)^2-rl\cos\theta},\quad r_2=\sqrt{r^2+(l/2)^2+rl\cos\theta}$$

对远离电偶极子的场点，$r\gg l$，则

$$r_1\approx r-\frac{l}{2}\cos\theta,\quad r_2\approx r+\frac{l}{2}\cos\theta$$

$$r_2-r_1\approx l\cos\theta,\quad r_1r_2\approx r^2$$

故得

$$\phi(r)=\frac{lq\cos\theta}{4\pi\varepsilon_0 r^2}$$

应用球面坐标系的梯度公式，可得到电偶极子的远区电场强度

$$\begin{aligned}\boldsymbol{E}(\boldsymbol{r})&=-\nabla\phi(\boldsymbol{r})=-\left(\boldsymbol{a}_r\frac{\partial\phi}{\partial r}+\boldsymbol{a}_\theta\frac{1}{r}\frac{\partial\phi}{\partial\theta}+\boldsymbol{a}_r\frac{1}{r\sin\theta}\frac{\partial\phi}{\partial\varphi}\right)\\&=\frac{ql}{4\pi\varepsilon_0 r^3}(\boldsymbol{a}_r2\cos\theta+\boldsymbol{a}_\theta\sin\theta)\end{aligned}$$

显然，此处的运算比例 2.1 中直接计算电场强度 $\boldsymbol{E}$ 要简单很多。

例 2.7　求均匀带电球壳产生的电场中电位的分布，设球壳带电总量为 q，半径为 R。

解　在例 2.4 中已经求得带电球壳的场强分布为

$$E=\begin{cases}\dfrac{1}{4\pi\varepsilon_0}\dfrac{q}{r^2} & (r>R)\\ 0 & (r<R)\end{cases}$$

方向沿着径向。因此计算电位时仍和点电荷的情形一样，沿着径向积分。

在球壳外（$r>R$），结果与点电荷情形一样

$$\phi(P)=\int_P^\infty\boldsymbol{E}\cdot\mathrm{d}\boldsymbol{l}=\frac{1}{4\pi\varepsilon_0}\frac{q}{r_P}$$

若点 P 在球壳内（$r<R$），如图 2.9(a) 所示，积分则要分两段：一段为点 P 至球壳表面（$r=R$ 处），这段电场 $E=0$；另一段为 $r=R$ 处到∞，只有这段对积分有贡献。则

$$\phi(P)=\int_R^\infty\boldsymbol{E}\cdot\mathrm{d}\boldsymbol{l}=\frac{1}{4\pi\varepsilon_0}\frac{q}{R}$$

于是有

$$\phi=\begin{cases}\dfrac{1}{4\pi\varepsilon_0}\dfrac{q}{r} & (r>R)\\[2ex]\dfrac{1}{4\pi\varepsilon_0}\dfrac{q}{R} & (r<R)\end{cases}$$

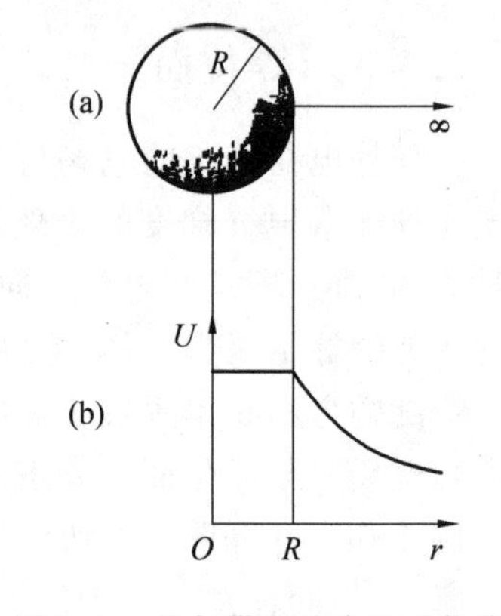

图 2.9　均匀带电球壳的电势分布

即在球壳外的电位分布与点电荷一样，在球壳内电位到处与球壳表面的值一样，是个常量。电位 ϕ 随 r 的变化情况如图 2.9(b) 所示。可以看出，在球壳表面，ϕ 和 E 不同，其他 0 的数值没有跃变。

例 2.8　两无限长同轴圆筒，半径分别为 R_1 与 R_2，均匀带有等量异号电荷。如图 2.10 所示，已知两圆筒电势差为 $\phi_1-\phi_2$，求电场分布。

解　如果已知电荷分布，则可用叠加原理通过积分法求得场强；如果已知电势分布，则可用求导法求得场强。在本题中这两种条件都不完备。但是，利用电荷分布和场强分布的对称特征及电势差与场强之间的联系，可以求得场强。

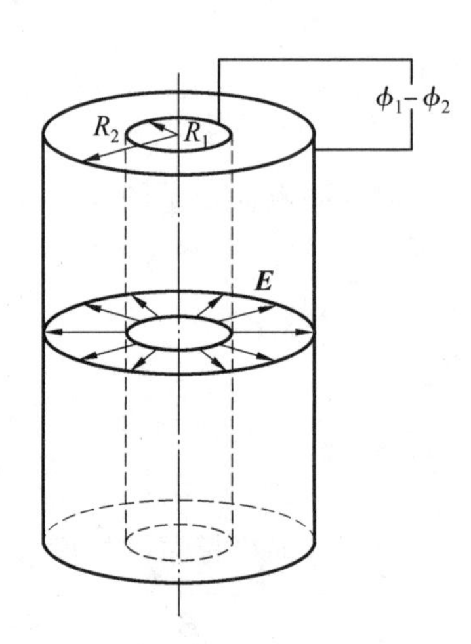

图 2.10　两个带等量异号电荷同轴圆筒间的电场

若已知圆筒的电荷分布，则根据对称性就可以直接用高斯定律求得两圆筒之间的场强。设圆筒上单位长度的电量为 η，则两筒之间的场强为

$$\boldsymbol{E}=\frac{1}{2\pi\varepsilon_0}\frac{\eta}{r}\boldsymbol{a}_r\quad(R_1<r<R_2)$$

由电势差定义

$$\phi_1-\phi_2=\int_1^2\boldsymbol{E}\cdot\mathrm{d}\boldsymbol{l}=\int_{R_1}^{R_2}\frac{1}{2\pi\varepsilon_0}\frac{\eta}{r}\mathrm{d}r=\frac{1}{2\pi\varepsilon_0}\ln\frac{R_2}{R_1}$$

得

$$\eta=\frac{2\pi\varepsilon_0(\phi_1-\phi_2)}{\ln\dfrac{R_2}{R_1}}$$

于是两筒之间的场强为

$$E=\frac{\eta}{2\pi\varepsilon_0 r}=\frac{\phi_1-\phi_2}{r\ln\dfrac{R_2}{R_1}}$$

而两筒外 $E=0$。

例 2.9　半径分别为 a 和 b、相距足够远的两个导电球用很长很细的导线连起来(图 2.11)，如该系统带电量 q，求每个球所带电量及表面电场 $\boldsymbol{E}$。

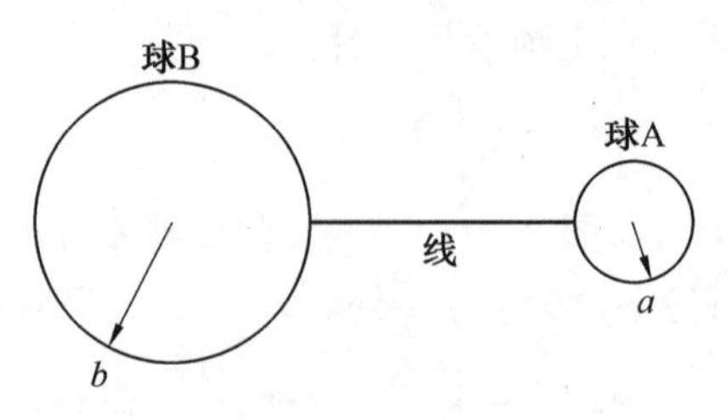

图 2.11　细导线连接的两个导电球

解　因为两导电球相距足够远，可认为彼此相距无穷远，因而可假定每个导电球表面电荷均匀分布，设 q_a 为导电球 A 表面的电荷，q_b 为导电球 B 表面的电荷，如果连接两导电球的导线很细，可以设线上的电荷为零。于是有

$$q_a + q_b = q \tag{2.4.16}$$

导电球 A 的电位为

$$\phi_a = \frac{q_a}{4\pi\varepsilon a}$$

同理

$$\phi_b = \frac{q_b}{4\pi\varepsilon b}$$

因为两导电球被导线相连，其电位必须相等，所以

$$\frac{q_a}{4\pi\varepsilon a} = \frac{q_b}{4\pi\varepsilon b} \tag{2.4.17}$$

解式(2.4.16) 和式 (2.4.17) 可得

$$q_a = q\left(\frac{a}{a+b}\right)$$

$$q_b = q\left(\frac{b}{a+b}\right)$$

两导电球表面电场分别为

$$E_a = \frac{q_a}{4\pi\varepsilon a^2} = \frac{q}{4\pi\varepsilon(a+b)a}$$

$$E_b = \frac{q_b}{4\pi\varepsilon b^2} = \frac{q}{4\pi\varepsilon(a+b)b}$$

所以如果 $b \gg a$，则 $E_a \gg E_b$。

由例 2.9 得出的结果可以得到如下结论，如果一个导体包含尖端，那么尖端处电场强度比导体光滑部分电场强度大得多，这就是避雷针工作原理。

避雷针是一个具有尖端的导体棒，一端安放在建筑物的顶，另一端接地(图 2.12)，当带电云层接近建筑物时，避雷针从大地吸引与云层异号的电荷到尖端，使尖端电场强度大大高于周围任何地方的场强，当这个地方的场强超过大气击穿强度时，尖端附近空间被电离并成为导体，因而给云层中电荷提供了一条与地相连的安全通道。

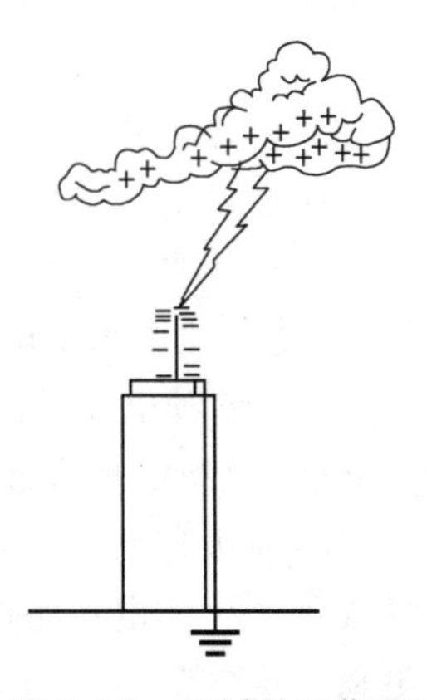

图 2.12　避雷针工作原理

2.5　介质中静电场的基本方程

前面针对自由空间或真空中的电荷所产生的电场已进行了充分的讨论，而实际情况中，空间中通常存在物质。任何物质都是由分别带正电荷(原子核) 和带负电荷(电子) 的粒子构成的，物质的存在相当于在真空中添加大量的带电粒子。物质可分为导电物质(导体) 和绝缘物质(电介质)。实验指出，无论是导体还是电介质，引入到静电场中以后，它们和场都要产生相互作用。

在导体内部，有许多能够自由运动的电荷(自由电子或正、负离子)，它们在外电场的作

用下可以移动，使电荷重新分布并达到新的平衡，于是导体表面就出现了感应电荷。这些感应电荷也能产生电场，因而原有的电场分布也会发生变化。在新的平衡状态下，所有电荷都达到静止，导体内部的电场强度必然等于零。电介质常常简称为介质。理想电介质是电的完全绝缘体，又称完全电介质。严格来讲，理想电介质的晶格结构中没有自由电子，所有的电子都与分子紧密相连，这些电子经受很强的内部约束力，无法像导体中的自由电子那样随机运动。因此，理想电介质内部被施加外加电场时，正、负电荷无法分离，也不会产生传导电流，所以其电导率为零。

当然，实际上并不存在绝对理想的电介质。但存在一些物质，它们的电导率约为良导体的 $1/10^{20}$。当外加电场低于一定数值时，这些物质产生的电流可以忽略不计。在实际应用中，这些物质就可以认为是理想电介质。关于导体与电场的相互作用将在第 3 章着重讨论，本节主要探讨电介质的特性及电介质中静电场的基本方程。

2.5.1　介质的极化

根据电介质中粒子的分布特征，把电介质的分子分为无极分子和有极分子两类。无极分子的正、负电荷中心重合，因此对外产生的合成电场为 0，不显电特性。有极分子的正、负电荷中心不重合，构成一个电偶极子。但由于许许多多的电偶极子杂乱无章地排列，使得合成电偶极矩相抵消，因此对外产生的合成电场为 0，也不显电特性。这里需要指出，所谓的正负电荷中心并非表示正、负电荷集中在某一点，而是分子中的全部正电荷或负电荷的等效位置。

在外电场的作用下，无极分子中的正电荷沿电场方向移动，负电荷沿逆电场方向移动，导致正负电荷中心不再重合，而形成许多排列方向与外电场大体一致的电偶极子，它们对外产生的电场不再为 0。对于有极分子而言，它的每个电偶极子在外电场的作用下要产生转动，最终使介质中每个电偶极子的排列方向大体与外电场方向一致，它们对外产生的电场也不再为 0。这种电介质的分子在外电场的作用下发生位移或偏转的现象，称为电介质的极化。此时，束缚电荷也被称为极化电荷。

电介质极化的结果是电介质内部出现许许多多沿着外电场方向排列的电偶极子，这些电偶极子产生的电场将改变原来的电场分布。也就是说，电介质对电场的影响可归结为极化电荷产生的附加电场的影响，换句话说，在计算电场时，如果考虑了电介质表面或体内的束缚电荷，则电介质所占的空间可视为真空。因此，电介质内的电场强度 $\boldsymbol{E}$ 可视为非束缚电荷（或称自由电荷）产生的外电场 $\boldsymbol{E}_0$ 与极化电荷产生的附加电场 $\boldsymbol{E}'$ 的叠加，即

$$\boldsymbol{E}=\boldsymbol{E}_0+\boldsymbol{E}' \tag{2.5.1}$$

自由电荷在真空中产生的电场性质在前面已讨论过了，下面主要讨论极化电荷产生的电场。为了分析计算极化电荷产生的附加电场 $\boldsymbol{E}'$，需了解电介质的极化特性。不同的电介质的极化特性是不同的，引入极化强度矢量来对其进行描述。

1. 极化强度

介质的极化状态由极化强度矢量 $\boldsymbol{P}$ 表示，定义为介质中某点单位体积内电偶极矩的矢量和。设介质中某点体积元 Δv 内的总电偶极矩为 $\sum \boldsymbol{p}_i$，则

$$\boldsymbol{P}=\lim_{\Delta v\to 0}\frac{\sum \boldsymbol{p}_i}{\Delta v} \tag{2.5.2}$$

称为极化强度矢量，单位是库 / 米^2（C/m^2）。式中$\boldsymbol{p}_i=q_i\boldsymbol{d}_i$为体积$\Delta v$中第$i$个分子的平均电偶极矩，$\boldsymbol{d}_i$的方向由负电荷指向正电荷。极化强度是一个矢量函数，它的方向取决于$\sum\boldsymbol{p}_i$，它的大小是单位体积内的电偶极矩。但要注意，这里的Δv趋于零仍然是物理意义的无穷小。

若$\boldsymbol{p}_0$是介质中Δv内每个分子的平均电偶极矩，而N为该介质的分子密度（单位体积内的分子数），则极化强度可表示为该点分子的平均电偶极矩$\boldsymbol{p}_0$与分子密度N的乘积，即

$$\boldsymbol{P}=N\boldsymbol{p}_0 \tag{2.5.3}$$

若介质内各点处的$\boldsymbol{P}$均相同，则此介质处于均匀极化状态，否则就是非均匀极化的。

2. 极化电荷（束缚电荷）

由于介质的极化，介质中任取体积V内的正、负电荷可能不完全抵消，从而出现净的正电荷或负电荷，即出现宏观电荷分布，称为极化电荷或束缚电荷。而介质极化对电场的影响就取决于这些极化电荷的分布。

下面来分析极化电荷与极化强度的关系。如图 2.13 所示为一极化电介质模型，每个分子用一个电偶极子表示，它的电偶极矩等于该分子的平均电偶极矩。

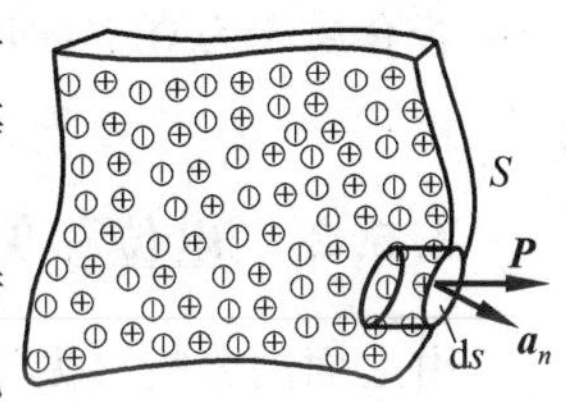

图 2.13　求闭合曲面包围的极化电荷

在均匀极化的状态下，闭合曲面S内的电偶极子的净极化电荷为 0，不会出现极化电荷的体密度分布。对于非均匀极化状态，电介质内部的净极化电荷就不为 0。但在电介质的表面上，无论是均匀极化，还是非均匀极化，表面上总是要出现面密度分布的极化电荷。图2.13 表示电介质左表面上有负的极化电荷，右表面上有正的极化电荷。

为求得极化电荷与极化强度的关系，在介质内任取一闭合曲面S包围体积V，如图 2.13 所示，并在其上取一个面积元$\mathrm{d}s$，其法向单位矢量为$\boldsymbol{a}_n$，并近似认为$\mathrm{d}s$上$\boldsymbol{P}$不变。在电介质极化时，设每个分子的正、负电荷的平均相对位移为d，则分子电偶极矩为$\boldsymbol{p}=q\boldsymbol{d}$，$\boldsymbol{d}$的方向由负电荷指向正电荷。以$\mathrm{d}s$为底、$d$为斜高构成一个体积元$\mathrm{d}v=\mathrm{d}\boldsymbol{s}\cdot\boldsymbol{d}$。显然，只有电偶极子中心在$\mathrm{d}v$内的分子的正电荷才穿出面积元$\mathrm{d}s$。设电介质分子密度为$N$，则穿出面积元$\mathrm{d}s$的正电荷为

$$\mathrm{d}Q=Nq\boldsymbol{d}\cdot\mathrm{d}\boldsymbol{s}=N\boldsymbol{p}\cdot\mathrm{d}\boldsymbol{s}=\boldsymbol{P}\cdot\mathrm{d}\boldsymbol{s} \tag{2.5.4}$$

因此，从闭合曲面S穿出去的电荷量为$\oint_S\boldsymbol{P}\cdot\mathrm{d}\boldsymbol{s}$。由于极化前介质是电中性的，因此$V$内的净余电荷量$Q_p$应与穿出$S$面的电荷量$\oint_S\boldsymbol{P}\cdot\mathrm{d}\boldsymbol{s}$等值异号，即

$$Q_p=\int_V\rho_p\mathrm{d}v=-\int_V\nabla\cdot\boldsymbol{P}\mathrm{d}v \tag{2.5.5}$$

上式应用了高斯散度定理$\oint_S\boldsymbol{P}\cdot\mathrm{d}\boldsymbol{s}=\int_V\nabla\cdot\boldsymbol{P}\mathrm{d}v$。因闭合曲面$S$是任意取的，故限定的体积$V$内的极化电荷密度应为

$$\rho_p=-\nabla\cdot\boldsymbol{P} \tag{2.5.6}$$

上式即为极化电荷体密度ρ_p与极化强度之间的关系。

介质均匀极化时，$\boldsymbol{P}$为常矢，$\nabla\cdot\boldsymbol{P}=0$，介质内就不存在极化体电荷分布，极化电荷只出

现在介质的分界面上，称为面极化电荷。下面来计算面极化电荷分布。

设两种介质内的极化强度分别为$\boldsymbol{P}_1$和$\boldsymbol{P}_2$，在介质分界面上取一个上、下底面积均为$\mathrm{d}s$的扁平圆柱形盒子，高度为Δh，如图2.14所示，$\boldsymbol{a}_n$为分界面上由介质2指向介质1的法向单位矢量。当$\Delta h\to 0$时，圆柱面内总的极化电荷与$\mathrm{d}s$之比，称为分界面上的极化电荷面密度，记为ρ_{sp}。由于$\mathrm{d}s$很小，可认为每一底面上的极化强度是均匀的。

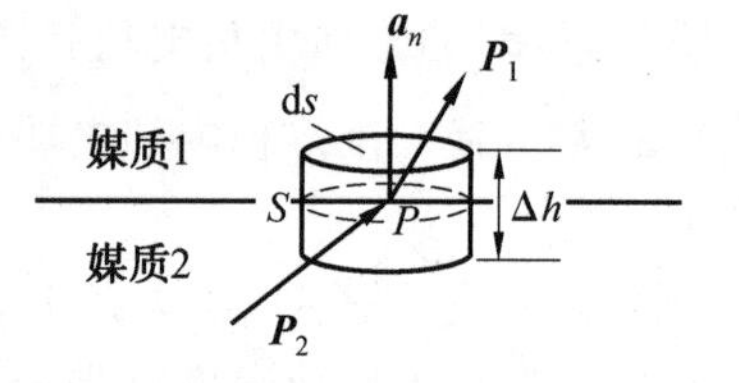

图 2.14　求面极化电荷

将式$Q_p=-\oint_S \boldsymbol{P}\cdot\mathrm{d}\boldsymbol{s}$应用到此圆柱盒内。由于$\Delta h\to 0$，且$\boldsymbol{P}_1$和$\boldsymbol{P}_2$为有限值，因此，圆柱盒侧面的积分为零，则盒内出现的净余电荷量为

$$-(\boldsymbol{P}_1\cdot n\mathrm{d}s-\boldsymbol{P}_2\cdot \boldsymbol{n}\mathrm{d}s)=-(\boldsymbol{P}_1-\boldsymbol{P}_2)\cdot\boldsymbol{n}\mathrm{d}s=\rho_{sp}\mathrm{d}s \tag{2.5.7}$$

由此可得

$$\rho_{sp}=-\boldsymbol{n}\cdot(\boldsymbol{P}_1-\boldsymbol{P}_2) \tag{2.5.8}$$

若介质1为真空，即$\boldsymbol{P}_1=\boldsymbol{0}$，则上式变为

$$\rho_{sp}=\boldsymbol{n}\cdot\boldsymbol{P} \tag{2.5.9}$$

2.5.2　电位移矢量和介质中静电场的基本方程

由上面的分析可见，外加电场使介质极化而产生极化电荷分布，而这些极化电荷所激发的电场会改变原来电场的分布。因此，介质对电场的影响可归结为极化电荷所产生的影响。换句话说，在计算电场时，若考虑了介质表面或体内的极化电荷，则介质所占的空间可视为真空。介质中的电场就由两部分叠加而成：极化电荷产生的电场及自由电荷产生的外电场。所以只需要将真空中的高斯定律式（2.3.5）中的ρ换成$\rho+\rho_p$便可得到介质中的高斯定律的微分形式

$$\nabla\cdot\boldsymbol{E}=\frac{\rho+\rho_p}{\varepsilon_0} \tag{2.5.10}$$

即电介质中自由电荷ρ和极化电荷ρ_p都是产生电场强度$\boldsymbol{E}$的通量源。

将式（2.5.6）代入上式可得

$$\nabla\cdot\boldsymbol{E}=\frac{1}{\varepsilon_0}(\rho-\nabla\cdot\boldsymbol{P}) \tag{2.5.11}$$

或

$$\nabla\cdot(\varepsilon_0\boldsymbol{E}+\boldsymbol{P})=\rho \tag{2.5.12}$$

可见，矢量$\varepsilon_0\boldsymbol{E}+\boldsymbol{P}$的散度仅与自由电荷密度有关。把这一矢量定义为电位移矢量

$$\boldsymbol{D}=\varepsilon_0\boldsymbol{E}+\boldsymbol{P} \tag{2.5.13}$$

式（2.5.10）变为

$$\nabla\cdot\boldsymbol{D}=\rho \tag{2.5.14}$$

这就是介质中高斯定律的微分形式。

介质中高斯定律的微分形式表明介质中任一点的电位移矢量$\boldsymbol{D}$的散度等于该点的自由电荷体密度ρ，即$\boldsymbol{D}$的通量源是自由电荷，$\boldsymbol{D}$的场线的起点和终点都在自由电荷上，而$\boldsymbol{E}$的场线的起点和终点既可以是自由电荷，也可以是极化电荷。

将式(2.4.9)两端在体积V内积分，并应用高斯散度定理，可得

$$\oint_S \boldsymbol{D} \cdot \mathrm{d}\boldsymbol{s} = \int_V \rho \mathrm{d}v \tag{2.5.15a}$$

或

$$\oint_S \boldsymbol{D} \cdot \mathrm{d}\boldsymbol{s} = q \tag{2.5.15b}$$

这就是介质中高斯定律的积分形式。

介质中高斯定律的积分形式表明电位移矢量$\boldsymbol{D}$穿过任一闭合面的通量等于该闭合面内自由电荷的代数和。由此式还可以看出电位移矢量的单位是库 / 米^2(C/m^2)。$\boldsymbol{D}$又称为电通量密度。

实验表明，由于各种介质材料具有不同的电磁特性，因此$\boldsymbol{D}$与$\boldsymbol{E}$之间的关系也有多种形式。对于线性均匀各向同性介质（实际遇到的大多情况可近似看作这种介质），极化强度$\boldsymbol{P}$和电场强度$\boldsymbol{E}$之间存在简单的线性关系

$$\boldsymbol{P} = \varepsilon_0 X_e \boldsymbol{E} \tag{2.5.16}$$

其中 X_e 称为介质的极化率，是一个无量纲的纯数。

将式(2.5.16)代入式(2.5.13)得

$$\boldsymbol{D} = (1 + X_e)\varepsilon_0 \boldsymbol{E} = \varepsilon_r \varepsilon_0 \boldsymbol{E} = \varepsilon \boldsymbol{E} \tag{2.5.17}$$

该式称为介质的本构关系，它是反映物质宏观性质的数学模型。式中

$$\varepsilon_r = 1 + X_e, \quad \varepsilon = \varepsilon_r \varepsilon_0 \tag{2.5.18}$$

ε 称为介质的介电常数，是表示介质性质的物理量，单位与 ε_0 相同，都是 F/m。ε_r 为无量纲纯数，称为介质的相对介电常数（表 2.1）。在均匀介质中，ε 是常数；在非均匀介质中，ε 是空间坐标的函数。在各向异性介质中，一般说来$\boldsymbol{D}$与$\boldsymbol{E}$的方向不同，介电常数ε是一个二阶张量。

表 2.1　部分电介质的相对介电常数

电介质	ε_r	电介质	ε_r
空气	1.000 6	尼龙(固态)	3.8
聚苯乙烯泡沫塑料	1.03	石英	5
干燥木头	2 ~ 4	胶木	5
石蜡	2.1	铅玻璃	6
胶合板	2.1	云母	6
聚乙烯	2.26	氯丁橡胶	7
聚苯乙烯	2.6	大理石	8
PVC	2.7	硅	12
琥珀	3	酒精	25
橡胶	3	甘油	50
纸	3	蒸馏水	81
有机玻璃	3.4	二氧化钛	89 ~ 173
干燥沙质土壤	3.4	钛酸钡	1 200

例 2.10　已知半径为a、介电常数为ε的球形电介质内的极化强度为$\boldsymbol{P} = \boldsymbol{a}_r \dfrac{k}{r}$，式中的$k$为常数。(1) 计算极化电荷体密度和面密度；(2) 计算电介质球内自由电荷体密度。

解　(1) 电介质球内的极化电荷体密度为

$$\rho_{\mathrm{P}}=-\nabla\cdot\boldsymbol{P}=-\frac{1}{r^2}\frac{\mathrm{d}}{\mathrm{d}r}(r^2P_r)=-\frac{1}{r^2}\frac{\mathrm{d}}{\mathrm{d}r}(r^2\frac{k}{r})=-\frac{k}{r^2}$$

在 $r=a$ 处的极化电荷面密度为

$$\rho_{\mathrm{sp}}=\boldsymbol{P}\cdot\boldsymbol{a}_n=\boldsymbol{a}_r\frac{k}{r}\cdot\boldsymbol{a}_r\bigg|_{r=a}=\frac{k}{a}$$

(2) 因 $\boldsymbol{D}=\varepsilon_0\boldsymbol{E}+\boldsymbol{P}$,故

$$\nabla\cdot\boldsymbol{D}=\nabla\cdot(\varepsilon_0\boldsymbol{E}+\boldsymbol{P})=\varepsilon_0\nabla\cdot\boldsymbol{E}+\nabla\cdot\boldsymbol{P}=\varepsilon_0\nabla\cdot\frac{\boldsymbol{D}}{\varepsilon}+\nabla\cdot\boldsymbol{P}$$

即

$$(1-\frac{\varepsilon_0}{\varepsilon})\nabla\cdot\boldsymbol{D}=\nabla\cdot\boldsymbol{P}$$

而 $\nabla\cdot\boldsymbol{D}=\rho$,故电介质球内的自由电荷体密度为

$$\rho=\nabla\cdot\boldsymbol{D}=\frac{\varepsilon}{\varepsilon-\varepsilon_0}\nabla\cdot\boldsymbol{P}=-\frac{\varepsilon}{\varepsilon-\varepsilon_0}\frac{k}{r^2}$$

2.6 泊松方程和拉普拉斯方程

2.6.1 静电场的基本方程

静电场的理论是在实验基础上建立起来的,静电学的实验基础是库仑定律,在库仑定律的基础上,结合电荷守恒定律和叠加原理,得到了静电场的基本方程,即环路定理和高斯定律,其数学表达式为

(1) $\nabla\times\boldsymbol{E}=\boldsymbol{0},\oint_C\boldsymbol{E}\cdot\mathrm{d}\boldsymbol{l}=0$

(2) $\nabla\cdot\boldsymbol{D}=\rho,\oint_S\boldsymbol{D}\cdot\mathrm{d}\boldsymbol{s}=q$

需要说明的是,前面只是证明了真空中静电场的电场强度 $\boldsymbol{E}$ 的旋度恒等于零。在电介质中除了自由电荷以外,还有束缚电荷。然而针对产生电场这一点,束缚电荷和自由电荷并没有不同。因此在电介质中 $\boldsymbol{E}$ 的旋度也恒等于零。另外,$\nabla\cdot\boldsymbol{D}=\rho$ 在真空中也成立,只需将 $\boldsymbol{D}=\varepsilon_0\boldsymbol{E}$ 代入即可。

环路定理和高斯定律各从一个侧面反映了静电场的性质。环路定理反映了电荷之间的作用力是有心力(力沿两电荷的连线,作用力仅是相对距离的函数),根据环路定理,可以引入电势,但要确定电势的具体形式还需依赖于相互作用力的具体形式。高斯定律则主要反映了电荷之间的作用力满足平方反比律这一事实,根据高斯定律可以求得电场对任意封闭曲面的通量,但除了少数几种对称性问题外一般很难求得场强分布。两条定理结合起来,就能完整地给出静电场的基本性质。所以这两组方程称为静电场的基本方程。

2.6.2 电位的泊松方程和拉普拉斯方程

在线性、均匀、各向同性的电介质中 ε 是常数,因此有

$$\nabla\cdot\boldsymbol{D}=\nabla\cdot(\varepsilon\boldsymbol{E})=\varepsilon\nabla\cdot\boldsymbol{E}=\rho$$

将 $\boldsymbol{E}=-\nabla\phi$ 代入上式,得

$$\nabla^2\phi = -\frac{\rho}{\varepsilon} \tag{2.6.1}$$

称为电位 ϕ 的泊松方程。

在自由体电荷密度 $\rho=0$ 的区域，即无源空间中，上式变为

$$\nabla^2\phi = 0 \tag{2.6.2}$$

称为电位 ϕ 的拉普拉斯方程。

在第 5 章静态场的解法中将着重介绍如何通过位函数的泊松方程和拉普拉斯方程求解静态场的边值问题。

2.6.3　电场强度的泊松方程和拉普拉斯方程

根据矢性拉普拉斯运算表达式 $\nabla^2\boldsymbol{F}=\nabla(\nabla\cdot\boldsymbol{F})-\nabla\times(\nabla\times\boldsymbol{F})$，将静电场的基本方程 $\nabla\times\boldsymbol{E}=\boldsymbol{0}$ 和 $\nabla\cdot\boldsymbol{E}=\frac{\rho}{\varepsilon}$ 代入可得

$$\nabla^2\boldsymbol{E} = \nabla\left(\frac{\rho}{\varepsilon}\right) \tag{2.6.3}$$

称为电场强度 $\boldsymbol{E}$ 的泊松方程。

实际上电场强度 $\boldsymbol{E}$ 的泊松方程包含了三个分量的标量泊松方程。在直角坐标系中，有

$$\begin{cases}\nabla^2 E_x = \dfrac{1}{\varepsilon}\dfrac{\partial\rho}{\partial x}\\[2mm] \nabla^2 E_y = \dfrac{1}{\varepsilon}\dfrac{\partial\rho}{\partial y}\\[2mm] \nabla^2 E_z = \dfrac{1}{\varepsilon}\dfrac{\partial\rho}{\partial z}\end{cases} \tag{2.6.4}$$

在 ρ 为常量的区域内，式 (2.6.4) 变为

$$\nabla^2\boldsymbol{E} = 0 \tag{2.6.5}$$

称为电场强度 $\boldsymbol{E}$ 的拉普拉斯方程。

所有静电场问题都可以归结为求解泊松方程或拉普拉斯方程的问题。值得指出的是，一般都是求解电位函数 ϕ 的方程，而很少去求电场强度 $\boldsymbol{E}$ 的方程。因为前者只要求解一个标量微分方程，然后由 $\boldsymbol{E}=-\nabla\phi$ 便可求得 $\boldsymbol{E}$，而后者却要求解三个标量微分方程才能得到 $\boldsymbol{E}$ 的解。这就是根据 $\nabla\times\boldsymbol{E}=\boldsymbol{0}$ 而引进位函数 ϕ 的实际意义。在恒定电流的电磁场以及时变电磁场中，也会引入适当的位函数(标量或矢量)。

2.7　静电场的边界条件

在实际问题中，经常遇到两种不同媒质(如真空、介质、导体等)分界面的情形。一般在分界面两侧的媒质的特性参数会发生突变，导致场矢量在分界面两侧也发生突变。描述不同媒质分界面上场量满足的关系的方程，称为电磁场的边界条件。场在两种不同媒质的分界面上的边界条件，必须由场的基本方程导出。但要注意，由于在媒质分界面处场矢量不连续，基本方程的微分形式在分界面上已失去意义，只能采用基本方程的积分形式导出，即

$$\oint_C \boldsymbol{E} \cdot \mathrm{d}\boldsymbol{l} = 0$$

和

$$\oint_S \boldsymbol{D} \cdot \mathrm{d}\boldsymbol{s} = q$$

为了使导出的边界条件不受实际中所取坐标系的限制，可将 $\boldsymbol{E}$，$\boldsymbol{D}$ 在分界面上分成两个相互垂直的分量，即垂直于分界面的法向分量和平行于分界面的切向分量。前者以下标 n 表示，后者以下标 t 表示。即

$$\begin{cases} \boldsymbol{E} = \boldsymbol{a}_n E_n + \boldsymbol{a}_t E_t = \boldsymbol{a}_n \left(-\dfrac{\partial \phi}{\partial n}\right) + \boldsymbol{a}_t \left(-\dfrac{\partial \phi}{\partial t}\right) \\ \boldsymbol{D} = \boldsymbol{a}_n D_n + \boldsymbol{a}_t D_t = \varepsilon (\boldsymbol{a}_n E_n + \boldsymbol{a}_t E_t) \end{cases} \tag{2.7.1}$$

规定分界面上的法线方向单位矢量 $\boldsymbol{n}$ 总是由第二种媒质指向第一种媒质。

2.7.1 电场强度矢量 E 的边界条件

如图 2.15 所示，在分界面上作一个小的矩形闭合路径 $abcd$，其中两条长边分别在分界面的两侧，无限地靠近且平行于分界面，即 $\Delta h \to 0$。设矩形的长边 $ab = cd = \Delta l$，并取线元 Δl 很小，可认为它上面的 $\boldsymbol{E}$ 为常量，则 $\boldsymbol{E}$ 沿闭合回路的线积分(沿 bc 和 da 的积分忽略不计)为

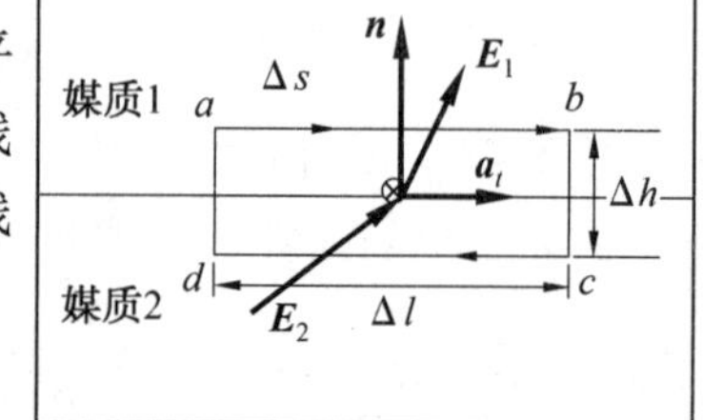

图 2.15　E 的边界条件

$$\oint_C \boldsymbol{E} \cdot \mathrm{d}\boldsymbol{l} = \int_a^b \boldsymbol{E}_1 \cdot \mathrm{d}\boldsymbol{l} + \int_c^d \boldsymbol{E}_2 \cdot \mathrm{d}\boldsymbol{l} = \int_{\Delta l} (\boldsymbol{E}_1 - \boldsymbol{E}_2) \cdot \boldsymbol{a}_t \mathrm{d}l = 0$$

由于 $\boldsymbol{a}_t$ 方向是任意的，故得

$$\boldsymbol{n} \times (\boldsymbol{E}_1 - \boldsymbol{E}_2) = \boldsymbol{0} \quad 或 \quad E_{1t} - E_{2t} = 0 \tag{2.7.2}$$

表明电场强度 $\boldsymbol{E}$ 的切向分量是连续的。这个结论在静电场中普遍成立。如果分界面一侧是导体，由于导体中 $\boldsymbol{E} = \boldsymbol{0}$，则在另一侧也必然有 $E_t = 0$。所以在静电场中，$\boldsymbol{E}$ 总是垂直于导体表面的，导体表面是等电位面。

2.7.2 电位移矢量 D 的边界条件

如图 2.16 所示，在分界面上作一个小的圆柱形闭合面，它的顶面和底面分别在分界面的两侧，并且无限地靠近且平行于分界面，即 $\Delta h \to 0$。设分界面上带有面密度为 ρ_s 的自由电荷，上底和下底面积 Δs 都很小，可认为每一底面上的场 $\boldsymbol{D}$ 和 ρ_s 是均匀的。应用高斯定律的积分形式到此圆柱盒上(由于 $\Delta h \to 0$，则圆柱侧面的通量忽略不计)，可得

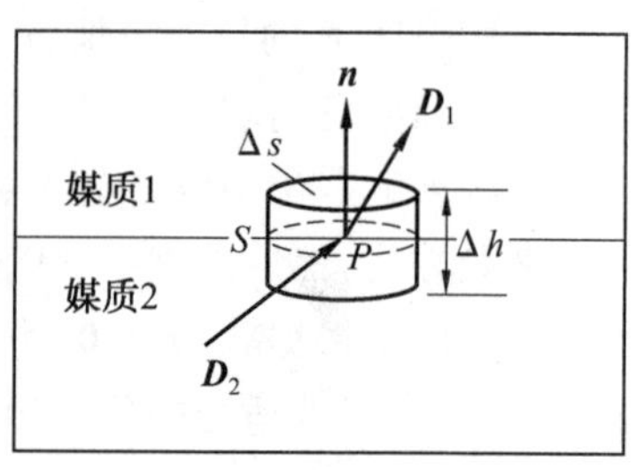

图 2.16　D 的边界条件

$$\oint_S \boldsymbol{D} \cdot \mathrm{d}\boldsymbol{s} = \int_{顶面} \boldsymbol{D}_1 \cdot \mathrm{d}\boldsymbol{s} + \int_{底面} \boldsymbol{D}_2 \cdot \mathrm{d}\boldsymbol{s} = \int_{\Delta s} \boldsymbol{D}_1 \cdot \boldsymbol{n} \mathrm{d}s + \int_{\Delta s} \boldsymbol{D}_2 \cdot (-\boldsymbol{n}) \mathrm{d}s$$

$$= \int_{\Delta s} (\boldsymbol{D}_1 - \boldsymbol{D}_2) \cdot \boldsymbol{n} \mathrm{d}s = \Delta s \rho_s$$

故得

$$\boldsymbol{n} \cdot (\boldsymbol{D}_1 - \boldsymbol{D}_2) = \rho_s \quad 或 \quad D_{1n} - D_{2n} = \rho_s \tag{2.7.3}$$

这说明，如果两种媒质的分界面上有一层自由电荷，则 $\boldsymbol{D}$ 的法向分量是不连续的。有两种特

殊情况：

(1) 如果第二媒质是导体,则第一媒质是电介质。由于静电场中的导体内部电场为零,式(2.7.3)变为 $D_{1n}=\rho_s$。如果规定导体面上的法线方向朝外,则可写为

$$D_n=\rho_s \tag{2.7.4}$$

这说明,导体面上任一点 $\boldsymbol{D}$ 的法向分量就等于该点的(自由)面电荷密度。$\boldsymbol{D}$ 在导体的内、外有突变,$\boldsymbol{E}$ 也有突变。

(2) 如果分界面两侧都是电介质,且分界面上没有自由面电荷,即 $\rho_s=0$,则式(2.7.3)变为

$$D_{1n}=D_{2n} \tag{2.7.5}$$

即在两种电介质(或一侧为真空)的分界面上,$\boldsymbol{D}$ 的法向分量是连续的。式(2.7.3)可写为

$$\varepsilon_1 E_{1n}=\varepsilon_2 E_{2n} \tag{2.7.6}$$

当 $\varepsilon_1\neq\varepsilon_2$ 时,$\boldsymbol{E}$ 的法向分量不连续。这种不连续的原因是分界面上有束缚面电荷密度。在各向同性的电介质中,由于 $\boldsymbol{P}=\varepsilon_0 X_e\boldsymbol{E}$ 和 $\boldsymbol{D}=\varepsilon\boldsymbol{E}$,因此 $\boldsymbol{P},\boldsymbol{D},\boldsymbol{E}$ 三者方向相同。根据式(2.5.9),介质表面的束缚面电荷密度等于极化强度矢量 $\boldsymbol{P}$ 在介质表面外法线方向上的投影,即 $\rho_{sp}=\boldsymbol{P}\cdot\boldsymbol{n}$。所以,在图 2.17(a) 中,

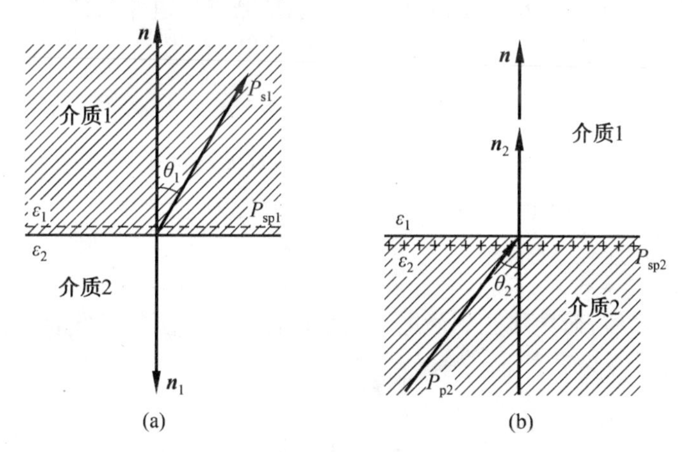

图 2.17　束缚面电荷对电场的影响

$$\rho_{sp1}=\boldsymbol{P}_1\cdot\boldsymbol{n}_1=\boldsymbol{P}_1\cdot(-\boldsymbol{n})=-P_{1n}$$

在图 2.17(b) 中,

$$\rho_{sp2}=\boldsymbol{P}_2\cdot\boldsymbol{n}_2=\boldsymbol{P}_2\cdot\boldsymbol{n}=P_{2n}$$

式中,$\boldsymbol{n}_1$ 和 $\boldsymbol{n}_2$ 分别是介质 1 和 2 表面的外法线单位矢量,二者方向相反;$\boldsymbol{n}$ 是规定的分界面的单位法线矢量(从介质 2 指向介质 1)。分界面上各点总的束缚面电荷密度为

$$\rho_{sp}=\rho_{sp1}+\rho_{sp2}=P_{2n}-P_{1n}$$

又由式(2.5.13)得

$$P_{1n}=D_{1n}-\varepsilon_0 E_{1n}$$

$$P_{2n}=D_{2n}-\varepsilon_0 E_{2n}$$

由于 $D_{1n}=D_{2n}$,所以

$$\rho_{sp}=\varepsilon_0(E_{1n}-E_{2n})$$

或

$$E_{1n}-E_{2n}=\frac{\rho_{sp}}{\varepsilon_0} \tag{2.7.7}$$

可见，如果介质分界面上的束缚面电荷密度 $\rho_{sp}\neq 0$，那么电场强度的法向分量就不连续。

2.7.3 电位 ϕ 的边界条件

计算电场中任意两点 P_1 和 P_2 电位差的公式是

$$\phi_1-\phi_2=\int_1^2 \boldsymbol{E}\cdot \mathrm{d}l$$

为了得出介质分界面两侧电位之间的关系，可把 P_1 和 P_2 两点取得非常靠近而且各在分界面一侧。这样，ϕ_1 和 ϕ_2 就分别表示分界面两侧的电位。由于在两种介质中 E 均为有限值，而 P_1 和 P_2 两点间距 $\Delta l\rightarrow 0$ 时，$\phi_{P_1}-\phi_{P_2}=E\cdot\Delta l\rightarrow 0$，因此，分界面两侧的电位是相等的，即

$$\phi_1=\phi_2 \tag{2.7.8}$$

所以，跨过电介质的分界面时电位是连续的。这就是电位的边界条件。

又由 $\boldsymbol{n}\cdot(\boldsymbol{D}_1-\boldsymbol{D}_2)=\rho_s$，$\boldsymbol{D}=\varepsilon\boldsymbol{E}=-\varepsilon\,\nabla\phi$，可导出

$$\varepsilon_1\frac{\partial\phi_1}{\partial n}-\varepsilon_2\frac{\partial\phi_2}{\partial n}=-\rho_s \tag{2.7.9}$$

在边界上，如果存在自由面电荷，电位的导数是不连续的。

若分界面上不存在自由电荷，即 $\rho_s=0$，则式 (2.7.9) 变为

$$\varepsilon_1\frac{\partial\phi_1}{\partial n}=\varepsilon_2\frac{\partial\phi_2}{\partial n} \tag{2.7.10}$$

若第二媒质是导体，而导体达到静电平衡后内部电场强度等于零，则式 (2.7.9) 变为

$$\begin{cases}\phi=常数\\ -\varepsilon\dfrac{\partial\phi}{\partial n}=\rho_s\end{cases} \tag{2.7.11}$$

2.7.4 两种不同电介质的分界面上电场方向关系

从式(2.7.2)和式(2.7.6)可以推断，矢量 $\boldsymbol{D}$ 和 $\boldsymbol{E}$ 在两种不同的电介质分界面上一般要改变方向。如图 2.18 所示，可得

$$\varepsilon_1E_1\cos\theta_1=\varepsilon_2E_2\cos\theta_2$$

和

$$E_1\sin\theta_1=E_2\sin\theta_2$$

以上两式相除可得

$$\frac{\tan\theta_1}{\tan\theta_2}=\frac{\varepsilon_1}{\varepsilon_2} \tag{2.7.12}$$

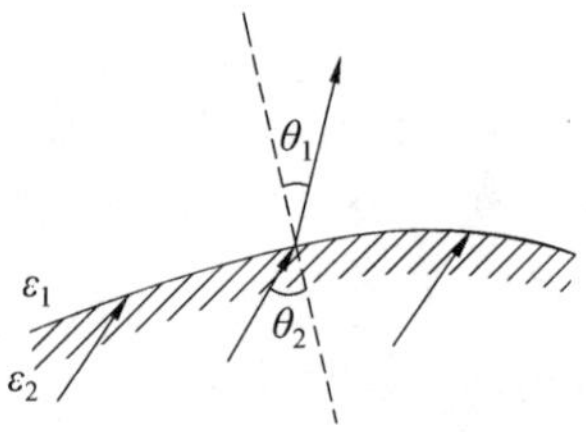

图 2.18 电场线在不同介质分界面上的弯折

图 2.18 中画出了 $\boldsymbol{D}$ 线和 $\boldsymbol{E}$ 线在分界面上的曲折情况。从式 (2.7.12) 可以看出，只有当 θ_1 和 θ_2 等于零时，分界面上的电场方向才不改变。平行板、

同轴线和同心球中的电场就是这种情况。

2.8　电容和电容器

2.8.1　孤立导体的电容

孤立导体是指在附近没有其他导体或带电体的导体，故电荷在其表面的相对分布情况由孤立导体本身的几何形状唯一确定，且带电孤立导体外部空间的电场分布以及导体的电势也完全确定。根据叠加原理，当孤立导体的电量增加若干倍时，导体的电位也将增加若干倍(这一点可用唯一性定理证明)，这个比例关系为

$$C=\frac{q}{\phi} \tag{2.8.1}$$

式中，C 是一个与电量和电位无关的常量，称之为孤立导体的电容。电容定义为一个导体上的电荷量与此导体相对于另一导体的电位的比值。它的物理意义是使导体每升高单位电位所需的电量。在单位制确定以后，它的值只取决于孤立导体的几何形状。孤立导体电容的大小反映了该导体在给定电势的条件下储存电量能力的大小。

电容的单位是法拉(F)，容易看出

$$1\ \text{F}=1\ \text{C/V}$$

例 2.11　求真空中半径为 R 的孤立导体球的电容。

解　当导体球带电荷 q 时，其电位为

$$\phi=\frac{1}{4\pi\varepsilon_0}\frac{q}{R}$$

故其电容为

$$C=4\pi\varepsilon_0 R$$

可见，法拉是一个很大的单位，电容为 1 F 的孤立导体球的半径约为 9×10^9 m，而地球的半径也只有 6.4×10^6 m。由于法拉这一单位太大，使用不方便，通常取法拉的10^{-6}倍作为电容的单位，称为微法拉，记作 μF；有时取法拉的10^{-12}倍作为电容的单位，称为皮法拉，记作 pF，即

$$1\ \mu\text{F}=10^{-6}\ \text{F}$$
$$1\ \text{pF}=10^{-6}\ \mu\text{F}=10^{-12}\ \text{F}$$

2.8.2　电容器及其电容

当带电导体周围存在其他导体或者其他带电体时，该带电导体的电势不仅与自己所带的电荷有关，还与周围的导体以及带电体有关。不论其他导体是否带电，由于静电感应，这些导体上都会产生一定分布的感应电荷，而且这些感应电荷的分布将因其他带电体带电情况的改变而改变，从而改变所考察带电导体的电势。因此，在一般情况下，非孤立导体的电荷与其电势并不成正比。

对于两个导体组成的导体组，当周围不存在其他导体或带电体，而其中一个导体带电荷为 q，另一导体带电荷 $-q$ 时，这两导体间的电势差 $\phi_1-\phi_2$ 与电量成正比，或者说，电量与电

势差的比值是一常量。通常把这个比值称为这两个导体构成的导体组的电容。但是，在一般情况下，当这两个导体附近存在其他带电体或导体时，电量与电势差之间的正比关系将被破坏。如果采取某种特殊的措施，就能保证所考察的两导体间的电势差与电量间的正比关系不受周围其他带电体或导体的影响。如图 2.19 所示，一个导体 B 包围成一空腔，另一导体 A 被绝缘体固定在该空腔之中，这时当导体 A 带一定电量，导体 B 的内表面必带等量异号的电量，由于导体B的屏蔽作用，导体A和B之间的电势差将仅与导体 A 的电量成正比，与导体 B 周围的其他带电体或导体无关。这种特殊的导体组称为电容器，组成电容器的两个导体分别称为电容器的两个极板。若电容器的任一极板上的电量的绝对值为 q，则 q 与两极板间的电位差 $\phi_1-\phi_2$ 的比值称为电容器的电容

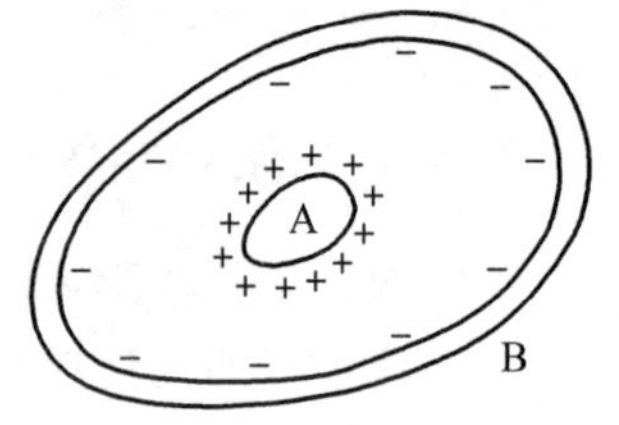

图 2.19　空腔导体 B 与包围在其中的导体 A 构成的电容器

$$C=\frac{q}{\phi_1-\phi_2} \tag{2.8.2}$$

电容器的电容与电容器的带电状态无关，与周围的带电体也无关，它完全由电容器的几何结构决定。电容的大小反映了当电容器两极间存在一定电势差时，极板上储存电量的多少。根据导体系统的组成形式可将电容器分为双导体系统电容器及多导体系统电容器两种。

1. 双导体系统电容器的电容

(1) 平行板电容器。这是一种常见的电容器。最简单的平行板电容器由两块平行放置的金属板组成，极板的面积 S 足够大，两板间的距离 d 足够小，即$d \ll \sqrt{S}$，如图 2.20 所示。电容器内部即两极板间的电场由极板上的电荷分布决定。当电容带电时，两极板上的电荷等量异号，几乎均匀分布在极板的内侧。从一个极板上发出的电场线几乎全部终止在另一极板上，除极板的边缘处外，电容器中的场是均匀的。若极板 A 的电量为 q_A，在忽略边缘效应后，极板间的场强和电位差分别为

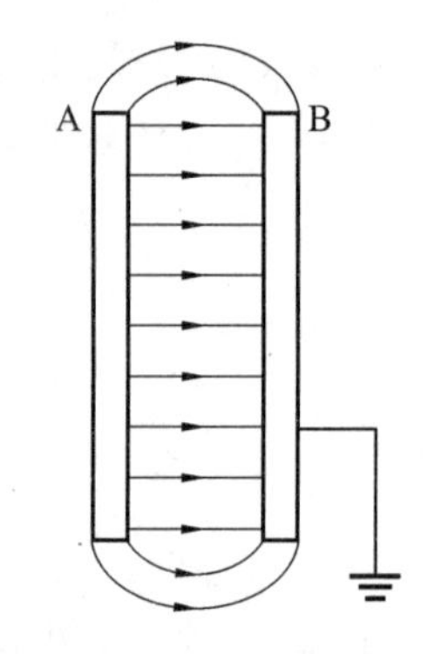

图 2.20　平行板电容器

$$E=\frac{1}{\varepsilon_0}\frac{q_A}{S}$$

和

$$\phi_A-\phi_B=\frac{1}{\varepsilon_0}\frac{q_A}{S}d$$

故平行板电容器的电容为

$$C=\frac{q_A}{\phi_A-\phi_B}=\frac{\varepsilon_0 S}{d} \tag{2.8.3}$$

由此可见，增大极板面积和减小两极板间的距离可使电容器的电容量增大。电容量和耐压是电容器的两个指标。大部分电容器内部都充有绝缘材料即电介质，这不仅可使电容器的电容增大 ε_r 倍(ε_r 为介质的相对介电常数)，而且能使电容器结构牢固。严格来讲，平行板电容器并不是屏蔽得很好的导体组，它们的电势差或多或少受到周围导体和带电体的影

响,以上的结论只有在其他导体或带电体远离平行板电容器时才严格成立。实际使用中的平行板电容器往往加有屏蔽罩或卷成筒状,使屏蔽效果改善。

(2) 球形电容器。这是由两个同心金属球壳制成的电容器。设内球壳 A 的外半径为 R_A,外球壳 B 的内半径为 R_B,如图 2.21 所示。当 A 带正电荷 q 时,B 的内壁带电荷 $-q$,由例 2.4 易知两球壳间的场强为

$$E=\frac{1}{4\pi\varepsilon_0}\frac{q_A}{r^2}$$

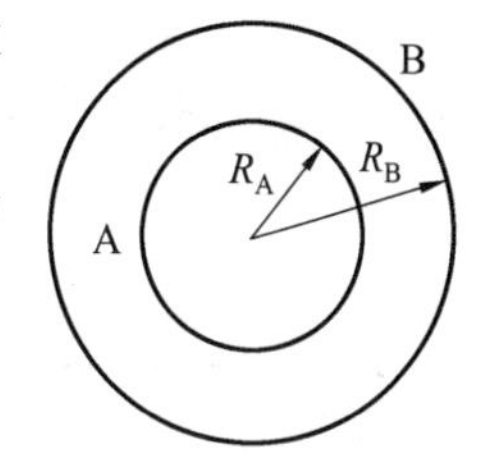

图 2.21　球形电容器

两球壳的电势差为

$$\phi_A-\phi_B=\int_{R_A}^{R_B}\frac{1}{4\pi\varepsilon_0}\frac{q}{r^2}\mathrm{d}r=\frac{q}{4\pi\varepsilon_0}\frac{R_B-R_A}{R_AR_B}$$

故球形电容器的电容为

$$C=\frac{q_A}{\phi_A-\phi_B}=\frac{4\pi\varepsilon_0R_AR_B}{R_B-R_A}\tag{2.8.4}$$

若 $R_B\gg R_A$,即外球壳 B 远离内球壳 A,则

$$C=4\pi\varepsilon_0R_A$$

这便是孤立导体的电容,与前面得到的结果一致。

若 R_A 和 R_B 都很大,而 $R_B-R_A=d$ 很小,则 $R_AR_B\approx R_A^2$,则有

$$C=\frac{\varepsilon_0S}{d}\tag{2.8.5}$$

式中,$S=4\pi R_A^2$ 为球体的表面积,这就是平行板电容器的电容。

(3) 圆柱形电容器。这是由两个同轴导体圆筒 A 和 B 组成的电容器(图 2.22)。设圆筒半径分别为 R_A 和 R_B,长为 L。当 $L\gg R_B-R_A$ 时,可近似认为圆筒是无限长的,边缘效应可忽略。若 η 为单位长度的内圆筒所带的电量,则两圆筒间的场强为

$$E=\frac{\eta}{2\pi\varepsilon_0r}$$

电位差为

$$\phi_A-\phi_B=\int_{R_A}^{R_B}\frac{1}{2\pi\varepsilon_0}\frac{\eta}{r}\mathrm{d}r=\frac{\eta}{2\pi\varepsilon_0}\ln\frac{R_B}{R_A}$$

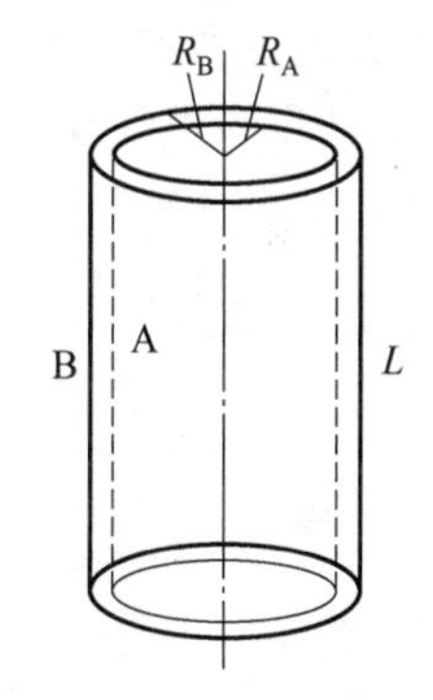

图 2.22　圆柱形电容器

因为电容器每个电极上所带电量为 $q=\eta L$,故圆柱形电容器的电容为

$$C=\frac{q_A}{\phi_A-\phi_B}=\frac{2\pi\varepsilon_0L}{\ln\frac{R_B}{R_A}}\tag{2.8.6}$$

注意　在工程上,可用该公式计算同轴线的电容。

2. 多导体系统电容器的部分电容

在实际工作中,经常遇到三个或更多的导体组成的系统。例如,图 2.23 中的(a) 考虑大地影响的架空平行双导线,(b) 耦合带状传输线和(c) 屏蔽多芯电缆等都属于多导体系统。在这种系统中,任何两个导体间的电压都要受到其他导体上的电荷的影响。因此在研究多

导体系统时，需将电容的概念推广，于是引入部分电容的概念。

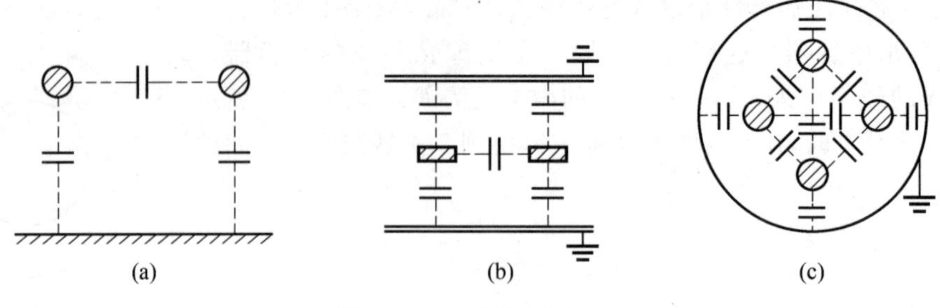

图 2.23　多导体系统

在多导体系统中，一个导体在其他导体的影响下，与另一导体构成的电容称为部分电容。

假设所要讨论的多导体系统是静电独立系统，即系统中的电场分布只与系统内各带电导体的形状、尺寸、相互位置及电介质的介电常数有关，而和系统以外的带电体无关。同时，所有电位移矢量的场线全部是从系统内的带电体发出并全部终止于系统内的带电体上，和外界没有任何联系。也就是说，在$n+1$个导体(其中之一通常指大地或无穷远处，可设其电位为零)组成的静电独立系统中，所有导体所带电量的代数和等于零，即

$$q_0+q_1+q_2+\cdots+q_n=0 \tag{2.8.7}$$

再假设系统内介质的介电常数不变。计算各带电导体的电位时可应用叠加原理。

(1) 电位系数。由N个导体和大地组成的多导体系统，若各导体的位置、形状及周围介质均固定，且取大地为电位参考点(零电位点)，则当这个导体系统中的任何一个导体充以电荷时，系统内所有导体(包括充以电荷的导体本身)将以某种方式具有一定的电位，且电位与各导体所带电量呈线性关系，可表示为

$$\begin{cases}\phi_1=\alpha_{11}q_1+\alpha_{12}q_2+\cdots+\alpha_{1N}q_N\\ \phi_2=\alpha_{21}q_1+\alpha_{22}q_2+\cdots+\alpha_{2N}q_N\\ \qquad\vdots\\ \phi_N=\alpha_{N1}q_1+\alpha_{N2}q_2+\cdots+\alpha_{NN}q_N\end{cases} \tag{2.8.8a}$$

或表示为

$$\phi_i=\sum_{j=1}^{N}\alpha_{ij}q_j \quad (i=1,2,\cdots,N) \tag{2.8.8b}$$

式中，α_{ij}称为电位系数。下标相同的系数α_{ii}称为自电位系数；下标不同的系数$\alpha_{ij}(i\neq j)$称为互电位系数。

电位系数具有以下特点：

①α_{ij}在数值上等于当第j个导体带单位电荷量而其余导体不带电时，第i个导体上的电位，即

$$\alpha_{ij}=\frac{\phi_i}{q_j}\bigg|_{q_1=\cdots=q_{j-1}=q_{j+1}=\cdots=q_N=0}$$

② 所有电位系数$\alpha_{ij}>0$，且具有对称性，即$\alpha_{ij}=\alpha_{ji}$；

③ 电位系数只与各导体的形状、尺寸、相互位置及导体周围的介质参数有关，而与各导

体的电位及所带电量无关。

(2) 电容系数。对方程 (2.8.8a) 求解,可得各导体上的电荷量为

$$\begin{cases} q_1 = \beta_{11}\phi_1 + \beta_{12}\phi_2 + \cdots + \beta_{1N}\phi_N \\ q_2 = \beta_{21}\phi_1 + \beta_{22}\phi_2 + \cdots + \beta_{2N}\phi_N \\ \vdots \\ q_N = \beta_{N1}\phi_1 + \beta_{N2}\phi_2 + \cdots + \beta_{NN}\phi_N \end{cases} \tag{2.8.9a}$$

或

$$q_i = \sum_{j=1}^{N} \beta_{ij}\phi_j \quad (i = 1,2,\cdots,N) \tag{2.8.9b}$$

式中,β_{ij} 称为电容系数或感应系数。下标相同的系数 β_{ii} 称为自电容系数或自感应系数;下标不同的系数 $\beta_{ij}(i \neq j)$ 称为互电容系数或互感应系数。

电容系数具有以下特点:

①β_{ij} 在数值上等于当第 j 个导体的电位为一个单位而其余导体接地时,第 i 个导体上的电量,即

$$\beta_{ij} = \frac{q_i}{\phi_j}\bigg|_{\phi_1 = \cdots = \phi_{j-1} = \phi_{j+1} = \cdots = \phi_N = 0}$$

② 互电容系数 $\beta_{ij} \leqslant 0 (i \neq j)$,自电容系数 $\beta_{ii} > 0$;且 β_{ij} 具有对称性,即 $\beta_{ij} = \beta_{ji}$;

③ 电容系数 β_{ij} 与电位系数 α_{ij} 的关系为

$$\beta_{ij} = (-1)^{i+j}\frac{M_{ij}}{\Delta}$$

式中,Δ 是方程组 (2.8.8) 的电位系数 α_{ij} 组成的行列式 $|\alpha_{ij}|$;M_{ij} 是行列式 $|\alpha_{ij}|$ 的余子式;

④ 电容系数只与各导体的形状、尺寸、相互位置及导体周围的介质参数有关,而与各导体的电位及所带电量无关。

(3) 部分电容。引入符号 $C_{ij} = -\beta_{ij} (i \neq j)$ 和 $C_{ii} = \beta_{i1} + \beta_{i2} + \cdots + \beta_{iN} = \sum_{j=1}^{N}\beta_{ij}$,则方程组 (2.8.9) 可改写成为

$$\begin{cases} q_1 = (\beta_{11} + \beta_{12} + \cdots + \beta_{1N})\phi_1 - \beta_{12}(\phi_1 - \phi_2) + \cdots + \beta_{1N}(\phi_1 - \phi_N) \\ \quad = C_{11}(\phi_1 - 0) + C_{12}(\phi_1 - \phi_2) + \cdots + C_{1N}(\phi_1 - \phi_N) \\ q_2 = C_{21}(\phi_2 - \phi_1) + C_{22}(\phi_2 - 0) + \cdots + C_{2N}(\phi_2 - \phi_N) \\ \vdots \\ q_N = C_{N1}(\phi_N - \phi_1) + C_{N2}(\phi_1 - \phi_2) + \cdots + C_{NN}(\phi_N - 0) \end{cases} \tag{2.8.10a}$$

或

$$q_i = \sum_{j=1}^{N} C_{ij}(\phi_i - \phi_j) + C_{ii}\phi_i \quad (i = 1,2,\cdots,N) \tag{2.8.10b}$$

上式表明多导体系统中的任何一个导体的电荷由 N 部分电荷组成。例如,导体 1 的电荷 q_1 的第一部分 $q_{11} = C_{11}(\phi_1 - 0)$ 与导体 1 的电位 ϕ_1(即导体 1 与大地之间的电压) 成正比,比值 $C_{11} = \dfrac{q_{11}}{\phi_1 - 0}$ 是导体 1 与地之间的部分电容;第二部分 $q_{12} = C_{12}(\phi_1 - \phi_2) = C_{12}U_{12}$ 与导

体1,2间的电压成正比,比值$C_{12}=\dfrac{q_{12}}{U_{12}}$则为导体1,2间的部分电容。同时,导体2上有一个与之对应的部分电量$q_{21}=C_{21}(\phi_2-\phi_1)=-C_{12}(\phi_1-\phi_2)$,它与$q_{12}$等值异号,说明导体1,2之间的电容满足$C_{12}=C_{21}$;其他部分依此类推。

可见,在多导体系统中,每一导体与地及与其他导体之间都存在部分电容。$C_{ii}=\dfrac{q_{ii}}{\phi_i}$是导体$i$与地之间的部分电容,称为导体$i$的自有部分电容。$C_{ij}=\dfrac{q_{ij}}{\phi_i-\phi_j}(i\neq j)$是导体$i$与导体$j$之间的部分电容,称为导体$i$与导体$j$之间的互有部分电容。

部分电容具有以下特点:

①C_{ii}在数值上等于全部导体的电位为一个单位时第i个导体上总电量的值;

②$C_{ij}(i\neq j)$在数值上等于第j个导体的电位为一个单位、其余导体都接地时,第i个导体上感应电荷所带电量的值;

③ 所有部分电容$C_{ij}>0$,且具有对称性,即$C_{ij}=C_{ji}$;

④ 部分电容只与各导体的形状、尺寸、相互位置及导体周围的介质参数有关,而与各导体的电位及所带电量无关。

由$N+1$个导体构成的系统共有$N(N+1)/2$个部分电容,这些部分电容可以用一个由所有部分电容组成的网络表示。如果能求得这些部分电容,则该系统可用网络的各种方法计算。但是,多数实际系统的各个部分电容不能直接计算,而必须通过实验测量。

例 2.12 三芯电缆如图2.24所示。当三根芯线用细导线连接在一起时,测得它与外壳之间的电容为0.054 μF;当两根芯线与外壳相连接时,测得另一芯线与外壳之间的电容为0.036 μF,试求各部分电容。

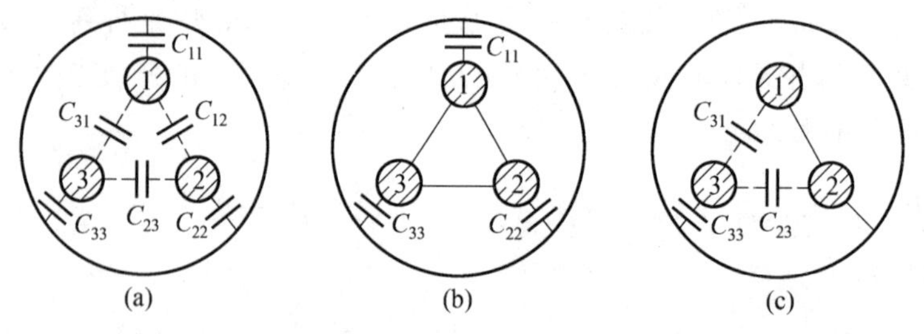

图 2.24 三芯电缆的部分电容

解 三芯电缆是四个导体构成的系统,则有六个部分电容,如图2.24(a)所示。根据对称性有

$$\begin{cases}C_{11}=C_{22}=C_{33}\\C_{12}=C_{23}=C_{31}\end{cases}$$

由已知,当三根芯线用细导线连接在一起时测得它与外壳之间的电容为0.054 μF,如图2.24(b)所示,得

$$C_{11}+C_{22}+C_{33}=0.054\ (\mu\text{F})$$

于是

$$C_{11}=C_{22}=C_{33}=\frac{0.054}{3}=0.018\ (\mu\text{F})$$

由已知，当两根芯线与外壳相连接时测得另一芯线与外壳之间的电容为 0.036 μF，如图2.24(c) 所示，得

$$C_{31}+C_{23}+C_{33}=0.036\ (\mu\mathrm{F})$$

于是

$$C_{12}=C_{23}=C_{31}=\frac{0.036-0.018}{2}=0.009\ (\mu\mathrm{F})$$

2.9　静电场的能量和能量密度

在研究电位函数时，曾讨论过电荷在静电场中的静电势能问题，在将电荷从一处移到另一处的过程中，作用于电荷的静电力所做的功等于静电势能的减少。可见，静电场中储存着能量，这些能量在数值上等于在静电场的建立过程(或给带电体的充电过程) 中，外界克服电场力所做的功。因为在给带电体充电时，只要其本身带有电量，继续向该带电体输送更多的电量时就必须做功。本节要研究的是带电体充电完毕后(即电荷分布稳定后) 的静电场能量，因此它与如何完成充电的过程无关，且假设导体和介质都是固定的，介质是线性和各向同性的。

2.9.1　静电场的能量

设在 n 个带电体构成的系统中，每一个带电体的电量都同时从零开始，逐渐增加到它们的最终值至 $q_1,q_2,\cdots,q_n$，对应的电位为 $\phi_1,\phi_2,\cdots,\phi_n$。令在充电过程中的任一时刻，各个带电体都是以同一比例系数充电到最终值的 $\alpha(\alpha\leqslant 1)$ 倍，即电量为 $\alpha q_1,\alpha q_2,\cdots,\alpha q_n$，相应的电位为 $\alpha\phi_1,\alpha\phi_2,\cdots,\alpha\phi_n$。因此当第 k 个带电体电量增加了 $\mathrm{d}(\alpha q_k)$ 时，外电源需要做的功是

$$\mathrm{d}(\alpha q_k)(\alpha\phi_k)=q_k\phi_k\alpha\,\mathrm{d}\alpha$$

对于 n 个带电体，外电源所做的总功为

$$\sum_{k=1}^{n}q_k\phi_k\alpha\,\mathrm{d}\alpha$$

根据能量守恒定律，这个功转换为电场的能量，储存于带电系统的周围空间，即

$$\mathrm{d}W_\mathrm{e}=\sum_{k=1}^{n}q_k\phi_k\alpha\,\mathrm{d}\alpha$$

所以，n 个带电体的电量由零增加到最终值时，电场的储能达到

$$W_\mathrm{e}=\int\mathrm{d}W_\mathrm{e}=\sum_{k=1}^{n}q_k\phi_k\int_0^1\alpha\,\mathrm{d}\alpha=\frac{1}{2}\sum_{k=1}^{n}q_k\phi_k \tag{2.9.1}$$

这就是 n 个带电体所构成的系统中总的电场能量，其单位是焦耳(J)，1 J＝1 V · C。

例如，一个由两个导体极板构成的电容器由外电源充电后，极板上的电量分别为 $+q$ 和 $-q$，电位分别为 ϕ_1 和 ϕ_2，则电容器储存的电场能量是

$$\begin{aligned}W_\mathrm{e}&=\frac{1}{2}q\phi_1+\frac{1}{2}(-q)\phi_2=\frac{1}{2}q(\phi_1-\phi_2)\\&=\frac{1}{2}qU=\frac{1}{2}CU^2=\frac{1}{2}\cdot\frac{q^2}{C}\end{aligned} \tag{2.9.2}$$

式中，U 是两极板间的电压；C 是电容器的电容。

现将式（2.9.1）推广到电荷连续分布的情形。以体电荷为例，设电荷密度是 ρ，则其中某体积元 $\mathrm{d}v$ 所带的电量为 $\rho\mathrm{d}v$。于是式（2.9.1）中的求和在 $\mathrm{d}v$ 趋于零的过程中转化为体积分

$$W_e = \frac{1}{2}\int_V \rho\phi\mathrm{d}v \tag{2.9.3}$$

同理，对于面电荷和线电荷分别有

$$W_e = \frac{1}{2}\int_S \rho_s\phi\mathrm{d}s \tag{2.9.4}$$

和

$$W_e = \frac{1}{2}\int_L \rho_l\phi\mathrm{d}l \tag{2.9.5}$$

以上三式中的 ϕ 分别是 $\rho\mathrm{d}v$，$\rho_s\mathrm{d}s$ 和 $\rho_l\mathrm{d}l$ 所在点的电位，积分范围遍及电荷所在的区域。

2.9.2 能量密度

无论是多导体系统还是连续分布电荷，其静电能公式都没有说明能量的分布情况。而且由于这些能量都与带电体的电量有关，容易给人一种印象 —— 似乎静电能集中在电荷上；而对于电容器来说，似乎静电能是集中在极板表面上。其实，凡是有电场的地方移动带电体都要做功，这说明，电场能量应储存于电场存在的空间。下面就用这一观点来分析电场能量的分布规律并引入能量密度的概念。

设在空间某个有限区域里既有密度为 ρ 的体电荷，也有分布在导体表面上的面电荷 ρ_s，如图 2.25 所示。静电场总能量应为式（2.9.3）与式（2.9.4）之和，即

$$W_e = \frac{1}{2}\int_{V'} \rho\phi\mathrm{d}v + \frac{1}{2}\int_{S_0} \rho_s\phi\mathrm{d}s \tag{2.9.6}$$

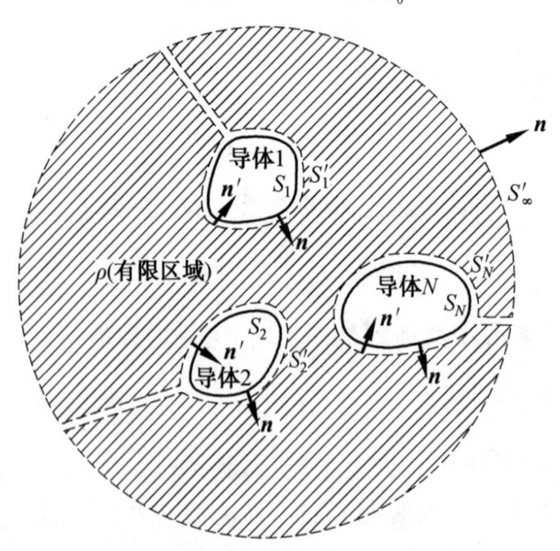

图 2.25　能量密度推导

式中，体积分的积分范围 V' 是有电荷分布的全部空间，面积分的积分范围 S_0 是各带电体的表面，即

$$\frac{1}{2}\int_{S_0}\rho_s\phi\mathrm{d}s=\frac{1}{2}\sum_{i=1}^{n}\int_{S_i}\rho_s\phi\mathrm{d}s$$

把积分范围 V' 扩大到整个空间 V，也不会改变体积分的数值。因为虽然 $V>V'$，但没有电荷那部分空间的体积分为零。由$\nabla\cdot\boldsymbol{D}=\rho$，$\rho\phi=\phi\nabla\cdot\boldsymbol{D}=\nabla\cdot(\phi\boldsymbol{D})-\boldsymbol{D}\cdot\nabla\phi$ 及 $-\nabla\phi=\boldsymbol{E}$，可把式(2.9.6) 的第一项体积分变换成

$$\frac{1}{2}\int_V\rho\phi\mathrm{d}v=\frac{1}{2}\int_V\nabla\cdot(\phi\boldsymbol{D})\mathrm{d}v-\frac{1}{2}\int_V\boldsymbol{D}\cdot\nabla\phi\mathrm{d}v$$

$$=\frac{1}{2}\int_V\nabla\cdot(\phi\boldsymbol{D})\mathrm{d}v+\frac{1}{2}\int_V\boldsymbol{D}\cdot\boldsymbol{E}\mathrm{d}v$$

由高斯散度定理

$$\frac{1}{2}\int_V\nabla\cdot(\phi\boldsymbol{D})\mathrm{d}v=\frac{1}{2}\int_S\phi\boldsymbol{D}\cdot\mathrm{d}\boldsymbol{s}$$

上式中面积分范围 S 是限定 V 的曲面，也就是图 2.25 中阴影部分的所有表面，包括各个导体的表面和无穷大的球面，即 $S'_i(i=1,2,\cdots,n)$ 和 S'_∞。

由 $\mathrm{d}\boldsymbol{s}=\boldsymbol{n}'\mathrm{d}s=-\boldsymbol{n}'\mathrm{d}s$，得

$$\frac{1}{2}\int_S\phi\boldsymbol{D}\cdot\mathrm{d}\boldsymbol{s}=\frac{1}{2}\int_S\phi\boldsymbol{D}\cdot\boldsymbol{n}'\mathrm{d}s=-\frac{1}{2}\int_S\phi\boldsymbol{D}\cdot\boldsymbol{n}\mathrm{d}s$$

而导体表面的边界条件为 $\rho_s=\boldsymbol{n}\cdot\boldsymbol{D}$，故

$$-\frac{1}{2}\int_S\phi\boldsymbol{D}\cdot\boldsymbol{n}\mathrm{d}s=-\frac{1}{2}\sum_{i=1}^{n}\int_{S_i}\phi\rho_s\mathrm{d}s+\frac{1}{2}\int_{S'_\infty}\phi\boldsymbol{D}\cdot\boldsymbol{n}'\mathrm{d}s$$

把以上关系代入式 (2.9.6)，得

$$W_e=\frac{1}{2}\int_V\boldsymbol{D}\cdot\boldsymbol{E}\mathrm{d}v+\frac{1}{2}\int_{S'_\infty}\phi\boldsymbol{D}\cdot\boldsymbol{n}'\mathrm{d}s$$

式中，ϕ 和 $\boldsymbol{D}$ 都是有限空间中 n 个带电导体上的电荷产生的。

在无穷大的球面 S'_∞ 上看，这 n 个带电导体好像一个点电荷，它所产生的电位和电位移矢量的数量级是

$$\phi\sim\frac{1}{r}$$

$$D\sim\frac{1}{r^2}$$

而球面的面积　$S'_\infty\sim r^2$

所以　$$\int_{S'_\infty}\phi\boldsymbol{D}\cdot\boldsymbol{n}'\mathrm{d}s\to 0$$

最终可得　$$W_e=\frac{1}{2}\int_V\boldsymbol{D}\cdot\boldsymbol{E}\mathrm{d}v\qquad(2.9.7)$$

这里，积分范围是全部电场的空间，单位为焦耳(J)。该式的物理意义是，**凡是静电场不为零的空间都储存着电能**。可见，若场中任一点的能量密度用 w_e 表示，则

$$w_e=\frac{1}{2}\boldsymbol{D}\cdot\boldsymbol{E}\qquad(2.9.8)$$

单位为焦 / 米^3($\mathrm{J/m^3}$)。

在各向同性的电介质中，$\boldsymbol{D}$ 与 $\boldsymbol{E}$ 方向相同，且 $\boldsymbol{D}=\varepsilon\boldsymbol{E}$，所以能量密度公式为

$$w_e = \frac{1}{2}\varepsilon E^2 \tag{2.9.9}$$

2.10　本章小结

本章从静电场的基本实验定律库仑定律出发，得到了静电场的基本方程，并讨论了电位的泊松方程和拉普拉斯方程，最后讨论了导体的电容和静电场的储能问题。

1. 电荷

根据电荷的分布形式可将电荷分为体电荷、面电荷、线电荷和点电荷。

$$\rho = \lim_{\Delta v \to 0} \frac{\Delta q}{\Delta v} = \frac{dq}{dv} \quad C/m^3$$

$$\rho_s = \lim_{\Delta s \to 0} \frac{\Delta q}{\Delta s} = \frac{dq}{ds} \quad C/m^2$$

$$\rho_l = \lim_{\Delta l \to 0} \frac{\Delta q}{\Delta l} = \frac{dq}{dl} \quad C/m$$

电荷的这种密度分布可以借助于数学上的 δ 函数来描述，对处于原点的单位点电荷，其电荷密度可表示为

$$\delta(\boldsymbol{r}) = \delta(x, y, z) = \begin{cases} 0 & (\boldsymbol{r} \neq 0) \\ \infty & (\boldsymbol{r} = 0) \end{cases}$$

2. 库仑定律及电场强度

(1) 真空中静止的两个点电荷 q_1 和 q_2 之间的相互作用力为

$$\boldsymbol{F}_{12} = \frac{q_1 q_2 \boldsymbol{R}_{12}}{4\pi\varepsilon_0 R_{12}^3}$$

(2) 已知电荷分布求电场强度

点电荷　$$\boldsymbol{E}(\boldsymbol{r}) = \frac{q}{4\pi\varepsilon_0} \cdot \frac{\boldsymbol{r} - \boldsymbol{r}'}{|\boldsymbol{r} - \boldsymbol{r}'|^3}$$

体电荷　$$\boldsymbol{E}(\boldsymbol{r}) = \frac{1}{4\pi\varepsilon_0} \int_{V'} \frac{\rho(\boldsymbol{r}')\boldsymbol{R}}{R^3} dv'$$

面电荷　$$\boldsymbol{E}(\boldsymbol{r}) = \frac{1}{4\pi\varepsilon_0} \int_{S'} \frac{\rho_s(\boldsymbol{r}')\boldsymbol{R}}{R^3} ds'$$

线电荷　$$E(\boldsymbol{r}) = \frac{1}{4\pi\varepsilon_0} \int_{L'} \frac{\rho_l(\boldsymbol{r}')\boldsymbol{R}}{R^3} dl'$$

3. 静电场的基本方程

(1) 高斯定律。

	真空中	介质中
微分形式	$\nabla \cdot \boldsymbol{E} = \frac{\rho}{\varepsilon_0}$	$\nabla \cdot \boldsymbol{D} = \rho$
积分形式	$\oint_S \boldsymbol{E} \cdot d\boldsymbol{s} = \frac{\sum q}{\varepsilon_0}$	$\oint_S \boldsymbol{D} \cdot d\boldsymbol{s} = q$

(2) 环路定理：任何静电荷产生的电场的旋度恒为零，其微分形式和积分形式为

$$\nabla\times\boldsymbol{E}=\boldsymbol{0}$$

$$\oint_C\boldsymbol{E}\cdot\mathrm{d}\boldsymbol{l}=0$$

4. 电位函数

点电荷系统、体电荷、面电荷以及线电荷产生的电场的电位函数分别为

$$\phi(\boldsymbol{r})=\frac{1}{4\pi\varepsilon_0}\sum_{i=1}^{N}\frac{q_i}{|\boldsymbol{r}-\boldsymbol{r}'_i|}+C$$

$$\phi(\boldsymbol{r})=\frac{1}{4\pi\varepsilon_0}\int_{V'}\frac{\rho(\boldsymbol{r}')}{|\boldsymbol{r}-\boldsymbol{r}'|}\mathrm{d}v'+C$$

$$\phi(\boldsymbol{r})=\frac{1}{4\pi\varepsilon_0}\int_{S'}\frac{\rho_s(\boldsymbol{r}')}{|\boldsymbol{r}-\boldsymbol{r}'|}\mathrm{d}s'+C$$

$$\phi(\boldsymbol{r})=\frac{1}{4\pi\varepsilon_0}\int_{L'}\frac{\rho_l(\boldsymbol{r}')}{|\boldsymbol{r}-\boldsymbol{r}'|}\mathrm{d}l'+C$$

5. $\boldsymbol{E}$,$\boldsymbol{D}$ 及电位函数 ϕ 的边界条件

(1) 边界条件的一般形式

$$\boldsymbol{n}\times(\boldsymbol{E}_1-\boldsymbol{E}_2)=\boldsymbol{0}$$

$$\boldsymbol{n}\cdot(\boldsymbol{D}_1-\boldsymbol{D}_2)=\rho_s$$

$$\phi_1=\phi_2$$

$$\varepsilon_1\frac{\partial\phi_1}{\partial n}-\varepsilon_2\frac{\partial\phi_2}{\partial n}=-\rho_s$$

式中,$\boldsymbol{n}$ 为分界面上介质 2 指向介质 1 的法向单位向量。

(2) 两种理想介质分界面($\rho_s=0$) 的边界条件

$$\boldsymbol{n}\times(\boldsymbol{E}_1-\boldsymbol{E}_2)=\boldsymbol{0}$$

$$\boldsymbol{n}\cdot(\boldsymbol{D}_1-\boldsymbol{D}_2)=0$$

$$\phi_1=\phi_2$$

$$\varepsilon_1\frac{\partial\phi_1}{\partial n}=\varepsilon_2\frac{\partial\phi_2}{\partial n}$$

(3) 理想导体的边界条件(假设媒质 2 为理想导体)

$$\boldsymbol{n}\times\boldsymbol{E}_1=\boldsymbol{0}$$

$$\boldsymbol{n}\cdot\boldsymbol{D}_1=\rho_s$$

$$\phi_1=\phi_2$$

$$-\varepsilon_2\frac{\partial\phi_2}{\partial n}=\rho_s$$

6. 电容及静电场的储能

(1) 电容。

平行板电容器的电容　$C=\dfrac{\varepsilon_0 S}{d}$

球形电容器的电容　$C=\dfrac{4\pi\varepsilon_0 R_A R_B}{R_B-R_A}$

长度为 L 的圆柱形电容器的电容　$C=\dfrac{2\pi\varepsilon_0 L}{\ln\dfrac{R_B}{R_A}}$

(2) 静电场的能量。

n 个带电体所构成的系统　$W_e=\dfrac{1}{2}\sum_{k=1}^{n}q_k\phi_k$

体电荷　$W_e=\dfrac{1}{2}\int_V\rho\phi\,\mathrm{d}v$

面电荷　$W_e=\dfrac{1}{2}\int_S\rho_s\phi\,\mathrm{d}s$

线电荷　$W_e=\dfrac{1}{2}\int_L\rho_l\phi\,\mathrm{d}l$

(3) 静电场的电场密度

$$w_e=\frac{1}{2}\boldsymbol{D}\cdot\boldsymbol{E}$$

习　　题

2.1　有两根长度为 l、相互平行的均匀带电直导线，分别带等量异号的电荷 $\pm q$，它们相隔距离为 l，试求此带电系统中心处的电场强度。

2.2　已知真空中有三个点电荷，点电荷 $q_1=1\ \mu\mathrm{C}$，位于点 $P_1(0,0,1)$；点电荷 $q_2=1\ \mu\mathrm{C}$，位于点 $P_2(1,0,1)$；点电荷 $q_3=4\ \mu\mathrm{C}$，位于点 $P_3(0,1,0)$。试求位于点 $P(0,-1,0)$ 的电场强度。

2.3　通过电位计算有限长线电荷的电场强度。

2.4　一根长度均为 L、线电荷密度分别为 ρ_{l1}，ρ_{l2} 和 ρ_{l3} 的线电荷构成一个等边三角形，设 $\rho_{l1}=2\rho_{l2}=2\rho_{l3}$，试求三角形中心的电场强度。

2.5　已知真空中半径为 a 的圆环上均匀分布的线电荷密度为 ρ_l，试求通过圆心的轴线上任一点的电位及电场强度。

2.6　若带电球的内外区域中的电场强度为

$$\boldsymbol{E}=\begin{cases}\boldsymbol{a}_r\dfrac{q}{r^2} & (r>a)\\[2ex] \boldsymbol{a}_r\dfrac{qr}{a} & (r<a)\end{cases}$$

试求球内外各点的电位。

2.7　点电荷 $q_1=q$ 位于点 $P_1(-a,0,0)$ 处，另一个点电荷 $q_2=-2q$ 位于点 $P_2(a,0,0)$ 处，试问空间中是否存在 $\boldsymbol{E}=\boldsymbol{0}$ 的点？

2.8　无限长线电荷通过点 $A(6,8,0)$ 且平行于 z 轴，线电荷密度为 ρ_l，试求点 $P(x,y,0)$ 处的电场强度 $\boldsymbol{E}$。

2.9　平面 $z=0$ 是介于自由空间与相对电容率为 40 的电介质之间的边界。分界面上自由空间一侧的电场强度 $\boldsymbol{E}$ 为 $\boldsymbol{E}=13\,\boldsymbol{a}_x+40\,\boldsymbol{a}_y+50\,\boldsymbol{a}_z$ V/m，试确定分界面另一侧的电场强度 $\boldsymbol{E}$。

2.10　半径为 a 的圆面上均匀带电，电荷密度为 ρ_s，试求：

(1) 轴上离圆中心为 z 处的场强；

(2) 在保持 ρ_s 不变的情况下，当 $a \to 0$ 和 $a \to \infty$时的结果如何？

(3) 在保持总电荷 $q = \pi a^2 \rho_s$ 不变的情况下，当 $a \to 0$ 和 $a \to \infty$时结果又如何？

2.11　点电荷 q 被一个无限大的线性、均匀、各向同性介质包围，求 $\boldsymbol{E}$，$\boldsymbol{D}$，极化强度 $\boldsymbol{P}$，束缚电荷面密度及束缚电荷体密度。

2.12　电荷 Q 均匀分布在半径为 R 的金属球的表面，试确定球体表面上的电场强度 $\boldsymbol{E}$。

2.13　证明：在服从欧姆定律的线性、各向同性和均匀的导电媒质中，不可能存在不为零的净余自由电荷。

2.14　证明：在均匀电介质内部，极化电荷体密度 ρ_p 总是等于自由电荷体密度 ρ 的 $\frac{\varepsilon_0}{\varepsilon} - 1$ 倍。

2.15　已知半径为 a、介电常数为 ε 的介质球，带电荷量 q，求下列情况下空间各点的电场、极化电荷分布和总的极化电荷；

(1) 电荷 q 均匀分布于球体内；

(2) 电荷 q 集中于球心上。

2.16　已知半径为 a、介电常数为 ε 的无穷长直圆柱，单位长度带电荷量为 q，求下列情况下空间各点的电场、极化电荷分布和总的极化电荷：

(1) 电荷均匀分布于圆柱内；

(2) 电荷均匀分布于轴线上。

2.17　有一半径为 a 的导体球，它的中心位于两个均匀半无限大电介质的界面上。它们的介电常数分别为 ε_1 和 ε_2，并设导体球上带电荷量 q，求电场强度、自由电荷和极化电荷分布。

2.18　半径为 10 cm 的金属球，面电荷密度为 10 nC/m^2。求电场中的储能。

2.19　两间距为 d、每块面积为 A 的平行导电板构成一平行板电容器，如图 2.26 所示。上面板的电荷为 $+Q$，下面板为 $-Q$，问电容是多少？此系统的电容表示媒质中储存的能量。

2.20　一球形电容器由半径分别为 a 和 b 的同心金属球壳组成，如图 2.27 所示。内球带电 $+Q$，外球带电 $-Q$。(1) 试确定系统电容。(2) 一个孤立球体的电容是多少？视地球是一半径为 6.5×10^6 m 的孤立球体，计算它的电容。(3) 若两球体间隔相对于它们的半径足够小，试推导其电容的近似表达式。

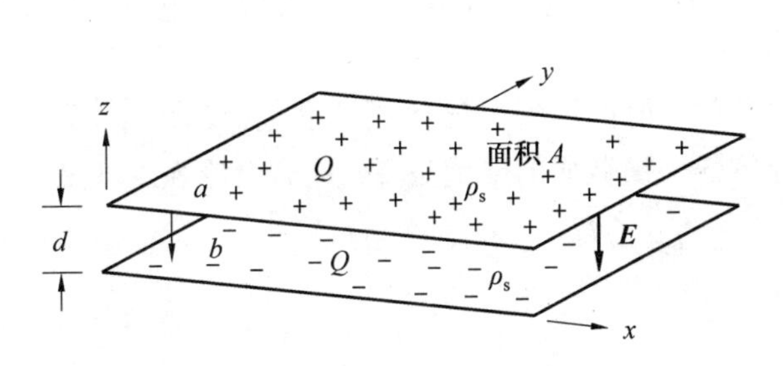

图 2.26　平板电容器

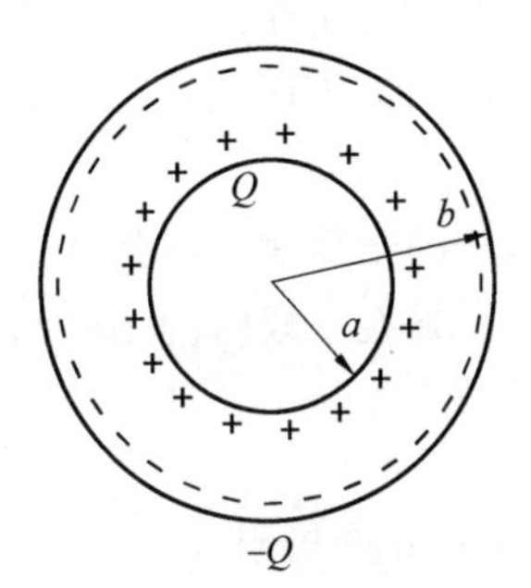

图 2.27　球形电容器

第3章　恒定电场

电荷在电场作用下的宏观定向运动形成电流，不随时间改变的电流称为恒定电流。若某个导体回路中载有恒定电流，则该回路中必然存在一个推动电荷运动的恒定电场也可称为稳恒电场，该电场是由外加电源产生的，这是静电场之外的另一种不随时间变化的电场。本章主要研究这种由外加电源产生的恒定电场的基本性质。

本章首先引入电流密度的概念，根据电荷守恒定律推导出恒定电流的连续性方程，讨论欧姆定律、焦耳定律及功率损耗。随后根据电流的恒定条件以及恒定电场是保守场的性质得出恒定电场的基本方程，由基本方程的积分形式导出不同媒质分界面的边界条件，并将无电荷分布区的静电场与电源外的恒定电场相对比，从而引出静电比拟法。最后介绍绝缘电阻和接地电阻的概念和计算。

3.1　电流强度和电流密度

3.1.1　电流强度

自由电荷在电场的作用下定向运动，形成电流。电流的产生必须具备两个条件：(1) 存在可以自由移动的电荷(自由电荷)；(2) 存在电场。

在导电媒质(导体或半导体) 中，电荷运动形成的电流称为传导电流。真空或气体中电荷运动形成的电流，称为运流电流，例如离子束或电真空器件中的电流。传导电流和运流电流都是由自由电荷的运动引起的，统称为自由电流。不随时间变化的电流称为恒定电流，随时间变化的电流称为时变电流。

正、负电荷的定向运动都可以形成电流。比如在金属中电流是由带负电的电子运动形成的，而在电解液和气态导体中，电流却是由正、负离子及电子形成的。在电场作用下，正、负电荷总是沿着相反方向运动。正电荷沿某一方向运动和等量的负电荷反方向运动所产生的电磁效应基本相同。无论电流是由哪种电荷定向运动形成的，都统一规定电流的方向为正电荷流动的方向。这样，在导体中电流的方向总是沿着电场方向，即从高电位处指向低电位处。

电流的强弱用电流强度 I 来描述。单位时间内通过导体任一横截面的电量，称为电流强度。如果在一段时间 Δt 内，通过导体任一横截面的电量是 Δq，那么电流强度就是

$$I=\frac{\Delta q}{\Delta t} \tag{3.1.1}$$

或取 $\Delta t\to 0$ 的极限

$$I=\lim_{\Delta t\to 0}\frac{\Delta q}{\Delta t}=\frac{\mathrm{d}q}{\mathrm{d}t} \tag{3.1.2}$$

电流强度是 MKSA 单位制中的四个基本量之一，它的单位是安培(A)。

3.1.2　电流密度

电流强度是标量，它只能描述导体中通过某一截面电流的整体特征。但是，在实际中有时会遇到电流在具有一定体积的导电媒质中流动的情形，这时导体的不同部分电流的大小和方向都不一样，形成一定的电流分布。此外，在高频条件下，由于趋肤效应，即使在很细的导线中电流沿横截面也有一定的分布。因此仅有电流强度的概念是不够的，还必须引入能够细致描述电流分布的物理量 —— 电流密度矢量。该矢量的方向是在导体中某点上正电荷运动的方向，即电流的方向，其大小等于通过该点单位垂直截面的电流强度(即单位时间里通过单位垂直截面的电量)。

设想在导体中某点处取一个与电流方向垂直的截面元 $\mathrm{d}s$(图 3.1(a))，则通过 $\mathrm{d}s$ 的电流强度 $\mathrm{d}I$ 与该点电流密度 $\boldsymbol{J}$ 的关系是

$$\mathrm{d}I = \boldsymbol{J}\mathrm{d}\boldsymbol{s}$$

则该点电流密度的数值为

$$J = \frac{\mathrm{d}I}{\mathrm{d}s} \tag{3.1.3}$$

若截面元 $\mathrm{d}\boldsymbol{s}$ 的法线 $\boldsymbol{n}$ 与电流方向成夹角 θ(图 3.1(b))，则通过该面积元的电流为

$$\mathrm{d}I = J\mathrm{d}s\cos\theta \tag{3.1.4}$$

或写成矢量形式

$$\mathrm{d}I = \boldsymbol{J}\cdot\mathrm{d}\boldsymbol{s} \tag{3.1.5}$$

引入电流密度矢量 $\boldsymbol{J}$ 的概念，就可以描述导电媒质中的电流分布。在具有一定体积的导电媒质中各点 $\boldsymbol{J}$ 有不同的数值和方向，这就构成一个矢量场，即电流(密度)场。如同电场分布可以用电力线来形象地描绘一样，电流场分布可以用电流线来描绘。所谓电流线，就是这样一些曲线，其上每点的切线方向都和该点的电流密度矢量方向一致。

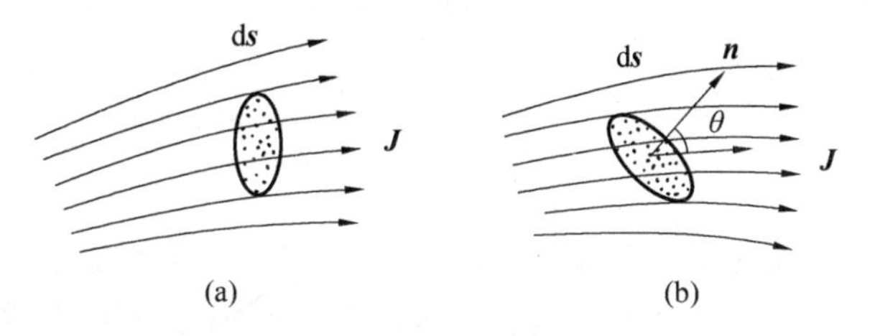

图 3.1　电流密度矢量

通过导体中任意截面 S 的电流强度 I 与电流密度矢量 $\boldsymbol{J}$ 的关系为

$$I = \int_S \boldsymbol{J}\cdot\mathrm{d}\boldsymbol{s} = \int_S J\cos\theta\mathrm{d}s \tag{3.1.6}$$

由此可见，电流密度 $\boldsymbol{J}$ 和电流强度 I 的关系，就是一个矢量场和它的通量的关系。从电流密度的定义可以看出，它的单位是安 / 米^2($\mathrm{A/m^2}$)。上面的公式适用于电荷在某一体积中流动形成的电流，称为体电流密度。

在工程中通常会遇到电流在厚度可以忽略的薄层中流动的情况，这时可近似认为电流是在一厚度趋近于 0 的曲面上流动，由此引入面电流密度的概念。在这种情况下，与电流方向垂直的横截面退化为一条线，故面积元 $\mathrm{d}s$ 变为线元 $\mathrm{d}l$。面电流密度矢量用$\boldsymbol{J}_s$ 来表示，定义为垂直于电流方向的单位长度上流过的电流强度，其方向仍为正电荷运动的方向。

设想在导体中某点取一个与电流方向垂直的线元 $\mathrm{d}l$(图 3.2(a))，则通过 $\mathrm{d}l$ 的电流强度

$\mathrm{d}I$ 与该点电流密度J_s 的关系是

$$\mathrm{d}I = J_s \mathrm{d}l$$

若线元 $\mathrm{d}l$ 的法线 $\boldsymbol{n}$ 与电流方向成倾斜角 θ(图 3.2(b)),则

$$\mathrm{d}I = J_s \mathrm{d}l \cos\theta \qquad (3.1.7)$$

或写成矢量形式

$$\mathrm{d}I = \boldsymbol{J}_s \cdot \mathrm{d}\boldsymbol{l} \qquad (3.1.8)$$

面电流密度的单位为安 / 米(A/m)。

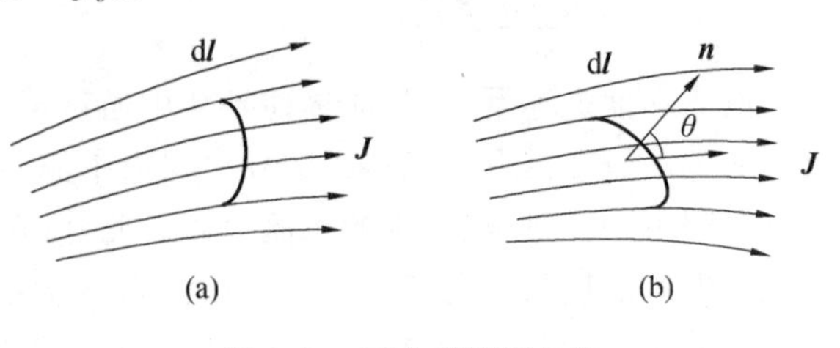

图 3.2 面电流密度矢量

电荷沿着一横截面积可以忽略的曲线流动时形成的电流称为线电流,显然线电流是表示电流强度而非密度。电流元 $I\mathrm{d}\boldsymbol{l}$ 是非常常用的概念,它与体电流、面电流和线电流的关系分别表示为

$$I\mathrm{d}\boldsymbol{l} = \begin{cases} \boldsymbol{J}\mathrm{d}v & (\text{体电流}) \\ \boldsymbol{J}_s \mathrm{d}s & (\text{面电流}) \\ I\mathrm{d}\boldsymbol{l} & (\text{线电流}) \end{cases} \qquad (3.1.9)$$

3.2 电流的连续性方程和恒定条件

电流场的一个基本性质是它的连续性,其实质是电荷守恒定律。设想在导体内任取一闭合曲面 S,则根据电荷守恒定律,在某段时间内由此面流出的电量等于在这段时间内 S 面内包含的电量的减少。在 S 面上处处取外法线,则在单位时间内由 S 面流出的电量即电流强度,应等于$\oint_S \boldsymbol{J} \cdot \mathrm{d}\boldsymbol{s}$。设时间 $\mathrm{d}t$ 内包含在 S 面内的电量增量为 $\mathrm{d}q$,则在单位时间内 S 面内的电量减少为 $-\frac{\mathrm{d}q}{\mathrm{d}t}$。于是有

$$\oint_S \boldsymbol{J} \cdot \mathrm{d}\boldsymbol{s} = -\frac{\mathrm{d}q}{\mathrm{d}t} \qquad (3.2.1)$$

式中负号表示“减少”。这便是电流连续方程的积分形式。上式表明,电流线终止或发出于电荷发生变化的地方。其含义是如果闭合面 S 内正电荷积累起来,则流入 S 面内的电量必大于从 S 面内流出的电量,也就是说,进入 S 面的电流线多于从 S 面出来的电流线,所多余的电流线便中止于正电荷积累的地方。

恒定电流指电流场不随时间变化,这就要求电荷的分布不随时间变化,因而电荷产生的电场是恒定电场。否则电荷分布发生变化必然引起电场发生变化,电流场就不可能维持恒定。因此,在恒定条件下,对于任意闭合曲面 S,面内的电量不随时间变化,即

$$\frac{\mathrm{d}q}{\mathrm{d}t} = 0$$

由式 (3.2.1) 得

$$\oint_S \boldsymbol{J} \cdot \mathrm{d}\boldsymbol{s} = 0 \qquad (3.2.2)$$

称为电流的恒定条件的积分形式。上式表明,从闭合曲面 S 外流入的电量等于从该曲面内流出的电量,也就是说,电流线连续地穿过闭合曲面所包围的体积。因此恒定电流的电流线

不可能在任何地方中断，它们永远是闭合曲线。

由一束电流线围成的管状区称为电流管(图 3.3)。可以证明，在恒定条件下，通过同一电流管各截面的电流强度(即 $\boldsymbol{J}$ 的通量)都相等。通常的电路由导线连成，电流线沿着导线分布，导线本身就是一个电流管。所以在稳恒电路中，在一段没有分支的电路里，通过各截面的电流强度必定相等。此外电流的恒定条件还表明，稳恒电路必须是闭合的。

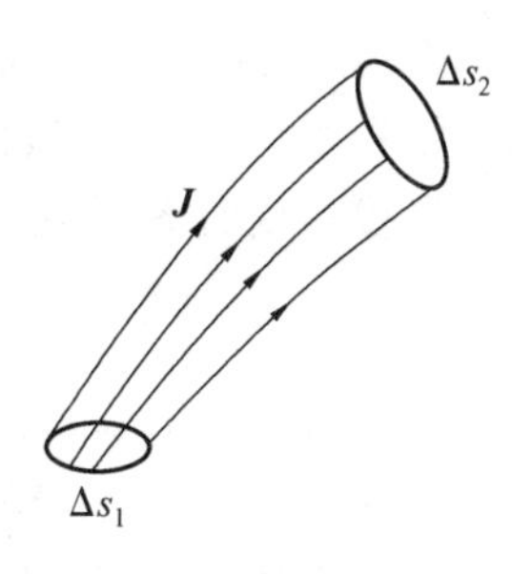

图 3.3　电流管

3.3　欧姆定律

3.3.1　欧姆定律 电阻 电导

从上一节的分析可知，在恒定电场中，尽管电荷是流动的，但是电荷的分布却不随时间变化。因此，同静止电荷产生的静电场一样，恒定电场必然也是保守场，电场力做功与路径无关，即

$$\oint_C \boldsymbol{E} \cdot \mathrm{d}\boldsymbol{l} = 0 \tag{3.3.1}$$

因而可以使用电位差(电压)的概念。电场是形成电流的必要条件，也可以说，要使导体内有电流通过，两端必须有一定的电压。加在导体两端的电压不同，通过该导体的电流强度也不同。实验证明，在恒定条件下，通过一段导体的电流强度 I 和导体两端的电压 U 成正比，即

$$I \propto U \tag{3.3.2}$$

称为欧姆定律。如果写成等式，则有

$$I = \frac{U}{R} \quad 或 \quad U = IR \tag{3.3.3}$$

式中的比例系数 R 由导体的性质决定，称作导体的电阻。不同的导体，电阻的数值一般不同。电阻的单位是电压和电流强度的单位之比，即伏 / 安(V/A)，用欧姆(Ω)表示，且 1 伏 / 安 = 1 欧姆。

电阻的倒数称为电导，用 G 表示

$$G = \frac{1}{R}$$

电导的单位是西门子(S)，$1\ \mathrm{S} = \frac{1}{1\ \Omega}$。

3.3.2　电阻率和电导率

导体电阻的大小与导体的材料和几何形状有关。实验表明，对于由一定材料制成的横截面均匀的导体，它的电阻 R 与长度 l 成正比，与横截面积 S 成反比，即

$$R = \rho \frac{l}{S} \tag{3.3.4}$$

式中，ρ 为比例系数，由导体的材料决定，称为材料的电阻率，单位为欧 / 米(Ω/m)。若令上

式中的 $l=1$ m，$S=1$ m²，则 ρ 在数值上等于 R。这说明，某种材料的电阻率就表示用这种材料制成的长度为 1 m、横截面积为 1 m² 的导体所具有的电阻。

当导线的截面 S 或电阻率 ρ 不均匀时，式(3.3.4)应写成下列积分式

$$R=\int\frac{\rho \mathrm{d}l}{S} \tag{3.3.5}$$

不同材料的电阻率不同。表 3.1 中列出了几种金属、合金和碳在 0 ℃ 时的电阻率 ρ_0。可以看出，银、铜、铝等金属的电阻率很小，而铁铬铝、镍铬等合金的电阻率较大。因此，一般都用电阻率小的铜和铝来制导线，用铁铬铝和镍铬合金作为电炉、电阻器的电阻丝。

电阻率的倒数称为电导率，用 σ 表示

$$\sigma=\frac{1}{\rho} \tag{3.3.6}$$

电导率的单位是西 / 米(S/m)。

表 3.1　几种金属、合金和碳的 ρ_0 及 α 值

材料	$\rho_0/(\Omega\cdot\mathrm{m}^{-1})$	$\alpha/℃^{-1}$
银	1.5×10^{-8}	4.0×10^{-3}
铜	1.6×10^{-8}	4.3×10^{-3}
铝	2.5×10^{-8}	4.7×10^{-3}
钨	5.5×10^{-8}	4.6×10^{-3}
铁	8.7×10^{-8}	5×10^{-3}
铂	9.8×10^{-8}	3.9×10^{-3}
汞	94×10^{-8}	8.8×10^{-4}
碳	$3\,500\times10^{-8}$	-5×10^{-4}
镍铬合金(60%Ni,15%Cr,25%Fe)	110×10^{-8}	1.6×10^{-4}
铁铬铝合金(60%Fe,30%Cr,5%Al)	140×10^{-8}	4×10^{-5}
镍铜合金(54%Cu,46%Ni)	50×10^{-8}	4×10^{-5}
锰铜合金(84%Cu,12%Mn,4%Ni)	48×10^{-8}	1×10^{-5}

3.3.3　欧姆定律的微分形式

由于电荷的流动是由电场来推动的，因此电流场 $\boldsymbol{J}$ 的分布和电场 $\boldsymbol{E}$ 的分布必然密切相关。二者之间的关系可由上述欧姆定律导出。

设想在导体的电流场内取一小电流管(图 3.4)，其长度为 Δl，垂直截面为 Δs，则 $\Delta I=J\Delta s$ 为管内的电流强度。设 ΔU 为沿这段电流管的电位差，R 为电流管内导体的电阻，把欧姆定律用于这段电流管，则有

$$\Delta I=\frac{\Delta U}{R} \tag{3.3.7}$$

实验表明，导体中的场强 $\boldsymbol{E}$ 与电流密度 $\boldsymbol{J}$ 方向处处一致，所以场强 $\boldsymbol{E}$ 的方向也是沿着电流管，从而 $\Delta U=E\Delta l$。设电流管内导体的电导率为 σ，则 $R=\dfrac{\Delta l}{\sigma\Delta S}$，将上述关系代入式

(3.3.7),即得

$$J=\sigma E$$

对于各向同性的线性导体,由于 $\boldsymbol{J}$ 和 $\boldsymbol{E}$ 的方向一致,上式可写成矢量形式

$$\boldsymbol{J}=\sigma\boldsymbol{E} \tag{3.3.8}$$

该式称为欧姆定律的微分形式。它表明 $\boldsymbol{J}$ 与 $\boldsymbol{E}$ 方向一致,数值上成比例。

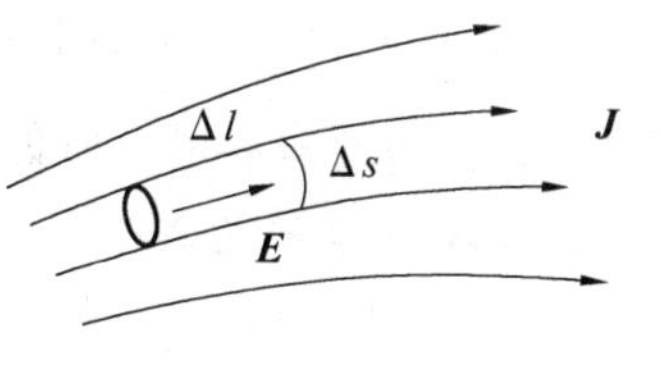

图 3.4　电流场内的小电流管

欧姆定律 $I=\dfrac{U}{R}$ 中的 $U=\int\boldsymbol{E}\cdot\mathrm{d}\boldsymbol{l}$ 和 $I=\int\boldsymbol{J}\cdot\mathrm{d}\boldsymbol{s}$ 都是积分量,故可称为欧姆定律的积分形式。欧姆定律的积分形式描述的是一段有限长度、有限截面导线的导电规律,而欧姆定律的微分形式给出了 $\boldsymbol{J}$ 和 $\boldsymbol{E}$ 的点点对应关系。

必须说明,欧姆定律的微分形式虽是在恒定条件下推导出来的,但对非恒定情况也适用。而欧姆定律的积分形式只适用于恒定情况。

3.3.4　含源电路的欧姆定律

要在导体内维持一恒定的电场,必须在导体的两端连接电源,通过该电源来维持导体内电场的恒定,如图 3.5 所示。电源(指直流电源)是一种将其他形式的能量(机械能、化学能、热能等)转换成电能的装置。在电源内部,有非静电力存在。这种非静电力(如化学作用力)使电荷能够逆着电场力的方向运动,不断补充电极上的电荷,使电极上的电荷维持不变,从而维持与电源相连接的导体内电场的恒定。非静电力和静电力在性质上是不同的,但它们都有搬运电荷的作用,所以可以用 $\boldsymbol{E}'$ 表示作用在单位电荷上的非静电力,在电源的外部只有静电场 $\boldsymbol{E}$;在电源的内部,除了有静电场 $\boldsymbol{E}$ 之外,还有非静电场 $\boldsymbol{E}'$,$\boldsymbol{E}'$ 的方向和 $\boldsymbol{E}$ 的方向相反。当电源的两极被导体从外面连通后,在静电力的推动下形成由正极到负极的电流。在电源内部,非静电力的作用使电流从负极流向正极,从而使电荷的流动形成闭环。

含源电路的欧姆定律的微分形式是

$$\boldsymbol{J}=\sigma(\boldsymbol{E}'+\boldsymbol{E}) \tag{3.3.9}$$

上式表明,电流是静电力和非静电力共同作用的结果。

将式(3.3.9)应用到图 3.5 所示的含源均匀导体回路,将改写成如下形式

$$\boldsymbol{E}'+\boldsymbol{E}=\frac{\boldsymbol{J}}{\sigma} \tag{3.3.10}$$

对上式沿着整个导体回路积分得

$$\oint_C(\boldsymbol{E}'+\boldsymbol{E})\cdot\mathrm{d}\boldsymbol{l}=\oint_C\frac{\boldsymbol{J}}{\sigma}\cdot\mathrm{d}\boldsymbol{l} \tag{3.3.11}$$

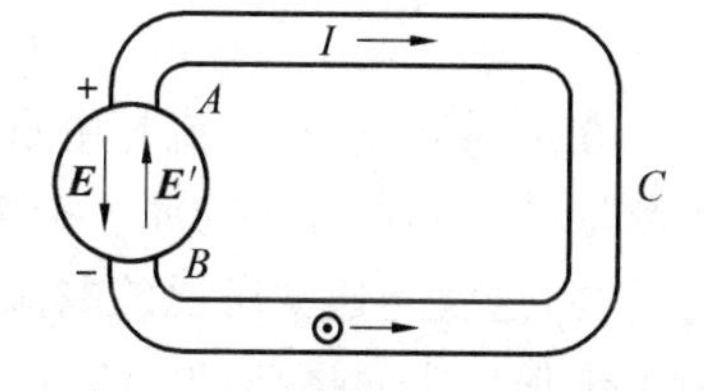

图 3.5　含源均匀导体回路

上式左边为

$$\oint_C(\boldsymbol{E}'+\boldsymbol{E})\cdot\mathrm{d}\boldsymbol{l}=\oint_C\boldsymbol{E}\cdot\mathrm{d}\boldsymbol{l}+\oint_C\boldsymbol{E}'\cdot\mathrm{d}\boldsymbol{l} \tag{3.3.12}$$

在 3.3.1 节中曾分析过,恒定电场也是保守场,所以电场力做功与路径无关,故式(3.3.12)中右边第一项 $\oint_C\boldsymbol{E}\cdot\mathrm{d}\boldsymbol{l}=0$。由于非静电力只存在于电源内部,所以式(3.3.12)右

边第二项可写为$\oint_C \boldsymbol{E}' \cdot \mathrm{d}\boldsymbol{l}=\int_B^A \boldsymbol{E}' \cdot \mathrm{d}\boldsymbol{l}=\varepsilon$，其中$\varepsilon$表示单位正电荷从电源的负极板通过电源内部移到正极板时非静电力所做的功，称之为电源的电动势。

式(3.3.11)右边为

$$\oint_C \frac{\boldsymbol{J}}{\sigma} \cdot \mathrm{d}\boldsymbol{l}=\oint_C \frac{1}{\sigma} J\,\mathrm{d}l=I\oint_C \frac{\mathrm{d}l}{\sigma S}=I\int_{ACB} \frac{\mathrm{d}l}{\sigma S}+I\int_B^A \frac{\mathrm{d}l}{\sigma S}=I(R_{外}+r)=IR \tag{3.3.13}$$

式中，$R_{外}$ 是外部导线的总电阻；r 是电源内部的电阻，简称为内阻。$R=R_{外}+r$ 是整个回路 $ACBA$ 的电阻。这样式(3.3.11)变为

$$\varepsilon=IR \tag{3.3.14}$$

这就是电路理论中的有源电路的欧姆定律，也称为全电路的欧姆定律。

例3.1　长度为l的铜线两端的电位差为V_0。设导线截面积为A，试推导导线电阻的表达式。若$V_0=10\ \text{V}$，$l=100\ \text{km}$，$A=20\ \text{mm}^2$，求导体电阻。

解　设导线沿z轴延伸，上端相对于下端的电位为V_0，则导线内的电场强度为

$$\boldsymbol{E}=-\frac{V_0}{l}\boldsymbol{a}_z$$

若σ为铜线的电导率，导线任一界面的体电流密度为

$$\boldsymbol{J}=\sigma\boldsymbol{E}=-\frac{\sigma V_0}{l}\boldsymbol{a}_z$$

通过导线的电流为

$$I=\int_S \boldsymbol{J} \cdot \mathrm{d}\boldsymbol{s}=\frac{\sigma V_0}{l}\int_S \mathrm{d}s=\frac{\sigma V_0 A}{l}$$

则导体电阻为

$$R=\frac{V_0}{I}=\frac{l}{\sigma A}=\frac{\rho l}{A}$$

这即为计算导体电阻表达式的推导过程。代入参数值，得

$$R=\frac{\rho l}{A}=\frac{1.6\times10^{-8}\times100\times10^{3}}{20\times10^{-6}}=80\ (\Omega)$$

3.4　焦耳定律

在金属导体中，电流是由自由电子的定向运动形成的。自由电子在定向运动的过程中，不断地和晶体点阵上的原子碰撞，把能量传递给原子，使晶体点阵的热运动加剧，导体的温度升高，这就是通常所说的电流的热效应。由电能转换而来的热能称为焦耳热。为了使自由电子保持定向运动，电场力必须不断地对自由电子做功。

由电压的定义可以知道，若电路两端的电压为U，则当电荷q通过这段电路时，电场力所做的功为

$$W=qU \tag{3.4.1}$$

因为$q=It$，所以上式可以写成

$$W=UIt=I^2Rt \tag{3.4.2}$$

上式最初是焦耳直接根据实验结果确定的，称为焦耳定律(积分形式)。W的单位是焦耳(J)。自由电子在做定向运动的过程中，与晶体点阵上的原子碰撞阻碍了电子的定向运

动，电阻 R 就代表了这种阻碍作用。

电场力在单位时间内所做的功，称为电功率。如果用 P 表示电功率，那么根据上式可得

$$P=\frac{W}{t}=UI=I^2R \tag{3.4.3}$$

功率 P 的单位是瓦特(W)，1 瓦特 = 1 焦 / 秒。

用电器上一般都标有额定电压和额定功率。例如，电灯泡上标有“220 V 60 W”，就表明这个灯泡在 220 V 的电压下工作时，功率是 60 W。

下面推导焦耳定律的微分形式。在图 3.4 所示的体积元 $\Delta v=\Delta s\Delta l$ 中，热损耗功率是

$$\Delta P=\Delta U\Delta I=E\Delta lJ\,\Delta s=EJ\,\Delta v$$

单位体积内的热功率，称为热功率密度，用 p 表示。当 $\Delta v\to 0$ 时，

$$p=\lim_{\Delta v\to 0}\frac{\Delta P}{\Delta v}=EJ=\sigma E^2 \tag{3.4.4}$$

p 是一个标量，单位是瓦 / 米^3，它表示在电流场中任意一点处单位体积中的热功率，或者说是在单位时间内电流在导体的单位体积内所产生的热量。在各向同性的导体中，$\boldsymbol{J}$ 和 $\boldsymbol{E}$ 的方向一致，所以式(3.4.4) 可表示为

$$p=\boldsymbol{J}\cdot\boldsymbol{E} \tag{3.4.5}$$

式(3.4.4) 和式(3.4.5) 就是焦耳定律的微分形式，它在恒定电流和时变电流的情况下都是成立的。但是对于运流电流，电场力对电荷所做的功不转换成热量，而是转化为电荷的动能。因此，焦耳定律对于运流电流不成立。

例 3.2　平行板电容器的面积为 $S=10\ \text{cm}^2$，间距为 $l=0.2\ \text{cm}$，包含媒质参数为 $\varepsilon_r=2$，$\sigma=4\times10^{-5}\ \text{S/m}$，媒质中维持恒定电流而施加于两板间的电位差为 120 V。求电场强度、体电流密度、功率密度、功率损耗、电流强度及媒质电阻。

解　设下板于 $z=0$ 处，电位为 0 V，上板于 $z=0.2\ \text{cm}$ 处，电位为 $\phi_0=120\ \text{V}$，则介质中的电场强度为

$$\boldsymbol{E}=-\frac{\phi_0}{l}\boldsymbol{a}_z=-\frac{120}{0.002}\boldsymbol{a}_z=-6\times10^4\,\boldsymbol{a}_z\,(\text{V/m})$$

电流密度为

$$\boldsymbol{J}=\sigma\boldsymbol{E}=-4\times10^{-5}\times6\times10^4\,\boldsymbol{a}_z=-2.4\,\boldsymbol{a}_z\,(\text{A/m}^2)$$

故媒质中的电流强度为

$$I=\int_S\boldsymbol{J}\cdot\mathrm{d}\boldsymbol{s}=2.4\times10\times10^{-4}=2.4\ (\text{mA})$$

媒质功率密度为

$$p=\boldsymbol{J}\cdot\boldsymbol{E}=2.4\times6\times10^4=144\ (\text{kW/m}^3)$$

媒质中总功率损耗为

$$P=\int_V p\,\mathrm{d}v=144\times10^3\times10\times10^{-4}\times0.2\times10^{-2}=288\ (\text{mW})$$

因为 $P=I^2R$，故媒质电阻为

$$R=\frac{P}{I^2}=\frac{288\times10^{-3}}{(2.4\times10^{-3})^2}=50\ (\text{k}\Omega)$$

3.5 恒定电场的基本方程

电流密度$\boldsymbol{J}$和电场强度$\boldsymbol{E}$是恒定电场的基本场矢量。在3.2节已经分析了电流恒定的条件,即

$$\oint_S \boldsymbol{J} \cdot \mathrm{d}\boldsymbol{s} = 0$$

应用高斯散度定理,上式可以写成

$$\int_V \nabla\cdot \boldsymbol{J} \mathrm{d}v = 0$$

要使这个积分对任意体积都成立,只有被积函数为零,即

$$\nabla\cdot \boldsymbol{J} = 0 \tag{3.5.1}$$

上式为电流恒定条件的微分形式。此式说明恒定的电流场是一个没有通量源的场,或称为管型场。

此外,在3.3.1节还分析了恒定电场也是保守场,电场力做功与路径无关,即

$$\oint_C \boldsymbol{E} \cdot \mathrm{d}\boldsymbol{l} = 0$$

应用斯托克斯定理,上式可以写成

$$\int_S (\nabla\times \boldsymbol{E}) \cdot \mathrm{d}\boldsymbol{s} = 0$$

即

$$\nabla\times \boldsymbol{E} = 0$$

因此,恒定电场也可以用电位的梯度表示,即

$$\boldsymbol{E} = -\nabla\phi \tag{3.5.2}$$

如果导体的导电性能是均匀的,则σ是常数,将$\boldsymbol{J}=\sigma\boldsymbol{E}$代入式(3.5.1),即有

$$\nabla\cdot \boldsymbol{J} = \nabla\cdot(\sigma\boldsymbol{E}) = \sigma\,\nabla\cdot \boldsymbol{E} = 0 \tag{3.5.3}$$

将式(3.5.2)代入上式,得

$$\nabla\cdot \boldsymbol{J} = \nabla\cdot(\sigma\boldsymbol{E}) = \sigma\,\nabla\cdot(-\nabla\phi) = -\sigma\,\nabla^2\phi = 0 \tag{3.5.4}$$

即

$$\nabla^2\phi = 0 \tag{3.5.5}$$

上式表明恒定电场中的电位ϕ也满足拉普拉斯方程。

综上分析,将恒定电场的基本方程总结如下:

恒定电场的基本方程积分形式为

$$\oint_S \boldsymbol{J} \cdot \mathrm{d}\boldsymbol{s} = 0 \tag{3.5.6}$$

$$\oint_C \boldsymbol{E} \cdot \mathrm{d}\boldsymbol{l} = 0 \tag{3.5.7}$$

恒定电场的基本方程微分形式为

$$\nabla\cdot \boldsymbol{J} = 0 \tag{3.5.8}$$

$$\nabla\times \boldsymbol{E} = 0 \tag{3.5.9}$$

例3.3 两电导率无穷大的平行板,每块截面积为A,相距为l,两板间电位差为V_{ab},如图3.6所示。板间媒质均匀且有有限的电导率σ,试推导板间区域的电阻。

解 因两平行板的电导率为无限大,则板的电阻为零。可由式(3.5.5)求均匀导电媒

质中的电位分布，设电位分布仅为 z 的函数，则

$$\frac{d^2\phi}{dz^2}=0$$

积分两次，得　　$\phi = az + b$

式中，a，b 为积分常数。

由边界条件 $\phi|_{z=0}=0$，可得 $b=0$；由边界条件 $\phi|_{z=l}=V_{ab}$，可得 $a=V_{ab}/l$。则板间导电媒质中的电位分布为

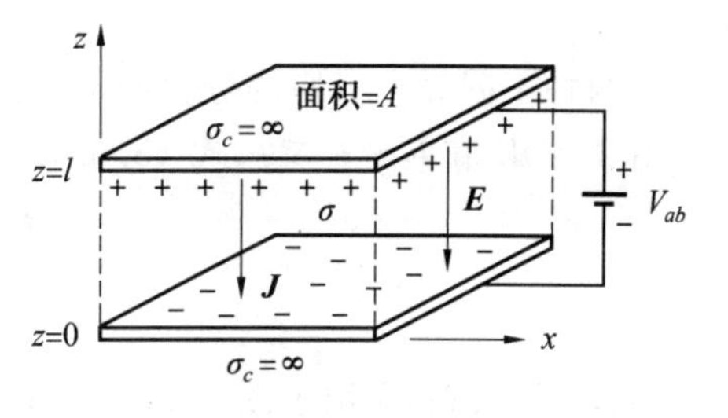

图 3.6　用导电媒质隔开的平行板

$$\phi=\frac{V_{ab}}{l}z$$

导电媒质中的电场强度为

$$\boldsymbol{E}=-\nabla\phi=-\frac{\partial\phi}{\partial z}\boldsymbol{a}_z=-\frac{V_{ab}}{l}\boldsymbol{a}_z$$

媒质中的体电流密度为　　$\boldsymbol{J}=\sigma\boldsymbol{E}=-\dfrac{\sigma V_{ab}}{l}\boldsymbol{a}_z$

垂直于 $\boldsymbol{J}$ 的表面电流为　　$I=\int_S \boldsymbol{J}\cdot d\boldsymbol{s}=\dfrac{\sigma A V_{ab}}{l}$

故导电媒质的电阻为　　$R=\dfrac{V_{ab}}{I}=\dfrac{l}{\sigma A}=\dfrac{\rho l}{A}$

这与前面得到的导线电阻的表达式相同。事实上，可以用此式求任何具有相同截面的均匀导电媒质的电阻。

3.6　恒定电场的边界条件

当恒定电场通过不同电导率 σ_1 和 σ_2 的两种导电媒质的分界面时，在分界面上 $\boldsymbol{J}$ 和 $\boldsymbol{E}$ 各自满足的关系称为恒定电场的边界条件。边界条件由 3.5 节中两个基本方程的积分形式(3.5.6) 和 (3.5.7) 导出，其方法与静电场相仿。

将式 (3.5.6) 应用在图 3.7(a) 中的圆柱闭合面上，得

$$\oint_S \boldsymbol{J}\cdot d\boldsymbol{s}=\boldsymbol{J}_1\cdot\boldsymbol{n}\Delta s-\boldsymbol{J}_2\cdot\boldsymbol{n}\Delta s=0$$

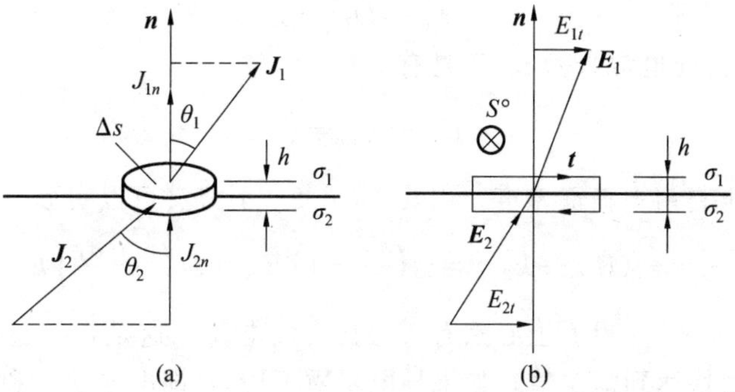

(a)　　(b)

图 3.7　恒定电场的边界条件

即
$$J_{1n}=J_{2n} \tag{3.6.1}$$
表明在两种不同导电媒质的分界面上电流密度 $\boldsymbol{J}$ 的法向分量是连续的。

由 $\boldsymbol{J}=\sigma\boldsymbol{E}$ 和 $\boldsymbol{E}=-\nabla\phi$，式 (3.6.1) 可表示为
$$\sigma_1 E_{1n}=\sigma_2 E_{2n} \tag{3.6.2}$$
$$\sigma_1\frac{\partial\phi_1}{\partial n}=\sigma_2\frac{\partial\phi_2}{\partial n} \tag{3.6.3}$$

将式 (3.5.7) 应用于图 3.7(b) 中的矩形闭合路径上，得
$$\oint_C \boldsymbol{E}\cdot \mathrm{d}l=\boldsymbol{E}_1\cdot \boldsymbol{t}\Delta l-\boldsymbol{E}_2\cdot \boldsymbol{t}\Delta l=0$$
即
$$E_{1t}=E_{2t} \tag{3.6.4}$$
表明在两种不同媒质分界面上电场强度的切向分量是连续的。

由 $\boldsymbol{J}=\sigma\boldsymbol{E}$ 和 $\boldsymbol{E}=-\nabla\phi$，式 (3.6.4) 可表示为
$$\frac{J_{1t}}{\sigma_1}=\frac{J_{2t}}{\sigma_2} \tag{3.6.5}$$
$$\frac{\partial\phi_1}{\partial t}=\frac{\partial\phi_2}{\partial t}$$
即
$$\phi_1-\phi_2=C \tag{3.6.6}$$

由于界面两侧相邻两点 P_1 和 P_2 的距离 $|P_1P_2|\to 0$，电场强度值有限，于是把等位正电荷由 P_1 移到 P_2 场力所做功为零，即 $C=0$，于是 (3.6.6) 最终可以表示为
$$\phi_1=\phi_2 \tag{3.6.7}$$

式 (3.6.2) 和 (3.6.4) 又可写成
$$\sigma_1 E_1\cos\theta_1=\sigma_2 E_2\cos\theta_2 \tag{3.6.8}$$
和
$$E_1\sin\theta_1=E_2\sin\theta_2 \tag{3.6.9}$$

上两式相除可得
$$\frac{\tan\theta_1}{\tan\theta_2}=\frac{\sigma_1}{\sigma_2} \tag{3.6.10}$$

上式称为场矢量在两种不同导电媒质分界面上的折射关系，这表明在分界面上电流线或电力线发生曲折。

由上面分析可知，在一般情况下，当恒定电流通过电导率不同的两种导电媒质的分界面时，电流和电场都要发生突变，这时分界面上必有电荷分布。例如在两种金属媒质的分界面上，根据第 2 章中静电场的边界条件可知
$$D_{1n}-D_{2n}=\rho_s$$

通常认为金属的介电常数为 ε_0，于是有
$$E_{1n}-E_{2n}=\frac{\rho_s}{\varepsilon_0}$$
式中，ρ_s 是分界面上自由电荷面密度。由式 (3.6.2)，上式又可以写成
$$\rho_s=\varepsilon_0(E_{1n}-E_{2n})=\varepsilon_0\left(\frac{\sigma_2}{\sigma_1}-1\right)E_{2n}=\varepsilon_0\left(1-\frac{\sigma_1}{\sigma_2}\right)E_{1n} \tag{3.6.11}$$

所以，只要 $\sigma_1\neq\sigma_2$，分界面上必然有一层自由面电荷。这是在接通电源后的极短时间内积聚起来的，并很快达到恒定值。如果导电媒质不均匀(即电导率 σ 和介电常数 ε 都是空间坐标的函数时)，即使在同一种导电媒质中也会有体电荷的积聚。

下面以三种特殊情况进行分析：

(1)$\sigma_1 \ll \sigma_2$,即媒质1为不良导体($\sigma_1 \neq 0$但很小),媒质2是良导体。例如,同轴线的内外导体一般是电导率很高的良导体铜或铝(10^7 数量级),而填充在内外导体之间的材料的电导率都很小(如聚乙烯的电导率的数量级为 10^{-10}),由两种不同导电媒质分界面上的折射关系式(3.6.8),则

$$\frac{\tan\theta_1}{\tan\theta_2}=\frac{\sigma_1}{\sigma_2}\approx\frac{10^{-10}}{10^7}=10^{-17}$$

从上式可以看出,在 $\theta_2 \neq 90°$ 的情况下,θ_1 非常小,这表明恒定电流由良导体穿过界面进入不良导体时,电流线与良导体表面近似垂直,良导体表面近似地是等位面,与静电场的分布极相似。

(2)$\sigma_1=0$,$\sigma_2\neq 0$,即媒质1为理想介质,媒质2为导体。例如,架设在空气中的裸铜线或裸铝线。由于 $\sigma_1=0$,则$J_1=\sigma_1 \boldsymbol{E}_1=\boldsymbol{0}$,即媒质1中没有传导电流,根据边界条件$J_{1n}=J_{2n}$,即 $J_{2n}=0$,说明媒质2中的电流线与分界面(导体表面)平行,电场强度只有切向分量,即 $E_2=E_{2t}$。由于$\sigma_1\neq\sigma_2$,所以分界面上必然有一层自由面电荷,根据公式(3.6.11),则有 $E_{1n}\neq 0$,再根据边界条件 $E_{1t}=E_{2t}$,那么在靠近分界面的理想介质一侧,电场强度$\boldsymbol{E}_1$ 既有切向分量 E_{1t},又有法向分量 E_{1n},因而$\boldsymbol{E}_1$ 不垂直于导体表面,导体表面就不是等位面,导体也不是等位体,与静电场的分布有根本的区别,如图3.8所示。但是,当σ_2 越大时,E_{1t} 和 E_{2t} 越小,θ_1 也越小。

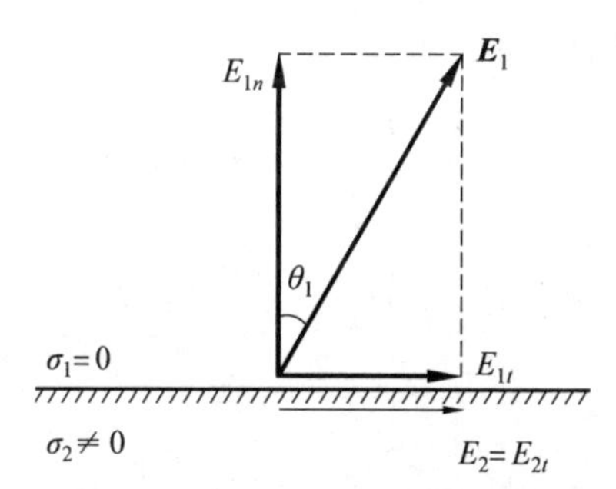

图3.8　理想导体与介质分界面的电场分布

(3)$\sigma_1=0$,$\sigma_2=\infty$,即媒质1为理想介质,媒质2为理想导体。当第二种媒质是理想导体($\sigma_2=\infty$)时,根据$\boldsymbol{J}_2=\sigma_2 \boldsymbol{E}_2$,为保持$\boldsymbol{J}_2$ 是有限值,必然$\boldsymbol{E}_2=\boldsymbol{0}$,再根据边界条件 $E_{1t}=E_{2t}=0$,在这种情况下,理想介质中的电场$\boldsymbol{E}_1$ 就垂直于导体表面,导体表面也就成了等位面。由于 $\boldsymbol{E}_2=\boldsymbol{0}$,沿电流的方向上就没有电压降,焦耳热损耗也就等于零。或者说,由于$\sigma_2=\infty$,电阻 $R=l/(\sigma_2 S)=0$,电压降 $U=IR=0$,焦耳热 $A=UIt=I^2Rt=0$。我们知道,在一般温度下,电导率为无限大的导体是不存在的。但在很低的温度下,某些导体的电导率可能趋于无限大,这就形成超导体。

例3.4　一个填充两种介质的平行板电容器,如图3.9所示。外加电压U,介质参数分别为ε_1,σ_1 和ε_2,σ_2,介质的厚度分别为 d_1 和 d_2。求:(1) 基板间的电流密度 J;(2) 在两种电解质中的电场强度 E_1 和 E_2;(3) 基板上和介质分界面上的自由电荷密度。

解　(1) 极板是理想导体,为等位面,电流沿 z 方向。由 $J_{1n}=J_{2n}$,得

$$\boldsymbol{J}_1=\boldsymbol{J}_2=\boldsymbol{J}$$

由 $\boldsymbol{J}=\sigma\boldsymbol{E}$,得

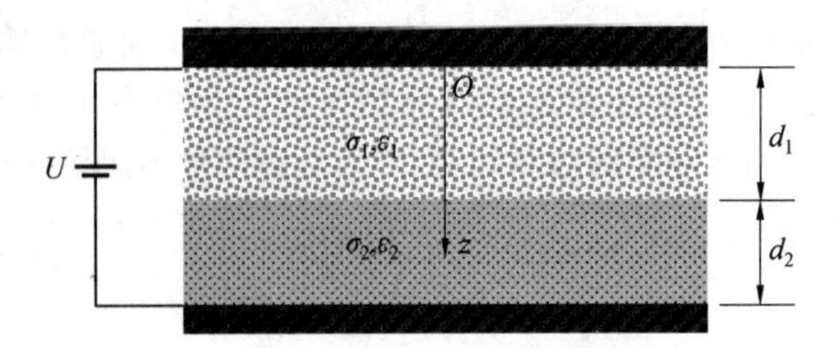

图 3.9　填充两种介质的电容器

$$E_1=\frac{J_1}{\sigma_1}=\frac{J}{\sigma_1},\quad E_2=\frac{J_2}{\sigma_2}=\frac{J}{\sigma_2}$$

因为
$$U=U_1+U_2=E_1d_1+E_2d_2=\left(\frac{d_1}{\sigma_1}+\frac{d_2}{\sigma_2}\right)J$$

故
$$J=U/\left(\frac{d_1}{\sigma_1}+\frac{d_2}{\sigma_2}\right)$$

(2) 两种电解质中的电场分别为

$$E_1=\frac{J}{\sigma_1}=\frac{U\sigma_2}{d_1\sigma_2+d_2\sigma_1}$$

$$E_2=\frac{J}{\sigma_2}=\frac{U\sigma_1}{d_1\sigma_2+d_2\sigma_1}$$

(3) 上极板的面电荷密度为

$$\rho_{s上}=\varepsilon_1E_{1n}=\frac{\varepsilon_1\sigma_2U}{d_1\sigma_2+d_2\sigma_1}$$

下极板的面电荷密度为

$$\rho_{s下}=-\varepsilon_2E_{2n}=-\frac{\varepsilon_2\sigma_1U}{d_1\sigma_2+d_2\sigma_1}$$

介质分界面上的电荷为

$$\rho_s=D_{2n}-D_{1n}=\varepsilon_2E_{2n}-\varepsilon_1E_{1n}=\left(\frac{\varepsilon_2}{\sigma_2}-\frac{\varepsilon_1}{\sigma_1}\right)J=\frac{\sigma_1\varepsilon_2-\sigma_2\varepsilon_1}{\sigma_2d_1+\sigma_1d_2}U$$

例 3.5　一个填充有两种介质的同轴电缆，如图 3.10 所示。内导体半径为 a，外导体半径为 c，介质的分界面半径为 b。两层介质的介电常数为 ε_1 和 ε_2、电导率为 σ_1 和 σ_2。内导体的电压为 U_0，外导体接地。求：(1) 两导体之间的电流密度和电场强度分布；(2) 介质分界面上的自由电荷面密度。

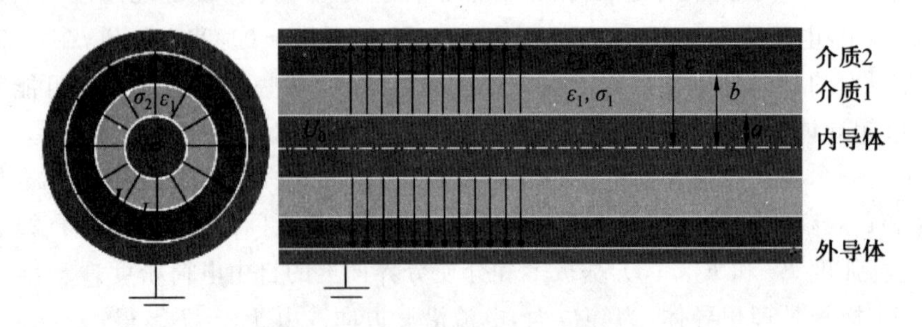

图 3.10　填充两种介质的同轴电缆

解　电流由内导体流向外导体，在分界面上只有法向分量，所以电流密度成轴对称分布。可先假设电流为 I，由此求电流密度 $\boldsymbol{J}$ 的表达式，然后求出 $\boldsymbol{E}_1$ 和 $\boldsymbol{E}_2$，再求出电流 I。

(1) 设同轴电缆中单位长度的径向电流为 I，则由 $\int_S \boldsymbol{J}\cdot \mathrm{d}\boldsymbol{s}=I$，可得电流密度为

$$\boldsymbol{J}=\boldsymbol{a}_\rho \frac{I}{2\pi\rho} \quad (a<\rho<c)$$

介质中的电场

$$\boldsymbol{E}_1=\frac{\boldsymbol{J}}{\sigma_1}=\boldsymbol{a}_\rho \frac{I}{2\pi\sigma_1\rho} \quad (a<\rho<b)$$

$$\boldsymbol{E}_2=\frac{\boldsymbol{J}}{\sigma_2}=\boldsymbol{a}_\rho \frac{I}{2\pi\sigma_2\rho} \quad (b<\rho<c)$$

由于

$$\begin{aligned}U_0&=\int_a^b \boldsymbol{E}_1\cdot \mathrm{d}\boldsymbol{l}+\int_b^c \boldsymbol{E}_2\cdot \mathrm{d}\boldsymbol{l}=\int_a^b \boldsymbol{E}_1\cdot \boldsymbol{a}_\rho \mathrm{d}\rho+\int_b^c \boldsymbol{E}_2\cdot \boldsymbol{a}_\rho \mathrm{d}\rho\\&=\frac{I}{2\pi\sigma_1}\ln\left(\frac{b}{a}\right)+\frac{I}{2\pi\sigma_2}\ln\left(\frac{c}{b}\right)\end{aligned}$$

于是

$$I=\frac{2\pi\sigma_1\sigma_2U_0}{\sigma_2\ln(b/a)+\sigma_1\ln(c/b)}$$

故两种介质中的电流密度和电场强度分别为

$$\boldsymbol{J}=\boldsymbol{a}_\rho \frac{\sigma_1\sigma_2U_0}{\rho[\sigma_2\ln(b/a)+\sigma_1\ln(c/b)]} \quad (a<\rho<c)$$

$$\boldsymbol{E}_1=\boldsymbol{a}_\rho \frac{\sigma_2U_0}{\rho[\sigma_2\ln(b/a)+\sigma_1\ln(c/b)]} \quad (a<\rho<b)$$

$$\boldsymbol{E}_2=\boldsymbol{a}_\rho \frac{\sigma_1U_0}{\rho[\sigma_2\ln(b/a)+\sigma_1\ln(c/b)]} \quad (b<\rho<c)$$

(2) 由 $\rho_s=\boldsymbol{a}_n\cdot\boldsymbol{D}$ 可得，介质 1 内表面的电荷密度为

$$\rho_{S_1}=-\varepsilon_1\boldsymbol{a}_\rho\cdot\boldsymbol{E}_1\big|_{\rho=a}=-\frac{\varepsilon_1\sigma_2U_0}{a[\sigma_2\ln(b/a)+\sigma_1\ln(c/b)]}$$

介质 2 内表面的电荷密度为

$$\rho_{S_2}=\varepsilon_2\boldsymbol{a}_\rho\cdot\boldsymbol{E}_2\big|_{\rho=c}=-\frac{\varepsilon_2\sigma_1U_0}{c[\sigma_2\ln(b/a)+\sigma_1\ln(c/b)]}$$

两种介质分界面上的电荷密度为

$$\begin{aligned}\rho_{S_{12}}&=(\varepsilon_1\boldsymbol{a}_\rho\cdot\boldsymbol{E}_1-\varepsilon_2\boldsymbol{a}_\rho\cdot\boldsymbol{E}_2)\big|_{\rho=b}\\&=\frac{(\varepsilon_1\sigma_2-\varepsilon_2\sigma_1)U_0}{b[\sigma_2\ln(b/a)+\sigma_1\ln(c/b)]}\end{aligned}$$

3.7　恒定电场与静电场的比较

通过对静电场和恒定电场的分析可以发现，电源之外的导电媒质中的恒定电场和体电荷为 0 的区域内的静电场有许多相似之处，为了便于比较，将它们列于表 3.2 中。

表 3.2 恒定电场与静电场的比较

比较内容 \ 两种场	电源外导电媒质中的恒定电场	体电荷为0的区域内的电介质中的静电场
基本方程	$\nabla\times\boldsymbol{E}=0$ $\nabla\cdot\boldsymbol{J}=0$ $\boldsymbol{J}=\sigma\boldsymbol{E}$	$\nabla\times\boldsymbol{E}=0$ $\nabla\cdot\boldsymbol{D}=0$ $\boldsymbol{D}=\varepsilon\boldsymbol{E}$
导出方程	$\boldsymbol{E}=-\nabla\phi$ $\nabla^2\phi=0$ $\phi=\int_l\boldsymbol{E}\cdot\mathrm{d}\boldsymbol{l}$ $I=\int_S\boldsymbol{J}\cdot\mathrm{d}\boldsymbol{s}$	$\boldsymbol{E}=-\nabla\phi$ $\nabla^2\phi=0$ $\phi=\int_l\boldsymbol{E}\cdot\mathrm{d}\boldsymbol{l}$ $q=\int_S\boldsymbol{D}\cdot\mathrm{d}\boldsymbol{s}$
边界条件	$E_{1t}=E_{2t}$ $\phi_1=\phi_2$ $J_{1n}=J_{2n}$ $\sigma_1\frac{\partial\phi_1}{\partial n}=\sigma_2\frac{\partial\phi_2}{\partial n}$	$E_{1t}=E_{2t}$ $\phi_1=\phi_2$ $D_{1n}=D_{2n}$ $\sigma_1\frac{\partial\phi_1}{\partial n}=\sigma_2\frac{\partial\phi_2}{\partial n}$
物理量的对应关系	电场强度矢量 $\boldsymbol{E}$ 电流密度矢量 $\boldsymbol{J}$ 电位 ϕ 电流强度 I 电导率 σ	电场强度矢量 $\boldsymbol{E}$ 电位移矢量 $\boldsymbol{D}$ 电位 ϕ 电量 q 介电常数 ε

由表 3.2 可以看出，两种场的基本方程是相似的，场量之间有一一对应的关系。即 $\boldsymbol{E}-\boldsymbol{E}$；$\boldsymbol{J}-\boldsymbol{D}$；$\phi-\phi$；$I-q$；$\sigma-\varepsilon$ 间一一对应。只要把对应的常量相互置换，一个场的基本方程就变为另一个场的基本方程了。特别是两种场的电位函数有相同的定义，而且都满足拉普拉斯方程。如果矢量 $\boldsymbol{J}$ 和 $\boldsymbol{D}$ 分别在导电媒质和电介质中满足相同的边界条件，则根据唯一性定理，这两个场的电位函数必有相同的解。也就是说，两种场的等位面分布相同，恒定电场的电流线与静电场的电位移线分布相同。这样的对比和分析，给我们一个重要的启示，即在相同的边界条件下，如果通过实验或计算已经得到了一种场的解，只要按表 3.2 将对应的物理量置换一下，就能得到另一种场的解。例如，当几个导体的几何形状很复杂难于用分析方法计算导体间的电位时，可把导体放入电导率较小的电解液中，各导体分别接到音频交流电源以维持它们的电位，另用探针测出等电位的各点就可以得出一系列的等位面。这种方法称为静电比拟法或电解槽法。

3.8 绝缘电阻和接地电阻

3.8.1 绝缘电阻

在许多实际问题中，如电容器的两极板之间、同轴电缆的芯线和外壳之间等，常常需要填充绝缘材料进行电绝缘。虽然绝缘材料的电导率非常小，但其毕竟不等于零。因此，当在填充绝缘材料的两极间加上直流电压时，绝缘材料中总会有微小的电流通过，这种电流叫漏电流。漏电流 I 与两极电压 U 的比值叫漏电导，即

$$G=\frac{I}{U}$$

漏电导的倒数叫漏电阻，又叫绝缘电阻，即

$$R=\frac{U}{I}=\frac{1}{G}$$

计算绝缘电阻可以采用以下几种方法：

(1) 根据电阻的定义式，即

$$R=\int_l \frac{\rho}{s}\mathrm{d}l=\int_l \frac{\mathrm{d}l}{\sigma s}$$

(2) 假定两电极间的电流为 I，求两极间的电压 U，再根据欧姆定律计算两极间的电阻 R，具体步骤为：

① 计算两电极间的电流密度 $J=\dfrac{I}{s}$；

② 计算两电极间的电场 $E=\dfrac{J}{\sigma}$；

③ 计算两极间的电压 $U=\int_L \boldsymbol{E}\cdot\mathrm{d}\boldsymbol{l}$

④ 由 $R=\dfrac{U}{I}$，计算电阻 R。

(3) 通过求解方程 $\nabla^2\phi=0$，求解电位 ϕ，进而计算电流 I，再根据欧姆定律计算两极间的电阻 R，具体步骤为：

① 根据拉普拉斯方程 $\nabla^2\phi=0$，求解电位 ϕ；

② 计算两电极间的电场 $\boldsymbol{E}=-\nabla\phi$；

③ 计算电流密度 $\boldsymbol{J}=\sigma\boldsymbol{E}$；

④ 计算电流 $I=\int_S \boldsymbol{J}\cdot\mathrm{d}\boldsymbol{s}$

⑤ 由 $R=\dfrac{U}{I}=\dfrac{\phi_{电极1}-\phi_{电极2}}{I}$，计算电阻 R。

(4) 利用在相同边界条件下，静电场和恒定电场的相似性，如果已知两导体之间的电容，将对应的变量 $\varepsilon-\sigma$ 替换，便可得到两导体间的电导。

例如，两导体间充满介电常数为 ε 的电介质，根据静电理论，两导体间的电容为

$$C=\frac{q}{U}=\frac{\varepsilon\oint_S \boldsymbol{E}\cdot\mathrm{d}\boldsymbol{s}}{\int_1^2 \boldsymbol{E}\cdot\mathrm{d}\boldsymbol{l}} \tag{3.8.1}$$

上式中表面 S 为紧靠并包围导体 1 的闭合面，线积分是从导体 1 沿任意路径到导体 2 的积分。

如果上述两导体间充满电导率为 σ 的漏电媒质，两导体间的电导为

$$G=\frac{I}{U}=\frac{\sigma\oint_S \boldsymbol{E}\cdot\mathrm{d}\boldsymbol{s}}{\int_1^2 \boldsymbol{E}\cdot\mathrm{d}\boldsymbol{l}} \tag{3.8.2}$$

由式 (3.8.1) 和 (3.8.2) 可以得出

$$\frac{C}{G}=\frac{\varepsilon}{\sigma}$$

由此可以求得绝缘电阻为

$$R=\frac{1}{G}=\frac{\varepsilon}{\sigma C} \tag{3.8.3}$$

下面通过一个例子说明如何计算绝缘电阻。

例 3.6　求同轴电缆的绝缘电阻。设内外的半径分别为 a 和 b，长度为 l，其间媒质的电导率为 σ、介电常数为 ε。

解　设由内导体流向外导体的电流为 I，则

$$J=\frac{I}{2\pi\rho l}$$

于是

$$E=\frac{J}{\sigma}=\frac{I}{2\pi\rho l\sigma}$$

故

$$U=\int \boldsymbol{E}\cdot\mathrm{d}\boldsymbol{l}=\int_a^b \frac{I}{2\pi\rho l\sigma}\mathrm{d}\rho=\frac{I}{2\pi\sigma l}\ln\frac{b}{a}$$

电导

$$G=\frac{I}{U}=\frac{2\pi\sigma l}{\ln(b/a)}$$

绝缘电阻

$$R=\frac{1}{G}=\frac{1}{2\pi\sigma l}\ln\frac{b}{a}$$

3.8.2　接地电阻

在电工实践中，为避免高压直接接触用电设备外壳或因设备内部绝缘损坏而造成漏电打火使机壳带电，防止人体触及机壳而导致人身伤亡事故，任何高压电气设备、电子设备的机壳、底座均需安全接地。接地就是将电气设备的某一部分和大地连接，从而使设备与大地有一低阻抗的电流通路，这样，当人体接触因漏电而带电的外壳时，大部分电流将直接从外壳流入大地，保证流经人体的电流为安全值。

接地可以分为保护接地(也称安全接地) 和工作接地。保护接地的目的是为了保护工作人员的安全，并使设备可靠地工作；工作接地的目的是以大地作为传输导线，或者消除设备的导电部分对地的电压升高而接地，称为工作接地。为此通常将称为接地器的金属导体，如金属球、金属板或金属网等埋入地中，将设备上需要接地的部分通过导线和接地器连接。电流在大地中所遇到的电阻称为接地电阻。因为接地器附近电流流通的截面最小，所以接地电阻主要集中在接地器附近。有时为了计算方便，同时又能保证可靠的精度，可以认为电流从接地器流向无穷远处。

下面通过一个例子说明如何计算接地电阻。

例 3.7　计算图 3.11 中深埋地下的半径为 a 的铜球的接地电阻。

解　由于铜球埋得很深，可以忽略地面的影响。铜的电导率远大于土壤的电导率(前者为 10^7 S/m 的数量级，而后者只有 $10^{-1}\sim 10^{-4}$ S/m)。根据 3.6 节的分析，电流线基本上垂直于铜球表面，因此 $\boldsymbol{J}$ 线具有如图所示的球对称分布。

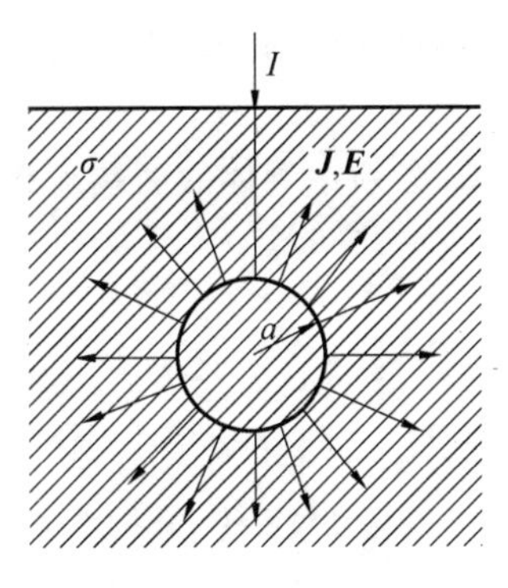

图 3.11　例 3.7 图

大地中任一点电流密度是　　$\boldsymbol{J}=\dfrac{I}{4\pi r^2}\boldsymbol{a}_r$

电场强度　　$\boldsymbol{E}=\dfrac{\boldsymbol{J}}{\sigma}=\dfrac{I}{4\pi\sigma r^2}\boldsymbol{a}_r$

根据前面的分析,可以认为电流流至无限远处,则从铜球至无限远处的电压是

$$U=\int_a^{\infty}\boldsymbol{E}\cdot\mathrm{d}\boldsymbol{r}=\frac{I}{4\pi\sigma}\int_a^{\infty}\frac{\mathrm{d}r}{r^2}=\frac{I}{4\pi\sigma a}$$

接地电阻是　　$R=\dfrac{U}{I}=\dfrac{1}{4\pi\sigma a}(\Omega)$

为了使设备与地有良好的电的接触,要求接地电阻越小越好。从上式看出,增大接地器的表面积和在接地器附近的土壤中渗入电导率高的物质,都可以减小接地电阻。

3.9　本章小结

(1) 体电流密度矢量$\boldsymbol{J}$定义为穿过与电荷运动方向相垂直的单位面积的电流,方向为正电荷运动的方向;面电流密度矢量 $\boldsymbol{J}_s$ 定义为穿过与电荷运动方向相垂直的单位长度的电流,其方向为正电荷运动的方向。

穿过任意曲面 S 的电流是电流密度$\boldsymbol{J}$ 穿过该曲面的通量,

$$I=\int_S\boldsymbol{J}\cdot\mathrm{d}\boldsymbol{s}$$

(2) 根据电荷守恒定律,单位时间里由闭合曲面S流出的电量等于在S面内包含的电量的减少,即

电流连续方程的积分形式　　$\oint_S\boldsymbol{J}\cdot\mathrm{d}\boldsymbol{s}=-\dfrac{\mathrm{d}q}{\mathrm{d}t}$

恒定电流指电流场不随时间变化。这就要求电荷的分布不随时间变化$\left(\dfrac{\mathrm{d}q}{\mathrm{d}t}=0\right)$,即

电流的恒定条件的积分形式　　$\oint_S\boldsymbol{J}\cdot\mathrm{d}\boldsymbol{s}=0$

(3) 实验证明,在恒定条件下,通过一段导体的电流强度 I 和导体两端的电压U 成正比,即

欧姆定律的积分形式　　$I=\dfrac{U}{R}$　或　$U=IR$

对于传导电流，电流密度与电场强度间的关系为

欧姆定律的微分形式 $\boldsymbol{J}=\sigma\boldsymbol{E}$

要在导体内维持一恒定的电场，必须在导体的两端连接电源，在电源内部存在非库仑场和库仑场，且两者的方向相反。

有源电路的欧姆定律的微分形式

$$\boldsymbol{J}=\sigma(\boldsymbol{E}'+\boldsymbol{E})$$

有源电路的欧姆定律的积分形式

$$\varepsilon=IR$$

ε 称为电源电动势。

(4) 恒定电场(电源外部的电场) 基本方程。

积分形式 $\oint_S \boldsymbol{J}\cdot d\boldsymbol{s}=0,\quad \oint_C \boldsymbol{E}\cdot d\boldsymbol{l}=0$

微分形式 $\nabla\cdot\boldsymbol{J}=0,\quad \nabla\times\boldsymbol{E}=\boldsymbol{0}$

由基本方程$\nabla\times\boldsymbol{E}=0$可以导出$\boldsymbol{E}=-\nabla\phi$，如果导体的导电性能是均匀的($\sigma$是常数)，则$\phi$满足拉普拉斯方程$\nabla^2\phi=0$。

(5) 两种不同媒质分界面上的边界条件

$$J_{1n}=J_{2n}\quad \sigma_1\frac{\partial\phi_1}{\partial n}=\sigma_2\frac{\partial\phi_2}{\partial n}$$

$$E_{1t}=E_{2t}\quad \phi_1=\phi_2$$

(6) 电源之外的导电媒质中的恒定电场和体电荷为0的区域内的静电场有相似关系，若它们满足相同的边界条件，则根据唯一性定理，这两个场的电位函数必有相同的解。

习　　题

3.1　同轴电缆的内导体半径为a，外导体内半径为c；内、外导体之间填充两层损耗介质，其介电常数分别为ε_1和ε_2，电导率分别为σ_1和σ_2，两层介质的分界面为同轴圆柱面，分界面半径为b。当外加电压U_0时，试求：(1) 介质中的电流密度和电场强度密度；(2) 同轴电缆单位长度的电容及漏电阻。

3.2　在电导率为σ的无限大均匀电介质内，有两个半径分别为R_1和R_2的理想导体小球，两球之间的距离为$d(d\gg R_1,d\gg R_2)$，试求两个小导体球面间的电阻。

3.3　一通有恒定电流I的导线中串联一个半径为a的极薄的导电球壳，求此球面上的面电流密度$\boldsymbol{J}_s$。

3.4　试证：在一个均匀导体做成的柱体中，若沿轴向流过稳恒电流，则导体内电流密度矢量必处处相等。

3.5　媒质1($z\geqslant 0$)的相对电容率为2，电导率为40 μS/m。媒质2($z\leqslant 0$)的相对电容率为5，电导率为50 μS/m。如果$\boldsymbol{J}_2$大小为2 A/m^2，与分界面法线夹角$\theta_2=60°$，计算$\boldsymbol{J}_1$和θ_1，并求分界面上的面电荷密度。

3.6　两种不同的导电媒质的分界面是一个平面。媒质的参数是：$\sigma_1=100$ S/m，$\varepsilon_1=\varepsilon_0$；$\sigma_2=1$ S/m，$\varepsilon_2=\varepsilon_0$。已知在媒质1中的电流密度处处等于10 A/m^2，方向与分界面的法

线成 45°。求：(1) 媒质 2 中的电流密度的数值和方向；(2) 分界面上的面电荷密度。

3.7　如图 3.12 所示，平行板电容器中的两层媒质的介电常数和电导率分别为 ε_1，ε_2 和 σ_1，σ_2。设加在两极板间的电压是 U_0。求两种媒质中的 $\boldsymbol{J}$，$\boldsymbol{E}$，$\boldsymbol{D}$ 及两种媒质上的电压。

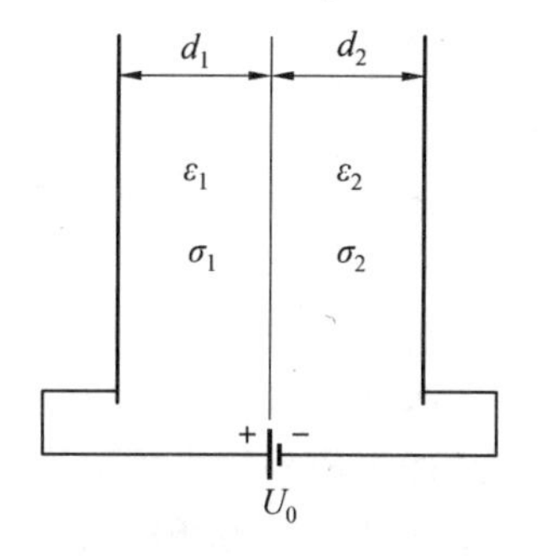

图 3.12　题 3.7 图

3.8　媒质 1（$x \geqslant 0$，$\varepsilon_{r1}=1$ 及 $\sigma_1=20\ \mu\text{S/m}$）中的体电流密度 $\boldsymbol{J}_1=(100\boldsymbol{a}_x+20\boldsymbol{a}_y-50\boldsymbol{a}_z)\ \text{A/m}^2$。求媒质 2（$x \leqslant 0$，$\varepsilon_{r2}=5$ 及 $\sigma_1=80\ \mu\text{S/m}$）中的体电流密度，并计算分界面上的 θ_1，θ_2，ρ_s 及分界面两侧的 $\boldsymbol{E}$ 和 $\boldsymbol{D}$。

3.9　长 10 km 的实心电缆由两层材料制成。内层材料为铜，半径为 2 cm，外层材料是镍铜合金，外半径为3 cm。如电缆运载电流为 100 A，求：(1) 每种材料的电阻；(2) 每种材料中的电流密度；(3) 每种材料中的电场强度。

3.10　同轴电缆两导体间媒质的相对电容率为 2，电导率为 6.25 μS/m，内、外导体的半径分别为 8 mm 和 10 mm。电缆两导体之间单位长度的电阻是多少？若导体间电位差为 230 V，电缆长 100 m，计算供给电缆的总功率。

3.11　媒质 1（$\varepsilon_{r1}=9.6$，$\sigma_1=100\ \text{S/m}$）中的电流密度为 50 A/m^2，与分界面法线的夹角为 30°。求媒质 2（$\varepsilon_{r2}=4$，$\sigma_2=10\ \text{S/m}$）中的电流密度以及与分界面法线的夹角，并求分界面上的面电荷密度。

3.12　平行板电容器由厚度为 d_1 和 d_2 的两层非理想的电介质绝缘，它们的参数分别是 ε_1，σ_1 和 ε_2，σ_2，极板面积是 S，试用静电比拟法计算电容器的绝缘电阻 R。

3.13　一同心导体球电容器，内半径为 a，外半径为 b，球电极间充满非理想的绝缘物质，它的电导率为 σ。试用下述三种方法计算绝缘电阻 R：

(1) 积分法 $\left(R=\int_l \dfrac{\mathrm{d}l}{\sigma S}\right)$；

(2) 假设电极板间加电压 U_0，求解恒定电场的拉普拉斯方程（先后求出 ϕ，$\boldsymbol{E}$，$\boldsymbol{J}$，I 和 R）；

(3) 静电比拟法。

第4章　恒定磁场

实验表明，在运动电荷或电流的周围存在磁场，磁场表现为对运动电荷或电流有力的作用。当产生磁场的电流恒定时，它所产生的磁场也不随时间变化，这种磁场称为恒定磁场。

本章从恒定磁场的两个基本实验定律——安培定律和毕奥－萨伐尔定律出发，首先研究真空中磁场的基本物理量——磁感应强度$\boldsymbol{B}$的散度和磁通连续性原理以及磁感应强度$\boldsymbol{B}$的旋度及真空中的安培环路定律。然后根据磁场的无散性导出矢量磁位$\boldsymbol{A}$及其满足的泊松方程。再由介质在恒定磁场中的磁化现象，引入磁场强度$\boldsymbol{H}$。研究介质中的安培环路定律及磁场的旋度；根据磁场在电流为零的区域的无旋性，引入标量磁位ϕ_m并导出其满足的拉普拉斯方程。通过以上研究总结出恒定磁场的基本方程——磁通连续性原理和安培环路定律。之后应用恒定磁场基本方程的积分形式，导出不同媒质分界面上的边界条件。最后介绍导体回路的电感和恒定磁场的能量、能量密度及计算公式。

4.1　恒定磁场的实验定律

4.1.1　安培定律

安培定律是描述真空中两个恒定电流元或两个通有恒定电流的回路之间相互作用力的实验定律。

假设真空中存在两个通有恒定电流的回路C_1相C_2，分别用$I_1\mathrm{d}l_1$和$I_2\mathrm{d}l_2$表示两回路的电流元。如图4.1所示。安培通过实验总结出C_1对C_2的作用力为

$$\boldsymbol{F}_{C_1C_2}=\frac{\mu_0}{4\pi}\oint_{C_1}\oint_{C_2}\frac{\boldsymbol{I}_2\mathrm{d}\boldsymbol{l}_2\times(\boldsymbol{I}_1\mathrm{d}\boldsymbol{l}_1\times\boldsymbol{R}_{12})}{R_{12}^3}\tag{4.1.1}$$

式中，$R_{12}=|\boldsymbol{R}_{12}|=|\boldsymbol{r}_2-\boldsymbol{r}_1|=[(x_2-x_1)^2+(y_2-y_1)^2+(z_2-z_1)^2]^{1/2}$；$\mu_0=4\pi\times10^{-7}$ H/m(亨/米)，称为真空磁导率。

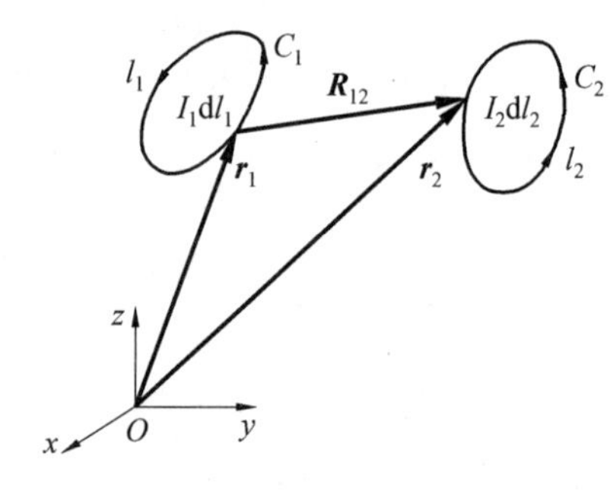

图4.1　两电流回路间的相互作用力

式(4.1.1)可写为

$$\boldsymbol{F}_{C_1C_2}=\oint_{C_2}\frac{\mu_0}{4\pi}\boldsymbol{I}_2\mathrm{d}\boldsymbol{l}_2\times\oint_{C_1}\frac{(\boldsymbol{I}_1\mathrm{d}\boldsymbol{l}_1\times\boldsymbol{R}_{12})}{R_{12}^3}=\oint_{C_2}\mathrm{d}\boldsymbol{F}_{C_{1\to2}}$$

式中被积函数为

$$\mathrm{d}\boldsymbol{F}_{C_{1\to2}}=\frac{\mu_0}{4\pi}\boldsymbol{I}_2\mathrm{d}\boldsymbol{l}_2\times\oint_{C_1}\frac{(\boldsymbol{I}_1\mathrm{d}\boldsymbol{l}_1\times\boldsymbol{R}_{12})}{R_{12}^3}\tag{4.1.2}$$

可看作回路C_1对电流元$I_2\mathrm{d}l_2$的作用力，进一步将式(4.1.2)变为

$$\mathrm{d}\boldsymbol{F}_{C_{1\to 2}}=\oint_{C_1}\frac{\mu_0}{4\pi}\frac{\boldsymbol{I}_2\mathrm{d}l_2\times(\boldsymbol{I}_1\mathrm{d}l_1\times\boldsymbol{R}_{12})}{R_{12}^3}$$

则被积函数为

$$\mathrm{d}\boldsymbol{F}_{12}=\frac{\mu_0}{4\pi}\frac{\boldsymbol{I}_2\mathrm{d}\boldsymbol{l}_2\times(\boldsymbol{I}_1\mathrm{d}\boldsymbol{l}_1\times\boldsymbol{R}_{12})}{R_{12}^3}\tag{4.1.3}$$

即为电流元 $\boldsymbol{I}_1\mathrm{d}\boldsymbol{l}_1$ 作用在电流元 $\boldsymbol{I}_2\mathrm{d}\boldsymbol{l}_2$ 上的力。通常将式(4.1.1)和式(4.1.3)均称为安培定律。

应当指出，电流回路间的相互作用力满足牛顿第三定律，即$\boldsymbol{F}_{C_1C_2}=\boldsymbol{F}_{C_2C_1}$，但两个电流元间的相互作用力一般不满足牛顿第三定律，因为孤立的电流元是不存在的。

安培(Andre M. Ampere，1775—1836 年)是法国物理学家。1820 年他通过实验，发现电流方向相同的两条平行载流导线互相吸引，电流方向相反的两条平行载流导线互相排斥。1821 年他根据磁是由运动的电荷产生的这一观点提出了分子电流假说，认为构成磁体的分子内部存在一种环形分子电流。由于分子电流的存在，每个磁分子成为小磁体，两侧相当于两个磁极。通常情况下这些分子电流取向是杂乱无章的，它们产生的磁场互相抵消，对外不显磁性；当有外界磁场作用后，分子电流的取向大致相同，分子间相邻的电流作用抵消，而表面部分未抵消，它们的效果显示出宏观磁性。1820—1826 年，安培做了关于电流相互作用的一系列实验，并总结出载流导线圈(电流元)之间作用力的定律，描述了两个电流元之间的相互作用同电流元的大小、间距以及相对取向之间的关系，后来人们把这个定律称为安培定律。1827 年安培将他的电磁现象研究综合在《电动力学现象的数学理论》一书中，这是电磁学史上一部重要的经典论著。为了纪念他在电磁学上的杰出贡献，电流的国际单位“安培”以他的姓氏命名。

4.1.2　毕奥－萨伐尔定律

毕奥－萨伐尔定律是描述电流和它产生的磁场之间关系的实验定律。如同点电荷之间的相互作用力是通过场来传递的一样，电流元之间的相互作用力也是通过场来传递的，这种场称为磁场。也就是说，电流或磁铁在其周围空间要激发磁场，而磁场对处于场内的电流或磁铁有力的作用。为此可定义磁感应强度 $\boldsymbol{B}$ 这个物理量来表征磁场特性。注意到式(4.1.2)右端积分号内的量与 $\boldsymbol{I}_2\mathrm{d}\boldsymbol{l}_2$ 无关，只与回路 C_1 的电流元分布及场点位置 $\boldsymbol{r}_2$ 有关，因此，可将式(4.1.2)写为

$$\mathrm{d}\boldsymbol{F}_2=\boldsymbol{I}_2\mathrm{d}\boldsymbol{l}_2\times\boldsymbol{B}\tag{4.1.4}$$

式中

$$\boldsymbol{B}=\frac{\mu_0}{4\pi}\oint_{C_1}\frac{\boldsymbol{I}_1\mathrm{d}\boldsymbol{l}_1\times\boldsymbol{R}_{12}}{R_{12}^3}\tag{4.1.5}$$

式(4.1.5)表示回路 C_1 所产生磁场的磁感应强度 $\boldsymbol{B}$ 的定义式。$\boldsymbol{B}$ 的单位为 T(特斯拉)或用 $\mathrm{Wb/m^2}$(韦／米²)表示，在实用中，特斯拉是一个比较大的单位，为方便使用，常用另一个单位 G(高斯)，两者的换算关系是：$1\ \mathrm{T}=10^4\ \mathrm{G}$。

式(4.1.4)去掉下标后变为

$$\mathrm{d}\boldsymbol{F}=\boldsymbol{I}\mathrm{d}\boldsymbol{l}\times\boldsymbol{B}\tag{4.1.6}$$

上式称为安培力公式，它反映了一个电流元在磁场中受力的基本规律，同时又是定义磁

场 $\boldsymbol{B}$ 的依据。

式(4.1.5)去掉下标后变为

$$\boldsymbol{B}=\frac{\mu_0}{4\pi}\oint_C\frac{\boldsymbol{I}\mathrm{d}\boldsymbol{l}\times\boldsymbol{R}}{R^3}\tag{4.1.7}$$

式中，$R=|\boldsymbol{r}-\boldsymbol{r}'|=[(x-x')^2+(y-y')^2+(z-z')^2]^{1/2}$ 是场点到源点的距离。上式是任意回路电流在空间产生的磁场，可将其看作是沿回路各电流元 $\boldsymbol{I}\mathrm{d}\boldsymbol{l}$ 所产生的磁场 $\mathrm{d}\boldsymbol{B}$ 的矢量叠加，则有

$$\mathrm{d}\boldsymbol{B}=\frac{\mu_0}{4\pi}\frac{\boldsymbol{I}\mathrm{d}\boldsymbol{l}\times\boldsymbol{R}}{R^3}\tag{4.1.8}$$

式(4.1.7)和式(4.1.8)称为毕奥－萨伐尔定律。

从上面对线电流的分析结果，结合式(4.1.7)和(4.1.8)很容易推广到体电流和面电流的情况，对体电流有

$$\mathrm{d}\boldsymbol{B}(\boldsymbol{r})=\frac{\mu_0}{4\pi}\frac{\boldsymbol{J}(\boldsymbol{r}')\times\boldsymbol{R}}{R^3}\mathrm{d}v'\tag{4.1.9}$$

$$\boldsymbol{B}(\boldsymbol{r})=\frac{\mu_0}{4\pi}\int_{V'}\frac{\boldsymbol{J}(\boldsymbol{r}')\times\boldsymbol{R}}{R^3}\mathrm{d}v'\tag{4.1.10}$$

对面电流，有

$$\mathrm{d}\boldsymbol{B}(\boldsymbol{r})=\frac{\mu_0}{4\pi}\frac{\boldsymbol{J}_{\mathrm{s}}(\boldsymbol{r}')\times\boldsymbol{R}}{R^3}\mathrm{d}s'\tag{4.1.11}$$

$$\boldsymbol{B}(r)=\frac{\mu_0}{4\pi}\int_{S'}\frac{\boldsymbol{J}_{\mathrm{s}}(\boldsymbol{r}')\times\boldsymbol{R}}{R^3}\mathrm{d}s'\tag{4.1.12}$$

式中积分是对源点坐标在有电流的区域内进行的。

磁感应强度 $\boldsymbol{B}$ 是一个矢量函数，它是用来描述磁场特性的一个基本物理量。如同电场的分布可以用电力线描述一样，磁场的分布也可以用磁感应线来描述。磁感应线是一些有方向的曲线，线上每点的切线方向即为该点的磁感应强度 $\boldsymbol{B}$ 的方向。

由于电流是电荷以某一速度 v 运动形成的，所以磁场对电流的作用力可以看成是对运动的电荷的作用力。设 $\mathrm{d}t$ 时间里电荷移动的距离为 $\mathrm{d}l$，则 $\mathrm{d}\boldsymbol{l}=v\mathrm{d}\boldsymbol{t}$，又设横截面积为 $\mathrm{d}s$、长为 $\mathrm{d}l$ 的体积元内的电量为 $\mathrm{d}q$，则根据式(4.1.6)有

$$\mathrm{d}\boldsymbol{F}=I\mathrm{d}\boldsymbol{l}\times\boldsymbol{B}=\frac{\mathrm{d}q}{\mathrm{d}t}\mathrm{d}\boldsymbol{l}\times\boldsymbol{B}=\mathrm{d}q\boldsymbol{v}\times\boldsymbol{B}$$

或

$$\boldsymbol{F}=q\boldsymbol{v}\times\boldsymbol{B}\tag{4.1.13}$$

上式虽然是从导体中的运动电荷推导出来的，但它具有普遍的意义。$\boldsymbol{F}$ 表示电荷 q 以速度 v 在磁场 $\boldsymbol{B}$ 中运动所受的力，称为洛伦兹力。从式(4.1.13)可以看出，洛伦兹力的方向总是与电荷运动的方向垂直，它只能改变电荷的运动方向，不能改变运动电荷的速度。因此洛伦兹力永远不对带电体做功。

如果运动电荷 q 所处的空间同时存在磁感应强度为 $\boldsymbol{B}$ 的磁场和电场强度为 $\boldsymbol{E}$ 的电场，则其所受的力为

$$\boldsymbol{F}=q\boldsymbol{v}\times\boldsymbol{B}+q\boldsymbol{E}\tag{4.1.14}$$

由此可见，磁场力 $q\boldsymbol{v}\times\boldsymbol{B}$ 可以改变 v 的方向，而电场力 $q\boldsymbol{E}$ 则可改变 v 的大小。例如，在显像管中，通过恒定磁场来控制电子束的扫描方向，通过高压电场来加速电子束中运动的电荷。

1820 年，法国物理学家毕奥(Jean Baptiste Biot)和萨伐尔(Felix Savart)通过实验测量了长直电流线附近小磁针的受力规律，他们发现载流长直导线施加在磁针磁极(不论是磁南极还是磁北极)上的力反比于磁极与导线间的距离。这个实验表明，载流长直导线对磁极的作用力是横向力。为了揭示电流对磁极作用力的普遍定量规律，毕奥和萨伐尔认为电流元对磁极的作用力也应垂直于电流元与磁极构成的平面，即也是横向力。他们通过长直和弯折载流导线对磁极作用力的实验，得出了作用力与距离和弯折角的关系，发表了题为《运动中的电传递给金属的磁化力》的论文，后来经过数学家拉普拉斯的工作，将定律以数学公式表述为目前所见的形式，人们称之为毕奥－萨伐尔定律。根据近距作用观点，毕奥－萨伐尔定律现在被理解为电流元产生磁场的规律，是描述真空中恒定电流所建立的磁场的基本定律。它确定了磁场的分布情况，解决了磁感应强度的定量计算，在此基础上进一步引出了磁场的高斯定律和安培环路定律，从而揭示了恒定磁场是无源场、涡旋场。

例 4.1　计算载流为 I、长为 L 的直导线在真空中产生的磁感应强度。

解　因结构上的对称性，载流直导线产生的磁场应是圆柱对称的。以导线轴线为 z 轴，一端为原点，建立如图 4.2 所示的圆柱坐标系。

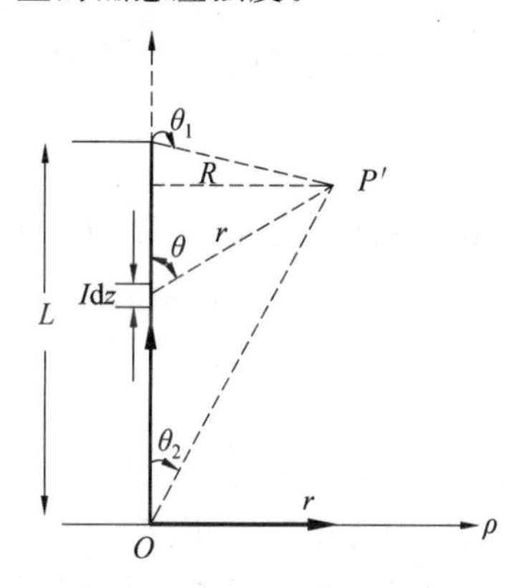

图 4.2　真空中载流直导线

在导线上任取元电流段，产生的磁场为 $\mathrm{d}\boldsymbol{B}=\dfrac{\mu_0}{4\pi}\dfrac{I\mathrm{d}z\times\boldsymbol{a}_r}{R^2}$，则有 $\mathrm{d}\boldsymbol{B}=\boldsymbol{a}_\varphi\mathrm{d}B_\varphi=\boldsymbol{a}_\varphi\dfrac{\mu_0 I}{4\pi}\displaystyle\int_0^L\dfrac{\mathrm{d}z\sin\theta}{r^2}$，根据图中的几何关系可得出

$$\sin\theta=\frac{R}{r},\quad \tan\theta=\frac{R}{z},\quad \mathrm{d}z=-R\csc^2\theta\mathrm{d}\theta$$

整理得

$$\mathrm{d}B_\varphi=\frac{\mu_0}{4\pi}\frac{I(-R\csc^2\theta\cdot\sin\theta\cdot\sin^2\theta)}{R^2}=-\frac{\mu_0}{4\pi}\frac{I\sin\theta}{R}\mathrm{d}\theta$$

P 点的磁感应强度 $B_\varphi=-\dfrac{\mu_0 I}{4\pi}\displaystyle\int_{\theta_1}^{\theta_2}\dfrac{I\sin\theta}{R}\mathrm{d}\theta=\dfrac{\mu_0 I}{4\pi R}(\cos\theta_2-\cos\theta_1)$

所以

$$\boldsymbol{B}=\boldsymbol{a}_\varphi\frac{\mu_0 I}{4\pi R}(\cos\theta_2-\cos\theta_1)$$

若对于无限长载流直导线，有 $L\to\infty$，则 $\theta_1=\pi$，$\theta_2=0$

产生的磁感应强度为 $\boldsymbol{B}=\boldsymbol{a}_\varphi\dfrac{\mu_0 I}{2\pi R}$。

4.2　磁场的散度和磁通连续性原理

磁感应强度 $\boldsymbol{B}$ 的散度可以直接从毕奥－萨伐尔定律导出。以体电流为例，由式(4.1.10)电流密度为 $\boldsymbol{J}(\boldsymbol{r}')$ 的体电流产生的磁感应强度可表示为

$$\boldsymbol{B}(\boldsymbol{r})=\frac{\mu_0}{4\pi}\int_{V'}\frac{\boldsymbol{J}(\boldsymbol{r}')\times\boldsymbol{R}}{R^3}\mathrm{d}v'$$

上式两端同时对场点坐标(x，y，z)取散度，并注意到式中的体积分是对源点坐标进行的，所以等式右端的散度符号可移入到积分号内，即

$$\nabla\cdot\boldsymbol{B}(\boldsymbol{r})=\frac{\mu_0}{4\pi}\int_{V'}\nabla\cdot\left[\frac{\boldsymbol{J}(\boldsymbol{r}')\times\boldsymbol{R}}{R^3}\right]\mathrm{d}v' \tag{4.2.1}$$

利用恒等式$\nabla\frac{1}{R}=-\frac{\boldsymbol{R}}{R^3}$和$\nabla\times(\phi\boldsymbol{A})=\nabla\phi\times\boldsymbol{A}+\phi\nabla\times\boldsymbol{A}$，则有

$$\boldsymbol{J}(\boldsymbol{r}')\times\frac{\boldsymbol{R}}{R^3}=\nabla\frac{1}{R}\times\boldsymbol{J}(\boldsymbol{r}')=\nabla\times\frac{\boldsymbol{J}(\boldsymbol{r}')}{R}-\frac{1}{R}\nabla\times\boldsymbol{J}(\boldsymbol{r}') \tag{4.2.2}$$

由于$\boldsymbol{J}(\boldsymbol{r}')$不是场点坐标变量的函数，即$\nabla\times\boldsymbol{J}(\boldsymbol{r}')\equiv\boldsymbol{0}$，于是式(4.2.1)可写为

$$\nabla\cdot\boldsymbol{B}(\boldsymbol{r})=\frac{\mu_0}{4\pi}\int_{V'}\nabla\cdot\left[\nabla\times\frac{\boldsymbol{J}(\boldsymbol{r}')}{R}\right]\mathrm{d}v'$$

利用恒等式$\nabla\cdot(\nabla\times\boldsymbol{A})=0$，可得

$$\nabla\cdot\boldsymbol{B}(\boldsymbol{r})=0 \tag{4.2.3}$$

这就是磁场的高斯定律的微分形式。它表明磁场是一种没有通量源的场，不存在与自由电荷相对应的自由磁荷。

磁通量(或磁通)定义为磁感应强度$\boldsymbol{B}$的通量，即通过任意曲面$\boldsymbol{S}$上的磁通量Φ_{m}为

$$\Phi_{\mathrm{m}}=\int_S\boldsymbol{B}\cdot\mathrm{d}\boldsymbol{s}$$

如果S面是闭合面，则$\oint_S\boldsymbol{B}\cdot\mathrm{d}\boldsymbol{s}$为穿出闭合面的磁通量。由于$\nabla\cdot\boldsymbol{B}=0$，应用高斯散度定理，可以得到$B$穿出任意闭合面$S$的磁通，即

$$\oint_S\boldsymbol{B}\cdot\mathrm{d}\boldsymbol{s}=\int_V\nabla\cdot\boldsymbol{B}\mathrm{d}v\equiv0 \tag{4.2.4}$$

这就是磁场的高斯定律的积分形式，也称为磁通连续性原理。它表明磁感应强度穿过任意闭合曲面的通量为零，或者说穿进闭合面的磁感应线数目等于穿出闭合面的磁感应线数目，所以磁感应线是一些无头无尾的闭合曲线。

例 4.2　无限长直导线通以电流I，如图 4.3 所示的直角三角形$A'B'C'$与之共平面，求通过直角三角形的磁通量。设$a=12\ \mathrm{cm}$，$b=7\ \mathrm{cm}$，$d=5\ \mathrm{cm}$，$I=10\ \mathrm{A}$，求出数值结果。

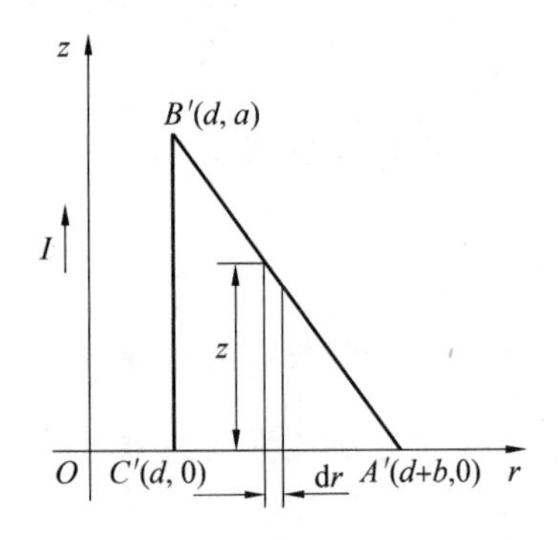

图 4.3　真空中载流直导线

解　长直导线外任一点的磁感应强度$\boldsymbol{B}=\boldsymbol{a}_\varphi\frac{\mu_0I}{2\pi r}$。则图中窄长条上穿进的磁通量为$\mathrm{d}\psi=\boldsymbol{B}\cdot\mathrm{d}\boldsymbol{s}=B\mathrm{d}s=\frac{\mu_0I}{2\pi r}z\,\mathrm{d}r$，

由于$\frac{z}{b+d-r}=\frac{a}{b}$，所以

$$z=\frac{a(b+d-r)}{b}=\frac{\mu_0Ia(b+d)}{2\pi b}\ln\frac{b+d}{d}-\frac{\mu_0Ia}{2\pi}$$

于是，穿过$\Delta A'B'C'$磁通为

$$\Phi=\int\mathrm{d}\psi=\int_d^{b+d}\frac{\mu_0I}{2\pi r}\frac{a(b+d-r)}{b}\mathrm{d}r$$

这一磁通为穿$\Delta A'B'C'$而进入纸面内的。代入数据，得到

$$\Phi=\frac{4\pi\times10^{-7}\times10\times0.12\times(0.07+0.05)}{2\pi\times0.07}\ln\frac{0.07+0.05}{0.05}-\frac{4\pi\times10^{-7}\times10\times0.12}{2\pi}$$
$$=0.12\times10^{-6}(\mathrm{Wb})$$

4.3　真空中恒定磁场的旋度和安培环路定律

磁感应强度 $\boldsymbol{B}$ 的旋度也可以直接从毕奥－萨伐尔定律导出。仍然以体电流为例，根据式(4.1.10)，电流密度为 $\boldsymbol{J}(\boldsymbol{r}')$ 的体电流产生的磁感应强度可表示为

$$\boldsymbol{B}(\boldsymbol{r})=\frac{\mu_0}{4\pi}\int_{V'}\frac{\boldsymbol{J}(\boldsymbol{r}')\times\boldsymbol{R}}{R^3}\mathrm{d}v'$$

由式(4.2.2)，上式可表示为

$$\boldsymbol{B}(\boldsymbol{r})=\frac{\mu_0}{4\pi}\int_{V'}\nabla\times\frac{\boldsymbol{J}(\boldsymbol{r}')}{R}\mathrm{d}v'=\frac{\mu_0}{4\pi}\nabla\times\int_{V'}\frac{\boldsymbol{J}(\boldsymbol{r}')}{R}\mathrm{d}v'$$

对上式两端同时取旋度，有

$$\nabla\times\boldsymbol{B}(\boldsymbol{r})=\frac{\mu_0}{4\pi}\nabla\times\nabla\times\int_{V'}\frac{\boldsymbol{J}(\boldsymbol{r}')}{R}\mathrm{d}v'$$

由矢量恒等式 $\nabla\times\nabla\times\boldsymbol{F}=\nabla(\nabla\cdot\boldsymbol{F})-\nabla^2\boldsymbol{F}$，则有

$$\nabla\times\boldsymbol{B}(\boldsymbol{r})=\frac{\mu_0}{4\pi}\nabla\left(\nabla\cdot\int_{V'}\frac{\boldsymbol{J}(\boldsymbol{r}')}{R}\mathrm{d}v'\right)-\frac{\mu_0}{4\pi}\nabla^2\int_{V'}\frac{\boldsymbol{J}(\boldsymbol{r}')}{R}\mathrm{d}v'$$

根据矢量恒等式 $\nabla\cdot(\phi\boldsymbol{F})=\nabla\phi\cdot\boldsymbol{F}+\phi\nabla\cdot\boldsymbol{F}$，并注意到 $\boldsymbol{J}(\boldsymbol{r}')$ 与 ∇ 无关，则

$$\nabla\times\boldsymbol{B}(\boldsymbol{r})=\frac{\mu_0}{4\pi}\nabla\int_{V'}\nabla\frac{1}{R}\cdot\boldsymbol{J}(\boldsymbol{r}')\mathrm{d}v'-\frac{\mu_0}{4\pi}\int_{V'}\boldsymbol{J}(\boldsymbol{r}')\nabla^2\frac{1}{R}\mathrm{d}v' \tag{4.3.1}$$

利用恒等式 $\nabla\frac{1}{R}=-\nabla'\frac{1}{R}$ 和 $\nabla'\cdot(\phi\boldsymbol{A})=\nabla'\phi\cdot\boldsymbol{A}+\phi\nabla'\cdot\boldsymbol{A}$，上式右端第一项可改写为

$$\begin{aligned}\frac{\mu_0}{4\pi}\int_{V'}\nabla\frac{1}{R}\cdot\boldsymbol{J}(\boldsymbol{r}')\mathrm{d}v'&=-\frac{\mu_0}{4\pi}\int_{V'}\nabla'\frac{1}{R}\cdot\boldsymbol{J}(\boldsymbol{r}')\mathrm{d}v'\\&=-\frac{\mu_0}{4\pi}\int_{V'}\nabla'\cdot\frac{\boldsymbol{J}(\boldsymbol{r}')}{R}\mathrm{d}v'+\frac{\mu_0}{4\pi}\int_{V'}\frac{1}{R}\nabla'\cdot\boldsymbol{J}(\boldsymbol{r}')\mathrm{d}v'\end{aligned} \tag{4.3.2}$$

上式右边第一项可化为面积分 $-\frac{\mu_0}{4\pi}\oint_{S'}\frac{\boldsymbol{J}(\boldsymbol{r}')}{R}\mathrm{d}\boldsymbol{s}'$，由于电流分布在积分区域 V' 内，因此没有电流通过区域 V' 的界面 S'，即该面积分为零。考虑到恒定电流的条件 $\nabla'\cdot\boldsymbol{J}(\boldsymbol{r}')=0$，上式右端第二项也为零，则

$$\frac{\mu_0}{4\pi}\int_{V'}\nabla\frac{1}{R}\cdot\boldsymbol{J}(\boldsymbol{r}')\mathrm{d}v'=0$$

再利用恒等式 $\nabla^2\frac{1}{R}=-4\pi\delta(\boldsymbol{r}-\boldsymbol{r}')$ 以及 δ 函数的挑选性质，式(4.3.1)右端第二项为 $\mu_0\boldsymbol{J}(\boldsymbol{r})$，故式(4.3.1)变为

$$\nabla\times\boldsymbol{B}=\mu_0\boldsymbol{J} \tag{4.3.3}$$

这就是真空中安培环路定律的微分形式。它表明磁场是一种有旋场。在恒定电流的磁场中，其涡旋源是恒定的传导电流，任一点的磁感应强度 $\boldsymbol{B}$ 的旋度只与该点的电流密度矢量有关，在体电流密度为零的点，磁感应强度 $\boldsymbol{B}$ 的旋度为零。

将式(4.3.3)两端在任意面积 S 上积分得

$$\int_S \nabla\times \boldsymbol{B}\cdot \mathrm{d}\boldsymbol{s} = \mu_0\int_S \boldsymbol{J}\cdot \mathrm{d}\boldsymbol{s}$$

再利用斯托克斯定理，则有

$$\oint_C \boldsymbol{B}\cdot \mathrm{d}\boldsymbol{l} = \mu_0\int_S \boldsymbol{J}\cdot \mathrm{d}\boldsymbol{s} = \mu_0 I \tag{4.3.4}$$

这就是真空中安培环路定律的积分形式。它表明磁感应强度沿任一闭合路径的环量等于该闭合路径所交链的总电流的 μ_0 倍。总电流 $\boldsymbol{I}$ 等于闭合路径 C 所交链的各个电流的代数和，与 $\boldsymbol{C}$ 的环绕方向成右手关系的电流取正值，反之取负值。例如在图 4.4 所示的情况，总电流 $I = I_1 - 2I_2$。

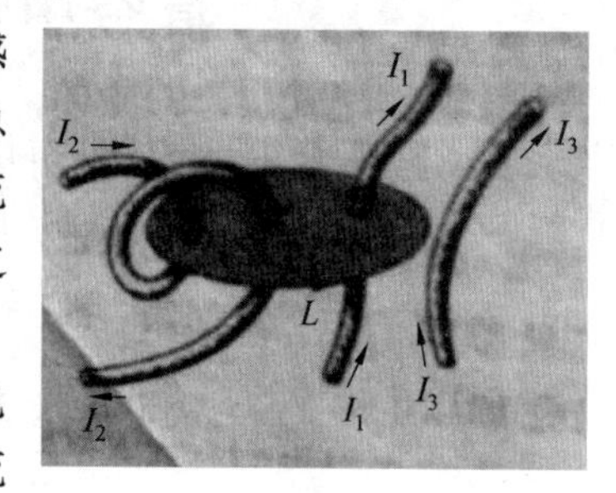

图 4.4　安培环路定律积分形式中的总电流

磁通连续性原理和安培环路定律表明，磁感应线是与电流回路相互交链着的闭合曲线，并且磁感应线的方向和电流方向成右手关系。与利用高斯定律计算电场一样，在场具有对称性的情形下，可以利用安培环路定律的积分形式来计算磁场。对某些不对称情形，也可以根据安培环路定律和场的叠加原理，利用补偿法进行计算。

例 4.3　如图 4.5 所示，空气中无限长直圆柱导体载有电流 I，其半径为 a。试确定导体内、外的磁感应强度。设空气和导体的磁导率均为 μ_0。

解　由于磁场以长直圆柱导体的轴线作对称分布，取半径为 r 的圆周为闭合曲线 l，半径为 $r(r < a)$ 的圆所交链的仅是电流 I 的一部分。

由于 $\frac{\pi r^2}{\pi a^2} I = \frac{r^2}{a^2} I$，所以 $\oint_l \boldsymbol{B}_1 \cdot \mathrm{d}l = \boldsymbol{B}_1 2\pi r = \mu_0 I \frac{r^2}{a^2}$。

则当 $r < a$ 时，$B_1 = \frac{\mu_0 I r}{2\pi a^2}$，同理当 $r > a$ 时，$B_2 = \frac{\mu_0 I}{2\pi r}$。磁感应强度如图 4.6 所示。

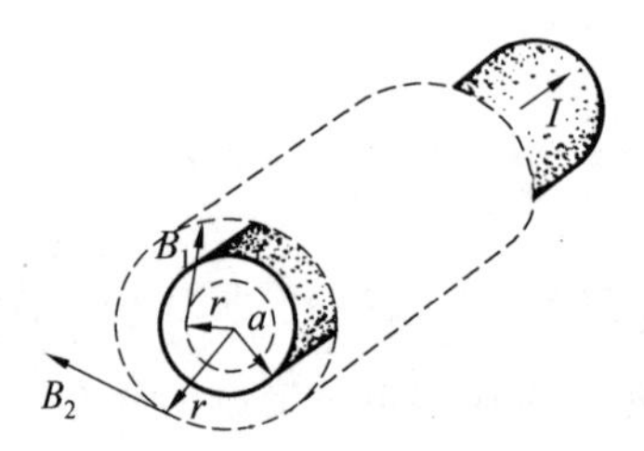

图 4.5　空气中无限长载有电流的直圆柱导体

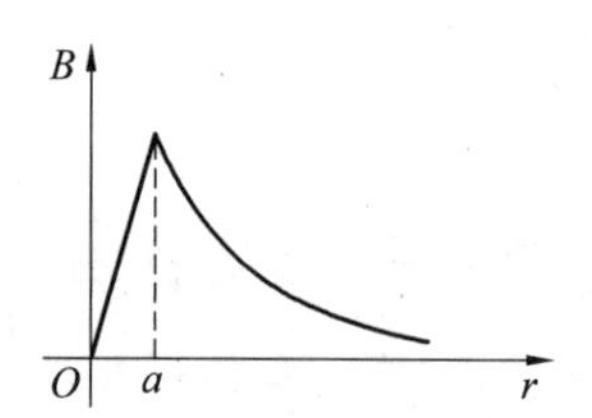

图 4.6　导体内、外的磁感应强度

4.4　矢量磁位

4.4.1　矢量磁位的定义

由矢量分析可知，对一个矢量函数的旋度取散度恒等于零。由于磁感应强度 $\boldsymbol{B}$ 的散度恒等于零，所以可用另外一个函数 $\boldsymbol{A}$ 的旋度来表示 $\boldsymbol{B}$，即

$$\boldsymbol{B} = \nabla\times \boldsymbol{A} \tag{4.4.1}$$

式中,$\boldsymbol{A}$ 为矢量磁位。

但是由 $\boldsymbol{B}=\nabla\times\boldsymbol{A}$ 并不能唯一地确定 $\boldsymbol{A}$ 的值,因为只要令 $\boldsymbol{A}'=\boldsymbol{A}+\nabla\phi$,就可以使 $\nabla\times\boldsymbol{A}'=\nabla\times\boldsymbol{A}=\boldsymbol{B}$。$\boldsymbol{A}$ 和 $\boldsymbol{A}'$ 的差异在散度上,即 $\nabla\cdot\boldsymbol{A}'=\nabla\cdot\boldsymbol{A}+\nabla^2\phi$,因而需要规定 $\boldsymbol{A}$ 的散度,在恒定磁场中,规定

$$\nabla\cdot\boldsymbol{A}=0 \tag{4.4.2}$$

式(4.4.2)称为库仑规范。

矢量磁位 $\boldsymbol{A}$ 的表示式可以由毕奥－萨伐尔定律导出,以体电流产生的磁场为例,根据式(4.2.2),式(4.1.10)可以写为

$$\boldsymbol{B}(r)=\frac{\mu_0}{4\pi}\int_{V'}\frac{\boldsymbol{J}(\boldsymbol{r}')\times\boldsymbol{R}}{R^3}\mathrm{d}v'=\frac{\mu_0}{4\pi}\int_{V'}\nabla\times\frac{\boldsymbol{J}(\boldsymbol{r}')}{R}\mathrm{d}v'$$

上式中体积分是对源点坐标进行的,所以旋度运算符号可以提到积分号外,即

$$\boldsymbol{B}(\boldsymbol{r})=\nabla\times\frac{\mu_0}{4\pi}\int_{V'}\frac{\boldsymbol{J}(\boldsymbol{r}')}{R}\mathrm{d}v'$$

将上式与式(4.4.1)比较,可得到矢量磁位 $\boldsymbol{A}$ 的表达式为

$$\boldsymbol{A}(\boldsymbol{r})=\frac{\mu_0}{4\pi}\int_{V'}\frac{\boldsymbol{J}(\boldsymbol{r}')}{R}\mathrm{d}v' \tag{4.4.3}$$

同理,可以得到面电流分布和线电流情况下的 $\boldsymbol{A}$ 的表达式。对于面电流回路有

$$\boldsymbol{A}(\boldsymbol{r})=\frac{\mu_0}{4\pi}\int_{S'}\frac{\boldsymbol{J}_s(\boldsymbol{r}')}{R}\mathrm{d}s' \tag{4.4.4}$$

对于线电流有

$$\boldsymbol{A}(\boldsymbol{r})=\frac{\mu_0}{4\pi}\oint_{l'}\frac{I\mathrm{d}\boldsymbol{l}'}{R} \tag{4.4.5}$$

可以证明式(4.4.3)中的矢量磁位 $\boldsymbol{A}(\boldsymbol{r})$ 满足库仑规范。将式(4.4.3)两边同时对场点坐标取散度,考虑到右端的体积分是对源点坐标进行的,所以散度运算符号可以移入积分号内,即

$$\nabla\cdot\boldsymbol{A}(\boldsymbol{r})=\frac{\mu_0}{4\pi}\int_{V'}\nabla\cdot\left[\frac{\boldsymbol{J}(\boldsymbol{r}')}{R}\right]\mathrm{d}v' \tag{4.4.6}$$

根据矢量恒等式 $\nabla\cdot(u\boldsymbol{F})=u\nabla\cdot\boldsymbol{F}+\boldsymbol{F}\cdot\nabla u$ 及恒定电流的连续性方程 $\nabla'\cdot\boldsymbol{J}(\boldsymbol{r}')=0$,可以证明

$$\nabla\cdot\left[\frac{\boldsymbol{J}(\boldsymbol{r}')}{R}\right]=-\nabla'\cdot\left[\frac{\boldsymbol{J}(\boldsymbol{r}')}{R}\right] \tag{4.4.7}$$

将式(4.4.7)代入式(4.4.6)可得

$$\nabla\cdot\boldsymbol{A}(\boldsymbol{r})=-\frac{\mu_0}{4\pi}\int_{V'}\nabla'\cdot\left[\frac{\boldsymbol{J}(\boldsymbol{r}')}{R}\right]\mathrm{d}v' \tag{4.4.8}$$

在式(4.4.8)中,V' 是体电流分布区域所占空间的体积,如果将 V' 向外任意扩大至 τ',则等式右边的积分值不变,因为在 V' 以外的空间中,$\boldsymbol{J}(\boldsymbol{r}')=\boldsymbol{0}$,由此可得

$$\nabla\cdot\boldsymbol{A}(\boldsymbol{r})=-\frac{\mu_0}{4\pi}\int_{\tau'}\nabla'\cdot\left[\frac{\boldsymbol{J}(\boldsymbol{r}')}{R}\right]\mathrm{d}v' \tag{4.4.9}$$

应用高斯散度定律,可得

$$\nabla\cdot\boldsymbol{A}(\boldsymbol{r})=-\frac{\mu_0}{4\pi}\oint_{S'}\frac{\boldsymbol{J}(\boldsymbol{r}')}{R}\cdot\mathrm{d}\boldsymbol{s}' \tag{4.4.10}$$

其中 S' 是限定 τ' 的闭合面。由于 τ' 是任意的，所以 τ' 可以扩大到无限远，由于恒定电流是分布在有限区域内的，在无限远的闭合面上 $\boldsymbol{J}(\boldsymbol{r}')=\boldsymbol{0}$，所以有

$$\nabla\cdot\boldsymbol{A}(\boldsymbol{r})=0 \tag{4.4.11}$$

引入矢量磁位 $\boldsymbol{A}$ 后，在电流分布已知的情况下，可以由式(4.4.3)，(4.4.4) 和(4.4.5) 先计算 $\boldsymbol{A}$，然后根据式(4.4.1) 计算 $\boldsymbol{B}$，这样比直接应用毕奥－萨伐尔定律计算 $\boldsymbol{B}$ 简便。对于磁通量的计算，有

$$\Phi_{\mathrm{m}}=\int_S\boldsymbol{B}\cdot\mathrm{d}\boldsymbol{s}=\int_S(\nabla\times\boldsymbol{A})\cdot\mathrm{d}\boldsymbol{s}=\oint_l\boldsymbol{A}\cdot\mathrm{d}\boldsymbol{l} \tag{4.4.12}$$

上式中应用了斯托克斯定理。直接用矢量磁位 $\boldsymbol{A}$ 的线积分来计算磁通量通常比用 $\boldsymbol{B}$ 的面积分计算简便。

4.4.2 矢量磁位的微分方程

由式(4.3.3) 和式(4.4.2) 得

$$\nabla\times\nabla\times\boldsymbol{A}=\mu_0\boldsymbol{J} \tag{4.4.13}$$

由矢量恒等式 $\nabla\times\nabla\times\boldsymbol{A}=\nabla(\nabla\cdot\boldsymbol{A})-\nabla^2\boldsymbol{A}$，及式(4.4.2) 有

$$\nabla^2\boldsymbol{A}=-\mu_0\boldsymbol{J} \tag{4.4.14}$$

这就是真空中矢量磁位的泊松方程。在无源区，即 $\boldsymbol{J}=\boldsymbol{0}$，则

$$\nabla^2\boldsymbol{A}=0 \tag{4.4.15}$$

称为矢量磁位的拉普拉斯方程。

在直角坐标系中，由于 $\nabla^2\boldsymbol{A}=\boldsymbol{a}_x\nabla^2A_x+\boldsymbol{a}_y\nabla^2A_y+\boldsymbol{a}_z\nabla^2A_z$，所以式(4.4.14) 可写成三个标量方程

$$\begin{cases}\nabla^2A_x=-\mu_0J_x\\ \nabla^2A_y=-\mu_0J_y\\ \nabla^2A_z=-\mu_0J_z\end{cases} \tag{4.4.16}$$

它们与静电位 ϕ 所满足的泊松方程具有相同的形式，对照静电场中电位的泊松方程，可得式(4.4.16) 的积分解为

$$\begin{cases}A_x=\dfrac{\mu_0}{4\pi}\displaystyle\int_V\frac{J_x}{R}\mathrm{d}v'\\ A_y=\dfrac{\mu_0}{4\pi}\displaystyle\int_V\frac{J_y}{R}\mathrm{d}v'\\ A_z=\dfrac{\mu_0}{4\pi}\displaystyle\int_V\frac{J_z}{R}\mathrm{d}v'\end{cases} \tag{4.4.17}$$

写成矢量形式为

$$\boldsymbol{A}=\frac{\mu_0}{4\pi}\int_V\frac{\boldsymbol{J}(\boldsymbol{r}')}{R}\mathrm{d}v' \tag{4.4.18}$$

例 4.4 空气中有一长度为 l、截面积为 S、位于 z 轴上的短铜线，电流 I 沿 z 轴方向，试求离铜线较远处($R\gg l$) 的磁感应强度。

解 如图 4.7 所示，取圆柱坐标，则有 $\boldsymbol{A}=A_z\boldsymbol{a}_z=\dfrac{\mu_0}{4\pi}\displaystyle\int_l\frac{I\mathrm{d}l}{R}\boldsymbol{a}_z$，即 $A_z=\dfrac{\mu_0}{4\pi}\displaystyle\int_{-\frac{l}{2}}^{\frac{l}{2}}\frac{I\mathrm{d}z}{R}$，

由于 $R\gg l$，有 $A_z=\dfrac{\mu_0}{4\pi}\dfrac{Il}{\sqrt{\rho^2+z^2}}$，

根据

$$\boldsymbol{B}=\nabla\times\boldsymbol{A}=\frac{1}{\rho}\begin{vmatrix}\boldsymbol{a}_\rho & \rho\,\boldsymbol{a}_\varphi & \boldsymbol{a}_z\\ \dfrac{\partial}{\partial\rho} & \dfrac{\partial}{\partial\varphi} & \dfrac{\partial}{\partial z}\\ A_\rho & \rho A_\varphi & A_z\end{vmatrix}=-\frac{\partial A_z}{\partial\rho}\boldsymbol{a}_\varphi$$

所以

$$\boldsymbol{B}=\frac{\mu_0 Il}{4\pi}\frac{\rho}{(\rho^2+z^2)^{3/2}}\boldsymbol{a}_\varphi=\frac{\mu_0 Il}{4\pi R^2}\sin\theta\,\boldsymbol{a}_\varphi$$

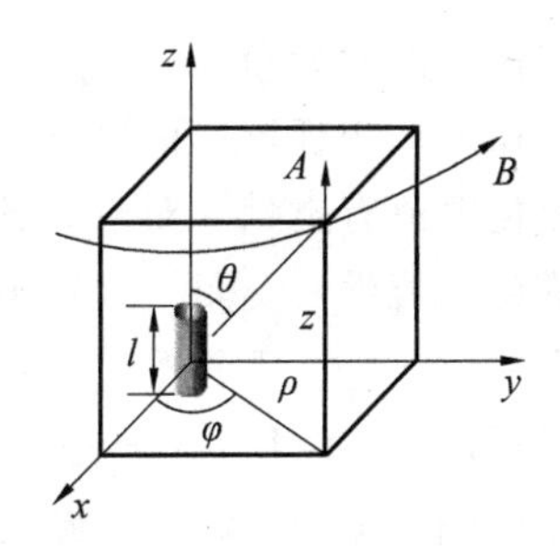

图 4.7　位于坐标原点的短铜线

4.5　介质的磁化及磁介质中的安培环路定律

4.5.1　介质的磁化

物质中的带电粒子总是处于永恒的运动之中;这些运动包括:电子的自旋、电子绕核的轨道运动和原子核的自旋等。在一般分析中,原子核自旋的影响很小,可忽略不计。这些带电粒子的运动从电磁学的角度可以等效为一个小的环电流,称为分子电流,分子电流可用一磁偶极矩 $\boldsymbol{p}_{\mathrm{m}}$ 来描述,其定义是

$$\boldsymbol{p}_{\mathrm{m}}=i\boldsymbol{s}$$

其中 i 为等效分子电流强度,$\boldsymbol{s}$ 的大小为分子电流所包括的面积,其方向与电流 i 成右手关系,如图 4.8 所示,习惯上也称它为分子磁矩。在没有外加磁场的情况下,由于热运动等原因,这些分子磁矩的取向是杂乱无章的,分子电流的磁场常常互相抵消,因而宏观上对外并不显示磁效应。当有外加磁场作用时,这些分子磁矩将按一定方向排列,即取向排列,其结果是分子电流产生的磁场不再互相抵消,而是互相叠加,从而对外呈现宏观的磁效应,这种现象称为介质的磁化。反过来说,取向排列了的分子电流会产生宏观磁场并对外加磁场产生影响,改变原来磁场的分布。这种作用与反作用一直进行到合成磁场稳定为止。因此,介质中的磁场由两部分组成,即由自由电流产生的外磁场和所有分子电流产生的磁场叠加而成。

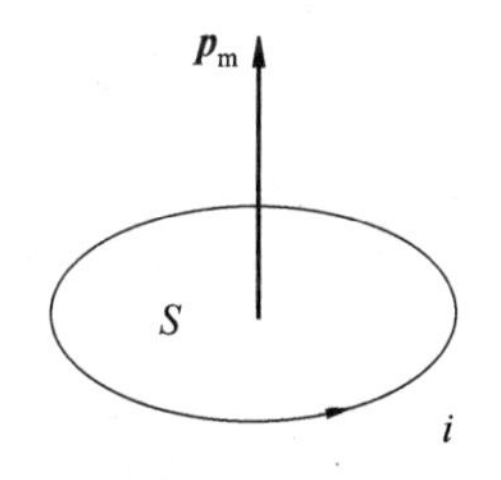

图 4.8　分子电流

1. 磁化强度

为了衡量介质的磁化程度,首先定义磁化强度矢量 $\boldsymbol{M}$,其定义是介质中某点单位体积内的总磁偶极矩。设介质中某点体积元 Δv 内的总磁偶极矩为 $\sum\boldsymbol{p}_{\mathrm{m}}$,则

$$\boldsymbol{M}=\lim_{\Delta v\to 0}\frac{\sum\boldsymbol{p}_{\mathrm{m}}}{\Delta v}\tag{4.5.1}$$

它等于该点分子的平均磁矩 $\boldsymbol{p}_{\mathrm{m0}}$ 与分子密度 N 的乘积。即

$$\boldsymbol{M}=N\boldsymbol{p}_{\mathrm{m0}}\tag{4.5.2}$$

其单位为 A/m。一般情况下,$\boldsymbol{M}$ 是空间和时间坐标的函数。如果介质内各点处的 $\boldsymbol{M}$ 均相同,则此介质处于均匀磁化状态。

2. 磁化电流

介质磁化引起的宏观电流称为磁化电流,记为 $\boldsymbol{I}_{\mathrm{m}}$。介质磁化对磁场的影响就取决于这

些磁化电流的分布。

在介质内任取一曲面 S，其边界为 C，如图 4.9 所示，只有与边界线 C 交链的分子电流才对磁化电流有贡献。对于其他分子电流，或者不通过 S 面，或者穿进穿出 S 面各一次，因此，对磁化电流没有贡献。与边界线 C 交链的分子电流或者流出 S 面或者流入 S 面，当流出与流入的分子电流不相等时，就有净电流通过 S 面。因此，只要确定与边界线交链的分子电流，便可求出通过 S 面的磁化电流。

如图 4.10 所示，在边界线 C 上任取一线元 $\mathrm{d}\boldsymbol{l}$，作一个以 $\mathrm{d}\boldsymbol{l}$ 为柱轴、分子电流环面积 S 为底的斜圆柱元。凡中心落在体积为 $\boldsymbol{S}\cdot\mathrm{d}\boldsymbol{l}$ 的斜柱体内的分子，分子电流均与 $\mathrm{d}\boldsymbol{l}$ 相交链。设该斜柱体内分子平均磁矩为 $\boldsymbol{p}_{\mathrm{m0}}$，分子密度为 N，则其内所有分子所贡献的电流为

$$\mathrm{d}I_{\mathrm{m}}=iN\boldsymbol{S}\cdot\mathrm{d}\boldsymbol{l}=N\,\boldsymbol{p}_{\mathrm{m0}}\cdot\mathrm{d}\boldsymbol{l}=\boldsymbol{M}\cdot\mathrm{d}\boldsymbol{l}$$

将上式沿边界线 C 积分，则得穿过 S 面的总磁化电流为

$$I_{\mathrm{m}}=\oint_C\boldsymbol{M}\cdot\mathrm{d}\boldsymbol{l}\tag{4.5.3}$$

从宏观角度来说，可以认为这些分子电流是连续分布的，其体密度为 $\boldsymbol{J}_{\mathrm{m}}$。则有

$$\int_S\boldsymbol{J}_{\mathrm{m}}\cdot\mathrm{d}\boldsymbol{s}=\oint_C\boldsymbol{M}\cdot\mathrm{d}\boldsymbol{l}\tag{4.5.4}$$

利用斯托克斯定理，上式可改写为

$$\int_S\boldsymbol{J}_{\mathrm{m}}\cdot\mathrm{d}\boldsymbol{s}=\oint_S\nabla\times\boldsymbol{M}\cdot\mathrm{d}\boldsymbol{s}$$

要使上式对任意 S 恒成立，需要有

$$\boldsymbol{J}_{\mathrm{m}}=\nabla\times\boldsymbol{M}\tag{4.5.5}$$

上式即为磁化电流体密度 $\boldsymbol{J}_{\mathrm{m}}$ 与磁化强度 $\boldsymbol{M}$ 之间的关系。

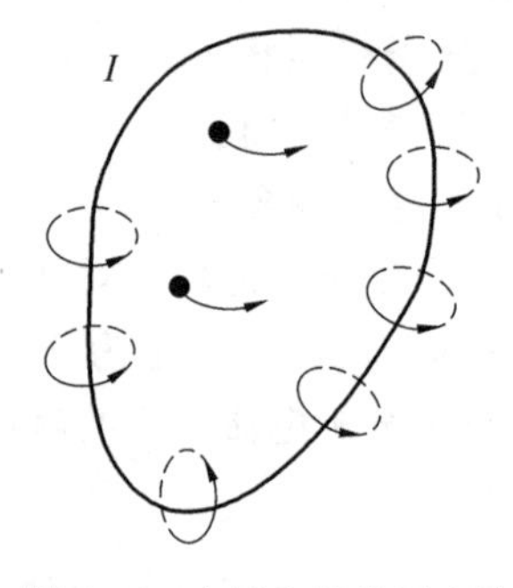

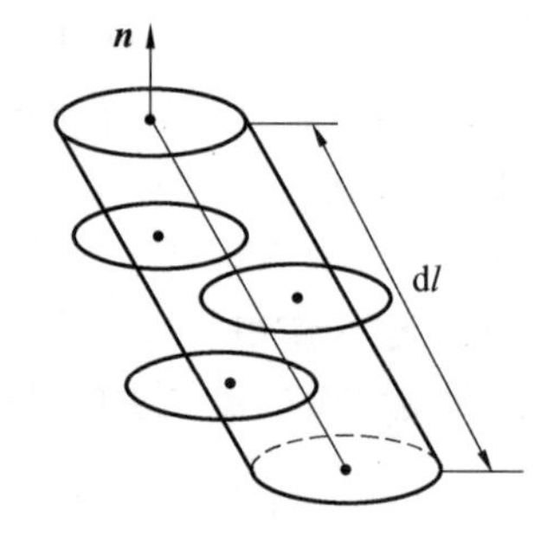

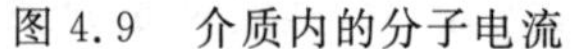

图 4.9　介质内的分子电流　　　图 4.10　斜圆柱元内的分子电流

介质均匀磁化时 $\boldsymbol{M}$ 为常矢，则有 $\nabla\times\boldsymbol{M}=\boldsymbol{0}$，此时介质内不存在磁化体电流分布，磁化电流只出现在介质的分界面上，称为磁化面电流。下面来计算磁化面电流分布。

如图 4.11 所示，设两种介质的磁化强度分别为 $\boldsymbol{M}_1$ 和 $\boldsymbol{M}_2$，在分界面上作一个很小的矩形回路 C。长为 Δl 的两条边分别位于分界面两侧并与分界面平行，宽度为 h。并设回路 C 所围面积的法向单位矢量为 $\boldsymbol{N}$，界面法向单位矢量为 $\boldsymbol{n}$，界面上沿 Δl 方向的切向单位矢量为 $\boldsymbol{t}$，且满足 $\boldsymbol{N}\times\boldsymbol{n}=\boldsymbol{t}$。

将式(4.5.3)应用于上述回路 C，当 $h\to 0$ 时，由于 $\boldsymbol{M}_1$，$\boldsymbol{M}_2$ 为有限值，沿两短边的线积分量为零，则

$$\oint_C \boldsymbol{M} \cdot \mathrm{d}\boldsymbol{l} = (\boldsymbol{M}_1 - \boldsymbol{M}_2) \cdot \boldsymbol{t}\Delta l$$
$$= (\boldsymbol{M}_1 - \boldsymbol{M}_2) \cdot (\boldsymbol{N} \times \boldsymbol{n})\Delta l$$

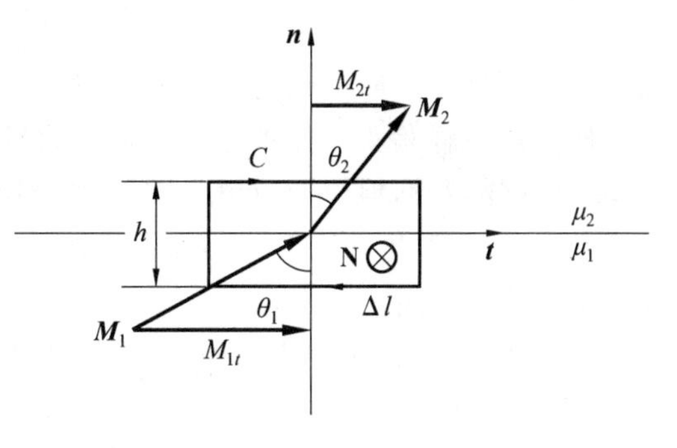

图 4.11　矩形回路

设分界面上的磁化电流面密度为 $\boldsymbol{J}_{\mathrm{sm}}$，则回路 C 所包围的电流为 $\boldsymbol{J}_{\mathrm{sm}}\Delta l$，于是有

$$\boldsymbol{J}_{\mathrm{sm}} \cdot \boldsymbol{N} = (\boldsymbol{M}_1 - \boldsymbol{M}_2) \cdot (\boldsymbol{N} \times \boldsymbol{n})$$

利用矢量恒等式 $\boldsymbol{A} \cdot (\boldsymbol{B} \times \boldsymbol{C}) = (\boldsymbol{C} \times \boldsymbol{A}) \cdot \boldsymbol{B}$，可得 $\boldsymbol{J}_{\mathrm{sm}} \cdot \boldsymbol{N} = [\boldsymbol{n} \times (\boldsymbol{M}_1 - \boldsymbol{M}_2)] \cdot \boldsymbol{N}$。

由于回路 C 是任取的，所以 $\boldsymbol{N}$ 也是任意的，因而有

$$\boldsymbol{J}_{\mathrm{sm}} = \boldsymbol{n} \times (\boldsymbol{M}_1 - \boldsymbol{M}_2) \tag{4.5.6}$$

如果介质 1 为真空，即 $\boldsymbol{M}_1 = \boldsymbol{0}$，上式变为 $\boldsymbol{J}_{\mathrm{sm}} = -\boldsymbol{n} \times \boldsymbol{M} = \boldsymbol{M} \times \boldsymbol{n}$。

4.5.2　介质中的安培环路定律

根据前面的分析可知，介质中的磁场是由自由电流产生的磁场和磁化电流产生的磁场叠加而成的合成场。在计算磁场时，如果考虑了介质表面或内部的磁化电流，原来介质所占的空间可视为真空。因此，只要将真空中安培环路定律式(4.3.3)中的 $\boldsymbol{J}$ 换成 $\boldsymbol{J} + \boldsymbol{J}_{\mathrm{m}}$ 便可得到介质中安培环路定律的微分形式，即

$$\nabla \times \boldsymbol{B} = \mu_0 (\boldsymbol{J} + \boldsymbol{J}_{\mathrm{m}}) \tag{4.5.7}$$

将式(4.5.5)代入上式，可得

$$\nabla \times \boldsymbol{B} = \mu_0 (\boldsymbol{J} + \nabla \times \boldsymbol{M}) = \mu_0 \boldsymbol{J} + \mu_0 \nabla \times \boldsymbol{M}$$

或

$$\nabla \times \left(\frac{\boldsymbol{B}}{\mu_0} - \boldsymbol{M}\right) = \boldsymbol{J} \tag{4.5.8}$$

定义磁场强度矢量

$$\boldsymbol{H} = \frac{\boldsymbol{B}}{\mu_0} - \boldsymbol{M} \tag{4.5.9}$$

其单位为 A/m，则式(4.5.8)变为

$$\nabla \times \boldsymbol{H} = \boldsymbol{J} \tag{4.5.10}$$

上式称为介质中安培环路定律的微分形式。它表明介质中任一点的磁场强度 $\boldsymbol{H}$ 的旋度等于该点的自由电流体密度 $\boldsymbol{J}$。磁场强度的旋涡源是自由电流，而磁感应强度的旋涡源是自由电流和磁化电流。

将式(4.5.10)两端取面积分，并应用斯托克斯定理，可得

$$\oint_C \boldsymbol{H} \cdot \mathrm{d}\boldsymbol{l} = \int_S \boldsymbol{J} \cdot \mathrm{d}\boldsymbol{s} = \boldsymbol{I} \tag{4.5.11}$$

这就是介质中安培环路定律的积分形式。它表明磁场强度沿任一闭合路径的环量等于闭合路径包围的自由电流的代数和，与 C 的环绕方向成右手关系的电流取正值，反之取负值。

由于介质中磁化电流所产生的磁场的磁力线仍然是闭合的，所以由自由电流和磁化电流所激发的合成磁场仍满足

$$\oint_S \boldsymbol{B} \cdot \mathrm{d}\boldsymbol{s} = 0 \tag{4.5.12}$$

$$\nabla \cdot \boldsymbol{B}=0 \tag{4.5.13}$$

上两式分别称为介质中磁场高斯定律的积分和微分形式。

$\boldsymbol{H}$与$\boldsymbol{D}$一样是为了计算方便而引入的量，并不代表介质内的场强，而$\boldsymbol{B}$是介质内的总场强，是基本物理量，但由于历史习惯，却把$\boldsymbol{H}$称为磁场强度。引入$\boldsymbol{H}$后，其旋度仅由自由电流$\boldsymbol{J}$决定，而与磁化电流$\boldsymbol{J}_m$无关，从而避免了计算$\boldsymbol{J}_m$的困难。但为了求出磁场$\boldsymbol{B}$，还需给出$\boldsymbol{H}$与$\boldsymbol{B}$之间的关系。

实验指出，除铁磁性物质外，其他线性各向同性介质的$\boldsymbol{M}$与$\boldsymbol{H}$间呈线性关系

$$\boldsymbol{M}=X_m\boldsymbol{H} \tag{4.5.14}$$

式中，X_m称为介质磁化率，是一个无量纲的纯数。将上式代入式(4.5.9)中，得

$$\boldsymbol{B}=\mu_0(1+X_m)\boldsymbol{H}=\mu_0\mu_r\boldsymbol{H}=\mu\boldsymbol{H} \tag{4.5.15}$$

式中
$$\mu_r=(1+X_m)$$

所以有
$$\mu=\mu_0\mu_r \tag{4.5.16}$$

μ_r和μ分别称为介质的相对磁导率和磁导率，均为表征介质性质的物理量。μ_r是无量纲的纯数，μ的单位与μ_0相同。

对于顺磁性物质(例如铝)，有$X_m>0,\mu_r>1$；对于抗磁性物质(例如铜和银)，有$X_m<0,\mu_r<1$；在真空中，$X_m=0,\mu_r=1$；一般顺磁性物质和抗磁性物质的$|X_m|\approx 0,\mu_r\approx 1$，说明这些物质对磁场的影响很小。

铁磁性物质(例如铁)的$\boldsymbol{B}$与$\boldsymbol{H}$间不满足线性关系，μ不是常数，而是$\boldsymbol{H}$的函数，并且与其原来的磁化状态有关。铁磁性物质的磁化强度比顺磁性物质和抗磁性物质要大若干数量级，即μ_r很大。在外磁场停止作用后，铁磁性物质仍能保留部分磁性，因而可制成永磁体。对于各向异性介质(如铁氧体)，磁导率是一个二阶张量。

例 4.5 有一磁导率为μ、半径为a的无限长导磁圆柱，其轴线处有无限长的线电流I，圆柱外是空气(磁导率为μ_0)，如图 4.12 所示。试求圆柱内外的$\boldsymbol{B}$,$\boldsymbol{H}$与$\boldsymbol{M}$的分布。

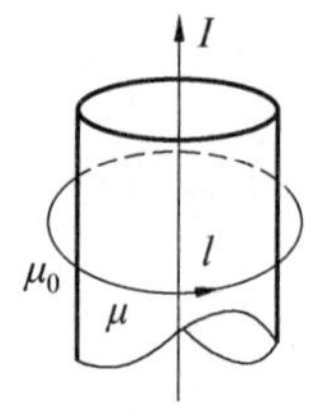

图 4.12 无限长导磁圆柱

解 根据磁场的轴对称性，应用安培环路定律，可得

$$\oint_l \boldsymbol{H}\cdot \mathrm{d}\boldsymbol{l}=2\pi\rho H_\varphi=I$$

所以磁场强度$\boldsymbol{H}=\dfrac{I}{2\pi\rho}\boldsymbol{a}_\varphi,0<\rho<\infty$。

则磁化强度
$$\boldsymbol{M}=\frac{\boldsymbol{B}}{\mu}-\boldsymbol{H}=\begin{cases}\dfrac{\mu-\mu_0}{\mu}\cdot\dfrac{I}{2\pi\rho}\boldsymbol{a}_\varphi & (\rho<a)\\ 0 & (a<\rho<\infty)\end{cases}$$

所以磁感应强度
$$\boldsymbol{B}=\begin{cases}\dfrac{\mu I}{2\pi\rho}\boldsymbol{a}_\varphi & (0<\rho<a)\\ \dfrac{\mu_0 I}{2\pi\rho} & (a<\rho<\infty)\end{cases}$$

4.6　标量磁位

4.6.1　标量磁位的定义

在静电场中，曾根据电场的无旋性($\nabla\times\boldsymbol{E}=\mathbf{0}$)引入了标量电位 ϕ 的概念，即 $\boldsymbol{E}=-\nabla\varphi$，这样可以简化电场的计算。而在恒定磁场中，由于磁场是有旋的($\nabla\times\boldsymbol{H}=\boldsymbol{J}$)，因此，一般情况下，不能像静电场一样引入标量位。但是在 $\boldsymbol{J}=\mathbf{0}$ 的没有电流的区域，$\nabla\times\boldsymbol{H}=0$，因而在求解这种区域的磁场时，可以引入标量磁位，即

$$\boldsymbol{H}=-\nabla\phi_{\mathrm{m}}\quad(\text{在 }\boldsymbol{J}=\mathbf{0}\text{ 的区域})\tag{4.6.1}$$

式中，ϕ_{m} 是一个标量位函数，称为标量磁位(简称磁标位)。

由于标量磁位 ϕ_{m} 与静电场中的标量电位 ϕ 的定义类似，所以二者有许多相似之处。例如 $\boldsymbol{H}$ 线与等磁位面垂直，可以用等磁位面形象地描述磁场等。

根据标量磁位的定义，也可以像静电场一样，定义场中任意两点 A,B 之间的标量磁位差，即磁压为

$$U_{\mathrm{m}AB}=\int_A^B\boldsymbol{H}\cdot\mathrm{d}\boldsymbol{l}=\phi_{\mathrm{m}A}-\phi_{\mathrm{m}B}\tag{4.6.2}$$

如果定义场中 O 点为标量磁位的参考点，则任意一点 A 的磁位为

$$\phi_{\mathrm{m}}(A)=\int_A^O\boldsymbol{H}\cdot\mathrm{d}\boldsymbol{l}=\phi_{\mathrm{m}A}\tag{4.6.3}$$

必须指出，和静电场不同，由于 $\boldsymbol{H}=-\nabla\phi_{\mathrm{m}}$ 只在没有传导电流的区域成立，所以不能说在整个磁场中 $\oint_C\boldsymbol{H}\cdot\mathrm{d}\boldsymbol{l}=0$，从而使式(4.6.2)的值与积分路径有关。如图 4.13 所示，磁场中有一个通有电流 $\boldsymbol{I}$ 的线圈，设 B 点为标量磁位的参考点，计算 A 点的磁位时，可以先取一个与电流不交链的闭合路径 $A2B1A$，则根据环路定律有

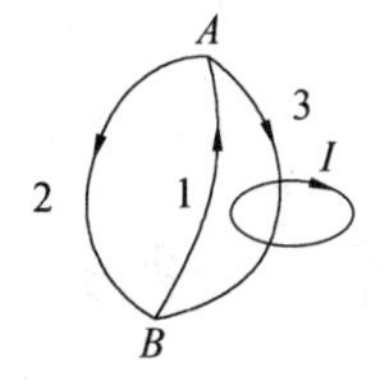

图 4.13　标量磁位的多值性

$$\oint_{A2B1A}\boldsymbol{H}\cdot\mathrm{d}\boldsymbol{l}=0$$

上式可表示为

$$\int_{A2B}\boldsymbol{H}\cdot\mathrm{d}\boldsymbol{l}+\int_{B1A}\boldsymbol{H}\cdot\mathrm{d}\boldsymbol{l}=0$$

或

$$\int_{A2B}\boldsymbol{H}\cdot\mathrm{d}\boldsymbol{l}-\int_{A1B}\boldsymbol{H}\cdot\mathrm{d}\boldsymbol{l}=0$$

由于 B 点为标量磁位的参考点，由式(4.6.3)可知

$$\int_{A2B}\boldsymbol{H}\cdot\mathrm{d}\boldsymbol{l}=\int_{A1B}\boldsymbol{H}\cdot\mathrm{d}\boldsymbol{l}=\phi_{\mathrm{m}A}\tag{4.6.4}$$

因此，选定参考点后，当积分路径不穿过电流回路时，标量磁位 $\phi_{\mathrm{m}A}$ 是单值函数。

参考点不变，如果选择的积分路径与电流回路交链，例如积分路径 $A3B1A$，则有

$$\oint_{A3B1A}\boldsymbol{H}\cdot\mathrm{d}\boldsymbol{l}=I$$

仿照上面的方法，可得

$$\int_{A3B}\boldsymbol{H}\cdot\mathrm{d}\boldsymbol{l}=\int_{A1B}\boldsymbol{H}\cdot\mathrm{d}\boldsymbol{l}+I\tag{4.6.5}$$

由式(4.6.4)可得

$$\int_{A3B} \boldsymbol{H} \cdot \mathrm{d}\boldsymbol{l} = \int_{A1B} \boldsymbol{H} \cdot \mathrm{d}\boldsymbol{l} + I = \phi_{\mathrm{m}A} + I \neq \phi_{\mathrm{m}A} \tag{4.6.6}$$

从以上分析可知,对于场中任意点 A 的标量磁位,当参考点不变时,其值与所选的积分路径有关,也就是说,标量磁位是多值的。只有规定积分路径不与电流回路交链,标量磁位才是单值函数。

4.6.2　标量磁位的微分方程

在均匀媒质中,由 $\nabla\cdot \boldsymbol{B}=0$,$\boldsymbol{B}=\mu \boldsymbol{H}$ 及 $\boldsymbol{H}=-\nabla\phi_{\mathrm{m}}$ 可得

$$\nabla\cdot \boldsymbol{B} = \nabla\cdot(\mu\boldsymbol{H}) = -\mu\,\nabla\cdot(\nabla\phi_{\mathrm{m}}) = 0$$

即

$$\nabla^2\phi_{\mathrm{m}} = 0 \tag{4.6.7}$$

这就是标量磁位所满足的拉普拉斯方程。

在无电流区域解磁场问题时,可以用静电场中解拉普拉斯方程的方法先求出 ϕ_{m},再由 $\boldsymbol{H}=-\nabla\phi_{\mathrm{m}}$ 和 $\boldsymbol{B}=\mu\boldsymbol{H}$ 计算 $\boldsymbol{H}$ 和 $\boldsymbol{B}$。

例 4.6　通过求解标量磁位的拉普拉斯方程,确定载电流 I 的无限长直圆导线外的磁场。

解　如图 4.14 所示取 Ox 轴,通过 $\alpha=0$ 的射线作一个面,可以设想空间将被分割,被分割的空间内,导线以外区域标量磁位具有单值性。此面构成这一问题的边界,即平面上下两侧分别是等磁位面。

由于 $\nabla^2\phi_{\mathrm{m}} = \dfrac{1}{r^2}\dfrac{\partial^2\phi_{\mathrm{m}}}{\partial\alpha^2}=0$,所以有 $\nabla\phi_{\mathrm{m}}=C\alpha+D$。

设定磁场标量磁位的参考点,则有 $\alpha=0^+$,$\phi_{\mathrm{m}}=0$,所以 $\phi_{\mathrm{m}}|_{\alpha=0^+}=C\cdot 0+D=0$。

设 A,B 分别取为所取面上、下侧面极为邻近的两点,l 为自 A 到 B 围绕电流 I(I 的方向如图 4.14 所示)的曲线,则 $\phi_{\mathrm{m}A}-\phi_{\mathrm{m}B}=\int_A^B \boldsymbol{H}\cdot\mathrm{d}\boldsymbol{l}=I$。

由于 $\phi_{\mathrm{m}A}=0$,得 $\phi_{\mathrm{m}B}=-I$,所以 $\phi_{\mathrm{m}}|_{\alpha=2\pi^-}=C\cdot 2\pi+D=-I$。

由边界条件式得 $C=-\dfrac{I}{2\pi}$,$D=0$,所以导线外区域标量

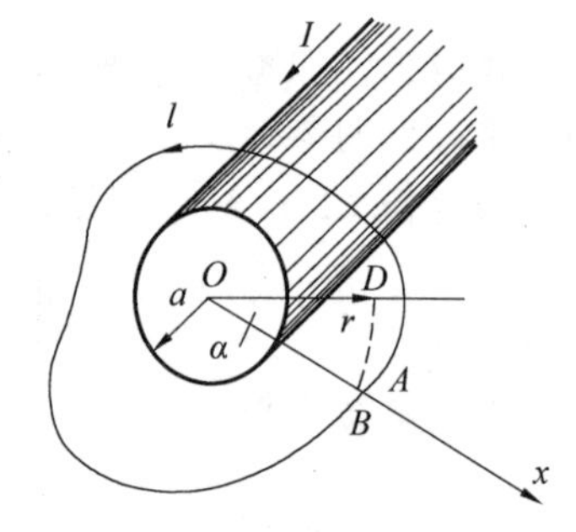

图 4.14　无限长直圆导线

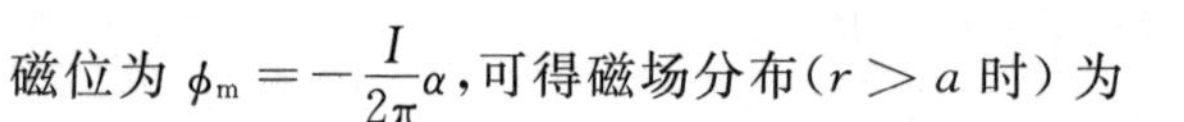

磁位为 $\phi_{\mathrm{m}}=-\dfrac{I}{2\pi}\alpha$,可得磁场分布($r>a$ 时)为

$$\boldsymbol{B}=\mu_0\boldsymbol{H}=-\mu_0\left(\frac{\partial\phi_{\mathrm{m}}}{\partial r}\boldsymbol{a}_r+\frac{1}{r}\frac{\partial\phi_{\mathrm{m}}}{\partial\alpha}\boldsymbol{a}_\alpha+\frac{\partial\phi_{\mathrm{m}}}{\partial z}\boldsymbol{a}_z\right)=-\frac{\mu_0}{r}\cdot\frac{\partial}{\partial\alpha}\left(-\frac{I}{2\pi}\alpha\right)\boldsymbol{a}_\alpha=\frac{\mu_0 I}{2\pi r}\boldsymbol{a}_\alpha$$

需要注意的是,标量磁位只能应用于电流密度为零的区域,有着较大的局限性,不能求解载流导体内部的磁场。

4.7　恒定磁场的基本方程及边界条件

4.7.1　恒定磁场的基本方程

恒定磁场的基本场量为磁感应强度 $\boldsymbol{B}$,在考虑媒质磁化时又引入了磁场强度 $\boldsymbol{H}$ 这个辅助场量。$\boldsymbol{B}$ 和 $\boldsymbol{H}$ 的特性及满足的方程描述了恒定磁场的物理特性,通过前面几节的分析,总结得到恒定磁场的基本方程为:

积分形式

$$\oint_S \boldsymbol{B} \cdot \mathrm{d}\boldsymbol{s} = 0 \tag{4.7.1}$$

$$\oint_C \boldsymbol{H} \cdot \mathrm{d}\boldsymbol{l} = I \tag{4.7.2}$$

微分形式

$$\nabla \cdot \boldsymbol{B} = 0 \tag{4.7.3}$$

$$\nabla \times \boldsymbol{H} = \boldsymbol{J} \tag{4.7.4}$$

恒定磁场是没有通量源只有旋涡源的矢量场,自由电流 $\boldsymbol{J}$ 是磁场强度 $\boldsymbol{H}$ 的旋涡源。在静止、线性、各向同性的媒质中,$\boldsymbol{B}$ 与 $\boldsymbol{H}$ 的本构关系为

$$\boldsymbol{B} = \mu \boldsymbol{H} \tag{4.7.5}$$

矢量磁位 $\boldsymbol{A}$ 和标量磁位 ϕ_{m} 所满足的方程分别为

$$\nabla^2 \boldsymbol{A} = -\mu \boldsymbol{J} \tag{4.7.6}$$

$$\nabla^2 \phi_{\mathrm{m}} = 0 \tag{4.7.7}$$

4.7.2　不同媒质分界面上的边界条件

当恒定磁场通过两种不同媒质的分界面时,在分界面上 $\boldsymbol{B}$ 和 $\boldsymbol{H}$ 各自满足的关系称为恒定磁场的边界条件。边界条件由式(4.7.1)和式(4.7.2)导出,其方法与静电场相仿。

1. 磁感应强度 $\boldsymbol{B}$ 的边界条件

图 4.15 表示两种媒质的分界面,媒质 Ⅰ 的电磁参数为 $\varepsilon_1, \mu_1, \sigma_1$;媒质 Ⅱ 的电磁参数为 $\varepsilon_2, \mu_2, \sigma_2$。

跨分界面两侧作一上、下底面积均为 $\Delta \boldsymbol{s}$、高度为 $h(h \to 0)$ 的扁平圆柱状盒子,因为 $\Delta \boldsymbol{s}$ 很小,可认为每一底面上的场是均匀的。$\boldsymbol{n}$ 为由媒质 Ⅱ 指向媒质 Ⅰ 的法向单位矢量。将恒定磁场的基本方程的积分形式 $\oint_S \boldsymbol{B} \cdot \mathrm{d}\boldsymbol{s} = 0$ 应用到此圆柱盒上,考虑到 $h \to 0$,则穿过侧面的通量可以忽略不计,于是有

$$\boldsymbol{B}_1 \cdot \boldsymbol{n} \Delta s - \boldsymbol{B}_2 \cdot \boldsymbol{n} \Delta s = 0$$

即

$$\boldsymbol{n} \cdot (\boldsymbol{B}_1 - \boldsymbol{B}_2) = 0 \quad 或 \quad B_{1n} = B_{2n} \tag{4.7.8}$$

上式表明,$\boldsymbol{B}$ 的法向分量在分界面上总是连续的。

2. 磁场强度 $\boldsymbol{H}$ 的边界条件

先推导 $\boldsymbol{H}$ 的切向分量的边界条件。如图 4.16 所示,在分界面上任作一小的矩形回路 C,长为 Δl 的两条边分别位于分界面两侧且与分界面平行,高度为 $h(h \to 0)$。并设回路所围面积的法向单位矢量为 $\boldsymbol{N}$,界面的法向单位矢量为 $\boldsymbol{n}$,界面上沿 Δl 方向的切向单位矢量为 $\boldsymbol{t}$,

且满足 $\boldsymbol{N}\times\boldsymbol{n}=\boldsymbol{t}$。

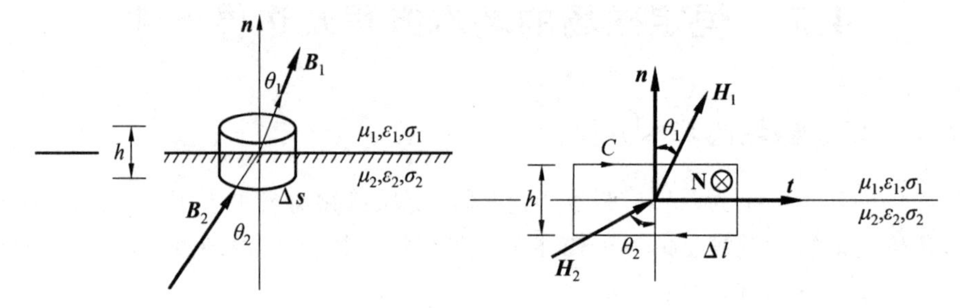

图 4.15 **B** 的边界条件　　　　图 4.16 **H** 的边界条件

将恒定磁场的基本方程的积分形式 $\oint_C \boldsymbol{H}\cdot\mathrm{d}\boldsymbol{l}=\boldsymbol{I}$ 应用于回路上，考虑到 $h\to 0$，由于 $\boldsymbol{H}$ 为有限值，故 $\boldsymbol{H}$ 沿两短边的线积分量为零，则上式写为

$$\boldsymbol{H}_1\cdot\boldsymbol{t}\Delta l-\boldsymbol{H}_2\cdot\boldsymbol{t}\Delta l=\lim_{h\to 0}\boldsymbol{J}\cdot\Delta\boldsymbol{s}=\lim_{h\to 0}\boldsymbol{J}\Delta s\cdot\boldsymbol{N} \tag{4.7.9}$$

在分界面上存在自由面电流的情形下，有

$$\lim_{h\to 0}\boldsymbol{J}\cdot\Delta\boldsymbol{s}=\boldsymbol{J}_s\Delta l\cdot\boldsymbol{N} \tag{4.7.10}$$

J_s 为自由电流面密度。将式(4.7.10)代入式(4.7.9)，消去 Δl，于是有

$$(\boldsymbol{H}_1-\boldsymbol{H}_2)\cdot(\boldsymbol{N}\times\boldsymbol{n})=\boldsymbol{J}_s\cdot\boldsymbol{N}$$

利用矢量恒等式 $\boldsymbol{A}\cdot(\boldsymbol{B}\times\boldsymbol{C})=(\boldsymbol{C}\times\boldsymbol{A})\cdot\boldsymbol{B}$，可得

$$[\boldsymbol{n}\times(\boldsymbol{H}_1-\boldsymbol{H}_2)]\cdot\boldsymbol{N}=\boldsymbol{J}_s\cdot\boldsymbol{N}$$

由于回路 C 是任取的，所以 N 也是任意的，因而有

$$[\boldsymbol{n}\times(\boldsymbol{H}_1-\boldsymbol{H}_2)]=\boldsymbol{J}_s \quad 或 \quad H_{1t}-H_{2t}=J_s \tag{4.7.11}$$

上式表明，在存在自由面电流的分界面上，$\boldsymbol{H}$ 的切向分量不连续，其突变量等于该处的自由电流面密度。

通过上面的分析，恒定磁场分界面边界条件可归结为

$$\boldsymbol{n}\cdot(\boldsymbol{B}_1-\boldsymbol{B}_2)=0$$

$$\boldsymbol{n}\times(\boldsymbol{H}_1-\boldsymbol{H}_2)=\boldsymbol{J}_s$$

当分界面上没有面电流时，由 $B_{1n}=B_{2n}$，$H_{1t}=H_{2t}$ 可导出如图 4.17 的恒定磁场中的折射定律为

$$\frac{\tan\theta_1}{\tan\theta_2}=\frac{\mu_1}{\mu_2} \tag{4.7.12}$$

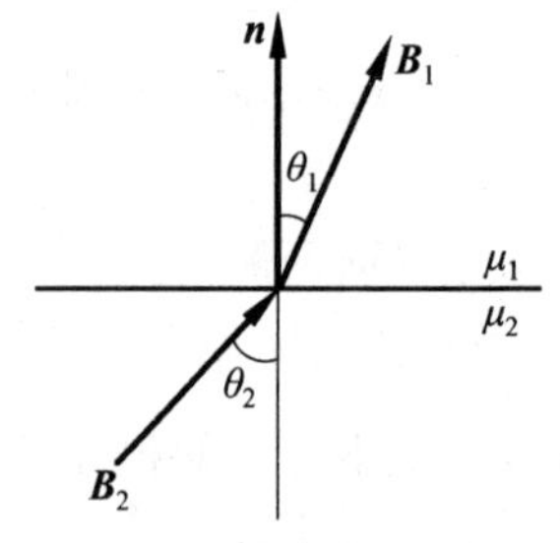

图 4.17 恒定磁场中的折射定律

综上所述，$\boldsymbol{B}$ 的法向分量总是连续的。由于 $\boldsymbol{B}=\mu\boldsymbol{H}$，可知 $\boldsymbol{H}$ 的法向分量必定不连续。$\boldsymbol{H}$ 的切向分量是否连续视 $\boldsymbol{J}_s$ 是否为零而定；$\boldsymbol{B}$ 的切向分量一般是不连续的。所以，磁感应强度 $\boldsymbol{B}$ 及磁场强度 $\boldsymbol{H}$ 在穿过界面时要发生突变。

4.7.3 用位函数表示的分界面上的边界条件

当 $\boldsymbol{J}_s=\boldsymbol{0}$ 时，分界面上位函数的边界条件可以表示为

$$n\times(A_1-A_2)=0 \tag{4.7.13}$$

$$n\times\left(\frac{1}{\mu_1}\nabla\times A_1-\frac{1}{\mu_2}\nabla\times A_2\right)=0 \tag{4.7.14}$$

$$\mu_1\frac{\partial\phi_{m1}}{\partial n}=\mu_2\frac{\partial\phi_{m2}}{\partial n} \tag{4.7.15}$$

$$\phi_{m1}=\phi_{m2} \tag{4.7.16}$$

上述边界条件证明从略。当用$\nabla^2 A=-\mu J$ 及$\nabla^2\phi_m=0$ 解场问题时，常常会用到以上条件。

例 4.7　如图 4.18 所示，设 $x=0$ 平面是两种媒质的分界面。$\mu_1=5\mu_0$，$\mu_2=3\mu_0$，分界面上有面电流 $J_s=-4\boldsymbol{a}_z$ A/m，$\boldsymbol{H}_1=6\boldsymbol{a}_x+8\boldsymbol{a}_y$(A/m)，试求 $\boldsymbol{B}_1$，$\boldsymbol{B}_2$ 与 $\boldsymbol{H}_2$。

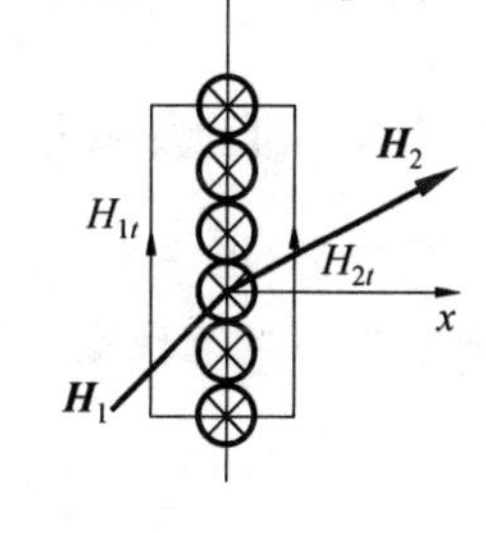

图 4.18　例 4.7 图

解　由本构方程 $\boldsymbol{B}=\mu\boldsymbol{H}$，所以$\boldsymbol{B}_1=\mu_1\boldsymbol{H}_1=5\mu_0(6\boldsymbol{a}_x+8\boldsymbol{a}_y)=\mu_0(30\boldsymbol{a}_x+40\boldsymbol{a}_y)$ (T)，

因为 $B_{1n}=B_{2n}$，所以 $B_{2n}=B_{1n}=30\mu_0$，$H_{2n}=\dfrac{B_{2n}}{\mu_2}=10$，

因为 $H_{1t}-H_{2t}=J_s$，所以 $H_{2t}=H_{1t}-J_s=8-4=4$，

即　$\boldsymbol{H}_2=H_{2t}\boldsymbol{a}_y+H_{2n}\boldsymbol{a}_x=10\boldsymbol{a}_x+4\boldsymbol{a}_y$(A/m)

$$\boldsymbol{B}_2=\mu_2\boldsymbol{H}_2=\mu_0(30\boldsymbol{a}_x+12\boldsymbol{a}_y)\ (\text{T})$$

4.8　电　感

4.8.1　全磁通(磁链)

穿过一个单匝线圈所围面积的磁通量一般用 Φ 表示。如果把导线绕成螺旋形状，如图 4.19 所示，则它是一个多匝线圈。穿过这样的多匝线圈导线回路所围面积的磁通量用 ψ 表示。ψ 称为全磁通，又叫磁通匝链数，简称磁链。

磁链的计算主要可分为以下几种情况：

(1) 单匝线圈形成的回路的磁链 ψ 定义为穿过该回路的磁通量 Φ，如图 4.20 所示。此时 $\psi=\Phi$。

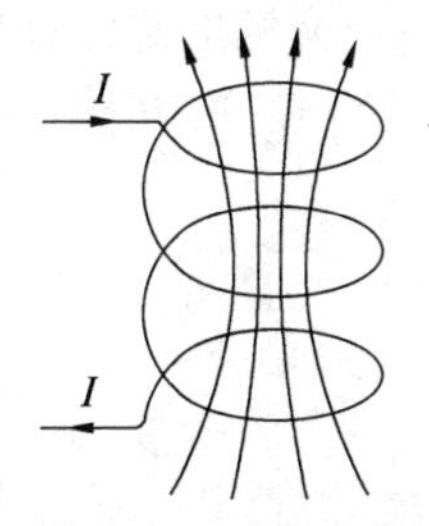

图 4.19　多匝线圈回路

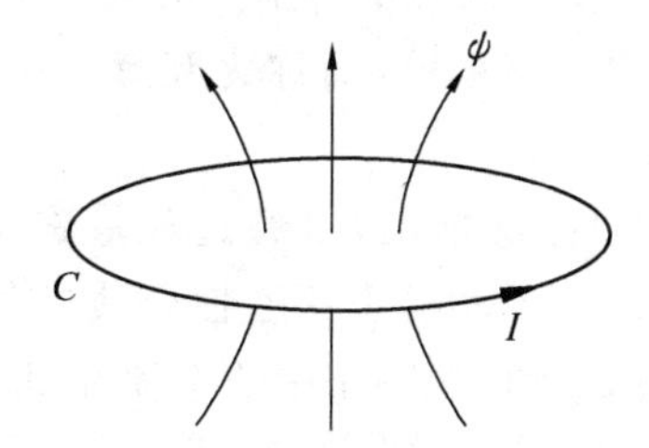

图 4.20　细导体回路

(2) 多匝线圈形成的回路的磁链 ψ 定义为所有线圈的磁通 Φ_i 的总和，此时 $\psi=\sum\limits_i\Phi_i$。

(3) 粗导线构成的回路，磁链分为两部分：一部分是粗导线包围的，磁力线不穿过导体的磁链，称为外磁链 ψ_o；另一部分是磁力线穿过导体，只有粗导线的一部分包围的磁链，称

为内磁链 ψ_i，如图 4.21 所示。

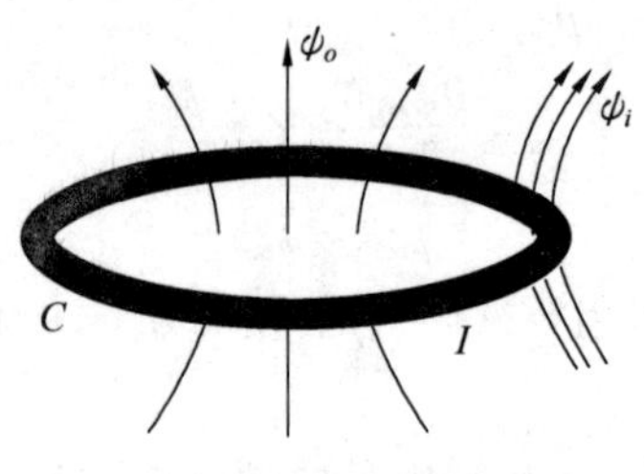

图 4.21　粗导体回路

4.8.2　自感和互感

实验指出，当一个导线回路中的电流随时间变化时，在自身回路中要产生感应电动势，这种现象称为自感现象。可以定义

$$L=\frac{\psi}{I} \tag{4.8.1}$$

式中，I 为回路 C 中的电流；ψ 为电流 I 产生的磁场穿过回路 C 的磁链；L 称为回路 C 的自感系数，简称自感。

对于图 4.21 所示的粗导体回路，其自感可以表示为

$$L=L_i+L_o \tag{4.8.2}$$

其中 $L_i=\frac{\psi_i}{I}$ 称为内自感，$L_o=\frac{\psi_o}{I}$ 称为外自感。

必须指出，自感只与回路的几何形状、尺寸及周围的磁介质有关，与电流无关。

如果空间有两个或两个以上的导线回路，当其中一个回路中的电流随时间变化时，将在其他的回路中产生感应电动势，称为互感现象。

互感定义为

$$M_{12}=\frac{\psi_{12}}{I_1} \tag{4.8.3}$$

$$M_{21}=\frac{\psi_{21}}{I_2} \tag{4.8.4}$$

式中，I_1，I_2 分别为两个彼此邻近的闭合回路 C_1 和 C_2 中通有的电流；ψ_{12} 为电流 I_1 产生的磁场与回路 C_2 交链的磁链；ψ_{21} 为电流 I_2 产生的磁场与回路 C_1 交链的磁链；M_{12} 称为回路 C_1 对回路 C_2 的互感系数，简称为互感；M_{21} 称为回路 C_2 对回路 C_1 的互感，可以证明 $M_{12}=M_{21}$。

对比较复杂的情况，可通过矢量磁位来计算磁链。图 4.22 表示非铁磁性介质中的两个细导线回路 C_1 和 C_2。C_1 中的电流在 $\mathrm{d}l_2$ 处的矢量磁位为

$$A_1=\frac{\mu I_1}{4\pi}\oint_{C_1}\frac{\mathrm{d}l_1}{R} \tag{4.8.5}$$

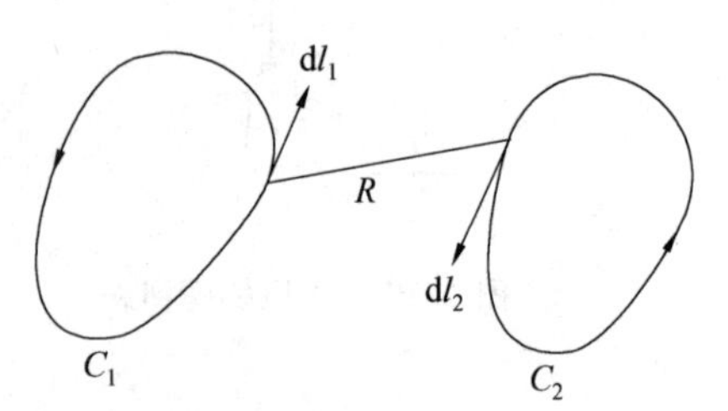

图 4.22　非铁磁性介质中的两个细导线回路

则与回路 C_2 交链的磁链

$$\psi_{12}=\phi_{12}=\oint_{C_2} A_1\cdot \mathrm{d}l_2=\frac{\mu I_1}{4\pi}\oint_{C_2}\oint_{C_1}\frac{\mathrm{d}l_1\cdot \mathrm{d}l_2}{R} \tag{4.8.6}$$

故可得
$$M_{12}=\frac{\phi_{12}}{I_1}=\frac{\mu}{4\pi}\oint_{C_2}\oint_{C_1}\frac{\mathrm{d}l_1\cdot \mathrm{d}l_2}{R} \tag{4.8.7}$$

同理可得
$$M_{21}=\frac{\phi_{21}}{I_2}=\frac{\mu}{4\pi}\oint_{C_1}\oint_{C_2}\frac{\mathrm{d}l_2\cdot \mathrm{d}l_1}{R} \tag{4.8.8}$$

式(4.8.7)和式(4.8.8)称为纽曼公式。同时也证明了 $M_{12}=M_{21}$。

例 4.8　设传输线的长度为 l，通有电流 I，试求如图 4.23 所示的双线传输线的自感。

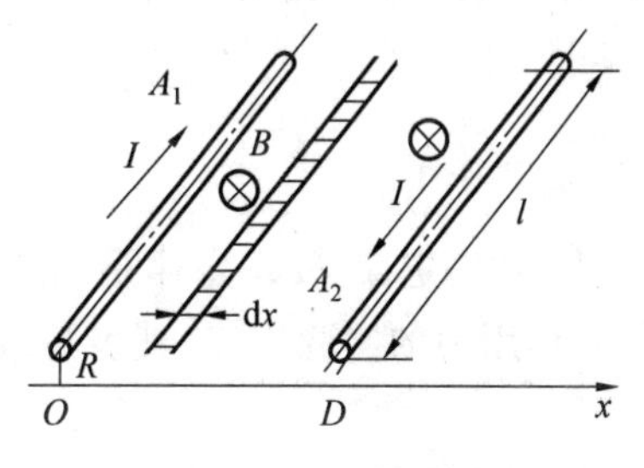

图 4.23　双线传输线的自感

解　内自感为 $L_i=\frac{\mu_0 l}{8\pi}$，由于 $\boldsymbol{H}=\left(\frac{I}{2\pi x}+\frac{I}{2\pi(D-x)}\right)\boldsymbol{a}_\varphi$，所以 $\boldsymbol{B}=\mu_0\boldsymbol{H}$，

所以 $\psi_0=\Phi_0=\int\boldsymbol{B}\cdot\mathrm{d}\boldsymbol{s}=\mu_0 I\int_R^{D-R}\left(\frac{1}{2\pi x}+\frac{1}{2\pi(D-x)}\right)l\mathrm{d}x=\frac{\mu_0 Il}{\pi}\ln\frac{D-R}{R}$。

外自感为 $L_o=\frac{\psi_0}{I}=\frac{\mu_0 l}{\pi}\ln\frac{D-R}{R}$，所以总自感为 $L=2L_i+L_o=\frac{\mu_0 l}{4\pi}+\frac{\mu_0 l}{\pi}\ln\frac{D-R}{R}$。

4.9　磁场能量

根据电磁能量的一般公式，磁场的能量密度表示为

$$w_m=\frac{1}{2}B\cdot H \tag{4.9.1}$$

磁场的总能量为

$$W_m=\frac{1}{2}\int_V\boldsymbol{B}\cdot\boldsymbol{H}\mathrm{d}v \tag{4.9.2}$$

在恒定磁场的情形下，上述磁场能量也可用电流分布 $\boldsymbol{J}$ 和矢量磁位 $\boldsymbol{A}$ 表示。利用 $\nabla\times\boldsymbol{H}=\boldsymbol{J}$ 和 $\boldsymbol{B}=\nabla\times\boldsymbol{A}$ 以及矢量恒等式 $\nabla\cdot(\boldsymbol{A}\times\boldsymbol{H})=\boldsymbol{H}\cdot\nabla\times\boldsymbol{A}-\boldsymbol{A}\cdot\nabla\times\boldsymbol{H}$，有

$$\begin{aligned}W_m&=\frac{1}{2}\int_V\boldsymbol{H}\cdot\nabla\times\boldsymbol{A}\mathrm{d}v=\frac{1}{2}\int_V\nabla\cdot(\boldsymbol{A}\times\boldsymbol{H})\mathrm{d}\boldsymbol{v}+\frac{1}{2}\int_V\boldsymbol{A}\cdot(\nabla\times\boldsymbol{H})\mathrm{d}\boldsymbol{v}\\&=\frac{1}{2}\oint_S(\boldsymbol{A}\times\boldsymbol{H})\cdot\mathrm{d}s+\frac{1}{2}\int_V\boldsymbol{A}\cdot\boldsymbol{J}\mathrm{d}v\end{aligned} \tag{4.9.3}$$

若电流分布在有限区域中，则有

$$\boldsymbol{A}\sim\frac{1}{r},\quad \boldsymbol{H}\sim\frac{1}{r^2},\quad \mathrm{d}s\sim r^2$$

故 $r\to\infty$ 时，式(4.9.3)右边的面积分趋于零，则有

$$W_m=\frac{1}{2}\int_V\boldsymbol{A}\cdot\boldsymbol{J}\mathrm{d}v \tag{4.9.4}$$

积分只在有电流存在处进行。

对于一个载电流为 I 的回路 C，将 $\boldsymbol{J}\mathrm{d}v=I\mathrm{d}\boldsymbol{l}$ 代入式(4.9.4) 可得

$$W_{\mathrm{m}}=\frac{1}{2}\int_{C}\boldsymbol{A}\cdot I\mathrm{d}\boldsymbol{l}=\frac{1}{2}I\Phi \tag{4.9.5}$$

式中，Φ 为穿过回路 C 的磁通。

上述结果可推广到 N 个载流回路的系统，它的总磁场能量为

$$W_{\mathrm{m}}=\frac{1}{2}\sum_{i=1}^{N}I_i\Phi_i \tag{4.9.6}$$

式中，I_i 为第 i 个回路的电流；Φ_i 为穿过第 i 个回路的总磁通。

4.10　本章小结

(1) 安培定律：安培定律是描述真空中两个恒定电流元或两个通有恒定电流的回路之间相互作用力的实验定律，其表达式为

$$\boldsymbol{F}_{C_1C_2}=\frac{\mu_0}{4\pi}\oint_{C_1}\oint_{C_2}\frac{\boldsymbol{I}_2\mathrm{d}\boldsymbol{l}_2\times(\boldsymbol{I}_1\mathrm{d}\boldsymbol{l}_1\times\boldsymbol{R}_{12})}{R_{12}^3}$$

毕奥－萨伐尔定律：毕奥－萨伐尔定律是描述电流和它产生的磁场之间关系的实验定律，其表达式为

$$\boldsymbol{B}=\frac{\mu}{4\pi}\oint_{C}\frac{\boldsymbol{I}\mathrm{d}\boldsymbol{l}\times\boldsymbol{R}}{R^3}$$

对源为体电流和面电流的情况，磁感应强度 $\boldsymbol{B}$ 分别为

$$\boldsymbol{B}(\boldsymbol{r})=\frac{\mu}{4\pi}\int_{V'}\frac{\boldsymbol{J}(\boldsymbol{r}')\times\boldsymbol{R}}{R^3}\mathrm{d}v'$$

$$\boldsymbol{B}(\boldsymbol{r})=\frac{\mu}{4\pi}\int_{S'}\frac{\boldsymbol{J}_s(\boldsymbol{r}')\times\boldsymbol{R}}{R^3}\mathrm{d}s'$$

(2) 磁场的散度为

$$\nabla\cdot\boldsymbol{B}(\boldsymbol{r})=0$$

即磁场的高斯定律的微分形式，表明磁场是一种没有通量源的场，不存在与自由电荷相对应的自由磁荷。

$\boldsymbol{B}$ 穿出任意闭合面 S 的磁通为

$$\oint_{S}\boldsymbol{B}\cdot\mathrm{d}\boldsymbol{s}=\int_{V}\nabla\cdot\boldsymbol{B}\mathrm{d}v\equiv 0$$

即磁场的高斯定律的积分形式，也称为磁通连续性原理，表明穿进闭合面的磁感应线数目等于穿出闭合面的磁感应线数目，磁感应线是一些无头无尾的闭合曲线，$\boldsymbol{B}$ 为管形场。

(3) 安培环路定律：

$$\oint_{C}\boldsymbol{B}\cdot\mathrm{d}l=\mu_0 I$$

表明总电流 I 等于闭合路径 C 所交链的各个电流的代数和，与 C 的环绕方向成右手关系的电流取正值，反之取负值。

磁场强度为

$$\boldsymbol{H}=\frac{\boldsymbol{B}}{\mu_0}-\boldsymbol{M}$$

介质中的安培环路定律：　$\oint_C \boldsymbol{H} \cdot \mathrm{d}\boldsymbol{l} = I$

在线性、各向同性媒质中有 $\boldsymbol{M} = X_{\mathrm{m}}\boldsymbol{H}$，则磁感应强度和磁场强度的关系为

$$\boldsymbol{B} = \mu\boldsymbol{H}$$

$$\mu = (1 + X_{\mathrm{m}})\mu_0 = \mu_0\mu_{\mathrm{r}}$$

介质的磁化程度可用磁化强度 $\boldsymbol{M}$ 表示：

$$\boldsymbol{M} = \lim_{\Delta v \to 0} \frac{\sum \boldsymbol{p}_{\mathrm{m}}}{\Delta v}$$

体磁化电流和面磁化电流与磁化强度的关系为

$$\boldsymbol{J}_{\mathrm{m}} = \nabla \times \boldsymbol{M}$$

$$\boldsymbol{J}_{\mathrm{sm}} = \boldsymbol{n} \times (\boldsymbol{M}_1 - \boldsymbol{M}_2)$$

(4) 矢量磁位 $\boldsymbol{A}$ 满足

$$\boldsymbol{B} = \nabla \times \boldsymbol{A}$$

库仑规范为　$\nabla \cdot \boldsymbol{A} = 0$

$\boldsymbol{A}$ 满足的方程为　$\nabla^2 \boldsymbol{A} = -\mu \boldsymbol{J}$

$$\boldsymbol{A}(\boldsymbol{r}) = \frac{\mu}{4\pi}\int_{V'} \frac{\boldsymbol{J}(\boldsymbol{r}')}{R}\mathrm{d}v'$$

$$\boldsymbol{A}(\boldsymbol{r}) = \frac{\mu}{4\pi}\int_{S'} \frac{\boldsymbol{J}_{\mathrm{s}}(\boldsymbol{r}')}{R}\mathrm{d}s'$$

$$\boldsymbol{A}(r) = \frac{\mu}{4\pi}\oint_{l'} \frac{I\mathrm{d}\boldsymbol{l}'}{R}$$

对于复杂的磁场计算问题，通过 $\boldsymbol{A}$ 求 $\boldsymbol{B}$ 比直接计算 $\boldsymbol{B}$ 简单。

(5) 在恒定磁场中在 $\boldsymbol{J} = \boldsymbol{0}$ 的没有电流的区域，标量磁位 ϕ_{m} 满足

$$\boldsymbol{H} = -\nabla\phi_{\mathrm{m}}$$

满足拉普拉斯方程：　$\nabla^2\phi_{\mathrm{m}} = 0$

(6) 恒定磁场的基本方程为

$$\oint_S \boldsymbol{B} \cdot \mathrm{d}\boldsymbol{s} = 0$$

$$\nabla \cdot \boldsymbol{B} = 0$$

$$\oint_C \boldsymbol{H} \cdot \mathrm{d}\boldsymbol{l} = I$$

$$\nabla \times \boldsymbol{H} = \boldsymbol{J}$$

在不同媒质分界面上的边界条件是

$$\boldsymbol{n} \cdot (\boldsymbol{B}_1 - \boldsymbol{B}_2) = 0$$

$$\boldsymbol{n} \times (\boldsymbol{H}_1 - \boldsymbol{H}_2) = \boldsymbol{J}_{\mathrm{s}}$$

(7) 自感系数(简称自感) 为　$L = \frac{\psi}{I}$

互感系数(简称互感) 为　$M_{12} = \frac{\psi_{12}}{I_1}$，　$M_{21} = \frac{\psi_{21}}{I_2}$

计算电感常先设电流，计算该电流所产生的磁通及其相应的磁链，再求磁链和电流的比值。磁通常用 $\psi_{\mathrm{m}} = \int_S \boldsymbol{B} \cdot \mathrm{d}\boldsymbol{s}$ 或 $\psi_{\mathrm{m}} = \oint_l \boldsymbol{A} \cdot \mathrm{d}\boldsymbol{l}$ 计算进行。

(8) 磁场的能量密度为　　$w_m = \frac{1}{2}\boldsymbol{B}\cdot\boldsymbol{H}$

整个磁场的能量为　　$W_m = \frac{1}{2}\int_V \boldsymbol{B}\cdot\boldsymbol{H}\mathrm{d}v$

N 个载流回路的系统的总磁能　$W_m = \frac{1}{2}\sum_{i=1}^{N} I_i\Phi_i$

习　　题

4.1　已知半径 a、载电流 I 的细圆环回路(图 4.24),求圆环轴线上 h 处的磁感应强度,并讨论 $h\to 0$ 的情形。

4.2　试证明均匀磁介质内部,在稳定情况下磁化电流 $\boldsymbol{J}_m$ 总是等于传导电流 $\boldsymbol{J}$ 的$\left(\frac{\mu}{\mu_0}-1\right)$倍。

4.3　设 $x<0$ 的半空间充满磁导率为 μ 的均匀介质,$x>0$ 的空间为真空。今有线电流 I 沿 z 轴流动,求磁场强度和磁化电流分布。

4.4　一个密绕的细长螺线管线圈,每厘米长度上绕有 10 匝细导线,螺线管的横截面积为 10 cm^2。当螺线管中通入 10 A 的电流时,它横截面上的磁通量为多少?

4.5　真空中一无限长载流直导线 LL' 在 A 处折成直角,如图 4.25 所示,图中 P,R,S,T 到导线的垂直距离均为 $a=4.00$ cm,电流 $I=20.0$ A,在 LL' 平面内,求 P,R,S,T 四点处磁感应强度的大小。

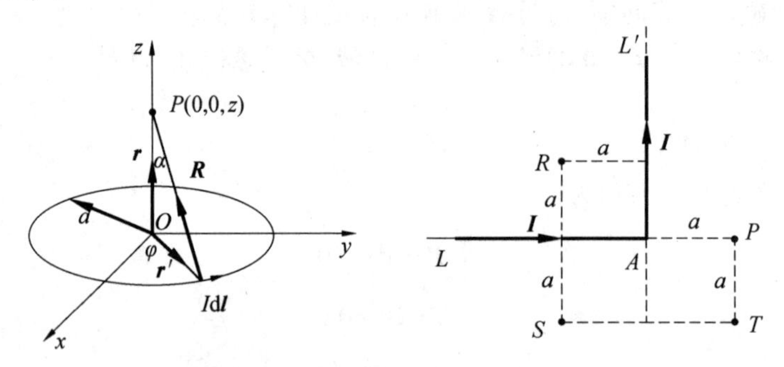

图 4.24　圆形载流回路　　图 4.25　折成直角的无限长载流直导线

4.6　如图 4.26 所示,轴线间距离为 d 的两平行半无限长直导线 1,2,以直导线 3 连接,导线为铜线,其半径均为 a。通以电流 I,试确定连接 1,2 的导线段 3 所受的磁场力。

4.7　如图 4.27 所示,载流长直导线的电流为 I,试求通过矩形面积的磁通量。[提示:可划分为带条求解]

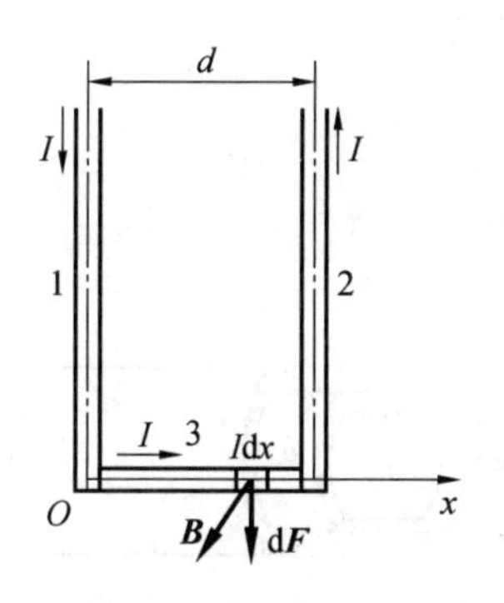

图 4.26　以直导线连接的两平行半无限长直导线

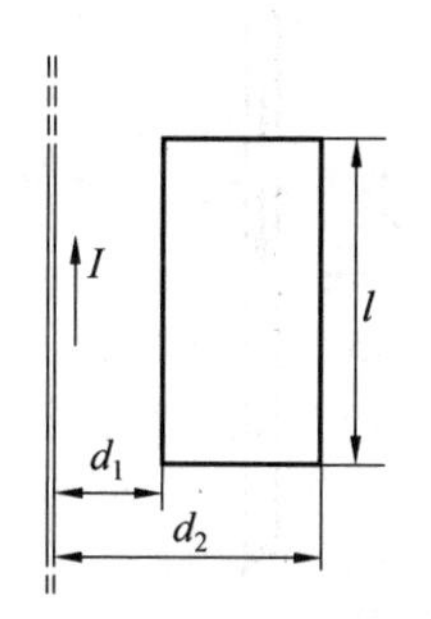

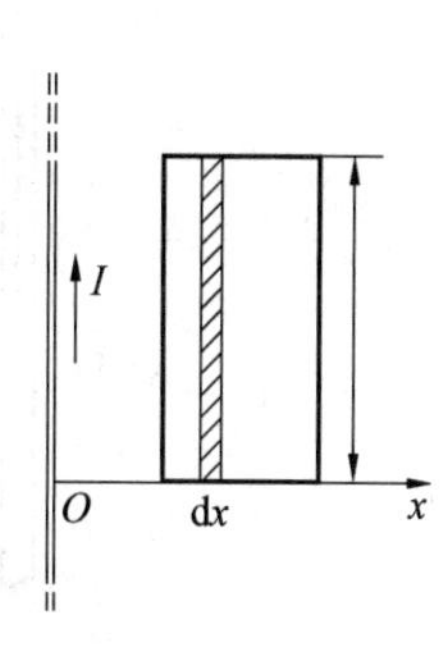

图 4.27　载流长直导线旁的矩形

4.8　如图 4.28 所示，一个半径为 R 的无限长半圆柱面导体，沿长度方向的电流 I 在柱面上均匀分布。求半圆柱面轴线 OO' 上的磁感应强度。

4.9　如图 4.29 所示，设电流均匀流过无限大导电平面，其面电流密度为 j。求导电平面两侧的磁感应强度。[提示：可用安培环路定律求解]

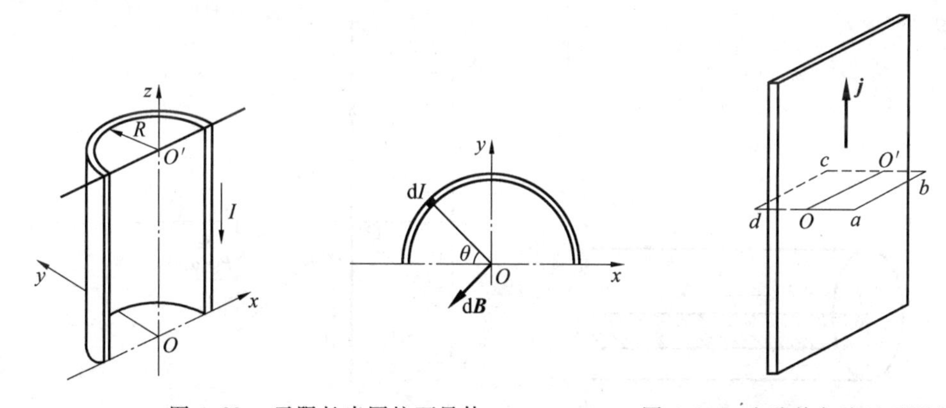

图 4.28　无限长半圆柱面导体　　图 4.29　电流均匀流过无限大导电平面

4.10　如图 4.30 所示，设有两无限大平行载流平面，它们的面电流密度均为 j，电流流向相反。求：(1) 两载流平面之间的磁感应强度；(2) 两面之外空间的磁感应强度。

4.11　如图 4.31 所示的长直同轴电缆，内、外导体之间充满磁介质，磁介质的相对磁导率为 $\mu_r(\mu_r < 1)$，导体的磁化可以忽略不计。沿轴向有恒定电流 I 通过电缆，内、外导体上电流的方向相反。求：

(1) 空间各区域内的磁感应强度和磁化强度；

(2) 磁介质表面的磁化电流。

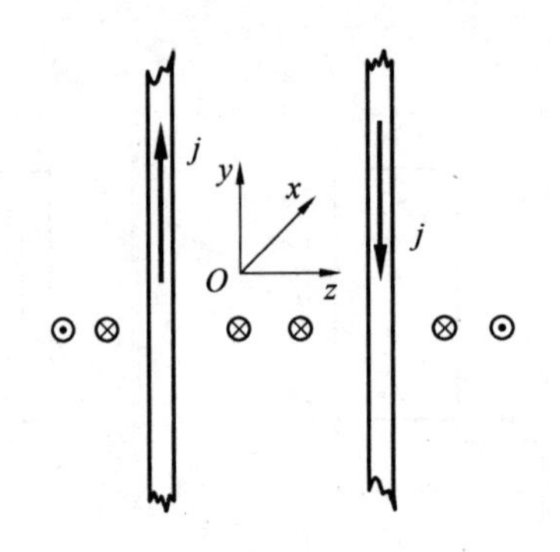

图 4.30　两无限大平行载流平面

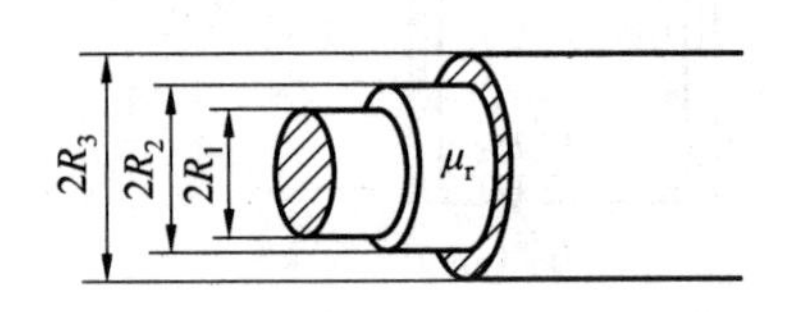

图 4.31　长直同轴电缆

4.12　一根半径为 R 的实心铜导线，均匀流过的电流为 I，如图 4.32 所示在导线内部作一平面 S，试求：

(1) 磁感应强度的分布；

(2) 通过每米导线内 S 平面的磁通量。

4.13　如图 4.33 所示，求长度为 $2L$、通有电流 I 的直导线外任一点 P 的矢量磁位。

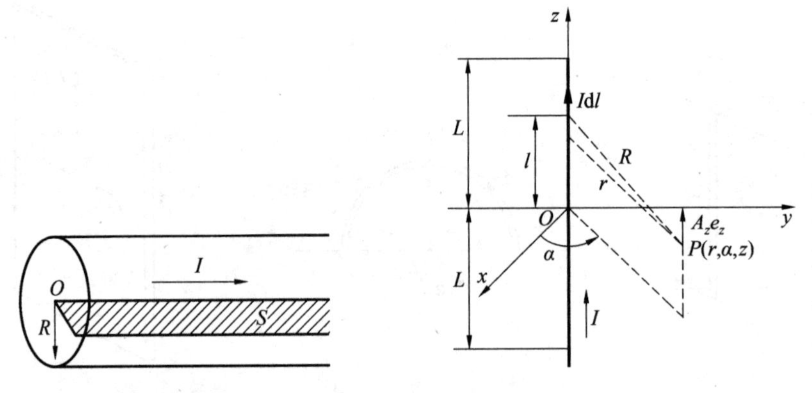

图 4.32　实心铜导线　　　图 4.33　通有电流 I 的直导线

4.14　如图 4.34 所示，应用矢量磁位求通有电流 I 的双导线的磁场。

4.15　如图 4.35 所示，磁场由磁导率 $\mu_1=1\ 500\mu_0$ 的钢进入空气中，已知钢中的 $B_1=15$ T，且有 $\alpha_1=87°$。求分界面空气一侧的 B_2 和 α_2。

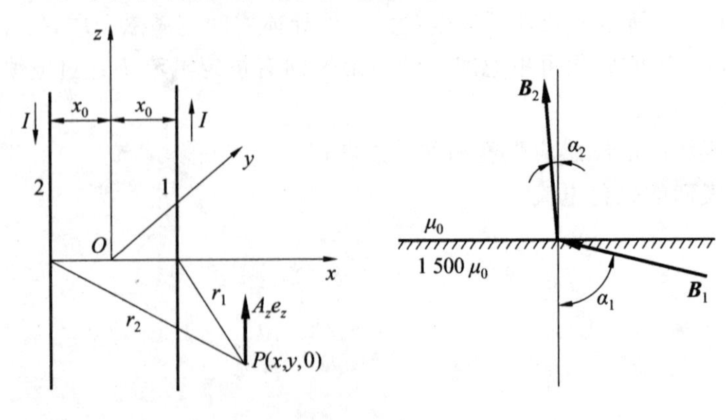

图 4.34　通有电流 I 的双导线　　　图 4.35　题 4.15 图

4.16　求密绕 w 匝线圈的螺线环的自感。圆环的平均半径为 d，截面为半径等于 a 的圆形。

4.17　如图 4.36 所示，计算无限长直导线同与其平行但不共平面的单匝矩形导线框 $BCED$ 之间的互感。

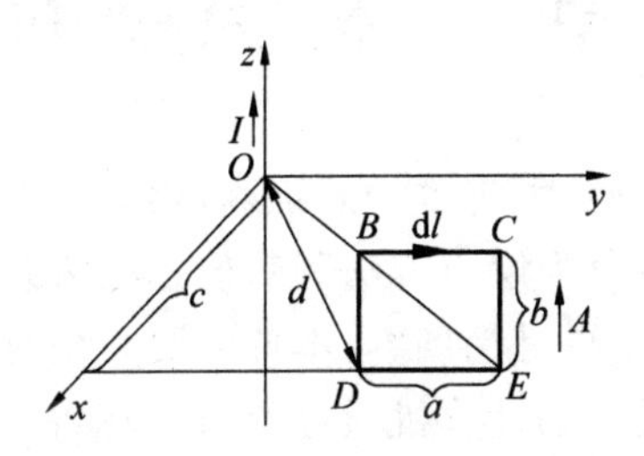

图 4.36　题 4.17 图

第 5 章　稳恒场的解法

稳恒场是静电场、恒定电场和恒定磁场的统称，由于这些场的场量不随时间变化，因而属于静态场。稳恒场的解法可分为解析方法和数值方法两大类。解析方法是通过严格理论推导得出数学表达式，求得的结果是精确解，本章将要介绍的镜像法和分离变量法是两种常用的解析法。数值方法通常是借助计算机通过数值计算得到的一组数值解，所求得的结果是待求场域上一些离散点的函数值（如有限元法、有限差分法）或近似数学表达式（如矩量法），是一种近似解。但对于有解析解的问题，采用数值方法（如矩量法）也可以得到精确解。随着计算机的广泛应用，为数值方法提供了广阔的发展空间，使一些较为复杂的问题得以求解。本章介绍的数值方法包括有限差分法和有限元法。

5.1　边值问题

静态场的问题一般可分为两种类型：分布型问题及边值问题。分布型问题也分为两种：正向问题和反向问题。分布型问题的正向问题是已知源的分布，求场的分布。确切来讲，是已知电荷或电流的分布，利用库仑定律、安培定律及叠加原理直接算出空间中各点的场强或位分布，这一过程被称为分布型问题的正向问题。反之，分布型问题的反向问题是已知场的分布，求源的分布。例如，已知场的分布（如 $\boldsymbol{E}$ 或 ϕ），计算电荷或电流密度被称为分布型问题的反向问题。分布型问题在前面章节已有阐述，本章要讨论的是边值问题。

所谓边值问题，即是在给定的边界条件下，求解位函数的泊松方程或拉普拉斯方程。在均匀媒质中，位函数都满足泊松方程或拉普拉斯方程。当场域中存在两种以上媒质时，不同媒质之间形成分界面，若已知媒质分界面上的位值或位函数在分界面上的法向导数，可以求得在给定边界条件下，满足泊松方程或拉普拉斯方程的解。这类问题即是边值问题。

根据场域边界条件的不同，边值问题可分为三类：

第一类边值问题又称为狄里赫利边值问题，边界条件为已知求解区域整个边界上的位函数值，即$\phi|_s=f_1(s)$，如图 5.1 所示。

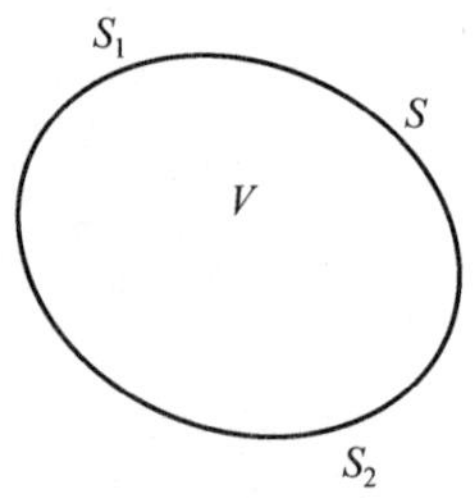

第二类边值问题又称为诺以曼边值问题，边界条件为已知包围求解区域的整个边界上位函数的法向导数值，即$\left.\frac{\partial\phi}{\partial n}\right|_s=f_2(s)$。

第三类边值问题又称为混合边值问题，边界条件为：在求解区域的某些边界上已知位函数的值，在其余边界上已知位函数的法向导数值，即 $\phi|_{s_1}=f_1(s_1)$，$\left.\frac{\partial\phi}{\partial n}\right|_{s_2}=f_2(s_2)$。

图 5.1　待求场域 V 及边界 S

本章讨论的边值问题的各种解法，通常是以静电场为例，讨论标量电位边值问题的解。这是因为静电场问题最为典型，而恒定电场和恒定磁场的解可以利用与静电场类比的方法得到，因为标量电位及矢量磁位的各分量均满足形式相同的泊松方程或拉普拉斯方程。

例 5.1　半径为 a 的无限长圆柱介质内，均匀分布着密度为 ρ_0 的电荷，介质的介电常数 $\varepsilon=\varepsilon_0\varepsilon_r$，求介质内外的电位 ϕ、电场强度 $\boldsymbol{E}$。

解　取介质圆柱的中心轴为 z 轴，建立柱坐标系，由电荷的轴对称分布，知标量电位 ϕ 只与 r 有关，与 ϕ,z 无关。在圆柱内部，$r\leqslant a$，电位 ϕ_1 满足泊松方程。有

$$\frac{1}{r}\frac{\mathrm{d}}{\mathrm{d}r}\left(r\frac{\mathrm{d}\phi_1}{\mathrm{d}r}\right)=-\frac{\rho_0}{\varepsilon}$$

通解为
$$\phi_1=-\frac{\rho_0}{4\varepsilon}r^2+C_1\ln r+C_2$$

因 $r=0$ 时，ϕ_1 应为有限值，故 $C_1=0$。

若选取 $r=0$ 处为 ϕ 的参考点，即 $r=0$ 时，$\phi_1=0$，则 $C_2=0$，于是得到

$$\phi_1=-\frac{1}{4\varepsilon}\rho_0 r^2\quad(r\leqslant a)\tag{5.1.1}$$

在圆柱外部，$r>a$，电荷密度为零，故 ϕ_2 满足拉普拉斯方程，即

$$\frac{1}{r}\frac{\mathrm{d}}{\mathrm{d}r}\left(r\frac{\mathrm{d}\phi_2}{\mathrm{d}r}\right)=0$$

通解为
$$\phi_2=D_1\ln r+D_2$$

在 $r=a$ 处，满足边界条件：

$$\phi_1=\phi_2,\quad \varepsilon\frac{\partial\phi_1}{\partial n}=\varepsilon_0\frac{\partial\phi_2}{\partial n}$$

于是有
$$\begin{cases}-\dfrac{1}{4\varepsilon}\rho_0 a^2=D_1\ln a+D_2\\ \varepsilon(-\dfrac{\rho_0}{2\varepsilon})a=\dfrac{D_1}{a}\varepsilon_0\end{cases}$$

解得
$$\begin{cases}D_1=-\dfrac{\rho_0 a^2}{2\varepsilon_0}\\ D_2=\dfrac{\rho_0 a^2}{2\varepsilon_0}(\ln a-\dfrac{1}{2\varepsilon_1})\end{cases}$$

故得
$$\phi_2=-\frac{\rho_0 a^2}{2\varepsilon_0}\left[\ln r+\frac{1}{2\varepsilon_r}-\ln a\right]\quad(r\geqslant a)\tag{5.1.2}$$

由柱坐标下的梯度公式，可得介质内、外电场强度分别为

$$\boldsymbol{E}_1=-\nabla\phi_1=\boldsymbol{a}_r\frac{\rho_0 r}{2\varepsilon}\quad(r\leqslant a)$$

$$\boldsymbol{E}_2=-\nabla\phi_2=\boldsymbol{a}_r\frac{\rho_0 a^2}{2\varepsilon_0 r}\quad(r>a)$$

上述结果与应用高斯定律所得出的电场强度 $\boldsymbol{E}$ 是相同的。

例 5.2　半径为 a 的无限长圆柱导体内，电流沿轴向流动，其横截面上的电流密度为 $\boldsymbol{J}=\boldsymbol{a}_z J_0$，求导体内、外的矢量磁位 $\boldsymbol{A}$ 和磁感应强度 $\boldsymbol{B}$。

解　由于电流沿 z 方向流动，可知矢量磁位只有 z 分量，即 $\boldsymbol{A}=\boldsymbol{a}_z A_z$，又因电流分布为轴对称，$A_z$ 与 ϕ,z 无关。

在导体内部，$r \leqslant a$，A_z 满足泊松方程

$$\frac{1}{r}\frac{\mathrm{d}}{\mathrm{d}r}\left(r\frac{\mathrm{d}\boldsymbol{A}_{z1}}{\mathrm{d}r}\right)=-\mu_0\boldsymbol{J}_0$$

通解为

$$A_{z1}=-\frac{1}{4}\mu_0 J_0 r^2+C_1\ln r+C_2$$

因 $r=0$ 时，A_{z1} 应为有限值，则 $C_1=0$；若选取 $r=0$ 处为 A 的参考点，即 $r=0$ 时，$A_{z1}=0$，则 $C_2=0$，于是

$$A_{z1}=-\frac{1}{4}\mu_0 J_0 r^2 \quad (r\leqslant a)$$

在导体外部，$r>a$，电流密度为零，故 A_z 满足拉普拉斯方程，有

$$\frac{1}{r}\frac{\mathrm{d}}{\mathrm{d}r}\left(r\frac{\mathrm{d}A_{z2}}{\mathrm{d}r}\right)=0$$

通解为

$$A_{z2}=D_1\ln r+D_2$$

由边界条件 $\boldsymbol{A}_1=\boldsymbol{A}_2$，$\boldsymbol{n}\times[\frac{1}{\mu_1}\nabla\times\boldsymbol{A}_1-\frac{1}{\mu_2}\nabla\times\boldsymbol{A}_2]=\boldsymbol{J}_s$

可以得到，在 $r=a$ 处，有

$$A_{z1}=A_{z2}$$

$$\frac{\partial A_{z1}}{\partial r}=\frac{\partial A_{z2}}{\partial r}$$

于是可得

$$\begin{cases}-\dfrac{1}{4}\mu_0 J_0 a^2=D_1\ln a+D_2\\ -\dfrac{\mu_0}{2}J_0 a=\dfrac{D_1}{a}\end{cases}$$

解得

$$D_1=-\frac{\mu_0}{2}J_0 a^2$$

$$D_2=\frac{\mu_0}{2}J_0 a^2(\ln a-1/2)$$

有

$$A_{z2}=-\frac{\mu_0}{2}J_0 a^2[\ln r+1/2-\ln a] \quad (r\geqslant a)$$

由柱坐标下的旋度公式，可得到导体内外的磁感应强度分别为

$$\boldsymbol{B}_1=\nabla\times\boldsymbol{A}_1=-\boldsymbol{a}_\varphi\frac{\partial A_{z1}}{\partial r}=\boldsymbol{a}_\varphi\frac{\mu_0 J_0}{2}r \quad (r\leqslant a)$$

$$\boldsymbol{B}_2=\nabla\times\boldsymbol{A}_2=\boldsymbol{a}_\varphi\frac{\partial A_{z2}}{\partial r}=\boldsymbol{a}_\varphi\frac{\mu_0 J_0 a^2}{2r} \quad (r>a)$$

上述结果与用安培环路定律求出的磁感应强度 $\boldsymbol{B}$ 是相同的。

下面利用恒定磁场与静电场类比的方法再解此题。由电位与磁位满足的方程形式

$$\nabla^2\phi_1=-\frac{\rho_0}{\varepsilon} \quad \nabla^2\boldsymbol{A}_{z1}=-\mu_0\boldsymbol{J}_0$$

$$\nabla^2\phi_2=0 \quad \nabla^2 A_{z2}=0$$

做如下类比：

$\rho_0 \to J_0$，$\frac{1}{\varepsilon_0} \to \mu_0$，$\frac{1}{\varepsilon_r} \to \mu_r$，$\phi_1 \to A_{z1}$，$\phi_2 \to A_{z2}$，将式(5.1.1)和式(5.1.2)中的参数用上述类比对应替代得

$$A_{z1} = -\frac{1}{4}\mu_0 J_0 r^2 \quad (r \leqslant a)$$

$$A_{z2} = -\frac{1}{2}\mu_0 J_0 a^2 [\ln r + 1/2 - \ln a]$$

结果与前述方法相同。由此可以看出静电场与恒定磁场参数之间的类比关系。

5.2　唯一性定理

在位函数的边值问题中，满足给定边界条件的位函数分布是唯一的，这个结论称为边值问题的唯一性定理。确切来讲，就是在场域V的边界S上给定ϕ或$\frac{\partial \phi}{\partial n}$的值，则泊松方程或拉普拉斯方程在场域$V$具有唯一解。下面用反证法证明第一类边值问题解的唯一性。

设体积V内分布有密度为$\rho(r)$的电荷，在V的边界面S上，位函数值为ϕ_0；现假设有两个解ϕ_1和ϕ_2都满足泊松方程和给定的边界条件，即在V内，有

$$\nabla^2 \phi_1 = -\frac{\rho}{\varepsilon_0} \quad \text{和} \quad \nabla^2 \phi_2 = -\frac{\rho}{\varepsilon_0}$$

在边界面S上有　$\phi_1|_s = \varphi_0$　和　$\phi_2|_s = \varphi_0$

两解之差$\phi' = \phi_1 - \phi_2$，则在V内有

$$\nabla^2 \phi' = \nabla^2 \phi_1 - \nabla^2 \phi_2 = 0$$

在边界面S上

$$\phi'|_s = 0$$

利用格林第一公式

$$\int_V (\psi \nabla^2 \phi + \nabla \Psi - \nabla \phi) \mathrm{d}v = \oint_S \psi \frac{\partial \phi}{\partial n} \mathrm{d}s$$

取$\psi = \phi = \phi'$，上式变为

$$\int_V (\phi' \nabla^2 \phi' + \nabla \phi' \cdot \nabla \phi') \mathrm{d}v = \oint_S \phi' \frac{\partial \phi'}{\partial n} \mathrm{d}s$$

由于$\phi'|_s = 0$和$\nabla^2 \phi' = 0$，故上式变为

$$\int_V |\nabla \phi'|^2 \mathrm{d}v = 0$$

因为$|\nabla \phi'|^2 \geqslant 0$，故有$\nabla \phi' = 0$，即$\phi' = C$；又因为$\phi'_S = 0$，故$C = 0$。因此

$$\phi' = \phi_1 - \phi_2 = 0$$

即

$$\phi_1 = \phi_2$$

这便证明了解的唯一性。对于第二类和第三类边值问题的解的唯一性可仿照上述方法证明。

唯一性定理具有重要的意义，它给出了静态场问题具有唯一解的条件，为静态场边值问题的各种解法提供了理论依据，为求解结果的正确性提供了判据。

唯一性定理是关于边值问题的一个重要定理，为间接求解边值问题提供了理论依据。

许多具体的边值问题很难得到严格的数学解。唯一性定理使得在求解这种场时，可以采用灵活的方法，如通过分析甚至猜测提出尝试解，只要此解既能满足泊松方程或拉普拉斯方程，又能满足给定的边界条件，那就一定是该场的解。

5.3　镜像法

镜像法是一种间接求解场解的方法。在保持场域边界面上所给定的边界条件不变的情况下，将导体上的感应电荷或介质界面上的极化电荷等复杂的电荷分布，用求解区域以外的假想的镜像电荷来等效。由于未改变求解区域内的电荷分布，因而不影响求解区域位函数所满足的泊松方程。根据唯一性定理可知，由此得到的解答是唯一正确的解。用镜像法解决问题时，找出满足边界条件的适当镜像电荷（数量、位置及电量）是至关重要的，并且遵循镜像电荷必须在求解区域外这一原则，这样，原来的边值问题就转化为求解无界均匀介质空间电荷场的分布型问题了。

5.3.1　点电荷对无限大接地导体平面的镜像

下面以例 5.3 说明该方法的求解过程。

例 5.3　如图 5.2(a) 所示，在真空中距点电荷 q 为 h 处，有一接地的无限大导体平面，求空间的电位和导体平面上的感应电荷面密度的分布。

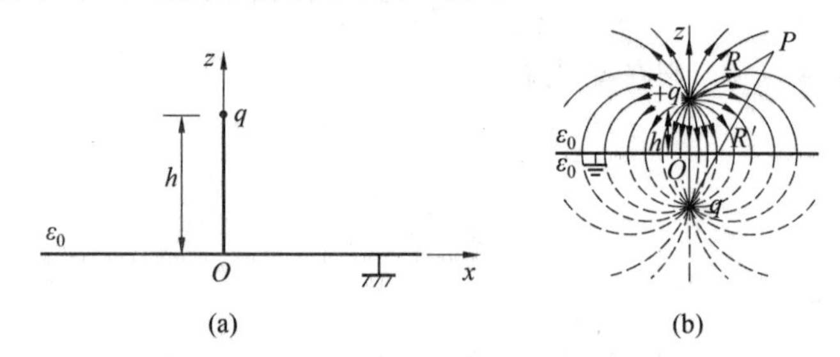

图 5.2　点电荷对接地无限大导体平面的镜像

解　电荷 q 会在导体表面感应出负电荷，直接计算这些感应电荷产生的场是极为困难的，我们看到，在 $z>0$ 的上半空间内，除点电荷 q 所在点外，电位 ϕ 应满足 $\nabla^2\phi=0$；又由于导体平面接地，因此在 $z=0$ 处 $\phi=0$。

先来考查图 5.2(b) 所示的电荷系统：在真空中有一对电量分别为 $+q$，$-q$，相距为 $2h$ 的电荷。两电荷在空间任一点 P 产生的电位为

$$\phi(x,y,z)=\frac{q}{4\pi\varepsilon_0}\left[\frac{1}{\sqrt{x^2+y^2+(z-h)^2}}-\frac{1}{\sqrt{x^2+y^2+(z+h)^2}}\right] \tag{5.3.1}$$

显见，除电荷 $+q$ 和 $-q$ 所在点外，上式满足 $\nabla^2\phi=0$ 及 $z=0$ 处 $\phi=0$ 的条件。

可见，考查的电荷系统与本题中的电荷系统，在 $z>0$ 的上半空间具有相同的电荷分布，且在 $z=0$ 处，电位 $\phi=0$。根据唯一性定理，式(5.3.1)就是本题 $z>0$ 区域的解，位于 $-h$ 处的电荷 $-q$ 即为等效导体上感应电荷的镜像电荷。而对于 $z<0$ 区域，没有场存在，故其电位与导体面电位相同，即 $\phi=0$。这从静电屏蔽效应可以看出：无限大的接地导体平面将下半空间与上半空间隔绝，使下半空间不受外界电场的影响，故在 $z<0$ 区域 $\phi=0$。

总结上述，本题的解为

$$\begin{cases}\phi(x,y,z)=\dfrac{q}{4\pi\varepsilon_0}\left[\dfrac{1}{\sqrt{x^2+y^2+(z-h)^2}}-\dfrac{1}{\sqrt{x^2+y^2+(z+h)^2}}\right] & (z>0)\\ \phi=0 & (z\leqslant 0)\end{cases}$$

导体平面上的感应电荷密度 ρ_s 为

$$\rho_s=\varepsilon_0 E_n\big|_{z=0}=-\varepsilon_0\frac{\partial\phi}{\partial z}\Big|_{z=0}=-\frac{qh}{2\pi\,(x^2+y^2+h^2)^{\frac{3}{2}}}$$

感应电荷

$$\begin{aligned}Q&=\int_S\rho_s\mathrm{d}s\\&=-\frac{qh}{2\pi}\int_{-\infty}^{+\infty}\int_{-\infty}^{+\infty}\frac{\mathrm{d}x\mathrm{d}y}{(x^2+y^2+h^2)^{\frac{3}{2}}}\\&=-q\end{aligned}$$

恰好等于像电荷。

5.3.2　点电荷对相交无限大接地导体平面的镜像

下面以例 5.4 说明该方法的求解过程。

例 5.4　如图 5.3(a) 中电荷 q 置于成直角的接地无限大导体平面之间，求空间各点的电位。

解　此题可从例 5.3 推广求得。

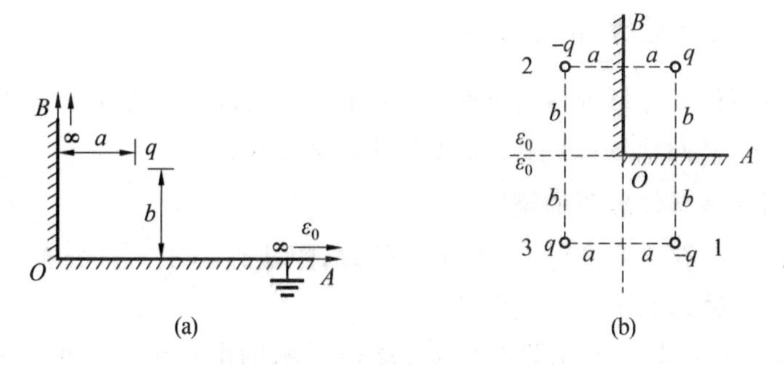

图 5.3　点电荷对相交无限大接地导体平面的镜像

如图 5.3(a) 所示，为使 OA 面为等位面，应在点电荷 q 关于 OA 面的对称位置“1”处放置一个像电荷 $q'_1=-q$；为使 OB 面保持等位面，应在点电荷 q 关于 OB 面的对称的位置“2”处放置像电荷 $q'_2=-q$。同时，还必须在像电荷 q'_1 关于 OB 面对称位置“3”放置像电荷 $q'_3=-q'_1=q$，q'_3 也恰好是 q'_2 关于 OA 面的镜像电荷。如图 5.3(b) 所示，原电荷 q 与三个像电荷 q'_1，q'_2，q'_3 共同产生的电位满足 OA 面及 OB 面上为零。故所求区域内任一点 P 的电位为

$$\phi=\frac{q}{4\pi\varepsilon_0}\left[\frac{1}{R}-\frac{1}{R_1}-\frac{1}{R_2}+\frac{1}{R_3}\right]\tag{5.3.2}$$

R，R_1，R_2，R_3 分别为 P 点到 q'，q'_1，q'_2，q'_3 的距离。

可以证明，当相交无限大接地导体平面之间的角度为 $\frac{\pi}{N}$ 时，其镜像电荷数量为 $2N-1$ 个。

5.3.3 线电荷对无限大接地导体平面的镜像

下面以例 5.5 说明该方法的求解过程。

例 5.5 位于无限大接地导体平面附近有一无限长直线电荷。设线电荷距导体平面为 h,单位长度带电荷为 ρ_l,如图 5.4 所示,求空间各点的电位。

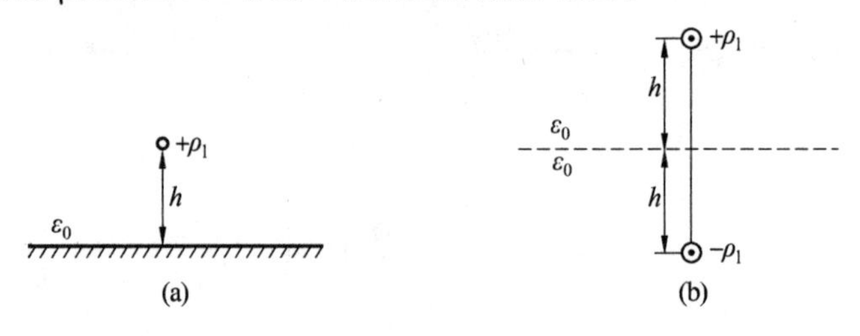

图 5.4 线电荷对无限大接地导体平面的镜像

解 在长直线上取一微长度 $\mathrm{d}l$,那么 $\rho_l\mathrm{d}l$ 可以看作点电荷,在其关于导体平面对称的位置上,有一像电荷 $-\rho_l\mathrm{d}l$ 与之对应,使导体平面保持零位,如此按叠加原理,线电荷 ρ_l 关于导体平面镜像为一线电荷 $\rho_l=-\rho_l$,位置为 $z=-h$。

那么在 $z>0$ 的上半空间中,电位为

$$\phi=\frac{\rho_l}{2\pi\varepsilon_0}\ln\frac{\sqrt{x^2+(z+h)^2}}{\sqrt{x^2+(z-h)^2}}$$

5.3.4 点电荷对导体球面的镜像

当一个点电荷位于球形导体附近时,导体球面会出现感应电荷。球外任一点的电位由点电荷与感应电荷共同产生,这类问题也能用镜像法求解。

1. 点电荷对接地导体球面的镜像

例 5.6 真空中有一半径为 a 的接地导体球,距球心 $d(d>a)$ 处有一点电荷 $+q$。求空间的电位分布及导体球面上的感应电荷。

解 取球心为原点。由于静电屏蔽、球内区域的电位为零,现求球外区域的电位分布。

如图 5.5 所示,利用镜像法,球面上感应电荷对空间的作用用球内一像电荷 q' 等效。出于对称性考虑,q' 应在球心与 q 的连线上。设 q' 距球心为 d',则由 q 和 q' 产生的电位为

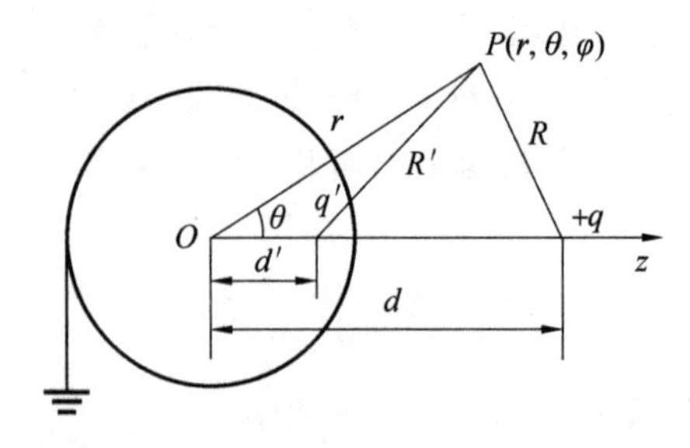

图 5.5 点电荷对接地导体球面的镜像

$$\phi=\frac{1}{4\pi\varepsilon_0}\left(\frac{q}{\sqrt{r^2+d^2-2rd\cos\theta}}+\frac{q'}{\sqrt{r^2+d'^2-2rd'\cos\theta}}\right)$$

由导体球接地，在球面 $r=a$ 处有 $\phi=0$，即

$$\frac{1}{4\pi\varepsilon_0}\left(\frac{q}{\sqrt{a^2+d^2-2ad\cos\theta}}+\frac{q'}{\sqrt{a^2+d'^2-2ad'\cos\theta}}\right)=0$$

上式对任意 θ 均成立，因此令 $\theta=0$ 和 $\theta=\pi$，可得到

$$\begin{cases}\dfrac{q}{d-a}+\dfrac{q'}{a-d'}=0\\[2ex]\dfrac{q}{d+a}+\dfrac{q'}{a+d'}=0\end{cases}$$

解此方程组得

$$q'=-\frac{a}{d}q \tag{5.3.3}$$

$$d'=\frac{a^2}{d} \tag{5.3.4}$$

于是球外任一点 P 处的电位为

$$\phi=\frac{q}{4\pi\varepsilon_0}\left(\frac{1}{\sqrt{r^2+d^2-2rd\cos\theta}}-\frac{a}{\sqrt{d^2r^2+a^4-2ra^2d\cos\theta}}\right)\quad(r\geqslant a)$$

球面上感应电荷密度为

$$\rho_s=\varepsilon_0E_n=-\varepsilon_0\left.\frac{\partial\phi}{\partial r}\right|_{r=a}=\frac{-q(d^2-a^2)}{4\pi a\,(a^2+d^2-2ad\cos\theta)^{\frac{3}{2}}}$$

球面上总的感应电荷为

$$\begin{aligned}Q_i&=-\frac{q(d^2-a^2)}{4\pi}\int_0^{\pi}\frac{2\pi a^2\sin\theta\mathrm{d}\theta}{(a^2+d^2-2ad\cos\theta)^{\frac{3}{2}}}\\&=-\frac{a}{d}q\end{aligned}$$

总的感应电荷等于像电荷的值。

2. 点电荷对不接地导体球的镜像

例 5.7　在例 5.6 中，若球形导体不接地，不带电，求空间的电位分布。

解　不接地时，导体球上将出现等量异号的感应电荷。球外空间的电场由点电荷 q 及球面上的正负感应电荷共同产生。其中负的感应电荷可根据上例的讨论用像电荷 $q'=-\dfrac{a}{d}q$ 来等效，同时又应有一个正的像电荷 $q''=-q''-q'$ 来中和像电荷 q'，以保持球体中性；为保持球面是等位面，像电荷 q' 应放置在球心位置，如图 5.6，球外任一点 P 的电位为

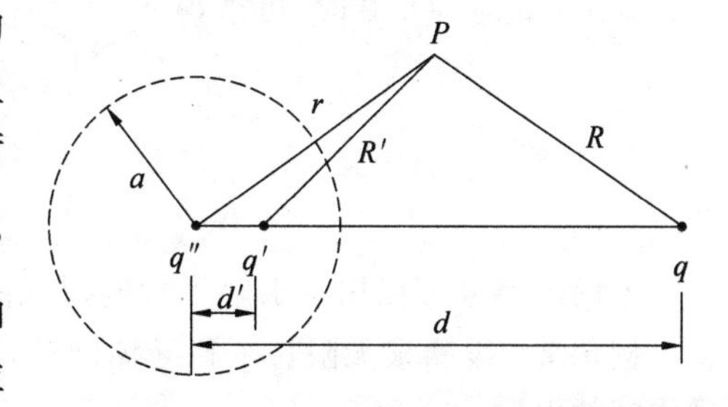

图 5.6　点电荷对不接地导体球的镜像

$$\phi=\frac{q}{4\pi\varepsilon_0}\left[\frac{1}{R}-\frac{a}{dR'}+\frac{a}{dr}\right]$$

5.3.5 线电荷对导体圆柱的镜像

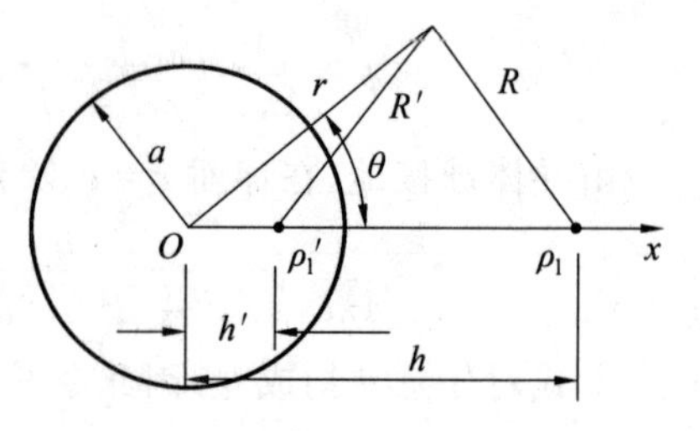

图 5.7 线电荷对导体圆柱的镜像

例 5.8 在半径为 a 的导体圆柱外，一根和圆柱轴线平行的线电荷的密度为 ρ_1，与轴线的距离为 h，如图 5.7 所示。求空间的电位分布。

解 为了使圆柱面成为等位面，镜像电荷 ρ'_1 也必须为无限长而且与圆柱轴线平行。设镜像线电荷 ρ'_1，它与圆柱轴线距离为 h'，则任意点 P 的电位为

$$\phi=-\frac{\rho_1}{2\pi\varepsilon_0}\ln R-\frac{\rho_1}{2\pi\varepsilon_0}\ln R'+C$$

在圆柱面 $r=a$ 处，电位应等于零，则有

$$-\frac{\rho_1}{4\pi\varepsilon_0}\ln(a^2+h^2-2ah\cos\theta)-$$

$$\frac{\rho'_1}{4\pi\varepsilon_0}\ln(a^2+h'^2-2ah'\cos\theta)+C'=0$$

上式对任意 θ 值都成立。既然柱面是等位面，在柱面上任一点的电场强度的切向分量应等于零，因此在上式对 θ 求导可得

$$\rho_1 h(a^2+h'^2-2ah'\cos\theta)+\rho'_1 h'(a^2+h^2-2ah\cos\theta)=0$$

比较等式两边 $\cos\theta$ 的相应项的系数得到

$$\rho_1 h(a^2+h'^2)=\rho'_1 h'(a^2+h^2)$$

$$\rho'_1=-\rho_1$$

由以上两式可解得 $\qquad \rho'_1=-\rho_1,\quad h'_1=\dfrac{a^2}{h}$

$$\rho'_1=-\rho_1,\quad h'=h \tag{5.3.5}$$

后一组解显然不合理，应舍去。于是得圆柱外任一点的电位

$$\phi=\frac{\rho_1}{2\pi\varepsilon_0}\ln\frac{R'}{R}+C$$

当 $r=a$ 时，$\phi=0$ 时，可求得

$$C=\frac{\rho_1}{2\pi\varepsilon_0}\ln\frac{h}{a}$$

故

$$\phi=\frac{\rho_1}{2\pi\varepsilon_0}\ln\frac{hR'}{aR}$$

上面的结果可以用来求解平行的双线问题。

例 5.9 设两根无限长平行导体圆柱，半径为 a，轴线间距为 d，如图 5.8 所示，求两圆柱导体间的电容。

解 设两导体单位长度分别带电荷 ρ_1 和 $-\rho_1$，可将两圆柱导体上的电荷等效成互为镜像的两根线电荷 ρ_1 和 $-\rho_1$，由式(5.3.5)知

$$d_1+d_2=d,\quad d_1d_2=a^2$$

解得

$$d_1=\frac{1}{2}\left[d+\sqrt{d^2-4a^2}\right]$$

$$d_2 = \frac{1}{2}\left[d - \sqrt{d^2 - 4a^2}\right]$$

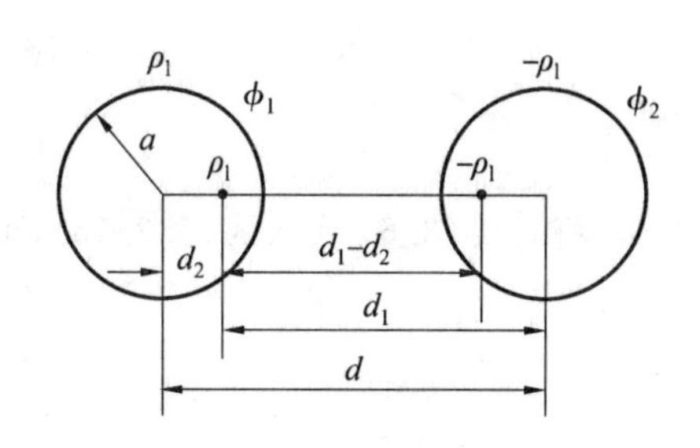

图 5.8　例 5.9 图

于是

$$\phi_1 = -\frac{\rho_1}{2\pi\varepsilon_0}\ln\frac{d_1}{a} + C$$

$$\phi_2 = \frac{\rho_1}{2\pi\varepsilon_0}\ln\frac{d_1}{a} + C$$

两圆柱间的电压

$$U = \phi_2 - \phi_1 = \frac{\rho_1}{\pi\varepsilon_0}\ln\frac{d_1}{a}$$

故单位长度的电容

$$C_0 = \frac{\rho_1}{U} = \frac{\pi\varepsilon_0}{\ln\dfrac{d_1}{a}} = \frac{\pi\varepsilon_0}{\ln\dfrac{d + \sqrt{d^2 - 4a^2}}{a}}$$

当 $d \geqslant a$ 时，则 $$C_0 \approx \frac{\pi\varepsilon_0}{\ln d/a}$$

用镜像线电荷来代替原来导线上的电荷的对外作用中心线，故镜像电荷也可称为等效电轴，而平行双线问题的镜像法又常称为电轴法。

5.3.6　两种不同介质中置有点电荷时的镜像

设点电荷 q 位于电介质 1 中，距电介质 1 和电介质 2 的分界平面为 d，如图 5.9(a) 所示。电介质 1 和电介质 2 的介电常数分别为 ε_1 和 ε_2。

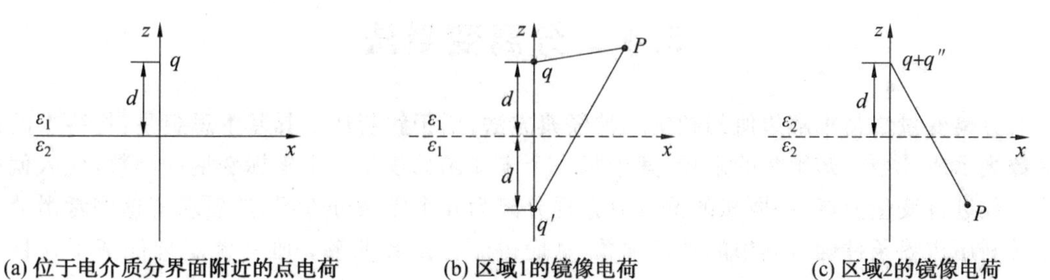

图 5.9　两种不同介质中置有点电荷时的镜像

在点电荷 q 的电场作用下，电介质产生极化，在介质分界面上形成极化电荷，空间中任一点的电场由点电荷 q 与极化电荷共同产生。在计算介质 1 中的电位时，用镜像电荷 q' 来替代极化电荷，并把整个空间看作充满均匀电介质 ε_1。镜像电荷 q' 应位于点电荷 q 关于介质分界面的对称点上，如图 5.9(b) 所示。电介质 ε_1 中任一点的电位应为

$$\phi_1 = \frac{1}{4\pi\varepsilon_0}\left[\frac{q}{\sqrt{x^2 + y^2 + (z-d)^2}} + \frac{q'}{\sqrt{x^2 + y^2 + (z+d)^2}}\right] \quad (z \geqslant 0) \tag{5.3.6a}$$

在计算电介质 2 中电位时，用镜像电荷 q'' 替代极化电荷，并把整个空间视为充满均匀电介质 ε_2，镜像电荷 q'' 应与点电荷 q 位于同一点，如图 5.9(c) 所示，电介质 ε_2 中的电位则为

$$\phi_2 = \frac{q + q''}{4\pi\varepsilon_2\sqrt{x^2 + y^2 + (z-d)^2}} \quad (z \leqslant 0) \tag{5.3.6b}$$

在介质界面 $z = 0$ 处，电位满足边界条件

$$\begin{cases} \phi_1 \big|_{z=0} = \phi_2 \big|_{z=0} \\ \varepsilon_1 \dfrac{\partial \phi_1}{\partial z} \Big|_{z=0} = \varepsilon_2 \dfrac{\partial \phi_2}{\partial z} \Big|_{z=0} \end{cases} \tag{5.3.7a}$$

将式(5.3.6)代入式(5.3.7a),可以得到

$$\begin{cases} \dfrac{1}{\varepsilon_1}(q+q') = \dfrac{1}{\varepsilon_2}(q+q'') \\ q-q' = q+q'' \end{cases} \tag{5.3.7b}$$

由此解出镜像电荷 q' 和 q'' 分别为

$$q' = \frac{\varepsilon_1 - \varepsilon_2}{\varepsilon_1 + \varepsilon_2} q \tag{5.3.8a}$$

$$q'' = \frac{\varepsilon_2 - \varepsilon_1}{\varepsilon_1 + \varepsilon_2} q \tag{5.3.8b}$$

将式(5.3.8)代入式(5.3.6),则得到空间电位分布为

$$\phi_1 = \frac{q}{4\pi\varepsilon_1}\left[\frac{1}{\sqrt{x^2+y^2+(z-d)^2}} + \frac{\varepsilon_1-\varepsilon_2}{\varepsilon_1+\varepsilon_2}\frac{1}{\sqrt{x^2+y^2+(z+d)^2}}\right] \quad (z \geqslant 0)$$

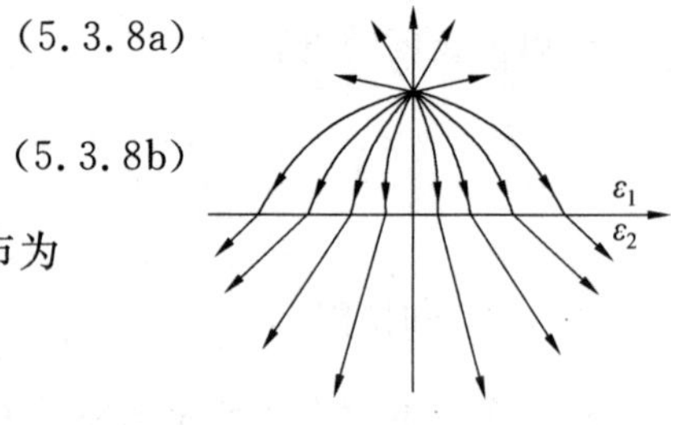

图 5.10 电力线分布

图 5.10 所示为 $\varepsilon_2 > \varepsilon_1$ 时的电力线分布。

上述结果可推广到线电荷 ρ_l 与介质分界面的情况,只需将 q,q' 和 q'' 相应地写成 ρ_l,ρ'_l 和 ρ''_l。

5.4 分离变量法

分离变量法是求解边值问题的一种经典方法,属于解析法。其基本思想是:将待求的位函数表示成几个未知函数的乘积,其中每一个未知函数仅是一个坐标变量的函数,代入偏微分方程进行变量分离,将原来的偏微分方程分离为几个常微分方程,然后求解这些常微分方程并利用边界条件确定其中的待定常数,从而得到位函数的解。唯一性定理保证了这种方法求出的解是唯一的。

应用分离变量法求解时,首先根据边界面的形状选取适当的坐标系。即所求场域的边界面应与某一正交曲面坐标系的坐标面重合。

本节主要是用此法求解直角坐标系下二维无源区域的拉普拉斯方程。

5.4.1 直角坐标系中的分离变量法

设位函数 ϕ 是 x 和 y 的函数,与变量 z 无关。则位函数 ϕ 的拉普拉斯方程可写为

$$\frac{\partial^2 \phi}{\partial x^2} + \frac{\partial^2 \phi}{\partial y^2} = 0 \tag{5.4.1}$$

将 ϕ 表示成两个一维函数 $X(x)$ 和 $Y(y)$ 的乘积,即

$$\phi(x,y) = X(x)Y(y)$$

将其代入拉普拉斯方程,则有

$$Y(y)\frac{d^2X(x)}{dx^2} + X(x)\frac{d^2Y(y)}{dy^2} = 0$$

将上式两边同除以 $X(x)Y(y)$，得到

$$\frac{1}{X(x)}\frac{\mathrm{d}^2X(x)}{\mathrm{d}x^2}=-\frac{1}{Y(y)}\frac{\mathrm{d}^2Y(y)}{\mathrm{d}y^2}=\lambda$$

上式中每项仅是一个独立变量的函数，因此，要使上式对任何 x,y 都成立，只能是每项等于常数，于是可令

$$\frac{1}{X(x)}\frac{\mathrm{d}^2X(x)}{\mathrm{d}x^2}=-\frac{1}{Y(y)}\frac{\mathrm{d}^2Y(y)}{\mathrm{d}y^2}=\lambda$$

若取 $\lambda=-k^2$，则有

$$\frac{\mathrm{d}^2X(x)}{\mathrm{d}x^2}+k^2X(x)=0 \tag{5.4.2a}$$

$$\frac{\mathrm{d}^2Y(y)}{\mathrm{d}y^2}-k^2Y(y)=0 \tag{5.4.2b}$$

这样就把二维拉普拉斯方程分离成了两个常微分方程，k 称为分离常数。当它的取值不同时，上述两个常微分方程的解也有不同的形式。

(1) 当 $k=0$ 时，方程的解为

$$X(x)=A_0x+B_0$$

$$Y(y)=C_0y+D_0$$

于是

$$\phi(x,y)=(A_0x+B_0)(C_0y+D_0) \tag{5.4.3a}$$

(2) 当 $k\neq 0$ 时，第一个常微分方程(5.4.2a)有一对共轭虚根 $\pm \mathrm{j}k$，故其解的形式为

$$X(x)=A\sin kx+B\cos kx$$

第二个常微分方程(5.4.2b)有两个不相等的实根，其解的形式为

$$Y(y)=C\mathrm{sh}\, ky+D\mathrm{ch}\, ky$$

于是

$$\varphi(x,y)=(A\sin kx+B\cos kx)(C\mathrm{sh}\, ky+D\mathrm{ch}\, ky) \tag{5.4.3b}$$

由于拉普拉斯方程(5.4.1)是线性的，所以(5.4.3a)和(5.4.3b)的线性组合也是方程(5.4.1)的解。在求解边值问题时，为了满足给定的边界条件，分离常数 k 通常取一系列特定的值 $k_n(n=1,2,\cdots)$，而待求位函数 ϕ 则由所有可能解的线性组合构成，称为位函数的通解，即

$$\phi(x,y)=(A_0x+B_0)(C_0y+D_0)+\sum_{n=1}^{\infty}(A_n\sin k_nx+B_n\cos k_nx)(C_n\mathrm{sh}\, k_ny+D_n\mathrm{ch}\, k_ny) \tag{5.4.4a}$$

若取 $\lambda=k^2$，则可得到另一形式的通解

$$\phi(x,y)=(A_0x+B_0)(C_0y+D_0)+\sum_{n=1}^{\infty}(A_n\mathrm{sh}\, k_nx+B_n\mathrm{ch}\, k_nx)(C_n\sin k_ny+D_n\cos k_ny) \tag{5.4.4b}$$

通解中的分离常数的选取以及待定常数均由给定的边界条件确定。

例 5.10　横截面为矩形的长金属管由四块平板组成，四条棱线处都有无限小缝隙相互绝缘，如图 5.11 示。求管中的电位分布。

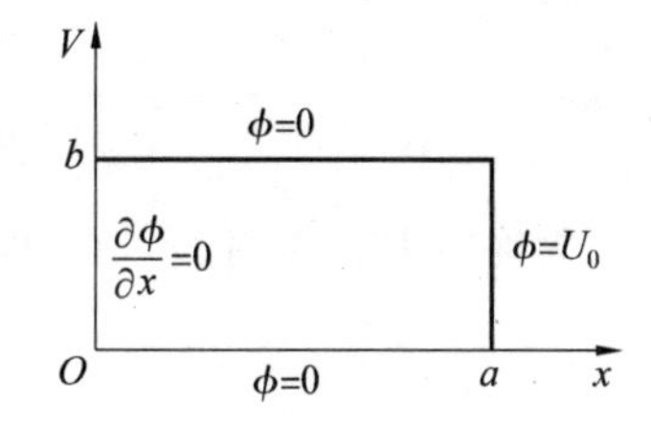

图 5.11　例 5.10 图

解　设金属管在 z 方向为无限长，故电位函数与 z 无关，是一个二维场问题；由于待求场域内无源，所以电位 ϕ 满

足拉普拉斯方程,依据边界条件

$$y=0,0<x<a \text{ 时}, \phi=0 \tag{5.4.5a}$$

$$y=b,0<x<a \text{ 时}, \phi=0 \tag{5.4.5b}$$

可知,式(5.4.4b)的通解形式可以满足,故位函数的通解为

$$\phi(x,y)=(A_0x+B_0)(C_0y+D_0)+\sum_{n=1}^{\infty}(A_n\operatorname{sh}k_nx+B_n\operatorname{ch}k_nx)(C_n\sin k_ny+D_n\cos k_ny)$$

将式(5.4.5a)代入上式,得

$$0=(A_0x+B_0)D_0+\sum_{n=1}^{\infty}(A_n\operatorname{sh}k_nx+B_n\operatorname{ch}k_nx)D_n$$

要使上式对任意 x 都成立,需 $D_0=0, D_n=0$,因此

$$\phi(x,y)=(A_0x+B_0)C_0y+\sum_{n=1}^{\infty}(A_n\operatorname{sh}k_nx+B_n\operatorname{ch}k_nx)C_n\sin k_ny$$

将式(5.4.5b)代入上式,得

$$0=(A_0x+B_0)C_0b+\sum_{n=1}^{\infty}(A_n\operatorname{sh}k_nx+B_n\operatorname{ch}k_nx)C_n\sin k_nb$$

要使上式对任意 x 都成立,需 $C_0=0, C_n\sin k_nb=0$。若 $C_n=0$,则 $\phi(x,y)=0$,这是不可能的,只有 $\sin k_nb=0$。由此得到

$$k_n=\frac{n\pi}{b}\quad(n=1,2,\cdots)$$

因此

$$\phi(x,y)=\sum_{n=1}^{\infty}\left(A_n\operatorname{sh}\frac{n\pi}{b}x+B_n\operatorname{ch}\frac{n\pi}{b}x\right)C_n\sin\frac{n\pi}{b}y$$

令 $A_nC_n=A'_n, B_nC_n=B'_n$,则

$$\phi(x,y)=\sum_{n=1}^{\infty}\sin\frac{n\pi}{b}y\left(A'_n\operatorname{sh}\frac{n\pi}{b}x+B'_n\operatorname{ch}\frac{n\pi}{b}x\right)$$

$$\frac{\partial\phi}{\partial x}=\sum_{n=1}^{\infty}\frac{n\pi}{b}\sin\frac{n\pi}{b}y\left(A'_n\operatorname{ch}\frac{n\pi}{b}x+B'_n\operatorname{sh}\frac{n\pi}{b}x\right)$$

由边界条件:$x=0, 0<y<b$ 时,$\dfrac{\partial\phi}{\partial x}=0$,可得

$$0=\sum_{n=1}^{\infty}A'_n\frac{n\pi}{b}\sin\frac{n\pi}{b}y$$

所以,$A'_n=0$,于是

$$\phi(x,y)=\sum_{n=1}^{\infty}\sin\frac{n\pi}{b}y\cdot B'_n\operatorname{ch}\frac{n\pi}{b}x$$

将边界条件:$x=a, 0<y<b$ 时,$\phi=U_0$ 代入上式,得

$$U_0=\sum_{n=1}^{\infty}B'_n\sin\frac{n\pi}{b}y\operatorname{ch}\frac{n\pi}{b}a \tag{5.4.6}$$

为确定 B'_n,可将 U_0 在 $[0,b]$ 上按 $\left\{\sin\frac{n\pi}{b}y\right\}$ 展开为傅里叶函数

$$U_0=\sum_{n=1}^{\infty}f_n\sin\frac{n\pi}{b}y \tag{5.4.7}$$

式中系数 f_n 按下式计算

$$f_n=\frac{2}{b}\int_0^b U_0\sin\frac{n\pi}{b}y\,\mathrm{d}y$$

$$=\begin{cases}0 & (n=2,4,6,\cdots)\\ \dfrac{4U_0}{n\pi} & (n=1,3,5,\cdots)\end{cases}$$

比较式(5.4.6)和式(5.4.7)中 $\sin\frac{n\pi}{b}y$ 的系数，得

$$B'_n=\frac{f_n}{\mathrm{ch}\,\frac{n\pi}{b}a}=\begin{cases}0 & (n=2,4,6,\cdots)\\ \dfrac{4U_0}{n\pi\,\mathrm{ch}\,\frac{n\pi}{b}a} & (n=1,3,5,\cdots)\end{cases}$$

最后得到所求的电位函数为

$$\phi(x,y)=\frac{4U_0}{\pi}\sum_{n\text{为奇数}}\frac{1}{n\,\mathrm{ch}\,\frac{n\pi}{b}a}\mathrm{ch}\,\frac{n\pi}{b}x\sin\frac{n\pi}{b}y$$

5.4.2　圆柱坐标系中的分离变量法

当场域具有圆柱形边界（如同轴线，圆波导等）时，适合采用圆柱坐标(r,φ,z)。设电位分布与 z 无关，只是(r,φ)的函数，则拉普拉斯方程为

$$\frac{1}{r}\frac{\partial}{\partial r}\left(r\frac{\partial\phi}{\partial r}\right)+\frac{1}{r^2}\frac{\partial^2\phi}{\partial\varphi^2}=0 \tag{5.4.8}$$

设 $\phi(r,\varphi)=R(r)G(\varphi)$，代入上式，得

$$G(\varphi)\frac{1}{r}\frac{\mathrm{d}}{\mathrm{d}r}\left(r\frac{\mathrm{d}R(r)}{\mathrm{d}r}\right)+\frac{R(r)}{r^2}\frac{\mathrm{d}^2G(\varphi)}{\mathrm{d}\varphi^2}=0$$

上式两端同乘以$\frac{r^2}{R(r)G(\varphi)}$，得

$$\frac{r}{R(r)}\left[r\frac{\mathrm{d}R(r)}{\mathrm{d}r}\right]+\frac{1}{G(\varphi)}\frac{\mathrm{d}^2G(\varphi)}{\mathrm{d}\varphi^2}=0$$

要使上式对所有的 r,φ 都成立，必须每一项都等于常数，则有

$$\frac{\mathrm{d}^2G(\varphi)}{\mathrm{d}\varphi^2}+k^2G(\varphi)=0 \tag{5.4.9}$$

$$r\frac{\mathrm{d}}{\mathrm{d}r}\left(r\frac{\mathrm{d}R(r)}{\mathrm{d}r}\right)-k^2R(r)=0 \tag{5.4.10}$$

式中，k 为分离常数。

当 k 取不同的值时，式(5.4.9)和式(5.4.10)具有不同形式的解。

(1)$k=0$ 时，式(5.4.9)和式(5.4.10)的解分别为

$$G(\varphi)=A_0+B_0\varphi$$

$$R(r)=C_0+D_0\ln r$$

(2) 当 $k^2>0$ 时，式(5.4.9)的解为

$$G(\varphi)=A\sin k\varphi+B\cos k\varphi$$

式(5.4.10)可写成

$$r^2\frac{\mathrm{d}^2R(r)}{\mathrm{d}r^2}+r\frac{\mathrm{d}R(r)}{\mathrm{d}r}-k^2R(r)=0$$

为欧拉方程，其解为

$$R(r)=Cr^{k}+Dr^{-k}$$

对于圆柱情况，电位 ϕ 具有周期性，即 $\phi(r,\varphi)=\phi(r,\varphi+2\pi)$，故 k 应取整数 $k=n(n=1,2,\cdots)$，于是得到方程式(5.4.9)的通解为

$$\phi(r,\varphi)=(A_0+B_0\varphi)(C_0+D_0\ln r)+\sum_{n=1}^{\infty}(A_n\sin n\varphi+B_n\cos n\varphi)(C_nr^n+D_nr^{-n}) \tag{5.4.11}$$

例 5.11　如图 5.12 所示，将一横截面半径为 a、介电常数为 ε 的长直介质圆柱体，放置在均匀的外电场 E_0 中，E_0 的方向与介质圆柱的轴线相垂直。均匀场中介质的介电常数为 ε_0。求圆柱体放入后场中的电位分布及电场强度的分布。

解　设介质圆柱的轴线与 z 轴重合，外场 E_0 的方向与 x 轴平行，即 $E_0=a_xE_0$，如图5.12 示。

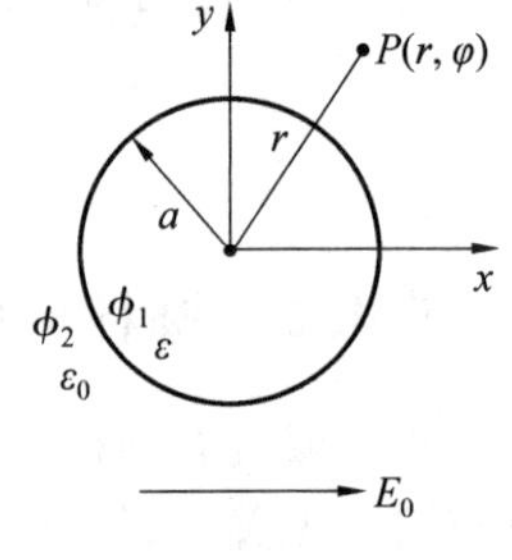

图 5.12　例 5.11 图

当长直圆柱的轴向长度远大于横截面的半径时，对其中间区域电场的分析可忽略两端的边缘效应，因此本问题可作为二维场来分析，场量分布与 z 无关。

分别以 ϕ_1 和 ϕ_2 表示圆柱体内外的电位函数，并选择 $r=0$ 处作为 ϕ 的参考点，ϕ_1 和 ϕ_2 满足拉普拉斯方程。其解的通解形式如式(5.4.11)

$$\phi(r,\varphi)=(A_0+B_0\varphi)(C_0+D_0\ln r)+\sum_{n=1}^{\infty}(A_n\sin n\varphi+B_n\cos n\varphi)(C_nr^n+D_nr^{-n}) \tag{5.4.12}$$

对于 ϕ_2：在 $r>a$ 区域，当 $r\to\infty$时，电场不受介质圆柱的影响，该处的电位分布与均匀外场的电位分布相同，所以

$$\phi_2=-E_0x=-E_0r\cos\varphi\quad(r\to\infty)$$

将其与式(5.4.12)比较，可定出 $A_0=B_0=C_0=D_0=0$；当 $n\geqslant 2$ 时，$B_n=0$，即必须取 $n=1$。于是

$$\phi_2=\left(C''_1r+\frac{D''_1}{r}\right)\cos\varphi\quad(r\geqslant a)$$

对于 ϕ_1：在 $r<a$ 区域，由 $\phi_1\big|_{r=a}=\phi_2\big|_{r=a}$，$\varepsilon_0\dfrac{\partial\phi_2}{\partial r}=\varepsilon\dfrac{\partial\phi_1}{\partial r}$，可知 ϕ_1 要有与 ϕ_2 相同的形式，即

$$\phi_1=\left(C'_1r+\frac{D'_1}{r}\right)\cos\varphi\quad(r<a)$$

下面根据边界条件确定常数 C'_1,D'_1,C''_1,D''_1。

当 $r\to\infty$时，$\phi_2=-E_0r\cos\varphi$，得 $C'_1=-E_0$；

当 $r\to 0$ 时，ϕ_1 为有限值，得 $D'_1=0$；

在 $r=a$ 处，$\phi_1=\phi_2$，$\varepsilon_0\dfrac{\partial\phi_2}{\partial r}=\varepsilon\dfrac{\partial\phi_1}{\partial r}$，得 C'_1 和 D''_1 所满足的方程

$$\left(-E_0a+\frac{D''_1}{a}\right)\cos\varphi=C'_1a\cos\varphi$$

$$\varepsilon A'_1 = \varepsilon_0\left(-E_0 - \frac{D''_1}{a^2}\right)$$

$$C'_1 = -\frac{a\varepsilon_0}{\varepsilon + \varepsilon_0}E_0,\quad D''_1 = \frac{\varepsilon - \varepsilon_0}{\varepsilon + \varepsilon_0}a^2 E_0$$

于是电位函数的解为

$$\phi_1 = \frac{2\varepsilon_0}{\varepsilon + \varepsilon_0}E_0 r\cos\varphi \quad (r < a)$$

$$\phi_2 = -E_0 r\cos\varphi + \frac{\varepsilon - \varepsilon_0}{\varepsilon + \varepsilon_0}a^2 E_0 \frac{1}{r}\cos\varphi \quad (r \geqslant a)$$

介质圆柱内、外的电场强度分别为

$$E_1 = -\nabla\phi_1 = a_x \frac{2\varepsilon_0}{\varepsilon + \varepsilon_0}E_0 = a_r \frac{2\varepsilon_0}{\varepsilon + \varepsilon_0}E_0\cos\varphi - a_\varphi \frac{2\varepsilon_0}{\varepsilon + \varepsilon_0}E_0\sin\varphi$$

$$E_2 = -\nabla\phi_2 = a_r\left[\frac{\varepsilon - \varepsilon_0}{\varepsilon + \varepsilon_0}\left(\frac{a}{r}\right)^2 + l\right]E_0\cos\varphi + a_r\left[\frac{\varepsilon - \varepsilon_0}{\varepsilon + \varepsilon_0}\left(\frac{a}{r}\right)^2 - l\right]E_0\sin\varphi$$

可见圆柱内的电场是均匀的，且与外场 E_0 平行，介质圆柱在均匀外场中被均匀极化。但因 $2\varepsilon_0/(\varepsilon + \varepsilon_0) < 1$，所以 $E_1 < E_0$，这是由于柱面上的极化电荷在介质产生了与 E_0 相反的场，介质柱内外场分布如图 5.13 所示。

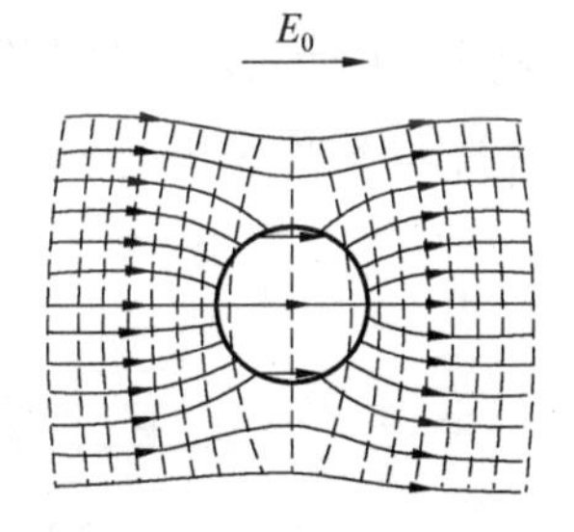

图 5.13　介质柱内外场分布

5.4.3　球坐标系中的分离变量法

当场域具有球形边界时，适合采用球坐标 (r,θ,φ)，若电位函数与 φ 无关，即以极轴为对称的场分布，则拉普拉斯方程为

$$\frac{1}{r^2}\frac{\partial}{\partial r}\left(r^2\frac{\partial\phi}{\partial r}\right) + \frac{1}{r^2\sin\theta}\frac{\partial}{\partial\theta}\left(\sin\theta\frac{\partial\phi}{\partial\theta}\right) = 0 \tag{5.4.13}$$

令

$$\phi(r,\theta) = R(r)\theta(\theta)$$

代入式(5.4.13)，两边同乘以 $r^2/(R(r)\theta(\theta))$，得

$$\frac{1}{R(r)}\frac{\mathrm{d}}{\mathrm{d}r}\left(r^2\frac{\mathrm{d}R(r)}{\mathrm{d}r}\right) + \frac{1}{\theta(\theta)\sin\theta}\frac{\mathrm{d}}{\mathrm{d}\theta}\left(\sin\theta\frac{\mathrm{d}\theta(\theta)}{\mathrm{d}\theta}\right) = 0$$

要使上式对所有 r 和 θ 都成立，则每一项都必须等于常数，故上式可分离成两个微分方程

$$\frac{\mathrm{d}}{\mathrm{d}r}\left(r^2\frac{\mathrm{d}R(r)}{\mathrm{d}r}\right) - k^2 R = 0 \tag{5.4.14}$$

$$\frac{\mathrm{d}}{\mathrm{d}\theta}\left(\sin\theta\frac{\mathrm{d}\theta(\theta)}{\mathrm{d}\theta}\right) + k^2\sin\theta\cdot\theta(\theta) = 0 \tag{5.4.15}$$

k 为分离常数。

式(5.4.15)是勒让德方程的一种形式。对于球形区域问题,θ 的变化范围从 0 到 π。这时分离变量 k 的取值应满足

$$k^2 = n(n+1) \quad (n=0,1,2,\cdots)$$

式(5.4.15)的解为勒让德多项式,通常记作 $P_n(\cos\theta)$,即

$$\theta(\theta) = C_n P_n(\cos\theta)$$

$$P_0(\cos\theta) = 1$$

$$P_1(\cos\theta) = \cos\theta$$

$$P_2(\cos\theta) = \frac{1}{2}(3\cos^2\theta - 1)$$

式(5.4.14)展开后得

$$r^2 \frac{\mathrm{d}^2 R(r)}{\mathrm{d}r^2} + 2r\frac{\mathrm{d}R}{\mathrm{d}r} - n(n+1)R = 0$$

也是欧拉方程,解为

$$R(r) = A_n r^n + B_n r^{-(n+1)}$$

故式(5.4.13)的通解为

$$\phi(r,\theta) = \sum_{n=0}^{\infty}\left[A_n r^n + B_n r^{-(n+1)}\right]P_n(\cos\theta) \tag{5.4.16}$$

例 5.12 在均匀电场 E_0 中,放置一个半径为 a 的接地导体球,试计算球外的电位分布和电场强度。

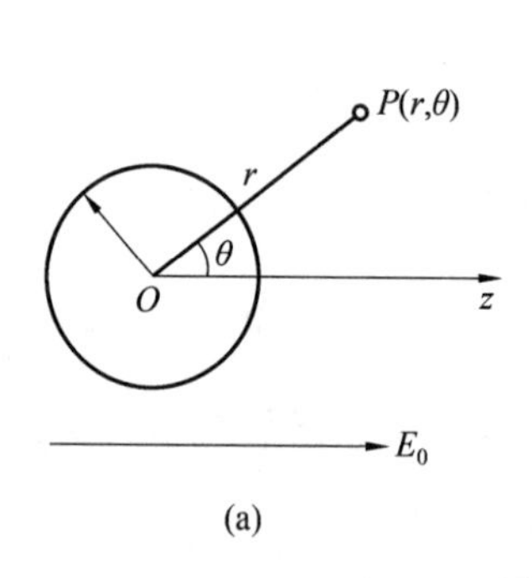

(a)

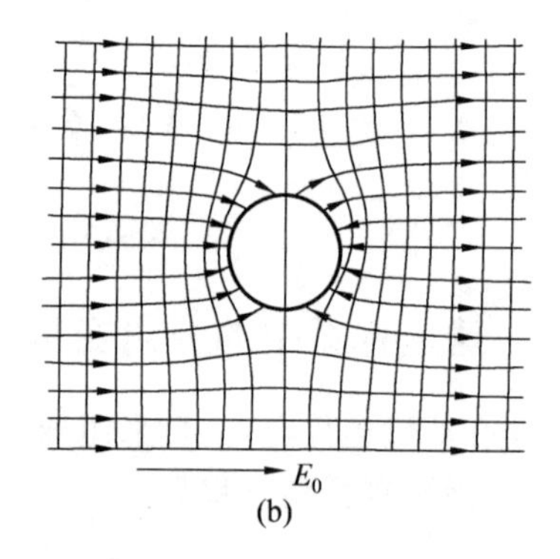

(b)

图 5.14 例 5.12 图

解 由于导体接地,球面电位为零,球内电位也处处为零。只需求解球外区域的场分布。

取球心为球坐标的原点,极轴沿 E_0 方向,如图 5.14 所示。球外电位对极轴呈轴对称分布,即电位 ϕ 和角度 φ 无关,根据式(5.4.16),球外区域的电位的解为

$$\phi(r,\theta) = \sum_{n=0}^{\infty}\left[A_n r^n + \frac{B_n}{r^{n+1}}\right]P_n(\cos\theta)$$

由于球的大小是有限的,它对外场的影响只是局部的,即当 $r\to\infty$时,$\phi = -E_0 z = -E_0 r\cos\theta = -E_0 r p_1(\cos\theta)$。于是问题便是求解满足下列两个边界条件的拉普拉斯方程的解

(a)$r\to\infty$时,$\phi = -E_0 r p_1(\cos\theta)$;

(b)$r=a$ 时，$\phi=0$。

由条件(a)

$$\sum_{n=0}^{\infty}\left[A_n r^n+\frac{B_n}{r^{n+1}}\right]P_n(\cos\theta)\Big|_{r\to\infty}=-E_0 r p_1(\cos\theta)\Big|_{r\to\infty}$$

可定出

$$A_1=-E_0,\quad A_n=0\quad(n\neq 1)$$

$$\phi(r,\theta)=-E_0 r p_1(\cos\theta)+\sum_{n=0}^{\infty}\frac{B_n}{r^{n+1}}P_n(\cos\theta)$$

由条件(b)

$$-E_0 a p_1(\cos\theta)+\sum_{n=0}^{\infty}\frac{B_n}{a^{n+1}}P_n(\cos\theta)=0$$

这就要求 $B_n=0(n\neq 1)$，所以

$$-E_0 a p_1(\cos\theta)+\frac{B_n}{a^2}P_1(\cos\theta)=0$$

由此得

$$B_1=E_0 a^3$$

故

$$\phi(r,\theta)=-E_0 r\cos\theta+\frac{E_0 a^3}{r^2}\cos\theta$$

球外电场 r 分量及 θ 分量各为

$$\begin{cases}E_r=-\dfrac{\partial\phi}{\partial r}=\left(1+\dfrac{2a^3}{r^3}\right)E_0\cos\theta\\[2ex]E_\theta=-\dfrac{1}{r}\dfrac{\partial\phi}{\partial\theta}=-\left(1-\dfrac{2a^3}{r^3}\right)E_0\sin\theta\end{cases}$$

5.5　有限差分法

有限差分法是一种基于差分原理的数值计算方法，这种方法的基本思想是在待求解的场域上，通过网格划分的方式，选取有限个离散点，在各个离散点上，以差分方程代替该点的微分方程，从而将所要求解的微分方程转化为差分方程组，再结合具体的边界条件，即可得各离散点上的待求函数值。

本节首先介绍差分运算的基本概念，然后从差分方程组的形成、差分方程组的解法及边界条件的处理三个方面介绍有限差分法。

5.5.1　差分运算的基本概念

设一函数 $f(x)$，其自变量 x 有一微小增量 $\Delta x=h$，则相应地该函数 $f(x)$ 的增量为

$$\Delta f(x)=f(x+h)-f(x)\tag{5.5.1}$$

称 $\Delta f(x)$ 为函数 $f(x)$ 的一阶差分。

当 $\Delta x=h$ 很小时，一阶差分 $\Delta f(x)\approx \mathrm{d}f(x)=\lim\limits_{\Delta x\to 0}\Delta f(x)$，微分是无限小的量，而差分是有限小的量，所以称为有限差分。

一阶差分 $\Delta f(x)$ 除以自变量的增量 $\Delta x=h$ 的商，称为一阶差商，即

$$\frac{\Delta f(x)}{\Delta x}=\frac{f(x+h)-f(x)}{\Delta x}\text{(向前差商)}\tag{5.5.2}$$

当 $\Delta x=h$ 很小时，一阶差商接近于一阶导数，即

$$\frac{\Delta f(x)}{\Delta x} \approx \frac{\mathrm{d}f(x)}{\mathrm{d}x} = \lim_{\Delta x \to 0} \frac{\Delta f(x)}{\Delta x} \tag{5.5.3}$$

同理,一阶导数还可以近似地表示为

$$\frac{\mathrm{d}f(x)}{\mathrm{d}x} \approx \frac{f(x) - f(x-h)}{h} \text{(向后差商)} \tag{5.5.4}$$

或者

$$\frac{\mathrm{d}f(x)}{\mathrm{d}x} \approx \frac{f(x+h) - f(x-h)}{2h} \text{(中心差商)} \tag{5.5.5}$$

三种差商对一阶导数的逼近程度可通过泰勒公式的展开式得知,由泰勒公式得

$$f(x+h) = f(x) + h\frac{\mathrm{d}f(x)}{\mathrm{d}x} + \frac{1}{2!}h^2\frac{\mathrm{d}^2 f(x)}{\mathrm{d}x^2} + \cdots \tag{5.5.6}$$

$$f(x-h) = f(x) - h\frac{\mathrm{d}f(x)}{\mathrm{d}x} + \frac{1}{2!}h^2\frac{\mathrm{d}^2 f(x)}{\mathrm{d}x^2} - \cdots \tag{5.5.7}$$

从式(5.5.6)和(5.5.7)可见,用前向差商和后向差商来近似表示一阶导数,它们都截断于 $h\frac{\mathrm{d}f(x)}{\mathrm{d}x}$ 项,而把 h^2 项以及更高次幂的项全部略去。将式(5.5.6)和式(5.5.7)相减,得

$$f(x+h) - f(x-h) = 2h\frac{\mathrm{d}f(x)}{\mathrm{d}x} + \frac{2}{3!}h^3\frac{\mathrm{d}^3 f(x)}{\mathrm{d}x^3} + \cdots \tag{5.5.8}$$

从式(5.5.8)可见,用中心差商来近似表示一阶导数,截断于 $2h\frac{\mathrm{d}f(x)}{\mathrm{d}x}$ 项,忽略了 h^3 项以及更高次幂的项。很明显,以上三种差商表达式中,只有用中心差商表示一阶导数时,其截断误差最小,其误差大致和 h^2 成正比。

对于二阶导数,同样可以近似为差商的差商,即

$$\begin{aligned}\frac{\mathrm{d}^2 f(x)}{\mathrm{d}x^2} &\approx \frac{1}{\Delta x}[f'(x+h) - f'(x)] \\ &\approx \frac{1}{h}\left[\frac{f(x+h) - f(x)}{h} - \frac{f(x) - f(x-h)}{h}\right] \\ &= \frac{f(x+h) - 2f(x) + f(x-h)}{h^2}\end{aligned} \tag{5.5.9}$$

上式相当于把泰勒公式

$$f(x+h) + f(x-h) = 2f(x) + h^2\frac{\mathrm{d}f^2(x)}{\mathrm{d}x^2} + \frac{2}{4!}h^4\frac{\mathrm{d}^4 f(x)}{\mathrm{d}x^4} + \cdots$$

截断于 $h^2\frac{\mathrm{d}f^2(x)}{\mathrm{d}x^2}$ 项,略去了 h^4 项以及更高次幂的项,其误差也大致和 h^2 成正比。偏导数也可以仿此方法表示为差商。

5.5.2 差分方程组的形成

设在一个二维矩形场域 D 内,电位 ϕ 满足泊松方程和第一类边界条件

$$\begin{cases}\nabla^2\phi = \dfrac{\partial^2\phi}{\partial x^2} + \dfrac{\partial^2\phi}{\partial y^2} = F \text{ (在场域 } D \text{ 内)} \\ \phi|_G = f(s)\end{cases} \tag{5.5.10}$$

式中,F 和 $f(s)$ 为已知函数;G 为场域 D 的边界;s 是边界 G 上的点。

若采用有限差分法求解电位 ϕ，需要将上述微分方程转换成差分方程组。欲建立以上边值问题所对应的差分方程组，可以将场域 D 划分为边长为 h 的正方形网格，如图 5.15 所示，网格线的交点称为节点，正方形的边长称为步距。设节点 0 的电位为 $\phi(x_0, y_0)=\phi_0$，与 0 点相邻的四个节点上的电位分别为 $\phi_1, \phi_2, \phi_3, \phi_4$，根据泰勒公式，过 0 点且平行于 x 轴的直线上任一点 x 处的电位可表示为

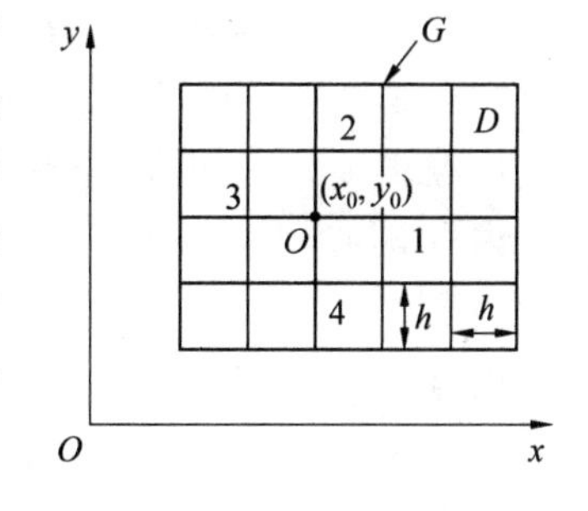

图 5.15　正方形网格

$$\phi_x=\phi_0+\left(\frac{\partial \phi}{\partial x}\right)_0(x-x_0)+\frac{1}{2!}\left(\frac{\partial^2 \phi}{\partial x^2}\right)_0(x-x_0)^2+\frac{1}{3!}\left(\frac{\partial^3 \phi}{\partial x^3}\right)_0(x-x_0)^3+\frac{1}{4!}\left(\frac{\partial^4 \phi}{\partial x^4}\right)_0(x-x_0)^4+\cdots$$

将上式用于节点 1，即 $x-x_0=h$，有

$$\phi_1=\phi_0+h\left(\frac{\partial \phi}{\partial x}\right)_0+\frac{1}{2!}h^2\left(\frac{\partial^2 \phi}{\partial x^2}\right)_0+\frac{1}{3!}h^3\left(\frac{\partial^3 \phi}{\partial x^3}\right)_0(x-x_0)^3+\frac{1}{4!}h^4\left(\frac{\partial^4 \phi}{\partial x^4}\right)_0+\cdots \tag{5.5.11}$$

再将上式用于节点 3，即 $x-x_0=-h$，有

$$\phi_3=\phi_0-h\left(\frac{\partial \phi}{\partial x}\right)_0+\frac{1}{2!}h^2\left(\frac{\partial^2 \phi}{\partial x^2}\right)_0-\frac{1}{3!}h^3\left(\frac{\partial^3 \phi}{\partial x^3}\right)_0(x-x_0)^3+\frac{1}{4!}h^4\left(\frac{\partial^4 \phi}{\partial x^4}\right)_0+\cdots \tag{5.5.12}$$

将式(5.5.11) 和(5.5.12) 相加，当 h 很小时，略去 h^4 以上的各高次方项，得

$$\left(\frac{\partial^2 \phi}{\partial x^2}\right)_0 \approx \frac{\phi_1-2\phi_0+\phi_3}{h^2} \tag{5.5.13}$$

同理，ϕ 在 0 点处对 y 的二阶偏导数也能用 2,4 及 0 点电位表示为

$$\left(\frac{\partial^2 \phi}{\partial y^2}\right)_0 \approx \frac{\phi_2-2\phi_0+\phi_4}{h^2} \tag{5.5.14}$$

式(5.5.13) 和(5.5.14) 便是 0 点的二阶偏导数的差分表示，将它们代入 0 点的泊松方程

$$\left(\frac{\partial^2 \phi}{\partial x^2}\right)_0+\left(\frac{\partial^2 \phi}{\partial y^2}\right)_0=F_0$$

得

$$\phi_1+\phi_2+\phi_3+\phi_4-4\phi_0=h^2F_0 \tag{5.5.15}$$

式(5.5.15) 就是正方形网格划分法的节点 0 上泊松方程的差分表达式，也叫差分格式。场域内的每一个节点(内点) 都有一个与式(5.5.15) 相似的差分方程。边界点的电位为已知值，于是内节点的个数便是差分方程组方程的个数。解这些联立的线性代数方程便可求得内节点上的电位值。

图 5.16 所示为泊松方程第一类边值问题。

设各内点电位为 $\phi_i(i=1,2,\cdots,9)$，泊松方程右边自由项 F 在该点的值为 $F_i(i=1,2,\cdots,9)$，边界上节点电位值为 $f_i(i=1,2,\cdots,16)$。按照式(5.5.15) 对每一个内节点列出的差分方程为

内点 1：$\phi_2+\phi_4+f_{16}+f_2-4\phi_1=h^2F_1$

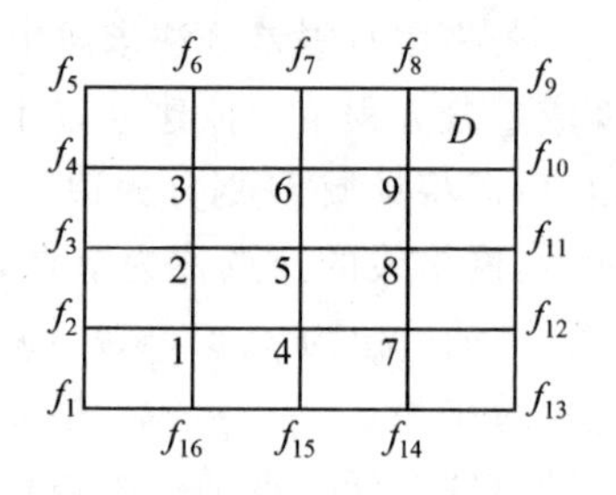

图 5.16 泊松方程第一类边值问题

内点 2：$\phi_3+\phi_5+\phi_1+f_3-4\phi_2=h^2F_2$

内点 3：$f_6+\phi_6+\phi_2+f_4-4\phi_3=h^2F_3$

内点 4：$\phi_5+\phi_7+f_{15}+\phi_1-4\phi_4=h^2F_4$

内点 5：$\phi_6+\phi_8+\phi_4+\phi_2-4\phi_5=h^2F_5$

内点 6：$f_7+\phi_9+\phi_5+\phi_3-4\phi_6=h^2F_6$

内点 7：$\phi_8+f_{12}+f_{14}+\phi_4-4\phi_7=h^2F_7$

内点 8：$\phi_9+f_{11}+\phi_7+\phi_5-4\phi_8=h^2F_8$

内点 9：$f_8+f_{10}+\phi_8+\phi_6-4\phi_9=h^2F_9$

于是，泊松方程第一类边值问题就转化为求解这样一组差分方程组的问题。

5.5.3 差分方程组的求解

差分方程组的计算分为手算法和机算法。手算法只能计算内节点少的简单问题，为了达到较高的计算精度，应将网格划细，这样内节点就会增多，此时只能用计算机进行计算。

以下是一简单的手算例子，图 5.17 是一很长的接地金属槽，横截面为正方形，上盖与地绝缘，电位为 40 V，盖与槽之间间隙处为 20 V，求槽内电位分布。用手算时可按图 5.17(a)，(b)，(c) 顺序用式(5.5.15) 反复循环计算每一对称星形的中心电位，直到同一点上前后两次算出的电位值误差满足要求为止。

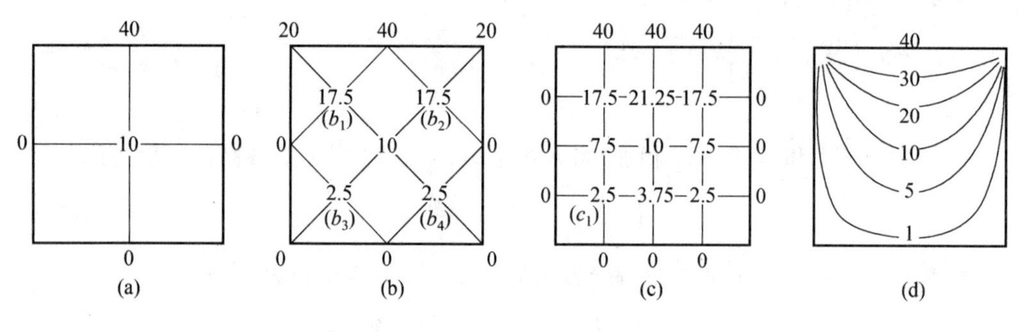

图 5.17 有限差分手算法

例如，图(a) 槽中心点电位利用式(5.5.15) 计算得

$$\frac{40+0+0+0}{4}=10\ (\text{V})$$

图(b) 中 b_1，b_2 点电位利用式(5.5.15) 计算得

$$\phi_{b1}=\phi_{b2}=\frac{20+40+10+0}{4}=17.5\ (\text{V})$$

图(b) 中 b_3，b_4 点电位利用式(5.5.15) 计算得

$$\phi_{b3}=\phi_{b4}=\frac{0+10+0+0}{4}=2.5\ (\text{V})$$

按照上面的方法继续将网格分细，当认为内节点足够多时，再利用式(5.5.15) 重新计算各内节点电位。如图(c) 左下角内点 c_1 电位第二次重算时为

$$\phi_{c1}^2=\frac{7.5+3.75+0+0}{4}=2.812\ 5\ (\text{V})$$

那么第 1，2 两次计算的误差为

$$\phi_{c1}^{2}-\phi_{c1}^{1}=2.8125-2.5=0.3125\ (\mathrm{V})$$

如果此精度不满足要求，应继续计算。图(d)为槽内电位分布情况。实际可达到的精度是由内节点数目确定的，当为提高精度而增多节点以致使手算法不能胜任时应求助于电子计算机。

机算法最常用的是高斯赛德尔迭代法和超松弛迭代法。下面结合具体例子给予说明。

例如对于式(5.5.10)给出的泊松方程第一类边值问题，首先可根据求解精度、计算机存储容量和解题经济性等各方面因素综合考虑，选出适当的步距 h，用正方形网格划分场域 D，如图 5.18 所示。

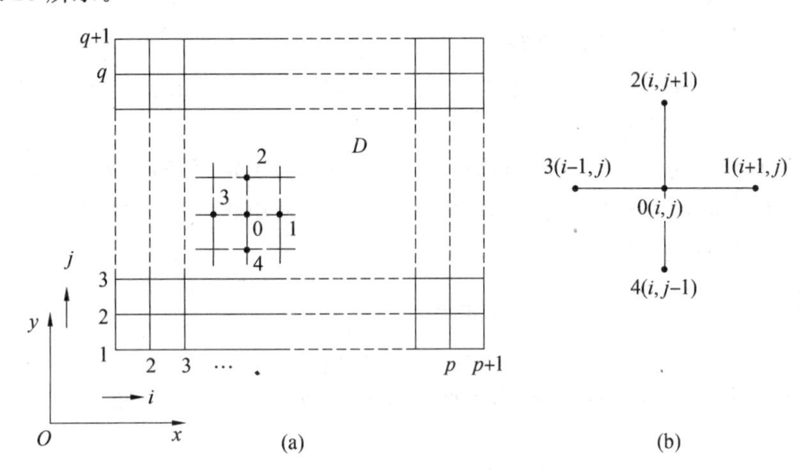

图 5.18　正方形网格有限差分法的计算机计算

每一个内节点电位以双下标表示其 x 坐标和 y 坐标，即 $\phi_{i,j}$，$1\leqslant i\leqslant p+1$，$1\leqslant j\leqslant q+1$，$i,j$ 均由左下角开始计算，对于某一内点 0 及其相邻的四节点 1,2,3,4 的坐标关系如图 5.18(b)所示。

将差分方程(5.5.15)用于每一个内点，则有

$$\phi_{(i,j)}=\frac{1}{4}\left[\phi_{(i+1,j)}+\phi_{(i,j+1)}+\phi_{(i-1,j)}+\phi_{(i,j-1)}-h^{2}F_{i,j}\right] \tag{5.5.16}$$

用迭代法计算所有内节点电位，计算顺序规定从左下角开始做起，即 i 小的先做，i 相同时，j 小的先做。边界上的点(由边值条件给出)是已知的固定值，待求区域内的内节点电位在开始计算时可先假设某一初值(或称第 0 次近似值)，运算从左下角开始，遍及所有 i，j 下标后得各内节点电位值，记为 $\phi_{i,j}^{(1)}$，称为第一次近似值；然后再从左下角进入第二次计算循环，得 $\phi_{i,j}^{(2)}$……如此周而复始循环计算，直至第$(n+1)$次新的近似值与第 n 次老的近似值的误差满足计算精度为止。按照这样的计算顺序，参看图 5.18(a)，(b)可知，当点 0 做第$(n+1)$次近似计算时，3,4 点上的电位值是第$(n+1)$次近似值，而 1,2 点上的则只是第 n 次近似值，即式(5.5.16)相应为

$$\phi_{(i,j)}^{(n+1)}=\frac{1}{4}\left[\phi_{(i+1,j)}^{(n)}+\phi_{(i,j+1)}^{(n)}+\phi_{(i-1,j)}^{(n+1)}+\phi_{(i,j-1)}^{(n+1)}-h^{2}F_{i,j}\right] \tag{5.5.17}$$

式(5.5.17)表示的迭代方法称为高斯赛德尔迭代。这种方法在网格的节点数目很大时收敛很慢。

为加快计算的收敛速度，对高斯赛德尔迭代法进行修改，得到了超松弛迭代法。该迭代

法在利用式(5.5.17)对 $\phi_{(i,j)}$ 进行第$(n+1)$次计算时,把式(5.5.17)左边的部分作为一中间结果 $\tilde{\phi}_{(i,j)}$,即

$$\tilde{\phi}_{(i,j)}=\frac{1}{4}[\phi_{(i+1,j)}^{(n)}+\phi_{(i,j+1)}^{(n)}+\phi_{(i-1,j)}^{(n+1)}+\phi_{(i,j-1)}^{(n+1)}-h^2F_{i,j}]$$

再令

$$\begin{aligned}\phi_{(i,j)}^{(n+1)}&=\phi_{(i,j)}^{(n)}+\alpha[\tilde{\phi}_{(i,j)}-\phi_{(i,j)}^{(n)}]\\&=\phi_{(i,j)}^{(n)}+\frac{\alpha}{4}[\phi_{(i+1,j)}^{(n)}+\phi_{(i,j+1)}^{(n)}+\phi_{(i-1,j)}^{(n+1)}+\phi_{(i,j-1)}^{(n+1)}-h^2F_{i,j}-4\phi_{(i,j)}^{(n)}]\end{aligned}\tag{5.5.18}$$

式中,α 称为收敛因子,其取值范围为 $0\sim2$ 。

当:$0<\alpha<1$ 时,称为欠松弛迭代;$1<\alpha<2$ 时,称为超松弛迭代;$\alpha=1$ 时,称为高斯赛德尔迭代;$\alpha\geqslant2$ 时,迭代发散。

最佳收敛因子 α 的取值与具体问题有关,要凭借经验确定,没有一般的规律。超松弛迭代比欠松弛迭代收敛快。根据计算经验得出,正方形场域由正方形网格划分时,每边的节点数若为 $p+1$,最佳收敛因子为

$$\alpha=\frac{2}{1+\sin\left(\frac{\pi}{p}\right)}\tag{5.5.19a}$$

当矩形场域用正方形网格划分时,若两边分别为 ph 和 qh,且 p,q 很大,最佳收敛因子为

$$\alpha=2-\pi\sqrt{2}\sqrt{\frac{1}{p^2}+\frac{1}{q^2}}\tag{5.5.19b}$$

在其他形状的场域时,可将边界所围面积等效于一个正方形或矩形边界进行估算得大概的 α 因子。

5.5.4 有限差分法的几种常见问题及其处理方法

通过前面的分析可知,有限差分法的原理很简单,编写程序也比较容易。但是实际计算时,在有关场域的划分方法、边界条件的处理方法以及差分方程组的解法方面却存在着各种问题。本节将针对上述一些常见的问题进行分析。

1. 场域的划分

在之前的分析中,均采用正方形方格划分场域,它的优点是可使问题处理起来比较简单。在实际计算中,根据某些需要,也可以采用三角形、六边形以及其他的网格形式划分场域。同时也不一定像前面那样以最近的4个点来表示 ϕ_0,这是因为在通常情况下,如果把相邻网格节点数取得越多,则在同样分割的情况下,计算精度也越高。此外网格的步长 h 也可以随场域的情况不同而加以改变,这是由于在场域的某一部分,场值变化得可能很急剧,在这部分就要分割得密些,以保证计算精确度;同时对场值变化很缓慢的部分,可以分割得疏一些,这样既不影响计算精度,又可以减少总的节点数目。为了改变网格的步长,可以将场域划分为若干个块,不同块内的网格步长取值不同。同时各个块之间,网格步长的变化不能过大,否则用超松弛迭代法所求得的解将不收敛。场域究竟应当分割得多细,要从计算精度、计算时间和计算机存储容量三方面综合考虑。下面针对式(5.5.10),采用不同的网格划分来推导0点的差分格式。

(1) 正三角形网格六点式(图 5.19)。根据泰勒公式,有

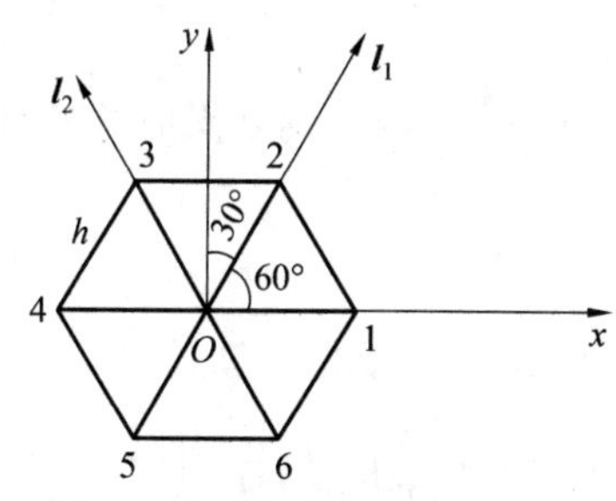

图 5.19　正三角形网格六点式

$$\phi_1=\phi_0+h\left(\frac{\partial\phi}{\partial x}\right)_0+\frac{h^2}{2!}\left(\frac{\partial^2\phi}{\partial x^2}\right)_0+\cdots \tag{5.5.20}$$

$$\phi_4=\phi_0-h\left(\frac{\partial\phi}{\partial x}\right)_0+\frac{h^2}{2!}\left(\frac{\partial^2\phi}{\partial x^2}\right)_0-\cdots \tag{5.5.21}$$

$$\begin{aligned}\phi_2&=\phi_0+h\left(\frac{\partial\phi}{\partial l_1}\right)_0+\frac{h^2}{2!}\left(\frac{\partial^2\phi}{\partial l_1^2}\right)_0+\cdots\\&=\phi_0+h\left(\frac{\partial\phi}{\partial x}\cos 60^\circ+\frac{\partial\phi}{\partial y}\cos 30^\circ\right)_0+\\&\quad\frac{h^2}{2!}\left(\frac{\partial^2\phi}{\partial x^2}\cos^2 60^\circ+2\frac{\partial^2\phi}{\partial x\partial y}\cos 60^\circ\cos 30^\circ+\frac{\partial^2\phi}{\partial y^2}\cos^2 30^\circ\right)_0+\cdots\end{aligned} \tag{5.5.22}$$

$$\begin{aligned}\phi_5&=\phi_0-h\left(\frac{\partial\phi}{\partial l_1}\right)_0+\frac{h^2}{2!}\left(\frac{\partial^2\phi}{\partial l_1^2}\right)_0-\cdots\\&=\phi_0-h\left(\frac{\partial\phi}{\partial x}\cos 60^\circ+\frac{\partial\phi}{\partial y}\cos 30^\circ\right)_0+\\&\quad\frac{h^2}{2!}\left(\frac{\partial^2\phi}{\partial x^2}\cos^2 60^\circ+2\frac{\partial^2\phi}{\partial x\partial y}\cos 60^\circ\cos 30^\circ+\frac{\partial^2\phi}{\partial y^2}\cos^2 30^\circ\right)_0-\cdots\end{aligned} \tag{5.5.23}$$

$$\begin{aligned}\phi_3&=\phi_0+h\left(\frac{\partial\phi}{\partial l_2}\right)_0+\frac{h^2}{2!}\left(\frac{\partial^2\phi}{\partial l_2^2}\right)_0+\cdots\\&=\phi_0+h\left(\frac{\partial\phi}{\partial x}\cos 120^\circ+\frac{\partial\phi}{\partial y}\cos 30^\circ\right)_0+\\&\quad\frac{h^2}{2!}\left(\frac{\partial^2\phi}{\partial x^2}\cos^2 120^\circ+2\frac{\partial^2\phi}{\partial x\partial y}\cos 120^\circ\cos 30^\circ+\frac{\partial^2\phi}{\partial y^2}\cos^2 30^\circ\right)_0+\cdots\end{aligned} \tag{5.5.24}$$

$$\begin{aligned}\phi_6&=\phi_0-h\left(\frac{\partial\phi}{\partial l_2}\right)_0+\frac{h^2}{2!}\left(\frac{\partial^2\phi}{\partial l_2^2}\right)_0-\cdots\\&=\phi_0-h\left(\frac{\partial\phi}{\partial x}\cos 120^\circ+\frac{\partial\phi}{\partial y}\cos 30^\circ\right)_0+\\&\quad\frac{h^2}{2!}\left(\frac{\partial^2\phi}{\partial x^2}\cos^2 120^\circ+2\frac{\partial^2\phi}{\partial x\partial y}\cos 120^\circ\cos 30^\circ+\frac{\partial^2\phi}{\partial y^2}\cos^2 30^\circ\right)_0-\cdots\end{aligned} \tag{5.5.25}$$

式(5.5.20)～(5.5.25)相加,并略去 h^3 及以上的高次项,得

$$\phi_1+\phi_2+\phi_3+\phi_4+\phi_5+\phi_6=6\phi_0+\frac{3h^2}{2}\left(\frac{\partial^2\phi}{\partial x^2}+\frac{\partial^2\phi}{\partial y^2}\right)_0$$

若场域满足 $\nabla^2\phi=\left(\frac{\partial^2\phi}{\partial x^2}\right)_0+\left(\frac{\partial^2\phi}{\partial y^2}\right)_0=F$,则 0 点的差分格式为

$$\frac{2}{3h^2}(\phi_1+\phi_2+\phi_3+\phi_4+\phi_5+\phi_6-6\phi_0)=F_0 \tag{5.5.26}$$

若场域满足$\nabla^2\phi=\left(\frac{\partial^2\phi}{\partial x^2}\right)_0+\left(\frac{\partial^2\phi}{\partial y^2}\right)_0=0$,则 0 点的差分格式为

$$\frac{2}{3h^2}(\phi_1+\phi_2+\phi_3+\phi_4+\phi_5+\phi_6-6\phi_0)=0 \tag{5.5.27}$$

(2) 正六边形网格三点式(图 5.20)。根据泰勒公式,有

$$\phi_2=\phi_0-h\left(\frac{\partial\phi}{\partial x}\right)_0+\frac{h^2}{2!}\left(\frac{\partial^2\phi}{\partial x^2}\right)_0-\cdots \tag{5.5.28}$$

$$\begin{aligned}\phi_3&=\phi_0-h\left(\frac{\partial\phi}{\partial l_2}\right)_0+\frac{h^2}{2!}\left(\frac{\partial^2\phi}{\partial l_2^2}\right)_0-\cdots\\&=\phi_0-h\left(\frac{\partial\phi}{\partial x}\cos 120^\circ+\frac{\partial\phi}{\partial y}\cos 30^\circ\right)_0+\\&\quad\frac{h^2}{2!}\left(\frac{\partial^2\phi}{\partial x^2}\cos^2 120^\circ+2\frac{\partial^2\phi}{\partial x\partial y}\cos 120^\circ\cos 30^\circ+\frac{\partial^2\phi}{\partial y^2}\cos^2 30^\circ\right)_0-\cdots\\&=\phi_0-h\left(-\frac{1}{2}\frac{\partial\phi}{\partial x}+\frac{\sqrt{3}}{2}\frac{\partial\phi}{\partial y}\right)_0+\frac{h^2}{2!}\left(\frac{1}{4}\frac{\partial^2\phi}{\partial x^2}-\frac{\sqrt{3}}{2}\frac{\partial^2\phi}{\partial x\partial y}+\frac{3}{4}\frac{\partial^2\phi}{\partial y^2}\right)_0-\cdots\end{aligned} \tag{5.5.29}$$

$$\begin{aligned}\phi_1&=\phi_0+h\left(\frac{\partial\phi}{\partial l_1}\right)_0+\frac{h^2}{2!}\left(\frac{\partial^2\phi}{\partial l_1^2}\right)_0+\cdots\\&=\phi_0+h\left(\frac{\partial\phi}{\partial x}\cos 60^\circ+\frac{\partial\phi}{\partial y}\cos 30^\circ\right)_0+\\&\quad\frac{h^2}{2!}\left(\frac{\partial^2\phi}{\partial x^2}\cos^2 60^\circ+2\frac{\partial^2\phi}{\partial x\partial y}\cos 60^\circ\cos 30^\circ+\frac{\partial^2\phi}{\partial y^2}\cos^2 30^\circ\right)_0+\cdots\\&=\phi_0+h\left(\frac{1}{2}\frac{\partial\phi}{\partial x}+\frac{\sqrt{3}}{2}\frac{\partial\phi}{\partial y}\right)_0+\frac{h^2}{2!}\left(\frac{1}{4}\frac{\partial^2\phi}{\partial x^2}+\frac{\sqrt{3}}{2}\frac{\partial^2\phi}{\partial x\partial y}+\frac{3}{4}\frac{\partial^2\phi}{\partial y^2}\right)_0+\cdots\end{aligned} \tag{5.5.30}$$

将式(5.5.28) ~ (5.5.30) 相加,并略去 h^3 及以上的高次项,得

$$\phi_1+\phi_2+\phi_3=3\phi_0+\frac{3h^2}{4}\left(\frac{\partial^2\phi}{\partial x^2}+\frac{\partial^2\phi}{\partial y^2}\right)_0 \tag{5.5.31}$$

即 0 点的差分格式为

$$\frac{4}{3h^2}(\phi_1+\phi_2+\phi_3-3\phi_0)=\begin{cases}F_0 & \text{泊松方程}\\0 & \text{拉氏方程}\end{cases} \tag{5.5.32}$$

(3) 正方形网格八点式(图 5.21)。根据泰勒公式,有

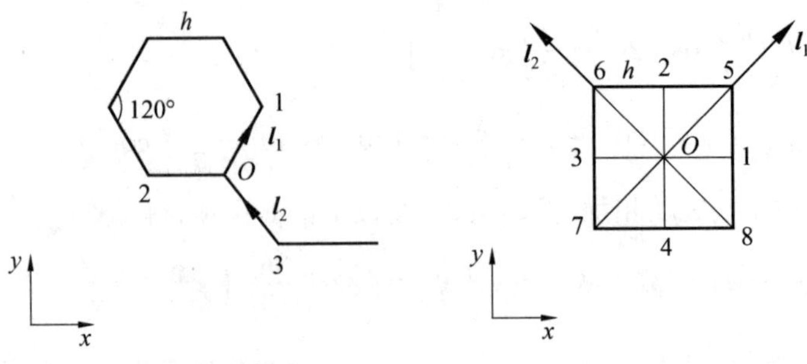

图 5.20 正六边形网格三点式　　图 5.21 正方形网格八点式

$$\phi_1=\phi_0+h\left(\frac{\partial\phi}{\partial x}\right)_0+\frac{h^2}{2!}\left(\frac{\partial^2\phi}{\partial x^2}\right)_0+\cdots \tag{5.5.33}$$

$$\phi_3=\phi_0-h\left(\frac{\partial\phi}{\partial x}\right)_0+\frac{h^2}{2!}\left(\frac{\partial^2\phi}{\partial x^2}\right)_0-\cdots \tag{5.5.34}$$

$$\phi_2=\phi_0+h\left(\frac{\partial\phi}{\partial y}\right)_0+\frac{h^2}{2!}\left(\frac{\partial^2\phi}{\partial y^2}\right)_0+\cdots \tag{5.5.35}$$

$$\phi_4=\phi_0-h\left(\frac{\partial\phi}{\partial y}\right)_0+\frac{h^2}{2!}\left(\frac{\partial^2\phi}{\partial y^2}\right)_0-\cdots \tag{5.5.36}$$

$$\begin{aligned}\phi_5&=\phi_0+\sqrt{2}h\left(\frac{\partial\phi}{\partial l_1}\right)_0+\frac{(\sqrt{2}h)^2}{2!}\left(\frac{\partial^2\phi}{\partial l_1^2}\right)_0+\cdots\\&=\phi_0+\sqrt{2}h\left(\frac{\partial\phi}{\partial x}\cos 45^\circ+\frac{\partial\phi}{\partial y}\cos 45^\circ\right)_0+\\&\quad\frac{(\sqrt{2}h)^2}{2!}\left(\frac{\partial^2\phi}{\partial x^2}\cos^2 45^\circ+2\frac{\partial^2\phi}{\partial x\partial y}\cos^2 45^\circ+\frac{\partial^2\phi}{\partial y^2}\cos^2 45^\circ\right)_0+\cdots\\&=\phi_0+\sqrt{2}h\left(\frac{\sqrt{2}}{2}\frac{\partial\phi}{\partial x}+\frac{\sqrt{2}}{2}\frac{\partial\phi}{\partial y}\right)_0+\frac{(\sqrt{2}h)^2}{2!}\left(\frac{1}{2}\frac{\partial^2\phi}{\partial x^2}+\frac{\partial^2\phi}{\partial x\partial y}+\frac{1}{2}\frac{\partial^2\phi}{\partial y^2}\right)_0+\cdots\end{aligned} \tag{5.5.37}$$

$$\begin{aligned}\phi_7&=\phi_0-\sqrt{2}h\left(\frac{\partial\phi}{\partial l_1}\right)_0+\frac{(\sqrt{2}h)^2}{2!}\left(\frac{\partial^2\phi}{\partial l_1^2}\right)_0-\cdots\\&=\phi_0-\sqrt{2}h\left(\frac{\partial\phi}{\partial x}\cos 45^\circ+\frac{\partial\phi}{\partial y}\cos 45^\circ\right)_0+\\&\quad\frac{(\sqrt{2}h)^2}{2!}\left(\frac{\partial^2\phi}{\partial x^2}\cos^2 45^\circ+2\frac{\partial^2\phi}{\partial x\partial y}\cos^2 45^\circ+\frac{\partial^2\phi}{\partial y^2}\cos^2 45^\circ\right)_0-\cdots\\&=\phi_0-\sqrt{2}h\left(\frac{\sqrt{2}}{2}\frac{\partial\phi}{\partial x}+\frac{\sqrt{2}}{2}\frac{\partial\phi}{\partial y}\right)_0+\frac{(\sqrt{2}h)^2}{2!}\left(\frac{1}{2}\frac{\partial^2\phi}{\partial x^2}+\frac{\partial^2\phi}{\partial x\partial y}+\frac{1}{2}\frac{\partial^2\phi}{\partial y^2}\right)_0-\cdots\end{aligned} \tag{5.5.38}$$

$$\begin{aligned}\phi_6&=\phi_0+\sqrt{2}h\left(\frac{\partial\phi}{\partial l_2}\right)_0+\frac{(\sqrt{2}h)^2}{2!}\left(\frac{\partial^2\phi}{\partial l_2^2}\right)_0+\cdots\\&=\phi_0+\sqrt{2}h\left(\frac{\partial\phi}{\partial x}\cos 135^\circ+\frac{\partial\phi}{\partial y}\cos 45^\circ\right)_0+\\&\quad\frac{(\sqrt{2}h)^2}{2!}\left(\frac{\partial^2\phi}{\partial x^2}\cos^2 135^\circ+2\frac{\partial^2\phi}{\partial x\partial y}\cos 135^\circ\cos 45^\circ+\frac{\partial^2\phi}{\partial y^2}\cos^2 45^\circ\right)_0+\cdots\\&=\phi_0+\sqrt{2}h\left(-\frac{\sqrt{2}}{2}\frac{\partial\phi}{\partial x}+\frac{\sqrt{2}}{2}\frac{\partial\phi}{\partial y}\right)_0+\frac{(\sqrt{2}h)^2}{2!}\left(\frac{1}{2}\frac{\partial^2\phi}{\partial x^2}-\frac{\partial^2\phi}{\partial x\partial y}+\frac{1}{2}\frac{\partial^2\phi}{\partial y^2}\right)_0+\cdots\end{aligned} \tag{5.5.39}$$

$$\begin{aligned}\phi_8&=\phi_0-\sqrt{2}h\left(\frac{\partial\phi}{\partial l_2}\right)_0+\frac{(\sqrt{2}h)^2}{2!}\left(\frac{\partial^2\phi}{\partial l_2^2}\right)_0-\cdots\\&=\phi_0-\sqrt{2}h\left(\frac{\partial\phi}{\partial x}\cos 135^\circ+\frac{\partial\phi}{\partial y}\cos 45^\circ\right)_0+\\&\quad\frac{(\sqrt{2}h)^2}{2!}\left(\frac{\partial^2\phi}{\partial x^2}\cos^2 135^\circ+2\frac{\partial^2\phi}{\partial x\partial y}\cos 135^\circ\cos 45^\circ+\frac{\partial^2\phi}{\partial y^2}\cos^2 45^\circ\right)_0-\cdots\end{aligned}$$

$$=\phi_0-\sqrt{2}h\left(-\frac{\sqrt{2}}{2}\frac{\partial\phi}{\partial x}+\frac{\sqrt{2}}{2}\frac{\partial\phi}{\partial y}\right)_0+\frac{(\sqrt{2}h)^2}{2!}\left(\frac{1}{2}\frac{\partial^2\phi}{\partial x^2}-\frac{\partial^2\phi}{\partial x\partial y}+\frac{1}{2}\frac{\partial^2\phi}{\partial y^2}\right)_0-\cdots \tag{5.5.40}$$

将式(5.5.33)～(5.5.40)相加，并略去 h^3 及以上的高次项，得 0 点的差分方程为

$$\frac{1}{3h^2}(\phi_1+\phi_2+\phi_3+\phi_4+\phi_5+\phi_6+\phi_7+\phi_8-8\phi_0)=\begin{cases}F_0 & \text{泊松方程}\\ 0 & \text{拉普拉斯方程}\end{cases} \tag{5.5.41}$$

(4) 正方形网格四点式——不等步长(图 5.22)。根据泰勒公式，有

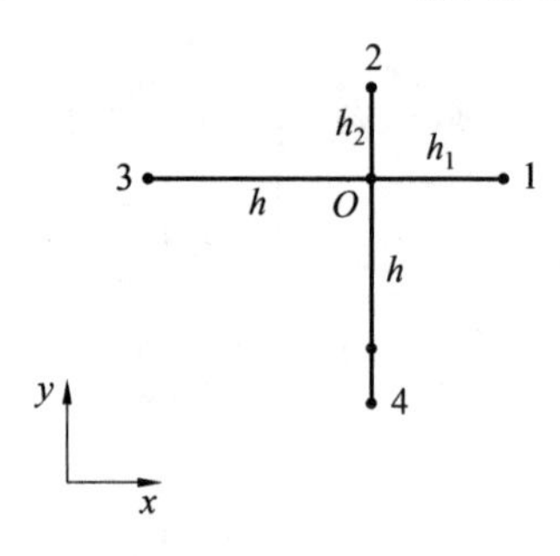

图 5.22　正方形网格四点式——不等步长

$$\phi_1=\phi_0+h_1\left(\frac{\partial\phi}{\partial x}\right)_0+\frac{h_1^2}{2!}\left(\frac{\partial^2\phi}{\partial x^2}\right)_0+\cdots \tag{5.5.42}$$

$$\phi_3=\phi_0-h\left(\frac{\partial\phi}{\partial x}\right)_0+\frac{h^2}{2!}\left(\frac{\partial^2\phi}{\partial x^2}\right)_0-\cdots \tag{5.5.43}$$

$$\phi_2=\phi_0+h_2\left(\frac{\partial\phi}{\partial y}\right)_0+\frac{h_2^2}{2!}\left(\frac{\partial^2\phi}{\partial y^2}\right)_0+\cdots \tag{5.5.44}$$

$$\phi_4=\phi_0-h\left(\frac{\partial\phi}{\partial y}\right)_0+\frac{h^2}{2!}\left(\frac{\partial^2\phi}{\partial y^2}\right)_0-\cdots \tag{5.5.45}$$

$\phi_1\times h+\phi_3\times h_1$ 得

$$h\phi_1+h_1\phi_3=(h+h_1)\phi_0+\frac{hh_1}{2}(h+h_1)\left(\frac{\partial^2\phi}{\partial x^2}\right)_0 \tag{5.5.46}$$

$\phi_2\times h+\phi_4\times h_2$ 得

$$h\phi_2+h_2\phi_4=(h+h_2)\phi_0+\frac{hh_2}{2}(h+h_2)\left(\frac{\partial^2\phi}{\partial y^2}\right)_0 \tag{5.5.47}$$

将式(5.5.46)$\times h_2(h+h_2)$、式(5.5.47)$\times h_1(h+h_1)$，并将二者相加得

$$\frac{hh_1h_2}{2}(h+h_1)(h+h_2)\left(\frac{\partial^2\phi}{\partial x^2}+\frac{\partial^2\phi}{\partial y^2}\right)_0=-(h_1+h_2)(h+h_1)(h+h_2)\phi_0+hh_2(h+h_2)\phi_1+h_1h_2(h+h_2)\phi_3+hh_1(h+h_1)\phi_2+h_1h_2(h+h_1)\phi_4$$

即

$$\frac{2}{h_1(h_1+h)}\phi_1+\frac{2}{h_2(h_2+h)}\phi_2+\frac{2}{h(h+h_1)}\phi_3+\frac{2}{h(h+h_2)}\phi_4-\frac{2(h_1+h_2)}{hh_1h_2}\phi_0=\begin{cases}F_0\\ 0\end{cases}$$

2. 边界条件的处理

本节只以正方形网格为例，探讨边界条件的处理方法。

(1) 第一类边界条件 $\phi|_G=f(s)$，G 为边界，s 为边界上的点。

① 当边界线与网格线重合时，如图 5.23 所示，则边界上的点为已知，直接列写差分方程；

② 当边界线与网格线平行但不重合时，如图 5.24 所示，则利用不等步长的差分格式列写。

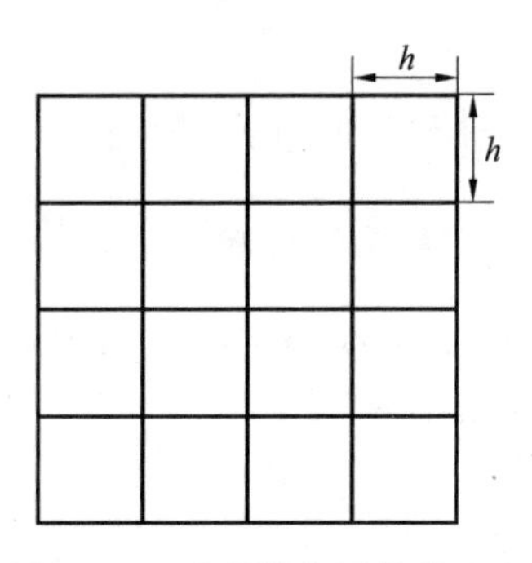

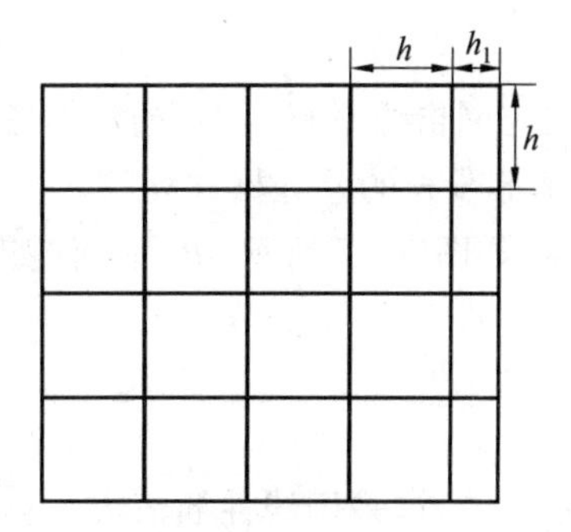

图 5.23　边界线与网格线重合　图 5.24　边界线与网格线平行但不重合

③ 曲线边界，如图 5.25 所示，其处理方法有三种：

a. 直接转移法：令 $\phi_0=\phi_1$，即取靠近 0 点的边界点上的函数值作为 0 点的函数值，显然这是一种比较粗糙的近似。

b. 线性插值法：先判断 x 方向上的边界节点 1 或 y 方向上的边界节点 2 哪一个更靠近 0 点，若 1 点更靠近 0 点，则采用 x 方向上的线性插值给出 0 点的值。

c. 四点式不等步长的差分方程的建立，该方法比前两种方法精确；

$$\frac{2}{h_1(h_1+h)}\phi_1+\frac{2}{h_2(h_2+h)}\phi_2+\frac{2}{h(h+h_1)}\phi_3+\frac{2}{h(h+h_2)}\phi_4-\frac{2(h_1+h_2)}{hh_1h_2}\phi_0=\begin{cases}F_0\\0\end{cases}$$

(2) 第二类边界条件 $\left.\frac{\partial\phi}{\partial n}\right|_G=f(s)$，$G$ 为边界，s 为边界上的点。

① 当边界线与网格线重合时，如图 5.26 所示，虚设一排网格，把原边界点作为内点列写差分方程，具体如下：

设想边界 G 向外延拓，并在界外设一系列虚设的节点，如 C'，在界面节点 O 处将电位的法向偏导数$\left.\frac{\partial\phi}{\partial n}\right|_O$用一阶差商代替，即

$$\left.\frac{\partial\phi}{\partial n}\right|_O=\frac{\phi_A-\phi_{C'}}{2h}$$

则虚设节点的电位 $\phi_{C'}$ 为

$$\phi_{C'}=\phi_A-2h\left.\frac{\partial\phi}{\partial n}\right|_O$$

由于上式中$\left.\frac{\partial\phi}{\partial n}\right|_O$是由第二类边界条件给出的已知值，则虚设的 $\phi_{C'}$ 便成了虚设的第一类边值点，在列写原边界 G 上的 O 点的差分方程时，$\phi_{C'}$ 将作为已知值代入，因此不会使方程组中的未知数的数目超过方程组方程的个数。

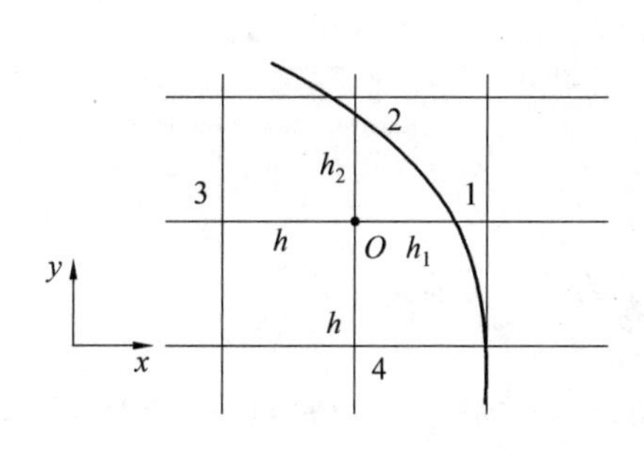

图 5.25　曲线第一类边界条件

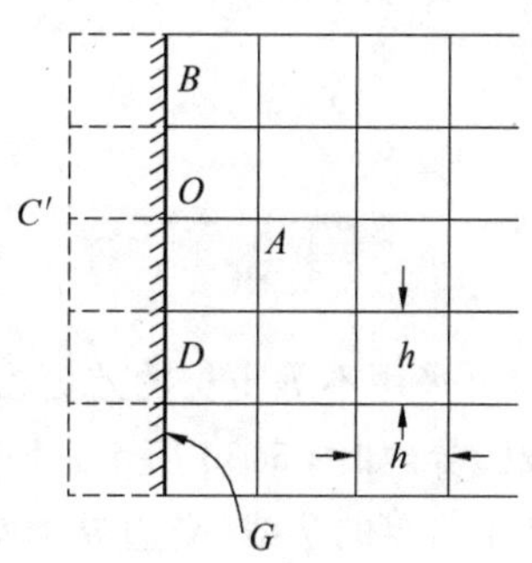

图 5.26　边界线与网格线重合的第二类边界条件

② 当边界线与网格线平行但不重合时，虚设一排与靠近边界一样的网格，把原边界点作为内点，采用不等步长的差分格式列写。

③ 曲线边界，如图 5.27 所示，处理方法如下：

过 O 点作边界的法线，交边界于 Q 点，如图，设 $OP=ah$，$PV=bh$，$RP=ch$，则

$$\left.\frac{\partial\phi}{\partial n}\right|_O \approx \frac{\phi_O-\phi_P}{ah} \tag{5.5.48}$$

由于 P 点不是节点，采用线性插值方式得到

$$\phi_P \approx \frac{ch\phi_V+bh\phi_R}{h}=c\phi_V+b\phi_R \tag{5.5.49}$$

同时

$$\left.\frac{\partial\phi}{\partial n}\right|_O \approx \left.\frac{\partial\phi}{\partial n}\right|_Q=f(Q) \tag{5.5.50}$$

将式(5.5.49)和(5.5.50)代入(5.5.48)，即可得 O 点的差分方程。

(3) 第三类边界条件 $\left.\left(\frac{\partial\phi}{\partial n}+\alpha\phi\right)\right|_G=f(s)$，$\alpha$ 为已知，G 为边界，s 为边界上的点。

① 当边界线与网格线重合时，如图 5.28 所示，则

$$\phi_1=\frac{f(1)-\left.\frac{\partial\phi}{\partial n}\right|_1}{\alpha}$$

$$\left.\frac{\partial\phi}{\partial n}\right|_1 \approx \frac{\phi_1-\phi_0}{h}$$

这样得到 ϕ_1 后，便可列写 O 点的差分格式。

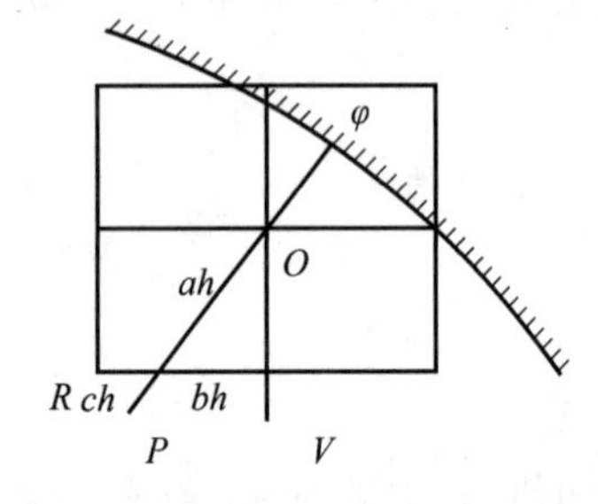

图 5.27　曲线边界的第二类边界条件

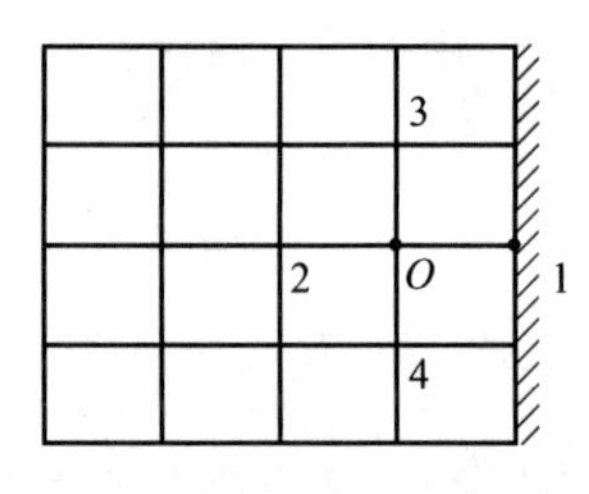

图 5.28　边界线与网格线重合的第三类边界条件

② 当边界线与网格线平行但不重合时，如图 5.29 所示，则

$$\phi_1=\frac{f(1)-\left.\frac{\partial\phi}{\partial n}\right|_1}{\alpha}$$

$$\left.\frac{\partial\phi}{\partial n}\right|_1 \approx \frac{\phi_1-\phi_0}{h}$$

得到 ϕ_1 后即可采用不等步长的差分格式列写 O 点的差分方程。

③ 曲线边界，如图 5.30 所示，处理方法如下：

过 O 点作边界的法线，交边界于 Q 点，如图所示，设 $OP=ah$，$PR=bh$，$VP=ch$，则对于 O 点有

$$\left.\frac{\partial \phi}{\partial n}\right|_O \approx \frac{\phi_O - \phi_P}{ah} \tag{5.5.51}$$

由于 P 点不是节点,其值可通过 V 点和 R 点的线性插值近似得出,即

$$\phi_P \approx \frac{ch\phi_R + bh\phi_V}{h} = c\phi_R + b\phi_V \tag{5.5.52}$$

同时

$$\left.\frac{\partial \phi}{\partial n}\right|_O \approx \left.\frac{\partial \phi}{\partial n}\right|_Q \tag{5.5.53}$$

将式(5.5.52) 和(5.5.53) 代入(5.5.51),得

$$\frac{\phi_O - c\phi_R - b\phi_V}{ah} \approx \left.\frac{\partial \phi}{\partial n}\right|_Q \tag{5.5.54}$$

根据边界条件 $\left.\left(\frac{\partial \phi}{\partial n} + \alpha\phi\right)\right|_G = f(s)$,则

$$\left.\frac{\partial \phi}{\partial n}\right|_Q = f(Q) - \alpha\phi_Q \approx f(Q) - \alpha\phi_0 \tag{5.5.55}$$

把式(5.5.55) 代入到(5.5.54) 中,即可得到 O 点的差分格式

$$\frac{\phi_O - c\phi_R - b\phi_V}{ah} = f(Q) - \alpha\phi_0$$

即

$$\frac{\phi_O - c\phi_R - b\phi_V}{ah} + \alpha\phi_0 = f(Q)$$

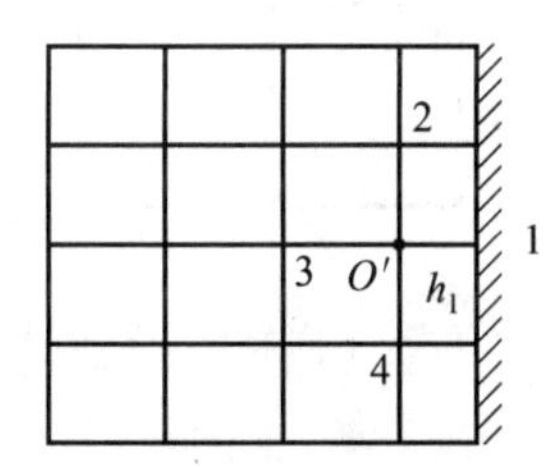

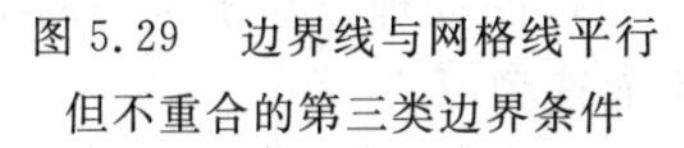
图 5.29　边界线与网格线平行但不重合的第三类边界条件

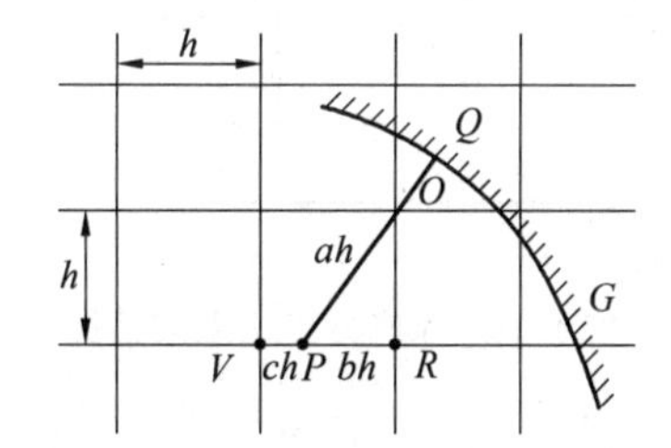

图 5.30　曲线边界的第三类边界条件

(4) 不同媒质分界面上的边界条件。当场域内有不同媒质的分界面时,分界面上的边界条件也应以差分格式表示。如图5.31 所示,分界面两侧为不同媒质,则分界面上节点 O 的差分格式可做如下推导:

设 0,2,4 为分界面上的节点,3,1 分别为 a 媒质和 b 媒质中的节点,a 媒质中的 A_a 满足泊松方程,b 媒质中的 A_b 满足拉普拉斯方程。先假设将媒质 b 换成媒质 a,即全部场域为均匀媒质 a 时,0 点的差分格式为

$$A_{a1} + A_{a2} + A_{a3} + A_{a4} - 4A_{a0} = h^2 F_{a0} \tag{5.5.56}$$

再假设将媒质 a 换成媒质 b,即全部场域为均匀媒质 b 时,0 点的差分格式为

$$A_{b1} + A_{b2} + A_{b3} + A_{b4} - 4A_{b0} = 0 \tag{5.5.57}$$

以上两式中,A_{a1} 和 A_{b3} 是虚设的,应设法将其消去。根据分界面上矢量位 $\mathbf{A}$ 的边界条件,有

$$\begin{cases} A_{a0} = A_{b0} = A_0 \\ A_{a2} = A_{b2} = A_2 \\ A_{a4} = A_{b4} = A_4 \end{cases} \tag{5.5.58}$$

及
$$\frac{1}{\mu_a}\frac{\partial A_a}{\partial n}\bigg|_O \approx \frac{1}{\mu_b}\frac{\partial A_b}{\partial n}\bigg|_O$$

即
$$\frac{1}{\mu_a}(A_{a1}-A_{a3}) \approx \frac{1}{\mu_b}(A_{b1}-A_{b3}) \tag{5.5.59}$$

将式(5.5.58)和(5.5.59)代入(5.5.56)和(5.5.57),并令 $k=\frac{\mu_b}{\mu_a}$,得

$$A_0=\frac{1}{4}\left(\frac{2}{1+k}A_{b1}+A_2+\frac{2k}{1+k}A_{a3}+A_4-\frac{k}{1+k}h^2F_{a0}\right) \tag{5.5.60}$$

式(5.5.60)即为图5.31所示的不同媒质分界面上点 O 的矢量磁位差分格式。

电位 ϕ 的有关表达式与此类似,例如图5.32中所示的二维泊松方程的 ϕ_a 和二维拉普拉斯方程的 ϕ_b 在界面 O 点处的差分格式为

$$\phi_0=\frac{1}{4}\left(\frac{2}{1+k}\phi_{b1}+\phi_2+\frac{2k}{1+k}\phi_{a3}+\phi_4-\frac{k}{1+k}h^2F_{a0}\right) \tag{5.5.61}$$

其中 $k=\frac{\varepsilon_a}{\varepsilon_b}$。

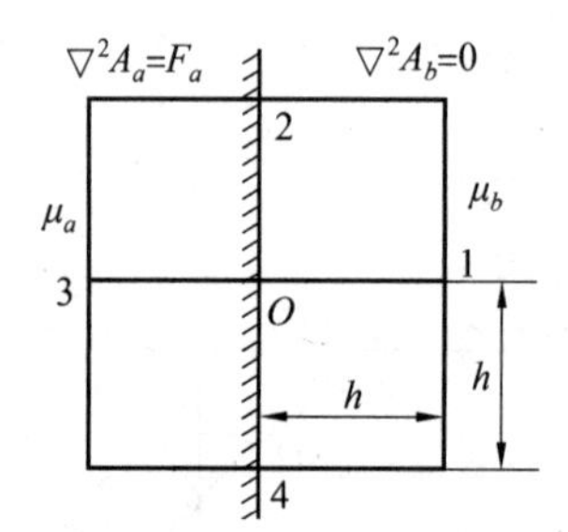

图5.31 节点位于不同媒质分界面上的情况之一

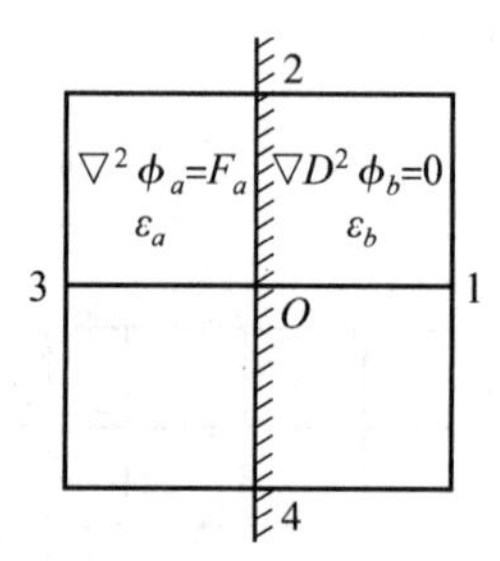

图5.32 节点位于不同媒质分界面上的情况之二

前面推导了媒质分界面与网格线重合情况下边界条件的处理。对于所得的结果,也可以做如下理解,例如对于式(5.5.61),也可以表示成下面这种形式

$$\frac{\varepsilon_a+\varepsilon_b}{2}\phi_0=\frac{1}{4}\left(\varepsilon_b\phi_{b1}+\frac{\varepsilon_a+\varepsilon_b}{2}\phi_2+\varepsilon_a\phi_{a3}+\frac{\varepsilon_a+\varepsilon_b}{2}\phi_4-\frac{k}{1+k}h^2F_{a0}\right) \tag{5.5.62}$$

对于图5.32,如果整个场位于介电常数为 ε_a 的均匀媒质中,O 点的差分格式为

$$\phi_0=\frac{1}{4}(\phi_1+\phi_2+\phi_3+\phi_4-h^2F_0) \tag{5.5.63}$$

两种情况对比,式(5.5.62)的表示可以理解为在介质分界面处取两种介质的平均值 $\frac{\varepsilon_a+\varepsilon_b}{2}$ 作为等效介电常数。同样对于图5.31,矢量磁位在边界上也有类似的表达式

$$\frac{\frac{1}{\mu_a}+\frac{1}{\mu_b}}{2}A_0=\frac{1}{4}\left[\frac{1}{\mu_b}A_{b1}+\frac{\frac{1}{\mu_a}+\frac{1}{\mu_b}}{2}A_2+\frac{1}{\mu_a}A_{a3}+\frac{\frac{1}{\mu_a}+\frac{1}{\mu_b}}{2}A_4-\frac{1}{2}\frac{1}{\mu_a}h^2F_{a0}\right] \tag{5.5.64}$$

利用等效介电常数的方法,可以得出多数情况下媒质分界面上节点的差分格式。例如以下几种情况:

① 边界不平行于网格,但边界无拐点,如图5.33所示。

根据前面总结的规律,O 点的差分格式为

$$\frac{\varepsilon_a+\varepsilon_b}{2}\phi_0=\frac{1}{4}\left(\varepsilon_b\phi_{b1}+\varepsilon_b\phi_{b2}+\varepsilon_a\phi_{a3}+\varepsilon_a\phi_{a4}-\frac{1}{2}\varepsilon_a h^2 F_{a0}\right)$$

② 边界平行于网格，但边界有拐点，如图 5.34 所示。

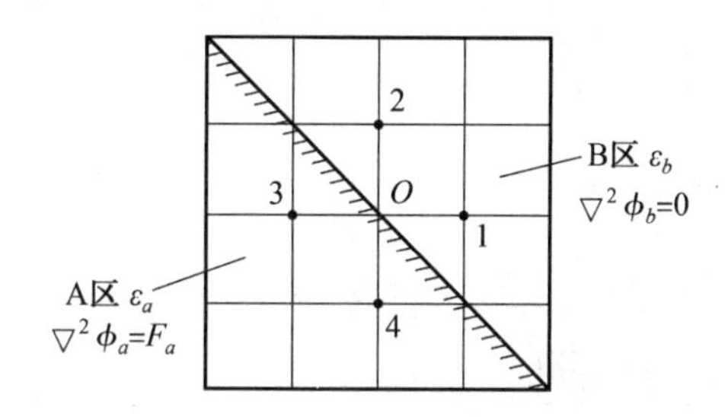

图 5.33　不平行于网格且无拐点的边界

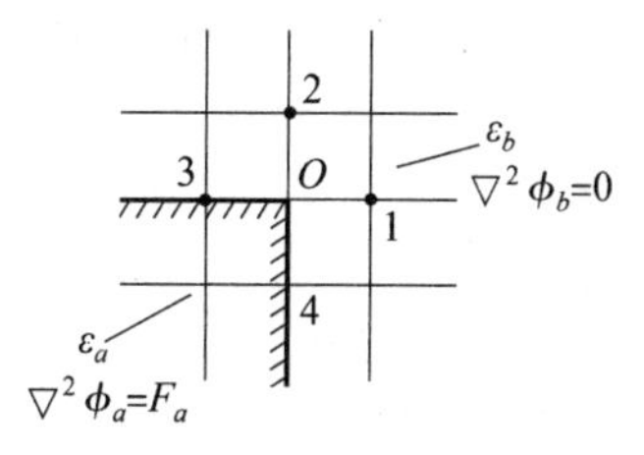

图 5.34　平行于网格且有拐点的边界

O 点的差分格式为

$$\frac{\varepsilon_a+3\varepsilon_b}{4}\phi_0=\frac{1}{4}\left(\varepsilon_b\phi_{b1}+\varepsilon_b\phi_{b2}+\frac{\varepsilon_a+\varepsilon_b}{2}\phi_3+\varepsilon_a\phi_{a4}-\frac{1}{4}\varepsilon_a h^2 F_{a0}\right)$$

③ 网格成对角线边界时的角形区域边界，如图 5.35 所示。

O 点的差分格式为

$$\frac{\varepsilon_a+3\varepsilon_b}{4}\phi_0=\frac{1}{4}\left(\varepsilon_b\phi_{b1}+\varepsilon_b\phi_{b2}+\varepsilon_a\phi_{a3}+\varepsilon_b\phi_{b4}-\frac{1}{4}\varepsilon_a h^2 F_{a0}\right)$$

对其他边界条件的处理，可以将前面分析的方法结合起来解决。

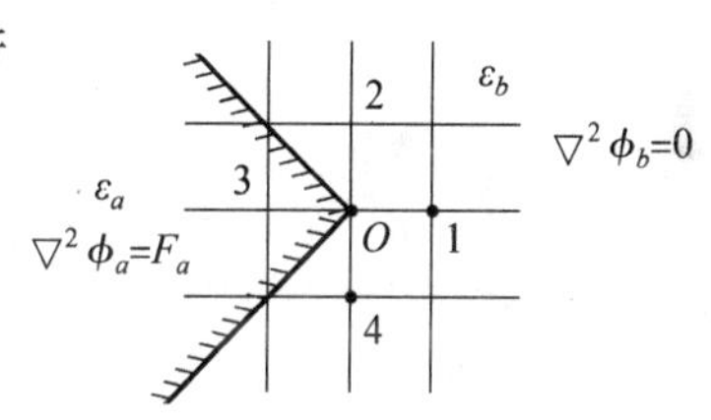

图 5.35　网格成对角线边界时的角形区域边界

例 5.13　设有一长矩形金属槽，其侧壁与地面电位均为零，顶盖电位为 100，如图5.36 所示，求槽内的电位分布。

解　对于此槽中间区段的电场分析，可理想化为二维场问题，且属于第一类边值问题。为了有助于全面掌握有限差分法的应用，充分显示应用超松弛迭代法求解各离散节点数值解的过程与特点，现粗略地将网格划分，以求得槽内电位的近似解。求解步骤如下：

(1) 离散化场域。将该金属槽内场域 D 用正方形网格进行粗略划分，其网格节点分布示于图 5.36 中，可知 $h=\dfrac{a}{4}$，各等分为 $p=4$。

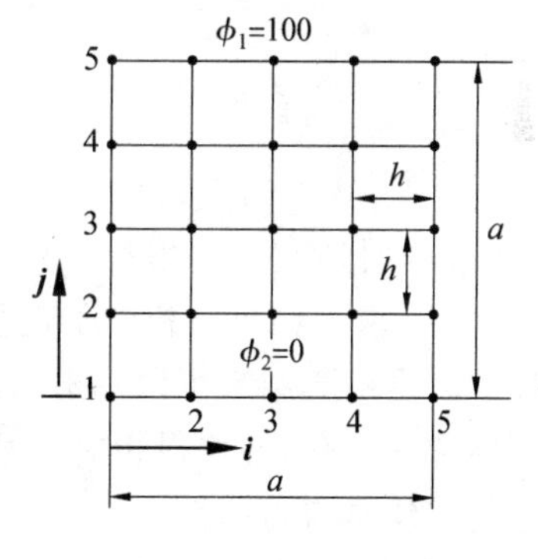

图 5.36　例 5.13 图

(2) 给出采用超松弛迭代法的差分方程形式。此时可采用式(5.5.18) 进行迭代计算，只需令式中 $F=0$ 即可。式中加速收敛因子 α 按本例场域划分情况可由

$$\alpha=\frac{2}{1+\sin\left(\dfrac{\pi}{p}\right)}$$

计算求得，$\alpha=1.17$。

(3) 给出边界条件。因本例给定为第一类边值，其边界条件的差分离散化应取直接赋值方式，即

$$\phi_{(1,1-5)}=\phi_{(1-5,1)}=\phi_{(5,1-5)}=0$$

$$\phi_{(2-4,5)}=100$$

(4) 给定初值。取零值为初始值。

(5) 给定检查迭代解收敛的指标。本例规定当各网格内点相邻两次迭代近似值的绝对误差(绝对值)均小于 $W=10^{-4}$ 时,终止迭代循环。

(6) 程序框图。程序框图如图 5.37 所示。

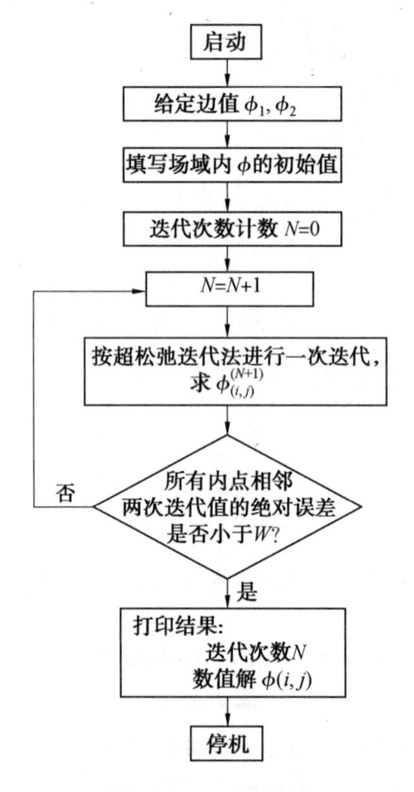

图 5.37 程序框图

(7) 计算程序。编写计算程序,此时只需令数组为 $U(5,5)$。

(8) 求解结果。相应于迭代次数 $N=1,2,4$ 以及收敛时($N=13$)的电位数值解示于图 5.38。由解算结果可以看出,各内点电位值将按给定的迭代公式(5.5.18)遵循规定的迭代顺序依次变化,并取得相应于某次迭代的近似值。最终迭代的收敛解表明了真解对于金属槽的中线具有对称性。

由以上结果可知,欲较准确地描绘出槽内等位线,还须细分网格以增加节点数。

有限差分法的应用范围很广,不但能求解均匀与不均匀线性媒质中的位场,还能求解非线性媒质中的位场;不但能求解恒定场和似稳场,还能求解时变场。在边值问题的数值方法中,此法是相当简便的。但有限差分法也存在一定的缺点,比如很难用差分方式表示复杂的边界条件,不容易处理三维场域问题等。但当场域的形状不很复杂时,有限差分法就会充分体现出它的优越性。

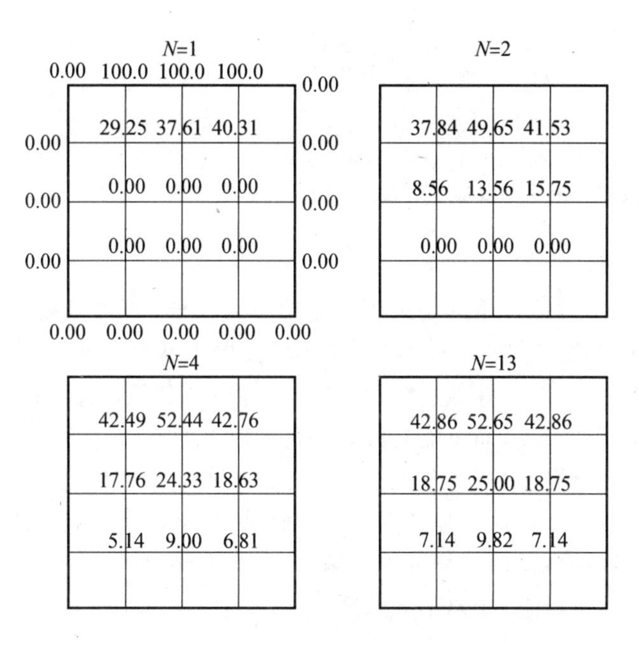

图 5.38　电位数值解

5.6　有限元法

有限元法也是通过对场域的离散化来求出电位数值解的一种方法,它以变分原理和剖分插值为基础。首先将边值问题转化为相应的变分问题,即泛函数值问题。然后利用剖分值将变分插值问题离散化,并归结为求解一组线性方程。这里我们对用有限元法求解二维拉普拉斯方程的第一类边值问题做一简单的介绍。

5.6.1　边值问题的泛函极值

设在以 L 为边界的区域 D 内,电位函数 ϕ 满足拉普拉斯方程

$$\frac{\partial^2 \phi}{\partial x^2}+\frac{\partial^2 \phi}{\partial y^2}=0 \tag{5.6.1}$$

在边界 L 上的电位值已给定,即

$$\phi|_L=f(x,y) \tag{5.6.2}$$

我们知道沿 z 轴的每单位长度中的电场能量

$$W=\frac{1}{2}\iint_D \varepsilon E^2 \mathrm{d}s=\frac{\varepsilon}{2}\iint_D\left[\left(\frac{\partial \phi}{\partial x}\right)^2+\left(\frac{\partial \phi}{\partial y}\right)^2\right]\mathrm{d}x\mathrm{d}y \tag{5.6.3}$$

由式(5.6.3)可知,对于不同的电位函数 $\phi(x,y)$,W 有不同的值。因此,将电场能量看作是电位 ϕ 的函数,即 $W=W(\phi)$,并称为能量泛函。

可以证明,在边界条件式(5.6.2)下,使能量泛函式(5.6.3)取得极小值的电位函数 $\phi(x,y)$ 必满足方程式(5.6.1)。这就表明,边值问题式(5.6.1)和式(5.6.2)的求解等价为求解泛函极值问题

$$\begin{cases} W(\phi)=\dfrac{\varepsilon}{2}\iint\limits_{D}\left[\left(\dfrac{\partial\phi}{\partial x}\right)^2+\left(\dfrac{\partial\phi}{\partial y}\right)^2\right]\mathrm{d}x\mathrm{d}y \\ \phi|_L=f(x,y) \end{cases} \tag{5.6.4}$$

5.6.2　泛函极值问题的离散化

1. 场域的三角形单元剖分

在对场域进行剖分时，最常用的是采用三角形单元剖分，即将场域 D 剖分为有限个互不重叠的三角形单元，如图 5.39 所示。各三角形单元的形状和大小是任意的，因此有限元法的剖分方法灵活性较大，能较好地适应边界形状。但是，必须注意，任一三角形的顶点必须同时是其相邻三角形的顶点，而不能是相邻三角形边上的点。

以三角形的顶点为节点，对所有单元和节点分别按一定顺序编号。编号的次序可以是任意的，不会影响计算结果，但从压缩计算机的存储量、简化程序和减少计算量的角度考虑，通常对三角形单元按物理性质区域划分连续编号，对节点编号时一般应使每一个三角形单元的三个节点的编号尽量接近，相差不太悬殊。

2. 线性插值

线性插值是将三角形单元中任一点的电位 ϕ 用坐标 x,y 的线性函数来近似。任取一单元，设其编号为 e，其三个节点的编号按逆时针顺序标记为 i,j,m，如图 5.40 所示。采用线性插值后，单元中的电位可表示为

$$\phi(x,y)=a_1+a_2x+a_3y \tag{5.6.5}$$

式中待定系数 a_1,a_2 和 a_3 由该单元的三个节点上的待定函数值 ϕ_i,ϕ_j 和 ϕ_m，以及节点坐标 (x_i,y_i)，(x_j,y_j) 和 (x_m,y_m) 确定。将三个节点的坐标及电位值代入式(5.6.5)，得到

$$\phi_i=a_1+a_2x_i+a_3y_i$$
$$\phi_j=a_1+a_2x_j+a_3y_j$$
$$\phi_m=a_1+a_2x_m+a_3y_m$$

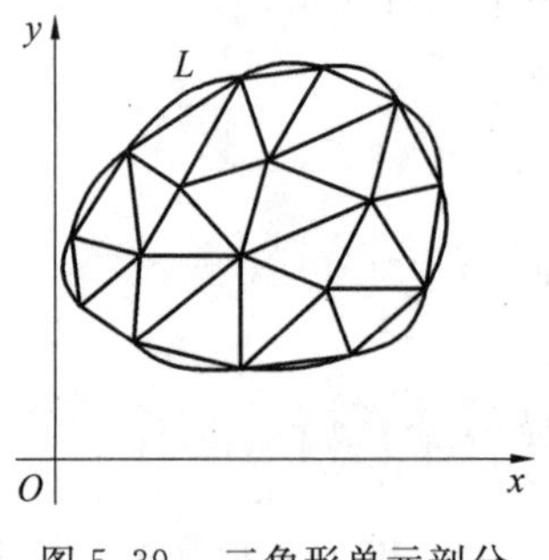

图 5.39　三角形单元剖分

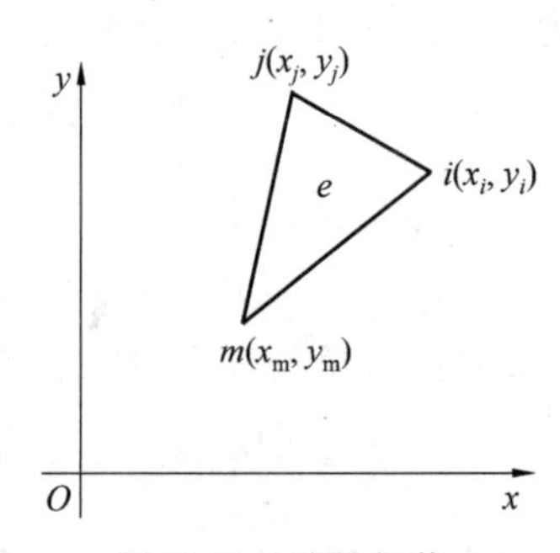

图 5.40　线性插值

由此可解得

$$\begin{cases} a_1=(a_1\phi_i+a_j\phi_j+a_m\phi_m)/(2\nabla) \\ a_2=(b_1\phi_i+b_j\phi_j+b_m\phi_m)/(2\nabla) \\ a_3=(c_1\phi_i+c_j\phi_j+c_m\phi_m)/(2\nabla) \end{cases} \tag{5.6.6}$$

式中

$$\begin{cases} a_i = x_j y_m - x_m y_j, a_j = x_m y_i - x_i y_m, a_m = x_i y_i - x_j y_j \\ b_i = y_j - y_m, b_j = y_m - y_i, b_m = y_i - y_j \\ c_i = x_m - x_j, c_j = x_i - x_m, c_m = x_j - x_i \\ \nabla = \frac{1}{2}(b_i c_j - b_j c_i) \end{cases} \tag{5.6.7}$$

于是,可得到三角形中的插值函数为

$$\phi = \frac{1}{2\nabla}[(a_i + b_i x + c_i y)\phi_i + (a_j + b_j x + c_j y)\phi_j + (a_m + b_m x + c_m y)\phi_m] \tag{5.6.8}$$

将上式对 x 和 y 求一阶偏导数,得到

$$\begin{cases} \frac{\partial \phi}{\partial x} = \frac{1}{2\nabla}(b_i\phi_i + b_j\phi_j + b_m\phi_m) \\ \frac{\partial \phi}{\partial y} = \frac{1}{2\nabla}(c_i\phi_i + c_j\phi_j + c_m\phi_m) \end{cases} \tag{5.6.9}$$

3. 单元分析

单元分析就是对每一个单元,计算其能量函数对三个节点电位的一阶偏导数。在单元 e 中的能量函数为

$$W_e(\phi) = \frac{\varepsilon}{2}\iint_D \left[\left(\frac{\partial \phi}{\partial x}\right)^2 + \left(\frac{\partial \phi}{\partial y}\right)^2\right] \mathrm{d}x\mathrm{d}y$$

将式(5.6.9)代入上式,得到

$$W_e = (\phi_i, \phi_j, \phi_m) = \frac{\varepsilon}{2}\iint_D [(b_i\phi_i + b_j\phi_j + b_m\phi_m)^2 + (c_i\phi_i + c_j\phi_j + c_m\phi_m)^2] \frac{\mathrm{d}x\mathrm{d}y}{(2\nabla)^2}$$

$$= \frac{\varepsilon}{8\nabla}[(b_i\phi_i + b_j\phi_j + b_m\phi_m)^2 + (c_i\phi_i + c_j\phi_j + c_m\phi_m)^2]$$

由上式分别对 ϕ_i、ϕ_j 和 ϕ_m 求偏导数,可得

$$\frac{\partial W_e}{\partial \phi_i} = \frac{\varepsilon}{4\nabla}[(b_i\phi_i + b_j\phi_j + b_m\phi_m)b_i + (c_i\phi_i + c_j\phi_j + c_m\phi_m)c_i]$$

$$= \frac{\varepsilon}{4\nabla}[(b_i^2 + c_i^2)\phi_i + (b_i b_j + c_i c_j)\phi_j + (b_i b_m + c_i c_m)\phi_m]$$

$$\frac{\partial W_e}{\partial \phi_j} = \frac{\varepsilon}{4\nabla}[(b_i\phi_i + b_j\phi_j + b_m\phi_m)b_j + (c_i\phi_i + c_j\phi_j + c_m\phi_m)c_i]$$

$$= \frac{\varepsilon}{4\nabla}[(b_i b_j + c_i c_j)\phi_i + (b_j^2 + c_j^2)\phi_j + (b_j b_m + c_j c_m)c_m]$$

$$\frac{\partial W_e}{\partial \phi_m} = \frac{\varepsilon}{4\nabla}[(b_i\phi_i + b_j\phi_j + b_m\phi_m)b_m + (c_i\phi_i + c_j\phi_j + c_m\phi_m)c_m]$$

$$= \frac{\varepsilon}{4\nabla}[(b_i b_m + c_i c_m)\phi_i + (b_j b_m + c_j c_m)\phi_j + (b_m^2 + c_m^2)\phi_m]$$

写成矩阵形式,就是

$$\begin{bmatrix} \dfrac{\partial W_e}{\partial \phi_i} \\ \dfrac{\partial W_e}{\partial \phi_j} \\ \dfrac{\partial W_e}{\partial \phi_m} \end{bmatrix} = \begin{bmatrix} k_{ii}^e & k_{ij}^e & k_{im}^e \\ k_{ji}^e & k_{jj}^e & k_{jm}^e \\ k_{mi}^e & k_{mj}^e & k_{mm}^e \end{bmatrix} \begin{bmatrix} \phi_i \\ \phi_j \\ \phi_m \end{bmatrix} = [k]^e \{\phi\}^e \tag{5.6.10}$$

式中矩阵$[k]^e$的各元素为

$$\begin{cases} k_{ii}^e = \dfrac{e}{4\nabla}(b_i^2 + c_i^2),\ k_{jj}^e = \dfrac{e}{4\nabla}(b_j^2 + c_j^2),\ k_{mm}^e = \dfrac{e}{4\nabla}(b_m^2 + c_m^2) \\ k_{ij}^e = k_{ji}^e = \dfrac{e}{4\nabla}(b_i b_j + c_i c_j) \\ k_{jm}^e = k_{mj}^e = \dfrac{e}{4\nabla}(b_m b_j + c_m c_j) \\ k_{im}^e = k_{mi}^e = \dfrac{e}{4\nabla}(b_m b_i + c_m c_i) \end{cases} \tag{5.6.11}$$

4. 总体合成

将所有单元的能量函数加起来，就得到整个场域D内的能量函数

$$W(\phi_1, \phi_2, \cdots, \phi_N) = \sum_{e=1}^{n} W_e(\phi_i, \phi_j, \phi_m) \tag{5.6.12}$$

它是所有节点电位的二次函数。这样求能量泛函的极值问题就转化为求多元函数$W(\phi_1, \phi_2, \cdots, \phi_N)$的极值问题。利用多元函数求极值的原理，将$W$对每一个节点的$\phi$求一阶偏导数，并令其等于零，即

$$\begin{gathered} \frac{\partial W}{\partial \phi_1} = 0 \\ \vdots \\ \frac{\partial W}{\partial \phi_N} = 0 \end{gathered} \tag{5.6.13}$$

这是关于所有节点的ϕ的一个方程组，解此方程组，则可得到所有节点的ϕ值。由于W是节点的ϕ的二次函数，因此，$\dfrac{\partial W}{\partial \phi}$便是节点的$\phi$的线性函数，故式(5.6.13)为线性方程组，可写为如下形式

$$\begin{cases} k_{11}\phi_1 + k_{12}\phi_2 + \cdots + k_{1N}\phi_N = 0 \\ k_{21}\phi_1 + k_{22}\phi_2 + \cdots + k_{2N}\phi_N = 0 \\ \vdots \\ k_{N1}\phi_1 + k_{N2}\phi_2 + \cdots + k_{NN}\phi_N = 0 \end{cases} \tag{5.6.14}$$

写成矩阵形式，则为

$$\begin{bmatrix} k_{11} & k_{12} & \cdots & k_{1N} \\ k_{21} & k_{22} & \cdots & k_{2N} \\ \vdots & \vdots & & \vdots \\ k_{N1} & k_{N2} & \cdots & k_{NN} \end{bmatrix} \begin{bmatrix} \phi_1 \\ \phi_2 \\ \vdots \\ \phi_N \end{bmatrix} = 0 \tag{5.6.15}$$

或简记为

$$[k]\{\phi\}=\{0\} \tag{5.6.16}$$

式中，$[k]$ 称为系数矩阵；$\{\phi\}$ 称为解向量。

系数矩阵 $[k]$ 的各元素可通过各单元矩阵 $[k]^e$ 的元素来确定。为此，把各单元矩阵 $[k]^e$ 按节点编号扩充为 N 阶方阵 $[\tilde{k}]^e$，在 $[\tilde{k}]^e$ 中除行、列数分别为 i,j,m 时，存在有九个原 $[k]^e$ 的元素外，其余各行、列的元素都为零。于是式(5.6.15) 可改写为等价的形式

$$\left\{\frac{\partial W_e}{\partial \phi}\right\}=[\tilde{k}]^e\{\phi\} \tag{5.6.17}$$

式中，$\left\{\frac{\partial W_e}{\partial \phi}\right\}=\left[\frac{\partial W_e}{\partial \phi_1},\frac{\partial W_e}{\partial \phi_2},\cdots,\frac{\partial W_e}{\partial \phi_N}\right]^{\mathrm{T}}$ 是 N 维列向量。根据式(5.6.12) 和式(5.6.17)，有

$$\left\{\frac{\partial W}{\partial \phi}\right\}=\sum_{e=1}^{n}\left\{\frac{\partial W_e}{\partial \phi}\right\}=\sum_{e=1}^{n}[\tilde{k}]^e\{\phi\}=\left(\sum_{e=1}^{n}[\tilde{k}]^e\right)\{\phi\}$$

根据式(5.6.13)，有 $\left\{\frac{\partial W}{\partial \phi}\right\}=0$，即

$$\left(\sum_{e=1}^{n}[\tilde{k}]^e\right)\{\phi\}=\{0\} \tag{5.6.18}$$

比较式(5.6.16) 和式(5.6.18)，即得到

$$[k]=\sum_{e=1}^{n}[\tilde{k}]^e \tag{5.6.19}$$

5. 边界条件的处理

在上述离散化过程中，尚未涉及边界条件式(5.6.2) 的处理。由于在边界的节点上的电位 ϕ 是已知的，因此对 W 求极值时，不能将 W 对这些节点的电位 ϕ 求偏导数，于是应对方程组式(5.6.16) 进行修改，其处理方法是：若已知第 s 号节点是边界节点，其电位值 $\phi_s=\phi_{s_0}$，则将 $[k]$ 中的主对角线元素 k_{ss} 改为 1，而第 s 行和第 s 列的其余元素全改为零；而方程式(5.6.16) 右端第 s 行改为 ϕ_{s_0}，其余各行则改写为 $-k_{ls}\phi_{s_0}$ ($l=1,2,\cdots,N$ 且 $l\neq s$)。即

$$\begin{bmatrix} k_{11} & \cdots & 0 & \cdots & k_{1N} \\ \vdots & & \vdots & & \vdots \\ 0 & \cdots & 1 & \cdots & 0 \\ \vdots & & \vdots & & \vdots \\ k_{N1} & \cdots & 0 & \cdots & k_{NN} \end{bmatrix}\begin{bmatrix} \phi_1 \\ \vdots \\ \phi_{s_0} \\ \vdots \\ \phi_N \end{bmatrix}=\begin{bmatrix} -k_{ls}\phi_{s_0} \\ \vdots \\ \phi_{s_0} \\ \vdots \\ -k_{Ns}\phi_{s_0} \end{bmatrix} \tag{5.6.20}$$

对每个边界节点均按以上方法处理，即可得到场域内的节点电位的线性方程组，解此方程组就得到场域内各节点的电位值。

有限元法可以应用于任何微分方程所描述的物理场中，也适用于时变场、非线性场以及分层介质中的电磁场问题的求解。有限元法的优点是适用于具有复杂边界形状、边界条件及含有复杂媒质的定解问题。此法不受场域边界形状的限制，且对第二、三类边界条件及不同媒质分界面上的边界条件不必做单独处理。虽然其计算程序比较冗长、复杂，但各个环节易于标准化，可形成通用的计算程序，其结果有较好的计算精度。

5.7 本章小结

(1) 静态场的许多问题都可以归结为在给定边界条件下，求解泊松方程或拉普拉斯方程的问题。

(2) 求解静电场的边值问题的方法可分为解析方法和数值方法两大类。

解析方法求出的是待求位函数在整个域内所满足函数的解析表达式，代入域内的任意点的坐标后，可求出该点上的位函数值。

数值方法求出的是域内一组离散点上的近似位函数值，但数值法能处理边界形状复杂的场域的求解问题，因而有很大的实用价值。

(3) 镜像法是一种间接求解场的解析方法。在保持场域边界面上所给定的边界条件不变的情况下，将导体上的感应电荷或介质界面上的极化电荷等复杂的电荷分布，用求解区域以外的镜像电荷来等效。由于未改变求解区域内的电荷分布，因而不影响求解区域位函数所满足的泊松方程。根据唯一性定理可知，由此得到的解答是唯一正确的解。用镜像法解决问题时，找出满足边界条件的适当镜像电荷(数量、位置及电量) 至关重要，并且遵循像电荷必须在求解区域外这一原则，这样，原来的边值问题就转化为求解无界均匀介质空间点电荷场的分布型问题。

(4) 分离变量法是把一个多变量函数表示成几个单变量函数的乘积，从而把偏微分方程分离成几个常微分方程的解析方法。

用分离变量法求解边值问题的一般步骤是：① 根据场域边界面形状选择合适的坐标系；② 将泊松方程(或拉氏方程) 在该坐标系下分离为几个带分离常数的常微分方程；③ 用边值条件确定常微分方程通解中的待定常数。

(5) 有限差分法是应用差分原理，将场域中网格化节点上位函数的偏微分方程用差分方程表示，从而把连续场域中位函数的解归结为若干离散节点上位函数解的集合。

有限差分法不但能求解均匀与不均匀线性媒质中的位场，还能求解非线性媒质中的位场；不但能求解恒定场和似稳场，还能求解时变场。在边值问题的数值方法中，此法是相当简便的。但有限差分法也存在一定的缺点，比如很难用差分方式表示复杂的边界条件，不容易处理三维场域问题等。但当场域的形状不很复杂时，有限差分法就会充分体现出它的优越性。

(6) 有限元法是通过对场域的离散化来求出电位数值解的一种方法，它以变分原理和剖分插值为基础。首先将边值问题转化为相应的变分问题，即泛函极值问题。然后利用剖分插值将变分插值问题离散化，并归结为求解一组线性方程。

有限元法可以应用于任何微分方程所描述的物理场中，也适用于时变场、非线性场以及分层介质中的电磁场问题的求解。有限元法的优点是适用于具有复杂边界形状、边界条件及含有复杂媒质的定解问题。此法不受场域边界形状的限制，且对第二、三类边界条件及不同媒质分界面上的边界条件不必做单独处理。虽然其计算程序比较冗长、复杂，但各个环节易于标准化，可形成通用的计算程序，其结果有较好的计算精度。

习　题

5.1　已知无限大平板电容器中的电荷密度 $\rho=kx^2$，k 为常数，填充的介质的介电常数为 ε，上板的电位为 V_0，下板接地，板间距离为 d，如图所示。试通过解泊松方程求板间的电位分布函数。

5.2　两块无限大接地平行板导体相距为 d，其间有一个与导体板平行的无限大电荷片，其面电荷密度为 ρ，如图所示。试通过解拉普拉斯方程求两导体板间的电位分布。

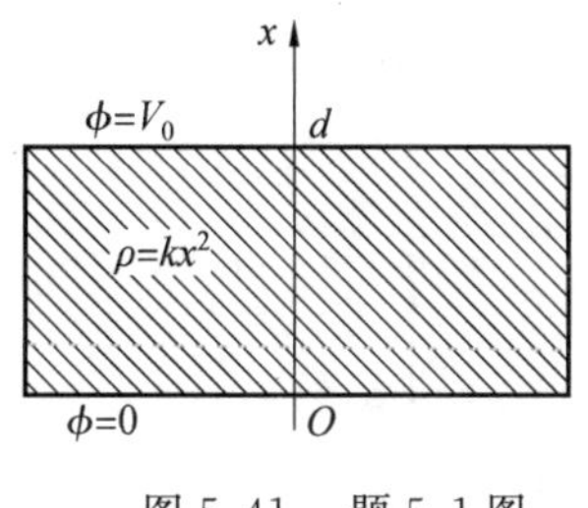

图 5.41　题 5.1 图

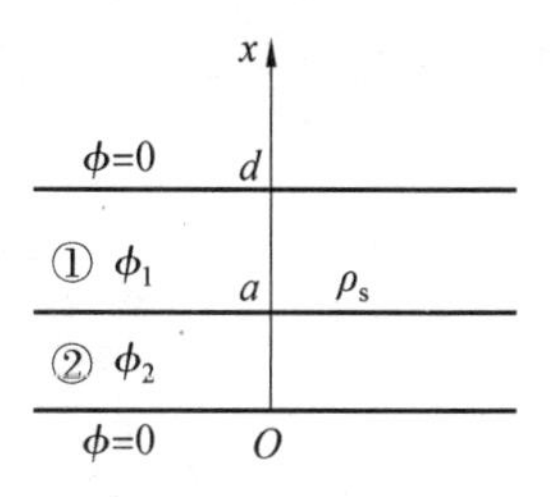

图 5.42　题 5.2 图

5.3　如图所示，在均匀外电场 $E_0=a_zE_0$ 中，一正点电荷 q 与接地导体平面相距为 x。求：

(1) 当点电荷 q 所受的力为零时，x 的值为多大？

(2) 若点电荷最初置于(1) 中所求得 x 值的 $\dfrac{1}{2}$ 处，要使该电荷向正 x 方向运动，所需最小初速度为多大？

5.4　一点电荷 q 位于成60°的接地导体角域内的点 $M(1,1,0)$ 处，如图所示。(1) 求出所有镜像电荷的位置和大小；(2) 求点 $N(2,1,0)$ 处的电位。

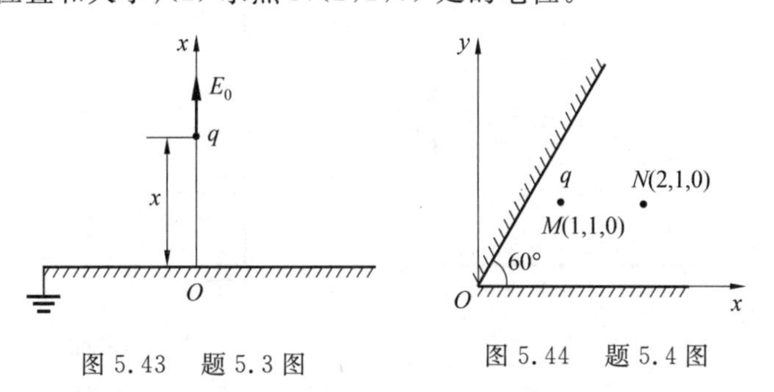

图 5.43　题 5.3 图

图 5.44　题 5.4 图

5.5　真空中一点电荷 $q=10^{-6}$ C，放在半径为 $r=5$ cm 的不接地导体球壳外，距球心为 $d=15$ cm，求：(1) 球面上的电场强度何处最大，其数值为多少？(2) 若将球壳接地，情况如何？

5.6　已知一个半径为 a 的导体球上带电荷为 Q。在球外有一点电荷 q 距球心为 d。证明：当下式成立时，点电荷 q 所受电场力为零

$$\frac{Q}{q}=\frac{a^3(2d^2-a^2)}{d(d^2-a^2)^2}$$

5.7　半径分别为 r_1 和 r_2，介电常数为 ε_r 的介质球壳放在均匀外场 $E_0 a_x$ 中，求球壳内部的电场。

5.8　如图所示，半径为 a 的导体半球放在无限大导体板上。在半球放入前，导体平面上空任一点的电场都等于 E_0，球和导体板的电位都是零，求导体板上半空间的电位。

5.9　半径为 a 的导体球壳上电位为 $\phi = V_0 \sin^2\theta$，求球壳内外的电位。

5.10　半径为 a 的导体球壳被一分为二，上半球电位为 V_0，下半球电位为零，求球内外的电位。

5.11　如图所示，带电量为 q 的点电荷位于无限大接地导体板上方，距板为 z 处。板的上方有一均匀电场 $E = E_0 a_z$，若使作用到 q 上的力为零，问：z =?

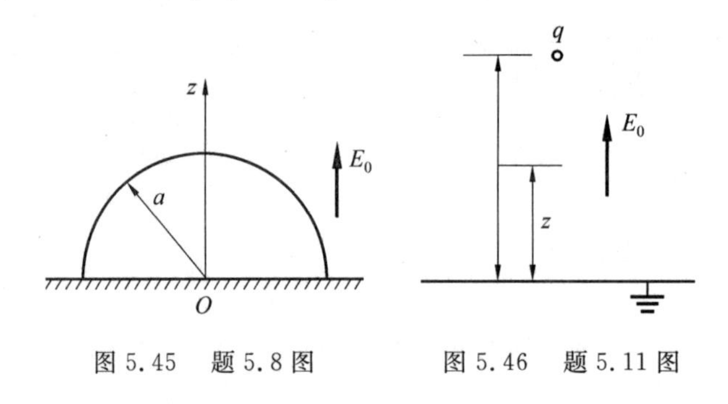

图 5.45　题 5.8 图　　　图 5.46　题 5.11 图

5.12　如图所示，在距地面高为 h 处，与地面平行放置一无限长、半径为 a 的接地导线，其周围有均匀电场 E_0，求导线上每单位长度上的感应电荷。

5.13　如图所示，一线电荷密度为 ρ_l 的无限长细直导线，平行放在接地无限大导体板前 d 处，求导体表面感应电荷密度分布。

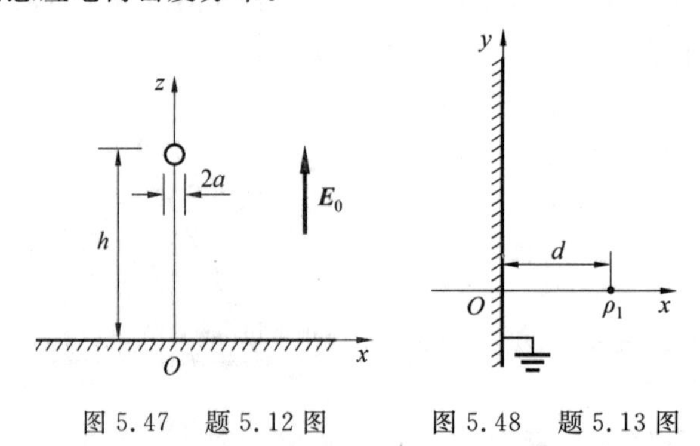

图 5.47　题 5.12 图　　　图 5.48　题 5.13 图

5.14　如图所示，在接地的导体平面上有一半径为 a 的半球凸部，半球的球心在导体平面上，点电荷 q 位于系统的对称轴上并与平面相距为 $d(d>a)$，求上半空间的电位。

5.15　空心导体球壳的内外半径分别为 r_1 和 r_2，在距球心为 $d(d>a)$ 处放置一点电荷 q，(1) 球壳不接地不带电时，求球内外的电位；(2) 球壳不接地并带电为 Q 时，求球内外的电位。

5.16　如图所示，沿 z 轴放一无限长的接地矩形金属槽，其上盖与地绝缘，电位为 $\phi = V_0$，求槽内的电位分布和电场。

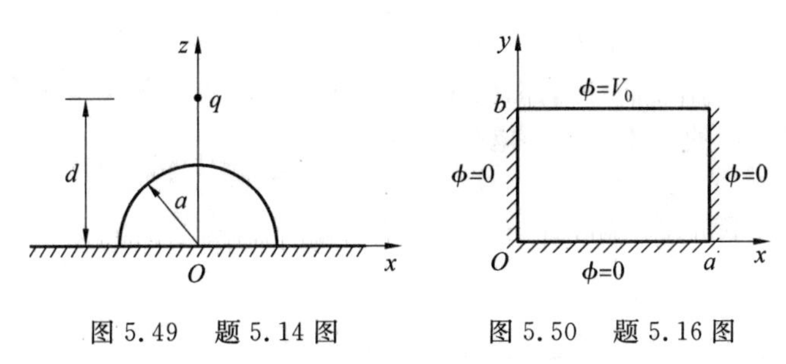

图 5.49　题 5.14 图　　图 5.50　题 5.16 图

5.17　如图所示,$\phi=\sin\frac{\pi}{a}x$,求槽内的电位分布。

5.18　如图所示,已知边界关系为

$$x=0,\quad \phi=V_0$$
$$x=\infty,\quad \phi=0$$
$$y=0,\quad \phi=0$$
$$y=b,\quad \phi=0$$

求此二维区域内的电位分布。

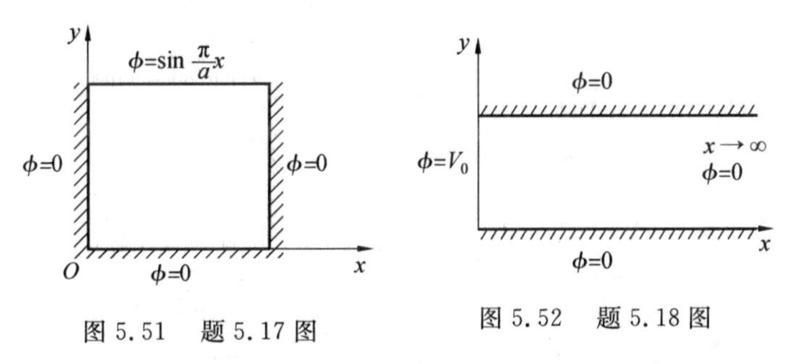

图 5.51　题 5.17 图　　图 5.52　题 5.18 图

5.19　如图所示,无限长矩形导体槽中有一平行的线电荷 q_l,求槽中的电位分布。

[提示:以 $x=x_0$ 平面将场域划分为两个区域,场分布与 z 无关,是二维问题。q_l 转化为边界条件,且可表示为 $\rho=q_l\delta(y-y_0)$。]

5.20　在均匀电场 E_0 垂直放入半径为 a 的无限长导体圆柱,求放入导体后导体内外的电场,并求导体表面上 $\phi=0$ 和 $\phi=\frac{\pi}{2}$ 处的电场。

5.21　一无限长、半径为 a 圆筒被沿轴线切成二等份,一半电位为 V_0,另一半接地($\phi=0$),求圆筒内部的电位。

5.22　如图所示,在半径为 a 的半无限长铁圆筒表面保持零电位,而在 $z=0$ 的底面上保持电位为 V_0,求筒内的电位。

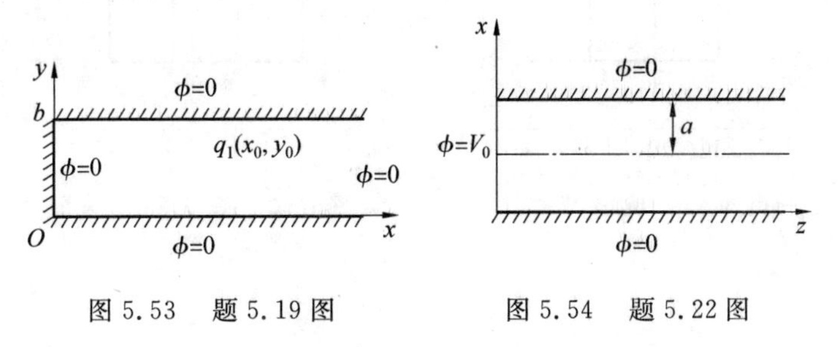

图 5.53　题 5.19 图　　图 5.54　题 5.22 图

5.23 如图所示，在圆筒的两底面电位为零，而侧面上电位为 V_0，求筒内的电位。

5.24 求如图所示的二维区域的电位分布。

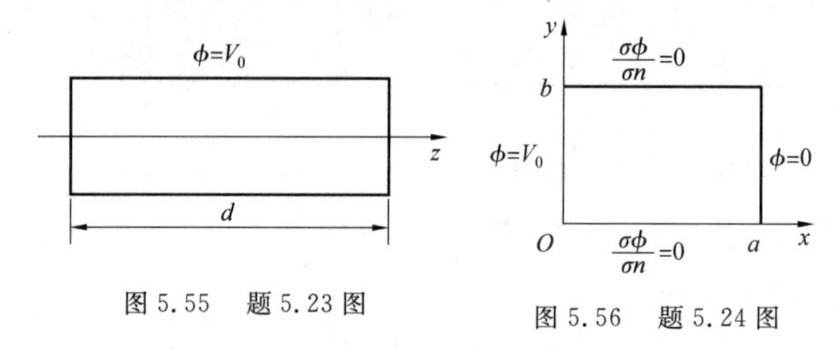

图 5.55 题 5.23 图

图 5.56 题 5.24 图

5.25 两块直角形导体板沿 x 方向和沿 z 方向都是无限长，如图所示。下板电位为 0，上板电位为 ϕ_0。求两板所围区域的电位分布。

5.26 一半径为 6 的圆柱形长直导体位于均匀外电场 E_0 中，导体表面覆盖有一层厚度为 a 的绝缘材料，其介电常数为 ε，如图所示。求导体外各处的电位。

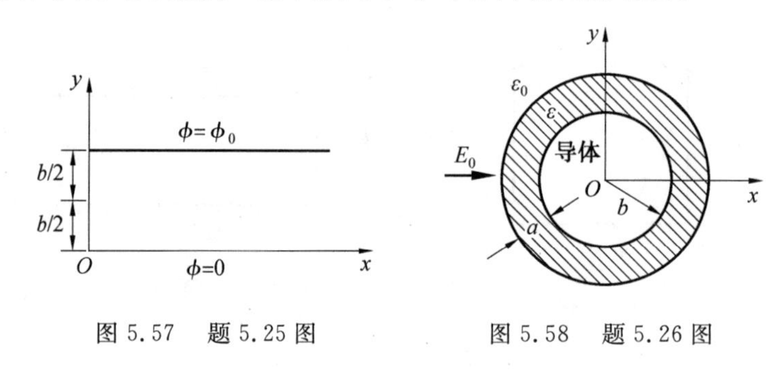

图 5.57 题 5.25 图

图 5.58 题 5.26 图

5.27 如图所示的边值问题，无限长的方形导体槽的截面分为 9 个方格，各边都保持不同的电位。用网格法求场域内四个场点的电位值：$\phi(2,2)$，$\phi(2,3)$，$\phi(3,2)$，$\phi(3,3)$。

5.28 按如图所示的边值问题重做上题。

5.29 若在题 5.27 图中的四个边接地，而在其槽中充满密度为 $\rho_0=-8\varepsilon_0\ \mathrm{C/m^3}$ 的电荷，用网格法重做 27 题。

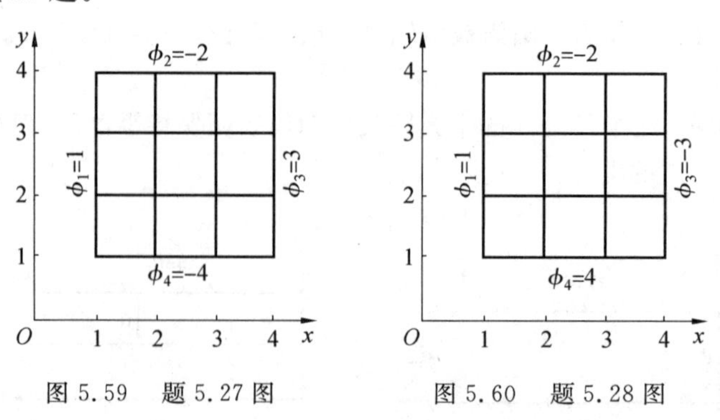

图 5.59 题 5.27 图

图 5.60 题 5.28 图

第 6 章　时变电磁场

前面的章节集中介绍了稳恒场的相关理论。在稳恒条件下，电场与磁场是相互独立的。从本章开始，将介绍在时变条件下，电场和磁场的变化规律。1831 年法拉第通过实验发现了电磁感应定律，该定律说明随时间变化的磁场能够产生电场。该发现进一步开启了人们对于电场和磁场之间耦合关系的探索。麦克斯韦在研究法拉第、安培、高斯及库仑等人的实验结果和理论之后，于 1873 年发表了著名的《电磁通论》。该书将关于电和磁的方程整合在一起，这就是著名的麦克斯韦方程组。麦克斯韦方程组清楚地表明了在时变条件下，电场与磁场间的互相生成关系。我们现在一般所指的麦克斯韦方程组由四个矢量方程组成，该简明形式是奥利弗·赫维赛德等人的功劳。

麦克斯韦的主要贡献在于他将位移电流的概念引入了安培环路定律。这一改变使得人们对电和磁的认识有了一个巨大的突破。麦克斯韦根据其理论预测了电磁波的存在、光也是一种电磁波、电磁波的传播速度为光速等重要结论。赫兹于 1888 年实验证实了电磁波的存在，自此开启了人类的无线时代。

本章以稳恒场方程为基础，将它们推广到更具一般意义，即满足时变条件（包含时间维度）的麦克斯韦方程。我们将会发现稳恒场方程是时变方程的特殊形式。本章后半部分引入波动方程和坡印廷定理的时域和复数形式。

本章所涉及的场量，一般都是空间和时间的函数，例如电场强度 $\boldsymbol{E}(x,y,z,t)$ 和磁场强度 $\boldsymbol{H}(x,y,z,t)$ 等，它们还可分别表示为 $\boldsymbol{E}(\boldsymbol{r},t)$，$\boldsymbol{H}(\boldsymbol{r},t)$。为了使方程简洁，在不引起混淆时，书中将自变量省略，即用如下形式 $\boldsymbol{E}$，$\boldsymbol{H}$。在需要的时候，再恢复自变量的明确标注。

6.1　法拉第电磁感应定律

1831 年法拉第（Faraday）通过实验观察到，当通过闭合线圈的磁通量随时间变化时，在此闭合线圈中就有感应电流产生，如图 6.1 所示。这是人们第一次认识到时变的磁场能够产生电场。法拉第通过反复实验，得出以下结论：当通过任意导体回路的磁通量 Φ 随时间发生变化时，回路中产生感应电动势的大小等于磁通量 Φ 随时间的变化率。由于回路中的感应电流方向及其所产生的磁场方向满足右手关系，则法拉第定律可写为

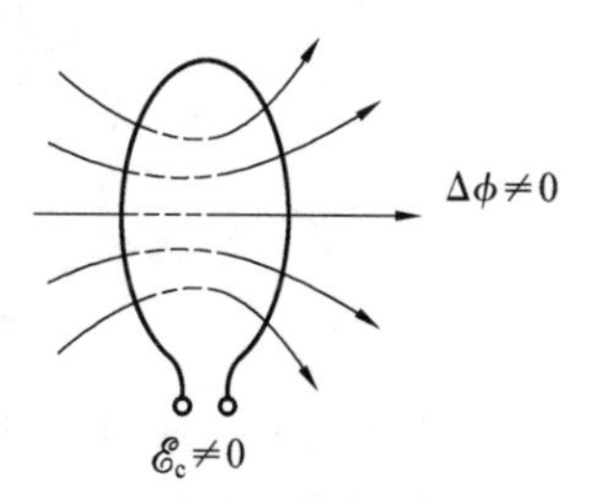

图 6.1　法拉第电磁感应定律

$$\mathscr{E}_c=\oint_C \boldsymbol{E}\cdot \mathrm{d}\boldsymbol{l}=-\frac{\mathrm{d}\Phi}{\mathrm{d}t} \tag{6.1.1}$$

式中，$\boldsymbol{E}$ 是感应电场的强度。

迈克尔·法拉第(Michael Faraday,1791.9.22—1867.8.25)是世界上著名的物理学家、化学家。他出生于英国萨里郡纽因顿一个铁匠家庭。由于家庭贫困,读了两年小学后,他不得不出来为生计打拼。在一家书店当学徒时,他利用闲余时间不断地读书自学,还坚持将书本知识进行实验验证,这奠定了他在今后科研活动中的实验能力。其后法拉第有幸成为著名化学家汉弗莱·戴维的实验助手,自此开始了他的正式科学研究生涯。

1820年,奥斯特发现了电流磁效应,引起了法拉第的极大兴趣。他仔细地检验和分析了该现象,坚信既然电能够产生磁,那么磁也一定能产生电。于是,法拉第开始了寻找磁能产生电的方法。经过近10年的不断探索,不甘放弃的艰苦努力,他终于在1831年的实验过程中偶然发现,当通电线圈接通或中断电流时,另一个线圈中的电流计指针发生微小偏转。法拉第又经过反复实验,还证实了当磁体与闭合线圈做相对运动时,在闭合线圈中也会产生电流。这就是法拉第发现电磁感应定律的艰辛过程。

法拉第作为伟大的实验物理学家,从不满足于实验现象,他还极力探索产生现象的本质问题。他对当时盛行的"超距作用"提出质疑,提出了"磁力线"和"场"等概念来解释电、磁现象,为后来的电磁学理论奠定了基础。可以说法拉第是电磁场学说的创始人。他还通过实验证实了光和磁的相互作用,发现了"磁光效应",为电、磁和光的统一理论奠定了基础。

线圈中感应电动势的方向可由楞次定律(Lenz Law)进行判断。楞次定律说明因磁通量变化而在回路中产生感应电流,该感应电流产生的磁场方向总是试图阻止回路中磁通量的变化。根据楞次定律,使用右手螺旋法则就可以判别回路中感应电动势的方向,如图6.2所示。在图6.2(a)中,当环路中的磁通量时间变化率为正时,回路中感应电流产生的磁场与原磁场方向相反。根据右手螺旋法则:拇指指向回路电流产生的磁场方向,四指指向即为感应电流方向;在图6.2(b)中,当环路中的磁通量时间变化率为负时,回路中感应电动势及感应电流方向与图6.2(a)正好相反。

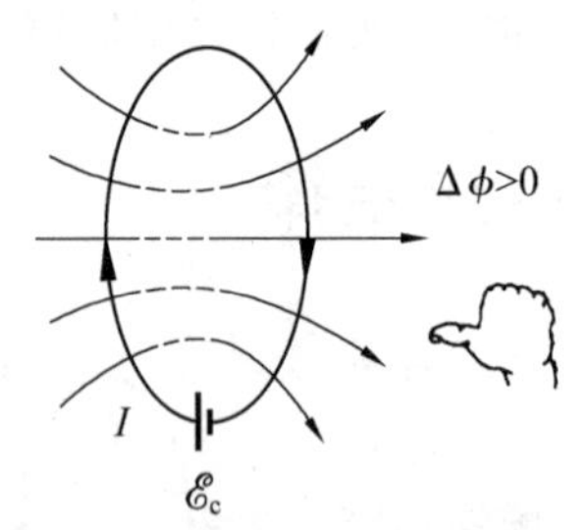

(a) 磁通量增加时回路电动势及电流方向

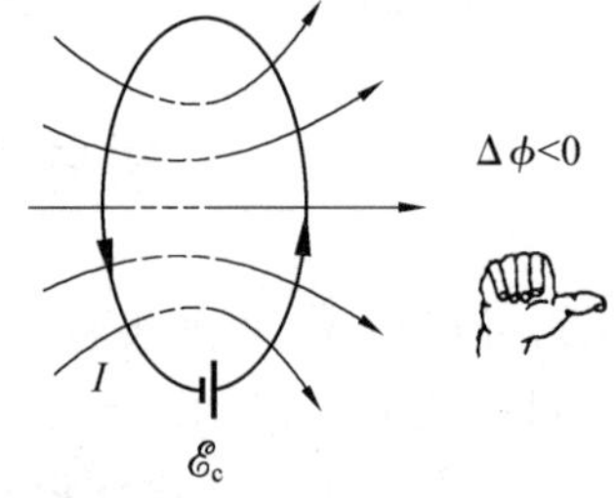

(b) 磁通量减小时回路电动势及电流方向

图6.2　回路中感应电流的方向(楞次定律)

导体回路的磁通量Φ可表示为

$$\Phi=\int_S \boldsymbol{B}\cdot \mathrm{d}\boldsymbol{s} \tag{6.1.2}$$

故有

$$\oint_C \boldsymbol{E}\cdot \mathrm{d}\boldsymbol{l}=-\frac{\mathrm{d}}{\mathrm{d}t}\int_S \boldsymbol{B}\cdot \mathrm{d}\boldsymbol{s} \tag{6.1.3}$$

可以说,通过在变化磁场中放置线圈回路,才使人们发现了电磁感应定律。但也可以想象,不管回路上有没有线圈存在,经过数学抽象的方程都成立。就像当发现电荷在空间中感受到了电场的作用力,而在移走该电荷后,也认为在该空间上存在着电场。

以上获得了电磁感应定律的积分形式，下面推导其微分形式。对于只有磁场变化而回路静止的情形，式(6.1.3) 中的全导数可改写为偏导数，移到积分里面，可得

$$\oint_C \boldsymbol{E} \cdot \mathrm{d}\boldsymbol{l} = -\int_S \frac{\partial \boldsymbol{B}}{\partial t} \cdot \mathrm{d}\boldsymbol{s} \tag{6.1.4}$$

再根据斯托克斯定理，上式变为

$$\int_S (\nabla \times \boldsymbol{E}) \cdot \mathrm{d}\boldsymbol{s} = -\int_S \frac{\partial \boldsymbol{B}}{\partial t} \cdot \mathrm{d}\boldsymbol{s} \tag{6.1.5}$$

因为在空间任意曲面 S 上，上述积分均成立，所以有

$$\nabla \times \boldsymbol{E} = -\frac{\partial \boldsymbol{B}}{\partial t} \tag{6.1.6}$$

该式即为电磁感应定律的微分形式。该式表明当空间某点上的磁场随时间发生变化时，在该点就会产生感应电场。

至此，可知有两种能够产生电场的源：电荷和时变磁场。电荷产生的电场为保守场，如果令电荷产生的电场为 $\boldsymbol{E}_Q$，则有 $\oint_C \boldsymbol{E}_Q \cdot \mathrm{d}\boldsymbol{l} = 0$。时变磁场产生的电场环路积分不为零，因此感应电场不是保守场，为有旋场。一般认为由时变磁场产生的电场没有散度分量，只有旋度分量，故该电场为管形场。

6.2　位移电流

位移电流的概念是由麦克斯韦引入到安培环路定律中的。本节通过分析稳恒电流条件下的安培环路定律和电流连续性方程，说明必须对稳恒条件下的安培环路定律进行修正，才能满足时变条件。

稳恒电流的安培环路定律的微分形式为

$$\nabla \times \boldsymbol{H} = \boldsymbol{J} \tag{6.2.1}$$

将该微分方程取散度，有

$$\nabla \cdot \nabla \times \boldsymbol{H} = \nabla \cdot \boldsymbol{J} = 0 \tag{6.2.2}$$

对比电流连续性方程

$$\nabla \cdot \boldsymbol{J} = -\frac{\partial \rho}{\partial t} \tag{6.2.3}$$

可知，稳恒条件下的安培环路定律与电流连续性方程存在矛盾。根据电荷守恒定律，电荷不能凭空产生或者消失，因此可认为电流连续性方程在时变条件下也是正确的。因此应对稳恒场的安培环路定律进行修正。为此，将电位移矢量的散度方程代入式(6.2.3)，可得

$$\nabla \cdot \boldsymbol{J} + \frac{\partial \rho}{\partial t} = \nabla \cdot \left(\boldsymbol{J} + \frac{\partial \boldsymbol{D}}{\partial t}\right) = 0 \tag{6.2.4}$$

比较式(6.2.4) 和式(6.2.2)，如果将式(6.2.1) 中的 $\boldsymbol{J}$ 用 $\boldsymbol{J} + \frac{\partial \boldsymbol{D}}{\partial t}$ 代替，则安培环路定律和电流连续性方程就吻合了。修正后的方程为

$$\nabla \times \boldsymbol{H} = \boldsymbol{J} + \frac{\partial \boldsymbol{D}}{\partial t} \tag{6.2.5}$$

麦克斯韦将电位移矢量对时间的导数称为位移电流密度矢量。位移电流密度矢量与自由电流密度矢量具有相同的量纲，且具有相同的磁效应。可记作

$$\boldsymbol{J}_\mathrm{d} = \frac{\partial \boldsymbol{D}}{\partial t} \tag{6.2.6}$$

詹姆斯·克拉克·麦克斯韦(James Clerk Maxwell,1831.6.13—1879.11.5),英国物理学家、数学家,经典电动力学创始人,统计物理学奠基人之一。他最伟大的贡献是将电、磁、光统一为由麦克斯韦方程组描述的电磁场理论。

麦克斯韦出生于苏格兰爱丁堡。他自幼天资聪颖,并具有科学天分。1846年,年仅15岁的麦克斯韦就向爱丁堡皇家学院递交了一份科研论文。1850年进入剑桥大学数学系学习,并于1854年毕业留校任职。在任教期间,法拉第的《电学实验研究》使他深受启发。当时的人们受“超距作用”的传统观念影响很深,法拉第从“场”的角度说明电磁原理饱受人们质疑。麦克斯韦在认真地研究了法拉第的著作后,感受到了力线思想的宝贵价值。1855年麦克斯韦发表了第一篇关于电磁学的论文《论法拉第的力线》。

麦克斯韦于1856年在苏格兰阿伯丁的马里沙耳学院任自然哲学教授。1860年到伦敦国王学院任自然哲学和天文学教授。1861年被选为伦敦皇家学会会员。在此期间,他相继发表了《论物理的力线》和《电磁场的动力学理论》等著名论文。1865年麦克斯韦辞去了皇家学院的教席,开始潜心科学研究并总结研究成果。于1873年出版了电磁场理论的经典巨著《电磁通论》。该著作代表着麦克斯韦完成了经典电磁学的完整理论体系。由前人完成的电磁学的经典实验定律,均囊括在麦克斯韦的四个方程组中。麦克斯韦在其理论中引入了著名的位移电流概念,从而预言了电磁波的存在,并推导出电磁波的传播速度等于光速,同时得出结论:光是电磁波的一种形式,因而揭示了光现象和电磁现象之间的联系。爱因斯坦曾把麦克斯韦的电磁场贡献评价为“是牛顿以来,物理学最深刻和最富有成果的工作。”

1871年受聘为剑桥大学首任卡文迪什试验物理学教授,负责筹建著名的卡文迪什实验室。他于1879年11月5日在剑桥逝世。

麦克斯韦对其他科学领域也有重要贡献。例如,在热力学与统计物理学方面,1859年他首次用统计规律得出麦克斯韦速度分布律。在天文学方面,他用数学方法得出土星环是由有各自环绕土星运动轨道的大量小颗粒构成的结论。该结论于20世纪80年代由旅行者计划中对土星进行观测时被证实。

但问题是,修正后的方程(6.2.5)正确吗?上述改变是不是违反了安培的实验定律呢?我们知道在安培环路定律中,实验对象是稳恒电流产生的磁场。在稳态条件下有 $\boldsymbol{J}_{\mathrm{d}}=\frac{\partial \boldsymbol{D}}{\partial t}=0$ 和 $\nabla\cdot\boldsymbol{J}=0$,说明方程(6.2.5)符合安培定律。另外,只有用位移电流密度矢量概念才能解释下面电路所揭示的现象。如图6.3所示,以环路 C_1 为边界做两个曲面 S_1 和 S_2。在时变条件下,有传导电流通过 S_1 曲面,但没有传导电流通过 S_2 曲面。由于在电容充放电过程中,极板间的电场强度随时间发生变化,因此有位移电流通过 S_2 曲面。根据安培环路定律可有

$$\oint_C \boldsymbol{H}\cdot \mathrm{d}\boldsymbol{l}=\int_{S_1}\boldsymbol{J}_{\mathrm{c}}\cdot \mathrm{d}\boldsymbol{s}=\int_{S_2}\boldsymbol{J}_{\mathrm{d}}\cdot \mathrm{d}\boldsymbol{s} \tag{6.2.7}$$

其中,$\boldsymbol{J}_{\mathrm{c}}$ 为传导电流密度矢量。

如果不引入位移电流密度矢量,式(6.2.7)中通过两个曲面的电流通量不相等,就会产生矛盾。从另一个角度看,对两个曲面 S_1 和 S_2 构成的封闭曲面 S 来说,电流是连续的,即

$$\int_S \boldsymbol{J}\cdot \mathrm{d}\boldsymbol{s}=-\int_{S_1}\boldsymbol{J}_{\mathrm{c}}\cdot \mathrm{d}\boldsymbol{s}+\int_{S_2}\boldsymbol{J}_{\mathrm{d}}\cdot \mathrm{d}\boldsymbol{s}=\int_V \nabla\cdot\left(\boldsymbol{J}_{\mathrm{c}}+\frac{\partial \boldsymbol{D}}{\partial t}\right)\mathrm{d}v=0 \tag{6.2.8}$$

式(6.2.8)中,传导电流的面积分取负号是因为闭合曲面 S 和非闭合曲面 S_1 积分中,面

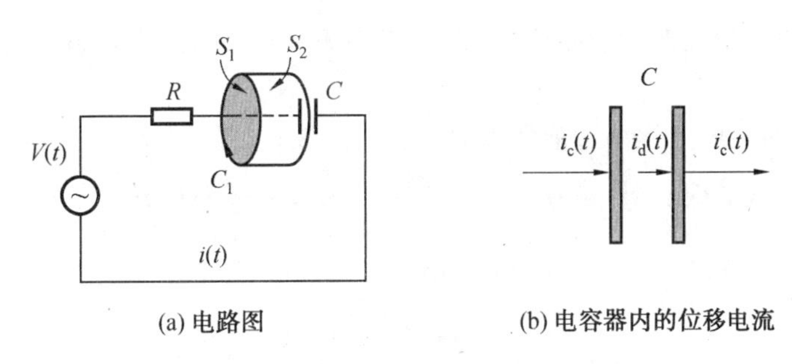

(a) 电路图　　(b) 电容器内的位移电流

图 6.3　*RC* 交流电路

单元的法向方向相反。

如果令 $I_c=\int_{S_1}\boldsymbol{J}_c\cdot\mathrm{d}\boldsymbol{s}$ 及 $I_d=\int_{S_2}\boldsymbol{J}_d\cdot\mathrm{d}\boldsymbol{s}$，则有 $I_c=I_d$。由图 6.3(b) 可以看出，位移电流实现了电流连续的情形。

安培环路定律式(6.2.5) 的积分形式为

$$\oint_C\boldsymbol{H}\cdot\mathrm{d}\boldsymbol{l}=\int_S\boldsymbol{J}\cdot\mathrm{d}\boldsymbol{s}+\int_S\frac{\partial\boldsymbol{D}}{\partial t}\cdot\mathrm{d}\boldsymbol{s}\tag{6.2.9}$$

例 6.1　应用电路知识证明电容器中的位移电流等于导线中的传导电流。

证明　如图 6.3(a) 所示，假设电容器的极板面积为 A，极板内的电荷密度为 ρ_s，则电容内存储的电量为

$$Q=\rho_s A$$

由电磁场的边界条件可知，电容器极板间的电位移矢量为

$$D=\rho_s$$

则位移电流为

$$I_d=A\frac{\partial D}{\partial t}=A\frac{\partial\rho_s}{\partial t}$$

导线上的传导电流为

$$I_c=\frac{\partial Q}{\partial t}=A\frac{\partial\rho_s}{\partial t}$$

因此

$$I_c=I_d$$

证毕。

6.3　时变条件下电场和磁场的散度方程

散度方程不是独立方程，可由旋度方程导出。因此可由时变旋度方程出发，验证稳态条件下的散度方程是否适用于时变条件。首先以微分方程式(6.1.6) 和式(6.2.5) 为例进行说明。

对电场的旋度方程(6.1.6) 取散度，有

$$\nabla\cdot(\nabla\times\boldsymbol{E})=-\frac{\partial}{\partial t}(\nabla\cdot\boldsymbol{B})=0\tag{6.3.1}$$

上式说明磁感应强度的散度不随时间变化，始终保持为某个常数，该常数由初始条件确定。可以设想，在初始时刻以前，空间某处不存在磁场或只有稳恒磁场，即有 $\nabla\cdot\boldsymbol{B}=0$；则在

某一时刻以后即使场值随时间发生变化，也必有$\nabla\cdot\boldsymbol{B}=0$。因此，式$\nabla\cdot\boldsymbol{B}=0$在时变条件下也成立。

同理，对磁场的旋度方程两边取散度，可得

$$\nabla\cdot(\nabla\times\boldsymbol{H})=\nabla\cdot\left(\boldsymbol{J}+\frac{\partial\boldsymbol{D}}{\partial t}\right)=\nabla\cdot\boldsymbol{J}+\frac{\partial}{\partial t}(\nabla\cdot\boldsymbol{D})=0 \tag{6.3.2}$$

将电流连续方程(6.2.3)代入上式，可得

$$\frac{\partial}{\partial t}(-\rho+\nabla\cdot\boldsymbol{D})=0 \tag{6.3.3}$$

同前面的思路一样，可知$\nabla\cdot\boldsymbol{D}=\rho$。说明电场的散度方程在时变条件下和稳态条件下具有相同的形式。

6.4 麦克斯韦方程组

时变条件下的电磁场方程组一般称为麦克斯韦方程组。结合前三节的分析，麦克斯韦方程组的微分和积分形式可分别归纳如下。

麦克斯韦方程组的微分形式为

$$\nabla\times\boldsymbol{E}=-\frac{\partial\boldsymbol{B}}{\partial t} \tag{6.4.1}$$

$$\nabla\times\boldsymbol{H}=\boldsymbol{J}+\frac{\partial\boldsymbol{D}}{\partial t} \tag{6.4.2}$$

$$\nabla\cdot\boldsymbol{B}=0 \tag{6.4.3}$$

$$\nabla\cdot\boldsymbol{D}=\rho \tag{6.4.4}$$

积分形式为

$$\oint_C\boldsymbol{E}\cdot d\boldsymbol{l}=-\int_S\frac{\partial\boldsymbol{B}}{\partial t}\cdot d\boldsymbol{s} \tag{6.4.5}$$

$$\oint_C\boldsymbol{H}\cdot d\boldsymbol{l}=\int_S\boldsymbol{J}\cdot d\boldsymbol{s}+\int_S\frac{\partial\boldsymbol{D}}{\partial t}\cdot d\boldsymbol{s} \tag{6.4.6}$$

$$\oint_S\boldsymbol{B}\cdot d\boldsymbol{s}=0 \tag{6.4.7}$$

$$\oint_S\boldsymbol{D}\cdot d\boldsymbol{s}=\int_V\rho\, dv \tag{6.4.8}$$

请注意，微分方程(6.4.2)和积分方程(6.4.6)中的电流密度矢量实际上包含了两项：传导电流和源电流，即

$$\boldsymbol{J}=\boldsymbol{J}_c+\boldsymbol{J}' \tag{6.4.9}$$

其中，$\boldsymbol{J}'$为外加源产生的电流密度矢量。

需要指出的是，麦克斯韦方程组是基于物理实验和在一定的假设条件下，对电磁现象的宏观数学描述。是否可靠，应该经得起实践检验。幸运的是，迄今为止，以麦克斯韦方程组为基础的电磁理论，不但通过了实践验证，而且成为人类进行有关电磁活动的有力工具。

当时变电磁场发生在媒质中时，媒质中的带电粒子与电磁场发生作用，因此媒质的电磁性质影响着电磁场的行为。在宏观尺度上，以媒质的本构方程来描述带电粒子与电磁场之间的作用关系。一般来说，时变场的本构方程比静态场的本构方程复杂。但对于线性、均

匀、各向同性的静止媒质而言，本构方程具有与稳恒场本构方程相同的形式，即

$$\boldsymbol{D}=\varepsilon\boldsymbol{E} \tag{6.4.10}$$

$$\boldsymbol{B}=\mu\boldsymbol{H} \tag{6.4.11}$$

$$\boldsymbol{J}=\sigma\boldsymbol{E} \tag{6.4.12}$$

其中，ε，μ，σ 分别为媒质的介电系数、磁导率和电导率，单位与稳恒场时的情况相同。

式(6.4.12)称为欧姆定律。如果空间点上有传导电流同时还有源电流，方程变为

$$\boldsymbol{J}=\boldsymbol{J}_c+\boldsymbol{J}'=\sigma(\boldsymbol{E}+\boldsymbol{E}') \tag{6.4.13}$$

其中，$\boldsymbol{E}'$ 为外加源(如电池等)所产生的电场强度。

将上述本构方程分别代入麦克斯韦方程组的微分形式(6.4.1)～(6.4.4)中，得到限定形式的麦克斯韦方程的微分形式：

$$\nabla\times\boldsymbol{E}=-\mu\frac{\partial\boldsymbol{H}}{\partial t} \tag{6.4.14}$$

$$\nabla\times\boldsymbol{H}=\sigma\boldsymbol{E}+\varepsilon\frac{\partial\boldsymbol{E}}{\partial t} \tag{6.4.15}$$

$$\nabla\cdot\boldsymbol{H}=0 \tag{6.4.16}$$

$$\nabla\cdot\boldsymbol{E}=\frac{\rho}{\varepsilon} \tag{6.4.17}$$

将上述本构方程分别代入麦克斯韦方程组的积分形式(6.4.5)～(6.4.8)中，得到限定形式的麦克斯韦方程的积分形式：

$$\oint_C\boldsymbol{E}\cdot\mathrm{d}\boldsymbol{l}=-\mu\int_S\frac{\partial\boldsymbol{H}}{\partial t}\cdot\mathrm{d}\boldsymbol{s} \tag{6.4.18}$$

$$\oint_C\boldsymbol{H}\cdot\mathrm{d}\boldsymbol{l}=\int_S\sigma\boldsymbol{E}\cdot\mathrm{d}\boldsymbol{s}+\varepsilon\int_S\frac{\partial\boldsymbol{E}}{\partial t}\cdot\mathrm{d}\boldsymbol{s} \tag{6.4.19}$$

$$\oint_S\boldsymbol{H}\cdot\mathrm{d}\boldsymbol{s}=0 \tag{6.4.20}$$

$$\oint_S\boldsymbol{E}\cdot\mathrm{d}\boldsymbol{s}=\frac{1}{\varepsilon}\int_V\rho\,\mathrm{d}v \tag{6.4.21}$$

除了麦克斯韦方程组和本构方程之外，有时还会用到洛伦兹力方程。洛伦兹力方程描述的是在电磁场中运动的电荷，受到来自电场和磁场的作用力为

$$\boldsymbol{F}=Q(\boldsymbol{E}+\boldsymbol{v}\times\boldsymbol{B}) \tag{6.4.22}$$

其中，Q 为电荷的带电量；$\boldsymbol{v}$ 为电荷的运动速度。

例 6.2　求无源区非导电媒质中麦克斯韦方程组的微分和积分形式。

解　对于无源区非导电媒质，有 $\sigma=0$，$\rho=0$，则

麦克斯韦方程组的微分形式为

$$\nabla\times\boldsymbol{E}=-\frac{\partial\boldsymbol{B}}{\partial t} \tag{6.4.23}$$

$$\nabla\times\boldsymbol{H}=\frac{\partial\boldsymbol{D}}{\partial t} \tag{6.4.24}$$

$$\nabla\cdot\boldsymbol{B}=0 \tag{6.4.25}$$

$$\nabla\cdot\boldsymbol{D}=0 \tag{6.4.26}$$

相应的积分形式为

$$\oint_C \boldsymbol{E} \cdot \mathrm{d}\boldsymbol{l} = -\int_S \frac{\partial \boldsymbol{B}}{\partial t} \cdot \mathrm{d}\boldsymbol{s} \tag{6.4.27}$$

$$\oint_C \boldsymbol{H} \cdot \mathrm{d}\boldsymbol{l} = \int_S \frac{\partial \boldsymbol{D}}{\partial t} \cdot \mathrm{d}\boldsymbol{s} \tag{6.4.28}$$

$$\oint_S \boldsymbol{B} \cdot \mathrm{d}\boldsymbol{s} = 0 \tag{6.4.29}$$

$$\oint_S \boldsymbol{D} \cdot \mathrm{d}\boldsymbol{s} = 0 \tag{6.4.30}$$

例 6.3 已知在空气中磁场强度为 $\boldsymbol{H}=\boldsymbol{a}_x 20\cos\left[2\pi\times10^6(t-\sqrt{\varepsilon_0\mu_0}\,z)\right]$ A/m，求电场强度和位移电流。

解 由麦克斯韦微分方程(6.4.24)，可得位移电流为

$$\boldsymbol{J}_\mathrm{d} = \frac{\partial \boldsymbol{D}}{\partial t} = \nabla\times\boldsymbol{H} = \begin{vmatrix} \boldsymbol{a}_x & \boldsymbol{a}_y & \boldsymbol{a}_z \\ \dfrac{\partial}{\partial x} & \dfrac{\partial}{\partial y} & \dfrac{\partial}{\partial z} \\ H_x & 0 & 0 \end{vmatrix} = \boldsymbol{a}_y \frac{\partial \boldsymbol{H}_x}{\partial z}$$

$$= \boldsymbol{a}_y 40\pi\times10^6\sqrt{\varepsilon_0\mu_0}\sin\left[2\pi\times10^6(t-\sqrt{\varepsilon_0\mu_0}\,z)\right]\ (\mathrm{A/m^2})$$

电场强度为

$$\boldsymbol{E} = \frac{\boldsymbol{D}}{\varepsilon_0} = \frac{1}{\varepsilon_0}\int\frac{\partial\boldsymbol{D}}{\partial t}\mathrm{d}t = \frac{\boldsymbol{a}_y 40\pi\times10^6\sqrt{\varepsilon_0\mu_0}}{\varepsilon_0}\int\sin\left[2\pi\times10^6(t-\sqrt{\varepsilon_0\mu_0}\,z)\right]\mathrm{d}t$$

$$= -\boldsymbol{a}_y 20\sqrt{\frac{\mu_0}{\varepsilon_0}}\cos\left[2\pi\times10^6(t-\sqrt{\varepsilon_0\mu_0}\,z)\right]$$

$$= -\boldsymbol{a}_y\sqrt{\frac{\mu_0}{\varepsilon_0}}H_x$$

$$\approx -377\boldsymbol{a}_y H_x\ (\mathrm{V/m})$$

6.5 时变电磁场的边界条件

媒质边界是指由两种不同媒质外表面相互接触形成的分界面，该分界面为没有厚度的平面或曲面，分界面本身不存在电磁特性。由于分界面两侧媒质不同，因此在分界面处媒质的电磁参数不连续。根据形成边界的媒质的性质，在分界面上可能存在表面电荷或者表面电流。以上是对媒质边界在宏观尺度上的一种简化处理。

结合以上分析可知，由于分界面两侧媒质的不同而引起分界面处电磁参数发生突变，可能造成场量不连续。因为在场量不连续处不存在导数，所以在边界上，麦克斯韦微分方程将失去意义，但是积分方程不受不连续场量的影响，仍然适用。因此，可从积分形式的麦克斯韦方程组出发，导出电磁场的边界条件。

因此，电磁场的边界条件是指在媒质分界面处，由麦克斯韦积分方程导出的场量方程。边界条件方程是麦克斯韦方程组在媒质分界面上的表述形式。

通过对比时变场和稳恒场的积分方程可以看出，它们的散度方程相同而旋度方程不同。其中散度方程确定了边界条件上有关场量法向分量之间的关系，旋度方程确定了边界条件上有关场量切向分量之间的关系。故而时变场与稳恒场中涉及场量的法向分量边界条

件方程应具有相同的形式。但应注意，在时变条件下方程的各项都可能是时间的函数(时变的)。

6.5.1　D 和 B 的法向分量方程

先推导 $\boldsymbol{D}$ 的法向分量边界条件。如图 6.4 所示，其中媒质 1 的电磁参数为 $\varepsilon_1,\mu_1,\sigma_1$；媒质 2 的电磁参数为 $\varepsilon_2,\mu_2,\sigma_2$。$\boldsymbol{n}$ 为边界上由媒质 2 指向媒质 1 的法向单位矢量。

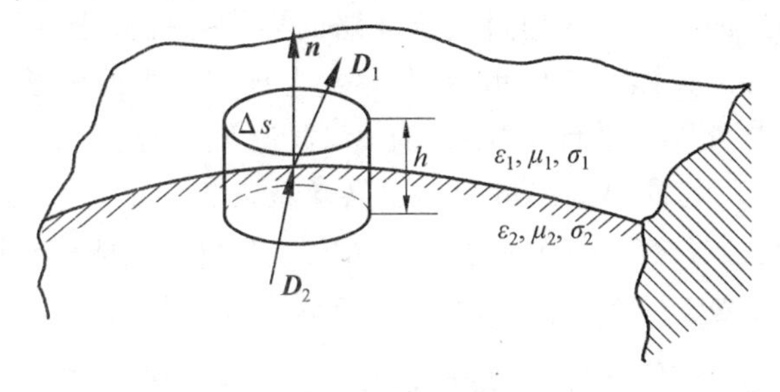

图 6.4　法向分量的边界条件

因为散度积分方程描述的是关于空间体积内的场量连续性方程，因而通常以一个微小的体积元来求解边界条件。如图 6.4 所示，在跨越媒质的边界上作一个底面积为 Δs、高度为 h 的扁平圆柱体。当 Δs 很小时，可认为在圆柱上下底面上的场是均匀的。将式(6.4.8)应用到该微小圆柱体上，可知通过圆柱体所有表面的电位移矢量的通量之和等于该体积内总自由电荷量。即

$$\boldsymbol{D}_1\cdot\boldsymbol{n}\Delta s-\boldsymbol{D}_2\cdot\boldsymbol{n}\Delta s+\Delta\phi_D=\rho h\Delta s \tag{6.5.1}$$

式中，ρ 为自由电荷密度；$\Delta\phi_D$ 为 $\boldsymbol{D}$ 通过柱体侧面的电位移矢量通量。当 $h\to 0$ 时，圆柱体侧面面积趋近于 0，而 $\boldsymbol{D}$ 为有限值，因此 $\Delta\phi_D\to 0$。

如果分界面上存在自由面电荷，则当 $h\to 0$ 时，有

$$\lim_{h\to 0}\rho h=\rho_s \tag{6.5.2}$$

其中，ρ_s 为自由面电荷密度。媒质边界上是否存在自由表面电荷，应由媒质的实际情况决定。例如当其中一个媒质为理想导体时，分界面处的理想导体表面上可能存在自由电荷密度；当两个媒质都为良介质时，分界面上不存在自由电荷密度。将等式(6.5.1)两端消去 Δs 项，于是有

$$\boldsymbol{n}\cdot(\boldsymbol{D}_1-\boldsymbol{D}_2)=\rho_s \tag{6.5.3}$$

或者

$$D_{1n}-D_{2n}=\rho_s \tag{6.5.4}$$

上二式表明，如果在分界面上有自由表面电荷，电位移矢量 $\boldsymbol{D}$ 的法向分量不连续。根据本构关系，电场强度的法向分量边界条件为

$$\varepsilon_1E_{1n}-\varepsilon_2E_{2n}=\rho_s \tag{6.5.5}$$

对于 $\boldsymbol{B}$ 的法向分量的边界条件，按照相同的步骤，将积分方程(6.4.7)应用到分界面的微小圆柱体上。因为不存在磁荷，则有

$$\boldsymbol{n}\cdot(\boldsymbol{B}_1-\boldsymbol{B}_2)=0 \tag{6.5.6}$$

或者

$$B_{1n}=B_{2n} \tag{6.5.7}$$

上式表明，磁感应强度 $\boldsymbol{B}$ 的法向分量在分界面上总是连续的。根据本构关系，磁场强度

的法向分量边界条件为

$$\mu_1 H_{1n} = \mu_2 H_{2n} \tag{6.5.8}$$

6.5.2 E 和 H 的切向分量方程

如图 6.5 所示的两种媒质的分界面，媒质 1 的电磁参数为 $\varepsilon_1, \mu_1, \sigma_1$；媒质 2 的电磁参数为 $\varepsilon_2, \mu_2, \sigma_2$。设分界面的法向单位矢量为 $\boldsymbol{n}$，方向为由媒质 2 指向媒质 1。

因为旋度方程描述的是与场量通过闭合环路的环量有关方程，因而通常作一个微小的面积元来求解边界条件。如图 6.5 所示，在分界面上任作一小的矩形回路，回路的两条边分别位于分界面两侧并与分界面平行，回路长为 Δl，宽为 h。回路所围面积的法向单位矢量为 $\boldsymbol{N}$，分界面上与 Δl 平行的切向单位矢量为 $\boldsymbol{t}$，且各单位矢量满足右手关系 $\boldsymbol{N} \times \boldsymbol{n} = \boldsymbol{t}$。

将积分形式的旋度方程(6.4.6) 应用于回路上。对方程左侧取极限，当 $h \to 0$ 时，因为 $\boldsymbol{H}$ 为有限值，故 $\boldsymbol{H}$ 沿两宽边 h 的线积分量为零；同时方程的右侧也取极限，当 $h \to 0$ 时，微元面积 $\Delta s = h\Delta l \to 0$。 因为 $\dfrac{\partial \boldsymbol{D}}{\partial t}$ 也为有限值，则有 $\int_{\Delta s} \dfrac{\partial \boldsymbol{D}}{\partial t} \cdot \mathrm{d}\boldsymbol{s} = 0$，因此积分方程简化为

$$\boldsymbol{H}_1 \cdot \boldsymbol{t}\Delta l - \boldsymbol{H}_2 \cdot \boldsymbol{t}\Delta l = \lim_{h\to 0} \boldsymbol{J} \cdot \Delta s = \lim_{h\to 0} \boldsymbol{J} \cdot h\Delta l \boldsymbol{N} \tag{6.5.9}$$

如果在分界面上存在自由面电流，则有

$$\lim_{h\to 0} \boldsymbol{J} h = \boldsymbol{J}_s \tag{6.5.10}$$

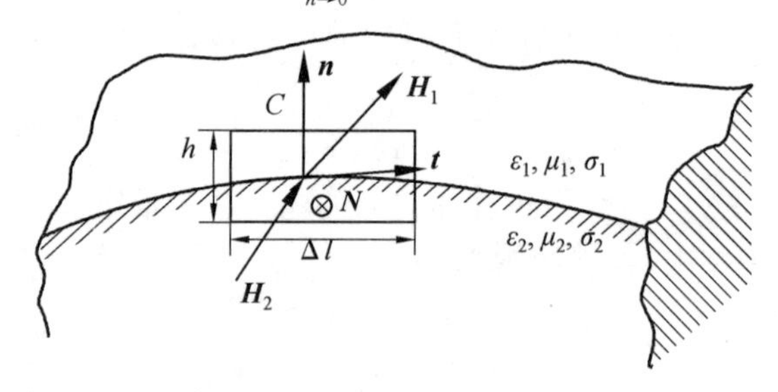

图 6.5　切向分量边界条件

其中，$\boldsymbol{J}_s$ 为电流面密度矢量，与法向分量边界条件中的将体电荷密度变为面电荷密度是同一种处理方法。边界条件中是否存在自由面电流密度矢量，由媒质的实际情况确定。例如当其中一种媒质为理想导体时，分界面处的理想导体表面上可能存在自由面电流密度矢量；当两种媒质都为良介质时，分界面上不存在自由面电流密度矢量。对等式(6.5.9) 两端消去 Δl，并代入关系式 $\boldsymbol{N} \times \boldsymbol{n} = \boldsymbol{t}$，于是有

$$(\boldsymbol{H}_1 - \boldsymbol{H}_2) \cdot (\boldsymbol{N} \times \boldsymbol{n}) = \boldsymbol{J}_s \cdot \boldsymbol{N} \tag{6.5.11}$$

由矢量恒等式 $\boldsymbol{A} \cdot (\boldsymbol{B} \times \boldsymbol{C}) = (\boldsymbol{C} \times \boldsymbol{A}) \cdot \boldsymbol{B}$，可得

$$[\boldsymbol{n} \times (\boldsymbol{H}_1 - \boldsymbol{H}_2)] \cdot \boldsymbol{N} = \boldsymbol{J}_s \cdot \boldsymbol{N} \tag{6.5.12}$$

对于围绕分界面上固定一点，由于环路 C 是任取的，则 N 也是任意的。即上式的左右两端对任何方向 $\boldsymbol{N}$ 的投影都相等。说明二者大小相等，方向相同。因而有

$$\boldsymbol{n} \times (\boldsymbol{H}_1 - \boldsymbol{H}_2) = \boldsymbol{J}_s \tag{6.5.13}$$

其标量形式可为

$$H_{1t} - H_{2t} = J_s \tag{6.5.14}$$

上式的物理含义是，在存在自由面电流的分界面上，$\boldsymbol{H}$ 的切向分量不连续。根据本构关

系，磁感应强度的切向分量的边界条件为

$$\frac{B_{1t}}{\mu_1}-\frac{B_{2t}}{\mu_2}=J_s \tag{6.5.15}$$

同理，对于电场强度 $\boldsymbol{E}$ 的切向分量的边界条件，将积分方程(6.4.5) 应用于分界面的矩形回路上，即有

$$\boldsymbol{n}\times(\boldsymbol{E}_1-\boldsymbol{E}_2)=0 \tag{6.5.16}$$

或者

$$\boldsymbol{E}_{1t}=\boldsymbol{E}_{2t} \tag{6.5.17}$$

上式表明，$\boldsymbol{E}$ 的切向分量在分界面上总是连续的。根据本构关系，电位移矢量的切向分量的边界条件为

$$\frac{D_{1t}}{\varepsilon_1}=\frac{D_{2t}}{\varepsilon_2} \tag{6.5.18}$$

综上，可将麦克斯韦方程组及边界条件的对应关系归纳，见表 6.1。

表 6.1　麦克斯韦方程组及边界条件

麦克斯韦方程组	矢量形式边界条件	标量形式边界条件	
$\nabla\times\boldsymbol{E}=-\frac{\partial\boldsymbol{B}}{\partial t}$	$\boldsymbol{n}\times(\boldsymbol{E}_1-\boldsymbol{E}_2)=0$	$E_{1t}=E_{2t}$	$\frac{D_{1t}}{\varepsilon_1}=\frac{D_{2t}}{\varepsilon_2}$
$\nabla\times\boldsymbol{H}=\boldsymbol{J}+\frac{\partial\boldsymbol{D}}{\partial t}$	$\boldsymbol{n}\times(\boldsymbol{H}_1-\boldsymbol{H}_2)=\boldsymbol{J}_s$	$H_{1t}-H_{2t}=J_s$	$\frac{B_{1t}}{\mu_1}-\frac{B_{2t}}{\mu_2}=J_s$
$\nabla\cdot\boldsymbol{D}=\rho$	$\boldsymbol{n}\cdot(\boldsymbol{D}_1-\boldsymbol{D}_2)=\rho_s$	$D_{1n}-D_{2n}=\rho_s$	$\varepsilon_1E_{1n}-\varepsilon_2E_{2n}=\rho_s$
$\nabla\cdot\boldsymbol{B}=0$	$\boldsymbol{n}\cdot(\boldsymbol{B}_1-\boldsymbol{B}_2)=0$	$B_{1n}=B_{2n}$	$\mu_1H_{1n}=\mu_2H_{2n}$

6.5.3　特殊情况下的边界条件

本节我们讨论两种常用情况的边界条件。

1. 理想介质与理想介质分界面

对理想介质来说，不导电，故电导率等于零。在分界面上不存在自由面电荷密度和面电流密度矢量，即 $\boldsymbol{J}_s=\boldsymbol{0}$ 和 $\rho_s=0$，故边界条件可简化为

$$\boldsymbol{n}\times(\boldsymbol{E}_1-\boldsymbol{E}_2)=\boldsymbol{0} \tag{6.5.19}$$

$$\boldsymbol{n}\times(\boldsymbol{H}_1-\boldsymbol{H}_2)=\boldsymbol{0} \tag{6.5.20}$$

$$\boldsymbol{n}\cdot(\boldsymbol{D}_1-\boldsymbol{D}_2)=0 \tag{6.5.21}$$

$$\boldsymbol{n}\cdot(\boldsymbol{B}_1-\boldsymbol{B}_2)=0 \tag{6.5.22}$$

边界条件的标量形式可参照表 6.1，并做相应的变化。

2. 理想介质与理想导体分界面

理想导体电导率为无穷大，即 $\sigma=\infty$。因为体电流密度矢量 $\boldsymbol{J}$ 为有限值，则必有理想导体内部电场强度 $\boldsymbol{E}$ 处处为零。根据方程 $\nabla\times\boldsymbol{E}=-\frac{\partial\boldsymbol{B}}{\partial t}$，若不考虑恒定磁场，则磁感应强度 $\boldsymbol{B}$ 也处处为零。设媒质 1 为理想介质，媒质 2 为理想导体，则 $\boldsymbol{E}_2=\boldsymbol{0}$，$\boldsymbol{D}_2=\boldsymbol{0}$，$\boldsymbol{H}_2=\boldsymbol{0}$，$\boldsymbol{B}_2=\boldsymbol{0}$，边界条件简化为

$$\boldsymbol{n} \times \boldsymbol{E}_1 = \boldsymbol{0} \tag{6.5.23}$$

$$\boldsymbol{n} \times \boldsymbol{H}_1 = \boldsymbol{J}_s \tag{6.5.24}$$

$$\boldsymbol{n} \cdot \boldsymbol{D}_1 = \rho_s \tag{6.5.25}$$

$$\boldsymbol{n} \cdot \boldsymbol{B}_1 = 0 \tag{6.5.26}$$

例 6.4　如图 6.6 所示，空气（媒质 1）与某介质（媒质 2）的分界面位于坐标系的 xOz 平面内。已知媒质 2 中电场强度为

$$\boldsymbol{E}_2(x,t) = (\boldsymbol{a}_y 5 + \boldsymbol{a}_z 10)\cos(\omega t - kx)\ \text{V/m}$$

其中，$k = \omega\sqrt{\varepsilon\mu_0}$，$\varepsilon = 2\varepsilon_0$ 为媒质 2 的介电常数。

求：分界面上方空气中的电场与磁场强度。

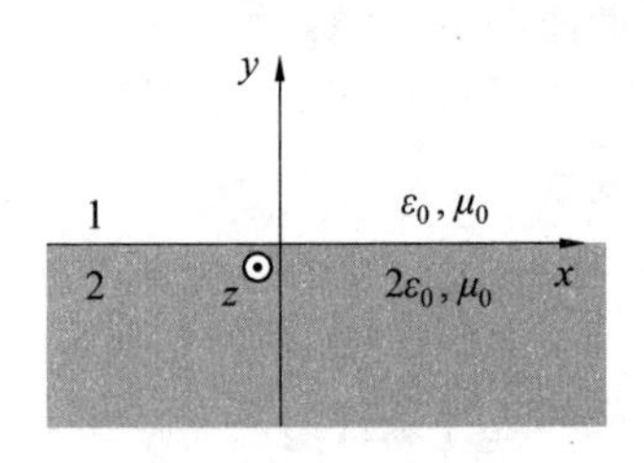

图 6.6　例 6.4 图

解　可先根据电场求出介质 2 中的磁场强度，再根据边界条件求空气中的电磁场强度。

根据麦克斯韦方程组，可知

$$\frac{\partial \boldsymbol{H}_2}{\partial t} = -\frac{1}{\mu_0}\nabla \times \boldsymbol{E}_2 = -\frac{1}{\mu_0}\begin{vmatrix} \boldsymbol{a}_x & \boldsymbol{a}_y & \boldsymbol{a}_z \\ \dfrac{\partial}{\partial x} & \dfrac{\partial}{\partial y} & \dfrac{\partial}{\partial z} \\ 0 & E_{2y} & E_{2z} \end{vmatrix}$$

$$= -\frac{1}{\mu_0}\left(-\boldsymbol{a}_y \frac{\partial E_{2z}}{\partial x} + \boldsymbol{a}_z \frac{\partial E_{2y}}{\partial x}\right)$$

$$= \frac{1}{\mu_0}(\boldsymbol{a}_y 10k - \boldsymbol{a}_z 5k)\sin(\omega t - kx)$$

对上式积分，则介质 2 中的磁场为

$$\boldsymbol{H}_2 = \int \frac{\partial \boldsymbol{H}_2}{\partial t}\mathrm{d}t = \frac{1}{\mu_0}(\boldsymbol{a}_y 10k - \boldsymbol{a}_z 5k)\int \sin(\omega t - kx)\mathrm{d}t$$

$$= \frac{k}{\omega\mu_0}(-\boldsymbol{a}_y 10 + \boldsymbol{a}_z 5)\cos(\omega t - kx)$$

$$= \sqrt{\frac{\varepsilon}{\mu_0}}(-\boldsymbol{a}_y 10 + \boldsymbol{a}_z 5)\cos(\omega t - kx)\ (\text{A/m})$$

根据边界条件，可确定分界面空气侧的电场强度 $\boldsymbol{E}_1(x,t)$ 和磁场强度 $\boldsymbol{H}_1(x,t)$。因为 $\boldsymbol{E}_1$，$\boldsymbol{H}_1$ 与 y 无关，因此空气侧任何位置上的场都可由边界上的值确定。

在边界上，电场强度和磁场强度切向连续，则

$$E_{1z}(x,t) = 10\cos(\omega t - kx)\ (\text{V/m})$$

$$H_{1z}(x,t) = 5\sqrt{\frac{\varepsilon}{\mu_0}}\cos(\omega t - kx)\ (\text{A/m})$$

在边界上，电位移矢量和磁感应强度矢量法向连续，则：

由 $D_{1y}(x,t) = D_{2y}(x,t)$，得出

$$E_{1y}(x,t) = 2E_y(x,t) = 10\cos(\omega t - kx)\ (\text{V/m})$$

由 $B_{1y}(x,t) = B_{2y}(x,t)$，得出

$$H_{1y}(x,t) = H_{2y}(x,t) = -10\sqrt{\frac{\varepsilon}{\mu_0}}\cos(\omega t - kx)\ (\text{A/m})$$

因此，空气中的电场强度为

$$\boldsymbol{E}_1(x,t)=10(\boldsymbol{a}_y+\boldsymbol{a}_z)\cos(\omega t-kx)\ (\text{V/m})$$

空气中的磁场强度为

$$\boldsymbol{H}_1(x,t)=(-\boldsymbol{a}_y 10+\boldsymbol{a}_z 5)\sqrt{\frac{\varepsilon}{\mu_0}}\cos(\omega t-kx)\ (\text{A/m})$$

6.6　波动方程

整理麦克斯韦方程组，消去磁场强度 $\boldsymbol{H}$，可以得到一个关于电场强度 $\boldsymbol{E}$ 的方程；或者消去电场强度 $\boldsymbol{E}$，可得到一个关于磁场强度 $\boldsymbol{H}$ 的方程。这两个分别关于 $\boldsymbol{E}$ 和 $\boldsymbol{H}$ 的导出方程均以时间和空间为自变量，称之为波动方程。本节首先给出波动方程，再对波动方程进行简单求解，并对解的性质进行分析，说明麦克斯韦方程组揭示了时变电磁场的波动传播特性。

再一次列出麦克斯韦方程组的微分形式

$$\nabla\times\boldsymbol{E}=-\frac{\partial\boldsymbol{B}}{\partial t}\tag{6.6.1}$$

$$\nabla\times\boldsymbol{H}=\boldsymbol{J}+\frac{\partial\boldsymbol{D}}{\partial t}\tag{6.6.2}$$

$$\nabla\cdot\boldsymbol{D}=\rho\tag{6.6.3}$$

$$\nabla\cdot\boldsymbol{B}=0\tag{6.6.4}$$

假定均匀、线性且各向同性媒质，则其本构方程为

$$\boldsymbol{D}=\varepsilon\boldsymbol{E}\tag{6.6.5}$$

$$\boldsymbol{B}=\mu\boldsymbol{H}\tag{6.6.6}$$

$$\boldsymbol{J}=\sigma\boldsymbol{E}+\boldsymbol{J}'\tag{6.6.7}$$

对式(6.6.1)两端取旋度，并代入本构方程，可得

$$\nabla\times\nabla\times\boldsymbol{E}=-\mu\frac{\partial}{\partial t}(\nabla\times\boldsymbol{H})\tag{6.6.8}$$

根据矢量恒等式 $\nabla\times\nabla\times\boldsymbol{E}=\nabla(\nabla\cdot\boldsymbol{E})-\nabla^2\boldsymbol{E}$，可推出

$$\nabla(\nabla\cdot\boldsymbol{E})-\nabla^2\boldsymbol{E}=\nabla\left(\frac{\rho}{\varepsilon}\right)-\nabla^2\boldsymbol{E}=-\mu\frac{\partial}{\partial t}\left(\boldsymbol{J}+\frac{\partial\boldsymbol{D}}{\partial t}\right)\tag{6.6.9}$$

进一步整理得出

$$\nabla^2\boldsymbol{E}-\mu\varepsilon\frac{\partial^2\boldsymbol{E}}{\partial t^2}=\mu\frac{\partial\boldsymbol{J}}{\partial t}+\nabla\left(\frac{\rho}{\varepsilon}\right)\tag{6.6.10}$$

将式(6.6.7)代入上面的方程中，有

$$\nabla^2\boldsymbol{E}-\mu\varepsilon\frac{\partial^2\boldsymbol{E}}{\partial t^2}-\mu\sigma\frac{\partial\boldsymbol{E}}{\partial t}=\mu\frac{\partial\boldsymbol{J}'}{\partial t}+\nabla\left(\frac{\rho}{\varepsilon}\right)\tag{6.6.11}$$

上式被称为有源区电场的波动方程。同样的方法可以推导出有源区磁场的波动方程。将方程(6.6.2)求旋度并整理，有

$$\nabla^2\boldsymbol{H}-\mu\varepsilon\frac{\partial^2\boldsymbol{H}}{\partial t^2}=-\nabla\times\boldsymbol{J}\tag{6.6.12}$$

将式(6.6.7)代入上面的方程，则有源区磁场波动方程为

$$\nabla^2\boldsymbol{H}-\mu\varepsilon\frac{\partial^2\boldsymbol{H}}{\partial t^2}-\mu\sigma\frac{\partial\boldsymbol{H}}{\partial t}=-\nabla\times\boldsymbol{J}'\tag{6.6.13}$$

如果是非导电媒质，即 $\sigma=0$，波动方程变为

$$\nabla^2 \boldsymbol{E}-\mu\varepsilon \frac{\partial^2 \boldsymbol{E}}{\partial t^2}=\mu \frac{\partial \boldsymbol{J}'}{\partial t}+\nabla(\frac{\rho}{\varepsilon}) \tag{6.6.14}$$

$$\nabla^2 \boldsymbol{H}-\mu\varepsilon \frac{\partial^2 \boldsymbol{H}}{\partial t^2}=-\nabla\times \boldsymbol{J}' \tag{6.6.15}$$

波动方程(6.6.11)～(6.6.13)和(6.6.15)均为非齐次方程。当所关心的区域为无源区时，即当 $\boldsymbol{J}'=\boldsymbol{0}$ 和 $\rho=0$ 时，波动方程的形式为齐次方程，对于导电媒质而言，有

$$\nabla^2 \boldsymbol{E}-\mu\varepsilon \frac{\partial^2 \boldsymbol{E}}{\partial t^2}-\mu\sigma \frac{\partial \boldsymbol{E}}{\partial t}=0 \tag{6.6.16}$$

$$\nabla^2 \boldsymbol{H}-\mu\varepsilon \frac{\partial^2 \boldsymbol{H}}{\partial t^2}-\mu\sigma \frac{\partial \boldsymbol{H}}{\partial t}=0 \tag{6.6.17}$$

如果是非导电媒质，无源区的波动方程为

$$\nabla^2 \boldsymbol{E}-\mu\varepsilon \frac{\partial^2 \boldsymbol{E}}{\partial t^2}=0 \tag{6.6.18}$$

$$\nabla^2 \boldsymbol{H}-\mu\varepsilon \frac{\partial^2 \boldsymbol{H}}{\partial t^2}=0 \tag{6.6.19}$$

对于波动方程的求解比较麻烦，一般需要通过辅助位函数求解，这些内容参见第 10 章。为了说明波动方程表征了电磁波的波动传播特性，这里简单以无源区非导电媒质电场强度的波动方程为例进行分析。

令

$$\mu\varepsilon=\frac{1}{v^2} \tag{6.6.20}$$

方程(6.6.18)，(6.6.19) 变为

$$\nabla^2 \boldsymbol{E}-\frac{1}{v^2}\frac{\partial^2 \boldsymbol{E}}{\partial t^2}=0 \tag{6.6.21}$$

$$\nabla^2 \boldsymbol{H}-\frac{1}{v^2}\frac{\partial^2 \boldsymbol{H}}{\partial t^2}=0 \tag{6.6.22}$$

在直角坐标系下，电场的波动方程(6.6.21) 可展开成三个标量方程

$$\nabla^2 E_x-\frac{1}{v^2}\frac{\partial^2 E_x}{\partial t^2}=0 \tag{6.6.23}$$

$$\nabla^2 E_y-\frac{1}{v^2}\frac{\partial^2 E_y}{\partial t^2}=0 \tag{6.6.24}$$

$$\nabla^2 E_z-\frac{1}{v^2}\frac{\partial^2 E_z}{\partial t^2}=0 \tag{6.6.25}$$

上述三个方程具有相同的形式，因此各分量方程的解也应具有相同的形式。针对第一个方程，其具体形式如下

$$\frac{\partial^2 E_x}{\partial x^2}+\frac{\partial^2 E_x}{\partial y^2}+\frac{\partial^2 E_x}{\partial z^2}-\frac{1}{v^2}\frac{\partial^2 E_x}{\partial t^2}=0 \tag{6.6.26}$$

为便于说明问题，假设$\frac{\partial^2 E_x}{\partial x^2}=\frac{\partial^2 E_x}{\partial y^2}=0$，则方程(6.6.23) 简化为一维空间上的波动方程

$$\frac{\partial^2 E_x}{\partial z^2}-\frac{1}{v^2}\frac{\partial^2 E_x}{\partial t^2}=0 \tag{6.6.27}$$

应用达朗贝尔(D'Alembert) 变量代换法解该微分方程。可令 $\xi=x-ct$ 及 $\eta=x+ct$，

则方程的解为

$$E_x = f^{+}(z - vt) + f^{-}(z + vt) \tag{6.6.28}$$

其中，$f^{+}(z-vt)$ 和 $f^{-}(z+vt)$ 为任意二阶可微函数，函数的具体形式代表了波的形状。例如，我们可取波形为正弦或者余弦函数。$f^{+}(z-vt)$ 为向 z 轴的正方向传播的波，$f^{-}(z+vt)$ 为向 z 轴的负方向传播的波。如图 6.7 所示，在 $t=0$ 时刻的波在 z 轴的原点，经过 $t=t_1$ 时刻后，波向两个方向传播，分别到达 $z=-vt_1$ 和 $z=vt_1$ 位置。波在媒质中的传播速度为 v，故而电磁波在真空中的速度为

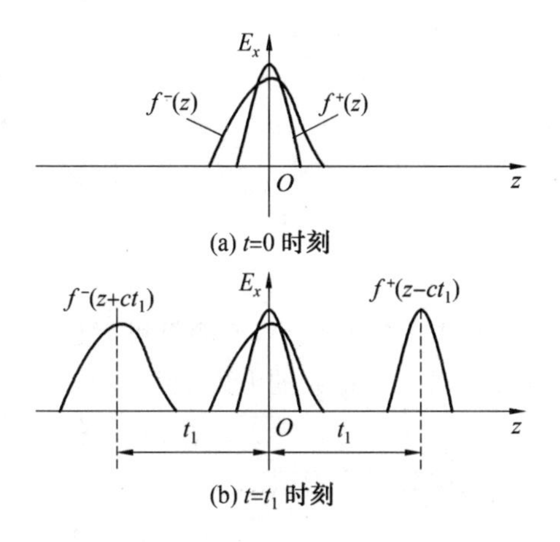

图 6.7　电磁波在一维空间上传播示意图

$$c = \frac{1}{\sqrt{\mu_0 \varepsilon_0}} \approx 3 \times 10^8 \text{ m/s} \tag{6.6.29}$$

6.7　坡印廷定理

上节说明了麦克斯韦方程组描述的时变电磁场具有在空间传播的特性，而电磁场在空间传播时伴随着能量的传输。1884 年英国物理学家坡印廷研究了电磁场能量转换与守恒关系，该关系式被称为坡印廷定理。

亨利·坡印廷(John Henry Poynting，1852.9.9—1914.3.30)，英国物理学家。他在 1884 年提出了坡印廷定理和坡印廷矢量的概念。1893 年，他使用新方法实验测量了牛顿万有引力常数。其后他还研究了太阳辐射的有关理论。

参照电流连续性方程式(6.2.3)

$$\nabla \cdot \boldsymbol{J} + \frac{\partial \rho}{\partial t} = 0$$

可以写出空间点上电磁场的能量守恒关系方程为

$$\nabla \cdot \boldsymbol{S} + \frac{\partial W}{\partial t} = 0 \tag{6.7.1}$$

其中，$\boldsymbol{S}$ 为通过单位截面积上的功率，W/m^2；W 为单位体积内的能量。如果考虑在空间上某一体积内的能量守恒，如图 6.8 所示，可得到上述方程的积分形式

$$\int_V \left(\nabla \cdot \boldsymbol{S} + \frac{\partial W}{\partial t}\right) \mathrm{d}v = 0 \tag{6.7.2}$$

应用散度定理

$$\oint_S \boldsymbol{S} \cdot \mathrm{d}\boldsymbol{s} = -\frac{\partial}{\partial t} \int_V W \mathrm{d}v \tag{6.7.3}$$

上述方程说明，在空间体积内能量随时间的减少速率等于穿过包围该体积的闭合曲面向外传播能量的功率。$\boldsymbol{S}$ 为电磁波传播引起的功率流密度矢量，称之为坡印廷矢量；W 为空

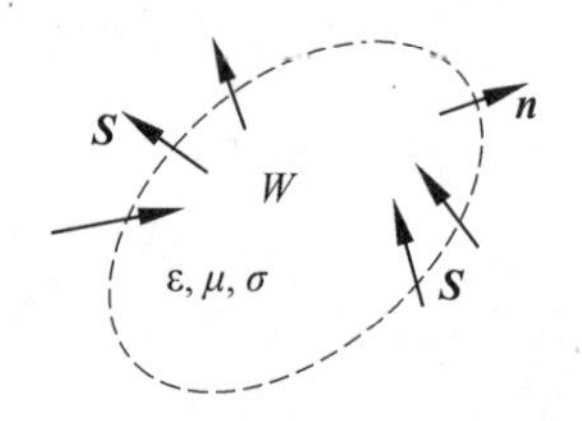

图 6.8　空间体积内电磁能守恒

间体积内的能量大小,该能量可能包含该体积内存储的电磁能、媒质导电生热而消耗的电磁能以及辐射源释放的电磁能等。

下面从麦克斯韦方程组出发,推导坡印廷定理及坡印廷矢量的具体表达式。

根据矢量恒等式

$$\nabla \cdot (\boldsymbol{E} \times \boldsymbol{H}) = \boldsymbol{H} \cdot (\nabla \times \boldsymbol{E}) - \boldsymbol{E} \cdot (\nabla \times \boldsymbol{H})$$

将麦克斯韦方程组中的两个旋度方程代入上式,可得

$$\nabla \cdot (\boldsymbol{E} \times \boldsymbol{H}) = -\boldsymbol{H} \cdot \frac{\partial \boldsymbol{B}}{\partial t} - \boldsymbol{E} \cdot \frac{\partial \boldsymbol{D}}{\partial t} - \boldsymbol{J} \cdot \boldsymbol{E} \tag{6.7.4}$$

假设媒质为均匀、线性、各向同性媒质,且电磁参数为 σ, ε, μ 均不随时间变化。上式等号右边前两项可改写为

$$\boldsymbol{H} \cdot \frac{\partial \boldsymbol{B}}{\partial t} = \boldsymbol{B} \cdot \frac{\partial \boldsymbol{H}}{\partial t} = \frac{\partial}{\partial t}\left(\frac{1}{2}\boldsymbol{B} \cdot \boldsymbol{H}\right) \tag{6.7.5}$$

$$\boldsymbol{E} \cdot \frac{\partial \boldsymbol{D}}{\partial t} = \boldsymbol{D} \cdot \frac{\partial \boldsymbol{E}}{\partial t} = \frac{\partial}{\partial t}\left(\frac{1}{2}\boldsymbol{E} \cdot \boldsymbol{D}\right) \tag{6.7.6}$$

式(6.7.4)等号右边最后一项的电流密度矢量,假设包含有源项和传导项,根据式(6.6.7),有

$$\boldsymbol{J} \cdot \boldsymbol{E} = (\sigma \boldsymbol{E} + \boldsymbol{J}') \cdot \boldsymbol{E} = \sigma E^2 + \boldsymbol{E} \cdot \boldsymbol{J}' \tag{6.7.7}$$

根据焦耳定律,上式右边第一项表征了在电场作用下有耗媒质在单位体积内的热损耗功率;第二项为外加源产生的功率,二者的单位都为$\mathrm{W/m^3}$。则式(6.7.4)可写成

$$\nabla \cdot (\boldsymbol{E} \times \boldsymbol{H}) = -\frac{\partial}{\partial t}\left(\frac{1}{2}\boldsymbol{B} \cdot \boldsymbol{H} + \frac{1}{2}\boldsymbol{E} \cdot \boldsymbol{D}\right) - \sigma E^2 - \boldsymbol{E} \cdot \boldsymbol{J}' \tag{6.7.8}$$

该式即为坡印廷定理的微分形式。公式中各项的物理意义在积分形式的方程中更明显,因此对该式两端在体积 V 内进行积分,可得坡印廷定理的积分形式

$$-\oint_S (\boldsymbol{E} \times \boldsymbol{H}) \cdot \mathrm{d}\boldsymbol{s} = \frac{\partial}{\partial t}\int_V \left(\frac{1}{2}\boldsymbol{B} \cdot \boldsymbol{H} + \frac{1}{2}\boldsymbol{E} \cdot \boldsymbol{D}\right)\mathrm{d}v + \int_V (\sigma E^2 + \boldsymbol{E} \cdot \boldsymbol{J}')\mathrm{d}v \tag{6.7.9}$$

式中,$\frac{1}{2}\boldsymbol{E} \cdot \boldsymbol{D}$ 为电场能量体密度,记为 w_e,单位为 $\mathrm{J/m^3}$,即

$$w_e = \frac{1}{2}\boldsymbol{E} \cdot \boldsymbol{D} \tag{6.7.10}$$

$\frac{1}{2}\boldsymbol{B} \cdot \boldsymbol{H}$ 为磁场能量体密度,记为 w_m,单位为 $\mathrm{J/m^3}$,即

$$w_m = \frac{1}{2}\boldsymbol{B} \cdot \boldsymbol{H} \tag{6.7.11}$$

若令 $w = w_e + w_m$,则 w 为电磁场的能量体密度;

$\boldsymbol{E} \times \boldsymbol{H}$ 为坡印廷矢量,记为 $\boldsymbol{S}$,单位为 $\mathrm{W/m^2}$。

$$\boldsymbol{S}=\boldsymbol{E}\times\boldsymbol{H} \tag{6.7.12}$$

由于$\boldsymbol{S}$的方向即为功率传播方向，因此，式(6.7.12) 表明电磁能量总是沿着垂直于$\boldsymbol{E}$和$\boldsymbol{H}$的方向传播，且三者之间满足右手关系。式(6.7.9) 中坡印廷矢量面积分前面的负号说明功率通过闭合曲面进入体积V内。

将方程(6.7.9) 改变一下，能量关系会更清楚，则有

$$-\int_V \boldsymbol{E}\cdot\boldsymbol{J}'\mathrm{d}v=\frac{\partial}{\partial t}\int_V\left(\frac{1}{2}\boldsymbol{B}\cdot\boldsymbol{H}+\frac{1}{2}\boldsymbol{E}\cdot\boldsymbol{D}\right)\mathrm{d}v+\int_V \sigma E^2\mathrm{d}v+\oint_S(\boldsymbol{E}\times\boldsymbol{H})\cdot\mathrm{d}\boldsymbol{s} \tag{6.7.13}$$

上式说明体积V内的外加源产生的功率等于该体积内电磁能量的增加速率和热损耗功率与通过闭合曲面向外传输的功率之和。

式(6.7.12) 为坡印廷矢量的瞬时功率形式，在很多场合坡印廷矢量的平均功率更有意义。在时间T内，平均坡印廷矢量可表示为

$$\boldsymbol{S}_{\mathrm{av}}=\frac{1}{T}\int_0^T \boldsymbol{E}\times\boldsymbol{H}\mathrm{d}t \tag{6.7.14}$$

6.8　时谐场方程的复数形式

根据傅里叶公式，任何一个时域波形都可展开为频率域的简谐分量之和的形式，即

$$\boldsymbol{E}(r,t)=\frac{1}{2\pi}\int_{-\infty}^{\infty}\boldsymbol{E}(r,\omega)\mathrm{e}^{\mathrm{j}\omega t}\mathrm{d}w \tag{6.8.1}$$

因此，研究时谐场的麦克斯韦方程具有重要意义。标量时谐函数在数学上可以用复数相量描述。矢量时谐函数可通过对相量概念扩展，用复数矢量描述。对复数矢量的微分和积分与对相量的微分和积分类似，都具有非常简便的特点，便于对时谐场的麦克斯韦方程进行分析。本节首先介绍相量和复数矢量的概念，再给出时谐场的麦克斯韦方程、波动方程及坡印廷定理的复数形式。

6.8.1　相量

二维直角坐标系下的矢量，在数学上可用复数来表示，也可以用极坐标系下的幅值加相位的方法表示。应用欧拉公式，可将该复数进一步写成指数的形式。例如，复数$a+\mathrm{j}b$可做如下表达：

$$a+\mathrm{j}b=r\cos\theta+\mathrm{j}r\sin\theta=r\mathrm{e}^{\mathrm{j}\theta} \tag{6.8.2}$$

其中，$r=\sqrt{a^2+b^2}$为幅值，它是实数；θ为相位。参见图 6.9。

对于一个在时域上做简谐振动的波形，可以用正弦或者余弦函数描述。在现实世界，该波形在任何时刻的取值都为一个实数。例如一个振幅为A_{m}(模值，为正实数)、频率为ω、初始相位为φ_0的余弦函数(图 6.10)，在任意时刻t的表达式可写为

$$A(t)=A_m\cos(\omega t+\varphi_0) \tag{6.8.3}$$

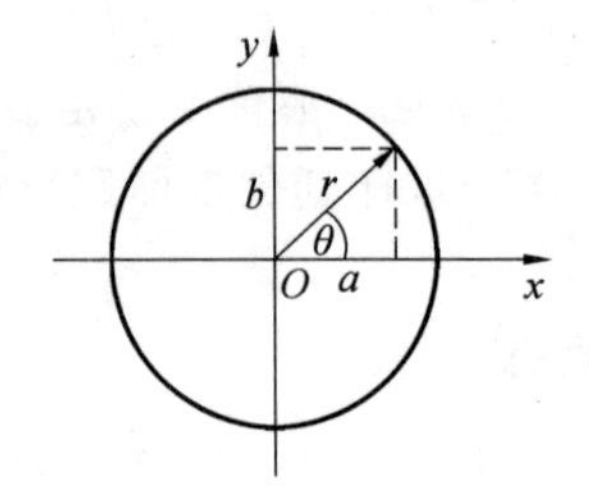

图 6.9　直角坐标系和极坐标系下的复数

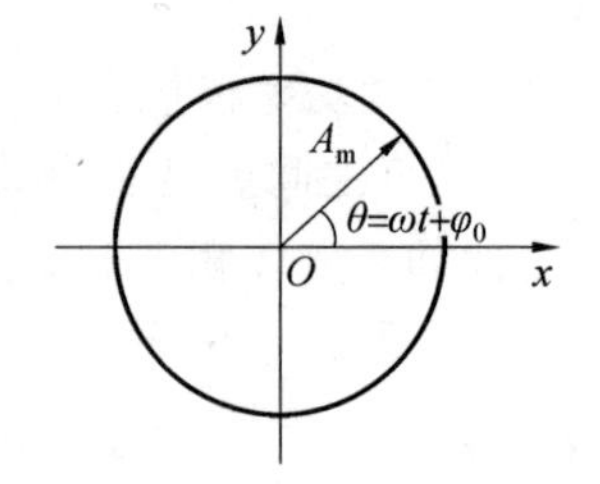

图 6.10　极坐标系下的余弦函数

联系欧拉公式中的指数形式，可以把时域波形表示成指数的形式。式(6.8.3)可以写成为

$$\begin{aligned} A_m\cos(\omega t+\varphi_0) &= \mathrm{Re}[A_m\cos(\omega t+\varphi_0)+\mathrm{j}A_m\sin(\omega t+\varphi_0)] \\ &= \mathrm{Re}[A_m\mathrm{e}^{\mathrm{j}(\omega t+\varphi_0)}] \\ &= \mathrm{Re}(A_m\mathrm{e}^{\mathrm{j}\varphi_0}\mathrm{e}^{\mathrm{j}\omega t}) \end{aligned} \tag{6.8.4}$$

其中，Re(·)为取括号中式子的实部。

从上式我们可以看出，时域波形与复指数是一一对应的，即

$$A_m\cos(\omega t+\varphi_0)\leftrightarrow A_m\mathrm{e}^{\mathrm{j}\varphi_0} \tag{6.8.5}$$

令复数

$$\dot{A}=A_m\mathrm{e}^{\mathrm{j}\varphi_0} \tag{6.8.6}$$

则将 $\dot{A}$ 称为时域函数 $A_m\cos(\omega t+\varphi_0)$ 的相量表示。

如果已知一个波的相量，如何求得它的时域描述呢？因为相量表示省略了时域项，因此在转换时应先乘以指数 $\mathrm{e}^{\mathrm{j}\omega t}$，再取实部，即

$$A(t)=A_m\cos(\omega t+\varphi_0)=\mathrm{Re}(\dot{A}\mathrm{e}^{\mathrm{j}\omega t}) \tag{6.8.7}$$

在进行微分和积分运算时，相量表示带来了很大的方便。将式(6.8.7)的两边对时间进行微分，可得

$$\frac{\mathrm{d}}{\mathrm{d}t}\{A_m\cos(\omega t+\varphi_0)\}=\mathrm{Re}(\mathrm{j}\omega\dot{A}\mathrm{e}^{\mathrm{j}\omega t}) \tag{6.8.8}$$

因此，时域函数 $A_m\cos(\omega t+\varphi_0)$ 微分的相量表示为 $\mathrm{j}\omega\dot{A}$。同理，将式(6.8.7)的两边对时间进行积分，可得

$$\int A_m\cos(\omega t+\varphi_0)\mathrm{d}t=\mathrm{Re}\left(\frac{\dot{A}}{\mathrm{j}\omega}\mathrm{e}^{\mathrm{j}\omega t}\right) \tag{6.8.9}$$

因此，时域函数 $A_m\cos(\omega t+\varphi_0)$ 积分的相量表示为$\dfrac{\dot{A}}{\mathrm{j}\omega}$。

6.8.2　复数矢量

对于电场或者磁场这样一个与空间和时间相关的矢量，其时谐场的数学表达式(以电场为例)可表示为

$$\boldsymbol{E}(x,y,z,t)=\boldsymbol{a}_xE_x(x,y,z,t)+\boldsymbol{a}_yE_y(x,y,z,t)+\boldsymbol{a}_zE_z(x,y,z,t)$$

$$=\boldsymbol{a}_xE_{xm}(x,y,z)\cos[\omega t+\varphi_{x0}(x,y,z)]+\boldsymbol{a}_yE_{ym}(x,y,z)\cos[\omega t+\varphi_{y0}(x,y,z)]+\boldsymbol{a}_zE_{zm}(x,y,z)\cos[\omega t+\varphi_{z0}(x,y,z)] \quad (6.8.10)$$

其中，$E_{xm}(x,y,z)$，$E_{ym}(x,y,z)$，$E_{zm}(x,y,z)$ 分别为各坐标分量上的振幅，为正实数；$\varphi_{x0}(x,y,z)$，$\varphi_{y0}(x,y,z)$，$\varphi_{z0}(x,y,z)$ 分别为各坐标分量上的初始相位。

将各个坐标分量分别用相量表示，则有

$$\begin{aligned}\dot{\boldsymbol{E}}(x,y,z)&=\boldsymbol{a}_x\dot{E}_x(x,y,z)+\boldsymbol{a}_y\dot{E}_y(x,y,z)+\boldsymbol{a}_z\dot{E}_z(x,y,z)\\&=\boldsymbol{a}_xE_{xm}(x,y,z)\mathrm{e}^{\mathrm{j}\varphi_{x0}(x,y,z)}+\boldsymbol{a}_yE_{ym}(x,y,z)\mathrm{e}^{\mathrm{j}\varphi_{y0}(x,y,z)}+\\&\quad\boldsymbol{a}_zE_{zm}(x,y,z)\mathrm{e}^{\mathrm{j}\varphi_{z0}(x,y,z)}\end{aligned} \quad (6.8.11)$$

其中，$\dot{E}_x(x,y,z)$，$\dot{E}_y(x,y,z)$，$\dot{E}_z(x,y,z)$ 分别为各坐标的分量的相量表示。则 $\dot{\boldsymbol{E}}(x,y,z)$ 为电场的复数矢量，或者称为复矢量。复矢量也可以写成矢量实部和矢量虚部之和的形式

$$\begin{aligned}\dot{\boldsymbol{E}}(x,y,z)&=\boldsymbol{a}_x\dot{E}_{xR}(x,y,z)+\boldsymbol{a}_y\dot{E}_{yR}(x,y,z)+\boldsymbol{a}_z\dot{E}_{zR}(x,y,z)+\\&\quad\mathrm{j}[\boldsymbol{a}_x\dot{E}_{xI}(x,y,z)+\boldsymbol{a}_y\dot{E}_{yI}(x,y,z)+\boldsymbol{a}_z\dot{E}_{zI}(x,y,z)]\\&=\dot{\boldsymbol{E}}_R(x,y,z)+\mathrm{j}\dot{\boldsymbol{E}}_I(x,y,z)\end{aligned} \quad (6.8.12)$$

其中，下角标 R 代表实部，下角标 I 代表虚部。

复矢量的微分为　$$\frac{\mathrm{d}}{\mathrm{d}t}\boldsymbol{E}(x,y,z,t)=\mathrm{Re}[\mathrm{j}\omega\dot{\boldsymbol{E}}(x,y,z)\mathrm{e}^{\mathrm{j}\omega t}] \quad (6.8.13)$$

复矢量的积分为　$$\int\boldsymbol{E}(x,y,z,t)\mathrm{d}t=\mathrm{Re}[\frac{1}{\mathrm{j}\omega}\dot{\boldsymbol{E}}(x,y,z)\mathrm{e}^{\mathrm{j}\omega t}] \quad (6.8.14)$$

例 6.5　将以下电场强度的时域或瞬时值形式写成复数形式

$$\boldsymbol{E}(z,t)=\boldsymbol{a}_x10\cos(10^6\pi t-120z)+\boldsymbol{a}_y20\sin(10^6\pi t-120z)$$

解　上式可表示为

$$\begin{aligned}\boldsymbol{E}(z,t)&=\boldsymbol{a}_x10\cos(10^6\pi t-120z)+\boldsymbol{a}_y20\sin(10^6\pi t-120z)\\&=\boldsymbol{a}_x10\cos(10^6\pi t-120z)+\boldsymbol{a}_y20\cos(10^6\pi t-120z-\frac{\pi}{2})\\&=\mathrm{Re}[\boldsymbol{a}_x10\mathrm{e}^{\mathrm{j}(10^6\pi t-120z)}+\boldsymbol{a}_y20\mathrm{e}^{\mathrm{j}(10^6\pi t-120z-\frac{\pi}{2})}]\\&=\mathrm{Re}\{[\boldsymbol{a}_x10\mathrm{e}^{\mathrm{j}(-120z)}+\boldsymbol{a}_y20\mathrm{e}^{\mathrm{j}(-120z-\frac{\pi}{2})}]\mathrm{e}^{\mathrm{j}10^6\pi t}\}\end{aligned}$$

因此，复数形式的电场强度为

$$\begin{aligned}\dot{\boldsymbol{E}}(z)&=\boldsymbol{a}_x10\mathrm{e}^{-120z}+\boldsymbol{a}_y20\mathrm{e}^{-\mathrm{j}(120z+\frac{\pi}{2})}\\&=\boldsymbol{a}_x10\mathrm{e}^{-120z}-\mathrm{j}\boldsymbol{a}_y20\mathrm{e}^{-\mathrm{j}120z}\end{aligned}$$

例 6.6　将下面复数形式的磁场强度写成时域或瞬时值的形式

$$\dot{\boldsymbol{H}}(y)=[\boldsymbol{a}_x50+\boldsymbol{a}_y(50+\mathrm{j}100)+\boldsymbol{a}_z20]\mathrm{e}^{-\mathrm{j}20y}\mathrm{e}^{\mathrm{j}\frac{\pi}{3}}$$

解　将上式中的公共指数乘入各坐标分量中，有

$$\begin{aligned}\dot{\boldsymbol{H}}(y)&=[\boldsymbol{a}_x50+\boldsymbol{a}_y(50+\mathrm{j}100)+\boldsymbol{a}_z20]\mathrm{e}^{-\mathrm{j}20y}\mathrm{e}^{\mathrm{j}\frac{\pi}{3}}\\&=\boldsymbol{a}_x50\mathrm{e}^{-\mathrm{j}(20y-\frac{\pi}{3})}+\boldsymbol{a}_y(50\mathrm{e}^{-\mathrm{j}(20y-\frac{\pi}{3})}+100\mathrm{e}^{-\mathrm{j}(20y-\frac{\pi}{3}-\frac{\pi}{2})})+\boldsymbol{a}_z20\mathrm{e}^{-\mathrm{j}(20y-\frac{\pi}{3})}\end{aligned}$$

则瞬时值形式为

$$\begin{aligned}\boldsymbol{H}(y,t) &= \mathrm{Re}\{\dot{\boldsymbol{H}}(y)\mathrm{e}^{\mathrm{j}\omega t}\} \\ &= \mathrm{Re}\{\boldsymbol{a}_x 50\mathrm{e}^{\mathrm{j}(\omega t-20y+\frac{\pi}{3})} + \boldsymbol{a}_y(50\mathrm{e}^{\mathrm{j}(\omega t-20y+\frac{\pi}{3})} + 100\mathrm{e}^{\mathrm{j}(\omega t-20y+\frac{\pi}{3}+\frac{\pi}{2})}) + \boldsymbol{a}_z 20\mathrm{e}^{\mathrm{j}(\omega t-20y+\frac{\pi}{3})}\} \\ &= \boldsymbol{a}_x 50\cos(\omega t - 20y + \frac{\pi}{3}) + \\ &\quad \boldsymbol{a}_y\left[50\cos(\omega t - 20y + \frac{\pi}{3}) + 100\cos(\omega t - 20y + \frac{5}{6}\pi)\right] + \\ &\quad \boldsymbol{a}_z 20\cos(\omega t - 20y + \frac{\pi}{3})\end{aligned}$$

6.8.3　麦克斯韦方程组的复数形式

为了区分场的时域形式和复数形式，这里将函数的自变量代入，则时谐场的时域麦克斯韦方程如下

$$\nabla\times \boldsymbol{E}(x,y,z,t) = -\frac{\partial \boldsymbol{B}(x,y,z,t)}{\partial t} \tag{6.8.15}$$

$$\nabla\times \boldsymbol{H}(x,y,z,t) = \boldsymbol{J}(x,y,z,t) + \frac{\partial \boldsymbol{D}(x,y,z,t)}{\partial t} \tag{6.8.16}$$

$$\nabla\cdot \boldsymbol{B}(x,y,z,t) = 0 \tag{6.8.17}$$

$$\nabla\cdot \boldsymbol{D}(x,y,z,t) = \rho(x,y,z,t) \tag{6.8.18}$$

则时谐场麦克斯韦方程组的复数形式为

$$\nabla\times \dot{\boldsymbol{E}}(x,y,z) = -\mathrm{j}\omega\dot{\boldsymbol{B}}(x,y,z) \tag{6.8.19}$$

$$\nabla\times \dot{\boldsymbol{H}}(x,y,z) = \dot{\boldsymbol{J}}(x,y,z) + \mathrm{j}\omega\dot{\boldsymbol{D}}(x,y,z) \tag{6.8.20}$$

$$\nabla\cdot \dot{\boldsymbol{B}}(x,y,z) = 0 \tag{6.8.21}$$

$$\nabla\cdot \dot{\boldsymbol{D}}(x,y,z) = \dot{\rho}(x,y,z) \tag{6.8.22}$$

一般情况下，在不发生混淆的时候，将代表复数的点去掉，并将复数形式中的自变量省略，则有

$$\nabla\times \boldsymbol{E} = -\mathrm{j}\omega\boldsymbol{B} \tag{6.8.23}$$

$$\nabla\times \boldsymbol{H} = \boldsymbol{J} + \mathrm{j}\omega\boldsymbol{D} \tag{6.8.24}$$

$$\nabla\cdot \boldsymbol{B} = 0 \tag{6.8.25}$$

$$\nabla\cdot \boldsymbol{D} = \rho \tag{6.8.26}$$

同理，积分方程的复数形式为

$$\oint_C \boldsymbol{E}\cdot \mathrm{d}\boldsymbol{l} = -\frac{1}{\mathrm{j}\omega}\int_S \boldsymbol{B}\cdot \mathrm{d}\boldsymbol{s} \tag{6.8.27}$$

$$\oint_C \boldsymbol{H}\cdot \mathrm{d}\boldsymbol{l} = \int_S \boldsymbol{J}\cdot \mathrm{d}\boldsymbol{s} + \frac{1}{\mathrm{j}\omega}\int_S \boldsymbol{D}\cdot \mathrm{d}\boldsymbol{s} \tag{6.8.28}$$

$$\oint_S \boldsymbol{B}\cdot \mathrm{d}\boldsymbol{s} = 0 \tag{6.8.29}$$

$$\oint_S \boldsymbol{D}\cdot \mathrm{d}\boldsymbol{s} = \int_V \rho\,\mathrm{d}v \tag{6.8.30}$$

线性、均匀、各向同性媒质的麦克斯韦微分方程(6.4.14)～(6.4.17)的复数形式为

$$\nabla\times \boldsymbol{E}=-\mathrm{j}\omega\mu\boldsymbol{H} \tag{6.8.31}$$

$$\nabla\times \boldsymbol{H}=\sigma\boldsymbol{E}+\mathrm{j}\omega\varepsilon\boldsymbol{E} \tag{6.8.32}$$

$$\nabla\cdot \boldsymbol{H}=0 \tag{6.8.33}$$

$$\nabla\cdot \boldsymbol{E}=\frac{\rho}{\varepsilon} \tag{6.8.34}$$

同样,线性、均匀、各向同性媒质的麦克斯韦积分方程 (6.4.18) ～ (6.4.21) 的复数形式为

$$\oint_C \boldsymbol{E}\cdot \mathrm{d}\boldsymbol{l}=-\frac{\mu}{\mathrm{j}\omega}\int_S \boldsymbol{H}\cdot \mathrm{d}\boldsymbol{s} \tag{6.8.35}$$

$$\oint_C \boldsymbol{H}\cdot \mathrm{d}\boldsymbol{l}=\int_S \sigma\boldsymbol{E}\cdot \mathrm{d}\boldsymbol{s}+\frac{\varepsilon}{\mathrm{j}\omega}\int_S \boldsymbol{E}\cdot \mathrm{d}\boldsymbol{s} \tag{6.8.36}$$

$$\oint_S \boldsymbol{H}\cdot \mathrm{d}\boldsymbol{s}=0 \tag{6.8.37}$$

$$\oint_S \boldsymbol{E}\cdot \mathrm{d}\boldsymbol{s}=\frac{1}{\varepsilon}\int_V \rho\,\mathrm{d}v \tag{6.8.38}$$

6.8.4　媒质的类型

这里只讨论均匀、线性且各向同性媒质的分类。一般情况下,媒质在时变电场条件下会有电迟滞现象,即介电常数为复数,可写成如下形式

$$\varepsilon=\varepsilon'-\mathrm{j}\varepsilon'' \tag{6.8.39}$$

在无源区时谐场的麦克斯韦微分方程(6.8.32) 可写为

$$\nabla\times \boldsymbol{H}=\boldsymbol{J}_\mathrm{c}+\boldsymbol{J}_\mathrm{d}=\sigma\boldsymbol{E}+\boldsymbol{J}_\mathrm{d} \tag{6.8.40}$$

其中,位移电流可进一步写为

$$\boldsymbol{J}_\mathrm{d}=\mathrm{j}\omega(\varepsilon'-\mathrm{j}\varepsilon'')\boldsymbol{E}=\omega\varepsilon''\boldsymbol{E}+\mathrm{j}\omega\varepsilon'\boldsymbol{E} \tag{6.8.41}$$

将之代入式(6.8.40),可得

$$\nabla\times \boldsymbol{H}=(\sigma+\omega\varepsilon'')\boldsymbol{E}+\mathrm{j}\omega\varepsilon'\boldsymbol{E} \tag{6.8.42}$$

上式中,介电常数的实部对应无耗媒质时的位移电流,反映了媒质的极化特性,不产生损耗。介电常数的虚部反映了媒质的电迟滞现象,会产生迟滞电流,该电流和传导电流一样,都把电磁能转化为热能。因此可对迟滞电流和传导电流不加以区分,损耗项都由电导率 σ 代表,而由 ε 代表介电常数的实部,即

$$\nabla\times \boldsymbol{H}=\sigma\boldsymbol{E}+\mathrm{j}\omega\varepsilon\boldsymbol{E}=\mathrm{j}\omega\left(\varepsilon-\mathrm{j}\frac{\sigma}{\omega}\right)\boldsymbol{E} \tag{6.8.43}$$

若令

$$\varepsilon_\mathrm{e}=\varepsilon-\mathrm{j}\frac{\sigma}{\omega} \tag{6.8.44}$$

其中 ε_e 称为等效复介电常数。也就是说,有耗媒质也可以用等效复介电常数表示。

则式(6.8.43) 为

$$\nabla\times \boldsymbol{H}=\mathrm{j}\omega\varepsilon_\mathrm{e}\boldsymbol{E} \tag{6.8.45}$$

媒质的等效复介电常数的实部和虚部是可测量的,通常人们会给出有耗媒质介电常数的虚部与实部的比值,即

$$\tan\delta_\mathrm{e}=\frac{\sigma}{\omega\varepsilon} \tag{6.8.46}$$

上式通常被称为电介质的损耗角正切，称 δ_e 为电介质的损耗角。

根据损耗角正切，可简单地将媒质分为三类：

(1) 当 $\tan\delta_e \gg 1$ 时，说明传导电流远大于位移电流，媒质为良导体，当 $\sigma \to \infty$ 时，媒质为理想导体；

(2) 当 $\tan\delta_e \approx 1$ 时，说明传导电流和位移电流在一个数量级，媒质为半电介质，或有耗电介质；

(3) 当 $\tan\delta_e \ll 1$ 时，说明传导电流远小于位移电流，媒质为电介质，或低耗电介质，当 $\sigma = 0$ 时，媒质为理想介质。

在实际应用中，三类媒质损耗角正切的具体范围为：

(1) 当 $\tan\delta_e \geqslant 100$ 时，媒质为良导体；

(2) 当 $0.01 < \tan\delta_e < 100$ 时，媒质为半电介质；

(3) 当 $\tan\delta_e \leqslant 0.01$ 时，媒质为电介质。

例 6.7　已知海水的相对介电常数为 $\varepsilon_r = 81$，电导率为 $\sigma = 4\ \text{S/m}$。求海水在频率分别为 $f_1 = 1\ \text{kHz}$，$f_2 = 1\ \text{GHz}$ 及 $f_3 = 100\ \text{GHz}$ 时的等效复介电常数，并判断媒质的类型。

解　由式(6.8.44)知，等效复介电常数的公式为

$$\varepsilon_e(f) = \varepsilon - \mathrm{j}\frac{\sigma}{\omega} = \varepsilon_0\varepsilon_r - \mathrm{j}\frac{\sigma}{2\pi f}$$

(1) 将题中的参数分别代入上式，可得不同频率下的等效复介电常数的值：

$$\varepsilon_e(f_1) = \frac{10^{-9}}{36\pi} \times 81 - \mathrm{j}\frac{4}{2\pi \times 10^3} = 7.61 \times 10^{-10} - \mathrm{j}6.37 \times 10^{-4}\ (\text{F/m})$$

$$\varepsilon_e(f_2) = \frac{10^{-9}}{36\pi} \times 81 - \mathrm{j}\frac{4}{2\pi \times 10^9} = 7.61 \times 10^{-10} - \mathrm{j}6.37 \times 10^{-10}\ (\text{F/m})$$

$$\varepsilon_e(f_3) = \frac{10^{-9}}{36\pi} \times 81 - \mathrm{j}\frac{4}{2\pi \times 10^{11}} = 7.61 \times 10^{-10} - \mathrm{j}6.37 \times 10^{-12}\ (\text{F/m})$$

(2) 由损耗角正切的定义可知，将等效复介电常数的虚部绝对值比上实部，即为损耗角正切。由损耗角正切值的大小，可判断出媒质的类型。

$$\tan[\delta_e(f_1)] = \frac{6.37 \times 10^{-4}}{7.61 \times 10^{-10}} = 8.37 \times 10^5 \gg 1$$

上式说明当频率为 1 kHz 时，海水为良导体；

$$\tan[\delta_e(f_2)] = \frac{6.37 \times 10^{-10}}{7.61 \times 10^{-10}} = 0.837$$

上式说明当频率为 1 GHz 时，海水为有耗电介质；

$$\tan[\delta_e(f_3)] = \frac{6.37 \times 10^{-12}}{7.61 \times 10^{-10}} = 0.00837 \ll 1$$

上式说明当频率为 100 GHz 时，海水为低耗电介质。

6.8.5　波动方程的复数形式

矢量 $\boldsymbol{A}$ 的二阶微分的复数形式为 $(\mathrm{j}\omega)^2\boldsymbol{A} = -\omega^2\boldsymbol{A}$，则非齐次波动方程(6.6.11)和(6.6.13)的复数形式为

$$\nabla^2\boldsymbol{E} + \omega^2\mu\varepsilon\boldsymbol{E} - \mathrm{j}\omega\mu\sigma\boldsymbol{E} = \mathrm{j}\omega\mu\boldsymbol{J}' + \nabla\left(\frac{\rho}{\varepsilon}\right) \tag{6.8.47}$$

$$\nabla^2 \boldsymbol{H} + \omega^2 \mu\varepsilon \boldsymbol{H} - \mathrm{j}\omega\mu\sigma \boldsymbol{H} = -\nabla \times \boldsymbol{J}' \tag{6.8.48}$$

上两式为有源区有耗媒质中的波动方程。

当媒质为理想介质时，有源区波动方程(6.6.14)和(6.6.15)的复数形式为

$$\nabla^2 \boldsymbol{E} + \omega^2 \mu\varepsilon \boldsymbol{E} = \mathrm{j}\omega\mu \boldsymbol{J}' + \nabla\left(\frac{\rho}{\varepsilon}\right) \tag{6.8.49}$$

$$\nabla^2 \boldsymbol{H} + \omega^2 \mu\varepsilon \boldsymbol{H} = -\nabla \times \boldsymbol{J}' \tag{6.8.50}$$

在无源区，有耗媒质的波动方程(6.6.16)和(6.6.17)的复数形式为

$$\nabla^2 \boldsymbol{E} + \omega^2 \mu\varepsilon \boldsymbol{E} - \mathrm{j}\omega\mu\sigma \boldsymbol{E} = 0 \tag{6.8.51}$$

$$\nabla^2 \boldsymbol{H} + \omega^2 \mu\varepsilon \boldsymbol{H} - \mathrm{j}\omega\mu\sigma \boldsymbol{H} = 0 \tag{6.8.52}$$

进一步整理这两个方程

$$\nabla^2 \boldsymbol{E} + \omega^2 \mu\left(\varepsilon - \mathrm{j}\frac{\sigma}{\omega}\right) \boldsymbol{E} = 0 \tag{6.8.53}$$

$$\nabla^2 \boldsymbol{H} + \omega^2 \mu\left(\varepsilon - \mathrm{j}\frac{\sigma}{\omega}\right) \boldsymbol{H} = 0 \tag{6.8.54}$$

则波动方程变为

$$\nabla^2 \boldsymbol{E} + \omega^2 \mu\varepsilon_{\mathrm{e}} \boldsymbol{E} = 0 \tag{6.8.55}$$

$$\nabla^2 \boldsymbol{H} + \omega^2 \mu\varepsilon_{\mathrm{e}} \boldsymbol{H} = 0 \tag{6.8.56}$$

无源区无耗媒质的齐次波动方程(6.6.18)和(6.6.19)的复数形式为

$$\nabla^2 \boldsymbol{E} + \omega^2 \mu\varepsilon \boldsymbol{E} = 0 \tag{6.8.57}$$

$$\nabla^2 \boldsymbol{H} + \omega^2 \mu\varepsilon \boldsymbol{H} = 0 \tag{6.8.58}$$

上述齐次波动方程(6.8.55)～(6.8.58)又被称为齐次亥姆霍兹方程。

例 6.8　已知真空中的电场强度 $\boldsymbol{E}(\boldsymbol{r},t) = \boldsymbol{a}_x E_0 \cos(\omega t - kz)$ V/m，其中 $k = \omega\sqrt{\mu_0\varepsilon_0}$，$\omega$ 为角频率。说明

(1) 电场强度满足波动方程(6.8.57)；

(2) 电场强度满足波动方程的达朗贝尔解的一般形式(6.6.28)；

(3) 电磁波传播的方向。

解　(1) 将电场强度表示成复矢量的形式，有

$$\boldsymbol{E}(\boldsymbol{r}) = \boldsymbol{a}_x E_0 \mathrm{e}^{-\mathrm{j}kz}$$

将上式代入方程(6.8.57)。由 $k = \omega\sqrt{\mu\varepsilon}$，很容易验证方程成立。故是方程的解。

(2) 整理电场强度方程，有

$$\begin{aligned}\boldsymbol{E}(\boldsymbol{r},t) &= \boldsymbol{a}_x E_0 \cos\left[-k\left(z - \frac{\omega}{k}t\right)\right] \\ &= \boldsymbol{a}_x E_0 \cos\left[-k\left(z - \frac{\omega}{\omega\sqrt{\varepsilon_0\mu_0}}t\right)\right] \\ &= \boldsymbol{a}_x E_0 \cos[-k(z - ct)]\end{aligned}$$

其中，$c = \dfrac{1}{\sqrt{\varepsilon_0\mu_0}}$ 为电磁波在真空中的速度。

可以看出，满足达朗贝尔解的要求。

(3) 将答案(2)中的电场强度方程与式(6.6.28)比较，可以看出该电磁波沿着 $+z$ 方向传播。从图 6.11 可以看出在下一时刻，余弦波向 $+z$ 方向推进的距离为 $\Delta z = c\Delta t$。

6.8.6　坡印廷定理的复数形式

在前面我们已经给出了电磁场时域坡印廷矢量的定义，那么对于时谐电磁场，如何用复

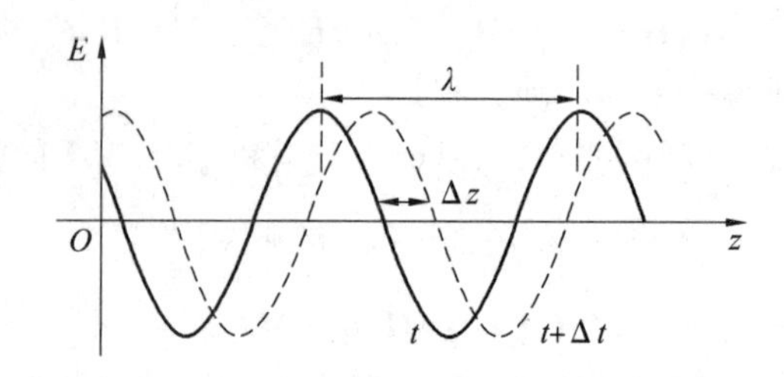

图 6.11　一维空间上连续余弦电磁波的传播示意图

矢量表示坡印廷矢量呢？可由复矢量与时谐场的关系出发得到坡印廷矢量及坡印廷定理的复数形式。假设电场和磁场的复矢量分别为

$$\boldsymbol{E}=\boldsymbol{E}_{\mathrm{R}}+\mathrm{j}\boldsymbol{E}_{\mathrm{I}} \tag{6.8.59}$$

$$\boldsymbol{H}=\boldsymbol{H}_{\mathrm{R}}+\mathrm{j}\boldsymbol{H}_{\mathrm{I}} \tag{6.8.60}$$

则它们的时域表达式分别为

$$\boldsymbol{E}(\boldsymbol{r},t)=\mathrm{Re}[(\boldsymbol{E}_{\mathrm{R}}+\mathrm{j}\boldsymbol{E}_{\mathrm{I}})\mathrm{e}^{\mathrm{j}\omega t}]=\boldsymbol{E}_{\mathrm{R}}\cos\omega t-\boldsymbol{E}_{\mathrm{I}}\sin\omega t \tag{6.8.61}$$

$$\boldsymbol{H}(\boldsymbol{r},t)=\mathrm{Re}[(\boldsymbol{H}_{\mathrm{R}}+\mathrm{j}\boldsymbol{H}_{\mathrm{I}})\mathrm{e}^{\mathrm{j}\omega t}]=\boldsymbol{H}_{\mathrm{R}}\cos\omega t-\boldsymbol{H}_{\mathrm{I}}\sin\omega t \tag{6.8.62}$$

由坡印廷矢量的定义式(6.7.12)，有

$$\begin{aligned}\boldsymbol{S}(\boldsymbol{r},t)&=\boldsymbol{E}(\boldsymbol{r},t)\times\boldsymbol{H}(\boldsymbol{r},t)\\&=(\boldsymbol{E}_{\mathrm{R}}\cos\omega t-\boldsymbol{E}_{\mathrm{I}}\sin\omega t)\times(\boldsymbol{H}_{\mathrm{R}}\cos\omega t-\boldsymbol{H}_{\mathrm{I}}\sin\omega t)\\&=\boldsymbol{E}_{\mathrm{R}}\times\boldsymbol{H}_{\mathrm{R}}\cos^2\omega t+\boldsymbol{E}_{\mathrm{I}}\times\boldsymbol{H}_{\mathrm{I}}\sin^2\omega t-\\&\quad\frac{1}{2}(\boldsymbol{E}_{\mathrm{R}}\times\boldsymbol{H}_{\mathrm{I}}+\boldsymbol{E}_{\mathrm{I}}\times\boldsymbol{H}_{\mathrm{R}})\sin(2\omega t)\end{aligned} \tag{6.8.63}$$

则平均坡印廷矢量为

$$\begin{aligned}\boldsymbol{S}_{\mathrm{av}}(\boldsymbol{r})&=\frac{1}{T}\int_0^T\boldsymbol{E}(\boldsymbol{r},t)\times\boldsymbol{H}(r,t)\mathrm{d}t=\frac{\omega}{2\pi}\int_0^{\frac{2\pi}{\omega}}\boldsymbol{E}(\boldsymbol{r},t)\times\boldsymbol{H}(\boldsymbol{r},t)\mathrm{d}t\\&=\frac{1}{2}(\boldsymbol{E}_{\mathrm{R}}\times\boldsymbol{H}_{\mathrm{R}}+\boldsymbol{E}_{\mathrm{I}}\times\boldsymbol{H}_{\mathrm{I}})\end{aligned} \tag{6.8.64}$$

而电场复矢量与磁场复矢量的共轭的叉乘(矢积)为

$$\begin{aligned}\boldsymbol{E}\times\boldsymbol{H}^*&=(\boldsymbol{E}_{\mathrm{R}}+\mathrm{j}\boldsymbol{E}_{\mathrm{I}})\times(\boldsymbol{H}_{\mathrm{R}}-\mathrm{j}\boldsymbol{H}_{\mathrm{I}})\\&=\boldsymbol{E}_{\mathrm{R}}\times\boldsymbol{H}_{\mathrm{R}}+\boldsymbol{E}_{\mathrm{I}}\times\boldsymbol{H}_{\mathrm{I}}-\mathrm{j}(\boldsymbol{E}_{\mathrm{I}}\times\boldsymbol{H}_{\mathrm{R}}-\boldsymbol{E}_{\mathrm{R}}\times\boldsymbol{H}_{\mathrm{I}})\end{aligned} \tag{6.8.65}$$

比较式(6.8.64)和式(6.8.65)，可以看出平均坡印廷矢量可以表示成

$$\boldsymbol{S}_{\mathrm{av}}(\boldsymbol{r})=\frac{1}{2}\mathrm{Re}(\boldsymbol{E}\times\boldsymbol{H}^*) \tag{6.8.66}$$

上式可以看作为用复矢量方法定义的平均坡印廷矢量。同样，也可以导出平均电场能量体密度和平均磁场能量体密度的关系式

$$w_{\mathrm{eav}}(\boldsymbol{r})=\frac{1}{2T}\int_0^T\boldsymbol{E}(\boldsymbol{r},t)\cdot\boldsymbol{D}(\boldsymbol{r},t)\mathrm{d}t=\frac{1}{4}\mathrm{Re}(\varepsilon)\boldsymbol{E}\cdot\boldsymbol{E}^* \tag{6.8.67}$$

$$w_{\mathrm{mav}}(\boldsymbol{r})=\frac{1}{2T}\int_0^T\boldsymbol{B}(\boldsymbol{r},t)\cdot\boldsymbol{H}(\boldsymbol{r},t)\mathrm{d}t=\frac{1}{4}\mathrm{Re}(\mu)\boldsymbol{H}\cdot\boldsymbol{H}^* \tag{6.8.68}$$

有了以上结论，下面就可以根据复数形式的麦克斯韦方程组，求出坡印廷定理的复数形式。

由麦克斯韦方程组的旋度方程，式(6.8.23)和式(6.8.24)，及复矢量恒等式

$$\nabla\cdot(\boldsymbol{E}\times\boldsymbol{H}^{*})=\boldsymbol{H}^{*}\cdot(\nabla\times\boldsymbol{E})-\boldsymbol{E}\cdot(\nabla\times\boldsymbol{H}^{*}) \tag{6.8.69}$$

可得

$$\nabla\cdot(\boldsymbol{E}\times\boldsymbol{H}^{*})=-\mathrm{j}\omega(\boldsymbol{B}\cdot\boldsymbol{H}^{*}-\boldsymbol{E}\cdot\boldsymbol{D}^{*})-\boldsymbol{E}\cdot\boldsymbol{J}^{*} \tag{6.8.70}$$

如果在有源区，电流项包含传导电流和源电流，则有

$$\nabla\cdot(\boldsymbol{E}\times\boldsymbol{H}^{*})=-\mathrm{j}\omega(\boldsymbol{B}\cdot\boldsymbol{H}^{*}-\boldsymbol{E}\cdot\boldsymbol{D}^{*})-\boldsymbol{E}\cdot\boldsymbol{J}_{\mathrm{c}}^{*}-\boldsymbol{E}\cdot\boldsymbol{J}'^{*} \tag{6.8.71}$$

从前面的分析可知，复矢量表达的是相关功率与能量的平均值。将上式两端对体积 V 进行积分，并使用高斯散度定理，有

$$-\oint_{S}\left(\frac{1}{2}\boldsymbol{E}\times\boldsymbol{H}^{*}\right)\cdot\mathrm{d}\boldsymbol{s}=\mathrm{j}2\omega\int_{V}\left(\frac{1}{4}\boldsymbol{B}\cdot\boldsymbol{H}^{*}-\frac{1}{4}\boldsymbol{E}\cdot\boldsymbol{D}^{*}\right)\mathrm{d}v+\int_{V}\left(\frac{1}{2}\boldsymbol{E}\cdot\boldsymbol{J}_{\mathrm{c}}^{*}\right)\mathrm{d}v+\int_{V}\left(\frac{1}{2}\boldsymbol{E}\cdot\boldsymbol{J}'^{*}\right)\mathrm{d}v \tag{6.8.72}$$

该式即为复数形式的坡印廷定理。如果媒质为有耗媒质，即有如下关系式

$$\boldsymbol{D}=(\varepsilon'-\mathrm{j}\varepsilon'')\boldsymbol{E},\quad \boldsymbol{B}=(\mu'-\mathrm{j}\mu'')\boldsymbol{H},\quad \boldsymbol{J}_{\mathrm{c}}=\sigma\boldsymbol{E}$$

则坡印廷定理的实部方程为

$$-\mathrm{Re}\left[\oint_{S}\left(\frac{1}{2}\boldsymbol{E}\times\boldsymbol{H}^{*}\right)\cdot\mathrm{d}\boldsymbol{s}+\int_{V}\left(\frac{1}{2}\boldsymbol{E}\cdot\boldsymbol{J}'^{*}\right)\mathrm{d}v\right]=\int_{V}\left(\frac{1}{2}\omega\mu''\boldsymbol{H}\cdot\boldsymbol{H}^{*}+\frac{1}{2}\omega\varepsilon''\boldsymbol{E}\cdot\boldsymbol{E}^{*}\right)\mathrm{d}v+\int_{V}\left(\frac{1}{2}\sigma\boldsymbol{E}\cdot\boldsymbol{E}^{*}\right)\mathrm{d}v \tag{6.8.73}$$

上式说明通过封闭曲面 S 进入体积 V 内的有功功率与体积内源产生的平均功率之和等于在该体积内磁滞、电滞和导电欧姆热损耗的平均功率之和。

坡印廷定理的虚部方程为

$$-\mathrm{Im}\left\{\oint_{S}\left(\frac{1}{2}\boldsymbol{E}\times\boldsymbol{H}^{*}\right)\cdot\mathrm{d}\boldsymbol{s}+\int_{V}\left(\frac{1}{2}\boldsymbol{E}\cdot\boldsymbol{J}'^{*}\right)\mathrm{d}v\right\}=2\omega\int_{V}\left(\frac{1}{4}\mu'\boldsymbol{H}\cdot\boldsymbol{H}^{*}-\frac{1}{4}\varepsilon'\boldsymbol{E}\cdot\boldsymbol{E}^{*}\right)\mathrm{d}v \tag{6.8.74}$$

上式说明通过封闭表面 S 进入体积 V 内及体积内源产生的无功平均功率等于在该体积内储存的磁场能量平均值与存储的电场能量平均值之差。

对于非铁磁性媒质而言，有 $\mu''=0$ 及 $\mu=\mu_0$，即媒质只有电损耗；若在无源区，坡印廷定理的实部方程可简化为

$$\begin{aligned}-\oint_{S}\boldsymbol{S}_{\mathrm{av}}\cdot\mathrm{d}\boldsymbol{s}&=\int_{V}\left(\frac{1}{2}\omega\varepsilon''\boldsymbol{E}\cdot\boldsymbol{E}^{*}+\frac{1}{2}\sigma\boldsymbol{E}\cdot\boldsymbol{E}^{*}\right)\mathrm{d}v\\&=\int_{V}\frac{1}{2}(\omega\varepsilon''+\sigma)\boldsymbol{E}\cdot\boldsymbol{E}^{*}\,\mathrm{d}v\\&=\int_{V}\frac{1}{2}\sigma_{\mathrm{e}}\,|\boldsymbol{E}|^{2}\mathrm{d}v\end{aligned} \tag{6.8.75}$$

上式说明，由外部进入体积 V 内的有功功率等于体积内的欧姆损耗功率。损耗的电磁能被转化为媒质的热能，体现为有耗媒质温度增加。

例 6.9　设自由空间内电磁波的电场强度为 $\boldsymbol{E}(z,t)=\boldsymbol{a}_x E_0\cos(\omega t-kz)$ V/m，其中 $E_0=500$ V/m，$k=\omega\sqrt{\varepsilon_0\mu_0}$。计算该波的瞬时坡印廷矢量和平均坡印廷矢量。

解　电场强度的复数形式为

$$\boldsymbol{E}(z)=\boldsymbol{a}_x E_0\mathrm{e}^{-\mathrm{j}kz}$$

由复数形式的麦克斯韦方程(6.8.23),得到磁场强度为

$$\boldsymbol{H}(z)=-\frac{1}{\mathrm{j}\omega\mu_0}\nabla\times\boldsymbol{E}(z)=-\boldsymbol{a}_y\frac{1}{\mathrm{j}\omega\mu_0}\frac{\partial E_x}{\partial z}=\boldsymbol{a}_y\frac{k}{\omega\mu_0}E_0\mathrm{e}^{-\mathrm{j}kz}$$

磁场强度的瞬时值为

$$\boldsymbol{H}(z,t)=\boldsymbol{a}_y\frac{k}{\omega\mu_0}E_0\cos(\omega t-kz)$$

则瞬时坡印廷矢量为

$$\begin{aligned}\boldsymbol{S}(z,t)=\boldsymbol{E}\times\boldsymbol{H}&=\boldsymbol{a}_z\frac{k}{\omega\mu_0}|E_0|^2\cos^2(\omega t-kz)\\&=\boldsymbol{a}_z\sqrt{\frac{\varepsilon_0}{\mu_0}}|E_0|^2\cos^2(\omega t-kz)\\&=\boldsymbol{a}_z\sqrt{\frac{1}{36\times4\times\pi^2\times10^2}}500^2\cos^2(\omega t-kz)\\&=663.15\boldsymbol{a}_z\cos^2(\omega t-kz)\ (\mathrm{W/m^2})\end{aligned}$$

时间平均坡印廷矢量为

$$\begin{aligned}\boldsymbol{S}_{\mathrm{av}}(z)&=\frac{1}{T}\int_0^T\boldsymbol{E}\times\boldsymbol{H}\mathrm{d}t=\boldsymbol{a}_z\frac{k}{\omega\mu_0}|E_0|^2\frac{1}{T}\int_0^T\cos^2(\omega t-kz)\,\mathrm{d}t\\&=\boldsymbol{a}_z\frac{k}{2\omega\mu_0}|E_0|^2\\&=331.58\boldsymbol{a}_z(\mathrm{W/m^2})\end{aligned}$$

6.9 本章小结

本章首先通过对法拉第电磁感应定律和位移电流两个概念的介绍,扩展了稳恒场方程,获得了麦克斯韦方程组的微分和积分形式。在不同媒质形成的边界处,边界两侧媒质电磁特性的突变引起了两侧电场或者磁场的不连续,因而麦克斯韦微分方程失去意义。对于这种情况,使用麦克斯韦积分方程导出了边界条件方程。

其次,通过麦克斯韦方程组导出了波动方程的微分和积分形式。以一维空间为例,介绍了达朗贝尔解的形式,分析了波动方程描述的电磁波空间波动传播特性。从麦克斯韦方程组出发导出了关于电磁能量守恒的坡印廷定理,给出了坡印廷矢量的定义及物理意义。

最后,介绍了时谐场的麦克斯韦方程组、波动方程及坡印廷定理的复数矢量形式。

(1) 法拉第电磁感应定律说明随时间变化的磁场产生管形电场。该定律的积分和微分形式是麦克斯韦方程组的第一个方程。

$$\oint_C\boldsymbol{E}\cdot\mathrm{d}\boldsymbol{l}=-\frac{\mathrm{d}}{\mathrm{d}t}\int_S\boldsymbol{B}\cdot\mathrm{d}\boldsymbol{s}$$

$$\nabla\times\boldsymbol{E}=-\frac{\partial\boldsymbol{B}}{\partial t}$$

(2) 位移电流:由麦克斯韦提出,用来修正稳恒条件下的安培环路定律对于时变条件的不足。位移电流概念的引入使得安培环路定律与电流连续性方程。

位移电流密度为

$$\boldsymbol{J}_{\mathrm{d}}=\frac{\partial \boldsymbol{D}}{\partial t}$$

(3) 麦克斯韦方程组的积分和微分形式：

麦克斯韦方程组的微分方程为 $\nabla\times\boldsymbol{E}=-\dfrac{\partial \boldsymbol{B}}{\partial t}$

$$\nabla\times\boldsymbol{H}=\boldsymbol{J}+\frac{\partial \boldsymbol{D}}{\partial t}$$

$$\nabla\cdot\boldsymbol{B}=0$$

$$\nabla\cdot\boldsymbol{D}=\rho$$

积分方程为 $\oint_C \boldsymbol{E}\cdot \mathrm{d}\boldsymbol{l}=-\int_S \dfrac{\partial \boldsymbol{B}}{\partial t}\cdot \mathrm{d}\boldsymbol{s}$

$$\oint_C \boldsymbol{H}\cdot \mathrm{d}\boldsymbol{l}=\int_S \boldsymbol{J}\cdot \mathrm{d}\boldsymbol{s}+\int_S \frac{\partial \boldsymbol{D}}{\partial t}\cdot \mathrm{d}\boldsymbol{s}$$

$$\oint_S \boldsymbol{B}\cdot \mathrm{d}\boldsymbol{s}=0$$

$$\oint_S \boldsymbol{D}\cdot \mathrm{d}\boldsymbol{s}=\int_V \rho\,\mathrm{d}v$$

(4) 本构方程表征了媒质与电磁场的相互作用关系，均匀、线性、各向同性的静止媒质的本构方程为

$$\boldsymbol{D}=\varepsilon\boldsymbol{E}$$

$$\boldsymbol{B}=\mu\boldsymbol{H}$$

$$\boldsymbol{J}=\sigma\boldsymbol{E}$$

本构方程与麦克斯韦方程组联立，是求解麦克斯韦方程组的必要条件。

(5) 洛伦兹力方程表明了在电磁场中运动着的电荷所受到的场力大小，为

$$\boldsymbol{F}=Q(\boldsymbol{E}+\boldsymbol{v}\times\boldsymbol{B})$$

(6) 边界条件：时变电磁场的边界条件由麦克斯韦方程组的积分形式导出，其中散度方程确定了两媒质边界场量的法向分量之间的关系，旋度方程确定了两媒质边界场量的切向分量之间的关系。见表 6.1。

两种常用情况的边界条件：

① 理想介质与理想介质分界面。

$$\boldsymbol{n}\times(\boldsymbol{E}_1-\boldsymbol{E}_2)=\boldsymbol{0}$$

$$\boldsymbol{n}\times(\boldsymbol{H}_1-\boldsymbol{H}_2)=\boldsymbol{0}$$

$$\boldsymbol{n}\cdot(\boldsymbol{D}_1-\boldsymbol{D}_2)=0$$

$$\boldsymbol{n}\cdot(\boldsymbol{B}_1-\boldsymbol{B}_2)=0$$

② 理想介质与理想导体分界面。

$$\boldsymbol{n}\times\boldsymbol{E}_1=\boldsymbol{0}$$

$$\boldsymbol{n}\times\boldsymbol{H}_1=\boldsymbol{J}_{\mathrm{s}}$$

$$\boldsymbol{n}\cdot\boldsymbol{D}_1=\rho_{\mathrm{s}}$$

$$\boldsymbol{n}\cdot\boldsymbol{B}_1=0$$

(7) 波动方程：由麦克斯韦方程导出，波动方程为关于电场强度和磁场强度的参量方程。对于有源区及无源区，分别给出了导电媒质和非导电媒质中的波动方程。

① 有源区导电媒质：

$$\nabla^2 \boldsymbol{E} - \mu\varepsilon \frac{\partial^2 \boldsymbol{E}}{\partial t^2} - \mu\sigma \frac{\partial \boldsymbol{E}}{\partial t} = \mu \frac{\partial \boldsymbol{J}'}{\partial t} + \nabla(\frac{\rho}{\varepsilon})$$

$$\nabla^2 \boldsymbol{H} - \mu\varepsilon \frac{\partial^2 \boldsymbol{H}}{\partial t^2} - \mu\sigma \frac{\partial \boldsymbol{H}}{\partial t} = -\nabla\times \boldsymbol{J}'$$

② 有源区非导电媒质：

$$\nabla^2 \boldsymbol{E} - \mu\varepsilon \frac{\partial^2 \boldsymbol{E}}{\partial t^2} = \mu \frac{\partial \boldsymbol{J}'}{\partial t} + \nabla(\frac{\rho}{\varepsilon})$$

$$\nabla^2 \boldsymbol{H} - \mu\varepsilon \frac{\partial^2 \boldsymbol{H}}{\partial t^2} = -\nabla\times \boldsymbol{J}'$$

③ 无源区导电媒质：

$$\nabla^2 \boldsymbol{E} - \mu\varepsilon \frac{\partial^2 \boldsymbol{E}}{\partial t^2} - \mu\sigma \frac{\partial \boldsymbol{E}}{\partial t} = 0$$

$$\nabla^2 \boldsymbol{H} - \mu\varepsilon \frac{\partial^2 \boldsymbol{H}}{\partial t^2} - \mu\sigma \frac{\partial \boldsymbol{H}}{\partial t} = 0$$

④ 无源区非导电媒质：

$$\nabla^2 \boldsymbol{E} - \mu\varepsilon \frac{\partial^2 \boldsymbol{E}}{\partial t^2} = 0$$

$$\nabla^2 \boldsymbol{H} - \mu\varepsilon \frac{\partial^2 \boldsymbol{H}}{\partial t^2} = 0$$

(8) 坡印廷定理：说明电磁场在某一空间体积内的电磁能量守恒与转换关系。在该方程中，能量转换是指外加能源将非电磁能转化为电磁能量和有耗媒质将电磁能量转化为热能。能量守恒是指进入某体积内的电磁功率与体积内外加源的功率之和等于该体积内存储的电磁能量的增加速率与媒质热损耗功率之和。电磁传输功率由坡印廷矢量表示，坡印廷矢量表征了电磁波功率的大小和传播方向，功率传播方向与电场强度矢量 $\boldsymbol{E}$ 和磁场强度矢量 $\boldsymbol{H}$ 之间呈右手关系，且与二者相互垂直。

电能密度： $w_{\mathrm{e}} = \frac{1}{2}\boldsymbol{E}\cdot\boldsymbol{D}$

磁能密度： $w_{\mathrm{m}} = \frac{1}{2}\boldsymbol{B}\cdot\boldsymbol{H}$

瞬时坡印廷矢量： $\boldsymbol{S} = \boldsymbol{E}\times\boldsymbol{H}$

平均坡印廷矢量： $\boldsymbol{S}_{\mathrm{av}} = \frac{1}{T}\int_0^T \boldsymbol{E}\times\boldsymbol{H}\mathrm{d}t$

坡印廷定理的微分形式：

$$\nabla\cdot(\boldsymbol{E}\times\boldsymbol{H}) = -\frac{\partial}{\partial t}(\frac{1}{2}\boldsymbol{B}\cdot\boldsymbol{H} + \frac{1}{2}\boldsymbol{E}\cdot\boldsymbol{D}) - \sigma E^2 - \boldsymbol{E}\cdot\boldsymbol{J}_{\mathrm{i}}$$

坡印廷定理的积分形式：

$$-\int_V \boldsymbol{E}\cdot\boldsymbol{J}_{\mathrm{i}}\mathrm{d}v = \frac{\partial}{\partial t}\int_V (\frac{1}{2}\boldsymbol{B}\cdot\boldsymbol{H} + \frac{1}{2}\boldsymbol{E}\cdot\boldsymbol{D})\mathrm{d}v + \int_V \sigma E^2\mathrm{d}v + \oint_S (\boldsymbol{E}\times\boldsymbol{H})\cdot\mathrm{d}\boldsymbol{s}$$

(9) 复矢量：是标量相量概念的扩展。用复矢量表示时谐场的意义在于其能将电磁场的微分方程和积分方程简化，对时间的积分和微分项变成了与时间维度无关的代数项，给方程的求解带来极大方便。

(10) 麦克斯韦方程组的复数形式：

微分方程的复数形式为

$$\nabla\times \boldsymbol{E}=-\mathrm{j}\omega\boldsymbol{B}$$

$$\nabla\times \boldsymbol{H}=\boldsymbol{J}+\mathrm{j}\omega\boldsymbol{D}$$

$$\nabla\cdot \boldsymbol{B}=0$$

$$\nabla\cdot \boldsymbol{D}=\rho$$

积分方程的复数形式为

$$\oint_C \boldsymbol{E}\cdot \mathrm{d}\boldsymbol{l}=-\frac{1}{\mathrm{j}\omega}\int_S \boldsymbol{B}\cdot \mathrm{d}\boldsymbol{s}$$

$$\oint_C \boldsymbol{H}\cdot \mathrm{d}\boldsymbol{l}=\int_S \boldsymbol{J}\cdot \mathrm{d}\boldsymbol{s}+\frac{1}{\mathrm{j}\omega}\int_S \boldsymbol{D}\cdot \mathrm{d}\boldsymbol{s}$$

$$\oint_S \boldsymbol{B}\cdot \mathrm{d}\boldsymbol{s}=0$$

$$\oint_S \boldsymbol{D}\cdot \mathrm{d}\boldsymbol{s}=\int_V \rho\,\mathrm{d}v$$

(11) 媒质的分类：损耗角正切被定义为等效复介电常数虚部与实部的比值，即

$$\tan\delta_{\mathrm{e}}=\frac{\sigma}{\omega\varepsilon}$$

根据损耗角正切的取值范围，将均匀、线性、各向同性媒质分为三类：

① 当 $\tan\delta_{\mathrm{e}}\geqslant 100$ 时，媒质为良导体；

② 当 $0.01<\tan\delta_{\mathrm{e}}<100$ 时，媒质为半电介质；

③ 当 $\tan\delta_{\mathrm{e}}\leqslant 0.01$ 时，媒质为电介质。

(12) 波动方程的复数形式：相应时域的四类波动方程分别给出了它们的复数形式。其中无源区有耗媒质和无耗媒质的波动方程形式相同，被称为齐次亥姆霍兹方程。对于齐次亥姆霍兹方程的解的分析奠定了电磁波的很多重要性质和概念。

有源区有耗媒质中的波动方程：

$$\nabla^2\boldsymbol{E}+\omega^2\mu\varepsilon\boldsymbol{E}-\mathrm{j}\omega\mu\sigma\boldsymbol{E}=\mathrm{j}\omega\mu\boldsymbol{J}'+\nabla\left(\frac{\rho}{\varepsilon}\right)$$

$$\nabla^2\boldsymbol{H}+\omega^2\mu\varepsilon\boldsymbol{H}-\mathrm{j}\omega\mu\sigma\boldsymbol{H}=-\nabla\times\boldsymbol{J}'$$

有源区理想介质中的波动方程：

$$\nabla^2\boldsymbol{E}+\omega^2\mu\varepsilon\boldsymbol{E}=\mathrm{j}\omega\mu\boldsymbol{J}'+\nabla\left(\frac{\rho}{\varepsilon}\right)$$

$$\nabla^2\boldsymbol{H}+\omega^2\mu\varepsilon\boldsymbol{H}=-\nabla\times\boldsymbol{J}'$$

无源区有耗媒质中的波动方程：

$$\nabla^2\boldsymbol{E}+\omega^2\mu\varepsilon_{\mathrm{e}}\boldsymbol{E}=0$$

$$\nabla^2\boldsymbol{H}+\omega^2\mu\varepsilon_{\mathrm{e}}\boldsymbol{H}=0$$

无源区理想介质中的波动方程：

$$\nabla^2\boldsymbol{E}+\omega^2\mu\varepsilon\boldsymbol{E}=0$$

$$\nabla^2\boldsymbol{H}+\omega^2\mu\varepsilon\boldsymbol{H}=0$$

(13) 坡印廷矢量的复数形式：用复数形式描述的是时间平均功率。

平均坡印廷矢量为

$$\boldsymbol{S}_{\mathrm{av}}(\boldsymbol{r})=\frac{1}{2}\mathrm{Re}(\boldsymbol{E}\times\boldsymbol{H}^*)$$

平均电磁能量密度为

$$w_{\mathrm{eav}}(\boldsymbol{r})=\frac{1}{4}\mathrm{Re}(\varepsilon)\boldsymbol{E}\cdot\boldsymbol{E}^*$$

$$w_{\mathrm{mav}}(\boldsymbol{r})=\frac{1}{4}\mathrm{Re}(\mu)\boldsymbol{H}\cdot\boldsymbol{H}^*$$

有功功率：
$$-\mathrm{Re}\left[\oint_S\left(\frac{1}{2}\boldsymbol{E}\times\boldsymbol{H}^*\right)\cdot\mathrm{d}\boldsymbol{s}+\int_V\left(\frac{1}{2}\boldsymbol{E}\cdot\boldsymbol{J}'\right)\mathrm{d}v\right]$$
$$=\int_V\left(\frac{1}{2}\omega\mu''\boldsymbol{H}\cdot\boldsymbol{H}^*+\frac{1}{2}\omega\varepsilon''\boldsymbol{E}\cdot\boldsymbol{E}^*\right)\mathrm{d}v+\int_V\left(\frac{1}{2}\sigma\boldsymbol{E}\cdot\boldsymbol{E}^*\right)\mathrm{d}v$$

无功功率：
$$-\mathrm{Im}\left\{\oint_S\left(\frac{1}{2}\boldsymbol{E}\times\boldsymbol{H}^*\right)\cdot\mathrm{d}\boldsymbol{s}+\int_V\left(\frac{1}{2}\boldsymbol{E}\cdot\boldsymbol{J}'\right)\mathrm{d}v\right\}$$
$$=2\omega\int_V\left(\frac{1}{4}\mu'\boldsymbol{H}\cdot\boldsymbol{H}^*-\frac{1}{4}\varepsilon'\boldsymbol{E}\cdot\boldsymbol{E}^*\right)\mathrm{d}v$$

对无源区电损耗媒质，有功功率方程为
$$-\oint_S\boldsymbol{S}_{\mathrm{av}}\cdot\mathrm{d}\boldsymbol{s}=\int_V\frac{1}{2}\sigma_{\mathrm{e}}\,|\boldsymbol{E}|^2\mathrm{d}v$$

习　　题

6.1　将交流电源 $V=V_0\sin\omega t$ 连接到平行板电容器(电容为 C)的两端，验证电容器的位移电流与导线内的传导电流大小相等。

6.2　如果在真空中的电场强度为
$$\boldsymbol{E}(y,t)=\boldsymbol{a}_x\boldsymbol{E}_0\cos[k(y-ct)]+\boldsymbol{a}_z\boldsymbol{E}_0\sin[k(y-ct)]$$
其中 k 为实数，求：电磁场的磁感应强度 $\boldsymbol{B}$。

6.3　已知介电常数分别为 ε_1 和 ε_2 的两个理想介质间的交界面为无限大平面。如果在某一时刻时变电磁场的电力线穿过该交界面，在媒质 1 中的边界上电力线的切线与分界面法向的夹角为 θ_1，在媒质 2 中的边界上电力线的切线与分界面法向的夹角为 θ_2，证明下式成立：
$$\varepsilon_1\tan\theta_1=\varepsilon_2\tan\theta_2$$

6.4　已知媒质 1 的参数为 $\varepsilon_1=4\varepsilon_0,\mu_1=2\mu_0,\sigma_1=0$，媒质 2 的参数为 $\varepsilon_2=2\varepsilon_0,\mu_2=\mu_0,\sigma_1=0$。两种媒质的边界在 xOy 平面内，媒质 1 在 $z\geqslant0$ 的空间内，媒质 2 在 $z\leqslant0$ 的空间内。若已知媒质 1 中临近边界的一点上的磁感应强度为
$$\boldsymbol{B}_1=(\boldsymbol{a}_x2-\boldsymbol{a}_y3+\boldsymbol{a}_z5)\sin 300t\ T$$
求该点处下列各场量的值：

(1) B_{1n},B_{1t}；

(2) B_{2n},B_{2t}；

(3) H_{2n},H_{2t}。

6.5　已知媒质 1 的参数为 $\varepsilon_1=4\varepsilon_0,\mu_1=3\mu_0,\sigma_1=0$，与理想导体 2 的共同边界为 $y=0$ 的无限大平面。设媒质 1 所在的区域为 $y\geqslant0$，其内的电场强度为
$$\boldsymbol{E}=\boldsymbol{a}_x10\cos(2\times10^6t-3z)+\boldsymbol{a}_y20\sin(2\times10^6t-3z)\ \mathrm{V/m}$$
当 $t=5$ ns 时，计算：

(1) 点 $Q(5,0,10)$ 处的两媒质中各场量的值；

(2) 该点处的面电荷密度。

6.6　已知真空中无源区内的电场强度为

$$\boldsymbol{E}(z,t)=\boldsymbol{a}_x E_{\mathrm{m}}\cos\left[\omega\left(t-\frac{z}{c}\right)\right]\ \mathrm{V/m}$$

试说明：平均坡印廷矢量 $\boldsymbol{S}_{\mathrm{av}}=\boldsymbol{a}_z c w_{\mathrm{av}}$，其中 c 为电磁波在真空中的速度，w_{av} 为电磁场平均能量密度。

6.7　已知真空中电场的复矢量为

$$\boldsymbol{E}(z)=3\mathrm{j}\boldsymbol{a}_x\cos 10z\ \mathrm{V/m}$$

试求：

(1) 磁场强度的复矢量；

(2) 在空间点 $z=0$ m，2 m，11 m 处坡印廷矢量的瞬时值；

(3) 以上各点坡印廷矢量的平均值。

6.8　写出下列时谐场量的复矢量形式：

(1)$\boldsymbol{E}(x,y,z,t)=\boldsymbol{a}_x 3\cos\omega t+\boldsymbol{a}_y 5\sin\omega t+\boldsymbol{a}_z 9\cos(\omega t+\frac{\pi}{2})$

(2)$\boldsymbol{E}(x,y,z,t)=\boldsymbol{a}_x(3\cos\omega t+4\sin\omega t)+\boldsymbol{a}_y 10(-\cos\omega t+\sin\omega t)$

(3)$\boldsymbol{H}(x,y,z,t)=\boldsymbol{a}_x 3\cos(kz-\omega t)+\boldsymbol{a}_y 10\sin(kz-\omega t)$

6.9　写出下列复矢量的时域形式：

(1)$\boldsymbol{E}(y)=[\boldsymbol{a}_x 20+\boldsymbol{a}_z(20+\mathrm{j}30)]\mathrm{e}^{-\mathrm{j}5y}$

(2)$\boldsymbol{E}(x,z)=\boldsymbol{a}_x\mathrm{j}E_0\sin\beta z\,\mathrm{e}^{-\mathrm{j}\beta x}+\boldsymbol{a}_y E_0\cos\beta z\,\mathrm{e}^{-\mathrm{j}\beta x}$

(3)$\boldsymbol{E}(r)=\boldsymbol{a}_0 E_0\left[\frac{\mathrm{j}}{kr}+\frac{1}{(kr)^2}-\frac{\mathrm{j}}{(kr)^3}\right]\mathrm{e}^{-\mathrm{j}kr}$

6.10　已知磁场强度方程为

$$\boldsymbol{H}(x,y,z,t)=\boldsymbol{a}_x H_0\sin\frac{m\pi x}{a}\cos\frac{n\pi y}{b}\sin(kz-\omega t)\ \mathrm{A/m}$$

其中，a，b 为常数。求：磁场强度的复数形式。

6.11　已知电场和磁场的瞬时值表示分别为

$$\boldsymbol{E}=\boldsymbol{a}_x E_0\mathrm{e}^{-\alpha z}\cos(\omega t-\beta z)$$

$$\boldsymbol{H}=\boldsymbol{a}_y\zeta_0 E_0\mathrm{e}^{-\alpha z}\cos(\omega t-\beta z-\theta)$$

其中 ζ_0 是常数。

(1) 求瞬时坡印廷矢量 $\boldsymbol{S}$；

(2) 由(1) 的结果求平均坡印廷矢量 $\boldsymbol{S}_{\mathrm{av}}$；

(3) 求电场 $\boldsymbol{E}$ 和磁场 $\boldsymbol{H}$ 的复数形式；

(4) 由(3) 的结果求平均功率流密度矢量 $\boldsymbol{S}_{\mathrm{av}}$。

6.12　假定

$$\boldsymbol{E}=(\boldsymbol{a}_x+\mathrm{j}\boldsymbol{a}_y)\mathrm{e}^{-\mathrm{j}z}$$

$$\boldsymbol{H}=(-\mathrm{j}\boldsymbol{a}_x+\boldsymbol{a}_y)\mathrm{e}^{-\mathrm{j}z}$$

以时域形式求瞬时坡印廷矢量 $\boldsymbol{S}$ 和平均坡印廷矢量 $\boldsymbol{S}_{\mathrm{av}}$。

6.13　已知空间某处的电场和磁场为

$$\boldsymbol{E}=\boldsymbol{a}_x E_0\cos(\omega t-\beta z)+\boldsymbol{a}_y E_0\sin(\omega t-\beta z)\ \mathrm{V/m}$$

$$\boldsymbol{H}=-\boldsymbol{a}_x\zeta_0 E_0\sin(\omega t-\beta z)+\boldsymbol{a}_y\zeta_0 E_0\cos(\omega t-\beta z)\ \mathrm{A/m}$$

求瞬时坡印廷矢量 $\boldsymbol{S}$ 和平均坡印廷矢量 $\boldsymbol{S}_{av}$。

6.14 已知自由空间的电磁场为

$$\boldsymbol{E}=\boldsymbol{a}_x 1000\cos(\omega t-\beta z)\ \text{V/m}$$
$$\boldsymbol{H}=\boldsymbol{a}_y 2.65\cos(\omega t-\beta z)\ \text{A/m}$$

式中，$\beta=\omega\sqrt{\mu_0\varepsilon_0}=0.42$ rad/m。求：

(1) 瞬时坡印廷矢量；

(2) 平均坡印廷矢量；

(3) 任一时刻流入图 6.12 所示的平行六面体（长为 1 m，横截面积为 0.25 m^2）中的净功率。

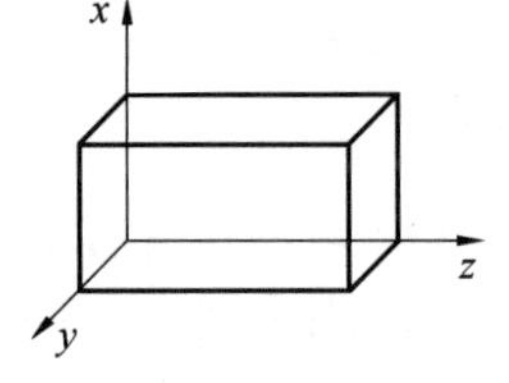

图 6.12 例 6.14 图

6.15 已知无源区的空气中的电场为

$$\boldsymbol{E}=\boldsymbol{a}_y 0.1\sin(10\pi x)\cos(6\pi\times10^9 t-\beta z)\ \text{V/m}$$

利用麦克斯韦方程求相应的 $\boldsymbol{H}$ 以及常数 β。

6.16 已知无源的真空中的磁场为

$$\boldsymbol{H}=\boldsymbol{a}_y 2\cos(15\pi x)\sin(6\pi\times10^9 t-\beta z)\ \text{A/m}$$

求出相应的 $\boldsymbol{E}$ 以及常数 β。

6.17 同轴电缆的内导体半径 $a=1$ mm，外导体内半径 $b=4$ mm，内外导体间为空气介质，且电场强度为

$$\boldsymbol{E}=\boldsymbol{a}_r\frac{100}{r}\cos(10^8 t-0.5z)\ \text{V/m}$$

求：(1) 磁场强度 $\boldsymbol{H}$ 的表达式；

(2) 求内导体表面的电流密度；

(3) 计算 $0\leqslant z\leqslant 1$ m 中的位移电流。

6.18 证明平均电场能量密度和平均磁场能量密度的关系式为

$$w_{eav}(\boldsymbol{r})=\frac{1}{4}\text{Re}(\varepsilon)\boldsymbol{E}\cdot\boldsymbol{E}^*$$

$$w_{mav}(\boldsymbol{r})=\frac{1}{4}\text{Re}(\mu)\boldsymbol{H}\cdot\boldsymbol{H}^*$$

6.19 自由空间中正弦电磁波的亥姆霍兹方程为 $(\nabla^2+k^2)\boldsymbol{E}=0$，证明 $\boldsymbol{E}=E_0\text{e}^{-\text{j}kx}\boldsymbol{a}_x$ 满足该方程。其中 E_0 为常数。

6.20 自由空间中的亥姆霍兹方程为

$$\nabla^2\boldsymbol{E}+k_0^2\boldsymbol{E}=0$$

其中 $k_0=\omega\sqrt{\omega_0\mu_0}$，若 $\boldsymbol{E}=\boldsymbol{E}_0\text{e}^{-\text{j}\boldsymbol{k}_0\cdot\boldsymbol{r}}$，$\boldsymbol{E}_0$ 为常矢，试说明：

(1) 该矢量满足亥姆霍兹方程的条件；

(2) 该矢量满足麦克斯韦方程的解的条件。

第 7 章　均匀平面电磁波

在第 6 章中，通过电磁场的波动方程说明麦克斯韦方程所描述的时变电磁场能在空间波动传播，这种以波动形式运动的电磁场称为电磁波。在现实生活中有很多电磁波在空间传播的实例。生命赖以生存的阳光是电磁波，它把能量从遥远的太阳输送到地球，带给地球以生存环境；自然界中物体的热辐射是电磁波辐射；信息时代人类的诸多科技，如无线网络、移动通信、收音机和电视等，都依赖电磁波传递信息。

以宏观假设条件为前提，麦克斯韦方程组描述了电磁场与电磁波随空间及时间的变化所满足的规律。抽象的电磁波和有形状的具体物体有很大不同，物体的运动规律可用牛顿运动定律进行研究，电磁波的运动规律则由对矢量微分或积分的麦克斯韦方程组描述，因此比较复杂。本章从时谐场出发，研究均匀平面电磁波的特点和规律，由此引出描述电磁波的一系列重要概念和性质，从而进一步加深对电磁现象和电磁理论的认识。

本章的内容主要包括均匀平面电磁波的定义、均匀平面电磁波在无耗媒质和有耗媒质中传播、均匀平面电磁波的极化和在色散媒质中电磁波的群速度等。

7.1　均匀平面电磁波的定义

本章所讨论的均匀平面电磁波是指时谐电磁波在无界空间中传播的一种理想情况。在讨论之前，先介绍几个余弦函数及其代表的物理意义。

(1) 一个时谐变化(单频) 的余弦波，可表示为

$$y(t)=A_{\mathrm{m}}\cos(\omega t+\varphi_0) \tag{7.1.1}$$

其中，A_{m} 为振幅，为正实数；$\omega=\dfrac{2\pi}{T}=2\pi f$ 为角频率，rad/s；T 为周期，s，f 为频率，Hz(cycles/s)；φ_0 为初始相位。

(2) 考虑空域上沿着 z 轴变化的余弦波，可表示为

$$y(z)=A_{\mathrm{m}}\cos(kz+\varphi_0) \tag{7.1.2}$$

其中，A_{m} 为振幅；$k=\dfrac{2\pi}{\lambda}$ 为波数，rad/m；λ 为波长，m；φ_0 为初始相位，rad。

对比时域和空域信号，如图 7.1 所示，与 w 相对应 k 可看成空间角频率，即表示单位长度上弧度的大小。

(3) 如果余弦波同时与时间和空间都有关，即

$$y(z,t)=A_{\mathrm{m}}\cos(\omega t-kz+\varphi_0) \tag{7.1.3}$$

根据第 6 章波动方程的达朗贝尔解的形式，可知式(7.1.3) 表示为一个空间传播的余弦波。如图7.2(a) 所示，随着时间的增加，余弦波向右运动。这样的波称为行波。该行波的运动速度，可用余弦波上相位相同的点向右运动的速度表征，该速度称为相速度。随着时间

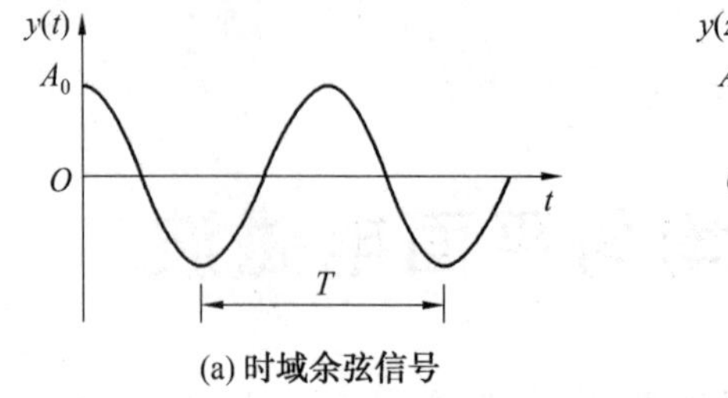

(a) 时域余弦信号

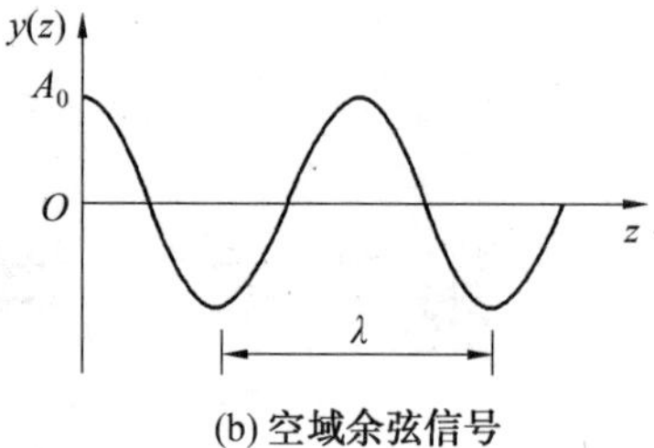

(b) 空域余弦信号

图 7.1　时域、空域信号对比

变化，相位相同的点可用方程表示为

$$\omega t - kz = \text{const} \tag{7.1.4}$$

上式两边对时间求导数，有

$$\omega - k\frac{\mathrm{d}z}{\mathrm{d}t} = 0 \tag{7.1.5}$$

则余弦波的相速度（单位：m/s）为

$$v_{\mathrm{p}} = \frac{\mathrm{d}z}{\mathrm{d}t} = \frac{\omega}{k} \tag{7.1.6}$$

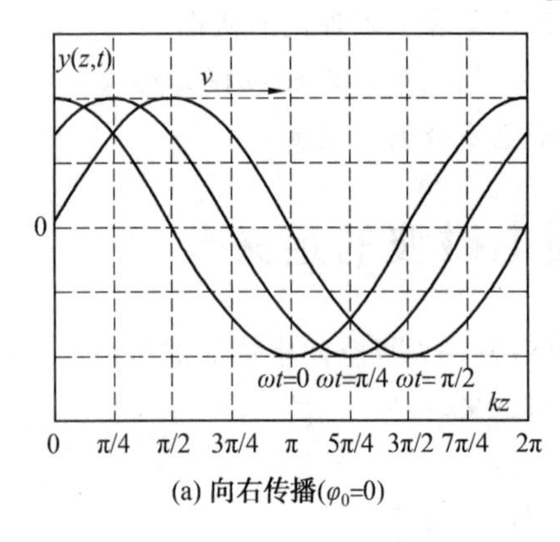

(a) 向右传播(φ_0=0)

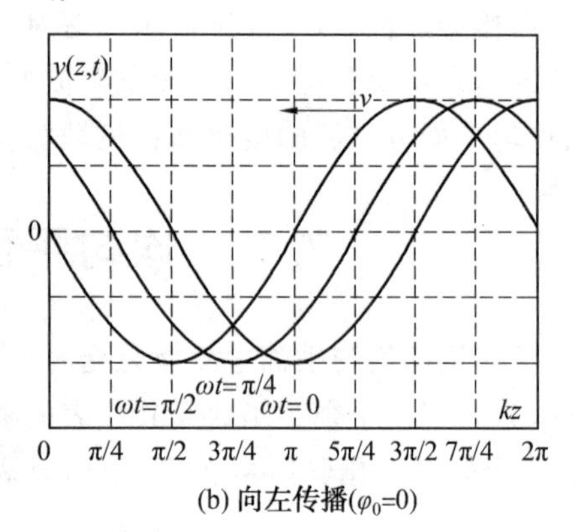

(b) 向左传播(φ_0=0)

图 7.2　空间传播的余弦波

如果用相量表示式(7.1.3)，则有

$$y(z) = A_{\mathrm{m}}\mathrm{e}^{\mathrm{j}\varphi_0}\mathrm{e}^{-\mathrm{j}kz} = A_0^+\mathrm{e}^{-\mathrm{j}kz} \tag{7.1.7}$$

其中，A_0^+ 为一个复数常量，称为复振幅。

上式表示沿着 $+z$ 方向传播的行波。复振幅的上角标加号代表沿着 $+z$ 方向传播。

(4) 如果余弦波同时与时间和空间都有关，但具有如下形式

$$y(z,t) = A_{\mathrm{m}}\cos(\omega t + kz + \varphi_0) \tag{7.1.8}$$

如图 7.2(b) 所示，该波随着时间的增加，将向左方向运动。同上所述，该波的相速度为

$$v_{\mathrm{p}} = \frac{\mathrm{d}z}{\mathrm{d}t} = -\frac{\omega}{k} \tag{7.1.9}$$

该余弦波也是一个行波，如果用相量方法表示该波，则有

$$y(z) = A_{\mathrm{m}}\mathrm{e}^{\mathrm{j}\varphi_0}\mathrm{e}^{+\mathrm{j}kz} = A_0^-\mathrm{e}^{+\mathrm{j}kz} \tag{7.1.10}$$

其中，A_0^- 为复振幅。

上式表示沿着 $-z$ 方向传播的行波。复振幅的上角标减号代表沿着 $-z$ 方向传播。

如果从三维空间场的角度考虑，在直角坐标系中式(7.1.7) 和式(7.1.10) 表示的行波、幅度和相位只与 z 有关，而与 x，y 无关。可以看到，在同一时刻，在以 z 为常数所确定的平行平面上各点的相位、幅度相等。那么可做以下定义。

等相位面：在同一时刻，由场中相位相同的空间点所构成的面叫等相位面，简称等相面。在波存在的三维空间上，具有无穷多个等相位面。

等振幅面：在同一时刻，由场中振幅相同的空间点所构成的面叫等振幅面，简称等幅面。在波存在的三维空间上，具有无穷多个等振幅面。

一般来说，波的等相面和等幅面是三维空间上的曲面。特殊情况下，它们可以是平面。我们把等相面为平面的波称为平面波，把等相面与等幅面重合的平面波称为均匀平面波。式(7.1.7) 和式(7.1.10) 表示的波就是均匀平面波。

7.2　无耗媒质中的均匀平面电磁波

假设在无源无界空间充满了均匀、线性、各向同性的无耗媒质。根据第 6 章时谐场在无耗媒质中的波动方程，有

$$\nabla^2 \boldsymbol{E} + k^2 \boldsymbol{E} = 0 \tag{7.2.1}$$

$$\nabla^2 \boldsymbol{H} + k^2 \boldsymbol{H} = 0 \tag{7.2.2}$$

其中，$k^2 = \omega^2 \varepsilon\mu$，对于无耗媒质而言，$\varepsilon$，$\mu$ 均为实数。

7.2.1　电场强度波动方程的解

在直角坐标系下，电场强度可表示为 $\boldsymbol{E} = \boldsymbol{a}_x E_x + \boldsymbol{a}_y E_y + \boldsymbol{a}_z E_z$，则有

$$\begin{aligned}\nabla^2 \boldsymbol{E} &= \boldsymbol{a}_x \nabla^2 E_x + \boldsymbol{a}_y \nabla^2 E_y + \boldsymbol{a}_z \nabla^2 E_z \\ &= \boldsymbol{a}_x \left(\frac{\partial^2}{\partial x^2} + \frac{\partial^2}{\partial y^2} + \frac{\partial^2}{\partial z^2}\right) E_x + \boldsymbol{a}_y \left(\frac{\partial^2}{\partial x^2} + \frac{\partial^2}{\partial y^2} + \frac{\partial^2}{\partial z^2}\right) E_y + \\ &\quad \boldsymbol{a}_z \left(\frac{\partial^2}{\partial x^2} + \frac{\partial^2}{\partial y^2} + \frac{\partial^2}{\partial z^2}\right) E_z \end{aligned} \tag{7.2.3}$$

则波动方程的标量形式为

$$\left(\frac{\partial^2}{\partial x^2} + \frac{\partial^2}{\partial y^2} + \frac{\partial^2}{\partial z^2}\right) E_x + k^2 E_x = 0 \tag{7.2.4}$$

$$\left(\frac{\partial^2}{\partial x^2} + \frac{\partial^2}{\partial y^2} + \frac{\partial^2}{\partial z^2}\right) E_y + k^2 E_y = 0 \tag{7.2.5}$$

$$\left(\frac{\partial^2}{\partial x^2} + \frac{\partial^2}{\partial y^2} + \frac{\partial^2}{\partial z^2}\right) E_z + k^2 E_z = 0 \tag{7.2.6}$$

这里先从波动方程最简单解的形式开始。假设电磁波沿 z 方向传播，且电场强度只与 z 有关，与 x，y 无关，即

$$\frac{\partial^2 \boldsymbol{E}}{\partial x^2} = 0 \tag{7.2.7}$$

$$\frac{\partial^2 \boldsymbol{E}}{\partial y^2} = 0 \tag{7.2.8}$$

波动方程简化为

$$\frac{\partial^2}{\partial z^2} E_x + k^2 E_x = 0 \tag{7.2.9}$$

$$\frac{\partial^2}{\partial z^2}E_y + k^2 E_y = 0 \tag{7.2.10}$$

$$\frac{\partial^2}{\partial z^2}E_z + k^2 E_z = 0 \tag{7.2.11}$$

首先对方程(7.2.9)求解，解中的积分常数由具体边界条件确定，这里先不讨论边界问题，可得

$$E_x(z) = E_{x0}^- e^{+jkz} + E_{x0}^+ e^{-jkz} \tag{7.2.12}$$

其中，E_{x0}^+，E_{x0}^- 分别为向 $+z$ 方向和 $-z$ 方向传播的行波的复振幅。

方程(7.2.9)的解还可有另一种形式，即

$$E_x(z) = A\cos(kz) + B\sin(kz) \tag{7.2.13}$$

其中，A，B 分别为复振幅。

这个形式的解为驻波解。一般在均匀无界媒质中，不存在驻波。在电磁波通过媒质边界或在波导中传播时，会有驻波情况发生，参见第8章8.1.1节。本章暂且只讨论行波解。

同理，方程(7.2.10)和(7.2.11)的行波解分别为

$$E_y(z) = E_{y0}^- e^{+jkz} + E_{y0}^+ e^{-jkz} \tag{7.2.14}$$

$$E_z(z) = E_{z0}^- e^{+jkz} + E_{z0}^+ e^{-jkz} \tag{7.2.15}$$

其中，E_{y0}^+，E_{y0}^- 和 E_{z0}^+，E_{z0}^- 都是复振幅。

将方程的解写成矢量形式，则有

$$\boldsymbol{E}(z) = \boldsymbol{E}_0^- e^{+jkz} + \boldsymbol{E}_0^+ e^{-jkz} \tag{7.2.16}$$

其中，$\boldsymbol{E}_0^- = \boldsymbol{a}_x E_{x0}^- + \boldsymbol{a}_y E_{y0}^- + \boldsymbol{a}_z E_{z0}^-$ 和 $\boldsymbol{E}_0^+ = \boldsymbol{a}_x E_{x0}^+ + \boldsymbol{a}_y E_{y0}^+ + \boldsymbol{a}_z E_{z0}^+$ 分别为复振幅矢量，或称复振幅。该复振幅矢量为与空间和时间无关的常矢量。

下面只分析沿 $+z$ 方向传播的电磁波的性质，并忽略振幅的上角标负号，则方程的解变为

$$\boldsymbol{E}(z) = \boldsymbol{E}_0 e^{-jkz} \tag{7.2.17}$$

如果将方程的解(7.2.17)代入无源区的散度方程 $\nabla\cdot \boldsymbol{E}(z) = 0$，可得

$$\nabla\cdot(\boldsymbol{E}_0 e^{-jkz}) = 0 \tag{7.2.18}$$

根据矢量恒等式

$$\nabla\cdot(a\boldsymbol{A}) = a\,\nabla\cdot \boldsymbol{A} + \boldsymbol{A}\cdot\nabla a \tag{7.2.19}$$

方程(7.2.18)可进一步写成为

$$\begin{aligned}\nabla\cdot(\boldsymbol{E}_0 e^{-jkz}) &= e^{-jkz}\,\nabla\cdot \boldsymbol{E}_0 + \boldsymbol{E}_0\cdot\nabla(e^{-jkz})\\ &= \boldsymbol{E}_0\cdot\left(\boldsymbol{a}_x\frac{\partial}{\partial x} + \boldsymbol{a}_y\frac{\partial}{\partial y} + \boldsymbol{a}_z\frac{\partial}{\partial z}\right)e^{-jkz}\\ &= \boldsymbol{E}_0\cdot[\boldsymbol{a}_z(-1)jke^{-jkz}]\\ &= -jk\boldsymbol{a}_z\cdot \boldsymbol{E}(z)\\ &= -jkE_z(z)\\ &= 0\end{aligned} \tag{7.2.20}$$

上式说明 $E_z(z)=0$，或者 $E_{z0}(z)=0$，即电场在传播方向上无分量，也即电场强度矢量与传播方向相互垂直。因此有

$$\begin{aligned}\boldsymbol{E}(z) &= \boldsymbol{a}_x E_x(z) + \boldsymbol{a}_y E_y(z)\\ &= (\boldsymbol{a}_x E_{x0} + \boldsymbol{a}_y E_{y0})e^{-jkz}\\ &= \boldsymbol{E}_0 e^{-jkz}\end{aligned} \tag{7.2.21}$$

式(7.2.21)为波动方程在 $+z$ 方向传播的电场强度最终解。它的时域表达式为

$$\begin{aligned}\boldsymbol{E}(z,t) &= \mathrm{Re}[(\boldsymbol{a}_x E_{x0}+\boldsymbol{a}_y E_{y0})\mathrm{e}^{\mathrm{j}(\omega t-kz)}] \\ &= \mathrm{Re}[(\boldsymbol{a}_x |E_{x0}|\mathrm{e}^{\mathrm{j}\varphi_{x0}}+\boldsymbol{a}_y |E_{y0}|\mathrm{e}^{\mathrm{j}\varphi_{y0}})\mathrm{e}^{\mathrm{j}(\omega t-kz)}] \\ &= \mathrm{Re}[\boldsymbol{a}_x |E_{x0}|\mathrm{e}^{\mathrm{j}(\omega t-kz+\varphi_{x0})}+\boldsymbol{a}_y |E_{y0}|\mathrm{e}^{\mathrm{j}(\omega t-kz+\varphi_{y0})}] \\ &= \boldsymbol{a}_x E_{xm}\cos(\omega t-kz+\varphi_{x0})+\boldsymbol{a}_y E_{ym}\cos(\omega t-kz+\varphi_{y0})\end{aligned} \tag{7.2.22}$$

其中 $E_{xm}=|E_{x0}|$，$E_{ym}=|E_{y0}|$ 为幅值的模值；φ_{x0}，φ_{y0} 为初始相位。

7.2.2　磁场强度波动方程的解

求解磁场方程，可以通过两种方法进行：(1) 参照电场波动方程求解过程求解磁场强度的波动方程；或者根据两个波动方程的相似性，可以直接写出磁场的解。(2) 利用电场的解，再从麦克斯韦方程求解磁场。第一种方法在求出磁场后还需继续使用麦克斯韦方程组求解电场与磁场之间的关系，因为二者之间是相互耦合在一起的。因此这里采用第二种方法。

将式(7.2.21)代入麦克斯韦微分方程

$$\nabla\times\boldsymbol{E}=-\mathrm{j}\omega\mu\boldsymbol{H} \tag{7.2.23}$$

有

$$\boldsymbol{H}(z)=\frac{\mathrm{j}}{\omega\mu}\nabla\times\boldsymbol{E}(z)=\frac{\mathrm{j}}{\omega\mu}\nabla\times(\boldsymbol{E}_0\mathrm{e}^{-\mathrm{j}kz}) \tag{7.2.24}$$

根据矢量恒等式

$$\nabla\times(a\boldsymbol{A})=\nabla a\times\boldsymbol{A}+a\nabla\times\boldsymbol{A} \tag{7.2.25}$$

磁场方程可变为

$$\begin{aligned}\boldsymbol{H}(z) &= \frac{\mathrm{j}}{\omega\mu}\nabla(\mathrm{e}^{-\mathrm{j}kz})\times\boldsymbol{E}_0 \\ &= \frac{k}{\omega\mu}\mathrm{e}^{-\mathrm{j}kz}\boldsymbol{a}_z\times\boldsymbol{E}_0 \\ &= \frac{1}{\eta}(\boldsymbol{a}_y E_{x0}-\boldsymbol{a}_x E_{y0})\mathrm{e}^{-\mathrm{j}kz}\end{aligned} \tag{7.2.26}$$

其中

$$\eta=\frac{\omega\mu}{k}=\frac{\omega\mu}{\omega\sqrt{\mu\varepsilon}}=\sqrt{\frac{\mu}{\varepsilon}} \tag{7.2.27}$$

称为媒质的本征(特性)阻抗，单位为 Ω。对无耗媒质而言，本征阻抗为实数。

参照式(7.2.20)，根据磁场的散度方程同理可得

$$H_z(z)=0 \tag{7.2.28}$$

上式说明磁场在传播方向上无分量，也就是说磁场强度矢量与传播方向相互垂直。

磁场方程的时域形式为

$$\begin{aligned}\boldsymbol{H}(z,t) &= \frac{1}{\eta}\mathrm{Re}[(\boldsymbol{a}_y E_{x0}-\boldsymbol{a}_x E_{y0})\mathrm{e}^{\mathrm{j}(\omega t-kz)}] \\ &= \frac{1}{\eta}\mathrm{Re}[(\boldsymbol{a}_y |E_{x0}|\mathrm{e}^{\mathrm{j}\varphi_{x0}}-\boldsymbol{a}_x |E_{y0}|\mathrm{e}^{\mathrm{j}\varphi_{y0}})\mathrm{e}^{\mathrm{j}(\omega t-kz)}] \\ &= \boldsymbol{a}_y\frac{E_{xm}}{\eta}\cos(\omega t-kz+\varphi_{x0})-\boldsymbol{a}_x\frac{E_{ym}}{\eta}\cos(\omega t-kz+\varphi_{y0})\end{aligned} \tag{7.2.29}$$

分析电场强度方程(7.2.21)和磁场强度方程(7.2.26)可得出以下结论：

(1) 两个方程描述的是沿 $+z$ 方向传播的电磁波，电场、磁场为均匀平面波。

(2) 电场和磁场的等相等幅面为 $z=\mathrm{const}$，在等相位面上，二者的相位相同。如图7.3

所示，为了清晰起见，图中给出的是电场只有 x 方向分量，磁场只有 y 方向分量，沿着 $+z$ 方向传播的均匀平面电磁波。该图说明在每一个等相等幅面上的各个空间点，电场强度和磁场强度都具有大小相等、方向相同的特点。

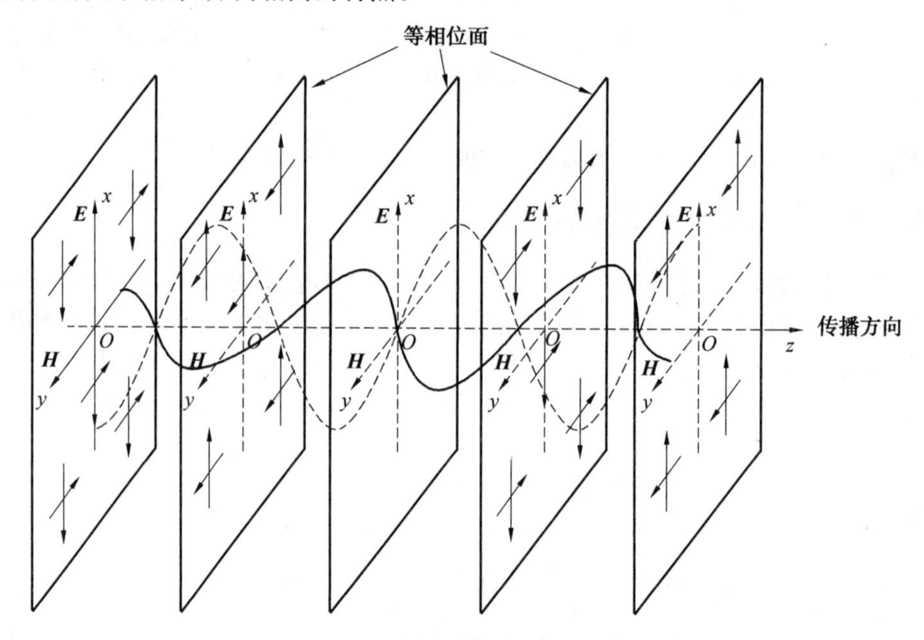

图 7.3　在某一时刻沿 $+z$ 方向传播的均匀平面电磁波等相位面示意图

(3) 从图中可以看到：当电场只有 x 分量时，沿着 z 轴传播的均匀平面波的磁场强度只有 y 分量。可以想象，当电场只有 y 分量时，沿着 z 轴传播的均匀平面波的磁场强度只有 x 分量。考察式(7.2.21) 和式(7.2.26)，不难得出上述结论。

(4) 对无耗媒质而言，电磁波为向 $+z$ 方向传播的行波，振幅无衰减。如图 7.4 所示，图中给出的是电场只有 x 方向分量，磁场只有 y 方向分量，沿着 $+z$ 方向传播的均匀平面电磁波。

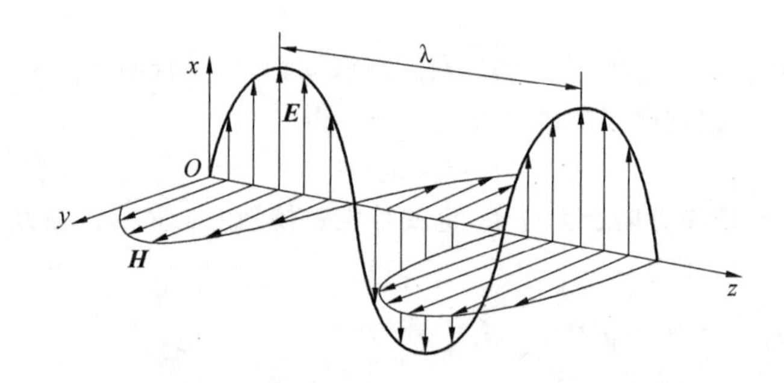

图 7.4　无耗媒质中的均匀平面电磁波

(5) 电场强度矢量、磁场强度矢量和传播方向之间两两垂直(正交)，这样的波称为横电磁波(TEM 波)。

(6) 电场强度矢量、磁场强度矢量和传播方向三者之间满足右手关系。由式(7.2.26)可知，$\boldsymbol{a}_E \times \boldsymbol{a}_H = \boldsymbol{a}_z$。

(7) 电磁波相速度为 $v_{\mathrm{p}}=\dfrac{\omega}{k}=\dfrac{1}{\sqrt{\mu\varepsilon}}$(m/s)。真空中电磁波的相速度为 $c=\dfrac{\omega}{k}=\dfrac{1}{\sqrt{\mu_0\varepsilon_0}}\approx 3\times10^8$(m/s)。

(8) 电场与磁场的模值关系为

$$|\boldsymbol{E}|=\eta|\boldsymbol{H}| \tag{7.2.30}$$

可与电压和电流之间的关系式 $U=IR$ 相比拟,E(V/m),H(A/m),$\eta(\Omega)$。

(9) 本征阻抗 η 只与媒质的本构参数有关,由媒质特性决定,无耗媒质中 η 为实数。真空的本征阻抗为 $\eta_0=\sqrt{\dfrac{\mu_0}{\varepsilon_0}}=120\pi=377(\Omega)$。

例 7.1　频率为 100 MHz 的均匀平面波 $\boldsymbol{E}=\boldsymbol{a}_xE_x$,沿 $+z$ 方向在某一理想介质中传播,介质的参数为 $\varepsilon_{\mathrm{r}}=9$,$\mu_{\mathrm{r}}=1$。当 $t=0$ 时,在 $z=\dfrac{1}{2}$ m 处,电场幅值达到最大值为 10 V/m。求:(1) 电场强度的瞬时表达式;(2) 磁场强度的瞬时表达式;(3) 当 $t=10^{-6}$ s 时,电场强度达到最小值的空间位置。

解　(1) 均匀平面波的波数为

$$k=\omega\sqrt{\varepsilon\mu}=\omega\sqrt{\varepsilon_{\mathrm{r}}\mu_{\mathrm{r}}}\sqrt{\varepsilon_0\mu_0}=\frac{2\pi\times10^8}{3\times10^8}\times\sqrt{9}=2\pi\ (\mathrm{rad/m})$$

假定电场为余弦波,即

$$E_x=10\cos(\omega t-kz+\varphi)=10\cos(2\pi\times10^8t-2\pi z+\varphi)$$

将 $t=0$ 时的已知条件代入上式

$$\cos\left(-2\pi\times\frac{1}{2}+\varphi\right)=1$$

求得初始相位的一个取值可为 $\varphi=\pi$ (rad)。

因此电场强度的瞬时表达式为

$$\boldsymbol{E}=\boldsymbol{a}_xE_x=\boldsymbol{a}_x10\cos(\omega t-kz+\varphi)=\boldsymbol{a}_x10\cos(2\pi\times10^8t-2\pi z+\pi)\ (\mathrm{V/m})$$

(2) 媒质的本征阻抗为

$$\eta=\sqrt{\frac{\mu}{\varepsilon}}=\sqrt{\frac{\mu_{\mathrm{r}}}{\varepsilon_{\mathrm{r}}}}\sqrt{\frac{\mu_0}{\varepsilon_0}}=\frac{377}{3}=125.7(\Omega)$$

磁场强度的瞬时表达式为

$$\begin{aligned}\boldsymbol{H}&=\boldsymbol{a}_y\frac{E_x}{\eta}=\boldsymbol{a}_y\frac{10}{125.7}\cos(2\pi\times10^8t-2\pi z+\pi)\\&=\boldsymbol{a}_y0.079\,6\cos(2\pi\times10^8t-2\pi z+\pi)\ (\mathrm{A/m})\end{aligned}$$

(3) 将 $t=10^{-6}$ 代入电场强度的瞬时表达式,并令之等于 -10,得

$$10\cos(2\pi\times10^8\times10^{-6}-2\pi z+\pi)=-10$$

$$\cos(2\pi z)=1$$

因此空间上电场强度为最小值的点为

$$z=0,\pm1,\pm2,\cdots\ (\mathrm{m})$$

7.2.3　在任意方向 k 上传播的均匀平面电磁波

在一般情况下,即不存在 7.2.1 节中式 (7.2.7) 和(7.2.8) 的假设条件时,则波动方程

的标量形式为(7.2.4)～(7.2.6)三个方程。那么此时方程的解的形式如何呢？

可以通过分离变量法求解波动方程,但这里从另一个角度解决这个问题。如图7.5(a)所示,如果将沿$+z$方向传播的均匀平面波偏转到任意一传播方向$\boldsymbol{n}$(单位向量),则该波仍然是均匀平面波。此时将标量波数看成一个矢量,称为波矢量,则$\boldsymbol{k}$可表示为

$$\boldsymbol{k}=k\boldsymbol{n}=\boldsymbol{a}_x k_x+\boldsymbol{a}_y k_y+\boldsymbol{a}_z k_z \tag{7.2.31}$$

且有

$$k^2=k_x^2+k_y^2+k_z^2=\omega^2\varepsilon\mu \tag{7.2.32}$$

其中,k_x,k_y,k_z分别为矢量$\boldsymbol{k}$在三个坐标方向上的分量。如果$\boldsymbol{k}$与坐标轴之间的夹角分别为α,β,γ,则有

$$k_x=k\cos\alpha \tag{7.2.33}$$

$$k_y=k\cos\beta \tag{7.2.34}$$

$$k_z=k\cos\gamma \tag{7.2.35}$$

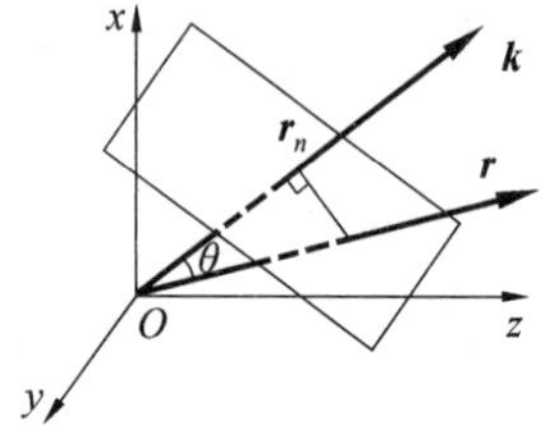

(a) 沿k方向传播的均匀平面波

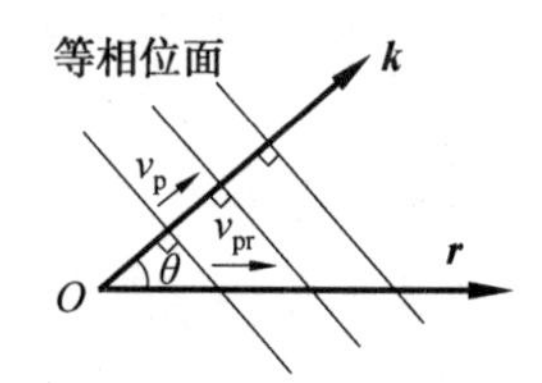

(b) 传播方向、观测方向及等相位面间的关系

图7.5　均匀平面电磁波及其相速度

则电场强度为

$$\begin{aligned}\boldsymbol{E}(\boldsymbol{r})&=\boldsymbol{E}(x,y,z)\\&=\boldsymbol{E}_0(x,y,z)\mathrm{e}^{-\mathrm{j}(k_x x+k_y y+k_z z)}\\&=\boldsymbol{E}_0\mathrm{e}^{-\mathrm{j}\boldsymbol{k}\cdot\boldsymbol{r}}\end{aligned} \tag{7.2.36}$$

其中,$\boldsymbol{E}_0=\boldsymbol{a}_x E_{x0}+\boldsymbol{a}_y E_{y0}+\boldsymbol{a}_z E_{z0}$为常复振幅矢量;$\boldsymbol{r}=\boldsymbol{a}_x x+\boldsymbol{a}_y y+\boldsymbol{a}_z z$为空间位置矢量。

可以验证,式(7.2.36)满足由式(7.2.4)～(7.2.6)确定的波动方程。

由矢量恒等式(7.2.25)可得

$$\begin{aligned}\nabla\times\boldsymbol{E}(\boldsymbol{r})&=\nabla\times(\boldsymbol{E}_0\mathrm{e}^{-\mathrm{j}\boldsymbol{k}\cdot\boldsymbol{r}})=(\nabla\mathrm{e}^{-\mathrm{j}\boldsymbol{k}\cdot\boldsymbol{r}})\times\boldsymbol{E}_0\\&=-\mathrm{j}\boldsymbol{k}\mathrm{e}^{-\mathrm{j}\boldsymbol{k}\cdot\boldsymbol{r}}\times\boldsymbol{E}_0=-\mathrm{j}\boldsymbol{k}\times\boldsymbol{E}(\boldsymbol{r})\end{aligned} \tag{7.2.37}$$

通过麦克斯韦的微分方程(7.2.23),求出磁场方程为

$$\boldsymbol{H}(\boldsymbol{r})=\frac{\mathrm{j}}{\omega\mu}\nabla\times\boldsymbol{E}(\boldsymbol{r})=\frac{\boldsymbol{k}}{\omega\mu}\times\boldsymbol{E}(\boldsymbol{r})=\frac{1}{\eta}\boldsymbol{n}\times\boldsymbol{E}(\boldsymbol{r}) \tag{7.2.38}$$

上式又可写为

$$\boldsymbol{E}=\eta\boldsymbol{H}\times\boldsymbol{n} \tag{7.2.39}$$

由散度方程也可以得到以下关系式

$$\nabla\cdot\boldsymbol{E}=\nabla\cdot(\boldsymbol{E}_0\mathrm{e}^{-\mathrm{j}\boldsymbol{k}\cdot\boldsymbol{r}})=\boldsymbol{E}_0\cdot\nabla\mathrm{e}^{-\mathrm{j}\boldsymbol{k}\cdot\boldsymbol{r}}=-\mathrm{j}\boldsymbol{k}\cdot\boldsymbol{E}=0 \tag{7.2.40}$$

则有

$$\boldsymbol{k}\cdot\boldsymbol{E}=\boldsymbol{k}\cdot\boldsymbol{E}_0=0 \tag{7.2.41}$$

同理,可得

$$\boldsymbol{k}\cdot\boldsymbol{H}=\boldsymbol{k}\cdot\boldsymbol{H}_0=0 \tag{7.2.42}$$

由式(7.2.39)、式(7.2.41)和式(7.2.42)可知,电场强度矢量、磁场强度矢量和传播方向三者相互垂直,且满足右手关系。

此时,等相面或者等幅面可表示为

$$\boldsymbol{k}\cdot\boldsymbol{r}=\mathrm{const} \tag{7.2.43}$$

沿 $\boldsymbol{r}$ 方向，等相面的速度，即均匀平面波的相速度可由下式确定

$$\omega t - \boldsymbol{k} \cdot \boldsymbol{r} = \text{const} \tag{7.2.44}$$

$$\omega t - kr\cos\theta = \text{const} \tag{7.2.45}$$

其中，θ 为 $\boldsymbol{k}$，$\boldsymbol{r}$ 两个矢量的夹角。如图 7.5(b) 所示。

若 $\boldsymbol{k}$ 与 $\boldsymbol{r}$ 方向相同，即 $\theta = 0$ 时，有 $\omega t - kr = \text{const}$，则均匀平面波在传播方向上的相速度为

$$v_{\mathrm{p}} = \frac{\omega}{k} = \frac{1}{\sqrt{\mu\varepsilon}} \tag{7.2.46}$$

若 $\boldsymbol{k}$ 与 $\boldsymbol{r}$ 方向不同，由式(7.2.45) 可得均匀平面波沿 $\boldsymbol{r}$ 方向上的相速度为

$$v_{\mathrm{pr}} = \frac{\omega}{k\cos\theta} = \frac{1}{\sqrt{\mu\varepsilon}}\,\frac{1}{\cos\theta} \geqslant \frac{1}{\sqrt{\mu\varepsilon}} = v_{\mathrm{p}} \tag{7.2.47}$$

这个速度通常被称为均匀平面电磁波沿 $\boldsymbol{r}$ 方向上的视在速度。可见，视在速度随着观察方向的变化而变化，但是视在速度不代表电磁波的能量传播速度。

例 7.2　已知空气中传播的均匀平面波的电场为 $\boldsymbol{E} = \boldsymbol{a}_z 20\mathrm{e}^{-\mathrm{j}(3x+4y)}$ (V/m)，试求：

(1) 电磁波的传播方向；

(2) 电磁波的频率和波长；

(3) 与 $\boldsymbol{E}$ 相伴的磁场 $\boldsymbol{H}$ 的表达式。

解　(1) 由电场强度方程 $\boldsymbol{E} = \boldsymbol{a}_z 20\mathrm{e}^{-\mathrm{j}(3x+4y)}$，可知波矢量为

$$\boldsymbol{k} = 3\boldsymbol{a}_x + 4\boldsymbol{a}_y \ (\text{rad/m})$$

将波矢量归一化，即为电磁波的传播方向

$$\boldsymbol{n} = \frac{\boldsymbol{k}}{|\boldsymbol{k}|} = \frac{3}{5}\boldsymbol{a}_x + \frac{4}{5}\boldsymbol{a}_y$$

(2) 由公式 $k = \dfrac{2\pi}{\lambda}$，可得波长为

$$\lambda = \frac{2\pi}{k} = \frac{2\pi}{5} \ (\text{m})$$

由电磁波的相速度公式(7.1.6) 可知，电磁波的角频率为

$$\omega = kc = 5 \times 3 \times 10^8 = 1.5 \times 10^9 \ (\text{rad/s})$$

电磁波的频率为

$$f = \frac{\omega}{2\pi} = \frac{5 \times 3 \times 10^8}{2\pi} = 238.73 \ (\text{MHz})$$

(3) 由式(7.2.38)，可求得磁场 $\boldsymbol{H}$ 的复数形式为

$$\begin{aligned}
\boldsymbol{H}(\boldsymbol{r}) &= \frac{1}{\eta_0}\boldsymbol{n} \times \boldsymbol{E}(\boldsymbol{r}) \\
&= \left(\frac{3}{5}\boldsymbol{a}_x + \frac{4}{5}\boldsymbol{a}_y\right) \times \boldsymbol{a}_z \frac{E_0}{\eta_0}\mathrm{e}^{-\mathrm{j}(3x+4y)} \\
&= \left(\frac{4}{5}\boldsymbol{a}_x - \frac{3}{5}\boldsymbol{a}_y\right) \frac{20}{377}\mathrm{e}^{-\mathrm{j}(3x+4y)} \\
&\approx (0.042\,4\boldsymbol{a}_x - 0.031\,8\boldsymbol{a}_y)\mathrm{e}^{-\mathrm{j}(3x+4y)} \ (\text{A/m})
\end{aligned}$$

7.2.4　均匀平面波的能量和功率

根据坡印廷定理，在无耗媒质中电场和磁场的平均能量密度分别为

$$w_{eav}=\frac{1}{4}\mathrm{Re}(\boldsymbol{E}\cdot\boldsymbol{D}^*)=\frac{1}{4}\varepsilon\ |\boldsymbol{E}_0|^2 \tag{7.2.48}$$

$$w_{mav}=\frac{1}{4}\mathrm{Re}(\boldsymbol{B}\cdot\boldsymbol{H}^*)=\frac{1}{4}\mu\ |\boldsymbol{H}_0|^2 \tag{7.2.49}$$

由式(7.2.27)可知

$$\varepsilon\ |\boldsymbol{E}_0|^2=\mu\ |\boldsymbol{H}_0|^2 \tag{7.2.50}$$

上式说明空间上电场能量密度的平均值等于磁场能量密度的平均值。

平均功率流密度矢量,即平均坡印廷矢量的表达式为

$$\begin{aligned}\boldsymbol{S}_{av}&=\frac{1}{2}\mathrm{Re}[\boldsymbol{E}\times\boldsymbol{H}^*]=\frac{1}{2}\mathrm{Re}[\boldsymbol{E}\times(\frac{1}{\eta}\boldsymbol{n}\times\boldsymbol{E})^*]\\&=\frac{1}{2\eta}\mathrm{Re}[\boldsymbol{n}(\boldsymbol{E}\cdot\boldsymbol{E}^*)-\boldsymbol{E}^*(\boldsymbol{E}\cdot\boldsymbol{n})]\\&=\frac{1}{2\eta}\ |\boldsymbol{E}|^2\boldsymbol{n}\\&=\frac{1}{2\eta}\ |\boldsymbol{E}_0|^2\boldsymbol{n}\end{aligned} \tag{7.2.51}$$

由上式可以看出,坡印廷矢量的方向与电磁波传播方向一致。

平均坡印廷矢量也可由磁场强度表示

$$\boldsymbol{S}_{av}=\frac{\eta}{2}\ |\boldsymbol{H}|^2\boldsymbol{n}=\frac{\eta}{2}\ |\boldsymbol{H}_0|^2\boldsymbol{n} \tag{7.2.52}$$

例 7.3　根据例 7.2 中的已知条件和结果,试求:

(1) 瞬时坡印廷矢量和平均坡印廷矢量;

(2) 电磁波的平均能量密度。

解　(1) 电场强度和磁场强度的瞬时表达式为

$$\begin{aligned}\boldsymbol{E}(\boldsymbol{r},t)&=\boldsymbol{a}_z\mathrm{Re}(20\mathrm{e}^{-\mathrm{j}(3x+4y)}\mathrm{e}^{\mathrm{j}\omega t})\\&=\boldsymbol{a}_z 20\cos(\omega t-3x-4y)\end{aligned}$$

$$\boldsymbol{H}(\boldsymbol{r},t)=(0.042\,4\boldsymbol{a}_x-0.031\,8\boldsymbol{a}_y)\cos(\omega t-3x-4y)$$

则瞬时坡印廷矢量为

$$\begin{aligned}\boldsymbol{S}(\boldsymbol{r},t)&=\boldsymbol{E}(\boldsymbol{r},t)\times\boldsymbol{H}(\boldsymbol{r},t)\\&=\boldsymbol{a}_z 20\cos(\omega t-3x-4y)\times(0.0424\boldsymbol{a}_x-0.0318\boldsymbol{a}_y)\cos(\omega t-3x-4y)\\&=(0.636\boldsymbol{a}_x+0.848\boldsymbol{a}_y)\cos^2(\omega t-3x-4y)\\&=(0.636\boldsymbol{a}_x+0.848\boldsymbol{a}_y)\cos^2(1.5\times10^9 t-3x-4y)(\mathrm{W/m^2})\end{aligned}$$

由式(7.2.51),可求得平均坡印廷矢量为

$$\begin{aligned}\boldsymbol{S}_{av}&=\frac{1}{2\eta_0}\ |\boldsymbol{E}_0|^2\boldsymbol{n}\\&=\frac{400}{2\times377}(\frac{3}{5}\boldsymbol{a}_x+\frac{4}{5}\boldsymbol{a}_y)\\&=0.031\,8\boldsymbol{a}_x+0.042\,4\boldsymbol{a}_y(\mathrm{W/m^2})\end{aligned}$$

(2) 电磁波的能量密度包括电场和磁场的能量密度之和,即平均能量密度为

$$\begin{aligned}w_{av}&=w_e+w_m\\&=2w_e\end{aligned}$$

$$
\begin{aligned}
&= \varepsilon_0 E_0^2 \\
&= \frac{10^{-9}}{36\pi} \times 40 = 3.54 \times 10^{-10} (\mathrm{J/m^3})
\end{aligned}
$$

7.3　有耗媒质中的均匀平面电磁波

对于有耗媒质而言，其电磁特性参数中所代表的损耗项 $\sigma \neq 0$。这里暂不考虑磁导率为复数的情况，则介电常数 ε 和磁导率 μ 为实数。

假设在无界空间充满了均匀、线性且各向同性的有耗媒质，则无源区的波动方程为式(6.8.55) 和式(6.8.56) 所表示的齐次亥姆霍兹方程。

令

$$
\begin{aligned}
k_{\mathrm{f}}^2 &= \omega^2 \mu \varepsilon_{\mathrm{e}} \\
&= \omega^2 \mu \left(\varepsilon - \mathrm{j}\frac{\sigma}{\omega}\right) \\
&= \omega\mu(\omega\varepsilon - \mathrm{j}\sigma)
\end{aligned} \tag{7.3.1}
$$

则齐次亥姆霍兹方程变为

$$\nabla^2 \boldsymbol{E} + k_{\mathrm{f}}^2 \boldsymbol{E} = 0 \tag{7.3.2}$$

$$\nabla^2 \boldsymbol{H} + k_{\mathrm{f}}^2 \boldsymbol{H} = 0 \tag{7.3.3}$$

k_{f} 为波数，与无耗媒质中的波数 k 不同，它是一个复数。k_{f} 的实部和虚部可由以下方法求得。首先令

$$k_{\mathrm{f}} = \beta - \mathrm{j}\alpha \tag{7.3.4}$$

其中 α，β 为实数。

由式 (7.3.1)，可得

$$\beta^2 - \alpha^2 - \mathrm{j}2\beta\alpha = \omega\mu(\omega\varepsilon - \mathrm{j}\sigma) \tag{7.3.5}$$

可得方程组

$$\beta^2 - \alpha^2 = \omega^2 \mu\varepsilon \tag{7.3.6}$$

$$\alpha\beta = \frac{1}{2}\omega\mu\sigma \tag{7.3.7}$$

联立求解，得

$$\alpha = \omega\sqrt{\mu\varepsilon}\left\{\frac{1}{2}\left[\sqrt{1+\left(\frac{\sigma}{\omega\varepsilon}\right)^2} - 1\right]\right\}^{1/2} \tag{7.3.8}$$

$$\beta = \omega\sqrt{\mu\varepsilon}\left\{\frac{1}{2}\left[\sqrt{1+\left(\frac{\sigma}{\omega\varepsilon}\right)^2} + 1\right]\right\}^{1/2} \tag{7.3.9}$$

则 α，β 为正实数，分别称为衰减常数和相位常数。

7.3.1　沿着 z 轴传播的均匀平面电磁波

在无界有耗媒质中，假设沿着 z 轴正向传播，则齐次亥姆霍兹方程(7.3.2) 的解为

$$\boldsymbol{E}(z) = \boldsymbol{E}_0 \mathrm{e}^{-\mathrm{j}k_{\mathrm{f}}z} \tag{7.3.10}$$

其中

$$\boldsymbol{E}_0 = \boldsymbol{a}_x E_{x0} + \boldsymbol{a}_y E_{y0} \tag{7.3.11}$$

为电场强度的复振幅矢量，它在 z 轴没有分量，即垂直于传播方向。

由式(7.3.4)，电场强度方程可以进一步写成

$$
\begin{aligned}
\boldsymbol{E}(z) &= \boldsymbol{E}_0 \mathrm{e}^{-\mathrm{j}(\beta - \mathrm{j}\alpha)z} \\
&= \boldsymbol{E}_0 \mathrm{e}^{-\alpha z} \mathrm{e}^{-\mathrm{j}\beta z}
\end{aligned} \tag{7.3.12}
$$

分析上述方程，可得到以下结论：

(1) 均匀平面电磁波电场的振幅为 $\boldsymbol{E}_0 \mathrm{e}^{-\alpha z}$，表明电场强度振幅随着 z 的增大以指数的规律减小，如图 7.6 所示。$\mathrm{e}^{-\alpha z}$ 被称为衰减因子，α 被称为衰减常数，单位为 Np/m(奈培／米)。1 Np/m 的意思是电磁波向前传播 1 m 距离其振幅下降为原来的 $\frac{1}{\mathrm{e}}$，相当于功率下降 $20 \lg \mathrm{e} = 8.69$ dB/m。

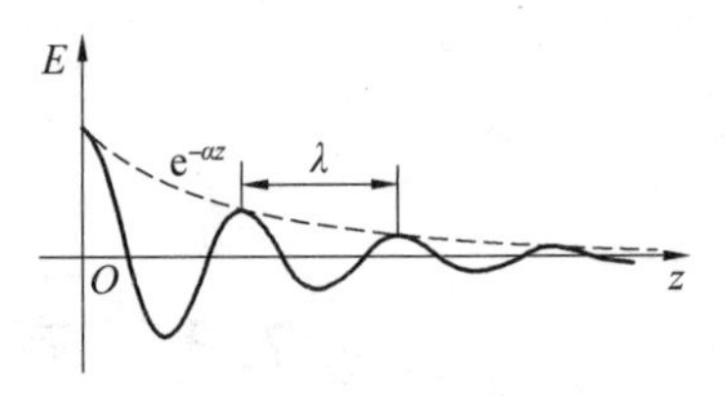

图 7.6　有耗媒质中均匀平面电磁波的幅度衰减

(2) 当电磁波入射到有耗媒质时，将振幅衰减到初值的 $\frac{1}{\mathrm{e}}$ 倍时电磁波所传播的距离 δ 定义为穿透深度，即

$$\delta = \frac{1}{\alpha} \tag{7.3.13}$$

(3) 指数 $\mathrm{e}^{-\mathrm{j}\beta z}$ 被称为相位因子，β 表示电磁波传播单位距离所产生的相移量，被称为相位常数，单位是 rad/m。

(4) 电场时域表达式为

$$\begin{aligned}
\boldsymbol{E}(z,t) &= \mathrm{Re}[(\boldsymbol{a}_x E_{x0} + \boldsymbol{a}_y \boldsymbol{E}_{y0}) \mathrm{e}^{-\alpha z} \mathrm{e}^{\mathrm{j}(\omega t - \beta z)}] \\
&= \mathrm{e}^{-\alpha z} \mathrm{Re}[(\boldsymbol{a}_x |E_{x0}| \mathrm{e}^{\mathrm{j}\varphi_{x0}} + \boldsymbol{a}_y |E_{y0}| \mathrm{e}^{\mathrm{j}\varphi_{y0}}) \mathrm{e}^{\mathrm{j}(\omega t - \beta z)}] \\
&= \mathrm{e}^{-\alpha z} \mathrm{Re}[\boldsymbol{a}_x |E_{x0}| \mathrm{e}^{\mathrm{j}(\omega t - \beta z + \varphi_{x0})} + \boldsymbol{a}_y |E_{y0}| \mathrm{e}^{\mathrm{j}(\omega t - \beta z + \varphi_{y0})}] \\
&= \boldsymbol{a}_x E_{xm} \mathrm{e}^{-\alpha z} \cos(\omega t - \beta z + \varphi_{x0}) + \boldsymbol{a}_y E_{ym} \mathrm{e}^{-\alpha z} \cos(\omega t - \beta z + \varphi_{y0})
\end{aligned} \tag{7.3.14}$$

可知波的相速度为

$$v_{\mathrm{p}} = \frac{\omega}{\beta} = \frac{1}{\left\{\frac{\mu\varepsilon}{2}\left[\sqrt{1+\left(\frac{\sigma}{\omega\varepsilon}\right)^2}+1\right]\right\}^{1/2}} \tag{7.3.15}$$

波长为

$$\lambda = \frac{2\pi}{\beta} = \frac{2\pi}{\omega\left\{\frac{\mu\varepsilon}{2}\left[\sqrt{1+\left(\frac{\sigma}{\omega\varepsilon}\right)^2}+1\right]\right\}^{1/2}} \tag{7.3.16}$$

磁场强度依然由麦克斯韦微分方程(7.2.23)推出。结果类似无耗媒质中式(7.2.26)的形式，即

$$\begin{aligned}
\boldsymbol{H}(z) &= \frac{k_{\mathrm{f}}}{\omega\mu} \boldsymbol{a}_z \times \boldsymbol{E}(z) \\
&= \frac{1}{\eta_{\mathrm{f}}} \boldsymbol{a}_z \times \boldsymbol{E}(z) \\
&= \frac{1}{\eta_{\mathrm{f}}} (\boldsymbol{a}_y E_{x0} - \boldsymbol{a}_x E_{y0}) \mathrm{e}^{-\alpha z} \mathrm{e}^{-\mathrm{j}\beta z}
\end{aligned} \tag{7.3.17}$$

其中，有耗媒质的本征阻抗为

$$\eta_{\mathrm{f}} = \sqrt{\frac{\mu}{\varepsilon_{\mathrm{e}}}} = \sqrt{\frac{\mu}{\varepsilon - \mathrm{j}\frac{\sigma}{\omega}}} = \sqrt{\frac{\omega\mu}{\omega\varepsilon - \mathrm{j}\sigma}} \tag{7.3.18}$$

可以看到，阻抗 η_{f} 为复数，可写成

$$\eta_{\mathrm{f}} = |\eta_{\mathrm{f}}| \mathrm{e}^{\mathrm{j}\theta} \tag{7.3.19}$$

其中

$$|\eta_{\mathrm{f}}| = \frac{\sqrt{\mu}}{\left[\varepsilon^2 + \left(\frac{\sigma}{\omega}\right)^2\right]^{1/4}} \tag{7.3.20}$$

$$\theta=\frac{1}{2}\arctan\left(\frac{\sigma}{\omega\varepsilon}\right) \tag{7.3.21}$$

综上,可以得出以下结论:

(1) 由式(7.3.11) 和式(7.3.17) 知,$\boldsymbol{E}(z)$,$\boldsymbol{H}(z)$,$\boldsymbol{a}_z$ 三者之间相互垂直,且满足右手关系。

(2) 由式(7.3.17) 可知,在同一空间点上,电场强度和磁场强度存在固定的相位差,即

$$\boldsymbol{a}_z\times\boldsymbol{E}(z)=\eta_{\rm f}\boldsymbol{H}(z)=|\eta_{\rm f}|\boldsymbol{H}(z)\mathrm{e}^{\mathrm{j}\theta} \tag{7.3.22}$$

说明电场强度超前磁场强度 θ 角。图 7.7 为均匀平面电磁波在有耗媒质中传播的示意图。由瞬时坡印廷矢量公式 $\boldsymbol{S}=\boldsymbol{E}\times\boldsymbol{H}$ 可知,在有耗媒质中有坡印廷矢量指向 $-z$ 方向的情况,称为功率回授现象,如图中标出了 $\boldsymbol{S}$ 沿 z 轴的瞬时传播方向。

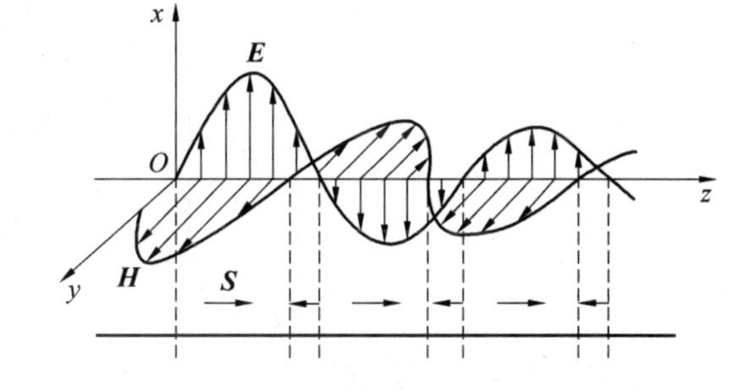

图 7.7　在有耗媒质中电场和磁场波形

(3) 若 $\theta=\frac{\pi}{2}$,则沿传播方向没有功率传输,电磁场在空间来回震荡,能量逐步变成热能被损耗掉。

(4) 由式(7.3.15) 知,电磁波的相速度与频率相关,因此有耗媒质是色散媒质。

7.3.2　沿着任意方向传播的均匀平面电磁波

如果电磁波在有耗媒质中沿任意方向传播,参照无耗媒质中电磁波传播的情况,波数也为一个矢量,所不同的是这里为复数波矢量。即有

$$\boldsymbol{k}_{\rm f}=\boldsymbol{a}_x k_{{\rm f}x}+\boldsymbol{a}_y k_{{\rm f}y}+\boldsymbol{a}_z k_{{\rm f}z} \tag{7.3.23}$$

其中 $k_{{\rm f}x}$,$k_{{\rm f}y}$,$k_{{\rm f}z}$ 均为复数,若假设 $k_{{\rm f}i}=k'_{{\rm f}i}+\mathrm{j}k''_{{\rm f}i}(i=x,y,z)$,则

$$\boldsymbol{k}_{\rm f}=\boldsymbol{a}_x k'_{{\rm f}x}+\boldsymbol{a}_y k'_{{\rm f}y}+\boldsymbol{a}_z k'_{{\rm f}z}+\mathrm{j}(\boldsymbol{a}_x k''_{{\rm f}x}+\boldsymbol{a}_y k''_{{\rm f}y}+\boldsymbol{a}_z k''_{{\rm f}z}) \tag{7.3.24}$$

令

$$\boldsymbol{k}_{\rm f}=\boldsymbol{\beta}-\mathrm{j}\boldsymbol{\alpha} \tag{7.3.25}$$

即

$$\boldsymbol{\beta}=\boldsymbol{a}_x k'_{{\rm f}x}+\boldsymbol{a}_y k'_{{\rm f}y}+\boldsymbol{a}_z k'_{{\rm f}z} \tag{7.3.26a}$$

$$\boldsymbol{\alpha}=\boldsymbol{a}_x k''_{{\rm f}x}+\boldsymbol{a}_y k''_{{\rm f}y}+\boldsymbol{a}_z k''_{{\rm f}z} \tag{7.3.26b}$$

在均匀、无界、有耗媒质中,若假设矢量 $\boldsymbol{\alpha}$,$\boldsymbol{\beta}$ 的方向相同(但在某些情况下,二者的方向可能不同),则有

$$\boldsymbol{k}_{\rm f}=(\beta-\mathrm{j}\alpha)\boldsymbol{n}_{\rm f} \tag{7.3.27}$$

其中,$\boldsymbol{n}_{\rm f}$ 为单位矢量。

则电场强度为

$$\begin{aligned}\boldsymbol{E}(\boldsymbol{r})&=\boldsymbol{E}_0\mathrm{e}^{-\mathrm{j}\boldsymbol{k}_{\rm f}\cdot\boldsymbol{r}}\\&=\boldsymbol{E}_0\mathrm{e}^{-\mathrm{j}(\beta-\mathrm{j}\alpha)\boldsymbol{n}_{\rm f}\cdot\boldsymbol{r}}\\&=\boldsymbol{E}_0\mathrm{e}^{-\alpha\boldsymbol{n}_{\rm f}\cdot\boldsymbol{r}}\mathrm{e}^{-\mathrm{j}\beta\boldsymbol{n}_{\rm f}\cdot\boldsymbol{r}}\end{aligned} \tag{7.3.28}$$

令 $\boldsymbol{r}$ 在传播方向上的投影为 $r_n=\boldsymbol{n}_{\rm f}\cdot\boldsymbol{r}$,则 $r_n=\text{const}$ 的平面为等相、等幅平面。随着电磁波向前传播,$\boldsymbol{E}$ 的振幅呈指数衰减。

同样,可由麦克斯韦微分方程得到磁场强度方程

$$\boldsymbol{H}(\boldsymbol{r})=\frac{1}{\omega\mu}\boldsymbol{k}_{\mathrm{f}}\times\boldsymbol{E}=\frac{1}{\eta_{\mathrm{f}}}\boldsymbol{n}_{\mathrm{f}}\times\boldsymbol{E}(\boldsymbol{r}) \tag{7.3.29}$$

7.3.3　均匀平面电磁波在良介质和良导体中的传播

1. 在良介质中的传播

良介质的条件为 $\sigma \ll \omega\varepsilon$。由式(7.3.8)，衰减常数为

$$\begin{aligned}\alpha&=\omega\sqrt{\mu\varepsilon}\left\{\frac{1}{2}\left[\sqrt{1+\left(\frac{\sigma}{\omega\varepsilon}\right)^{2}}-1\right]\right\}^{1/2}\\&=\omega\sqrt{\mu\varepsilon}\left[\frac{1}{2}\frac{1+\left(\frac{\sigma}{\omega\varepsilon}\right)^{2}-1}{\sqrt{1+\left(\frac{\sigma}{\omega\varepsilon}\right)^{2}}+1}\right]^{1/2}\\&\approx\frac{\sigma}{2}\sqrt{\frac{\mu}{\varepsilon}}\end{aligned} \tag{7.3.30}$$

由式(7.3.9)，相位常数为

$$\beta\approx\omega\sqrt{\mu\varepsilon} \tag{7.3.31}$$

因此，在良介质中，相位常数接近于理想介质的情况。

媒质本征阻抗为

$$\eta_{\mathrm{f}}=\sqrt{\frac{\mu}{\varepsilon_{\mathrm{e}}}}=\sqrt{\frac{\mu}{\varepsilon-\mathrm{j}\frac{\sigma}{\omega}}}=\sqrt{\frac{\mu}{\varepsilon}}\left(\sqrt{1-\mathrm{j}\frac{\sigma}{\omega\varepsilon}}\right)^{-1}\approx\sqrt{\frac{\mu}{\varepsilon}}\left(1+\mathrm{j}\frac{\sigma}{2\omega\varepsilon}\right) \tag{7.3.32}$$

2. 在良导体中的传播

良导体的条件为 $\sigma \gg \omega\varepsilon$。衰减常数和相位常数近似值为

$$\alpha=\beta\approx\sqrt{\frac{\omega\mu\sigma}{2}}=\sqrt{\pi f\mu\sigma} \tag{7.3.33}$$

媒质本征阻抗为

$$\eta_{\mathrm{f}}=\sqrt{\frac{\mu}{\varepsilon_{\mathrm{e}}}}\approx\sqrt{\frac{\mu}{-\mathrm{j}\frac{\sigma}{\omega}}}=\sqrt{\frac{\mathrm{j}\omega\mu}{\sigma}}=(1+\mathrm{j})\sqrt{\frac{\omega\mu}{2\sigma}} \tag{7.3.34}$$

上式说明，良导体复数阻抗的相角为 45°，即在良导体中磁场相位落后电场相位 45°。

电磁波的穿透深度为

$$\delta=\frac{1}{\alpha}\approx\sqrt{\frac{2}{\omega\mu\sigma}}=\frac{1}{\sqrt{\pi f\mu\sigma}} \tag{7.3.35}$$

良导体中的相速度为

$$v_{\mathrm{p}}=\frac{\omega}{\beta}\approx\omega\delta=\sqrt{\frac{2\omega}{\mu\sigma}} \tag{7.3.36}$$

上式说明，良导体中电磁波的相速度要小于其在真空或者介质中的相速度。

例 7.4　已知金属铜的相对介电常数 $\varepsilon_{\mathrm{r}}=1$，电导率为 $\sigma=5.8\times10^{7}$ S/m，分别求当 $f=100$ MHz 和 $f=3$ MHz 时，电磁波的穿透深度和相速度。

解　可以验证，在上述两个频率下，均有 $\sigma \gg \omega\varepsilon_0$，因此可以将铜金属视作良导体。

根据式(7.3.35) 和式(7.3.36) 可知，

当 $f=100$ MHz 时，

$$\delta \approx \frac{1}{\sqrt{\pi f \mu \sigma}} = 6.6 \times 10^{-6}\,(\mathrm{m}), \quad v_{\mathrm{p}} \approx \sqrt{\frac{2\omega}{\mu \sigma}} = 4.15 \times 10^{3}\,(\mathrm{m/s})$$

当 $f=3$ MHz 时，

$$\delta \approx \frac{1}{\sqrt{\pi f \mu \sigma}} = 3.8 \times 10^{-5}\,(\mathrm{m}), \quad v_{\mathrm{p}} \approx \sqrt{\frac{2\omega}{\mu \sigma}} = 7.19 \times 10^{2}\,(\mathrm{m/s})$$

由此可以得出结论：对于高频电磁波，其电磁场仅集中在导体表面很薄的一层内，相应的高频电流也集中在导体表面很薄的一层内流动，这种现象称为趋肤效应，穿透深度又称为趋肤深度。趋肤效应在工业上有重要应用，例如电磁屏蔽，对金属的高频淬火以及高频器件镀银等。

例 7.5　设海水的参数为 $\varepsilon_{\mathrm{r}}=81$，$\mu_{\mathrm{r}}=1$，$\sigma=4$ S/m，频率为 1 MHz 的均匀平面波在其中进行传播。(1) 求衰减常数、相位常数、本征阻抗、相速度、波长和穿透深度；(2) 如果在 $z=0$ 处电场强度为 $\boldsymbol{E}=\boldsymbol{a}_x 100\cos(\omega t)$，电波沿着 $+z$ 方向传播，求电场和磁场在 $z=1$ m 处随时间变化的函数；(3) 假如以该频率对潜艇通信，潜艇接收机能在高于 1 μA/m 的磁场强度条件下工作，发射机的天线发射的磁场强度为 5 000 A/m，计算该通信系统能工作的最大水深；(4) 假定(3) 中的条件不变，当频率为 100 Hz 时，计算该通信系统能工作的最大水深。

解　(1) 首先判断海水的媒质类型，再求解各参数。

由媒质损耗正切的定义，可知

$$\frac{\sigma}{\omega \varepsilon} = \frac{4 \times 36\pi \times 10^{9}}{2\pi \times 10^{6} \times 81} = 889 \gg 1$$

说明在该频率下，可将海水视为良导体，因此可使用良导体的近似公式。衰减常数和相位常数大小相等，分别为

$$\alpha = \sqrt{\pi f \mu \sigma} = \sqrt{\pi \times 10^{6} \times 4\pi \times 10^{-7} \times 4} = 3.97\ (\mathrm{Np/m})$$

$$\beta = 3.97\ (\mathrm{rad/m})$$

本征阻抗为

$$\eta_{\mathrm{f}} = (1+\mathrm{j})\sqrt{\frac{\omega \mu}{2\sigma}} = (1+\mathrm{j})\sqrt{\frac{2\pi \times 10^{6} \times 4\pi \times 10^{-7}}{8}} = 1.40\mathrm{e}^{\mathrm{j}\frac{\pi}{4}}\,(\Omega)$$

相速度为
$$v_{\mathrm{p}} = \frac{\omega}{\beta} = \frac{2\pi \times 10^{6}}{3.97} = 1.58 \times 10^{6}\,(\mathrm{m/s})$$

波长为
$$\lambda = \frac{2\pi}{\beta} = \frac{2\pi}{3.97} = 1.58\ (\mathrm{m})$$

趋肤深度为
$$\delta = \frac{1}{\alpha} = \frac{1}{3.97} = 0.25\ (\mathrm{m})$$

(2) 电场强度的瞬时表达式为

$$\boldsymbol{E}(z,t) = \boldsymbol{a}_x 100\mathrm{e}^{-\alpha z}\cos(\omega t - \beta z)$$

其复数形式为
$$\boldsymbol{E}(z) = \boldsymbol{a}_x 100\mathrm{e}^{-\alpha z}\mathrm{e}^{-\mathrm{j}\beta z}$$

根据电磁波沿 $+z$ 方向传播，则磁场的复数表达式为

$$\boldsymbol{H}(z) = \boldsymbol{a}_y \frac{E_x(z)}{\eta} = \boldsymbol{a}_y \frac{100}{1.40}\mathrm{e}^{-\alpha z}\mathrm{e}^{-\mathrm{j}(\beta z + \frac{\pi}{4})} = \boldsymbol{a}_y 71.43\mathrm{e}^{-\alpha z}\mathrm{e}^{-\mathrm{j}(\beta z + \frac{\pi}{4})}$$

磁场强度的瞬时值表达式为

$$H(z,t)=a_y 71.43e^{-\alpha z}\cos(\omega t-\beta z-\frac{\pi}{4})$$

因此，在 $z=1$ m 处，电场和磁场的瞬时表达式为

$$E(1,t)=a_x 100e^{-\alpha}\cos(\omega t-\beta)=a_x 100e^{-3.97}\cos(2\pi\times10^6 t-3.97)\ (\text{V/m})$$

$$H(1,t)=a_y 71.43e^{-\alpha}\cos(\omega t-\beta-\frac{\pi}{4})=a_y 71.43e^{-3.97}\cos(2\pi\times10^6 t-3.97-\frac{\pi}{4})\ (\text{A/m})$$

(3) 磁场强度的幅值大于等于 1 μA/m，通信系统才能正常工作，则有

$$|H_y(z)|=5\ 000e^{-\alpha z}=10^{-6}$$

$$z=\frac{\ln(5\ 000\times10^6)}{\alpha}=\frac{22.33}{3.97}=5.63\ (\text{m})$$

(4) 当频率为 100 Hz 时，海水的正切损耗为

$$\frac{\sigma}{\omega\varepsilon}=\frac{4\times36\pi\times10^9}{2\pi\times10^2\times81}=8.89\times10^6\gg1$$

此时的衰减常数为

$$\alpha=\sqrt{\pi f\mu\sigma}=\sqrt{\pi\times10^2\times4\pi\times10^{-7}\times4}=0.039\ 7\ (\text{Np/m})$$

则通信系统能工作的最大距离为

$$z=\frac{\ln(5\ 000\times10^6)}{\alpha}=\frac{22.33}{0.039\ 7}=563\ (\text{m})$$

上面的例子说明，要想对水下潜艇通信，必须在很低的频率下才可行。此时，通信的带宽受到了很大的限制。

7.4 均匀平面电磁波的极化

当均匀平面电磁波在空间传播时，如果考察空间某个固定点上的电场或磁场，可发现电场强度矢量或磁场强度矢量在经过该点的某个平面内随时间做有规律的变化，其规律可用电磁波极化概念来描述。极化概念有着重要的意义，例如对于接收天线来说，需根据电磁波的极化选择和安装天线，才能使接收效率达到最高。

均匀平面电磁波在传播过程中，$\boldsymbol{E}$，$\boldsymbol{H}$，$\boldsymbol{k}$ 三者互相保持垂直，且满足右手关系。若已知媒质的本征阻抗，对于电场 $\boldsymbol{E}$ 或者磁场 $\boldsymbol{H}$，只要确定其一，另一个的大小和方向也就确定了。通常以电场强度 $\boldsymbol{E}(\boldsymbol{r},t)$ 矢量末端随时间变化所划过轨迹的形状，定义电磁波的极化类型。在某个固定空间点上，均匀平面波的电场强度 $\boldsymbol{E}(\boldsymbol{r},t)$ 的矢量末端随时间在经过该点的等相位面内进行运动，所划过的轨迹可以是一段线段、圆或者椭圆，相应的极化被定义为线极化、圆极化和椭圆极化。

为了便于分析，习惯上取坐标原点($\boldsymbol{r}=0$) 为该固定空间点，并建立右手关系坐标系，如图 7.8 所示。如图所示，假设电磁波沿 $+z$ 方向上传播，z 轴垂直指向纸面内部。

由式(7.2.22) 可知，在原点 $z=0$ 处，电场强度的时域表达式为

$$\boldsymbol{E}(0,t)=\boldsymbol{a}_x E_{xm}\cos(\omega t+\varphi_{x0})+\boldsymbol{a}_y E_{ym}\cos(\omega t+\varphi_{y0}) \tag{7.4.1}$$

在 $z=0$ 的等相位面上，电场强度矢量在 x，y 轴的分量分别为

$$E_x(t)=E_x(0,t)=E_{xm}\cos(\omega t+\varphi_{x0}) \tag{7.4.2}$$

$$E_y(t)=E_y(0,t)=E_{ym}\cos(\omega t+\varphi_{y0}) \tag{7.4.3}$$

随时间变化时，通过考察上述两个分量所确定的点在 xOy 平面上的运动轨迹，即可确定极化类型。下面分别考查几种极化现象。

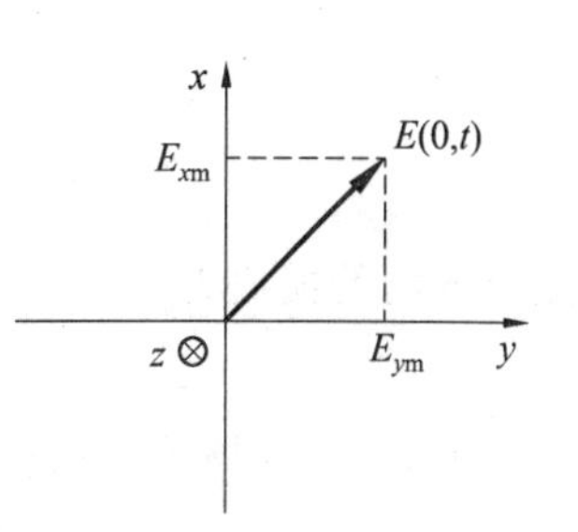

图 7.8　电场强度在坐标轴上的投影

1. 线极化(直线极化)

以下条件使得电场强度矢量矢端的运动轨迹为一线段，因此，在这些条件下电磁波均为线极化。

(1) 当 $E_x(t)=0$ 时，电场强度在 y 轴上 $(-E_{ym}, E_{ym})$ 之间做往复运动，如图 7.9(a) 所示。

(2) 当 $E_y(t)=0$ 时，电场强度在 x 轴上 $(-E_{xm}, E_{xm})$ 之间做往复运动，如图 7.9(b) 所示。

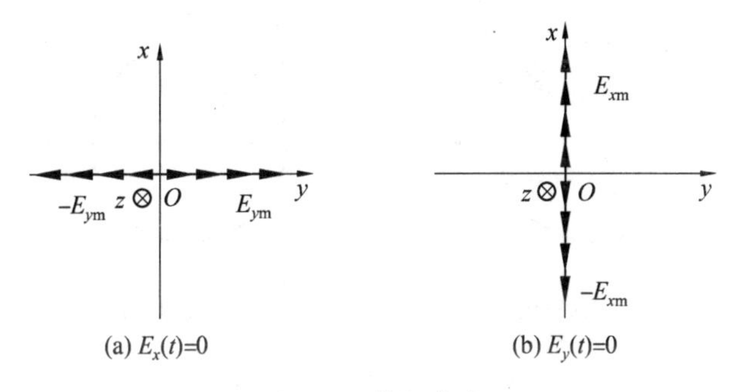

(a) $E_x(t)=0$　　(b) $E_y(t)=0$

图 7.9　线极化波

(3) 当 $\varphi_{x0}=\varphi_{y0}$，即 $E_x(t)$，$E_y(t)$ 同相时，如图 7.10(a) 所示，合成场的轨迹为一条线段，与 x 轴的夹角为

$$\alpha=\arctan\frac{E_y(t)}{E_x(t)}=\arctan\frac{E_{ym}}{E_{xm}} \tag{7.4.4}$$

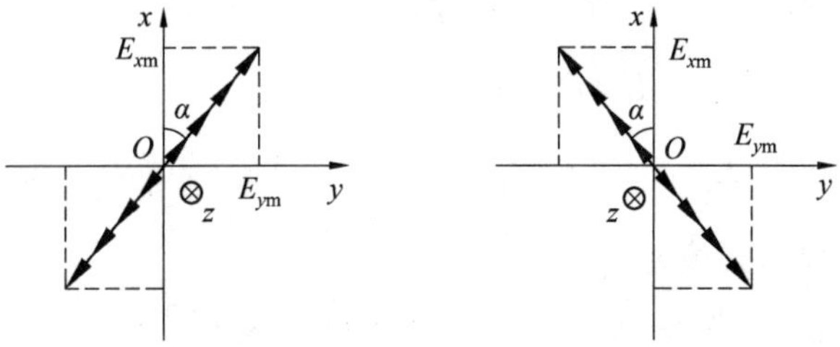

(a) 同相位　　(b) 反相位

图 7.10　线极化波

(4) 当 $\varphi_{x0}-\varphi_{y0}=\pi$，即 $E_x(t)$，$E_y(t)$ 反相时，如图 7.10(b) 所示，合成场的轨迹为一条线段，与 x 轴的夹角为

$$\alpha=\arctan\frac{E_y(t)}{E_x(t)}=-\arctan\frac{E_{ym}}{E_{xm}} \tag{7.4.5}$$

2. 圆极化

(1) 当 $E_{xm}=E_{ym}$，相位 $\varphi_{x0}-\varphi_{y0}=\frac{\pi}{2}$ 时，有

$$E_x(t)=E_{xm}\cos(\omega t+\varphi_{x0}) \tag{7.4.6}$$

$$E_y(t)=E_{ym}\cos(\omega t+\varphi_{x0}-\frac{\pi}{2})=E_{ym}\sin(\omega t+\varphi_{x0}) \tag{7.4.7}$$

则合成场的模值为

$$E(t)=\sqrt{E_x^2(t)+E_y^2(t)}=E_{xm} \tag{7.4.8}$$

可见,合成场的场强模值为常数,不随时间改变。合成场矢量与 x 轴的夹角为

$$\alpha(t)=\arctan\frac{E_y(t)}{E_x(t)}=\arctan\left[\frac{\sin(\omega t+\varphi_{x0})}{\cos(\omega t+\varphi_{x0})}\right]=\omega t+\varphi_{x0} \tag{7.4.9}$$

如图 7.11(a) 所示,合成场矢端的轨迹为沿顺时针旋转的圆,称之为圆极化波。由于旋转方向和波的传播方向满足右手关系,故称之为右旋圆极化波。

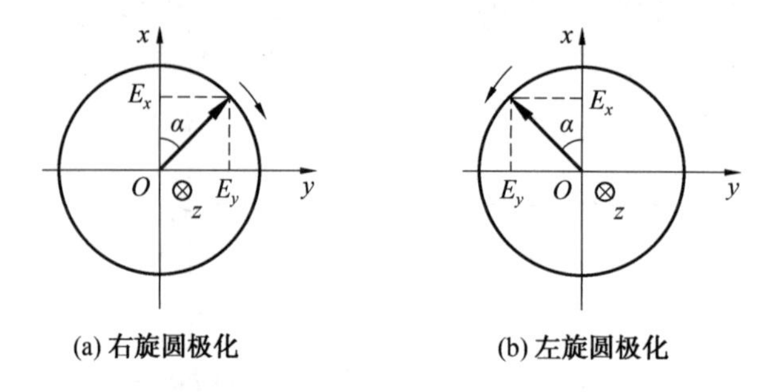

图 7.11　圆极化波示意图

假设相角 $\varphi_{x0}=0,\varphi_{y0}=-\frac{\pi}{2}$,则右旋圆极化波的复数形式可表示为

$$\begin{aligned}\boldsymbol{E}(z)&=(\boldsymbol{a}_xE_{xm}e^{j\varphi_{x0}}+\boldsymbol{a}_yE_{xm}e^{j\varphi_{y0}})e^{-jkz}\\&=E_{xm}(\boldsymbol{a}_x-j\boldsymbol{a}_y)e^{-jkz}\end{aligned} \tag{7.4.10}$$

(2) 当 $E_{xm}=E_{ym}$ 幅度相等,相位 $\varphi_{x0}-\varphi_{y0}=-\frac{\pi}{2}$ 时,有

$$E_x(t)=E_{xm}\cos(\omega t+\varphi_{x0}) \tag{7.4.11}$$

$$E_y(t)=E_{ym}\cos(\omega t+\varphi_{x0}+\frac{\pi}{2})=-E_{ym}\sin(\omega t+\varphi_{x0}) \tag{7.4.12}$$

合成场矢量与 x 轴的夹角为

$$\alpha(t)=\arctan\frac{E_y(t)}{E_x(t)}=\arctan\left[\frac{-\sin(\omega t+\varphi_{x0})}{\cos(\omega t+\varphi_{x0})}\right]=-(\omega t+\varphi_{x0}) \tag{7.4.13}$$

如图 7.11(b) 所示,合成场矢端的轨迹为沿逆时针旋转的圆。由于旋转方向和波的传播方向满足左手关系,故称之为左旋圆极化波。

假设相角 $\varphi_{x0}=0,\varphi_{y0}=\frac{\pi}{2}$,则左旋圆极化波的复数形式可表示为

$$\boldsymbol{E}(z)=E_{xm}(\boldsymbol{a}_x+j\boldsymbol{a}_y)e^{-jkz} \tag{7.4.14}$$

分析上面两种圆极化波可知,电场强度矢量总是由相位超前的坐标轴向着相位滞后的坐标轴旋转。这是判断左旋还是右旋的一个便捷方法。

3. 椭圆极化

当电场强度矢量的矢端轨迹为椭圆时,称为椭圆极化。通过下面的分析,可知线极化和

圆极化是椭圆极化的特殊情况。

在 $z=0$ 的平面上，$E_x(t)$，$E_y(t)$ 分别为

$$E_x(t)=E_{xm}\cos(\omega t+\varphi_{x0}) \tag{7.4.15}$$

$$E_y(t)=E_{ym}\cos(\omega t+\varphi_{y0}) \tag{7.4.16}$$

不失一般性，可假设 $\varphi_{x0}=0$，$\varphi_{y0}-\varphi_{x0}=\varphi_{y0}=\delta$，则

$$\begin{aligned}E_y(t)&=E_{ym}\cos\omega t\cos\varphi_{y0}-E_{ym}\sin\omega t\sin\varphi_{y0}\\&=E_{ym}\cos\omega t\cos\delta-E_{ym}\sin\omega t\sin\delta\end{aligned} \tag{7.4.17}$$

而且

$$E_x(t)=E_{xm}\cos\omega t \tag{7.4.18}$$

$$\sin\omega t=\sqrt{1-(E_x(t)/E_{xm})^2} \tag{7.4.19}$$

将式(7.4.18)和(7.4.19)代入式(7.4.17)中，可得

$$\frac{E_x^2}{E_{xm}^2}+\frac{E_y^2}{E_{ym}^2}-2\frac{E_xE_y}{E_{xm}E_{ym}}\cos\delta=\sin^2\delta \tag{7.4.20}$$

对于上式，可有三种情况：

(1) 当 $\varphi_{y0}-\varphi_{x0}=n\pi$（$n$ 为整数）时，有 $\cos\delta=\pm1$ 且 $\sin\delta=0$，则方程变为

$$\left(\frac{E_x^2}{E_{xm}^2}\mp\frac{E_y^2}{E_{ym}^2}\right)^2=0 \tag{7.4.21}$$

为直线方程。因此电磁波为线极化。

(2) 当 $E_{xm}=E_{ym}$ 且 $\varphi_{y0}-\varphi_{x0}=2n\pi\pm\frac{\pi}{2}$（$n$ 为整数）时，有 $\cos\delta=0$ 且 $\sin^2\delta=1$，则方程变为

$$\frac{E_x^2}{E_{xm}^2}+\frac{E_y^2}{E_{xm}^2}=1 \tag{7.4.22}$$

为圆的方程。因此电磁波为圆极化波。

(3) 当 $\varphi_{y0}-\varphi_{x0}\neq n\pi$（$n$ 为整数），且若 $\varphi_{x0}-\varphi_{y0}=2n\pi\pm\frac{\pi}{2}$（$n$ 为整数），$E_{xm}\neq E_{ym}$ 时，方程(7.4.20)可整理为

$$aE_x^2-2bE_xE_y+cE_y^2=1 \tag{7.4.23}$$

其中，$a=\frac{1}{E_{xm}^2\sin^2\delta}$，$b=\frac{\cos\delta}{E_{xm}E_{ym}\sin^2\delta}$，$c=\frac{1}{E_{ym}^2\sin^2\delta}$。

式(7.4.23)为一个椭圆方程，说明合成电场强度矢量的矢端随时间变化的轨迹是一个椭圆，称为椭圆极化。椭圆方程中一次项的系数为零，说明椭圆的中心位于原点。

如果椭圆方程的交叉项系数为零，即

$$b=\frac{\cos\delta}{E_{xm}E_{ym}\sin^2\delta}=0 \tag{7.4.24}$$

则有 $\cos\delta=0$ 及 $\sin^2\delta=1$，说明 $\delta=2n\pi\pm\frac{\pi}{2}$。椭圆方程为

$$\frac{E_x^2}{E_{xm}^2}+\frac{E_y^2}{E_{ym}^2}=1 \tag{7.4.25}$$

说明椭圆的两个焦点位于坐标轴上。当 $E_{xm}>E_{ym}$ 时，焦点在 x 轴上，当 $E_{xm}<E_{ym}$ 时，焦点位于 y 轴。并且电磁波的旋转方向与圆极化中的左旋和右旋分析和判断方法相同，如图7.12所示。

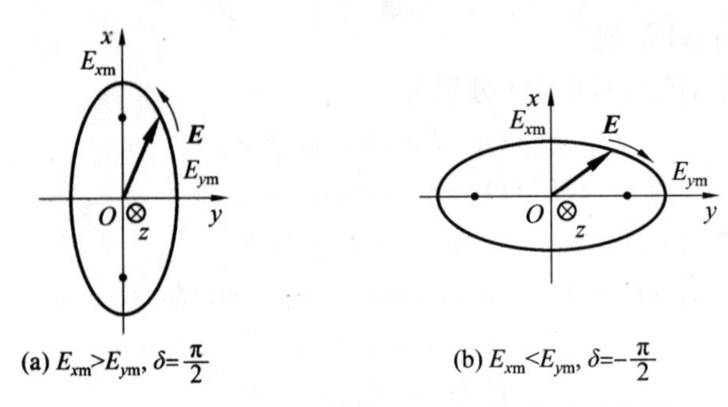

(a) $E_{xm}>E_{ym},\ \delta=\frac{\pi}{2}$　　　　(b) $E_{xm}<E_{ym},\ \delta=-\frac{\pi}{2}$

图 7.12　焦点在坐标轴上的椭圆极化波示意图

如果椭圆方程的交叉项系数不为零，椭圆的长短轴与坐标轴不重合，如图 7.13 所示。方程(7.4.23)描述的椭圆长轴与 x 轴的夹角为

$$\tan 2\psi=\frac{-2b}{a-c}=\frac{\dfrac{2\cos\delta}{E_{xm}E_{ym}\sin^2\delta}}{\dfrac{1}{E_{ym}^2\sin^2\delta}-\dfrac{1}{E_{xm}^2\sin^2\delta}}=\frac{2E_{xm}E_{ym}}{E_{xm}^2-E_{ym}^2}\cos\delta \tag{7.4.26}$$

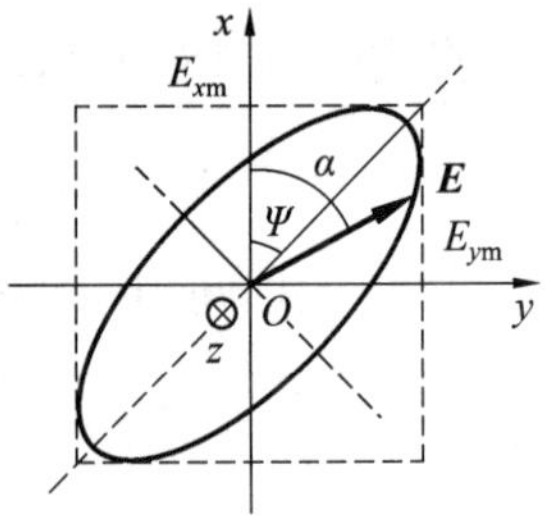

图 7.13　焦点不在坐标轴上的椭圆极化波示意图

某一时刻，合成场矢量与 x 轴的夹角为

$$\begin{aligned}\alpha&=\arctan\left[\frac{E_{ym}\cos(\omega t+\varphi_{y0})}{E_{xm}\cos(\omega t+\varphi_{x0})}\right]=\arctan\left[\frac{E_{ym}\cos(\omega t+\delta)}{E_{xm}\cos(\omega t)}\right]\\&=\arctan\left[\frac{E_{ym}}{E_{xm}}(\cos\delta-\tan\omega t\sin\delta)\right]\end{aligned} \tag{7.4.27}$$

当 δ 的取值范围为 $(0,\pi)$，即 $\varphi_y-\varphi_x=\delta>0$ 时，随着时间的增加，该夹角 α 逐渐减小，即电场强度矢量朝着逆时针旋转。根据右手关系可知，此时为左旋椭圆极化；而当 δ 的取值范围为 $(-\pi,0)$，即 $\varphi_x-\varphi_y=-\delta>0$ 时，则为右旋椭圆极化。如果 δ 的取值范围超出 $(-\pi,\pi)$，应该使用三角函数关系把它变回到这一范围。可参见例 7.6。

可见，与圆极化的旋转规律一致，电场强度矢量总是由相位超前的坐标轴向着相位滞后的坐标轴旋转。因此，判断一个圆极化或椭圆极化是左旋还是右旋可根据两坐标分量的相位关系进行确定。

例 7.6　判断以下电场强度方程所表示的电磁波的极化方式

$$\boldsymbol{E}(z)=\boldsymbol{a}_x\mathrm{e}^{-\mathrm{j}\pi z}+\boldsymbol{a}_y2\mathrm{e}^{-\mathrm{j}\pi z+\mathrm{j}5\pi/4}$$

解　很显然，该电磁波为椭圆极化波。电磁波的旋转方向，可采用两种方法进行判断。

方法一：将复数形式方程写成时域形式，则有

$$\begin{aligned}\boldsymbol{E}(z,t)&=\mathrm{Re}\{\boldsymbol{a}_x\mathrm{e}^{-\mathrm{j}\pi z}\mathrm{e}^{\mathrm{j}\omega t}+\boldsymbol{a}_y2\mathrm{e}^{-\mathrm{j}\pi z+\mathrm{j}5\pi/4}\mathrm{e}^{\mathrm{j}\omega t}\}\\&=\mathrm{Re}\{\boldsymbol{a}_x\mathrm{e}^{\mathrm{j}(\omega t-\pi z)}+\boldsymbol{a}_y2\mathrm{e}^{\mathrm{j}(\omega t-\pi z+5\pi/4)}\}\\&=\boldsymbol{a}_x\cos(\omega t-\pi z)+\boldsymbol{a}_y2\cos(\omega t-\pi z+5\pi/4)\end{aligned}$$

在 $z=0$ 平面上，电场强度的两个分量为

$$E_x(t)=\cos(\omega t)$$

$$E_y(t)=2\cos(\omega t+5\pi/4)$$

在不同时刻时，两个分量的取值见表 7.1。

表 7.1　坐标分量随时间变化情况

时间	ωt	0	$\pi/4$	$\pi/2$
x 轴	$E_x(t)$	1	0.707	0
y 轴	$E_y(t)$	-1.414	0	1.414

根据表 7.1 的取值，对应图 7.14 可见，该电磁波为右旋椭圆极化波。

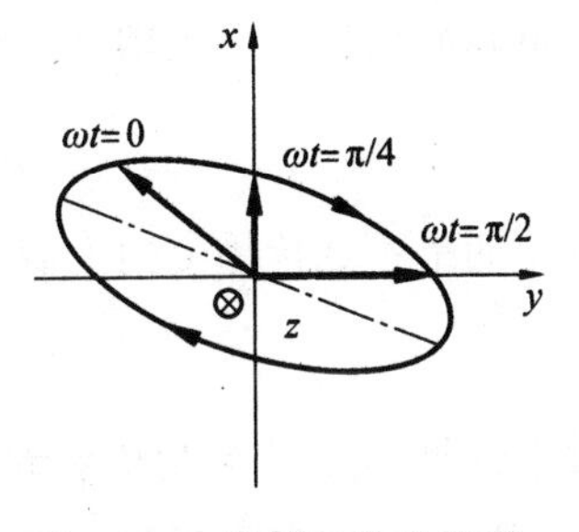

图 7.14　椭圆极化示意图

方法二：这里根据二分量的初始相位对应关系，判断旋转方向。电场强度的 y 分量可表示为

$$E_y(t)=2\cos(\omega t-2\pi+5\pi/4)=2\cos(\omega t-3\pi/4)$$

因为 $E_y(t)$ 的相位落后于 $E_x(t)$ 相位，则电场强度矢量应以顺时针方式旋转。所以可判断电磁波为右旋椭圆极化波。

例 7.7　证明任一线极化电磁波可用两个振幅相等、旋转方向相反的圆极化波表示。

证明　不失一般性，设线极化波沿 $+z$ 方向传播，极化方向为 x 轴。则

$$\boldsymbol{E}(z)=\boldsymbol{a}_x E_{x0}\mathrm{e}^{-\mathrm{j}kz}$$

上式可写为

$$\boldsymbol{E}(z)=\frac{1}{2}(\boldsymbol{a}_x+\mathrm{j}\boldsymbol{a}_y)E_{x0}\mathrm{e}^{-\mathrm{j}kz}+\frac{1}{2}(\boldsymbol{a}_x-\mathrm{j}\boldsymbol{a}_y)E_{x0}\mathrm{e}^{-\mathrm{j}kz}$$

上式等号右边分别为左旋圆极化和右旋圆极化波，因而问题得证。

例 7.8　证明任一极化波可以由两个不等振幅的圆极化波表示。

证明　设椭圆极化波的复数形式为

$$\boldsymbol{E}(z)=(\boldsymbol{a}_x E_{x0}+\boldsymbol{a}_y E_{y0})\mathrm{e}^{-\mathrm{j}kz}$$

并设两个圆极化波的复振幅分别为 E_1 和 E_2，它们二者可以为复数，则两个圆极化波的和为

$$(\boldsymbol{a}_x+\mathrm{j}\boldsymbol{a}_y)E_1\mathrm{e}^{-\mathrm{j}kz}+(\boldsymbol{a}_x-\mathrm{j}\boldsymbol{a}_y)E_2\mathrm{e}^{-\mathrm{j}kz}=\boldsymbol{a}_x(E_1+E_2)\mathrm{e}^{-\mathrm{j}kz}+\mathrm{j}\boldsymbol{a}_y(E_1-E_2)\mathrm{e}^{-\mathrm{j}kz}$$

令上述二式相等，可得方程组：

$$E_1+E_2=E_{x0}$$
$$E_1-E_2=-\mathrm{j}E_{y0}$$

联立方程组，解得圆极化波的振幅分别为

$$E_1=\frac{1}{2}(E_{x0}-\mathrm{j}E_{y0})$$

$$E_2=\frac{1}{2}(E_{x0}+\mathrm{j}E_{y0})$$

证毕。

极化有很多应用，例如在无线通信中。通常无线通信系统接收机天线极化方向应与电磁波极化方向一致，才能最大限度地接收电磁波的能量。如果天线极化方向与电磁波极化方向垂直，理论上天线接收不到电磁波能量。在同一传播方向上，如果采用一对正交的线极化或者圆极化电磁波同时通信，二者互不干扰。因此为了增加特定频率范围内的通信容量，某些通信系统采用正交极化的两个波束，理论上可使通信容量比单一极化的通信系统增加

一倍。

7.5 相速和群速

在前面章节中已经定义了单频(时谐) 均匀平面电磁波的相速度,该相速度是等相位面沿电磁波传播方向上的移动速度,即

$$v_{\mathrm{p}}=\frac{\omega}{\beta} \tag{7.5.1}$$

如果不在传播方向上观测,将获得视在相速,即

$$v_{\mathrm{pr}}=\frac{\omega}{\beta\cos\theta} \tag{7.5.2}$$

其中,θ 为观测方向与传播方向的夹角。

当媒质的电磁参数 ε 和 μ 为与 ω 无关的常数时。相位常数 β 和电磁波频率 ω 之间为线性关系,即

$$\beta=\omega\sqrt{\mu\varepsilon} \tag{7.5.3}$$

代入式(7.5.1),则相速度为

$$v_{\mathrm{p}}=\frac{1}{\sqrt{\mu\varepsilon}}=\frac{c}{\sqrt{\mu_{\mathrm{r}}\varepsilon_{\mathrm{r}}}} \tag{7.5.4}$$

其中,$c=\dfrac{1}{\sqrt{\mu_0\varepsilon_0}}$ 为电磁波在真空中的相速度。

因此,在该类媒质中电磁波的相速度与频率无关。如果将具有一定带宽的时域电磁波通过该媒质,则经过任何传输距离后,时域波形能够保持不变。如果该时域波形携带着有用信号,信号也不会变形失真。人们称这样的媒质为非色散媒质,理想介质就是非色散媒质。

自然界中大多数媒质的电参数 ε 或者 μ 是 ω 函数。对于很多非铁磁性媒质而言,虽然 μ 一般为常数,但介电系数为频率的函数,即 $\varepsilon=\varepsilon(\omega)$,如式(7.3.9)。根据式(7.5.3)和(7.5.4),相位常数 β 和相速度 v_{p} 与 ω 呈非线性关系。即不同的频率,相速度不同。如果将具有一定带宽的时域电磁波通过该媒质,则经过一段传输距离后,时域波形将发生失真。这类媒质被称为色散媒质。

对色散媒质而言,电磁波的相速度与频率有关,因此一个具有带宽的信号通过该媒质时,使用群速度的概念更有意义。但一般而言,群速只适用于窄带电磁波情况。

考虑两个窄带信号,频率分别为:$\omega+\Delta\omega,\omega-\Delta\omega$,且有 $\Delta\omega\ll\omega$。与频率相对应的相位常数分别为:$\beta+\Delta\beta,\beta-\Delta\beta$,并且 $\Delta\beta\ll\beta$。当 $\Delta\omega\to0$ 时,$\Delta\beta\to0$。假设两个波均为沿 x 轴方向的线极化波,并且沿着 $+z$ 方向传播,则电场强度的时域表达式为

$$E_{x1}(z,t)=E_{\mathrm{m}}\cos[(\omega+\Delta\omega)t-(\beta+\Delta\beta)z] \tag{7.5.5}$$

$$E_{x2}(z,t)=E_{\mathrm{m}}\cos[(\omega-\Delta\omega)t-(\beta-\Delta\beta)z] \tag{7.5.6}$$

在色散媒质中的总电场强度为

$$\begin{aligned}E_x(z,t)&=E_{x1}(z,t)+E_{x2}(z,t)\\&=2E_{\mathrm{m}}\cos(\Delta\omega t-\Delta\beta z)\cos(\omega t-\beta z)\end{aligned} \tag{7.5.7}$$

由上式可见,合成波为一个幅度调制的载波信号,如图 7.15 所示。载波频率为 ω,相速

度为 $v_p=\dfrac{\omega}{\beta}$。调制的振幅信号形成波包（也称包络），该波包移动的速度被称为群速度。由式(7.5.7)，可知群速度为

$$v_g=\frac{\Delta\omega}{\Delta\beta} \tag{7.5.8}$$

当频率差 $\Delta\omega$ 很小，趋近于零时，对上式可用极限表示，即

$$v_g=\frac{d\omega}{d\beta} \tag{7.5.9}$$

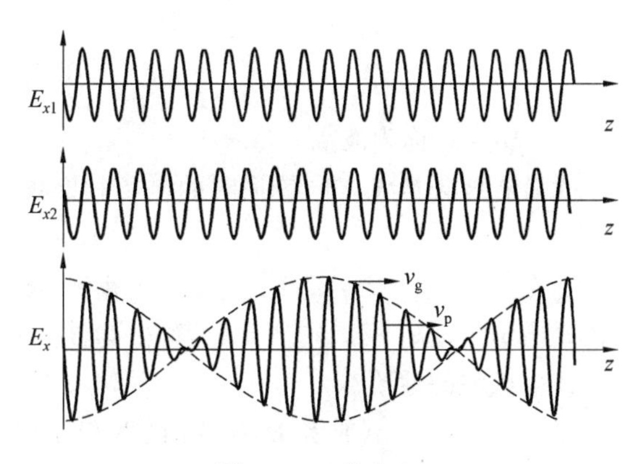

图 7.15　群速度

由(7.5.1)可得

$$\omega=\beta v_p \tag{7.5.10}$$

将上式代入式(7.5.9)中，有

$$\begin{aligned} v_g &= \frac{d}{d\beta}(\beta v_p)=v_p+\beta\frac{dv_p}{d\beta} \\ &= v_p+\beta\frac{dv_p}{d\omega}\frac{d\omega}{d\beta} \\ &= v_p+\beta\frac{dv_p}{d\omega}v_g \end{aligned} \tag{7.5.11}$$

整理上式，得

$$v_g=\frac{v_p}{1-\beta\dfrac{dv_p}{d\omega}} \tag{7.5.12}$$

对上述方程进行分析，可得出以下讨论：

(1) 对于非色散媒质，即 $\dfrac{dv_p}{d\omega}=0$，则有 $v_g=v_p$，说明相速度等于群速度；

(2) 对于色散媒质，如果 $\dfrac{dv_p}{d\omega}<0$，即相速度随着频率的增加而减小，则有 $v_g<v_p$，称媒质为正常色散媒质；

(3) 对于色散媒质，如果 $\dfrac{dv_p}{d\omega}>0$，即相速度随着频率的增加而增大，则有 $v_g>v_p$，称媒质为反常色散媒质。

7.6　本章小结

本章主要介绍了无耗及有耗媒质中均匀平面电磁波的性质及特点、电磁波的极化、群速度等内容。具体小结如下：

(1) 均匀平面电磁波的概念：等相位面和等幅面重合，且为平面的电磁波。

(2) 在均匀、各向同性的无界无耗媒质中，波动方程的均匀平面波解：

① 沿着 z 轴方向传播时的电场和磁场方程为

$$\boldsymbol{E}(z)=\boldsymbol{E}_0e^{-jkz}=(\boldsymbol{a}_xE_{x0}+\boldsymbol{a}_yE_{y0})e^{-jkz}$$

$$\boldsymbol{H}(z)=\frac{k}{\omega\mu}e^{-jkz}\boldsymbol{a}_z\times\boldsymbol{E}_0$$

$$=\frac{1}{\eta}(\boldsymbol{a}_y E_{x0}-\boldsymbol{a}_x E_{y0})\mathrm{e}^{-\mathrm{j}kz}$$

其中，$k=\omega\sqrt{\varepsilon\mu}$ 称为波数。

② 沿着波矢量 $\boldsymbol{k}$ 方向传播时的电场和磁场方程为

$$\boldsymbol{E}(\boldsymbol{r})=\boldsymbol{E}_0\mathrm{e}^{-\mathrm{j}\boldsymbol{k}\cdot\boldsymbol{r}}$$

$$\boldsymbol{E}=\eta\boldsymbol{H}\times\boldsymbol{n}$$

其中，$\boldsymbol{k}=k\boldsymbol{n}=\boldsymbol{a}_x k_x+\boldsymbol{a}_y k_y+\boldsymbol{a}_z k_z$，称之为波矢量。

③ 电磁波的性质。

(a) 矢量 $\boldsymbol{E},\boldsymbol{H},\boldsymbol{n}$（或者 $\boldsymbol{E},\boldsymbol{H},\boldsymbol{k}$）两两相互垂直，且成右手关系；

(b) 在传播方向上，电磁波的振幅为常数，不发生衰减；

(c) 在同一时刻，等相位面的各点上电场强度矢量 $\boldsymbol{E}$ 处处相等，磁场强度 $\boldsymbol{H}$ 也处处相等；

(d) 在等相位面上，$\boldsymbol{E}$ 与 $\boldsymbol{H}$ 的相位相同；

(e) $\boldsymbol{E}$ 与 $\boldsymbol{H}$ 的关系式 $|\boldsymbol{E}|=\eta|\boldsymbol{H}|$，其中 η 为媒质的本征阻抗，只与媒质特性有关，$\eta=\sqrt{\frac{\mu}{\varepsilon}}=\eta_0\sqrt{\frac{\mu_r}{\varepsilon_r}}$，$\eta_0$ 为真空阻抗；

(f) 相速度：$v_p=\frac{\omega}{k}=\frac{1}{\sqrt{\varepsilon\mu}}=\frac{c}{\sqrt{\varepsilon_r\mu_r}}$，其中 c 为电磁波在真空中的速度；

(g) 视在相速度：$v_p=\frac{\omega}{k\cos\theta}$；

(h) 储能：电场能量等于磁场能量，即 $\frac{1}{4}\varepsilon|\boldsymbol{E}|^2=\frac{1}{4}\mu|\boldsymbol{H}|^2$；

(i) 平均坡印廷矢量：

$$\boldsymbol{S}_{av}=\frac{1}{2}\mathrm{Re}[\boldsymbol{E}\times\boldsymbol{H}^*]$$

$$=\frac{1}{2\eta}|\boldsymbol{E}|^2\boldsymbol{n}$$

$$=\frac{1}{2\eta}|\boldsymbol{E}_0|^2\boldsymbol{n}$$

(3) 在均匀、各向同性的无界有耗媒质中，波动方程的均匀平面波解：

① 沿着 z 轴方向传播时的电场和磁场方程为

$$\boldsymbol{E}(z)=\boldsymbol{E}_0\mathrm{e}^{-\mathrm{j}(\beta-\mathrm{j}\alpha)z}$$

$$=\boldsymbol{E}_0\mathrm{e}^{-\alpha z}\mathrm{e}^{-\mathrm{j}\beta z}$$

$$=(\boldsymbol{a}_y E_{x0}-\boldsymbol{a}_x E_{y0})\mathrm{e}^{-\alpha z}\mathrm{e}^{-\mathrm{j}\beta z}$$

$$\boldsymbol{H}(z)=\frac{1}{\eta_f}\boldsymbol{a}_z\times\boldsymbol{E}(z)$$

$$=\frac{1}{\eta_f}(\boldsymbol{a}_y E_{x0}-\boldsymbol{a}_x E_{y0})\mathrm{e}^{-\alpha z}\mathrm{e}^{-\mathrm{j}\beta z}$$

其中，$k_f=\omega\sqrt{\varepsilon_e\mu}=\beta-\mathrm{j}\alpha$ 为复数波数；

$\alpha=\omega\sqrt{\mu\varepsilon}\left\{\frac{1}{2}\left[\sqrt{1+\left(\frac{\sigma}{\omega\varepsilon}\right)^2}-1\right]\right\}^{1/2}$ 为衰减常数；

$\beta=\omega\sqrt{\mu\varepsilon}\left\{\frac{1}{2}\left[\sqrt{1+\left(\frac{\sigma}{\omega\varepsilon}\right)^{2}}+1\right]\right\}^{1/2}$ 为相位常数。

② 沿着波矢量 $\boldsymbol{k}_{\mathrm{f}}$ 方向传播时的电场和磁场方程为

$$\begin{aligned}\boldsymbol{E}(\boldsymbol{r})&=\boldsymbol{E}_0\mathrm{e}^{-\mathrm{j}\boldsymbol{k}_{\mathrm{f}}\cdot\boldsymbol{r}}\\&=\boldsymbol{E}_0\mathrm{e}^{-\mathrm{j}(\beta-\mathrm{j}\alpha)\boldsymbol{n}_{\mathrm{f}}\cdot\boldsymbol{r}}\\&=\boldsymbol{E}_0\mathrm{e}^{-\alpha\boldsymbol{n}_{\mathrm{f}}\cdot\boldsymbol{r}}\mathrm{e}^{-\mathrm{j}\beta\boldsymbol{n}_{\mathrm{f}}\cdot\boldsymbol{r}}\end{aligned}$$

$$\begin{aligned}\boldsymbol{H}(\boldsymbol{r})&=\frac{1}{\omega\mu}\boldsymbol{k}_{\mathrm{f}}\times\boldsymbol{E}\\&=\frac{1}{\eta_{\mathrm{f}}}\boldsymbol{n}_{\mathrm{f}}\times\boldsymbol{E}(\boldsymbol{r})\end{aligned}$$

其中，$\boldsymbol{k}_{\mathrm{f}}=(\beta-\mathrm{j}\alpha)\boldsymbol{n}_{\mathrm{f}}$ 为复数波矢量。

③ 电磁波的性质。

(a) 矢量 $\boldsymbol{E},\boldsymbol{H},\boldsymbol{n}_{\mathrm{f}}$（或者 $\boldsymbol{E},\boldsymbol{H},\boldsymbol{k}_{\mathrm{f}}$）两两相互垂直，且成右手关系；

(b) 穿透深度：指振幅衰减为初值的 $\frac{1}{\mathrm{e}}$ 时，电磁波传播的距离。穿透深度的公式为：$\delta=\frac{1}{\alpha}$。

(c) 电磁波的相速度　$v_{\mathrm{p}}=\frac{\omega}{\beta}=\frac{1}{\left\{\frac{\mu\varepsilon}{2}\left[\sqrt{1+\left(\frac{\sigma}{\omega\varepsilon}\right)^{2}}+1\right]\right\}^{1/2}}$

(d) 有耗媒质的本征阻抗

$$\eta_{\mathrm{f}}=\sqrt{\frac{\mu}{\varepsilon_{\mathrm{e}}}}=\sqrt{\frac{\mu}{\varepsilon-\mathrm{j}\frac{\sigma}{\omega}}}=\sqrt{\frac{\omega\mu}{\omega\varepsilon-\mathrm{j}\sigma}}$$

$$\eta_{\mathrm{f}}=|\eta_{\mathrm{f}}|\mathrm{e}^{\mathrm{j}\theta}$$

(e) 功率回授现象：指在电磁波的传播方向上，某一时刻坡印廷矢量的瞬时值与传播方向相反的现象；

(f) 良介质中的传播：

衰减常数　$\alpha\approx\frac{\sigma}{2}\sqrt{\frac{\mu}{\varepsilon}}$

相位常数　$\beta\approx\omega\sqrt{\mu\varepsilon}$

本征阻抗　$\eta_{\mathrm{f}}=\sqrt{\frac{\mu}{\varepsilon_{\mathrm{e}}}}\approx\sqrt{\frac{\mu}{\varepsilon}}\left(1+\mathrm{j}\frac{\sigma}{2\omega\varepsilon}\right)$

(g) 良导体中的传播：

衰减和相位常数　$\alpha=\beta\approx\sqrt{\frac{\omega\mu\sigma}{2}}=\sqrt{\pi f\mu\sigma}$

穿透深度　$\delta=\frac{1}{\alpha}\approx\sqrt{\frac{2}{\omega\mu\sigma}}=\frac{1}{\sqrt{\pi f\mu\sigma}}$

相速度　$v_{\mathrm{p}}=\frac{\omega}{\beta}\approx\omega\delta=\sqrt{\frac{2\omega}{\mu\sigma}}$

本征阻抗 $\eta_{\mathrm{f}}=\sqrt{\dfrac{\mu}{\varepsilon_{\mathrm{e}}}}\approx\sqrt{\dfrac{\mu}{-\mathrm{j}\dfrac{\sigma}{\omega}}}=\sqrt{\dfrac{\mathrm{j}\omega\mu}{\sigma}}=(1+\mathrm{j})\sqrt{\dfrac{\omega\mu}{2\sigma}}$

(4) 均匀平面波的极化：在某一空间点上，根据电磁波的电场强度矢量的末端随着时间变化所划过的轨迹的不同，定义了以下三种极化方式。

① 线极化：在某一空间点上，电磁波的电场强度矢量的末端随着时间变化所划过的轨迹为一段线段；

② 圆极化：在某一空间点上，电磁波的电场强度矢量的末端随着时间变化所划过的轨迹为一圆周，分为左旋圆极化和右旋圆极化；

③ 椭圆极化：在某一空间点上，电磁波的电场强度矢量的末端随着时间变化所划过的轨迹为一椭圆，分为左旋椭圆极化和右旋椭圆极化；

其中，椭圆极化为最一般情况，线极化和圆极化为其特殊情形。一般任一极化的平面电磁波可以表示成两个相互垂直的线极化波或者一个左旋和一个右旋圆极化波的合成形式。

(5) 相速和群速：

当窄带电磁波信号在媒质中传播时，可定义

$$v_{\mathrm{g}}=\frac{\mathrm{d}\omega}{\mathrm{d}\beta}$$

为电磁波的群速度。群速度还可写成为

$$v_{\mathrm{g}}=\frac{v_{\mathrm{p}}}{1-\beta\dfrac{\mathrm{d}v_{\mathrm{p}}}{\mathrm{d}\omega}}$$

根据不同媒质中相速和群速的关系，可得出以下结论：

① 对于非色散媒质，有$\dfrac{\mathrm{d}v_{\mathrm{p}}}{\mathrm{d}\omega}=0$，说明相速度等于群速度；

② 对于正常色散媒质，有$\dfrac{\mathrm{d}v_{\mathrm{p}}}{\mathrm{d}\omega}<0$，说明相速度随着频率的增加而减小；

③ 对于反常色散媒质，有$\dfrac{\mathrm{d}v_{\mathrm{p}}}{\mathrm{d}\omega}>0$，说明相速度随着频率的增加而增大。

习　　题

7.1　已知均匀平面波的磁场为 $H=a_xH_x\mathrm{e}^{-\mathrm{j}kz}+a_yH_y\mathrm{e}^{-\mathrm{j}(kz+\theta)}$，求相应的电场。

7.2　对于一个在线性、均匀并且各向同性媒质中传播的时谐、均匀平面电磁波，其电场强度 $\boldsymbol{E}$ 和磁场强度 $\boldsymbol{H}$ 分别表示为 $\boldsymbol{E}(\boldsymbol{R})=E_0\mathrm{e}^{-\mathrm{j}\boldsymbol{k}\cdot\boldsymbol{r}}$，$\boldsymbol{H}(\boldsymbol{R})=H_0\mathrm{e}^{-\mathrm{j}\boldsymbol{k}\cdot\boldsymbol{r}}$。试证：均匀平面波在无源区域的四个麦克斯韦方程可表示为下列形式：

$$\boldsymbol{k}\times\boldsymbol{E}=\omega\mu\boldsymbol{H}$$
$$\boldsymbol{k}\times\boldsymbol{H}=-\omega\varepsilon\boldsymbol{E}$$
$$\boldsymbol{k}\cdot\boldsymbol{E}=0$$
$$\boldsymbol{k}\cdot\boldsymbol{H}=0$$

7.3　已知真空中传播的平面电磁波电场为

$$E_x=100\cos(\omega t-2\pi z)\ \mathrm{V/m}$$

试求此波的波长、频率、相速度、磁场强度，以及平均能流密度矢量。

7.4　空气中某一均匀平面波的波长为 12 cm，当该平面波进入某无损耗媒质中传播时，其波长减小为 8 cm，且已知在媒质中的 $\boldsymbol{E}$ 和 $\boldsymbol{H}$ 振幅分别为 50 V/m 和 0.1 A/m。求该平面波的频率及无耗媒质的 ε_r 及 μ_r。

7.5　理想介质中均匀平面波的电磁场分别为

$$\boldsymbol{E}=\boldsymbol{a}_x 10\cos\ (6\pi\times10^7 t-0.8\pi z)\ \text{V/m}$$

$$\boldsymbol{H}=\boldsymbol{a}_y \frac{1}{6\pi}\cos\ (6\pi\times10^7 t-0.8\pi z)\ \text{A/m}$$

求介质的 ε_r 及 μ_r。

7.6　均匀平面波在无损耗媒质中传播，频率为 500 MHz，复数振幅：$\boldsymbol{E}=\boldsymbol{a}_x 4-\boldsymbol{a}_y+\boldsymbol{a}_z 2$ kV/m，$\boldsymbol{H}=\boldsymbol{a}_x 6+\boldsymbol{a}_y 18-\boldsymbol{a}_z 3$ A/m，求：

(1) 在波传播方向的单位矢量；

(2) 波的平均功率密度；

(3) 设 $\mu_r=1$，求 ε_r 的值。

7.7　已知真空中的平面波的电场为

$$\boldsymbol{E}=5(\boldsymbol{a}_x+\sqrt{3}\boldsymbol{a}_y)\cos\left[6\pi\times10^8 t-0.5\pi(3x-\sqrt{3y}+2z)\right]\ \text{V/m}$$

求：(1) 电场的振幅、波数及波长；

(2) 磁场表达式；

(3) 三个坐标轴方向上的视在相速度。

7.8　若海水的 $\sigma=4.5$ S/m，$\varepsilon_r=80$。分别求 $f=1$ MHz，100 MHz 时，电磁波在海水中的波长、衰减常数和波阻抗。

7.9　均匀平面波由空气射入海水中，在空气中的波长 $\lambda_0=600$ m，海水的参数 $\sigma=4.5$ S/m，$\varepsilon_r=80$，$\mu_r=1$。

(1) 求海水中的 λ，v_p 和 δ；

(2) 已知在海平面下 1 m 深处的电场 $E_x=10^{-6}\cos\omega t$ V/m，求海平面处的电场和磁场。

7.10　某一平面电磁波角频率 $\omega=10^8$ rad/s，$\boldsymbol{E}=\boldsymbol{a}_x 7\,500\mathrm{e}^{\mathrm{j}30^\circ}\mathrm{e}^{-(\alpha+\mathrm{j}\beta)z}$ V/m，媒质参数为 $\varepsilon=20$ pF/m，$\mu=5$ μH/m，$\sigma=10$ μS/m。试写出 $\boldsymbol{H}(t)$ 的表达式及 $z=20$ m，$t=100$ ns 时的磁场强度的大小。

7.11　均匀平面波电场只有 E_x 分量，其幅值 $E_0=10^3$ V/m，$f=10^8$ Hz，在有耗媒质 ($\mu_r=1$，$\varepsilon'_r=4$，$\sigma/(\omega\varepsilon_0\varepsilon'_r)=1$，$\varepsilon''_r=0$) 中沿正 z 轴方向传播，求：

(1) 电磁波的 α，β，η 的值；

(2) 与电场相联系的磁场。

7.12　已知一沿 x 方向极化的线极化电磁波在海水中向着 z 轴正方向传播。若海水的媒质参数为 $\varepsilon_r=81$，$\mu_r=1$，$\sigma=4$ S/m，在 $z=0$ 处的电场为

$$E_x(z,t)=100\mathrm{e}^{-\alpha z}\cos(10^5\pi t-\beta z)\ \text{V/m}$$

求：(1) 衰减常数、相位常数、本征阻抗、相速、波长及趋肤深度；

(2) 电场强度幅值减小为 $z=0$ 处的 1/1 000 时，波传播的距离；

(3) $z=0.8$ m 处的电场强度和磁场强度的瞬时表达式；

(4) $z=0.8$ m 处穿过 1 m^2 面积的平均功率。

7.13　说明下列各式表示的均匀平面波的极化形式和传播方向。

(1)$\boldsymbol{E}=\boldsymbol{a}_x\mathrm{j}E_1+\boldsymbol{a}_y\mathrm{j}E_1\mathrm{e}^{\mathrm{j}kz}$；

(2)$\boldsymbol{E}=\boldsymbol{a}_xE_\mathrm{m}\sin(\omega t-kz)+\boldsymbol{a}_yE_\mathrm{m}\cos(\omega t-kz)$；

(3)$\boldsymbol{E}=\boldsymbol{a}_xE_0\mathrm{e}^{-\mathrm{j}kz}-\boldsymbol{a}_y\mathrm{j}E_0\mathrm{e}^{-\mathrm{j}kz}$；

(4)$\boldsymbol{E}=\boldsymbol{a}_xE_\mathrm{m}\sin\left(\omega t-kz+\dfrac{\pi}{4}\right)+\boldsymbol{a}_yE_\mathrm{m}\cos\left(\omega t-kz-\dfrac{\pi}{4}\right)$；

(5)$\boldsymbol{E}=\boldsymbol{a}_xE_0\sin(\omega t-kz)+\boldsymbol{a}_y2E_0\cos(\omega t-kz)$。

7.14　沿正 z 轴传播的平面波电场的复振幅为 $\boldsymbol{E}=(\boldsymbol{a}_xE_1+\mathrm{j}\boldsymbol{a}_yE_2)\mathrm{e}^{-\mathrm{j}kz}(E_1\neq E_2)$：

(1) 说明极化状态；

(2) 求磁场的复振幅；

(3) 求时间平均功率流密度矢量。

7.15　在自由空间传播的均匀平面波电场强度为

$$\boldsymbol{E}=\boldsymbol{a}_x10^{-4}\mathrm{e}^{\mathrm{j}(\omega t-20\pi t)}+\boldsymbol{a}_y10^{-4}\mathrm{e}^{\mathrm{j}\left(\omega t-20\pi t+\frac{\pi}{2}\right)}\ \mathrm{V/m}$$

求：(1) 平面波的传播方向；

(2) 波的频率；

(3) 波的极化方式；

(4) 磁场强度 H；

(5) 流过沿传播方向单位面积的平均功率。

7.16　已知干燥土壤的参数为 $\varepsilon_\mathrm{r}=4$，$\mu_\mathrm{r}=1$，$\sigma=10^{-3}$ S/m，今有 $\omega=2\pi\times10^7$ rad/s 的均匀平面波在其中传播，求传播速度、波长及振幅衰减到 $1/10^6$ 倍时传播的距离。

7.17　为了屏蔽电磁波，屏蔽室的墙壁一般贴附一定厚度的铜金属板来达到该目的。如果要屏蔽的电磁波的频率范围为 10 kHz～100 MHz，求电磁波对铜板的最大趋肤深度。如果取铜板厚度的 5 倍为最大趋肤深度，则此时能透过电磁波功率的最大百分率是多少？

7.18　在无限空间中有一沿 $+z$ 方向传播的右旋圆极化波，假定它是由两个线极化波合成的。已知其中一个线极化波的电场沿 x 方向，在 $z=0$ 处的电场振幅为 E_0(V/m)，角频率为 ω，试写出此圆极化波的电场的 $\boldsymbol{E}$ 和磁场 $\boldsymbol{H}$ 的表达式，并证明此波的时间平均能流密度矢量是两个线极化波的时间平均能流密度矢量之和。

7.19　求在良导体中均匀平面波的群速度和相速度。

7.20　波长 $\lambda=10$ m 的电磁波在某种媒质中的相速度为 $v_\mathrm{p}=2\times10^7\sqrt[3]{\lambda}$ m/s，求其群速度。

第8章　平面电磁波的反射与折射

第7章介绍了均匀平面电磁波在均匀、线性、各向同性的无界媒质中传播的基本规律。实际上，电磁波传播过程中常常会遇到不同媒质构成的分界面的情况。例如对陆地上的无线系统而言，电磁波在空间传播时，常遇到空气与地面、空气与建筑物等的分界面；电磁波在海面上的空气中传播时会遇到大气与海水形成的分界面；等等。因此探讨电磁波在媒质分界面的行为具有很重要的意义。本章仍以均匀平面电磁波为对象，研究其通过由两种不同媒质构成的无限大平面分界面时的基本传播规律。

由于两种媒质的电磁参数不同，当电磁波以不同角度和极化方式入射到分界面上时，入射电磁波的一部分能量可能被分界面反射回原媒质（简称为媒质1）中，另一部分能量透射到另一个媒质中（简称为媒质2），并在其中向前传播。被反射回媒质1中的电磁波称为反射波，透射到媒质2中的电磁波称为折射波（或透射波）。在某些情况下，电磁波也可能在分界面处发生全反射，即只有反射波而无折射波；或者全透射，即只有折射波而无反射波的情况。由第7章的内容可知，任何一种极化的均匀平面电磁波都可由两个相互垂直的线极化电磁波分量表示，因此只需对相互垂直的两种线极化电磁波进行分析即可。以电磁波入射分界面的角度分类可分为垂直入射分界面和斜入射分界面两种情况。当电磁波垂直入射分界面时，电场强度矢量和磁场强度矢量与分界面平行，两个相互垂直的线极化电磁波的反射和折射规律相同，因此只对其中一个线极化分量进行讨论即可。当电磁波斜入射分界面时，入射波的两个线极化分量在分界面的反射和折射规律不相同，因此需要对二者分别进行分析。本章先对电磁波垂直入射分界面的情况进行分析，再介绍电磁波斜入射分界面时的规律，最后说明电磁波垂直入射多层介质时的情况。

8.1　电磁波垂直入射媒质分界面

假设均匀平面电磁波由媒质1入射到媒质2；媒质1和媒质2都为均匀、线性且各向同性媒质，电磁参数分别为$(\varepsilon_1, \mu_1, \sigma_1)$和$(\varepsilon_2, \mu_2, \sigma_2)$。

建立如图8.1所示的坐标系。入射电磁波沿着z轴的正方向传播，分界面为经过原点的xOy平面，分界面的法向$\boldsymbol{n}$由媒质2指向媒质1，即指向z轴的负方向。

假设入射电磁波的极化方向为沿x轴方向，则其磁场强度矢量为沿y轴的方向。根据图8.1，可写出入射波、反射波和透射波的表达式：

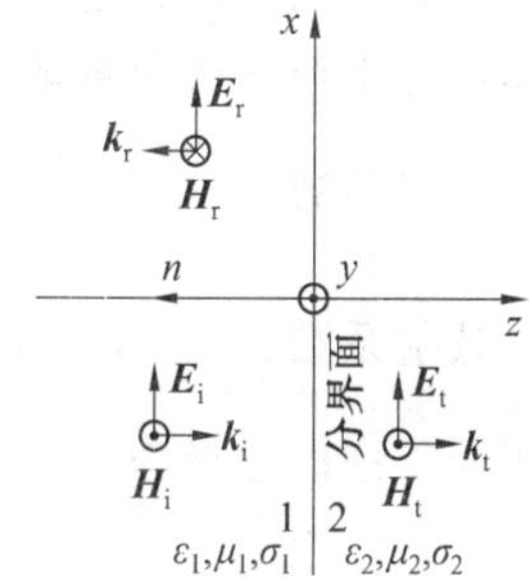

图8.1　均匀平面波垂直入射分界面

入射波电场强度

$$\boldsymbol{E}_i = \boldsymbol{a}_x E_{i0} e^{-jk_{f1}z} = \boldsymbol{a}_x E_{i0} e^{-\alpha_1 z} e^{-j\beta_1 z} \qquad (8.1.1)$$

入射波磁场强度

$$\boldsymbol{H}_{\mathrm{i}}=\boldsymbol{a}_{y}H_{\mathrm{i0}}\mathrm{e}^{-\mathrm{j}k_{\mathrm{f1}}z}=\boldsymbol{a}_{y}\frac{1}{\eta_{1}}E_{\mathrm{i0}}\mathrm{e}^{-\alpha_{1}z}\mathrm{e}^{-\mathrm{j}\beta_{1}z} \tag{8.1.2}$$

其中

$$\begin{aligned}k_{\mathrm{f1}}&=\sqrt{\omega^{2}\varepsilon_{\mathrm{e1}}\mu_{1}}=\sqrt{\omega\mu_{1}(\omega\varepsilon_{1}-\mathrm{j}\sigma_{1})}\\&=\beta_{1}-\mathrm{j}\alpha_{1}\end{aligned} \tag{8.1.3}$$

为电磁波在媒质 1 中的传播常数；

$$\eta_{1}=\sqrt{\frac{\mu_{1}}{\varepsilon_{\mathrm{e1}}}}=\sqrt{\frac{\omega\mu_{1}}{\omega\varepsilon_{1}-\mathrm{j}\sigma_{1}}}=\eta_{0}\sqrt{\frac{\omega\mu_{1\mathrm{r}}}{\omega\varepsilon_{1\mathrm{r}}-\mathrm{j}\dfrac{\sigma_{1}}{\varepsilon_{0}}}} \tag{8.1.4}$$

为媒质 1 的本征阻抗，$\eta_{0}=\sqrt{\dfrac{\mu_{0}}{\varepsilon_{0}}}$ 为真空阻抗。

反射波电场强度

$$\boldsymbol{E}_{\mathrm{r}}=\boldsymbol{a}_{x}E_{\mathrm{r0}}\mathrm{e}^{\mathrm{j}k_{\mathrm{f1}}z}=\boldsymbol{a}_{x}E_{\mathrm{r0}}\mathrm{e}^{+\alpha_{1}z}\mathrm{e}^{+\mathrm{j}\beta_{1}z} \tag{8.1.5}$$

反射波磁场强度

$$\boldsymbol{H}_{\mathrm{r}}=-\boldsymbol{a}_{y}H_{\mathrm{r0}}\mathrm{e}^{\mathrm{j}k_{\mathrm{f1}}z}=-\boldsymbol{a}_{y}\frac{E_{\mathrm{r0}}}{\eta_{1}}\mathrm{e}^{+\alpha_{1}z}\mathrm{e}^{+\mathrm{j}\beta_{1}z} \tag{8.1.6}$$

磁场强度方程中的负号，代表磁场强度矢量方向指向 y 轴的负方向。

媒质 2 中的电磁波为透射波，其电场强度和磁场强度分别为

$$\boldsymbol{E}_{\mathrm{t}}=\boldsymbol{a}_{x}E_{\mathrm{t0}}\mathrm{e}^{-\mathrm{j}k_{\mathrm{f2}}z}=\boldsymbol{a}_{x}E_{\mathrm{t0}}\mathrm{e}^{-\alpha_{2}z}\mathrm{e}^{-\mathrm{j}\beta_{2}z} \tag{8.1.7}$$

$$\boldsymbol{H}_{\mathrm{t}}=\boldsymbol{a}_{y}H_{\mathrm{t0}}\mathrm{e}^{-\mathrm{j}k_{\mathrm{f2}}z}=\boldsymbol{a}_{y}\frac{1}{\eta_{2}}E_{\mathrm{t0}}\mathrm{e}^{-\alpha_{2}z}\mathrm{e}^{-\mathrm{j}\beta_{2}z} \tag{8.1.8}$$

其中

$$\begin{aligned}k_{\mathrm{f2}}&=\sqrt{\omega^{2}\varepsilon_{\mathrm{e2}}\mu_{2}}=\sqrt{\omega\mu_{2}(\omega\varepsilon_{2}-\mathrm{j}\sigma_{2})}\\&=\beta_{2}-\mathrm{j}\alpha_{2}\end{aligned} \tag{8.1.9}$$

为电磁波在媒质 2 中的传播常数；

$$\eta_{2}=\sqrt{\frac{\mu_{2}}{\varepsilon_{\mathrm{e2}}}}=\sqrt{\frac{\omega\mu_{2}}{\omega\varepsilon_{2}-\mathrm{j}\sigma_{2}}}=\eta_{0}\sqrt{\frac{\omega\mu_{2\mathrm{r}}}{\omega\varepsilon_{2\mathrm{r}}-\mathrm{j}\dfrac{\sigma_{2}}{\varepsilon_{0}}}} \tag{8.1.10}$$

为媒质 2 的本征阻抗。

入射波的振幅为已知条件，反射波和透射波的振幅为未知量。在求反射波和透射波时，使用反射系数和透射系数是非常方便的。故做如下定义：

反射系数：
$$R=\frac{E_{\mathrm{r0}}}{E_{\mathrm{i0}}} \tag{8.1.11}$$

透射系数：
$$T=\frac{E_{\mathrm{t0}}}{E_{\mathrm{i0}}} \tag{8.1.12}$$

则媒质 1 中的总场为

$$\begin{aligned}\boldsymbol{E}_{1}&=\boldsymbol{a}_{x}E_{\mathrm{i0}}\mathrm{e}^{-\mathrm{j}k_{\mathrm{f1}}z}+\boldsymbol{a}_{x}RE_{\mathrm{i0}}\mathrm{e}^{+\mathrm{j}k_{\mathrm{f1}}z}\\&=\boldsymbol{a}_{x}E_{\mathrm{i0}}(\mathrm{e}^{-\alpha_{1}z}\mathrm{e}^{-\mathrm{j}\beta_{1}z}+R\mathrm{e}^{+\alpha_{1}z}\mathrm{e}^{+\mathrm{j}\beta_{1}z})\end{aligned} \tag{8.1.13}$$

$$\boldsymbol{H}_{1}=\boldsymbol{a}_{y}\frac{1}{\eta_{1}}E_{\mathrm{i0}}\mathrm{e}^{-\mathrm{j}k_{\mathrm{f1}}z}-\boldsymbol{a}_{y}\frac{R}{\eta_{1}}E_{\mathrm{i0}}\mathrm{e}^{+\mathrm{j}k_{\mathrm{f1}}z}$$

$$=\boldsymbol{a}_y E_{i0}\frac{1}{\eta_1}(e^{-\alpha_1 z}e^{-j\beta_1 z}-Re^{+\alpha_1 z}e^{+j\beta_1 z}) \tag{8.1.14}$$

媒质 2 中的场为

$$\boldsymbol{E}_2=\boldsymbol{a}_x TE_{i0}e^{-\alpha_2 z}e^{-j\beta_2 z} \tag{8.1.15}$$

$$\boldsymbol{H}_2=\boldsymbol{a}_y\frac{T}{\eta_2}E_{i0}e^{-\alpha_2 z}e^{-j\beta_2 z} \tag{8.1.16}$$

因此，均匀平面波垂直入射媒质分界面的反射与透射问题转化为求反射系数和透射系数问题。反射系数和透射系数可通过电磁场的边界条件方程确定。因为电场强度在分界面上的切向分量连续，则有

$$\boldsymbol{E}_1\big|_{z=0}=\boldsymbol{E}_2\big|_{z=0} \tag{8.1.17}$$

即

$$1+R=T \tag{8.1.18}$$

对磁场强度而言，当边界上存在表面电流时，切向分量不连续，有

$$-\boldsymbol{a}_z\times(\boldsymbol{H}_1-\boldsymbol{H}_2)\big|_{z=0}=\boldsymbol{J}_s \tag{8.1.19}$$

其中，$\boldsymbol{J}_s$ 为表面电流密度矢量；$-\boldsymbol{a}_z$ 表示分界面的法向，方向由媒质 2 指向媒质 1。

经整理可得

$$-\boldsymbol{a}_z\times\boldsymbol{a}_y(H_1-H_2)\big|_{z=0}=\boldsymbol{J}_s \tag{8.1.20}$$

或

$$\boldsymbol{J}_s=\boldsymbol{a}_x(H_1-H_2)\big|_{z=0} \tag{8.1.21}$$

将磁场方程代入上式，可得边界条件方程的标量形式：

$$J_s=\left(\frac{1-R}{\eta_1}-\frac{T}{\eta_2}\right)E_{i0} \tag{8.1.22}$$

因为该边界条件方程的具体形式与媒质特性有关，所以下面各节分别对理想介质与理想导体、理想介质与理想介质及理想介质与有耗媒质等几种情况，进一步给出具体边界条件，并逐一加以分析。

8.1.1　垂直入射理想介质与理想导体分界面

媒质 1 为理想介质，有 $\sigma_1=0$，$\alpha_1=0$；媒质 2 为理想导体，则 $\sigma_2=\infty$。根据理想导体性质，其内部不能有电场和磁场，如图 8.2 所示。即有

$$\boldsymbol{E}_2=\boldsymbol{H}_2=\boldsymbol{0} \tag{8.1.23}$$

将上式代入式(8.1.12) 和(8.1.18) 中，可得

$$T=0 \tag{8.1.24}$$

$$R=-1 \tag{8.1.25}$$

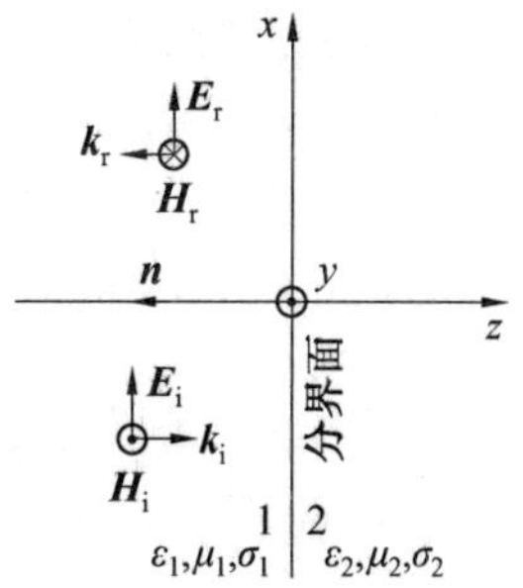

图 8.2　垂直入射理想介质与理想导体分界面

上式说明，入射电磁波在理想导体表面发生全反射，且反射波与入射波相位不连续，有180° 突变。下面继续对媒质 1 内的合成场性质及理想导体的表面电流进行分析。

媒质 1 中合成场的复数形式为

$$\boldsymbol{E}_1(z)=\boldsymbol{a}_x E_{i0}(e^{-j\beta_1 z}-e^{+j\beta_1 z})=-\boldsymbol{a}_x 2jE_{i0}\sin\beta_1 z \tag{8.1.26}$$

$$\boldsymbol{H}_1(z)=\boldsymbol{a}_y\frac{E_{i0}}{\eta_1}(e^{-j\beta_1 z}+e^{+j\beta_1 z})=\boldsymbol{a}_y 2\frac{E_{i0}}{\eta_1}\cos\beta_1 z \tag{8.1.27}$$

则时域表达式为

$$\boldsymbol{E}_1(z,t)=\mathrm{Re}(-\boldsymbol{a}_x 2jE_{i0}\sin\beta_1 z e^{j\omega t})$$

$$=\mathrm{Re}(\boldsymbol{a}_x 2E_{\mathrm{im}}\sin\beta_1 z\mathrm{e}^{\mathrm{j}(\omega t-\frac{\pi}{2}+\varphi_{x0})})$$

$$=\boldsymbol{a}_x 2E_{\mathrm{im}}\sin\beta_1 z\sin(\omega t+\varphi_{x0}) \tag{8.1.28}$$

$$\boldsymbol{H}_1(z,t)=\mathrm{Re}(\boldsymbol{a}_y 2\frac{E_{\mathrm{i0}}}{\eta_1}\cos\beta_1 z\mathrm{e}^{\mathrm{j}\omega t})$$

$$=\boldsymbol{a}_y 2\frac{E_{\mathrm{im}}}{\eta_1}\cos\beta_1 z\cos(\omega t+\varphi_{x0}) \tag{8.1.29}$$

其中，$E_{\mathrm{i0}}=E_{\mathrm{im}}\mathrm{e}^{\mathrm{j}\varphi_{x0}}$，$E_{\mathrm{im}}$ 和 φ_{x0} 分别为振幅和相位。

首先看电场强度的时域表达式，可发现合成波振幅的大小与空间位置有关，大小为 $2E_{\mathrm{im}}\sin(\beta_1 z)$。由此可知振幅随空间做正弦变化，最大值为入射波振幅的2倍，最小值为0。这样的波不能向某一方向上传播能量，称之为驻波(Standing Wave)。如图8.3给出了在几个不同时刻时，电场强度的波形。从图中可以看到，在 $z=0,-\lambda/2,-\lambda$ 等点上，电场强度始终为零，不存在波动。对于区间 $[-\lambda/2,0]$ 和 $[-\lambda,-\lambda/2]$，每一区间内各点具有相同的相位，但两个区间之间相位相差180°。

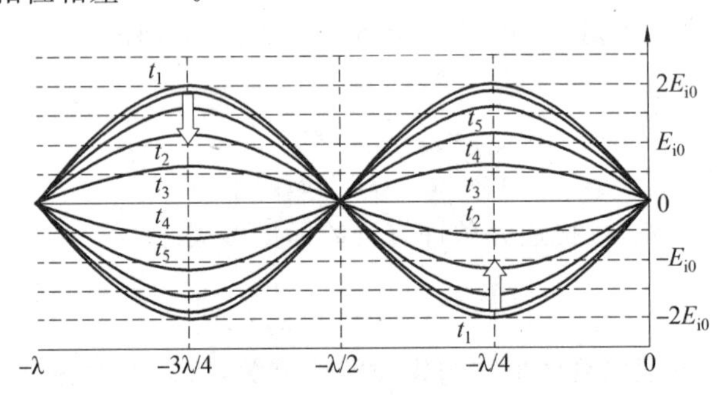

图8.3　合成场的电场强度随时间变化的驻波波形
$(t_1<t_2<t_3<t_4<t_5)$

我们将振幅为最小值的点称为波节点。对于驻波在波节点处，幅值始终为0，不随时间变化，如图8.4所示。合成电场波节点的位置为

$$kz=-n\pi \tag{8.1.30}$$

即

$$z=-\frac{n\pi}{k}=-\frac{n\pi}{2\pi/\lambda}=-\frac{n\lambda}{2}\quad(n=0,1,2,\cdots) \tag{8.1.31}$$

式中的负号是因为合成场存在的空间为坐标系中 z 轴的左侧。

合成波振幅为最大值的空间点称为波腹点，如图8.4所示。合成电场波腹点的位置为

$$kz=-(m\pi+\frac{\pi}{2})=-(2m+1)\frac{\pi}{2} \tag{8.1.32}$$

即

$$z=-(2m+1)\frac{\lambda}{4}\quad(m=0,1,2,\cdots) \tag{8.1.33}$$

对于磁场而言，合成场的振幅随空间坐标位置呈余弦变化。最大值为入射波磁场振幅的2倍，最小值为0，合成磁场也是驻波，如图8.4所示。该驻波波节点为

$$kz=-(n\pi+\frac{\pi}{2})=-(2n+1)\frac{\pi}{2} \tag{8.1.34}$$

即

$$z=-(2n+1)\frac{\lambda}{4}\quad(n=0,1,2,\cdots) \tag{8.1.35}$$

合成场磁场的波腹点位置为

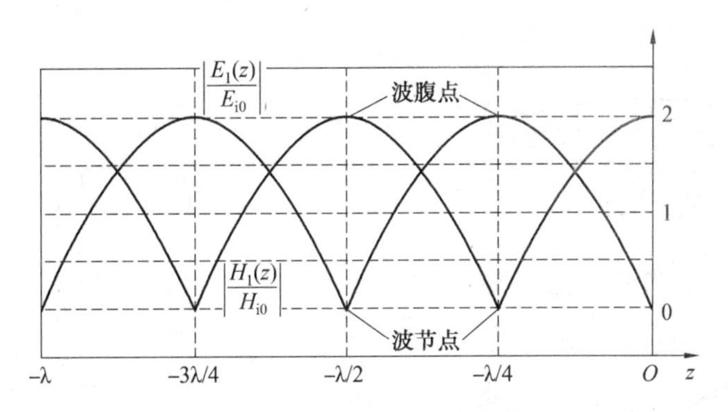

图 8.4　合成场的振幅分布图

$$kz = -m\pi \tag{8.1.36}$$

即

$$z = -\frac{m\pi}{k} = -\frac{m\pi}{2\pi/\lambda} = -\frac{m\lambda}{2} \quad (m = 0,1,2,\cdots) \tag{8.1.37}$$

从图 8.4 中还可以看到，电场的波腹点为磁场的波节点，电场的波节点为磁场的波腹点。驻波的空间周期与行波不同，是行波波长的一半，为$\frac{\lambda}{2}$。如果在距离为 L 的两个边界之间形成驻波，如图 8.5 所示，则驻波的波长与距离 L 之间必有以下关系

$$L = n\lambda/2 \tag{8.1.38}$$

或者

$$\lambda = 2L/n \tag{8.1.39}$$

其中，n 为整数。

可见，最低频率的驻波波长为 $\lambda_{\max} = 2L$，高次驻波频率为一些离散的频率。

因为垂直入射电磁波被理想导体全反射，因而媒质 1 中的合成场，即驻波不能传输能量。该性质也可由平均坡印廷矢量进行验证。由电场和磁场的方程式(8.1.26)和式(8.1.27)知，电场和磁场之间有90°相位差。因而有

$$\boldsymbol{S}_{1\mathrm{av}} = \frac{1}{2}\mathrm{Re}[\boldsymbol{E}_1(z) \times \boldsymbol{H}_1^*(z)] = \boldsymbol{0} \tag{8.1.40}$$

根据边界条件，由式(8.1.21)，可求得理想导体表面的面电流密度矢量为

$$\boldsymbol{J}_\mathrm{s} = \boldsymbol{a}_x 2\frac{E_{i0}}{\eta_1}\cos\beta_1 z\,|_{z=0} = \boldsymbol{a}_x\frac{2E_{i0}}{\eta_1} \tag{8.1.41}$$

上式为面电流密度矢量的复数形式，其时域形式可写为

$$\boldsymbol{J}_\mathrm{s}(t) = \boldsymbol{a}_x 2\frac{E_{im}}{\eta_1}\cos\beta_1 z\cos(\omega t + \varphi_{x0})\,|_{z=0} = \boldsymbol{a}_x 2\frac{E_{im}}{\eta_1}\cos(\omega t + \varphi_{x0}) \tag{8.1.42}$$

由上式可见，在理想导体表面上均匀分布着面电流。电流面密度的大小随时间呈余弦变化，如图 8.6 所示。

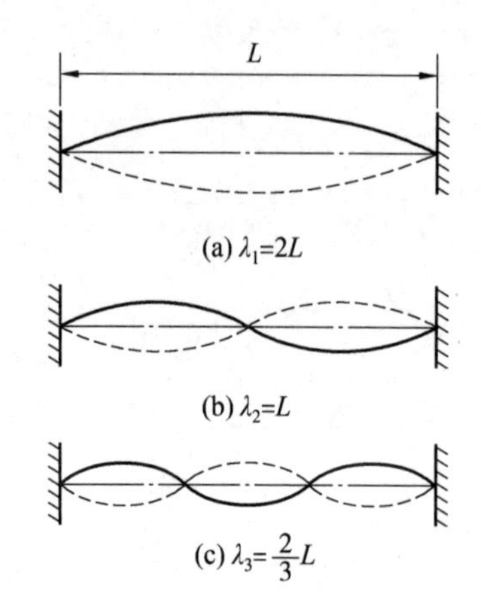

图 8.5　限定尺寸的空间所允许的驻波

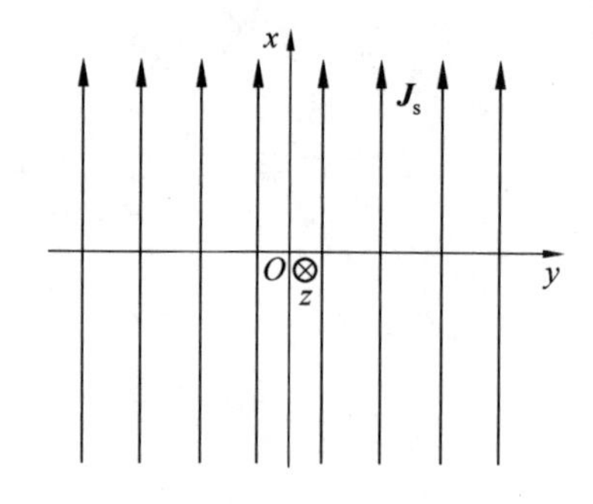

图 8.6　理想导体表面面电流密度矢量

8.1.2　垂直入射理想介质与理想介质分界面

如图 8.7 所示，为电磁波垂直入射理想介质与理想介质分界面的示意图。

因为媒质 1 和 2 都为理想介质，故有 $\sigma_1=\sigma_2=0$ 和 $\alpha_1=\alpha_2=0$，电波在两种媒质内传播过程中没有衰减。在分界面上，不会有表面电流，即 $\boldsymbol{J}_s=\boldsymbol{0}$。

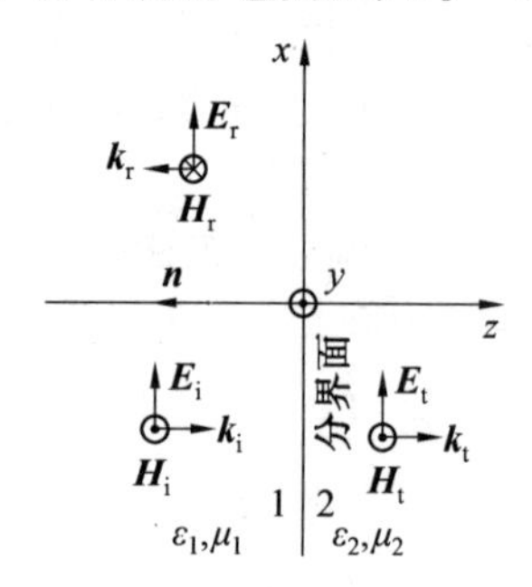

图 8.7　垂直入射理想介质－理想介质分界面

根据式(8.1.18)和式(8.1.22)可知，边界条件为

$$1+R=T \tag{8.1.43}$$

$$\frac{1-R}{\eta_1}=\frac{T}{\eta_2} \tag{8.1.44}$$

解该方程组，可解得反射系数和透射系数的值，分别为

$$R=\frac{\eta_2-\eta_1}{\eta_2+\eta_1} \tag{8.1.45}$$

$$T=\frac{2\eta_2}{\eta_2+\eta_1} \tag{8.1.46}$$

由上面的式子可知，对理想介质(无耗媒质)而言，反射系数和透射系数都是实数。除了以媒质本征阻抗表示外，还可以用媒质的折射率来表示反射系数和透射系数。这里首先给出媒质折射率的定义。

定义媒质的折射率为电磁波在真空中的传播速度与在该媒质中的传播速度之比。如果

媒质为无耗介质，则有

$$n \triangleq \frac{c}{v_{\mathrm{p}}} = \sqrt{\frac{\mu\varepsilon}{\mu_0\varepsilon_0}} = \sqrt{\mu_{\mathrm{r}}\varepsilon_{\mathrm{r}}} \tag{8.1.47}$$

其中，c 为电磁波在真空中的相速度；v_{p} 为电磁波在媒质中的相速度。

可见媒质的折射率为一个相对值，是一个无量纲量。非铁磁性媒质的相对磁导率为 1，因此一般而言，上式可写为

$$n = \sqrt{\mu_{\mathrm{r}}\varepsilon_{\mathrm{r}}} = \sqrt{\varepsilon_{\mathrm{r}}} \tag{8.1.48}$$

根据折射率的定义，反射系数和透射系数又可表示为

$$R = \frac{\sqrt{\frac{\mu_2}{\varepsilon_2}} - \sqrt{\frac{\mu_1}{\varepsilon_1}}}{\sqrt{\frac{\mu_2}{\varepsilon_2}} + \sqrt{\frac{\mu_1}{\varepsilon_1}}} = \frac{\frac{1}{n_2} - \frac{1}{n_1}}{\frac{1}{n_2} + \frac{1}{n_1}} = \frac{n_1 - n_2}{n_1 + n_2} \tag{8.1.49}$$

$$T = \frac{2\eta_2}{\eta_2 + \eta_1} = \frac{2n_1}{n_1 + n_2} \tag{8.1.50}$$

此时，由式(8.1.13)和(8.1.14)，则媒质 1 中的合成场为

$$\boldsymbol{E}_1 = \boldsymbol{a}_x E_{\mathrm{i0}}(\mathrm{e}^{-\mathrm{j}\beta_1 z} + R\mathrm{e}^{+\mathrm{j}\beta_1 z}) \tag{8.1.51}$$

$$\boldsymbol{H}_1 = \boldsymbol{a}_y \frac{E_{\mathrm{i0}}}{\eta_1}(\mathrm{e}^{-\mathrm{j}\beta_1 z} - R\mathrm{e}^{+\mathrm{j}\beta_1 z}) \tag{8.1.52}$$

进一步整理上面两个等式，可得

$$\begin{aligned}\boldsymbol{E}_1 &= \boldsymbol{a}_x E_{\mathrm{i0}}(\mathrm{e}^{-\mathrm{j}\beta_1 z} + R\mathrm{e}^{-\mathrm{j}\beta_1 z} + R\mathrm{e}^{+\mathrm{j}\beta_1 z} - R\mathrm{e}^{-\mathrm{j}\beta_1 z}) \\ &= \boldsymbol{a}_x E_{\mathrm{i0}}[(1+R)\mathrm{e}^{-\mathrm{j}\beta_1 z} + \mathrm{j}2R\sin\beta_1 z]\end{aligned} \tag{8.1.53}$$

$$\begin{aligned}\boldsymbol{H}_1 &= \boldsymbol{a}_y \frac{E_{\mathrm{i0}}}{\eta_1}(\mathrm{e}^{-\mathrm{j}\beta_1 z} + R\mathrm{e}^{-\mathrm{j}\beta_1 z} - R\mathrm{e}^{+\mathrm{j}\beta_1 z} - R\mathrm{e}^{-\mathrm{j}\beta_1 z}) \\ &= \boldsymbol{a}_y \frac{E_{\mathrm{i0}}}{\eta_1}[(1+R)\mathrm{e}^{-\mathrm{j}\beta_1 z} - 2R\cos\beta_1 z]\end{aligned} \tag{8.1.54}$$

观察以上合成场方程，可发现合成电场由一个沿着 $+z$ 方向传播的行波和一个驻波之和构成，这样的波被称为行驻波，合成磁场也是一个行驻波。如图 8.8 所示，为在某几个离散时刻电场强度的波形及行驻波的包络。

下面对行驻波的特点做进一步分析，对电场而言，由式(8.1.51)，得

$$\boldsymbol{E}_1 = \boldsymbol{a}_x E_{\mathrm{i0}}\mathrm{e}^{-\mathrm{j}\beta_1 z}(1 + R\mathrm{e}^{\mathrm{j}2\beta_1 z}) = \boldsymbol{a}_x E_{\mathrm{im}}\mathrm{e}^{-\mathrm{j}\beta_1 z + \mathrm{j}\varphi_{x0}}(1 + R\mathrm{e}^{\mathrm{j}2\beta_1 z}) \tag{8.1.55}$$

根据反射系数 R 的取值范围，可分成两种情况：

1. 当 $R > 0(\eta_2 > \eta_1)$ 时

波腹点为行驻波振幅取最大值的空间点，对电场而言，波腹点位置为

$$2\beta_1 z = -2n\pi$$

$$z_{\max} = -\frac{n\pi}{\beta_1} = -\frac{n\lambda_1}{2} \quad (n = 0, 1, 2, \cdots) \tag{8.1.56}$$

则最大振幅为

$$|\boldsymbol{E}_1|_{\max} = E_{\mathrm{im}}(1+R) = |E_{\mathrm{i0}}|(1+R) \tag{8.1.57}$$

同理，波节点的空间位置和振幅分别为

$$2\beta_1 z = -(2m+1)\pi$$

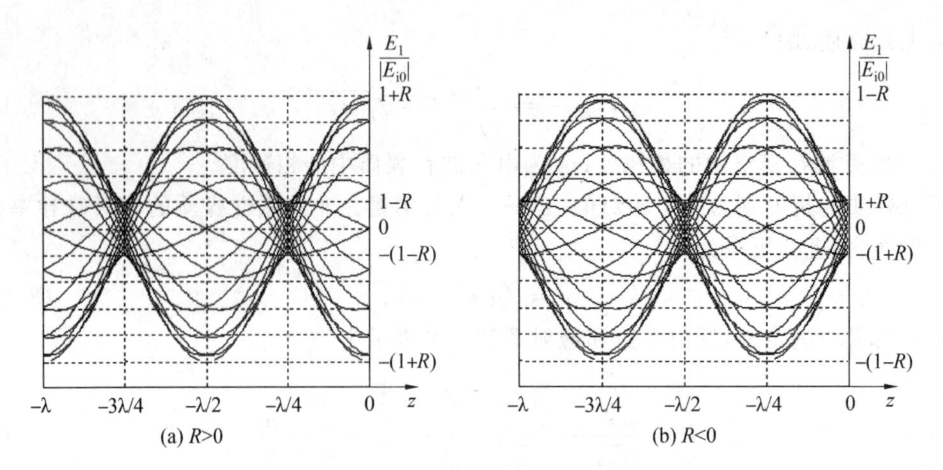

图 8.8　合成电场强度随时间变化的行驻波波形

$$z_{\min}=-\frac{(2m+1)\pi}{2\beta_1}=-\frac{(2m+1)\lambda_1}{4}\quad(m=0,1,2,\cdots)\tag{8.1.58}$$

$$|\boldsymbol{E}_1|_{\min}=E_{\mathrm{im}}(1-R)=|E_{\mathrm{i0}}|(1-R)\tag{8.1.59}$$

图 8.9(a)给出了该条件下的行驻波波腹点和波节点的情况。从图中可以看到,行驻波的振幅随着坐标 z 的变化,不再是纯驻波时的正弦或者余弦规律。根据式(8.1.55),可得合成电场振幅的模值为

$$\begin{aligned}|\boldsymbol{E}_1|&=|E_{\mathrm{i0}}||1+R\mathrm{e}^{\mathrm{j}2\beta_1 z}|\\&=|E_{\mathrm{i0}}||1+R\cos 2\beta_1 z+\mathrm{j}R\sin 2\beta_1 z|\\&=|E_{\mathrm{i0}}|\sqrt{(1+R\cos 2\beta_1 z)^2+R^2\sin^2 2\beta_1 z}\\&=|E_{\mathrm{i0}}|\sqrt{1+2R\cos 2\beta_1 z+R^2}\end{aligned}\tag{8.1.60}$$

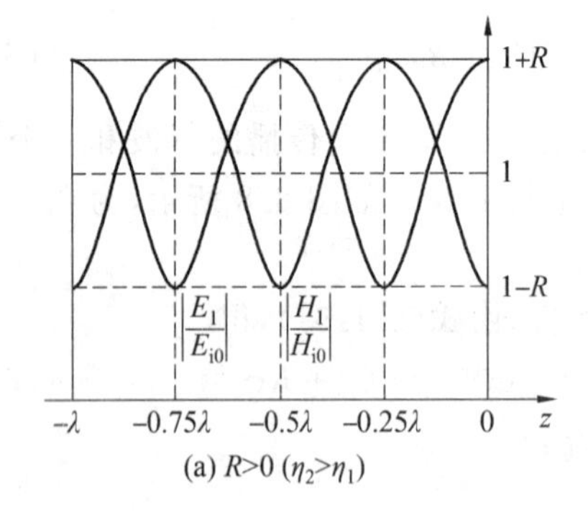

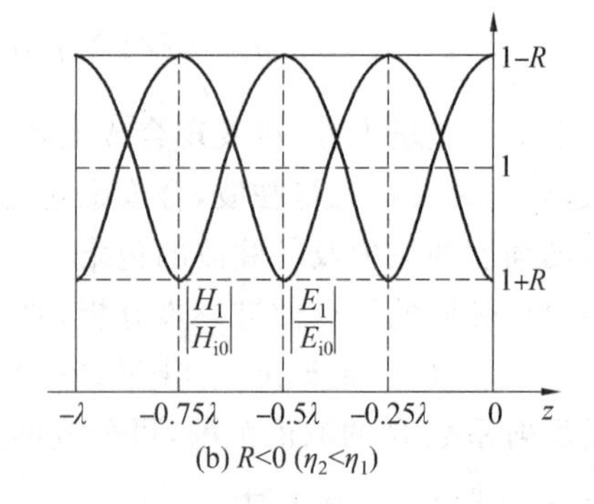

图 8.9　合成电场的行驻波

2. 当 $R<0(\eta_2<\eta_1)$ 时

波腹点和波节点的位置正好和 $R>0$ 时相反。参见图 8.8(b)。电场最大振幅为 $|\boldsymbol{E}_1|_{\max}=|E_{\mathrm{i0}}|(1-R)$,最小振幅为 $|\boldsymbol{E}_1|_{\min}=|E_{\mathrm{i0}}|(1+R)$。

对于合成场中磁场而言,其方程为

$$\boldsymbol{H}_1=\boldsymbol{a}_y\frac{E_{\mathrm{i0}}}{\eta_1}\mathrm{e}^{-\mathrm{j}\beta_1 z}(1-R\mathrm{e}^{+\mathrm{j}2\beta_1 z})\tag{8.1.61}$$

与合成电场比较,可知,$|\boldsymbol{H}_1|$ 与 $|\boldsymbol{E}_1|$ 的最大值和最小值恰好互换,如图 8.9 所示。

合成磁场强度的模值为

$$
\begin{aligned}
|\boldsymbol{H}_1| &= \left|\frac{E_{i0}}{\eta_1}\right| |1 - R\cos 2\beta_1 z - jR\sin 2\beta_1 z| \\
&= \left|\frac{E_{i0}}{\eta_1}\right| \sqrt{(1 - R\cos 2\beta_1 z)^2 + R^2 \sin^2 2\beta_1 z} \\
&= \left|\frac{E_{i0}}{\eta_1}\right| \sqrt{1 - 2R\cos 2\beta_1 z + R^2}
\end{aligned}
\tag{8.1.62}
$$

在传输线理论中，用电压驻波比(VSWR)的概念描述电磁波在传播路径上阻抗的匹配特性。这里使用驻波比(SWR)的概念来说明电磁波在两个媒质分界面上的阻抗匹配情况。在媒质 1 中，驻波比可定义为

$$
\mathrm{SWR} = \frac{|\boldsymbol{E}_1|_{\max}}{|\boldsymbol{E}_1|_{\min}} = \frac{1+|R|}{1-|R|} \tag{8.1.63}
$$

或者

$$
|R| = \frac{\mathrm{SWR}-1}{\mathrm{SWR}+1} \tag{8.1.64}
$$

由上式可看出驻波比只反映反射系数的大小，不反映反射系数的相位。当媒质 1 和媒质 2 完美匹配时，即当 $|R|=0$ 时，$\mathrm{SWR}=1$；当全反射时，即当 $|R|=1$ 时，$\mathrm{SWR}=\infty$。

下面考察在媒质 1 和媒质 2 中电磁波传输的平均功率情况。媒质 1 中合成波沿 $+z$ 方向的平均功率密度为

$$
\begin{aligned}
\boldsymbol{S}_{1\mathrm{av}} &= \frac{1}{2}\mathrm{Re}[\boldsymbol{a}_x E_1 \times \boldsymbol{a}_y H_1^*] \\
&= \frac{\boldsymbol{a}_z}{2}\mathrm{Re}\left[\frac{|E_{i0}|^2}{\eta_1}(\mathrm{e}^{-j\beta_1 z} + R\mathrm{e}^{j\beta_1 z})(\mathrm{e}^{j\beta_1 z} - R\mathrm{e}^{-j\beta_1 z})\right] \\
&= \boldsymbol{a}_z \frac{|E_{i0}|^2}{2\eta_1}\mathrm{Re}[1 - R^2 + R(\mathrm{e}^{+j2\beta_1 z} - \mathrm{e}^{-j2\beta_1 z})] \\
&= \boldsymbol{a}_z \frac{|E_{i0}|^2}{2\eta_1}(1 - R^2)
\end{aligned}
\tag{8.1.65}
$$

媒质 2 中的平均坡印廷矢量为

$$
\begin{aligned}
\boldsymbol{S}_{2\mathrm{av}} &= \frac{1}{2}\mathrm{Re}[\boldsymbol{a}_x E_2 \times \boldsymbol{a}_y H_2^*] \\
&= \frac{\boldsymbol{a}_z}{2}\mathrm{Re}\left[T E_{i0}\mathrm{e}^{-j\beta_2 z} \times \frac{T E_{i0}^*}{\eta_2^*}\mathrm{e}^{+j\beta_2 z}\right] \\
&= \boldsymbol{a}_z \frac{|E_{i0}|^2}{2\eta_2} T^2
\end{aligned}
\tag{8.1.66}
$$

将边界条件中式(8.1.43)和式(8.1.44)两边相乘，得

$$
\frac{1-R^2}{\eta_1} = \frac{T^2}{\eta_2} \tag{8.1.67}
$$

因此有

$$
\boldsymbol{S}_{1\mathrm{av}} = \boldsymbol{S}_{2\mathrm{av}} \tag{8.1.68}
$$

即电磁波传播过程中，沿 z 轴的功率密度相等，说明电磁波传播过程中能量守恒。为了更直观，选取如图 8.10 所示的上下底面面积为 A_1 和 A_2 的柱体，且 $A_1 = A_2$。在媒质 1 中入射波由 A_1 进入柱体，反射波由 A_1 穿出柱体；在媒质 2 中，透射波由 A_2 穿出柱体。柱体的各个侧面没有电磁波穿过。由于媒质 1 和媒

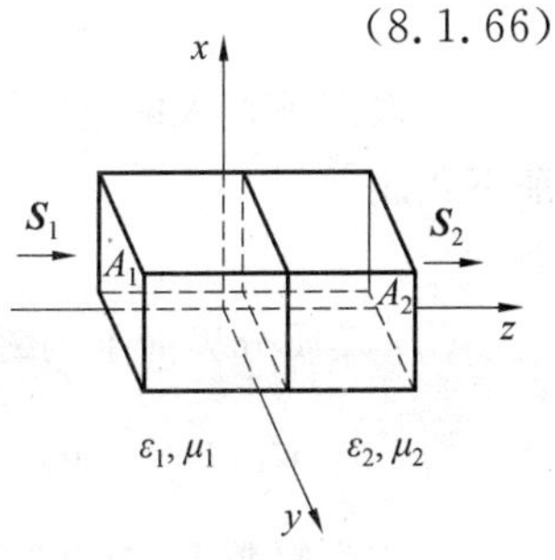

图 8.10　垂直入射分界面的能量守恒

质 2 为理想介质,柱体内没有能量损耗。根据坡印廷定理,由外部穿入柱体表面的平均功率应该等于由柱体内穿出柱体表面的平均功率,即

$$S_{1av}A_1 = S_{2av}A_2 \tag{8.1.69}$$

由式(8.1.68)可知,上式成立。说明电磁波垂直入射理想介质－理想介质分界面,能量是守恒的。

例 8.1 均匀平面波由空气垂直入射到介电常数为 $\varepsilon_r=4$ 的理想介质中,假设空气与介质的分界面为无限大平面并在直角坐标系 xOy 面内。若入射波的电场强度方程为 $\boldsymbol{E}_i = \boldsymbol{a}_x E_{i0} e^{-jk_1 z}$,平均功率密度为10 $W \cdot m^{-2}$,求:

(1) 反射系数及反射波平均功率密度;

(2) 透射系数及透射波平均功率密度;

(3) 边界上磁场强度的表达式;

(4) 媒质 2 满足什么样的条件时,电磁波不发生反射?

解 首先求入射波的电场强度,由电磁波的平均功率与振幅关系的公式

$$P_i = \frac{1}{2}\frac{E_{i0}^2}{\eta_1} = \frac{1}{2}\frac{E_{i0}^2}{\eta_0}$$

可得
$$E_{i0} = \sqrt{2\eta_0 P_i} = \sqrt{2\times 377\times 10} \approx 86.8(\text{V/m})$$

(1) 由式(8.1.49),可得反射系数为

$$R = \frac{n_0 - n_2}{n_0 + n_2} = \frac{1-\sqrt{\varepsilon_{r2}}}{1+\sqrt{\varepsilon_{r2}}} = -\frac{1}{3}$$

反射波平均功率密度为
$$S_{rav} = \frac{1}{2}\frac{E_{r0}^2}{\eta_1} = \frac{1}{2}\frac{R^2E_{i0}^2}{\eta_0} = R^2 P_i$$

$$= \frac{1}{9}\times 10 \approx 1.11\ (\text{W}\cdot\text{m}^{-2})$$

(2) 由式(8.1.50)(也可以根据式(8.1.43)求解),可知透射系数为

$$T = \frac{2n_1}{n_1+n_2} = \frac{2}{1+\sqrt{4}} = \frac{2}{3}$$

因此,透射波的功率为
$$S_{tav} = \frac{1}{2}\frac{E_{t0}^2}{\eta_2} = \frac{1}{2}\frac{T^2E_{i0}^2}{\sqrt{\mu_0/\varepsilon_0\varepsilon_{r2}}} = \sqrt{\varepsilon_{r2}}\,T^2 P_i$$

$$= 2\times\frac{4}{9}\times 10 \approx 8.89\ (\text{W}\cdot\text{m}^{-2})$$

可根据垂直入射电磁波的功率关系式(8.1.68),验证所求的结果是否正确。很容易验证下式成立:

$$S_{iav} - S_{rav} = S_{tav}$$

(3) 媒质分界面上的磁场强度表达式可通过透射波磁场方程在 $z=0$ 处的取值来求,则

$$\boldsymbol{H}_t(0,t) = \boldsymbol{a}_y \frac{TE_{i0}}{\eta_2} e^{-jk_2 z}\Big|_{z=0} = \boldsymbol{a}_y\frac{2}{3}\times 86.8\times\frac{2}{377} \approx 0.31\boldsymbol{a}_y(\text{A/m})$$

上式为复数形式,其时域形式为

$$\boldsymbol{H}_t(0,t) = 0.31\boldsymbol{a}_y\cos(\omega t)(\text{A/m})$$

(4) 由反射系数式(8.1.49),

$$R=\frac{\sqrt{\frac{\mu_2}{\varepsilon_2}}-\sqrt{\frac{\mu_0}{\varepsilon_0}}}{\sqrt{\frac{\mu_2}{\varepsilon_2}}+\sqrt{\frac{\mu_0}{\varepsilon_0}}}=\frac{\sqrt{\frac{\mu_{2r}}{\varepsilon_{2r}}}-1}{\sqrt{\frac{\mu_{2r}}{\varepsilon_{2r}}}+1}=\frac{\sqrt{\mu_{2r}}-\sqrt{\varepsilon_{2r}}}{\sqrt{\mu_{2r}}+\sqrt{\varepsilon_{2r}}}$$

可知：如果媒质 2 的本征阻抗与媒质 1 的本征阻抗相等，则在分界面上实现完美的阻抗匹配，入射的电磁波不会发生反射。在本例中，需要媒质 2 的本征阻抗等于空气的本征阻抗，即要求

$$\varepsilon_{2r}=\mu_{2r}$$

一般的介质材料无法满足上式的要求，只有一些铁磁性材料才可以做到。

8.1.3　垂直入射理想介质与有耗媒质分界面

电波垂直入射理想介质与有耗媒质分界面的情况，可参见图 8.1。

因为媒质 1 为理想介质，则有 $\sigma_1=0$ 和 $\alpha_1=0$；电磁波在有耗媒质 2 中传播时有衰减。在分界面上，不会有表面电流，即 $\boldsymbol{J}_s=\mathbf{0}$。

根据式(8.1.18)和式(8.1.22)，并参照式(8.1.43)和式(8.1.44)，可知反射系数和透射系数为

$$R=\frac{\eta_2-\eta_1}{\eta_2+\eta_1} \tag{8.1.70}$$

$$T=\frac{2\eta_2}{\eta_2+\eta_1} \tag{8.1.71}$$

因为媒质 2 为有耗媒质，其本征阻抗为复数，因此反射系数和透射系数也为复数。

媒质 1 中，反射波与入射波的合成场为

$$\begin{aligned}\boldsymbol{E}_1&=\boldsymbol{a}_xE_{i0}\mathrm{e}^{-\mathrm{j}k_{f1}z}+\boldsymbol{a}_xRE_{i0}\mathrm{e}^{+\mathrm{j}k_{f1}z}\\&=\boldsymbol{a}_xE_{i0}(\mathrm{e}^{-\mathrm{j}\beta_1z}+R\mathrm{e}^{+\mathrm{j}\beta_1z})\\&=\boldsymbol{a}_xE_{i0}[(1+R)\mathrm{e}^{-\mathrm{j}\beta_1z}+\mathrm{j}2R\sin\beta_1z]\end{aligned} \tag{8.1.72}$$

$$\begin{aligned}\boldsymbol{H}_1&=\boldsymbol{a}_y\frac{1}{\eta_1}E_{i0}\mathrm{e}^{-\mathrm{j}k_{f1}z}-\boldsymbol{a}_y\frac{R}{\eta_1}E_{i0}\mathrm{e}^{+\mathrm{j}k_{f1}z}\\&=\boldsymbol{a}_yE_{i0}\frac{1}{\eta_1}(\mathrm{e}^{-\mathrm{j}\beta_1z}-R\mathrm{e}^{+\mathrm{j}\beta_1z})\\&=\boldsymbol{a}_y\frac{E_{i0}}{\eta_1}[(1+R)\mathrm{e}^{-\mathrm{j}\beta_1z}-2R\cos\beta_1z]\end{aligned} \tag{8.1.73}$$

由此可见，同电磁波垂直入射理想介质与理想介质分界面类似，媒质 1 中的合成场为行驻波，媒质 2 中的场为

$$\boldsymbol{E}_2=\boldsymbol{a}_xTE_{i0}\mathrm{e}^{-\alpha_2z}\mathrm{e}^{-\mathrm{j}\beta_2z} \tag{8.1.74}$$

$$\boldsymbol{H}_2=\boldsymbol{a}_y\frac{T}{\eta_2}E_{i0}\mathrm{e}^{-\alpha_2z}\mathrm{e}^{-\mathrm{j}\beta_2z} \tag{8.1.75}$$

根据本构方程，媒质 2 中的体电流密度矢量为

$$\boldsymbol{J}_2=\sigma_2\boldsymbol{E}_2=\boldsymbol{a}_x\sigma_2TE_{i0}\mathrm{e}^{-\alpha_2z}\mathrm{e}^{-\mathrm{j}\beta_2z} \tag{8.1.76}$$

可见在媒质 2 中，透射波电场、磁场和传导电流复振幅的模值沿传播方向呈指数衰减，如图 8.11 所示。振幅衰减的原因是由于媒质 2 为有耗媒质，电磁波在传播过程中能量不断地被化为热能，使媒质 2 的温度升高。

再来看一下分界面处传输的功率密度情况，参照理想介质与理想介质分界面中功率密度的推导，由式(8.1.65)和(8.1.66)，可知无耗媒质1中的行驻波传输到媒质2中的平均功率密度与在边界($z=0$)处透入媒质2中的平均功率密度相等。但随着传播距离z的增加，媒质2中电磁波的功率密度逐渐减小。由坡印廷定理，可知媒质2中的平均功率密度为

$$\boldsymbol{S}_{2\mathrm{av}}=\frac{1}{2}\mathrm{Re}(\boldsymbol{E}_2\times\boldsymbol{H}_2^*)=\boldsymbol{a}_z\frac{|TE_{\mathrm{i}0}|^2}{2|\eta_2|}\mathrm{e}^{-2\alpha_2 z}\tag{8.1.77}$$

由上式可知，当$z\to\infty$时，功率密度趋近于零。如图8.12所示，通过截面积A由媒质1垂直进入媒质2中的能量，都在以截面A为底的柱体内消耗掉了。

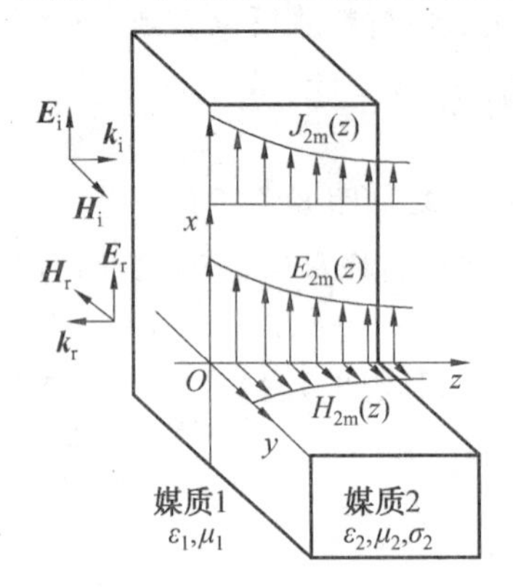

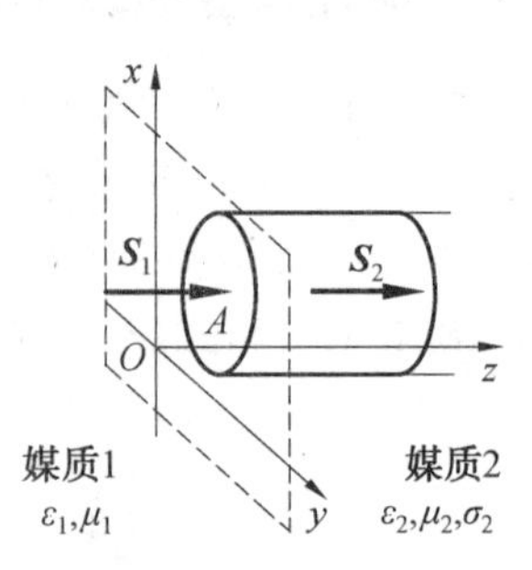

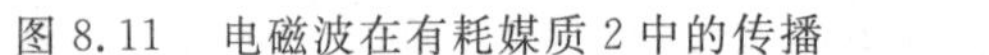

图8.11　电磁波在有耗媒质2中的传播　　　图8.12　电磁波在有耗媒质2内的能量损耗

当有耗媒质为良导体时，则电磁波的趋肤深度为

$$\delta_2=\frac{1}{\alpha_2}\tag{8.1.78}$$

由式(8.1.76)，媒质2中电流密度的幅值为

$$J_{2\mathrm{m}}(z)=|J_2|=\sigma_2 TE_{\mathrm{im}}\mathrm{e}^{-z/\delta_2}$$

则在良导体中，沿着传播方向总的传导电流为

$$J_{2\mathrm{total}}=\int_0^{+\infty}J_{2\mathrm{m}}(z)\mathrm{d}z=\sigma_2 TE_{\mathrm{im}}\int_0^{+\infty}\mathrm{e}^{-z/\delta_2}\mathrm{d}z=\delta_2\sigma_2 TE_{\mathrm{im}}\tag{8.1.79}$$

在边界处，良导体的电流密度为

$$J_{2\mathrm{m}}(0)=J_{2\mathrm{m}}(z)|_{z=0}=\sigma_2 TE_{\mathrm{im}}\tag{8.1.80}$$

因此，有

$$J_{2\mathrm{total}}=\delta_2 J_{2\mathrm{m}}(0)\tag{8.1.81}$$

上式说明，如果假定在趋肤深度内传导电流的振幅为恒定值$J_{2\mathrm{m}}(0)$，则趋肤深度内总电流等于良导体内的总电流强度(图8.13)。

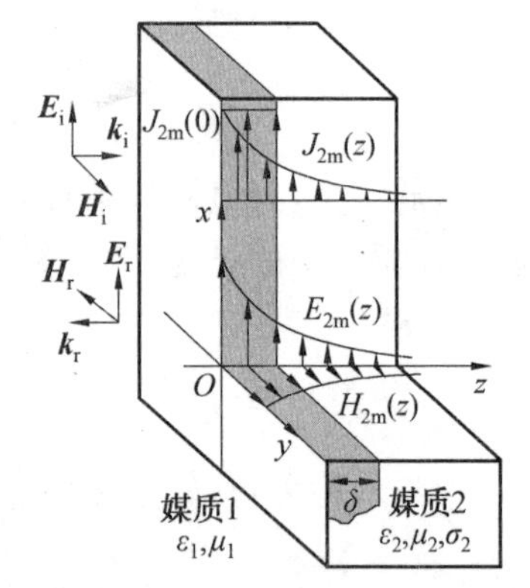

图8.13　电磁波在良导体中的传播

例8.2　已知海水的参数为$\varepsilon_\mathrm{r}=81$，$\mu_\mathrm{r}=1$，$\sigma=4$ S/m，若频率为1 MHz的均匀平面电磁波垂直入射到海面上，求反射系数和透射系数以及透射入海水中电磁波的功率百分比。

解　由第7章例7.5可知，在该频率下，海水为良导体。并且海水的本征阻抗、衰减常

数和相位常数分别为

$$\eta_2=(1+\mathrm{j})\sqrt{\frac{\omega\mu}{2\sigma}}=1.40\mathrm{e}^{\mathrm{j}\frac{\pi}{4}}\,(\Omega)$$

$$\alpha_2=\sqrt{\pi f\mu\sigma}=3.97\ (\mathrm{Np/m})$$

$$\beta_2=3.97\ (\mathrm{rad/m})$$

则由式(8.1.70),可求得反射系数和透射系数分别为

$$R=\frac{\eta_2-\eta_0}{\eta_2+\eta_0}=\frac{1.40\mathrm{e}^{\mathrm{j}\frac{\pi}{4}}-377}{1.40\mathrm{e}^{\mathrm{j}\frac{\pi}{4}}+377}\approx\frac{-376.01+\mathrm{j}0.99}{377.99+\mathrm{j}0.99}$$

$$T=\frac{2\eta_2}{\eta_2+\eta_1}=\frac{2\times1.40\mathrm{e}^{\mathrm{j}\frac{\pi}{4}}}{1.40\mathrm{e}^{\mathrm{j}\frac{\pi}{4}}+377}\approx\frac{1.98+\mathrm{j}1.98}{377.99+\mathrm{j}0.99}$$

因为海水为有耗媒质,所以透射入海水中电磁波的功率密度为在分界面处海水的功率密度。根据式(8.1.77),可知

$$S_{2\mathrm{av}}(z=0)=\frac{1}{2}\mathrm{Re}(E_2\times H_2^*)\bigg|_{z=0}=\frac{|TE_{\mathrm{i0}}|^2}{2|\eta_2|}=\frac{|E_{\mathrm{i0}}|^2}{2\eta_0}\frac{|T|^2}{|\eta_2|}\eta_0$$

透射入海水中电磁波的功率百分比为

$$\frac{S_{2\mathrm{av}}(z=0)}{S_{\mathrm{iav}}}=\frac{|T|^2}{|\eta_2|}\eta_0=377\times\frac{\left|\dfrac{1.98+\mathrm{j}1.98}{377.99+\mathrm{j}0.99}\right|^2}{1.40}\approx0.0148=1.48\%$$

从上面的结果也可以看到,对于海水这种良导体而言,反射系数接近于-1,而透射系数近似为0。因此,入射电磁波只有很少一部分进入海水中,绝大部分能量都被反射回空气中了。

8.2　电磁波斜入射媒质分界面

当电磁波斜入射到媒质分界面时,电磁波可能发生反射和折射(透射)。如图 8.14 所示,入射波由媒质 1 斜入射到分界面上,反射波离开分界面在媒质 1 中传播,折射波穿过分界面进入媒质 2 中,并在媒质 2 中传播。通常媒质特性及入射波参数为已知条件,反射波、折射波的参数为待求量。若各波为均匀平面波,则各波的参数为复振幅矢量和波矢量。而电场和磁场强度的方向可由几何关系确定,波矢量的模值由媒质的特性决定,因此待求量变为反射波和折射波的振幅大小和传播方向。对于振幅之间的关系,可比照垂直入射媒质分界面的情形,使用反射系数和透射系数的方法。为了使问题不太复杂,对于斜入射问题只对理想介质与理想导体、理想介质与理想介质两种分界面进行讨论。

设媒质 1 和媒质 2 为均匀、线性且各向同性媒质,媒质本构参数分别为(ε_1,μ_1)和(ε_2,μ_2),二者的分界面为无限大平面。建立图 8.14 所示的坐标系,令媒质分界面与坐标系的 xOy 平面重合,分界面的法向 $\boldsymbol{n}$ 由媒质 2 指向媒质 1。

令 k_1,k_2 分别表示电磁波在媒质 1 和媒质 2 的传播常数,$\boldsymbol{n}_{\mathrm{i}}$,$\boldsymbol{n}_{\mathrm{r}}$,$\boldsymbol{n}_{\mathrm{t}}$ 分别表示入射波、反射波和折射波传播方向上的单位矢量。对于无耗媒质,衰减常数为零,则有

$$k_1=\beta_1=\sqrt{\omega^2\varepsilon_1\mu_1}\tag{8.2.1}$$

$$k_2=\beta_2=\sqrt{\omega^2\varepsilon_2\mu_2}\tag{8.2.2}$$

$$\boldsymbol{k}_{\mathrm{i}}=\boldsymbol{\beta}_{\mathrm{i}}=k_1\boldsymbol{n}_{\mathrm{i}}=\beta_1\boldsymbol{n}_{\mathrm{i}}\tag{8.2.3}$$

$$\boldsymbol{k}_{\mathrm{r}}=\boldsymbol{\beta}_{\mathrm{r}}=k_1\boldsymbol{n}_{\mathrm{r}}=\beta_1\boldsymbol{n}_{\mathrm{r}} \tag{8.2.4}$$

$$\boldsymbol{k}_{\mathrm{t}}=\boldsymbol{\beta}_{\mathrm{t}}=k_2\boldsymbol{n}_{\mathrm{t}}=\beta_2\boldsymbol{n}_{\mathrm{t}} \tag{8.2.5}$$

下面分别写出各波的场方程，其中入射波为

$$\boldsymbol{E}_{\mathrm{i}}=\boldsymbol{E}_{\mathrm{i0}}\mathrm{e}^{-\mathrm{j}\boldsymbol{\beta}_{\mathrm{i}}\cdot\boldsymbol{r}}=\boldsymbol{E}_{\mathrm{i0}}\mathrm{e}^{-\mathrm{j}\beta_1\boldsymbol{n}_{\mathrm{i}}\cdot\boldsymbol{r}} \tag{8.2.6}$$

$$\boldsymbol{H}_{\mathrm{i}}=\frac{1}{\omega_{\mathrm{i}}\mu_1}\boldsymbol{\beta}_{\mathrm{i}}\times\boldsymbol{E}_{\mathrm{i}}=\frac{1}{\eta_1}\boldsymbol{n}_{\mathrm{i}}\times\boldsymbol{E}_{\mathrm{i}} \tag{8.2.7}$$

其中，$\boldsymbol{r}$ 为位置矢量。

反射波为 $\boldsymbol{E}_{\mathrm{r}}=\boldsymbol{E}_{\mathrm{r0}}\mathrm{e}^{-\mathrm{j}\boldsymbol{\beta}_{\mathrm{r}}\cdot\boldsymbol{r}}=\boldsymbol{E}_{\mathrm{r0}}\mathrm{e}^{-\mathrm{j}\beta_1\boldsymbol{n}_{\mathrm{r}}\cdot\boldsymbol{r}}$　(8.2.8)

$$\boldsymbol{H}_{\mathrm{r}}=\frac{1}{\omega_{\mathrm{r}}\mu_1}\boldsymbol{\beta}_{\mathrm{r}}\times\boldsymbol{E}_{\mathrm{r}}=\frac{1}{\eta_1}\boldsymbol{n}_{\mathrm{r}}\times\boldsymbol{E}_{\mathrm{r}} \tag{8.2.9}$$

折射波为 $\boldsymbol{E}_{\mathrm{t}}=\boldsymbol{E}_{\mathrm{t0}}\mathrm{e}^{-\mathrm{j}\boldsymbol{\beta}_{\mathrm{t}}\cdot\boldsymbol{r}}=\boldsymbol{E}_{\mathrm{t0}}\mathrm{e}^{-\mathrm{j}\beta_2\boldsymbol{n}_{\mathrm{t}}\cdot\boldsymbol{r}}$　(8.2.10)

$$\boldsymbol{H}_{\mathrm{t}}=\frac{1}{\omega_{t}\mu_2}\boldsymbol{\beta}_{\mathrm{t}}\times\boldsymbol{E}_{\mathrm{t}}=\frac{1}{\eta_2}\boldsymbol{n}_{\mathrm{t}}\times\boldsymbol{E}_{\mathrm{t}} \tag{8.2.11}$$

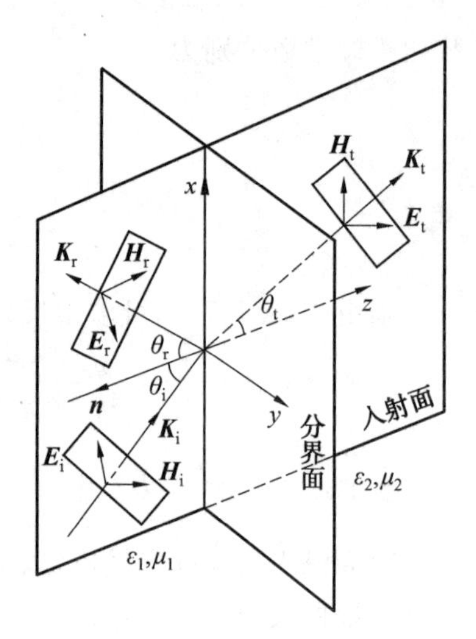

图 8.14　均匀平面电磁波斜入射媒质分界面

在上述各式中，波矢量与位置矢量的标量积可写为

$$\boldsymbol{\beta}\cdot\boldsymbol{r}=\beta_x x+\beta_y y+\beta_z z \tag{8.2.12}$$

根据电场的边界条件，在两媒质的分界面处，切向分量连续。则有

$$\boldsymbol{n}\times(\boldsymbol{E}_{\mathrm{i}}+\boldsymbol{E}_{\mathrm{r}})\big|_{z=0}=\boldsymbol{n}\times\boldsymbol{E}_{\mathrm{t}}\big|_{z=0} \tag{8.2.13}$$

即

$$\boldsymbol{n}\times\boldsymbol{E}_{\mathrm{i0}}\mathrm{e}^{-\mathrm{j}\boldsymbol{\beta}_{\mathrm{i}}\cdot\boldsymbol{r}}\big|_{z=0}+\boldsymbol{n}\times\boldsymbol{E}_{\mathrm{r0}}\mathrm{e}^{-\mathrm{j}\boldsymbol{\beta}_{\mathrm{r}}\cdot\boldsymbol{r}}\big|_{z=0}=\boldsymbol{n}\times\boldsymbol{E}_{\mathrm{t0}}\mathrm{e}^{-\mathrm{j}\boldsymbol{\beta}_{\mathrm{t}}\cdot\boldsymbol{r}}\big|_{z=0} \tag{8.2.14}$$

因为在分界面上，上式处处都相等，所以相位因子必然相等。也就是说

$$\boldsymbol{\beta}_{\mathrm{i}}\cdot\boldsymbol{r}\big|_{z=0}=\boldsymbol{\beta}_{\mathrm{r}}\cdot\boldsymbol{r}\big|_{z=0}=\boldsymbol{\beta}_{\mathrm{t}}\cdot\boldsymbol{r}\big|_{z=0} \tag{8.2.15}$$

由上式并结合式(8.2.12)，得到各波矢量在 x 轴和 y 轴的分量相等，即

$$\beta_{\mathrm{i}x}=\beta_{\mathrm{r}x}=\beta_{\mathrm{t}x} \tag{8.2.16}$$

$$\beta_{\mathrm{i}y}=\beta_{\mathrm{r}y}=\beta_{\mathrm{t}y} \tag{8.2.17}$$

因此，在建立坐标系时，可使入射波在 xOz 平面内，即

$$\beta_{\mathrm{i}y}=\beta_{\mathrm{r}y}=\beta_{\mathrm{t}y}=0 \tag{8.2.18}$$

上式说明，反射波和折射波的波矢量也都在 xOz 面内。即入射波、反射波和折射波共面。如图 8.15 所示，我们称入射波的传播方向与分界面法线所确定的平面为入射面，入射波的传播方向与法向 $\boldsymbol{n}$ 所夹的锐角 θ_{i} 为入射角。同样定义反射波传播方向与法向 $\boldsymbol{n}$ 所夹的锐角 θ_{r} 为反射角，折射波传播方向与法向 $\boldsymbol{n}$ 负方向(媒质 1 指向媒质 2) 的夹角为 θ_{t} 折射角。则各波传播方向的单位矢量为

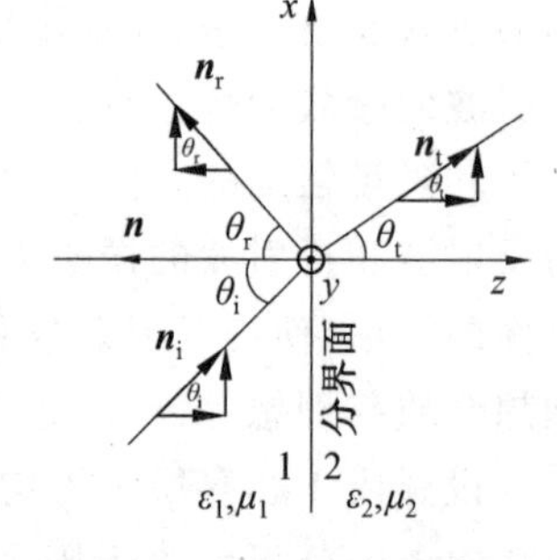

图 8.15　波传播方向单位矢量的直角坐标系分解

$$\boldsymbol{n}_{\mathrm{i}}=\boldsymbol{a}_x\sin\theta_{\mathrm{i}}+\boldsymbol{a}_z\cos\theta_{\mathrm{i}} \tag{8.2.19}$$

$$\boldsymbol{n}_{\mathrm{r}}=\boldsymbol{a}_x\sin\theta_{\mathrm{r}}-\boldsymbol{a}_z\cos\theta_{\mathrm{r}} \tag{8.2.20}$$

$$\boldsymbol{n}_{\mathrm{t}}=\boldsymbol{a}_x\sin\theta_{\mathrm{t}}+\boldsymbol{a}_z\cos\theta_{\mathrm{t}} \tag{8.2.21}$$

各波矢量为

$$\boldsymbol{\beta}_{\mathrm{i}}=\boldsymbol{a}_x\beta_{\mathrm{i}x}+\boldsymbol{a}_z\beta_{\mathrm{i}z}=\beta_1(\boldsymbol{a}_x\sin\theta_{\mathrm{i}}+\boldsymbol{a}_z\cos\theta_{\mathrm{i}}) \tag{8.2.22}$$

$$\boldsymbol{\beta}_{\mathrm{r}}=\boldsymbol{a}_x\beta_{\mathrm{r}x}+\boldsymbol{a}_z\beta_{\mathrm{r}z}=\beta_1(\boldsymbol{a}_x\sin\theta_{\mathrm{r}}-\boldsymbol{a}_z\cos\theta_{\mathrm{r}}) \tag{8.2.23}$$

$$\boldsymbol{\beta}_{\mathrm{t}}=\boldsymbol{a}_x\beta_{\mathrm{t}x}+\boldsymbol{a}_z\beta_{\mathrm{t}z}=\beta_2(\boldsymbol{a}_x\sin\theta_{\mathrm{t}}+\boldsymbol{a}_z\cos\theta_{\mathrm{t}}) \tag{8.2.24}$$

根据式(8.2.16) 中的等式 $\beta_{\mathrm{i}x}=\beta_{\mathrm{r}x}$，可知

$$\sin\theta_{\mathrm{i}}=\sin\theta_{\mathrm{r}}$$

说明入射角等于反射角，即

$$\theta_{\mathrm{i}}=\theta_{\mathrm{r}} \tag{8.2.25}$$

再根据式(8.2.16)中的等式 $\beta_{\mathrm{i}x}=\beta_{\mathrm{t}x}$，可知

$$\beta_{\mathrm{i}}\sin\theta_{\mathrm{i}}=\beta_{\mathrm{t}}\sin\theta_{\mathrm{t}} \tag{8.2.26}$$

整理上式，得

$$\frac{\sin\theta_{\mathrm{i}}}{\sin\theta_{\mathrm{t}}}=\frac{\beta_{\mathrm{t}}}{\beta_{\mathrm{i}}}=\frac{\beta_2}{\beta_1}=\frac{\omega\sqrt{\mu_2\varepsilon_2}}{\omega\sqrt{\mu_1\varepsilon_1}}=\frac{\sqrt{\mu_{2\mathrm{r}}\varepsilon_{2\mathrm{r}}}}{\sqrt{\mu_{1\mathrm{r}}\varepsilon_{1\mathrm{r}}}}=\frac{n_2}{n_1} \tag{8.2.27}$$

式(8.2.25)和式(8.2.27)分别对应光学上的反射定律和折射定律，又被称为斯涅尔定律(Snell's Law)。

经过以上分析，可将各波的场方程进一步整理为以下形式：

入射波

$$\boldsymbol{E}_{\mathrm{i}}=\boldsymbol{E}_{\mathrm{i0}}\mathrm{e}^{-\mathrm{j}\beta_1(x\sin\theta_{\mathrm{i}}+z\cos\theta_{\mathrm{i}})} \tag{8.2.28}$$

$$\boldsymbol{H}_{\mathrm{i}}=\frac{1}{\eta_1}\boldsymbol{n}_{\mathrm{i}}\times\boldsymbol{E}_{\mathrm{i}} \tag{8.2.29}$$

反射波

$$\boldsymbol{E}_{\mathrm{r}}=\boldsymbol{E}_{\mathrm{r0}}\mathrm{e}^{-\mathrm{j}\beta_1(x\sin\theta_{\mathrm{i}}-z\cos\theta_{\mathrm{i}})} \tag{8.2.30}$$

$$\boldsymbol{H}_{\mathrm{r}}=\frac{1}{\eta_1}\boldsymbol{n}_{\mathrm{r}}\times\boldsymbol{E}_{\mathrm{r}} \tag{8.2.31}$$

折射波

$$\boldsymbol{E}_{\mathrm{t}}=\boldsymbol{E}_{\mathrm{t0}}\mathrm{e}^{-\mathrm{j}\beta_2(x\sin\theta_{\mathrm{t}}+z\cos\theta_{\mathrm{t}})} \tag{8.2.32}$$

$$\boldsymbol{H}_{\mathrm{t}}=\frac{1}{\eta_2}\boldsymbol{n}_{\mathrm{t}}\times\boldsymbol{E}_{\mathrm{t}} \tag{8.2.33}$$

在边界条件方程(8.2.14)中，除了相位在分界面上处处相等外，电场强度的切向幅值也应该处处相等，即

$$\boldsymbol{n}\times(\boldsymbol{E}_{\mathrm{i0}}+\boldsymbol{E}_{\mathrm{r0}})\big|_{z=0}=\boldsymbol{n}\times\boldsymbol{E}_{\mathrm{t0}}\big|_{z=0} \tag{8.2.34}$$

同理，应用磁场强度边界条件，则磁场的切向分量方程为

$$\boldsymbol{n}\times(\boldsymbol{H}_{\mathrm{i0}}+\boldsymbol{H}_{\mathrm{r0}})\big|_{z=0}=\boldsymbol{n}\times\boldsymbol{H}_{\mathrm{t0}}\big|_{z=0}+\boldsymbol{J}_{\mathrm{s}} \tag{8.2.35}$$

其中，$\boldsymbol{J}_{\mathrm{s}}$ 为分界面上面电流密度矢量，由两媒质的特性确定该矢量是否存在。例如，理想介质与理想导体的分界面上存在电流密度矢量，而在理想介质与理想介质分界面上不存在面电流密度矢量。

与电磁波垂直入射分界面不同的是，上面的边界条件方程不能直接写成标量形式，从而直接进行求解。为了将方程化成标量方程，可以从电磁波的极化出发。因为任何一种极化的均匀平面电磁波都可由两个垂直方向上的线极化波来表示，因此可将电场分解为在 xOz 平面内(平行于入射面 xOz 平面)和平行于 y 轴(垂直于入射面 xOz 平面)的两个分量，分别对这两个线极化波进行分析求解即可。将入射波电场强度矢量垂直于入射平面的线极化波称为垂直极化波，将入射波电场强度矢量平行于入射平面的线极化波称为平行极化波，如图 8.16 所示。

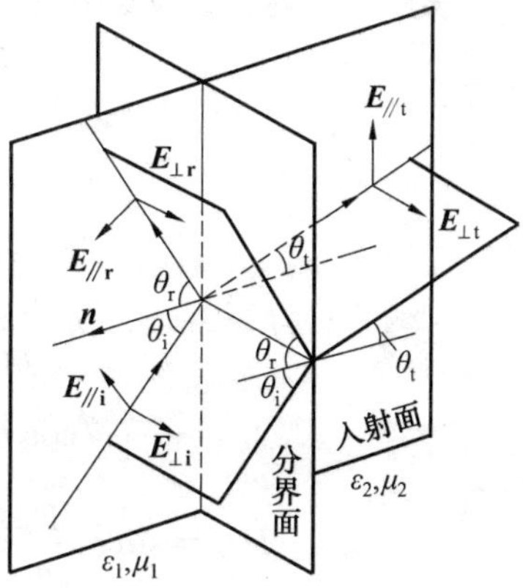

图 8.16　任一极化波的平行极化和垂直极化分量

根据以上分析，下面首先对理想介质与理想导体分界面的垂直极化入射和平行极化入射基本理论进行分析，再对理想介质与理想介质分界面的垂直极化入射和平行极化入射的规律进行讨论。

8.2.1　斜入射理想介质与理想导体分界面

1. 垂直极化斜入射

如图 8.17 所示，对于垂直极化，电场强度矢量只有一个 y 分量，磁场强度矢量平行于入射面，因此分别在 x 和 z 两个轴上各有分量。电磁波不会入射进理想导体内部，因此不存在折射波。

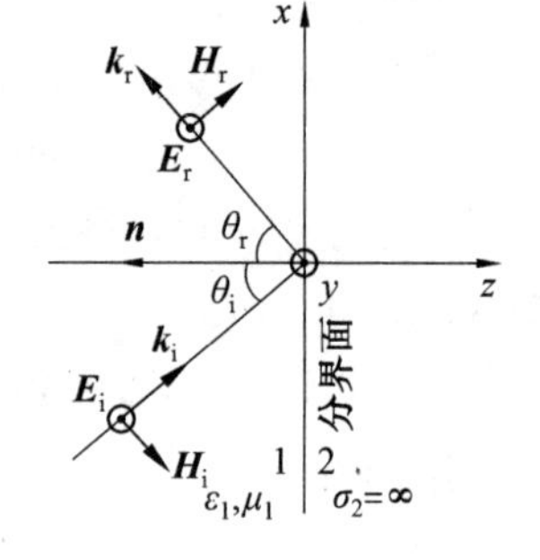

图 8.17　垂直极化斜入射理想介质与理想导体分界面

由(8.2.28) ~ (8.2.33)，可得各波的具体场量方程为：

入射波为
$$\boldsymbol{E}_i=\boldsymbol{a}_yE_{i0}\mathrm{e}^{-\mathrm{j}\beta_1(x\sin\theta_i+z\cos\theta_i)} \tag{8.2.36}$$

$$\begin{aligned}\boldsymbol{H}_i&=\boldsymbol{n}_i\times\boldsymbol{a}_y\frac{E_{i0}}{\eta_1}\mathrm{e}^{-\mathrm{j}\beta_1(x\sin\theta_i+z\cos\theta_i)}\\&=(\boldsymbol{a}_x\sin\theta_i+\boldsymbol{a}_z\cos\theta_i)\times\boldsymbol{a}_y\frac{E_{i0}}{\eta_1}\mathrm{e}^{-\mathrm{j}\beta_1(x\sin\theta_i+z\cos\theta_i)}\\&=(-\boldsymbol{a}_x\cos\theta_i+\boldsymbol{a}_z\sin\theta_i)\frac{E_{i0}}{\eta_1}\mathrm{e}^{-\mathrm{j}\beta_1(x\sin\theta_i+z\cos\theta_i)}\end{aligned} \tag{8.2.37}$$

反射波为
$$\boldsymbol{E}_r=\boldsymbol{a}_yE_{r0}\mathrm{e}^{-\mathrm{j}\beta_1(x\sin\theta_i-z\cos\theta_i)} \tag{8.2.38}$$

$$\boldsymbol{H}_r=(\boldsymbol{a}_x\cos\theta_i+\boldsymbol{a}_z\sin\theta_i)\frac{E_{r0}}{\eta_1}\mathrm{e}^{-\mathrm{j}\beta_1(x\sin\theta_i-z\cos\theta_i)} \tag{8.2.39}$$

由式(8.2.34)，则边界条件为
$$\boldsymbol{E}_i+\boldsymbol{E}_r\big|_{z=0}=0 \tag{8.2.40}$$

可推出
$$E_{i0}=-E_{r0} \tag{8.2.41}$$

因此，垂直入射的反射系数和透射系数分别为
$$R_{\perp}=\left(\frac{E_{r0}}{E_{i0}}\right)_{\perp}=-1 \tag{8.2.42}$$

$$T_{\perp}=0 \tag{8.2.43}$$

媒质 1 中的合成波场方程为
$$\begin{aligned}\boldsymbol{E}_1&=\boldsymbol{a}_yE_{1y}\\&=\boldsymbol{a}_yE_{i0}(\mathrm{e}^{-\mathrm{j}\beta_1(x\sin\theta_i+z\cos\theta_i)}-\mathrm{e}^{-\mathrm{j}\beta_1(x\sin\theta_i-z\cos\theta_i)})\\&=-\boldsymbol{a}_y\mathrm{j}2E_{i0}\sin(\beta_1z\cos\theta_i)\mathrm{e}^{-\mathrm{j}\beta_1x\sin\theta_i}\end{aligned} \tag{8.2.44}$$

$$\boldsymbol{H}_1=\boldsymbol{a}_xH_{1x}+\boldsymbol{a}_zH_{1z} \tag{8.2.45}$$

$$\begin{aligned}H_{1x}&=-\cos\theta_i\frac{E_{i0}}{\eta_1}\mathrm{e}^{-\mathrm{j}\beta_1(x\sin\theta_i+z\cos\theta_i)}+\cos\theta_i\frac{(-E_{i0})}{\eta_1}\mathrm{e}^{-\mathrm{j}\beta_1(x\sin\theta_i-z\cos\theta_i)}\\&=-\frac{2E_{i0}}{\eta_1}\cos\theta_i\cos(\beta_1z\cos\theta_i)\mathrm{e}^{-\mathrm{j}\beta_1x\sin\theta_i}\end{aligned} \tag{8.2.46}$$

$$\begin{aligned}H_{1z}&=\sin\theta_i\frac{E_{i0}}{\eta_1}\mathrm{e}^{-\mathrm{j}\beta_1(x\sin\theta_i+z\cos\theta_i)}+\sin\theta_i\frac{(-E_{i0})}{\eta_1}\mathrm{e}^{-\mathrm{j}\beta_1(x\sin\theta_i-z\cos\theta_i)}\\&=-\mathrm{j}\frac{2E_{i0}}{\eta_1}\sin\theta_i\sin(\beta_1z\cos\theta_i)\mathrm{e}^{-\mathrm{j}\beta_1x\sin\theta_i}\end{aligned} \tag{8.2.47}$$

分析以上合成场方程，可得出以下结论：

(1) 合成波的电场 E_{1y} 和磁场 H_{1z} 形成沿 x 方向的行波。因为在传播方向上振幅周期变化,因此是非均匀平面波。该行波在 x 方向的相速度为

$$v_{px}=\frac{\omega}{\beta_x}=\frac{\omega}{\beta_1\sin\theta_i}=\frac{v_p}{\sin\theta_i} \tag{8.2.48}$$

另外,在传播方向上无电场分量,即电场强度矢量与传播方向垂直,故为横电波(TE 波)。

(2) 沿 z 方向观察,电场 E_{1y} 和磁场 H_{1x} 形成驻波。E_{1y} 和 H_{1x} 存在 $\frac{\pi}{2}$ 相位差,沿 z 方向的平均坡印廷矢量为零。

(3)E_{1y} 和 H_{1z} 振幅的波腹点及 H_{1x} 振幅的波节点位于 $\beta_1 z\cos\theta_i=-(n\pi+\frac{\pi}{2})$,即

$$z=-\frac{(2n+1)\frac{\pi}{2}}{\beta_1\cos\theta_i}=-\frac{(2n+1)\lambda_1}{4\cos\theta_i}\quad(n=0,1,2,\cdots) \tag{8.2.49}$$

(4)E_{1y} 和 H_{1z} 振幅的波节点及 H_{1x} 振幅的波腹点位于 $\beta_1 z\cos\theta_i=-m\pi$ 处,即

$$z=-\frac{m\pi}{\beta_1\cos\theta_i}=-\frac{m\lambda_1}{2\cos\theta_i}\quad(m=0,1,2,\cdots) \tag{8.2.50}$$

(5) 由磁场的边界条件式(8.2.35),可知理想导体表面的电流密度矢量为

$$\boldsymbol{J}_s=\boldsymbol{n}\times\boldsymbol{H}_1\big|_{z=0}=-\boldsymbol{a}_z\times\boldsymbol{a}_x\boldsymbol{H}_{1x}\big|_{z=0}=\boldsymbol{a}_y\frac{2E_{i0}}{\eta_1}\cos\theta_i\,\mathrm{e}^{-\mathrm{j}\beta_1 x\sin\theta_i} \tag{8.2.51}$$

2. 平行极化斜入射

如图 8.18 所示,对于平行极化,电场在 x 和 z 两个轴上有分量,磁场强度矢量只在 y 轴有分量。理想导体不会有电磁波透射入内部,因此不存在折射波。

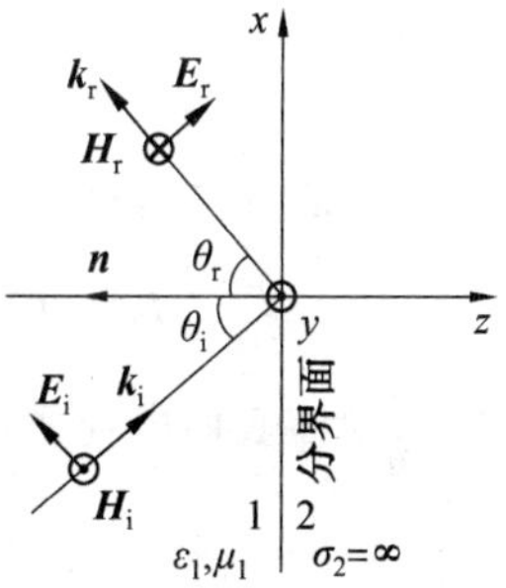

图 8.18　平行极化斜入射理想介质与理想导体分界面

因此,由式(8.2.28) ～ (8.2.33),可得各波的具体场量方程为:

入射波
$$\boldsymbol{H}_i=\boldsymbol{a}_y\frac{E_{i0}}{\eta_1}\mathrm{e}^{-\mathrm{j}\beta_1(x\sin\theta_i+z\cos\theta_i)} \tag{8.2.52}$$

$$\boldsymbol{E}_i=(\boldsymbol{a}_x\cos\theta_i-\boldsymbol{a}_z\sin\theta_i)E_{i0}\mathrm{e}^{-\mathrm{j}\beta_1(x\sin\theta_i+z\cos\theta_i)} \tag{8.2.53}$$

反射波
$$\boldsymbol{H}_r=-\boldsymbol{a}_y\frac{E_{r0}}{\eta_1}\mathrm{e}^{-\mathrm{j}\beta_1(x\sin\theta_i-z\cos\theta_i)} \tag{8.2.54}$$

$$\boldsymbol{E}_r=(\boldsymbol{a}_x\cos\theta_i+\boldsymbol{a}_z\sin\theta_i)E_{r0}\mathrm{e}^{-\mathrm{j}\beta_1(x\sin\theta_i-z\cos\theta_i)} \tag{8.2.55}$$

由式(8.2.34),则边界条件为
$$E_{it}+E_{rt}\big|_{z=0}=0 \tag{8.2.56}$$

可推出
$$E_{i0}=-E_{r0} \tag{8.2.57}$$

则反射系数和透射系数分别为

$$R_{/\!/}=\frac{E_{r0}}{E_{i0}}=-1 \tag{8.2.58}$$

$$T_{/\!/}=0 \tag{8.2.59}$$

媒质 1 中合成场为

$$\boldsymbol{E}_1=\boldsymbol{E}_i+\boldsymbol{E}_r=\boldsymbol{a}_xE_{1x}+\boldsymbol{a}_zE_{1z} \tag{8.2.60}$$

$$\begin{aligned}E_{1x}&=\cos\theta_iE_{i0}\left(\mathrm{e}^{-\mathrm{j}\beta_1(x\sin\theta_i+z\cos\theta_i)}-\mathrm{e}^{-\mathrm{j}\beta_1(x\sin\theta_i-z\cos\theta_i)}\right)\\&=-\mathrm{j}2E_{i0}\cos\theta_i\sin(\beta_1z\cos\theta_i)\mathrm{e}^{-\mathrm{j}\beta_1x\sin\theta_i}\end{aligned} \tag{8.2.61}$$

$$E_{1z}=-\sin\theta_i E_{i0}\left(e^{-j\beta_1(x\sin\theta_i+z\cos\theta_i)}+e^{-j\beta_1(x\sin\theta_i-z\cos\theta_i)}\right)$$
$$=-2E_{i0}\sin\theta_i\cos(\beta_1 z\cos\theta_i)e^{-j\beta_1 x\sin\theta_i} \tag{8.2.62}$$

$$\boldsymbol{H}_1=\boldsymbol{H}_i+\boldsymbol{H}_r=\boldsymbol{a}_y H_{1y} \tag{8.2.63}$$

$$H_{1y}=\frac{2E_{i0}}{\eta_1}\cos(\beta_1 z\cos\theta_i)e^{-j\beta_1 x\sin\theta_i} \tag{8.2.64}$$

对合成场进行分析,可得出以下结论:

(1) 合成波的电场 E_{1z} 和磁场 H_{1y} 形成沿 x 方向的行波,是非均匀平面波。因为 $H_{1x}=0$,所以该行波为 TM 波。该行波沿 x 方向的相速度为

$$v_{px}=\frac{\omega}{\beta_x}=\frac{\omega}{\beta_1\sin\theta_i}=\frac{v_p}{\sin\theta_i} \tag{8.2.65}$$

(2) 沿 z 方向观察,E_{1x} 和 H_{1y} 存在 $\frac{\pi}{2}$ 相位差,形成驻波。沿 z 方向的平均坡印廷矢量为零。即 $\boldsymbol{S}_{1av}=\boldsymbol{0}$。

(3) E_{1z} 和 H_{1y} 振幅的波节点及 E_{1x} 振幅的波腹点位于 $\beta_1 z\cos\theta_i=-(n\pi+\frac{\pi}{2})$,即

$$z=-\frac{(2n+1)\frac{\pi}{2}}{\beta_1\cos\theta_i}=-\frac{(2n+1)\lambda_1}{4\cos\theta_i}\quad(n=0,1,2,\cdots) \tag{8.2.66}$$

(4) E_{1x} 振幅的波节点及 E_{1z} 和 H_{1y} 振幅的波腹点为 $\beta_1 z\cos\theta_i=-m\pi$,即

$$z=-\frac{m\pi}{\beta_1\cos\theta_i}=-\frac{m\lambda_1}{2\cos\theta_i}\quad(m=0,1,2,\cdots) \tag{8.2.67}$$

(5) 理想导体表面的电流密度矢量为

$$\boldsymbol{J}_s=\boldsymbol{n}\times\boldsymbol{H}_1\big|_{z=0}=-\boldsymbol{a}_z\times\boldsymbol{a}_y\boldsymbol{H}_{1y}\big|_{z=0}=\boldsymbol{a}_x\frac{2E_{i0}}{\eta_1}e^{-j\beta_1 x\sin\theta_i} \tag{8.2.68}$$

(6) 导体表面电荷密度,由边界条件可知

$$\boldsymbol{n}\cdot(\boldsymbol{D}_1-\boldsymbol{D}_2)\big|_{z=0}=\rho_s \tag{8.2.69}$$

$$\rho_s=\boldsymbol{n}\cdot\boldsymbol{D}_1\big|_{z=0}=-\varepsilon_0 E_{1z}\big|_{z=0}=2E_{i0}\sin\theta_i e^{-j\beta_1 x\sin\theta_i} \tag{8.2.70}$$

8.2.2　斜入射理想介质与理想介质分界面

1. 垂直极化斜入射

电磁波垂直极化斜入射理想介质与理想介质分界的情形如图 8.19 所示。

由式(8.2.28)～(8.2.33)可知,入射波、反射波和折射波中的电场和磁场方程分别为:

媒质 1 中电磁波的场量方程

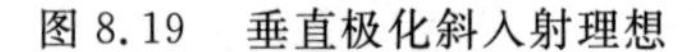

图 8.19　垂直极化斜入射理想介质与理想介质分界面

$$\boldsymbol{E}_i=\boldsymbol{a}_y E_{i0}e^{-j\beta_1(x\sin\theta_i+z\cos\theta_i)} \tag{8.2.71}$$

$$\boldsymbol{H}_i=\frac{1}{\eta_1}\boldsymbol{n}_i\times\boldsymbol{E}_i=(-\boldsymbol{a}_x\cos\theta_i+\boldsymbol{a}_z\sin\theta_i)\frac{E_{i0}}{\eta_1}e^{-j\beta_1(x\sin\theta_i+z\cos\theta_i)} \tag{8.2.72}$$

$$\boldsymbol{E}_r=\boldsymbol{a}_y E_{r0}e^{-j\beta_1(x\sin\theta_i-z\cos\theta_i)} \tag{8.2.73}$$

$$\boldsymbol{H}_{\mathrm{r}}=\frac{1}{\eta_1}\boldsymbol{n}_{\mathrm{r}}\times\boldsymbol{E}_{\mathrm{r}}=(\boldsymbol{a}_x\cos\theta_{\mathrm{i}}+\boldsymbol{a}_z\sin\theta_{\mathrm{i}})\frac{E_{\mathrm{r0}}}{\eta_1}\mathrm{e}^{-\mathrm{j}\beta_1(x\sin\theta_{\mathrm{i}}-z\cos\theta_{\mathrm{i}})} \tag{8.2.74}$$

媒质 2 中电磁波的场量方程

$$\boldsymbol{E}_{\mathrm{t}}=\boldsymbol{a}_yE_{\mathrm{t0}}\mathrm{e}^{-\mathrm{j}\beta_2(x\sin\theta_{\mathrm{t}}+z\cos\theta_{\mathrm{t}})} \tag{8.2.75}$$

$$\boldsymbol{H}_{\mathrm{t}}=\frac{1}{\eta_2}\boldsymbol{n}_{\mathrm{t}}\times\boldsymbol{E}_{\mathrm{t}}=(-\boldsymbol{a}_x\cos\theta_{\mathrm{t}}+\boldsymbol{a}_z\sin\theta_{\mathrm{t}})\frac{E_{\mathrm{t0}}}{\eta_2}\mathrm{e}^{-\mathrm{j}\beta_2(x\sin\theta_{\mathrm{t}}+z\cos\theta_{\mathrm{t}})} \tag{8.2.76}$$

根据式(8.2.34)和式(8.2.35)，在 $z=0$ 处边界条件有

$$E_{\mathrm{i0}}+E_{\mathrm{r0}}=E_{\mathrm{t0}} \tag{8.2.77}$$

$$\frac{E_{\mathrm{i0}}}{\eta_1}\cos\theta_{\mathrm{i}}-\frac{E_{\mathrm{r0}}}{\eta_1}\cos\theta_{\mathrm{i}}=\frac{E_{\mathrm{t0}}}{\eta_2}\cos\theta_{\mathrm{t}} \tag{8.2.78}$$

令 $R_\perp$，$T_\perp$ 分别为垂直极化斜入射的反射系数和透射系数，则上二式表示为

$$1+R_\perp=T_\perp \tag{8.2.79}$$

$$\frac{\cos\theta_{\mathrm{i}}}{\eta_1}-\frac{R_\perp\cos\theta_{\mathrm{i}}}{\eta_1}=\frac{T_\perp\cos\theta_{\mathrm{t}}}{\eta_2} \tag{8.2.80}$$

求解上面两个方程，可得反射系数和透射系数，分别为

$$R_\perp=\frac{E_{\mathrm{r0}}}{E_{\mathrm{i0}}}=\frac{\eta_2\cos\theta_{\mathrm{i}}-\eta_1\cos\theta_{\mathrm{t}}}{\eta_2\cos\theta_{\mathrm{i}}+\eta_1\cos\theta_{\mathrm{t}}} \tag{8.2.81}$$

$$T_\perp=\frac{E_{\mathrm{t0}}}{E_{\mathrm{i0}}}=\frac{2\eta_2\cos\theta_{\mathrm{i}}}{\eta_2\cos\theta_{\mathrm{i}}+\eta_1\cos\theta_{\mathrm{t}}} \tag{8.2.82}$$

对于一般介质而言，相对磁导率为 1。上述系数还可写成为

$$R_\perp=\frac{n_1\cos\theta_{\mathrm{i}}-n_2\cos\theta_{\mathrm{t}}}{n_1\cos\theta_{\mathrm{i}}+n_2\cos\theta_{\mathrm{t}}} \tag{8.2.83}$$

$$T_\perp=\frac{2n_1\cos\theta_{\mathrm{i}}}{n_1\cos\theta_{\mathrm{i}}+n_2\cos\theta_{\mathrm{t}}} \tag{8.2.84}$$

媒质 1 中合成波电场、磁场方程为

$$E_{1y}=E_{\mathrm{i0}}(\mathrm{e}^{-\mathrm{j}\beta_1z\cos\theta_{\mathrm{i}}}+R_\perp\mathrm{e}^{+\mathrm{j}\beta_1z\cos\theta_{\mathrm{i}}})\mathrm{e}^{-\mathrm{j}\beta_1x\sin\theta_{\mathrm{i}}} \tag{8.2.85}$$

$$\boldsymbol{H}_1=\boldsymbol{a}_xH_{1x}+\boldsymbol{a}_zH_{1z} \tag{8.2.86}$$

$$H_{1x}=-\frac{E_{\mathrm{i0}}}{\eta_1}\cos\theta_{\mathrm{i}}(\mathrm{e}^{-\mathrm{j}\beta_1z\cos\theta_{\mathrm{i}}}-R_\perp\mathrm{e}^{+\mathrm{j}\beta_1z\cos\theta_{\mathrm{i}}})\mathrm{e}^{-\mathrm{j}\beta_1x\sin\theta_{\mathrm{i}}} \tag{8.2.87}$$

$$H_{1z}=\frac{E_{\mathrm{i0}}}{\eta_1}\sin\theta_{\mathrm{i}}(\mathrm{e}^{-\mathrm{j}\beta_1z\cos\theta_{\mathrm{i}}}+R_\perp\mathrm{e}^{+\mathrm{j}\beta_1z\cos\theta_{\mathrm{i}}})\mathrm{e}^{-\mathrm{j}\beta_1x\sin\theta_{\mathrm{i}}} \tag{8.2.88}$$

对媒质 1 中的合成场做以下分析：

(1) 沿 x 方向：E_{1y} 和 H_{1z} 形成行波，因为 $H_{1x}\neq0$，故该波为 TE 波。波的等幅面平行于分界面，等相位面垂直于分界面，故为非均匀平面波。

(2) 沿 z 方向：E_{1y} 和 H_{1x} 形成行驻波。

(3) 沿 z 方向平均坡印廷矢量：

在媒质 1 中，有

$$\begin{aligned}\boldsymbol{S}_{1\mathrm{av}}&=\frac{1}{2}\mathrm{Re}[\boldsymbol{a}_yE_{1y}\times\boldsymbol{a}_xH_{1x}^*]\\&=\frac{\boldsymbol{a}_z}{2}\mathrm{Re}\left[(E_{\mathrm{i0}}\mathrm{e}^{-\mathrm{j}\beta_1z\cos\theta_{\mathrm{i}}}+R_\perp E_{\mathrm{i0}}\mathrm{e}^{+\mathrm{j}\beta_1z\cos\theta_{\mathrm{i}}})\frac{E_{\mathrm{i0}}^*}{\eta_1}\cos\theta_{\mathrm{i}}(\mathrm{e}^{+\mathrm{j}\beta_1z\cos\theta_{\mathrm{i}}}-R_\perp\mathrm{e}^{-\mathrm{j}\beta_1z\cos\theta_{\mathrm{i}}})\right]\end{aligned}$$

$$=\boldsymbol{a}_z \frac{|E_{i0}|^2}{2\eta_1}\cos\theta_i \mathrm{Re}[(\mathrm{e}^{-\mathrm{j}\beta_1 z\cos\theta_i}+R_\perp \mathrm{e}^{+\mathrm{j}\beta_1 z\cos\theta_i})(\mathrm{e}^{+\mathrm{j}\beta_1 z\cos\theta_i}-R_\perp \mathrm{e}^{-\mathrm{j}\beta_1 z\cos\theta_i})]$$

$$=\boldsymbol{a}_z \frac{|E_{i0}|^2}{2\eta_1}\cos\theta_i(1-R_\perp^2) \tag{8.2.89}$$

在媒质 2 中,有

$$\boldsymbol{S}_{2av}=\frac{1}{2}\mathrm{Re}\left[\boldsymbol{a}_y E_{t0}\mathrm{e}^{-\mathrm{j}\beta_2(x\sin\theta_t+z\cos\theta_t)}\times(-\boldsymbol{a}_x)\cos\theta_t \frac{E_{t0}^*}{\eta_2}\mathrm{e}^{+\mathrm{j}\beta_2(x\sin\theta_t+z\cos\theta_t)}\right]$$

$$=\boldsymbol{a}_z \frac{|E_{t0}|^2}{2\eta_2}\cos\theta_t$$

$$=\boldsymbol{a}_z \frac{|E_{i0}|^2}{2\eta_2}T_\perp^2 \cos\theta_t \tag{8.2.90}$$

由边界条件式(8.2.79)和式(8.2.80)可知,上面的平均坡印廷矢量相等。说明在分界面处,沿 z 轴的功率流密度相等。

那么斜入射情况下,如何验证能量是守恒的呢?如图 8.20 所示,沿入射波取一个横截面积为 A_i 的波束,该波束在分界面上投射的面积为 A。该入射波束形成的反射波束和透射波束的横截面积分别为 A_r 和 A_t,如图中所示。根据反射定律和折射定律,有

$$A_i=A\cos\theta_i \tag{8.2.91}$$

$$A_r=A\cos\theta_i \tag{8.2.92}$$

$$A_t=A\cos\theta_t \tag{8.2.93}$$

入射波、反射波和透射波通过各自横截面的平均功率分别为

$$P_{iav}=S_{iav}A\cos\theta_i=\frac{1}{2}\frac{|E_{i0}|^2}{\eta_1}A\cos\theta_i \tag{8.2.94}$$

$$P_{rav}=S_{rav}A\cos\theta_i=\frac{1}{2}\frac{|R_\perp|^2|E_{i0}|^2}{\eta_1}A\cos\theta_i \tag{8.2.95}$$

$$P_{tav}=S_{tav}A\cos\theta_t=\frac{1}{2}\frac{|T_\perp|^2|E_{i0}|^2}{\eta_2}A\cos\theta_t \tag{8.2.96}$$

由式(8.2.89)和式(8.2.90),可知

$$P_{iav}-P_{rav}=P_{tav} \tag{8.2.97}$$

上式说明,垂直极化斜入射情况下,能量守恒。

2. 平行极化斜入射

电磁波平行极化斜入射理想介质与理想介质分界面的情形如图 8.21 所示。

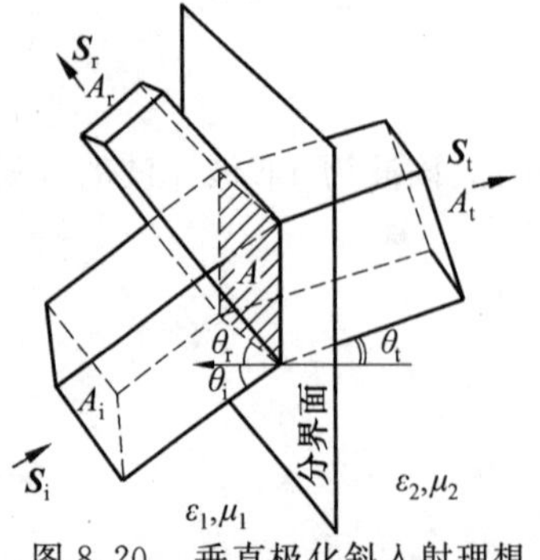

图 8.20 垂直极化斜入射理想介质与理想介质分界面

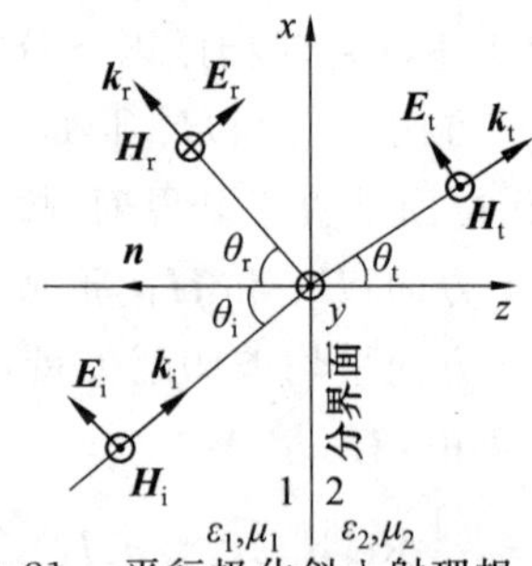

图 8.21 平行极化斜入射理想介质与理想介质分界面

由式(8.2.28)～(8.2.33)可知，入射波、反射波和折射波中的电场和磁场方程分别为：

媒质 1 中电磁波的场量方程

$$\boldsymbol{H}_{\mathrm{i}}=\boldsymbol{a}_y\frac{E_{\mathrm{i0}}}{\eta_1}\mathrm{e}^{-\mathrm{j}\beta_1(x\sin\theta_{\mathrm{i}}+z\cos\theta_{\mathrm{i}})} \tag{8.2.98}$$

$$\boldsymbol{E}_{\mathrm{i}}=(\boldsymbol{a}_x\cos\theta_{\mathrm{i}}-\boldsymbol{a}_z\sin\theta_{\mathrm{i}})E_{\mathrm{i0}}\mathrm{e}^{-\mathrm{j}\beta_1(x\sin\theta_{\mathrm{i}}+z\cos\theta_{\mathrm{i}})} \tag{8.2.99}$$

$$\boldsymbol{H}_{\mathrm{r}}=-\boldsymbol{a}_y\frac{E_{\mathrm{r0}}}{\eta_1}\mathrm{e}^{-\mathrm{j}\beta_1(x\sin\theta_{\mathrm{i}}-z\cos\theta_{\mathrm{i}})} \tag{8.2.100}$$

$$\boldsymbol{E}_{\mathrm{r}}=(\boldsymbol{a}_x\cos\theta_{\mathrm{i}}+\boldsymbol{a}_z\sin\theta_{\mathrm{i}})E_{\mathrm{r0}}\mathrm{e}^{-\mathrm{j}\beta_1(x\sin\theta_{\mathrm{i}}-z\cos\theta_{\mathrm{i}})} \tag{8.2.101}$$

媒质 2 中电磁波的场量方程

$$\boldsymbol{H}_{\mathrm{t}}=\boldsymbol{a}_y\frac{E_{\mathrm{t0}}}{\eta_2}\mathrm{e}^{-\mathrm{j}\beta_2(x\sin\theta_{\mathrm{t}}+z\cos\theta_{\mathrm{t}})} \tag{8.2.102}$$

$$\boldsymbol{E}_{\mathrm{t}}=(\boldsymbol{a}_x\cos\theta_{\mathrm{t}}-\boldsymbol{a}_z\sin\theta_{\mathrm{t}})E_{\mathrm{t0}}\mathrm{e}^{-\mathrm{j}\beta_2(x\sin\theta_{\mathrm{t}}+z\cos\theta_{\mathrm{t}})} \tag{8.2.103}$$

根据边界条件方程(8.2.34)和(8.2.35)，可知

$$E_{\mathrm{i0}}\cos\theta_{\mathrm{i}}+E_{\mathrm{r0}}\cos\theta_{\mathrm{i}}=E_{\mathrm{t0}}\cos\theta_{\mathrm{t}} \tag{8.2.104}$$

$$\frac{1}{\eta_1}(E_{\mathrm{i0}}-E_{\mathrm{r0}})=\frac{E_{\mathrm{t0}}}{\eta_2} \tag{8.2.105}$$

使用反射系数和透射系数概念，平行极化入射的边界条件变为

$$\cos\theta_{\mathrm{i}}(1+R_{/\!/})=\cos\theta_{\mathrm{t}}T_{/\!/} \tag{8.2.106}$$

$$\frac{1}{\eta_1}(1-R_{/\!/})=\frac{1}{\eta_2}T_{/\!/} \tag{8.2.107}$$

解上述方程组，可求得反射系数和透射系数，分别为

$$R_{/\!/}=\frac{E_{\mathrm{r0}}}{E_{\mathrm{i0}}}=\frac{\eta_2\cos\theta_{\mathrm{t}}-\eta_1\cos\theta_{\mathrm{i}}}{\eta_2\cos\theta_{\mathrm{t}}+\eta_1\cos\theta_{\mathrm{i}}} \tag{8.2.108}$$

$$T_{/\!/}=\frac{E_{\mathrm{t0}}}{E_{\mathrm{i0}}}=\frac{2\eta_2\cos\theta_{\mathrm{i}}}{\eta_2\cos\theta_{\mathrm{t}}+\eta_1\cos\theta_{\mathrm{i}}} \tag{8.2.109}$$

对于一般介质而言，相对磁导率为 1。用折射率表示，则有

$$R_{/\!/}=\frac{n_1\cos\theta_{\mathrm{t}}-n_2\cos\theta_{\mathrm{i}}}{n_1\cos\theta_{\mathrm{t}}+n_2\cos\theta_{\mathrm{i}}} \tag{8.2.110}$$

$$T_{/\!/}=\frac{2n_1\cos\theta_{\mathrm{i}}}{n_1\cos\theta_{\mathrm{t}}+n_2\cos\theta_{\mathrm{i}}} \tag{8.2.111}$$

媒质 1 中的合成波的各场分量为

$$\boldsymbol{H}_1=\boldsymbol{a}_yH_{1y} \tag{8.2.112}$$

$$H_{1y}=\frac{E_{\mathrm{i0}}}{\eta_1}(\mathrm{e}^{-\mathrm{j}\beta_1z\cos\theta_{\mathrm{i}}}-R_{/\!/}\,\mathrm{e}^{+\mathrm{j}\beta_1z\cos\theta_{\mathrm{i}}})\,\mathrm{e}^{-\mathrm{j}\beta_1x\sin\theta_{\mathrm{i}}} \tag{8.2.113}$$

$$\boldsymbol{E}_1=\boldsymbol{a}_xE_{1x}+\boldsymbol{a}_zE_{1z} \tag{8.2.114}$$

$$E_{1x}=E_{\mathrm{i0}}\cos\theta_{\mathrm{i}}(\mathrm{e}^{-\mathrm{j}\beta_1z\cos\theta_{\mathrm{i}}}+R_{/\!/}\,\mathrm{e}^{+\mathrm{j}\beta_1z\cos\theta_{\mathrm{i}}})\,\mathrm{e}^{-\mathrm{j}\beta_1x\sin\theta_{\mathrm{i}}} \tag{8.2.115}$$

$$E_{1z}=-E_{\mathrm{i0}}\sin\theta_{\mathrm{i}}(\mathrm{e}^{-\mathrm{j}\beta_1z\cos\theta_{\mathrm{i}}}-R_{/\!/}\,\mathrm{e}^{+\mathrm{j}\beta_1z\cos\theta_{\mathrm{i}}})\,\mathrm{e}^{-\mathrm{j}\beta_1x\sin\theta_{\mathrm{i}}} \tag{8.2.116}$$

对媒质 1 中的合成波进行分析，可以得出以下结论：

(1) 沿 x 方向：E_{1z} 和 H_{1y} 形成行波，因为 $E_{1x}\neq0$，故该波为 TM 波。波的等幅面平行于分界面，等相位面垂直于分界面，故为非均匀平面波。

(2) 沿 z 方向：E_{1x} 和 H_{1y} 形成行驻波。

(3) 沿 z 方向的平均坡印廷矢量关系及能量守恒。读者可以参照垂直极化斜入射的分析过程自己证明。

例 8.3 已知平行极化的均匀平面电磁波以 30° 的入射角从空气斜入射到相对介电系数为 $\varepsilon_{2r}=4$ 的理想介质中，如图 8.21 所示。若入射波电场强度的幅值为 10 V/m，频率为 10 GHz，求媒质 2 中的折射波方程。

解 由已知条件，可知媒质 1 的折射率、本征阻抗分别为

$$n_1=1$$

$$\eta_1=377\ (\Omega)$$

媒质 2 的折射率、本征阻抗和波数分别为

$$n_2=\sqrt{\varepsilon_{2r}}=2$$

$$\eta_2=\sqrt{\frac{\mu_2}{\varepsilon_2}}=\eta_0\sqrt{\frac{\mu_{2r}}{\varepsilon_{2r}}}=\frac{\eta_0}{2}=188.5\ (\Omega)$$

$$\beta_2=\omega\sqrt{\mu_2\varepsilon_2}=\omega\frac{n_2}{c}=2\pi\times10^{10}\times\frac{2}{3\times10^8}=419\ (\text{rad/m})$$

根据斯涅尔定律式(8.2.27)，折射角的大小为

$$\sin\theta_t=\frac{n_1}{n_2}\sin\theta_i=\frac{1}{2}\sin30^\circ=0.25$$

$$\theta_t=\arcsin0.25\approx14.48^\circ$$

由式 (8.2.111)，可求折射系数为

$$T_{/\!/}=\frac{2\cos30^\circ}{\cos14.48^\circ+2\cos30^\circ}\approx0.64$$

由式(8.2.102) 和式(8.2.103)，求得媒质 2 内的场方程为

$$\begin{aligned}\boldsymbol{H}_t&=\boldsymbol{a}_y\frac{T_{/\!/}E_{i0}}{\eta_2}e^{-j\beta_2(x\sin\theta_t+z\cos\theta_t)}\\&=\boldsymbol{a}_y\frac{10\times0.64}{188.5}e^{-j419}(x\sin14.48^\circ+z\cos14.48^\circ)\\&\approx0.034\boldsymbol{a}_y e^{-j(104.75x+406.43z)}\ (\text{A/m})\end{aligned}$$

$$\begin{aligned}\boldsymbol{E}_t&=(\boldsymbol{a}_x\cos\theta_t-\boldsymbol{a}_z\sin\theta_t)T_{/\!/}E_{i0}e^{-j\beta_2(x\sin\theta_t+z\cos\theta_t)}\\&\approx(6.20\boldsymbol{a}_x-1.60\boldsymbol{a}_z)e^{-j(104.75x+406.43z)}\ (\text{V/m})\end{aligned}$$

3. 斜入射的全反射与全透射

在某些条件下，当均匀平面波对理想介质与理想介质分界面斜入射时，会发生全反射或者全透射的现象。所谓全反射就是当入射波入射到介质分界面时，只有反射波，而没有透射波。全透射恰好相反，只有透射波，而没有反射波。本节分别对电磁波垂直极化入射和平行极化入射两种情况，说明全反射和全透射存在的条件及性质。

1) 全透射

当均匀平面波以某一入射角入射到介质分界面时，如果发生全透射，必须使 $R_\perp=0$ 或 $R_{/\!/}=0$。使电磁波发生全透射的入射角被称为布儒斯特角(Brewster Angle)。下面分别对垂直极化和平行极化电磁波进行说明。

(1) 垂直极化斜入射：由反射系数公式(8.2.81) 可知，全透射条件为

$$\eta_2 \cos\theta_i = \eta_1 \cos\theta_t \tag{8.2.117}$$

联立斯涅尔定律式(8.2.27),即

$$n_2 \sin\theta_t = n_1 \sin\theta_i \tag{8.2.118}$$

消去折射角 θ_t,可得关于入射角 θ_i 的方程。整理式(8.2.117)和式(8.2.118),有

$$\cos\theta_t = \frac{\eta_2 \cos\theta_i}{\eta_1} = \sqrt{\frac{\varepsilon_1\mu_2}{\varepsilon_2\mu_1}}\cos\theta_i \tag{8.2.119}$$

$$\sin\theta_t = \frac{n_1 \sin\theta_i}{n_2} = \sqrt{\frac{\varepsilon_1\mu_1}{\varepsilon_2\mu_2}}\sin\theta_i \tag{8.2.120}$$

对上面的两式分别平方并相加,整理后得

$$\sin^2\theta_i = \frac{\mu_2(\varepsilon_1\mu_2 - \varepsilon_2\mu_1)}{\varepsilon_1(\mu_2^2 - \mu_1^2)} \tag{8.2.121}$$

对大多数媒质而言,磁导率与真空磁导率相等,因此不存在布儒斯特角。但对于铁磁性媒质或者人工媒质,可使 $\mu_1 \neq \mu_2$,则存在布儒斯特角,为

$$\theta_b = \theta_i = \arcsin\sqrt{\frac{\mu_2(\varepsilon_1\mu_2 - \varepsilon_2\mu_1)}{\varepsilon_1(\mu_2^2 - \mu_1^2)}} \tag{8.2.122}$$

特别地,如果 $\varepsilon_1 = \varepsilon_2$,上式变为

$$\theta_b = \theta_i = \arcsin\sqrt{\frac{\mu_2}{\mu_1 + \mu_2}} = \arctan\sqrt{\frac{\mu_2}{\mu_1}} \tag{8.2.123}$$

(2) 平行极化斜入射:由反射系数公式(8.2.110),可知全透射条件为

$$\eta_2 \cos\theta_t = \eta_1 \cos\theta_i \tag{8.2.124}$$

斯涅尔定律式(8.2.118)仍成立,将之与上面的方程联立,消去 θ_t,则

$$\cos^2\theta_t = \frac{\eta_1^2}{\eta_2^2}\cos^2\theta_i = \frac{\varepsilon_2\mu_1}{\varepsilon_1\mu_2}\cos^2\theta_i = \frac{\varepsilon_2\mu_1}{\varepsilon_1\mu_2}(1 - \sin^2\theta_i) \tag{8.2.125}$$

$$\sin^2\theta_t = \frac{n_1^2}{n_2^2}\sin^2\theta_i = \frac{\varepsilon_1\mu_1}{\varepsilon_2\mu_2}\sin^2\theta_i \tag{8.2.126}$$

可推出

$$\sin^2\theta_i = \frac{\varepsilon_2(\varepsilon_1\mu_2 - \varepsilon_2\mu_1)}{\mu_1(\varepsilon_1^2 - \varepsilon_2^2)} \tag{8.2.127}$$

对于两个相同介电常数的媒质,不存在布儒斯特角。当二者的介电常数不相同时,布儒斯特角为

$$\theta_b = \theta_i = \arcsin\sqrt{\frac{\varepsilon_2(\varepsilon_1\mu_2 - \varepsilon_2\mu_1)}{\mu_1(\varepsilon_1^2 - \varepsilon_2^2)}} \tag{8.2.128}$$

对于一般媒质而言,磁导率与真空磁导率相等,即 $\mu_1 = \mu_2 = \mu_0$。则有

$$\theta_b = \theta_i = \arcsin\sqrt{\frac{\varepsilon_2}{\varepsilon_1 + \varepsilon_2}} = \arctan\sqrt{\frac{\varepsilon_2}{\varepsilon_1}} \tag{8.2.129}$$

因此对大多数无耗媒质而言,平行极化电磁波斜入射分界面时存在布儒斯特角 θ_b,使得电磁波不发生反射。此时,由斯涅尔定律,可得折射角的大小为

$$\sin\theta_t = \sqrt{\frac{\varepsilon_1}{\varepsilon_2}}\sin\theta_i = \sqrt{\frac{\varepsilon_1}{\varepsilon_1 + \varepsilon_2}} \tag{8.2.130}$$

则有 $\sin^2\theta_t + \sin^2\theta_b = 1$,说明布儒斯特角和折射角互为余角,即

$$\theta_b + \theta_t = 90^\circ \tag{8.2.131}$$

(3) 全透射现象的应用举例:极化滤波。当一束椭圆极化波以布儒斯特角入射到两种介质的分界面时,反射波中将只剩下垂直极化波,平行极化波完全折射到媒质 2 中,故 θ_b 又称为极化角、偏振角。

2) 全反射

当电磁波由光密媒质斜入射到光疏媒质的分界面上时,由于 $n_1 > n_2$,由斯涅尔定律,$n_2 \sin\theta_t = n_1 \sin\theta_i$,即 $\sin\theta_t = \frac{n_1}{n_2}\sin\theta_i$,可知必存在一个小于$\frac{\pi}{2}$的入射角使折射角 $\theta_t = \frac{\pi}{2}$,此入射角称为临界角 θ_c(Critical Angle)。当 $\theta_i \geqslant \theta_c$ 时,会发生全反射现象。

可以看出,垂直极化入射和平行极化入射都存在临界角。临界角的大小为

$$n_1 \sin\theta_c = n_2 \sin\frac{\pi}{2} = n_2 \tag{8.2.132}$$

$$\sin\theta_c = \frac{n_2}{n_1} \tag{8.2.133}$$

下面考查一下,当入射角大于临界角时,在两媒质分界面附近电磁波的特点。当 $\theta_i \geqslant \theta_c$ 时,有

$$\sin\theta_t = \frac{n_1}{n_2}\sin\theta_i > \frac{n_1}{n_2}\sin\theta_c = 1 \tag{8.2.134}$$

则 θ_t 为复数。折射角的余弦为

$$\cos\theta_t = \pm\sqrt{1-\sin^2\theta_t} = \pm \mathrm{j}\sqrt{\left(\frac{n_1}{n_2}\sin\theta_i\right)^2 - 1} \tag{8.2.135}$$

上式中,等号右面符号的选择可通过折射波场方程确定。折射波电场的方程为

$$\boldsymbol{E}_t = \boldsymbol{E}_{t0}\,\mathrm{e}^{-\mathrm{j}\beta_2(x\sin\theta_t + z\cos\theta_t)} \tag{8.2.136}$$

因为全反射条件下,不存在透射波。则要求上面的方程中 $\mathrm{e}^{-\mathrm{j}\beta_2 z\cos\theta_t}$ 为衰减项,可知

$$\cos\theta_t = -\mathrm{j}\sqrt{\left(\frac{n_1}{n_2}\sin\theta_i\right)^2 - 1} \tag{8.2.137}$$

现在可以分析两种极化波的反射系数。对垂直极化入射电磁波,有

$$\begin{aligned} R_\perp &= \frac{n_1\cos\theta_i - n_2\cos\theta_t}{n_1\cos\theta_i + n_2\cos\theta_t} \\ &= \frac{n_1\cos\theta_i + n_2 \mathrm{j}\sqrt{\left(\frac{n_1}{n_2}\sin\theta_i\right)^2 - 1}}{n_1\cos\theta_i - n_2 \mathrm{j}\sqrt{\left(\frac{n_1}{n_2}\sin\theta_i\right)^2 - 1}} \\ &= \frac{\cos\theta_i + \mathrm{j}\sqrt{\sin^2\theta_i - \left(\frac{n_2}{n_1}\right)^2}}{\cos\theta_i - \mathrm{j}\sqrt{\sin^2\theta_i - \left(\frac{n_2}{n_1}\right)^2}} = \mathrm{e}^{+\mathrm{j}\varphi_\perp} \end{aligned} \tag{8.2.138}$$

其中

$$\arctan\frac{\varphi_\perp}{2} = \sqrt{\sin^2\theta_i - \left(\frac{n_2}{n_1}\right)^2}\Big/\cos\theta_i \tag{8.2.139}$$

平行极化入射的电磁波反射系数为

$$
\begin{aligned}
R_{/\!/} &= \frac{n_1\cos\theta_t - n_2\cos\theta_i}{n_1\cos\theta_t + n_2\cos\theta_i} \\
&= \frac{-\mathrm{j}n_1\sqrt{\left(\frac{n_1}{n_2}\sin\theta_i\right)^2 - 1} - n_2\cos\theta_i}{-\mathrm{j}n_1\sqrt{\left(\frac{n_1}{n_2}\sin\theta_i\right)^2 - 1} + n_2\cos\theta_i} \\
&= -\frac{\left(\frac{n_2}{n_1}\right)^2\cos\theta_i + \mathrm{j}\sqrt{\sin^2\theta_i - \left(\frac{n_2}{n_1}\right)^2}}{\left(\frac{n_2}{n_1}\right)^2\cos\theta_i - \mathrm{j}\sqrt{\sin^2\theta_i - \left(\frac{n_2}{n_1}\right)^2}} = -\mathrm{e}^{+\mathrm{j}\varphi_{/\!/}}
\end{aligned}
\tag{8.2.140}
$$

其中

$$
\arctan\frac{\varphi_{/\!/}}{2} = \sqrt{\sin^2\theta_i - \left(\frac{n_2}{n_1}\right)^2} \Big/ \left[\left(\frac{n_2}{n_1}\right)^2\cos\theta_i\right] \tag{8.2.141}
$$

从式(8.2.138)和式(8.2.140)中可以看出

$$
|R_\perp| = |R_{/\!/}| = 1 \tag{8.2.142}
$$

上式可说明当入射角大于临界角时，电磁波发生了全反射。由于反射系数为复数，根据边界条件式(8.2.79)和式(8.2.107)知，两种极化波的透射系数不为零，分别为

$$
T_\perp = 1 + R_\perp \tag{8.2.143}
$$

$$
T_{/\!/} = \frac{\eta_2}{\eta_1}(1 - R_{/\!/}) \tag{8.2.144}
$$

将式(8.2.138)和式(8.2.140)分别代入上式，可得透射系数的值。可见两种极化波的透射系数不为零，说明在全反射时媒质 2 中有波存在。下面以垂直极化入射波为例简单分析一下媒质 2 中波的性质。

令

$$
\alpha_2 = \beta_2\sqrt{\left(\frac{n_1}{n_2}\sin\theta_i\right)^2 - 1} \tag{8.2.145}
$$

由式(8.2.136)，折射波的场量方程为

$$
\begin{aligned}
\boldsymbol{E}_t &= \boldsymbol{a}_y E_{ty} \\
&= \boldsymbol{a}_y E_{t0}\,\mathrm{e}^{-\beta_2 z\sqrt{\left(\frac{n_1}{n_2}\sin\theta_i\right)^2 - 1}}\,\mathrm{e}^{-\mathrm{j}\beta_2 x\sin\theta_t} \\
&= \boldsymbol{a}_y E_{t0}\,\mathrm{e}^{-\alpha_2 z}\,\mathrm{e}^{-\mathrm{j}\beta_2 x\sin\theta_t}
\end{aligned}
\tag{8.2.146}
$$

$$
\begin{aligned}
\boldsymbol{H}_t &= \boldsymbol{a}_x H_{tx} + \boldsymbol{a}_z H_{tz} \\
&= (-\boldsymbol{a}_x\cos\theta_t + \boldsymbol{a}_z\sin\theta_t)\frac{E_{t0}}{\eta_2}\mathrm{e}^{-\alpha_2 z}\mathrm{e}^{-\mathrm{j}\beta_2 x\sin\theta_t}
\end{aligned}
\tag{8.2.147}
$$

分析上述方程，可得出以下结论：

(1) 在 z 方向折射波的振幅呈指数衰减波，故称折射波为消逝波(Evanescent Wave)；

(2) 因为 $\cos\theta_t$ 为纯虚数，电场 E_{ty} 和磁场 H_{tx} 相位相差 $\frac{\pi}{2}$，所以折射波沿着 $+z$ 方向的传输功率为零；

(3) 在 x 方向折射波为行波，相速为 $v_{px} = \frac{v_{p2}}{\beta_2\sin\theta_t} < v_{p2}$，称为慢波；折射波的能量集中

在介质的表面附近，故又称之为表面慢波；

(4) 透射波的等相面垂直于媒质分界面，等幅面平行于媒质分界面，等相面和等幅面相互垂直，如图 8.22 所示；

(5) 两种不同媒质的分界面能够起到引导电磁波传播的作用，因此可将介质与介质的分界面作为波导使用。例如常见的光纤波导等。

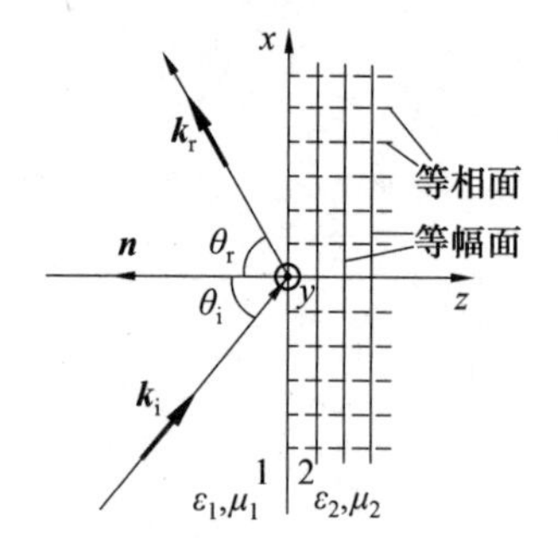

图 8.22　全反射时的折射波

例 8.4　光纤一般由纤芯、包层和涂覆层构成，其中纤芯、包层起到导波的作用，涂覆层起到保护光纤、避免受到来自外界的侵蚀及其他损伤作用。如图 8.23 所示，图中未画出包层外面的涂覆层。若纤芯的折射率为 n_1，包层的折射率为 n_2，如果选取二者材料的折射率满足 $n_1 > n_2$，则以某一角度从光纤端部的入射光，在纤芯中的折射光将以全反射的形式在其内部传播。对应折射光的临界角 θ_c，入射光的入射角 θ_i 达到最大值 θ_{max}。如果入射角大于 θ_{max}，则入射光在纤芯和包层的分界面上有透射光，从而不能很好地导波。一般称 θ_{max} 为光纤端面入射临界角(或称入射临界角)。

根据上述已知条件，求入射临界角的大小。

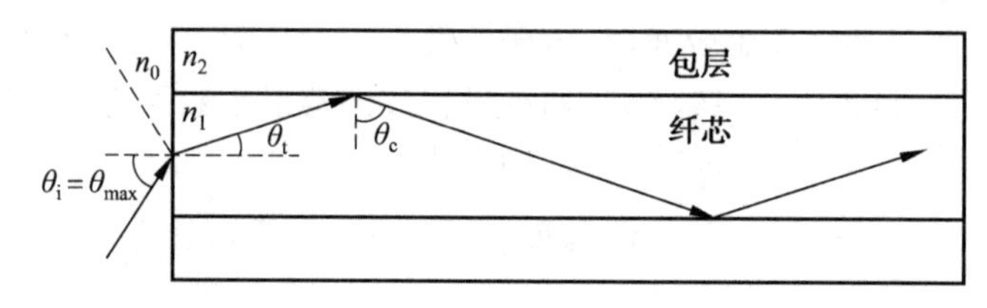

图 8.23　光纤的导波原理示意图

解　根据斯涅耳定律，有

$$\sin\theta_i = \frac{n_1}{n_0}\sin\theta_t$$

由式(8.2.133)，折射光的临界角为

$$\sin\theta_c = \frac{n_2}{n_1}$$

根据图中折射角 θ_t 和临界角 θ_c 的几何关系，有

$$\theta_t = 90° - \theta_c$$

联立上面的式子，有

$$\sin\theta_{max} = \frac{n_1}{n_0}\cos\theta_c = \frac{n_1}{n_0}\sqrt{1-\left(\frac{n_2}{n_1}\right)^2} = \frac{\sqrt{n_1^2-n_2^2}}{n_0}$$

$$\theta_{max} = \arcsin\frac{\sqrt{n_1^2-n_2^2}}{n_0}$$

8.3　均匀平面波对多层介质分界面的垂直入射

在很多实际应用中，常会遇到电磁波入射到多层介质分界面上的情况。例如为了增加电磁波的透射率，在光学镜片上增加介质涂层以降低入射波的反射；对雷达天线天线罩的设

计而言，需要使电磁波通过空气－天线罩－空气的多层界面时，能够对所需频段电磁波形成完全透射等。

本节先以电磁波垂直入射三层介质为例进行分析，之后介绍三层介质的应用。

8.3.1　电磁波在多层媒质各分界面上的反射系数

假设媒质的电磁参数分别为 $\varepsilon_1,\mu_1,\varepsilon_2,\mu_2,\varepsilon_3,\mu_3$，其中媒质 2 的厚度为 d，它分别在 $z=-d$ 和 $z=0$ 处与媒质 1 和媒质 3 交界，如图 8.24 所示。

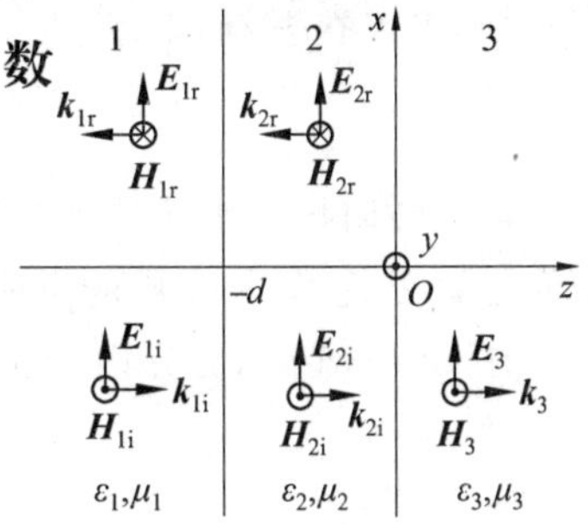

图 8.24　垂直入射多层介质分界面

设入射波沿 $+z$ 方向传播，沿 x 方向线极化，则媒质 1 中包含入射波和反射波。这里的反射波和单界面情况有所不同，它包含了电磁波在媒质 1 和媒质 2 分界面多次透射成分。媒质 2 中包含沿 $+z$ 和 $-z$ 两个方向传播的波，媒质 3 中只有沿 $+z$ 方向传播透射的波。

下面先写出各个媒质内的场方程：

在 $z\in(-\infty,-d)$ 区域，即媒质 1 中的电磁场方程

$$\boldsymbol{E}_1=\boldsymbol{a}_x(E_{1i0}\mathrm{e}^{-\mathrm{j}\beta_1(z+d)}+E_{1r0}\mathrm{e}^{\mathrm{j}\beta_1(z+d)}) \tag{8.3.1}$$

$$\boldsymbol{H}_1=\boldsymbol{a}_y\frac{1}{\eta_1}(E_{1i0}\mathrm{e}^{-\mathrm{j}\beta_1(z+d)}-E_{1r0}\mathrm{e}^{\mathrm{j}\beta_1(z+d)}) \tag{8.3.2}$$

在 $z\in(-d,0)$ 区域，即媒质 2 中的电磁场方程

$$\boldsymbol{E}_2=\boldsymbol{a}_x(E_{2i0}\mathrm{e}^{-\mathrm{j}\beta_2 z}+E_{2r0}\mathrm{e}^{\mathrm{j}\beta_2 z}) \tag{8.3.3}$$

$$\boldsymbol{H}_2=\boldsymbol{a}_y\frac{1}{\eta_2}(E_{2i0}\mathrm{e}^{-\mathrm{j}\beta_2 z}-E_{2r0}\mathrm{e}^{\mathrm{j}\beta_2 z}) \tag{8.3.4}$$

在 $z\in(0,+\infty)$ 区域，即媒质 3 中的电磁场方程

$$\boldsymbol{E}_3=\boldsymbol{a}_xE_{3t0}\mathrm{e}^{-\mathrm{j}\beta_3 z} \tag{8.3.5}$$

$$\boldsymbol{H}_3=\boldsymbol{a}_y\frac{E_{3t0}}{\eta_3}\mathrm{e}^{-\mathrm{j}\beta_3 z} \tag{8.3.6}$$

对两个分界面分别应用边界条件。在 $z=0$ 分界面上，有

$$\boldsymbol{E}_2(0)=\boldsymbol{E}_3(0) \tag{8.3.7}$$

$$\boldsymbol{H}_2(0)=\boldsymbol{H}_3(0) \tag{8.3.8}$$

标量形式为

$$E_{2i0}+E_{2r0}=E_{3t0} \tag{8.3.9}$$

$$\frac{1}{\eta_2}(E_{2i0}-E_{2r0})=\frac{1}{\eta_3}E_{3t0} \tag{8.3.10}$$

在 $z=-d$ 分界面上，边界条件为

$$\boldsymbol{E}_1(-d)=\boldsymbol{E}_2(-d) \tag{8.3.11}$$

$$\boldsymbol{H}_1(-d)=\boldsymbol{H}_2(-d) \tag{8.3.12}$$

标量形式为

$$E_{1i0}+E_{1r0}=E_{2i0}\mathrm{e}^{+\mathrm{j}\beta_2 d}+E_{2r0}\mathrm{e}^{-\mathrm{j}\beta_2 d} \tag{8.3.13}$$

$$\frac{1}{\eta_1}(E_{1i0}-E_{1r0})=\frac{1}{\eta_2}(E_{2i0}\mathrm{e}^{+\mathrm{j}\beta_2 d}-E_{2r0}\mathrm{e}^{-\mathrm{j}\beta_2 d}) \tag{8.3.14}$$

联立上述方程组，即可求解 $E_{1r0},E_{2i0},E_{2r0},E_{3t0}$ 与 E_{1i0} 之间的关系。在求解之前，这里先引入波阻抗的定义。

定义：
$$Z(z)=\frac{E_x(z)}{H_y(z)}=-\frac{E_y(z)}{H_x(z)} \tag{8.3.15}$$

上式中的电场强度或磁场强度为向两个相反方向传播的波的合成场。例如，在媒质 1 中，波阻抗可表示为

$$Z(z\leqslant -d)=\frac{E_{1x}}{H_{1y}}=\eta_1\frac{E_{1i0}\,e^{-j\beta_1(z+d)}+E_{1r0}\,e^{+j\beta_1(z+d)}}{E_{1i0}\,e^{-j\beta_1(z+d)}-E_{1r0}\,e^{+j\beta_1(z+d)}} \tag{8.3.16}$$

可见波阻抗与媒质特性阻抗是不同的。波阻抗是空间位置的函数，而媒质特性阻抗与空间位置无关，只与媒质的电磁参数有关。

在 $z=-d$ 处，分界面的左侧和分界面的右侧的合成波波阻抗分别为

$$Z^-(-d)=\eta_1\frac{E_{1i0}+E_{1r0}}{E_{1i0}-E_{1r0}}=\eta_1\frac{1+R_1}{1-R_1} \tag{8.3.17}$$

$$Z^+(-d)=\eta_2\frac{E_{2i0}\,e^{-j\beta_2 d}+E_{2r0}\,e^{+j\beta_2 d}}{E_{2i0}\,e^{-j\beta_2 d}-E_{2r0}\,e^{+j\beta_2 d}} \tag{8.3.18}$$

由边界条件可知，分界面左右两侧的切向电场和切向磁场连续，因此有

$$Z^-(-d)=Z^+(-d)=Z(-d) \tag{8.3.19}$$

同样，在 $z=0$ 处，分界面的左侧和分界面的右侧的合成波波阻抗分别为

$$Z^-(0)=\eta_2\frac{E_{2i0}+E_{2r0}}{E_{2i0}-E_{2r0}}=\eta_2\frac{1+R_2}{1-R_2} \tag{8.3.20}$$

$$Z^+(0)=\eta_3\frac{E_{3t0}}{E_{3t0}}=\eta_3 \tag{8.3.21}$$

且有
$$Z^-(0)=Z^+(0)=Z(0) \tag{8.3.22}$$

根据式(8.3.22)，将方程(8.3.21) 代入方程(8.3.20) 中，得

$$\eta_3=\eta_2\frac{1+R_2}{1-R_2} \tag{8.3.23}$$

整理得到电磁波在媒质 2 和媒质 3 分界面上的反射系数

$$R_2=\frac{\eta_3-\eta_2}{\eta_3+\eta_2}=\frac{n_2-n_3}{n_2+n_3} \tag{8.3.24}$$

可见反射系数 R_2 与双媒质分界面的反射系数相同。

联立方程(8.3.17) 和方程(8.3.19)，则有

$$R_1=\frac{Z(-d)-\eta_1}{Z(-d)+\eta_1} \tag{8.3.25}$$

上式说明：在多层媒质分界面处，可用合成波阻抗代替垂直入射分界面的反射系数方程中的媒质特性阻抗 η_2。

将式(8.3.24) 代入式(8.3.18)，可进一步将波阻抗写为

$$\begin{aligned}Z(-d)&=\eta_2\frac{e^{-j\beta_2 d}+R_2\,e^{+j\beta_2 d}}{e^{-j\beta_2 d}-R_2\,e^{+j\beta_2 d}}\\&=\eta_2\frac{(\eta_3+\eta_2)e^{-j\beta_2 d}+(\eta_3-\eta_2)e^{+j\beta_2 d}}{(\eta_3+\eta_2)e^{-j\beta_2 d}-(\eta_3-\eta_2)e^{+j\beta_2 d}}\\&=\eta_2\frac{\eta_3\cos\beta_2 d+j\eta_2\sin\beta_2 d}{\eta_2\cos\beta_2 d+j\eta_3\sin\beta_2 d}\\&=\eta_2\frac{\eta_3+j\eta_2\tan\beta_2 d}{\eta_2+j\eta_3\tan\beta_2 d}\end{aligned} \tag{8.3.26}$$

将上式代入式(8.3.25)中,即可得到媒质 1 中反射系数的值。

8.3.2　电磁波垂直入射三层媒质的应用

如在雷达天线罩、照相机镜片等的很多应用场合要求电磁波入射多层媒质时,提高透射率,减少或不发生反射。根据上小节的结果,可知无反射(全透射)的条件为

$$R_1 = 0 \tag{8.3.27}$$

即

$$Z(-d) = \eta_1 \tag{8.3.28}$$

由上式可以看出,无反射的条件是分界面的波阻抗必须和入射媒质的特性阻抗匹配。根据式(8.3.26)可得

$$\eta_1 = \eta_2 \frac{\eta_3 + j\eta_2 \tan \beta_2 d}{\eta_2 + j\eta_3 \tan \beta_2 d} \tag{8.3.29}$$

将上式展开,

$$\eta_1 \eta_2 \cos \beta_2 d + j\eta_1 \eta_3 \sin \beta_2 d = \eta_2 \eta_3 \cos \beta_2 d + j\eta_2^2 \sin \beta_2 d \tag{8.3.30}$$

若使上式成立,则必有

$$\eta_1 \eta_2 \cos \beta_2 d = \eta_2 \eta_3 \cos \beta_2 d \tag{8.3.31}$$

$$\eta_1 \eta_3 \sin \beta_2 d = \eta_2^2 \sin \beta_2 d \tag{8.3.32}$$

对于上述方程,可分成两种情况进行讨论:

(1) 若 $\eta_1 \neq \eta_3$

若使等式(8.3.31)成立,需要 $\cos \beta_2 d = 0$,即

$$\beta_2 d = n\pi + \frac{\pi}{2} = (2n+1)\frac{\pi}{2} \quad (n = 0, 1, 2, \cdots) \tag{8.3.33}$$

即中间媒质的厚度必须满足

$$d = \frac{(2n+1)\pi}{2\beta_2} = (2n+1)\frac{\lambda_2}{4} \quad (n = 0, 1, 2, \cdots) \tag{8.3.34}$$

若使等式(8.3.32)成立,必有

$$\eta_2 = \sqrt{\eta_1 \eta_3} \tag{8.3.35}$$

如果媒质 1,2 和 3 的磁导率相等,则

$$\varepsilon_2 = \sqrt{\varepsilon_1 \varepsilon_3} \tag{8.3.36}$$

上述分析说明,当媒质 1 和 3 不同的时候,要求媒质 2 必须具备两个条件,才能使电磁波不发生反射:① 媒质 2 的特征阻抗满足 $\eta_2 = \sqrt{\eta_1 \eta_3}$,② 媒质 2 的厚度为电磁波在该媒质中四分之一波长的奇数倍(相当于传输线理论中的四分之一波长变换器)。这种特性可应用于照像机镜头的镀膜问题。

(2) 若 $\eta_1 = \eta_3 \neq \eta_2$

等式(8.3.31)自然满足条件。对等式(8.3.32)必有

$$\sin \beta_2 d = 0 \tag{8.3.37}$$

$$\beta_2 d = n\pi \tag{8.3.38}$$

即

$$d = \frac{n\lambda_2}{2} \quad (n = 1, 2, 3, \cdots) \tag{8.3.39}$$

说明当媒质 1 和 3 相同的时候,中间介质层的厚度为电磁波在该介质中半波长的整数

倍,可消除反射。半波长的介质片又称半波窗。雷达天线罩的设计就是利用该原理。

8.4 本章小结

本章主要介绍了均匀平面电磁波入射到不同媒质形成的分界面时,发生反射和折射的基本理论。主要内容包括电磁波垂直及倾斜入射介质与理想导体和理想介质与理想介质分界面及垂直入射三层介质分界面等不同情况下的规律。具体如下:

(1) 因为任何一种极化的均匀平面电磁波都可由两个互相垂直的线极化电磁波表示,因此研究电磁波的反射与折射只对线极化电磁波进行分析即可。

(2) 电磁波垂直入射分界面时,由于电场和磁场强度矢量均在媒质分界面的切向,因此只分析一个方向的线极化波即可。

(3) 电磁波斜入射分界面时,可将电场强度分解为垂直于入射面和平行于入射面的两个线极化分量。称垂直于入射面的线极化波为垂直极化波,平行于入射面的线极化波为平行极化波。斜入射需要分别对这两种极化波加以分析。

(4) 边界条件方程确定了反射波、折射波和入射波之间的关系。

(5) 反射系数为
$$R=\frac{E_{r0}}{E_{i0}}$$

(6) 折射(透射) 系数为
$$T=\frac{E_{t0}}{E_{i0}}$$

(7) 均匀平面波入射理想介质与理想导体分界面时,不论垂直入射还是斜入射,均发生全反射。反射系数 $R=-1$,透射系数 $T=0$。

垂直入射时,媒质 1 中的合成场为纯驻波,电场强度和磁场强度相位相差$\frac{\pi}{2}$,没有功率向前传递。电场和磁场方程分别为

$$\boldsymbol{E}_1(z)=-\boldsymbol{a}_x 2\mathrm{j}E_{i0}\sin\beta_1 z$$

$$\boldsymbol{H}_1(z)=\boldsymbol{a}_y 2\frac{E_{i0}}{\eta_1}\cos\beta_1 z$$

驻波的波腹点和波节点:沿着传播方向,电场和磁场的振幅在空间上具有周期性。振幅为最大取值的空间点为波腹点,振幅为零的空间点为波节点。波节点和波腹点位置不随时间改变。

根据边界条件,理想导体表面存在表面电流:

$$\boldsymbol{J}_s=\boldsymbol{a}_x\frac{2E_{i0}}{\eta_1}$$

(8) 均匀平面波垂直入射理想介质与理想介质分界面时,由边界条件得到反射系数和透射系数分别为

$$R=\frac{\eta_2-\eta_1}{\eta_2+\eta_1}$$

$$T=\frac{2\eta_2}{\eta_2+\eta_1}$$

媒质 1 中的合成场为行驻波,行驻波也存在波节点和波腹点。波腹点的振幅为

$$|\boldsymbol{E}_1|_{\max}=|E_{i0}|(1+|R|)$$

波节点的振幅为

$$|\boldsymbol{E}_1|_{\min}=|E_{i0}|(1-|R|)$$

在 $+z$ 方向上，媒质 1 中电磁波向前传播的平均功率密度与媒质 2 中的平均功率密度相等。另外，电磁波在反射与透射过程中，能量守恒。

(9) 均匀平面波入射理想介质与有耗媒质分界面时，反射系数和透射系数在形式上与理想介质与理想介质分界面的情况相同，但此时二者均为复数。媒质 2 中有体电流密度存在，电磁波电场和磁场振幅呈指数衰减。

(10) 电磁波斜入射理想介质与理想导体分界面时，媒质 1 中的合成波为沿 $+x$ 方向的行波，在 z 轴上为驻波。对于垂直极化波，理想导体表面分布着面电流密度，为

$$\boldsymbol{J}_s=\boldsymbol{n}\times\boldsymbol{H}_1|_{z=0}=-\boldsymbol{a}_z\times\boldsymbol{a}_x\boldsymbol{H}_{1x}|_{z=0}=\boldsymbol{a}_y\frac{2E_{i0}}{\eta_1}\cos\theta_i\mathrm{e}^{-\mathrm{j}\beta_1x\sin\theta_i}$$

对于平行极化波，理想导体表面分布着面电流密度和电荷密度，分别为

$$\boldsymbol{J}_s=\boldsymbol{n}\times\boldsymbol{H}_1|_{z=0}=-\boldsymbol{a}_z\times\boldsymbol{a}_y\boldsymbol{H}_{1y}|_{z=0}=\boldsymbol{a}_x\frac{2E_{i0}}{\eta_1}\mathrm{e}^{-\mathrm{j}\beta_1x\sin\theta_i}$$

$$\rho_s=\boldsymbol{n}\cdot\boldsymbol{D}_1|_{z=0}=-\varepsilon_0E_{1z}|_{z=0}=2E_{i0}\sin\theta_i\mathrm{e}^{-\mathrm{j}\beta_1x\sin\theta_i}$$

(11) 电磁波斜入射理想介质与理想介质分界面时，入射波、反射波和折射波共面，且满足斯涅尔反射定律和折射定律，即

$$\theta_i=\theta_r$$

$$\frac{\sin\theta_i}{\sin\theta_t}=\frac{n_2}{n_1}$$

其中，折射率定义为

$$n\triangleq\frac{c}{v_p}=\sqrt{\frac{\mu\varepsilon}{\mu_0\varepsilon_0}}=\sqrt{\mu_r\varepsilon_r}$$

对于垂直极化，反射系数和折射系数分别为

$$R_\perp=\frac{E_{r0}}{E_{i0}}=\frac{\eta_2\cos\theta_i-\eta_1\cos\theta_t}{\eta_2\cos\theta_i+\eta_1\cos\theta_t}$$

$$T_\perp=\frac{E_{t0}}{E_{i0}}=\frac{2\eta_2\cos\theta_i}{\eta_2\cos\theta_i+\eta_1\cos\theta_t}$$

或者

$$R_\perp=\frac{n_1\cos\theta_i-n_2\cos\theta_t}{n_1\cos\theta_i+n_2\cos\theta_t}$$

$$T_\perp=\frac{2n_1\cos\theta_i}{n_1\cos\theta_i+n_2\cos\theta_t}$$

对于平行极化，反射系数和折射系数分别为

$$R_{/\!/}=\frac{E_{r0}}{E_{i0}}=\frac{\eta_2\cos\theta_t-\eta_1\cos\theta_i}{\eta_2\cos\theta_t+\eta_1\cos\theta_i}$$

$$T_{/\!/}=\frac{E_{t0}}{E_{i0}}=\frac{2\eta_2\cos\theta_i}{\eta_2\cos\theta_t+\eta_1\cos\theta_i}$$

或者

$$R_{/\!/}=\frac{n_1\cos\theta_t-n_2\cos\theta_i}{n_1\cos\theta_t+n_2\cos\theta_i}$$

$$T_{/\!/}=\frac{2n_1\cos\theta_i}{n_1\cos\theta_t+n_2\cos\theta_i}$$

(12) 全透射。对于垂直极化而言，一般媒质分界面不存在全透射情况。如果媒质的磁导率不等于真空磁导率，可有布儒斯特角为

$$\theta_b = \arcsin\sqrt{\frac{\mu_2(\varepsilon_1\mu_2 - \varepsilon_2\mu_1)}{\varepsilon_1(\mu_2^2 - \mu_1^2)}}$$

对于平行极化而言，布儒斯特角为

$$\theta_b = \arcsin\sqrt{\frac{\varepsilon_2(\varepsilon_1\mu_2 - \varepsilon_2\mu_1)}{\mu_1(\varepsilon_1^2 - \varepsilon_2^2)}}$$

当两媒质磁导率相等(如一般媒质的磁导率与真空磁导率相等)时，有

$$\theta_b = \arcsin\sqrt{\frac{\varepsilon_2}{\varepsilon_1 + \varepsilon_2}} = \arctan\sqrt{\frac{\varepsilon_2}{\varepsilon_1}}$$

布儒斯特角与其折射角互为余角，即

$$\theta_b + \theta_t = 90^\circ$$

(13) 全反射。当电磁波由光密媒质斜入射到光疏媒质时，垂直极化和水平极化波都存在全反射情况。当入射角大于等于临界角时，发生全反射。临界角的大小为

$$\sin\theta_c = \frac{n_2}{n_1}$$

即

$$\theta_c = \arcsin\frac{n_2}{n_1}$$

发生全反射时，反射系数和透射系数均为复数。反射系数的模值为 1。折射波为消逝波，沿分界面传播的波为表面慢波。其等幅面平行于媒质分界面，等相面垂直于媒质分界面。

(14) 电磁波垂直入射三层媒质时，定义了波阻抗的概念为

$$Z(z) = \frac{E_x(z)}{H_y(z)} = -\frac{E_y(z)}{H_x(z)}$$

此时，在 $z=0$ 的分界面上的反射系数分别为

$$R_2 = \frac{\eta_3 - \eta_2}{\eta_3 + \eta_2} = \frac{n_2 - n_3}{n_2 + n_3}$$

在 $z=-d$ 的分界面上的反射系数分别为

$$R_1 = \frac{Z(-d) - \eta_1}{Z(-d) + \eta_1}$$

如果希望三层媒质对电磁波实现全透射，则必有

$$Z(-d) = \eta_1$$

可分两种情况：

① 若 $\eta_1 \neq \eta_3$，则媒质 2 需满足以下两个条件才能使电磁波全透射：

$$d = \frac{(2n+1)\pi}{2\beta_2} = (2n+1)\frac{\lambda_2}{4} \quad (n=0,1,2,\cdots)$$

$$\eta_2 = \sqrt{\eta_1\eta_3}$$

② 若 $\eta_1 = \eta_3 \neq \eta_2$，则媒质 2 需满足以下条件才能使电磁波全透射：

$$d = \frac{n\lambda_2}{2} \quad (n=1,2,3,\cdots)$$

从 ①② 可以看出，媒质 2 的厚度参数与电磁波的工作频率有关系。媒质 2 的功能相当

于带通滤波器。

习　题

8.1　已知入射波电场强度为$\boldsymbol{E}_{\mathrm{i}}=\boldsymbol{a}_x 10\cos(3\pi\times10^9-10\pi z)$ V/m，从空气($z<0$)中垂直入射到$z=0$的平面边界上；对$z>0$区域，媒质的参数为$\mu_{\mathrm{r}}=1$，$\varepsilon_{\mathrm{r}}=4$，求$z>0$区域中的电场$\boldsymbol{E}$和磁场$\boldsymbol{H}$方程。

8.2　有一频率为 100 MHz，y方向极化的均匀平面波从空气垂直入射到位于$x=0$的理想导体面上，假设入射波电场$\boldsymbol{E}_{\mathrm{i}}$的振幅为 6 mV/m。

(1) 确定距离导体平面最近的合成波电场$\boldsymbol{E}_1$为零的位置；

(2) 确定距离导体平面最近的合成波磁场$\boldsymbol{H}_1$为零的位置。

8.3　设一均匀平面波的电场为$\boldsymbol{E}=(\boldsymbol{a}_x E_1-\mathrm{j}\,\boldsymbol{a}_y E_2)\mathrm{e}^{-\mathrm{j}\beta_1 z}$，从媒质 1($\varepsilon_1$，$\mu_1=\mu_0$，$\sigma_1=0$)垂直入射到媒质 2($\varepsilon_2$，$\mu_2=\mu_0$，$\sigma_2=0$)中，且分界面为平面。求反射波和透射波的电场，并指明极化状态。这里$E_1\neq E_2$，且均为实常数。

8.4　某一均匀平面电磁波垂直入射到理想介质与理想导体分界面，如图 8.2 所示。已知入射波电场强度方程为

$$\boldsymbol{E}_{\mathrm{i}}=\boldsymbol{a}_x E_{\mathrm{i}0}\mathrm{e}^{-\mathrm{j}\beta_1 z}$$

若定义媒质 1 中空间点上的波阻抗为

$$Z(z)=\frac{E_1(z)}{H_1(z)}$$

试求波阻抗的具体表达式并说明其规律。

8.5　如果将习题 8.4 中的条件改成均匀平面电磁波垂直入射到理想介质与理想介质分界面，同样求波阻抗的具体表达式并说明其规律。

8.6　垂直极化的均匀平面电磁波以$\theta_{\mathrm{i}}=30°$角由空气斜入射到理想导体表面。已知$E_{\mathrm{i}y}=2$ V/m，$f=10^9$ Hz，求

(1) 空气中合成波的场强；

(2) 沿x方向的相速；

(3) 表面电流密度。

8.7　均匀平面电磁波从空气中斜入到某一介质表面，已知介质的参数为$\varepsilon_{\mathrm{r}}=3$，$\mu_{\mathrm{r}}=1$，入射角$\theta_{\mathrm{i}}=60°$，入射波的电场振幅为$E_{\mathrm{i}0}=1$ V/m。试分别计算垂直极化和平行极化两种情况下反射波和折射波方程。

8.8　已知一波数为$k=200$ rad/m 的均匀平面电磁波以$\theta_{\mathrm{i}}=60°$的入射角从空气中斜入射到理想导体平面上，若该电磁波为垂直极化波，入射波电场幅值为$E_{\mathrm{i}0}=50$ V/m，求：

(1) 空气中的电场强度和磁场强度的驻波波腹点和波节点位置；

(2) 电磁波沿着理想导体表面的传播相速度；

(3) 理想导体上的表面电荷密度和表面电流密度矢量。

8.9　求光线自玻璃($n=1.5$)到空气传播时的临界角和布儒斯特角。证明，在一般情形下，临界角总大于布儒斯特角。

8.10　已知水的折射率为$n_2=1.333$，求如图 8.25 所示的空气和水的分界面的临界

角。由于大于临界角的光线在分界面处发生全反射，因此除了小于临界角的圆形区域外，都是暗的。如果一条鱼在水面下 1 m 处，则它看到的亮区半径是多少？如果此时空中的鹰所在位置与通过鱼处的分界面的法线成 60° 角，则鱼在鹰的眼中看起来在多深的水中？

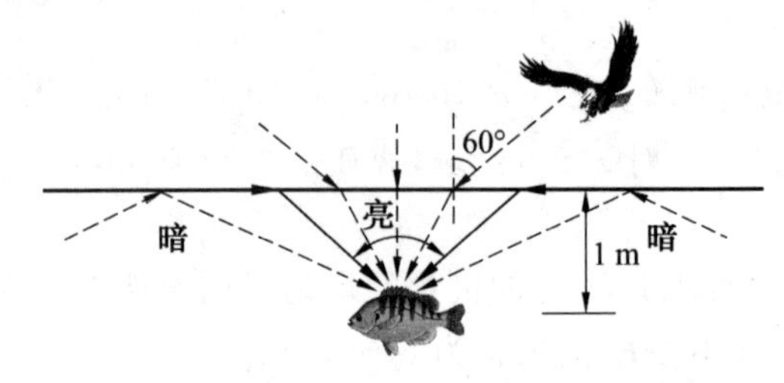

图 8.25　题 8.10 图

8.11　垂直极化的电磁波从水下以入射角 $\theta_i = 20°$ 投射到水与空气的分界面上。已知水的电磁参数为 $\varepsilon_r = 81$，$\mu_r = 1$，试求：

(1) 临界角；

(2) 反射系数 $R_\perp$ 及折射系数 $T_\perp$。

8.12　试证明垂直极化和平行极化斜入射分界面的反射系数可分别表示成

$$R_\perp = \frac{\sin 2\theta_t - \sin \cos 2\theta_i}{\sin 2\theta_t + \sin \cos 2\theta_i} = \frac{\tan(\theta_t - \theta_i)}{\tan(\theta_t + \theta_i)}$$

$$R_{/\!/} = \frac{\sin(\theta_t - \theta_i)}{\sin(\theta_t + \theta_i)}$$

8.13　利用习题 8.9 的结论，请说明对于任一入射角 θ_i 的垂直极化波和平行极化波的反射系数都存在以下关系：

$$|R_\perp| > |R_{/\!/}|$$

8.14　一线极化电磁波以 30° 角斜入射到理想介质与理想介质分界面，其中媒质 1 为空气，媒质 2 的相对介电系数和相对磁导率分别为 $\varepsilon_r = 9$，$\mu_r = 1$，且分界面与 xOy 重合。若电场强度的复振幅矢量为

$$\boldsymbol{E}_{i0} = 10\,\boldsymbol{a}_x + 10\,\boldsymbol{a}_z$$

求：反射波和折射波电场的复振幅矢量。

8.15　一个直线极化波从自由空间入射到介质分界面，该介质的电磁参数为 $\varepsilon_r = 4$ 和 $\mu_r = 1$。若入射波的电场与入射面的夹角为45°，求：

(1) 要使反射波只有垂直极化波，应以多大角入射？

(2) 在此情况下，反射波的平均功率密度是入射波的百分之几？

8.16　已知单频均匀平面电磁垂直入射三层媒质中，其中媒质 1 为空气，媒质 2 为理想介质板，媒质 3 的参数为 $\varepsilon_r = 4$，$\mu_r = 1$；$\sigma = 0$。如果电磁波的频率为 1 GHz，求使电磁波不发生反射时所允许的介质板厚度和电磁参数。

8.17　有一角频率为 ω 的单频均匀平面电磁波，从真空中垂直入射到折射率 $n = \sqrt{\varepsilon_r}$ 的介质片(设 $\mu = \mu_0$)上，片的厚度为 d，试求此介质片的反射系数，并讨论不发生反射的条件。

第9章　导行电磁波

能够引导电磁波沿单一确定方向传播的装置称为导波结构或波导。导波结构的作用是束缚并引导电磁波传播，能够被导波结构引导传播的电磁波称为导行电磁波，简称为导行波。

本章将讨论电磁波在导波结构中的传播规律。首先讨论导行波的一般性质，然后介绍几种典型的导波结构，接着讨论导行波在矩形波导和圆波导中的传播规律，最后介绍介质波导的导波原理。

9.1　导行波的一般性质

9.1.1　导行波的波动方程

我们所研究的导行波问题，主要讨论时谐场沿充满均匀无源无耗媒质的沿均匀导波结构轴向的定向传输问题。若导波结构不同，则电磁场所满足的边界条件也不同，因而，导行波的传播规律和特点也各有差异。在波导中 $\boldsymbol{E}$ 和 $\boldsymbol{H}$ 都必须满足齐次亥姆霍兹方程：

$$\nabla^2\boldsymbol{E}+k^2\boldsymbol{E}=0 \tag{9.1.1}$$

$$\nabla^2\boldsymbol{H}+k^2\boldsymbol{H}=0 \tag{9.1.2}$$

式中，$k^2=\omega^2\mu\varepsilon$。

一个任意横截面的导波结构如图9.1所示，由具有一定厚度的金属构成。建立如图所示的右手关系的直角坐标系，取导波结构的轴向为 $+z$ 方向，其横截面为 xOy 面。在讨论之前先做如下假设：

(1) 导波结构沿 $+z$ 轴方向是均匀的；

(2) 导波结构由理想导体构成，$\sigma\to+\infty$；

(3) 导波结构的内部为理想介质，$\sigma=0$ 且各向同性；

(4) 导波结构区域内部是无源的，$\rho=0$，$J=0$；

(5) 所研究的电磁场为时谐场，即场值随时间做简谐变化。

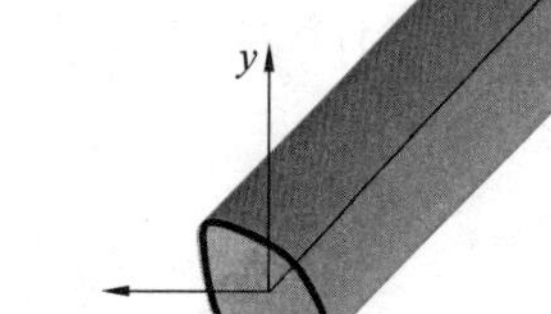

图9.1　任意截面的均匀导波结构

根据以上假设可知，$\boldsymbol{E}$ 和 $\boldsymbol{H}$ 的幅值与 z 无关，可将 $\boldsymbol{E}$ 和 $\boldsymbol{H}$ 写成

$$\boldsymbol{E}=\boldsymbol{E}(x,y)\,\mathrm{e}^{-\mathrm{j}k_g z} \tag{9.1.3}$$

$$\boldsymbol{H}=\boldsymbol{H}(x,y)\,\mathrm{e}^{-\mathrm{j}k_g z} \tag{9.1.4}$$

式中，k_g 为导行波的波数。

将式(9.1.3)和式(9.1.4)分别代入式(9.1.1)和式(9.1.2)并展开，可得各场分量方程为

$$\frac{\partial^2 E_x}{\partial x^2}+\frac{\partial^2 E_x}{\partial y^2}+(\omega^2\mu\varepsilon-k_g^2)E_x=0 \tag{9.1.5}$$

$$\frac{\partial^2 E_y}{\partial x^2}+\frac{\partial^2 E_y}{\partial y^2}+(\omega^2\mu\varepsilon-k_g^2)E_y=0 \tag{9.1.6}$$

$$\frac{\partial^2 E_z}{\partial x^2}+\frac{\partial^2 E_z}{\partial y^2}+(\omega^2\mu\varepsilon-k_g^2)E_z=0 \tag{9.1.7}$$

$$\frac{\partial^2 H_x}{\partial x^2}+\frac{\partial^2 H_x}{\partial y^2}+(\omega^2\mu\varepsilon-k_g^2)H_x=0 \tag{9.1.8}$$

$$\frac{\partial^2 H_y}{\partial x^2}+\frac{\partial^2 H_y}{\partial y^2}+(\omega^2\mu\varepsilon-k_g^2)H_y=0 \tag{9.1.9}$$

$$\frac{\partial^2 H_z}{\partial x^2}+\frac{\partial^2 H_z}{\partial y^2}+(\omega^2\mu\varepsilon-k_g^2)H_z=0 \tag{9.1.10}$$

为求解上述方程，可以先求出沿传播方向（$+z$ 方向，也称纵向）的场分量，再根据横截面上的横向（$+x$ 或 $+y$ 方向）场分量与纵向场分量之间的关系求出其他分量。

首先根据$\nabla\times\boldsymbol{E}=-\mathrm{j}\omega\mu\boldsymbol{H}$ 与$\nabla\times\boldsymbol{H}=\mathrm{j}\omega\varepsilon\boldsymbol{E}$，可得各场分量分别满足

$$\frac{\partial E_z}{\partial y}+\mathrm{j}k_g E_y=-\mathrm{j}\omega\mu H_x \tag{9.1.11}$$

$$-\mathrm{j}k_g E_x-\frac{\partial E_z}{\partial x}=-\mathrm{j}\omega\mu H_y \tag{9.1.12}$$

$$\frac{\partial E_y}{\partial x}-\frac{\partial E_x}{\partial y}=-\mathrm{j}\omega\mu H_z \tag{9.1.13}$$

$$\frac{\partial H_z}{\partial y}+\mathrm{j}k_g H_y=\mathrm{j}\omega\varepsilon E_x \tag{9.1.14}$$

$$-\mathrm{j}k_g H_x-\frac{\partial H_z}{\partial x}=\mathrm{j}\omega\varepsilon E_y \tag{9.1.15}$$

$$\frac{\partial H_y}{\partial x}-\frac{\partial H_x}{\partial y}=\mathrm{j}\omega\varepsilon E_z \tag{9.1.16}$$

联立以上 6 个方程，可得

$$E_x=\frac{\mathrm{j}}{\omega^2\mu\varepsilon-k_g^2}\left(-k_g\frac{\partial E_z}{\partial x}-\omega\mu\frac{\partial H_z}{\partial y}\right) \tag{9.1.17}$$

$$E_y=\frac{\mathrm{j}}{\omega^2\mu\varepsilon-k_g^2}\left(-k_g\frac{\partial E_z}{\partial y}+\omega\mu\frac{\partial H_z}{\partial x}\right) \tag{9.1.18}$$

$$H_x=\frac{\mathrm{j}}{\omega^2\mu\varepsilon-k_g^2}\left(\omega\varepsilon\frac{\partial E_z}{\partial y}-k_g\frac{\partial H_z}{\partial x}\right) \tag{9.1.19}$$

$$H_y=\frac{\mathrm{j}}{\omega^2\mu\varepsilon-k_g^2}\left(-\omega\varepsilon\frac{\partial E_z}{\partial x}-k_g\frac{\partial H_z}{\partial y}\right) \tag{9.1.20}$$

这里可以记

$$k_c^2=\omega^2\mu\varepsilon-k_g^2=k^2-k_g^2 \tag{9.1.21}$$

式(9.1.21) 中的 k_c 称为临界波数。则关于纵向场分量 E_z 和 H_z 的方程(9.1.7) 和(9.1.10) 可写为

$$\frac{\partial^2 E_z}{\partial x^2}+\frac{\partial^2 E_z}{\partial y^2}+k_c^2 E_z=0 \tag{9.1.22}$$

$$\frac{\partial^2 H_z}{\partial x^2}+\frac{\partial^2 H_z}{\partial y^2}+k_c^2 H_z=0 \tag{9.1.23}$$

并结合边界条件进行求解。

所以，对场量存在纵向分量的导行波，只要利用边界条件求得式(9.1.22)和式(9.1.23)的解，就可以通过式(9.1.17)～(9.1.20)求出其余4个横向分量，这种求解方法称为纵向场法。需要注意，在求解过程中一般省略 $e^{-jk_g z}$ 因子，求解完毕后需将其添加。

以上分析表明，导波结构中的导行波可能出现 E_z 或 H_z 分量。因此通常将导行波分为四种类型：

(1) 横电磁波(TEM 波)，即电场和磁场均位于垂直于传播方向的平面内，不存在沿传播方向的纵向分量 E_z 或 H_z；

(2) 横电波(TE 波)，这种波的纵向磁场分量 H_z 不为零，而纵向电场分量 E_z 为零；

(3) 横磁波(TM 波)，这种波的纵向电场分量 E_z 不为零，而纵向磁场分量 H_z 为零；

(4) 一般情况下上述三种类型的导行波均能单独满足场方程和边界条件，但在某些特殊情况下当它们不能单独满足边界条件时，则需要考虑第四种类型：混合波(EH 波)，这种波的纵向电场分量和纵向磁场分量均不为零，可看作 TE 波和 TM 波的叠加。

9.1.2　TEM 波的一般性质

1. 解的形式

由于 TEM 波的纵向场分量为零，即 $E_z=H_z=0$，而 E_x,E_y,H_x,H_y 不全为零，所以从式(9.1.17)～(9.1.20)可知，只有当 $k_c^2=k^2-k_g^2=0$ 时，场分量才有非零解。因此只有当

$$k_g=k=\omega\sqrt{\mu\varepsilon} \tag{9.1.24}$$

时，导波系统中才存在 TEM 波。于是 TEM 波的解的形式为

$$\boldsymbol{E}=\boldsymbol{E}(x,y)\,e^{-jk_g z}=(\boldsymbol{a}_x E_x+\boldsymbol{a}_y E_y)e^{-jk_g z} \tag{9.1.25}$$

$$\boldsymbol{H}=\boldsymbol{H}(x,y)\,e^{-jk_g z}=(\boldsymbol{a}_x H_x+\boldsymbol{a}_y H_y)e^{-jk_g z} \tag{9.1.26}$$

2. 与稳恒场的对比

由于 TEM 波的 $k_c^2=0$，因此其波动方程变为

$$\frac{\partial^2 E_z}{\partial x^2}+\frac{\partial^2 E_z}{\partial y^2}=0 \tag{9.1.27}$$

$$\frac{\partial^2 H_z}{\partial x^2}+\frac{\partial^2 H_z}{\partial y^2}=0 \tag{9.1.28}$$

由以上两式可见，TEM 波的电场和磁场满足二维拉普拉斯方程，其电场具有无源区中静电场的性质，磁场具有恒定磁场的性质。也就是说，在任一横截面上，在某一固定时刻，TEM 导行波的场分布与稳恒场相似，其电场分量分布与静电场中电场分布类似，其磁场分量分布与恒定磁场中磁场分布类似。

一个能传播直流电的导波结构，如平行双线和同轴线等由双导体或多个导体构成的导波系统一定能传输 TEM 波。这是因为横截面内 TEM 波具有稳定场的性质，即电力线与磁力线彼此互不交链，而是分别由导体上的电流和电荷直接控制和支持，但在单导体构成的空心波导管中这种电荷和电流都不可能存在，所以单导体空心波导中不能存在 TEM 波。

也可以用反证法进行说明：若磁力线应完全在横截面内形成闭合曲线，就要求必须有纵

向的传导电流或位移电流存在。但由于空心波导管中无内导体，故不存在传导电流；同时，由于 TEM 波的纵向电场分量为零，因此也不存在纵向位移电流。这意味着在横截面内不可能有闭合磁力线，从而说明单导体空心金属波导管内不可能存在 TEM 波。

3. 与均匀平面波的对比

从 $k_g=k=\omega\sqrt{\mu\varepsilon}$ 可以看出，导波结构中的 TEM 波的波数与无界媒质中传播的均匀平面波的波数相同。与无界媒质中的均匀平面波相比，两者虽然都是 TEM 波，但由于导波结构的存在，场量呈非均匀分布，所以导波结构中的 TEM 波是非均匀平面波。

TEM 波的相速度为

$$v_p=\frac{\omega}{k}=\frac{1}{\sqrt{\mu\varepsilon}} \tag{9.1.29}$$

可见，相速度与媒质参数有关，与频率无关。因此，TEM 波在传播过程中不产生色散现象，可以在无限宽的频带内传播复杂波形的信号而不会产生畸变。

由式(9.1.11)，(9.1.15) 或式(9.1.12)，(9.1.14)，令 $E_z=H_z=0$，$k_g=k$，可得 TEM 波的波阻抗为

$$Z_{TEM}=\frac{E_x}{H_y}=-\frac{E_y}{H_x}=\sqrt{\frac{\mu}{\varepsilon}}=\eta \tag{9.1.30}$$

上式表明，TEM 波的波阻抗等于媒质的特性阻抗。

TEM 波的电场、磁场的方向和传播方向之间服从右手关系，即满足 $\boldsymbol{k}\times\boldsymbol{E}=\omega\mu\boldsymbol{H}$ 与 $\boldsymbol{k}\times\boldsymbol{H}=-\omega\varepsilon\boldsymbol{E}$。沿 $+z$ 方向的坡印廷矢量及平均坡印廷矢量的场量应是 x，y 的函数，为

$$\boldsymbol{S}=\boldsymbol{E}\times\boldsymbol{H}=\boldsymbol{a}_zE(x,y)H(x,y)\cos^2(\omega t-kz) \tag{9.1.31}$$

$$\boldsymbol{S}_{av}=\frac{1}{2}\text{Re}(\boldsymbol{E}\times\boldsymbol{H}^*)=\boldsymbol{a}_z\frac{1}{2}E(x,y)H(x,y) \tag{9.1.32}$$

通过以上的分析，对于导行 TEM 波的求解可分两步进行：首先根据给定的具体导波结构求出场分布，它就是某一时刻、某一横截面上导行 TEM 波的场分布，然后将所得到的场分布乘以沿轴向传播由波程差引起的相位因子 e^{-jkz}，就可得到该导波装置所传输的 TEM 波解的复数形式。

9.1.3 TE，TM 波的一般性质

1. 解的形式

对于 TE 波或 TM 波，由于 E_z 或 H_z 等于零，所以一般情况下电场和磁场共有五个分量。因此，只需根据边界条件求出纵向场分量 E_z 和 H_z 后，就可利用式(9.1.17) ～(9.1.20) 求出其余 4 个横向场分量 E_x，E_y，H_x 和 H_y。在直角坐标系下，TE 波和 TM 波的解的形式可分别写为如下形式：

对于 TE 波：

$$\boldsymbol{E}=(\boldsymbol{a}_xE_x+\boldsymbol{a}_yE_y)e^{-jk_gz} \tag{9.1.33}$$

$$\boldsymbol{H}=(\boldsymbol{a}_xH_x+\boldsymbol{a}_yH_y+\boldsymbol{a}_zH_z)e^{-jk_gz} \tag{9.1.34}$$

由横向场与纵向场的关系，在式(9.1.17) ～ (9.1.20) 中代入 $E_z=0$，可得

$$E_x=\frac{-j\omega\mu}{\omega^2\mu\varepsilon-k_g^2}\frac{\partial H_z}{\partial y} \tag{9.1.35}$$

$$E_y = \frac{j\omega\mu}{\omega^2\mu\varepsilon - k_g^2}\frac{\partial H_z}{\partial x} \tag{9.1.36}$$

$$H_x = \frac{-jk_g}{\omega^2\mu\varepsilon - k_g^2}\frac{\partial H_z}{\partial x} \tag{9.1.37}$$

$$H_y = \frac{-jk_g}{\omega^2\mu\varepsilon - k_g^2}\frac{\partial H_z}{\partial y} \tag{9.1.38}$$

对于 TM 波：

$$\boldsymbol{E} = (\boldsymbol{a}_x E_x + \boldsymbol{a}_y E_y + \boldsymbol{a}_z E_z)\mathrm{e}^{-jk_g z} \tag{9.1.39}$$

$$\boldsymbol{H} = (\boldsymbol{a}_x H_x + \boldsymbol{a}_y H_y)\mathrm{e}^{-jk_g z} \tag{9.1.40}$$

由横向场与纵向场关系，在式(9.1.17) ~ 式(9.1.20) 中代入 $H_z = 0$，可得

$$E_x = -\frac{jk_g}{\omega^2\mu\varepsilon - k_g^2}\frac{\partial E_z}{\partial x} \tag{9.1.41}$$

$$E_y = -\frac{jk_g}{\omega^2\mu\varepsilon - k_g^2}\frac{\partial E_z}{\partial y} \tag{9.1.42}$$

$$H_x = \frac{j\omega\varepsilon}{\omega^2\mu\varepsilon - k_g^2}\frac{\partial E_z}{\partial y} \tag{9.1.43}$$

$$H_y = -\frac{j\omega\varepsilon}{\omega^2\mu\varepsilon - k_g^2}\frac{\partial E_z}{\partial x} \tag{9.1.44}$$

2. TE 波和 TM 波的传播特性

由式(9.1.21) 可知 $k_g = \sqrt{k^2 - k_c^2}$。可以看出，当 $k^2 - k_c^2 > 0$ 时，k_g 为实数，电磁波能够在波导中传播，相位因子 $\mathrm{e}^{-jk_g z}$ 代表沿 $+z$ 方向传播的行波，沿 $+z$ 方向有相位滞后；当 $k^2 - k_c^2 = 0$ 时，相位因子 $\mathrm{e}^{-jk_g z} = 0$，不存在沿波导传播的波；当 $k^2 - k_c^2 < 0$ 时，k_g 为纯虚数，$\pm jk_g$ 为实数，这说明 $\mathrm{e}^{-jk_g z}$ 为衰减因子，而振幅则按指数规律很快衰减，表示时变电磁场在波导中没有传播，成为沿 $+z$ 方向呈衰减状态的凋落场分布。

因此，k_c 是波导内能否传播导行波的临界点，故称为临界波数。k_c 是由波导横截面形状、尺寸以及电磁波在波导中的传播方式决定的常数，k 是由导行波的工作频率(或工作波长) 以及媒质特性决定的。可以看出，只有当 $k > k_c$ 时，电磁波才能在波导中传播，因此 k_c 又可称为截止波数。对应于临界波数 k_c，可以求出相应的临界波长 λ_c：

$$\lambda_c = \frac{2\pi}{k_c} \tag{9.1.45}$$

与导行波的波数 k_g 相对应的波长称为波导波长 λ_g，即

$$\lambda_g = \frac{2\pi}{k_g} \tag{9.1.46}$$

所以可得

$$k_g = k\sqrt{1 - \left(\frac{\lambda}{\lambda_c}\right)^2} \tag{9.1.47}$$

由式(9.1.47) 可以看出：当 $\lambda < \lambda_c$ 时，k_g 为实数；当 $\lambda = \lambda_c$ 时，$k_g = 0$；当 $\lambda > \lambda_c$ 时，k_g 为纯虚数，jk_g 为实数。说明对于波导中的 TE 波或 TM 波，存在一个波长极限值 λ_c，波长大于这个值时导行波不能在波导中传播。所以可将 λ_c 称为临界波长，其相应的频率可记为 f_c，称为临界频率，式(9.1.47) 还可写成

$$k_g = k\sqrt{1-\left(\frac{f_c}{f}\right)^2} \tag{9.1.48}$$

由式(9.1.48)可以看出：只有当 $f > f_c$，即工作频率高于临界频率时，k_g 为实数，TE 波和 TM 波才能在波导中传播；而当 $f < f_c$ 时，时变电磁场在波导中没有传播，呈现很快衰减的凋落场分布。

可见，对于不同频率的电磁波，固定尺寸的波导相当于一个高通滤波器。对于 TE 和 TM 波，存在着临界频率或临界波长，只有当工作频率高于临界频率(或工作波长小于对应的临界波长)时，电磁波才能在波导中传播。因此，将 $\lambda < \lambda_c$ 或 $f > f_c$ 称为波导中电磁波的传播条件，而将 $\lambda > \lambda_c$ 或 $f < f_c$ 称为波导中电磁波的截止条件，因此 λ_c 又可称为截止波长，f_c 又可称为截止频率。

由 $k_g = \frac{2\pi}{\lambda_g}$，$k_c = \frac{2\pi}{\lambda_c}$ 及 $k = \frac{2\pi}{\lambda}$，还可得

$$\lambda_g = \frac{\lambda}{\sqrt{1-\left(\frac{\lambda}{\lambda_c}\right)^2}} \tag{9.1.49}$$

$$f_c = \frac{k_c}{2\pi\sqrt{\mu\varepsilon}} \tag{9.1.50}$$

由式(9.1.29)可得导行波的相速度 v_p 为

$$v_p = \lambda_g f = \frac{c}{\sqrt{1-\left(\frac{\lambda}{\lambda_c}\right)^2}} > c \tag{9.1.51}$$

由式(9.1.51)可见，电磁波在波导中沿 z 轴方向的相速总大于其在无界媒质中的相速，说明波导的轴向并不是电磁波能量的传播方向。TE 波或 TM 波的相速都随波长(或频率)而变化，称此现象为“色散”，因此 TE 波或 TM 波为“色散”波。这种现象是由波导的边界条件引起的，这种色散与由损耗媒质所引起的色散现象不同。

群速是指一群具有相近的 ω 和 k_g 的波群在传输过程中的共同速度，或者说是已调波包络的速度。从物理概念上看，群速是能量的传播速度，根据 $v_g = \frac{d\omega}{d\beta}$，并由 $k_g = \sqrt{k^2 - k_c^2} = \sqrt{\omega^2\mu\varepsilon - k_c^2}$ 可得

$$v_g = \frac{d\omega}{d\beta} = c\sqrt{1-\left(\frac{\lambda}{\lambda_c}\right)^2} \tag{9.1.52}$$

可见，TE 波或 TM 波的群速满足 $v_g < c$，并且 $v_g \cdot v_p = c^2$，且当频率接近于临界频率时，群速趋于 0。

TE 波的波阻抗为

$$Z_{TE} = \frac{E_x}{H_y} = -\frac{E_y}{H_x} = \frac{\omega\mu}{k_g} = \frac{\eta}{\sqrt{1-\left(\frac{\lambda}{\lambda_c}\right)^2}} \tag{9.1.53}$$

TM 波的波阻抗为

$$Z_{TM} = \frac{E_x}{H_y} = -\frac{E_y}{H_x} = \frac{k_g}{\omega\mu} = \eta\sqrt{1-\left(\frac{\lambda}{\lambda_c}\right)^2} \tag{9.1.54}$$

由式(9.1.53)和(9.1.54)可以看出,对于波导中传播的 TE 波或 TM 波,其阻抗是纯电阻性的,且有 $Z_{TE} > \eta, Z_{TM} < \eta$。

导行波沿无耗规则导波系统 $+z$ 方向传输的平均功率为

$$\boldsymbol{S}_{av} = \mathrm{Re}\left[\int_S \frac{1}{2}(\boldsymbol{E} \times \boldsymbol{H}^*) \cdot \mathrm{d}\boldsymbol{s}\right] = \frac{1}{2}\mathrm{Re}\left[\int_S (\boldsymbol{E}_t \times \boldsymbol{H}_t^*) \cdot \boldsymbol{a}_z \mathrm{d}s\right]$$
$$= \frac{1}{2|Z_{TE}|}\int_S |E_t|^2 \mathrm{d}s = \frac{|Z_{TM}|}{2}\int_S |H_t|^2 \mathrm{d}s \tag{9.1.55}$$

其中 E_t 和 H_t 表示电场和磁场的横向分量。

当电磁波处于衰减模式(满足截止条件)时,波阻抗则是纯电抗性的,这表明电场与磁场的横向分量相位相差$\frac{\pi}{2}$,其平均坡印廷矢量为零。与衰减模式相伴的有功功率流为零,没有能量沿 z 轴方向传输,处于截止状态。但这种衰减与欧姆损耗引起的衰减不同,是一种电抗性衰减,能量并没有损耗掉。

9.1.4　几种典型的导波结构

1893 年英国物理学家汤姆逊指出了金属圆柱形波导传输电磁波的可行性,预言了传输波长可与圆柱直径相比拟。1897 年英国物理学家瑞利发表了论文,讨论了矩形截面和圆形截面空心导体中的电磁振动问题,这些结构对应于后来的矩形波导和圆波导,他还引进了截止波长的概念,并讨论了矩形波导中的主模。1936 年,贝尔实验室选用输出波长为 9 cm 的信号源,使用直径为 12.5 cm、长度为 260 m 的青铜管进行了波导传输实验,并提出了用介质波导传输电磁波的建议。1938 年华裔科学家朱兰成对椭圆波导进行了分析与研究。1966 年华裔科学家高锟认为介质波导中的电磁波传播是靠边界面间的反射实现的,他将从石英中提炼的超纯细丝状光导纤维用于导波。

满足不同工作频率和实际需要的波导具有不同的结构。在工作频率较低时,导波结构的形式很简单,两根导线就可以引导电磁波,一般双导线的应用频率低于 100 MHz。在工作频率较高时,常用的导波结构主要有金属管波导、同轴线、带状线、微带线、介质波导等。

波导也可以称为传输线,按导行波的特点可将传输线分为三类:(1)TEM 波传输线,如平行双线、同轴线、微带波导也可以称为传办理线等;(2) 波导,如矩形金属波导、圆形金属波导等;(3) 表面波传输线,如介质波导等。如果按导波结构的构成分类,还可分为双导体传输线与单导体传输线两大类。

图 9.2 与图 9.3 是几种典型的导波结构。图 9.2 给出了几种双导体传输线,平行双线是最简单的 TEM 波传输线,但随着工作频率的增加,其辐射损耗急剧增大,所以双导线主要用于米波波段;同轴线适用于远距离传输,例如有线电视;同轴线的适用频带较宽,但存在内导体的电阻损耗和介质损耗,主要用于分米波和厘米波波段;微带线体积小、质量轻、频带宽、便于集成,所以广泛应用于微波毫米波集成电路。图 9.3 给出了几种单导体传输线,空心金属波导的优点是损耗小、电磁屏蔽性能好,因此适用于微波传输和微波通信设备;介质波导则可工作于毫米波到光波波段。表 9.1 给了几种常用导波系统的主要特性。

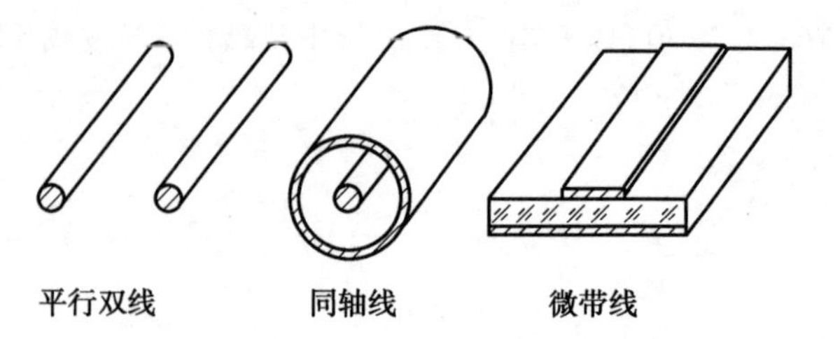

图 9.2　双导体传输线

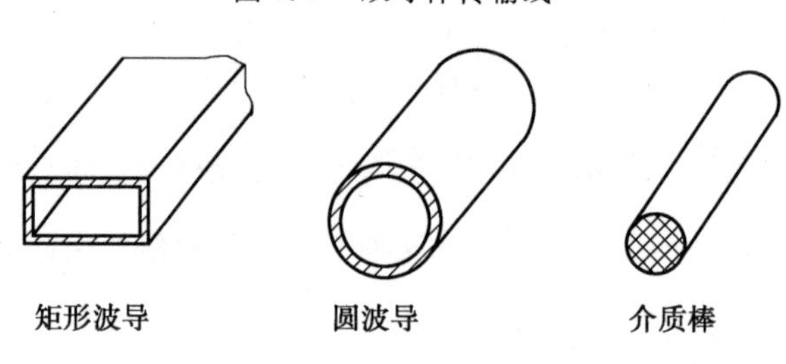

图 9.3　单导体传输线

表 9.1　几种常用导波系统的主要特性

名称	波型	电磁屏蔽性能	使用波段
双导线	TEM 波	差	米波
同轴线	TEM 波	好	分米波、厘米波
带状线	TEM 波	差	厘米波、毫米波
微带线	准 TEM 波	差	厘米波、毫米波
矩形波导	TE 或 TM 波	好	厘米波、毫米波
圆波导	TE 或 TM 波	好	厘米波、毫米波
光　纤	TE 或 TM 波	差	光波

9.2　矩形波导中的导行波

矩形波导是由矩形空心金属管制成的导波结构，其结构如图 9.4 所示。在直角坐标系中，设其内壁宽边尺寸为 a，窄边尺寸为 b，波导的轴向沿 $+z$ 方向。为简化分析，可以将金属管壁近似视为理想导体。由 9.1 节可知，矩形波导中不能传播 TEM 波，但能传播 TE 波和 TM 波。在求解矩形波导中导行电磁波的场分量时，可采用纵向场法首先求出 E_z 或 H_z，再利用式(9.1.17) ～ (9.1.20) 求出其余的场分量。

9.2.1　矩形波导中 TE 波的解

对于矩形波导中的 TE 波，有 $E_z = 0$，$H_z \neq 0$，可得 H_z 满足方程

$$\frac{\partial^2 H_z}{\partial x^2} + \frac{\partial^2 H_z}{\partial y^2} + k_c^2 H_z = 0 \tag{9.2.1}$$

这里采用分离变量法求解该偏微分方程。设其解为 $H_z(x, y) = X(x)Y(y)$，并代入式(9.2.1)，然后在等式两边同除以 $X(x)Y(y)$，可得

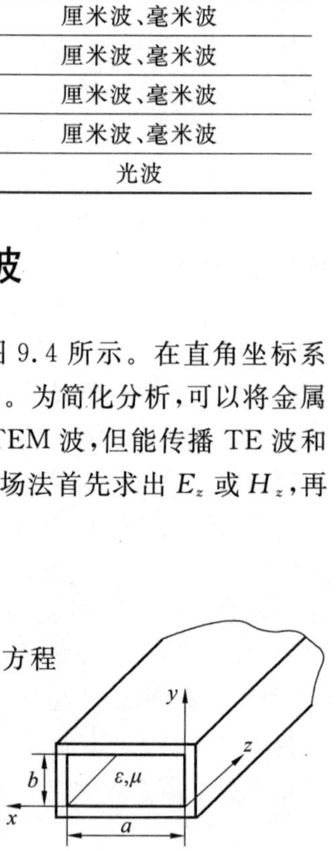

图 9.4　矩形波导的结构

$$\frac{1}{X(x)}\frac{\mathrm{d}^2X(x)}{\mathrm{d}x^2}+\frac{1}{Y(y)}\frac{\mathrm{d}^2Y(y)}{\mathrm{d}y^2}=-k_c^2 \tag{9.2.2}$$

上式左端第一项仅为 x 的函数,第二项仅为 y 的函数,要使两项之和等于常数,必须两项各等于常数,若令它们分别等于 $-k_x^2$ 和 $-k_y^2$,则有

$$\frac{\mathrm{d}^2X(x)}{\mathrm{d}x^2}+k_x^2X(x)=0 \tag{9.2.3}$$

$$\frac{\mathrm{d}^2Y(y)}{\mathrm{d}y^2}+k_y^2Y(y)=0 \tag{9.2.4}$$

且有

$$k_x^2+k_y^2=k_c^2 \tag{9.2.5}$$

这里 k_x, k_y 称为分离常数。

式(9.2.3)和式(9.2.4)的通解分别为

$$X(x)=A\sin k_xx+B\cos k_xx \tag{9.2.6}$$

$$Y(y)=C\sin k_yx+D\cos k_yx \tag{9.2.7}$$

则有

$$H_z=X(x)Y(y)=(A\sin k_xx+B\cos k_xx)(C\sin k_yy+D\cos k_yy) \tag{9.2.8}$$

式中积分常数 A,B,C,D 和分离常数 k_x,k_y 由矩形波导的边界条件确定。矩形波导的边界条件是理想导体壁的切向电场等于零,因此有

$$E_y|_{x=0}=0,\quad E_y|_{x=a}=0 \tag{9.2.9}$$

$$E_x|_{y=0}=0,\quad E_x|_{y=b}=0 \tag{9.2.10}$$

将式(9.2.9)和式(9.2.10)分别应用于式(9.1.35)和式(9.1.36),并考虑到 $E_z=0$,可得关于 H_z 的边界条件:

$$\frac{\partial H_z}{\partial x}\Big|_{x=0}=0,\quad \frac{\partial H_z}{\partial x}\Big|_{x=a}=0 \tag{9.2.11}$$

$$\frac{\partial H_z}{\partial y}\Big|_{y=0}=0,\quad \frac{\partial H_z}{\partial y}\Big|_{y=b}=0 \tag{9.2.12}$$

将上两式代入式(9.2.8)中,可确定通解中的常数,则有:

当 $x=0$ 时,$\frac{\partial H_z}{\partial x}=0$,则 $A=0$,所以 $H_z=B\cos k_xx(C\sin k_yy+D\cos k_yy)$;

当 $y=0$ 时,$\frac{\partial H_z}{\partial y}=0$,则 $C=0$,此时 B 不能为零,所以有 $H_z=BD\cos k_xx\cos k_yy$;

当 $x=a$ 时,$\frac{\partial H_z}{\partial x}=0$,$k_x$ 必须满足

$$k_x=\frac{m\pi}{a}\quad(m=0,1,2,3,\cdots) \tag{9.2.13}$$

所以有 $H_z=H_0\cos\frac{m\pi}{a}x\cos k_yy$,这里 $H_0=BD$。

当 $y=b$ 时,$\frac{\partial H_z}{\partial y}=0$,$k_y$ 必须满足

$$k_y=\frac{n\pi}{b}\quad(n=0,1,2,3,\cdots) \tag{9.2.14}$$

于是可得

$$H_z(x,y)=H_0\cos\left(\frac{m\pi}{a}x\right)\cos\left(\frac{n\pi}{b}y\right)\tag{9.2.15}$$

添加相位因子 $e^{-jk_g z}$，可得

$$H_z=H_0\cos\frac{m\pi}{a}x\cos\frac{n\pi}{b}y\,e^{-jk_g z}\tag{9.2.16}$$

式中的 H_0 由激励源强度决定。

利用式(9.1.35) ～ (9.1.38)，可得 TE 波的其余 4 个横向场分量：

$$E_x=\frac{j\omega\mu}{k_c^2}\frac{n\pi}{b}H_0\cos\frac{m\pi}{a}x\sin\frac{n\pi}{b}y\,e^{-jk_g z}\tag{9.2.17}$$

$$E_y=-\frac{j\omega\mu}{k_c^2}\frac{m\pi}{a}H_0\sin\frac{m\pi}{a}x\cos\frac{n\pi}{b}y\,e^{-jk_g z}\tag{9.2.18}$$

$$H_x=\frac{jk_g}{k_c^2}\frac{m\pi}{a}H_0\sin\frac{m\pi}{a}x\cos\frac{n\pi}{b}y\,e^{-jk_g z}\tag{9.2.19}$$

$$H_y=\frac{jk_g}{k_c^2}\frac{n\pi}{b}H_0\cos\frac{m\pi}{a}x\sin\frac{n\pi}{b}y\,e^{-jk_g z}\tag{9.2.20}$$

这里 $k_c^2=k_x^2+k_y^2=\left(\frac{m\pi}{a}\right)^2+\left(\frac{n\pi}{b}\right)^2$。

9.2.2　矩形波导中 TM 波的解

设矩形波导内波沿 $+z$ 方向传播，对于 TM 波而言，$H_z=0$，$E_z\neq0$。利用纵向场法，当求出 E_z 后，就可以求出其他的场分量。E_z 所满足的波动方程为

$$\frac{\partial^2E_z}{\partial x^2}+\frac{\partial^2E_z}{\partial y^2}+k_c^2E_z=0\tag{9.2.21}$$

由分离变量法，设其解为 $E_z(x,y)=X(x)Y(y)$，代入式(9.2.21)，并在两边同除以 $X(x)Y(y)$ 可得

$$\frac{1}{X(x)}\frac{d^2X(x)}{dx^2}+\frac{1}{Y(y)}\frac{d^2Y(y)}{dy^2}+k_c^2=0\tag{9.2.22}$$

这里的 x 和 y 是互不相关的独立变量。欲使上式对任意 x 和 y 值都成立，需要等式左边的两项分别等于常数。令它们分别等于 $-k_x^2$ 和 $-k_y^2$，则有

$$\frac{d^2X(x)}{dx^2}+k_x^2X(x)=0\tag{9.2.23}$$

$$\frac{d^2Y(y)}{dy^2}+k_y^2Y(y)=0\tag{9.2.24}$$

这里 k_x，k_y 为分离常数，且满足 $k_x^2+k_y^2=k_c^2$。

式(9.2.23) 和式(9.2.24) 的通解分别为

$$X(x)=A\sin k_xx+B\cos k_xx\tag{9.2.25}$$

$$Y(y)=C\sin k_yy+D\cos k_yy\tag{9.2.26}$$

则

$$E_z=X(x)Y(y)=(A\sin k_xx+B\cos k_xx)(C\sin k_yy+D\cos k_yy)\tag{9.2.27}$$

式中积分常数 A,B,C,D 和分离常数 k_x，k_y 由矩形波导的边界条件确定。矩形波导的边界条件是理想导体壁的切向电场等于零，则 E_z 所满足的边界条件为

$$E_z\big|_{x=0}=0,\quad E_z\big|_{x=a}=0\tag{9.2.28}$$

$$E_z\,|_{y=0}=0,\quad E_z\,|_{y=b}=0 \tag{9.2.29}$$

将上两式代入式(9.2.27)中，可确定通解中的常数，则有：

当 $x=0$ 时，$E_z=0$，则 $B=0$，所以 $E_z=A\sin k_x x(C\sin k_y y+D\cos k_y y)$；

当 $y=0$ 时，$E_z=0$，则 $D=0$，此时 A 不能为零，所以有

$$E_z=AC\sin k_x x\sin k_y y=E_0\sin k_x x\sin k_y y$$

当 $x=a$ 时，$E_z=0$，k_x 必须满足

$$k_x=\frac{m\pi}{a}\quad(m=1,2,3,\cdots) \tag{9.2.30}$$

则 $E_z=E_0\sin\frac{m\pi}{a}x\sin k_y y$，这里 $E_0=AC$。

当 $y=b$ 时，$E_z=0$，k_y 必须满足

$$k_y=\frac{n\pi}{b}\quad(n=1,2,3,\cdots) \tag{9.2.31}$$

可得

$$E_z(x,y)=X(x)Y(y)=E_0\sin\frac{m\pi}{a}x\cos\frac{n\pi}{b}y \tag{9.2.32}$$

添加相位因子 $e^{-jk_g z}$，可得

$$E_z=E_0\sin\frac{m\pi}{a}x\cos\frac{n\pi}{b}y\,e^{-jk_g z} \tag{9.2.33}$$

式中 E_0 由激励源强度决定。利用式(9.1.41)～(9.1.44)，可得 TM 波的其余 4 个横向场分量：

$$E_x=-\frac{jk_g}{k_c^2}\frac{m\pi}{a}E_0\cos\frac{m\pi}{a}x\sin\frac{n\pi}{b}y\,e^{-jk_g z} \tag{9.2.34}$$

$$E_y=-\frac{jk_g}{k_c^2}\frac{n\pi}{b}E_0\sin\frac{m\pi}{a}x\cos\frac{n\pi}{b}y\,e^{-jk_g z} \tag{9.2.35}$$

$$H_x=\frac{j\omega\varepsilon}{k_c^2}\frac{n\pi}{b}E_0\sin\frac{m\pi}{a}x\cos\frac{n\pi}{b}y\,e^{-jk_g z} \tag{9.2.36}$$

$$H_y=-\frac{j\omega\varepsilon}{k_c^2}\frac{m\pi}{a}E_0\cos\frac{m\pi}{a}x\sin\frac{n\pi}{b}y\,e^{-jk_g z} \tag{9.2.37}$$

9.2.3　矩形波导中 TE,TM 波的传播特性

对于 TE 波和 TM 波，由式(9.1.21)及 $k=\omega\sqrt{\mu\varepsilon}$，可得矩形波导中的波导波数为 $k_g=\sqrt{k^2-k_c^2}=\sqrt{\omega^2\mu\varepsilon-k_c^2}$。当工作频率高于截止频率，即 $f>f_c$ 时，k_g 为实数，电磁波才会在矩形波导中沿 $+z$ 方向传输，这时的波导波数为 $k_g=k\sqrt{1-\left(\frac{f_c}{f}\right)^2}$。当工作频率低于截止频率，即 $f<f_c$ 时，k_g 为纯虚数，此时电磁波衰减很快，不能在波导中传输。

由式(9.2.5)及 $k_x=\frac{m\pi}{a}$ 和 $k_y=\frac{n\pi}{b}$ 可得截止波数为

$$k_c=\sqrt{\left(\frac{m\pi}{a}\right)^2+\left(\frac{n\pi}{b}\right)^2} \tag{9.2.38}$$

于是截止波长为

$$\lambda_c = \frac{2\pi}{k_c} = \frac{2\pi}{\sqrt{\left(\frac{m\pi}{a}\right)^2 + \left(\frac{n\pi}{b}\right)^2}} = \frac{2}{\sqrt{\left(\frac{m}{a}\right)^2 + \left(\frac{n}{b}\right)^2}} \tag{9.2.39}$$

可见，截止波长不仅与 m，n 有关，还与波导尺寸有关。只要求出 λ_c，即可利用式(9.1.49) ～ (9.1.54) 分别求出截止频率 f_c、波导波长 λ_g、相速 v_p、群速 v_g 以及波阻抗 Z_{TE}，Z_{TM} 等参量。截止频率 f_c 为

$$f_c = \frac{k_c}{2\pi\sqrt{\mu\varepsilon}} = \frac{1}{2\sqrt{\mu\varepsilon}}\sqrt{\left(\frac{m}{a}\right)^2 + \left(\frac{n}{b}\right)^2} \tag{9.2.40}$$

导行波在矩形波导中的相速度 v_p 为

$$v_p = \frac{\omega}{k_g} = \frac{v}{\sqrt{1-\left(\frac{f_c}{f}\right)^2}} = \frac{v}{\sqrt{1-\left(\frac{\lambda}{\lambda_c}\right)^2}} = \frac{v}{\sqrt{1-\frac{\lambda^2\left(\frac{m^2}{a^2}+\frac{n^2}{b^2}\right)}{4}}} \tag{9.2.41}$$

其中 $v = \frac{1}{\sqrt{\mu\varepsilon}}$。

导行波在矩形波导中的波导波长 λ_g 为

$$\lambda_g = \frac{v_p}{f} = \frac{\lambda}{\sqrt{1-\left(\frac{f_c}{f}\right)^2}} = \frac{\lambda}{\sqrt{1-\left(\frac{\lambda}{\lambda_c}\right)^2}} = \frac{\lambda}{\sqrt{1-\frac{\lambda^2\left(\frac{m^2}{a^2}+\frac{n^2}{b^2}\right)}{4}}} \tag{9.2.42}$$

矩形波导中 TE 波的波阻抗为

$$Z_{TE} = \frac{\eta}{\sqrt{1-\left(\frac{\lambda}{\lambda_c}\right)^2}} = \frac{\eta}{\sqrt{1-\frac{\lambda^2\left(\frac{m^2}{a^2}+\frac{n^2}{b^2}\right)}{4}}} \tag{9.2.43}$$

矩形波导中 TM 波的波阻抗为

$$Z_{TM} = \eta\sqrt{1-\left(\frac{\lambda}{\lambda_c}\right)^2} = \eta\sqrt{1-\frac{\lambda^2\left(\frac{m^2}{a^2}+\frac{n^2}{b^2}\right)}{4}} \tag{9.2.44}$$

其中，$\eta = \sqrt{\frac{\mu}{\varepsilon}}$。

由 TE 波的场分量表达式(9.2.17) ～ (9.2.20) 和 TM 波的场分量表达式(9.2.34) ～ (9.2.37) 可以看出，当取不同整数值 m 和 n 时，对于每一种 m 和 n 的组合都有相应的场分量表达式，也就是说具有特定的场分布。将每一种特定的场分布称为一种模式，记为 TE_{mn} 模或 TM_{mn} 模。

矩形波导内有无穷多个 TE 模式和 TM 模式，波导中的场是由所有不同模式的场分布叠加而成的。由矩形波导中的 TE 波的场分量表达式可知，m 或 n 可以取 0，但不能同时为 0，否则场分量全部为零。即矩形波导中不存在 TE_{00} 模。由矩形波导中 TM 波的场分量表达式可知，m 和 n 都不能为 0，否则场分量也将全部为零，即不存在 TM_{00} 模、TM_{m0} 模和 TM_{0n} 模。

对于一个固定尺寸的矩形波导，只有工作波长小于截止波长的模式才能传播。对于给

定横截面尺寸 a 和 $b(a > b)$ 的矩形波导，可由式(9.2.39) 求出不同模式对应的截止波长。为便于比较，可以将不同模式对应的截止波长按长短次序在同一坐标轴上描绘出来。通常把这种描述各模式截止波长分布情况的图称为模式分布图，图 9.5 就是矩形波导的模式分布图。

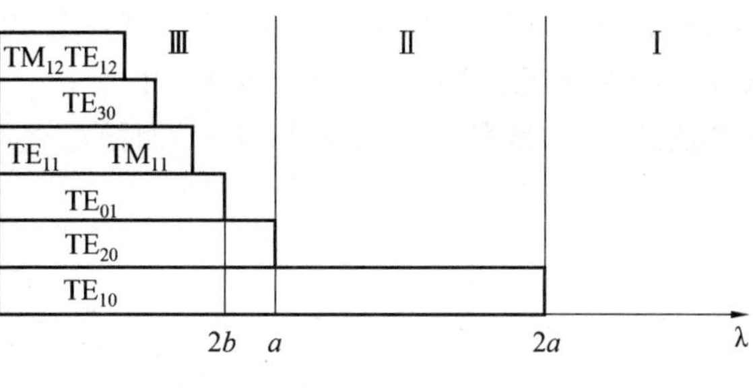

图 9.5　矩形波导的模式分布图

在模式分布图中，称截止波长最长的模式为主模，称其余模式为高次模。对于尺寸一定的波导，主模的截止波长最长，高次模式的截止波长较短。例如对于矩形波导中的 TE 波，由于 m 和 n 不能同时为零，那么在横截面尺寸 $a > b$ 时，截止波长最长的模式是 TE_{10} 模，称其为矩形波导的主模式，也就是最低模式。

对于图 9.5，可以将其分为三个区域：

(1) Ⅰ 区为 $\lambda_{c,TE_{10}} = 2a \sim \infty$，由于 $\lambda_{c,TE_{10}}$ 是矩形波导中所能出现的最长截止波长，因此当波长 $\lambda \geqslant 2a$ 时，电磁波就不能在波导中传播，故称 Ⅰ 区为截止区。

(2) Ⅱ 区为 $\lambda_{c,TE_{20}} = a \sim \lambda_{c,TE_{10}} = 2a$，若工作波长处于 $a < \lambda < 2a$，就只有TE_{10} 波能够在波导中传播，其他模式均处于截止状态，我们把这种情况称为单模传输。该区域只存在 TE_{10} 模，因此 Ⅱ 区可称为单模区。在使用波导传输能量时，通常要求工作在单模区。

(3) Ⅲ 区为 $0 \sim \lambda_{c,TE_{20}} = a$，若工作波长 $\lambda < a$，则至少会出现两种以上的模式，故称该区为多模区。例如在矩形波导尺寸满足 $a > 2b$ 的条件下，如果工作波长处于 $2b < \lambda < a$，波导中存在TE_{10} 模和TE_{20} 模，即TE_{10} 波和TE_{20} 波能够在波导中传播。

因此，在给定矩形波导横截面尺寸 a，b 的情况下，为保证单模传输，电磁波的工作波长应满足

$$\begin{cases} 2a > \lambda > a \\ \lambda > 2b \end{cases} \tag{9.2.45}$$

需要指出的是，虽然一般情况下不同模式的截止波长不同，但也存在不同模式具有相同截止波长的情况，通常把这种情况称为模式简并，把截止波长相同的不同模式称为简并模式。例如 TE_{11} 模和 TM_{11} 模就是简并模式。

由矩形波导场分量的表达式可知，波导中的电磁波沿 z 轴为行波分布、有功率传输，而沿 x 和 y 轴为驻波分布(正弦或余弦分布规律)、无功率传输；m 表示场量在波导宽边上(x 轴从 0 到 a) 变化的半周期(驻波) 的数目，n 表示场量在波导窄边上(y 轴从 0 到 b) 变化的半周期(驻波) 的数目。矩形波导的场分量沿纵向(z 轴方向) 为无衰减的行波，在横向(xOy 面) 上为驻波，驻波振幅为正弦或余弦函数，所以矩形波导中 TE，TM 波都是非均匀平面波。

为形象直观地描述矩形波导内的场分布，图 9.6 ～ 9.10 分别给出了几种典型模式的瞬时场分布图。在这里用电力线(实线) 和磁力线(虚线) 的密与疏表示波导中电场和磁场的强与弱。从图中可以看出电力线与导体表面垂直；电力线可以环绕交变磁场形成闭合曲线，也可以是不闭合曲线，电力线不能相互交叉；磁力线与导体表面平行，磁力线总是环绕交变电场形成闭合曲线，磁力线不能相互交叉；电力线与磁力线总是相互正交，且依从坡印廷矢

量关系。对于 TE 模，由于 $E_z=0,H_z\neq0$，因此电力线分布在矩形波导的横截面内，而磁力线在空间形成闭合曲线。对于 TM 模，由于 $E_z\neq0,H_z=0$，因此磁力线是位于横截面内的闭合曲线，电力线是空间曲线且与波导四壁垂直。

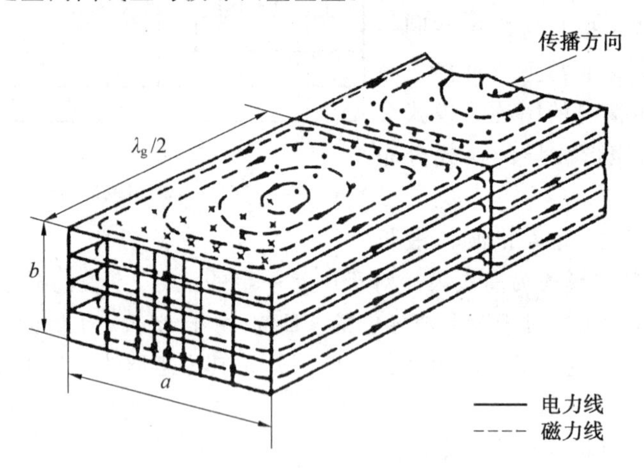

图 9.6　矩形波导中 TE_{10} 模的电磁场分布图

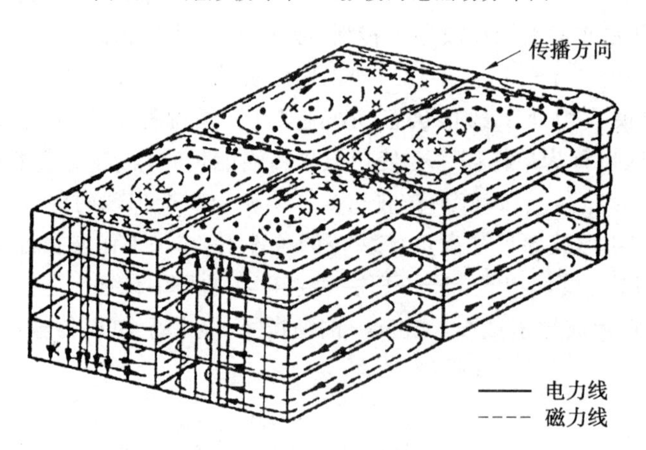

图 9.7　矩形波导中 TE_{20} 模的电磁场分布图

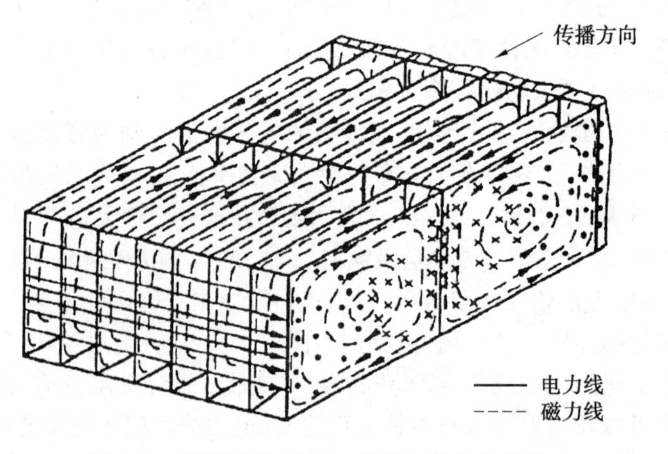

图 9.8　矩形波导中 TE_{01} 模的电磁场分布图

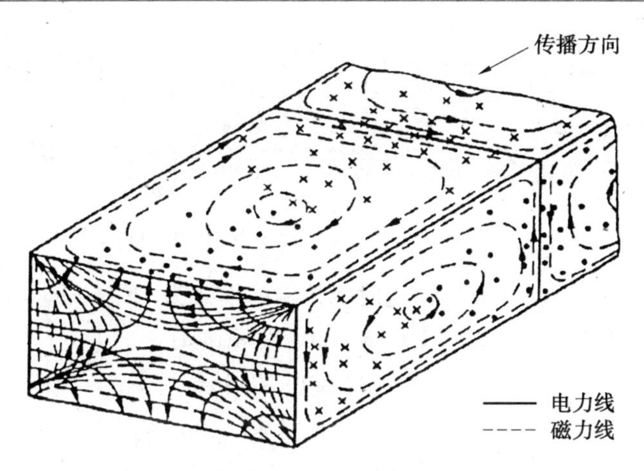

图 9.9　矩形波导中 TE_{11} 模的电磁场分布图

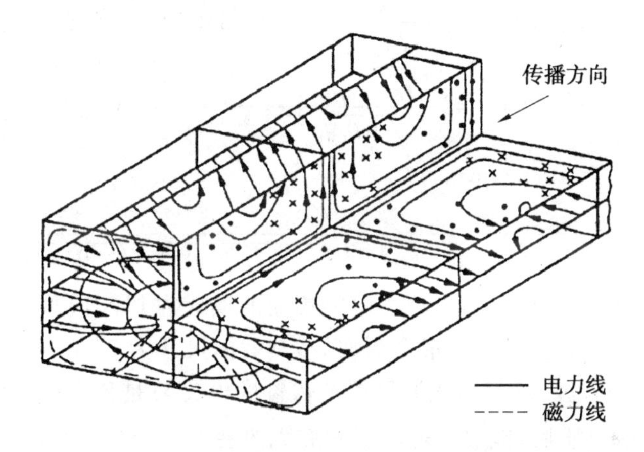

图 9.10　矩形波导中 TM_{11} 模的电磁场分布图

例 9.1　在尺寸为 $a\times b=22.86\ \text{mm}\times 10.16\ \text{mm}$ 的矩形波导中，传输 TE_{10} 波，工作频率为 10 GHz。请回答以下几个问题：

(1) 求截止波长、截止频率、波导波长和波阻抗；

(2) 若波导的宽边尺寸增大一倍，上述参数如何变化？还能传输什么模式？

(3) 若波导的窄边尺寸增大一倍，上述参数如何变化？还能传输什么模式？

解　(1) 截止波长为 $\lambda_{c,TE_{10}}=2a=2\times 22.86=45.72\ (\text{mm})$，

截止频率为 $f_{c,TE_{10}}=\dfrac{1}{2a\sqrt{\mu_0\varepsilon_0}}=\dfrac{3\times 10^8}{2\times 22.26\times 10^{-3}}=6.56\times 10^9(\text{Hz})$，

波导波长为 $\lambda_{g,TE_{10}}=\dfrac{\lambda_0}{\sqrt{1-(f_{c,TE_{10}}/f)^2}}=\dfrac{3\times 10^{-2}}{\sqrt{1-(6.56/10)^2}}=3.97\times 10^{-2}(\text{m})$，

波阻抗为 $Z_{TE_{10}}=\dfrac{\eta_0}{\sqrt{1-(f_{c,TE_{10}}/f)^2}}=\dfrac{377}{0.755}=499.3\ (\Omega)$。

(2) 当波导的宽边 $a'=2a=2\times 22.86=45.72\ (\text{mm})$ 时，

$$\lambda_{c,TE_{10}}=2a'=91.44\ \text{mm}$$

$$f_{c,TE_{10}}=\frac{1}{2a'\sqrt{\mu_0\varepsilon_0}}=\frac{1}{2}\times 6.56\times 10^9=3.28\times 10^9(\text{Hz})$$

$$\lambda_{g,TE_{10}}=\frac{\lambda_0}{\sqrt{1-(f_{c,TE_{10}}/f)^2}}=\frac{3\times10^{-2}}{\sqrt{1-(3.28/10)^2}}=3.176\times10^{-2}(\text{m})$$

$$Z_{TE_{10}}=\frac{\eta_0}{\sqrt{1-(f_{c,TE_{10}}/f)^2}}=\frac{377}{\sqrt{0.892}}=399.2\ (\Omega)$$

此时 $\lambda_{c,TE_{20}}=a'=45.72\ \text{mm}$，$\lambda_{c,TE_{30}}=\frac{2}{3}a'=30.48\ \text{mm}$，

由于工作波长为 $\lambda=30\ \text{mm}$，所以此时能传输的模式为TE_{10}，TE_{20}，TE_{30}。

(3) 当波导的窄边 $b'=2b=2\times10.16=20.32\ \text{mm}$ 时，

$$\lambda_{c,TE_{10}}=2a=45.72\ \text{mm}$$

$$f_{c,TE_{10}}=\frac{1}{2a\sqrt{\mu_0\varepsilon_0}}=6.56\times10^9\ \text{Hz}$$

$$\lambda_{g,TE_{10}}=\frac{\lambda_0}{\sqrt{1-(f_{c,TE_{10}}/f)^2}}=3.97\times10^{-2}\ \text{m}$$

$$Z_{TE_{10}}=\frac{\eta_0}{\sqrt{1-(f_{c,TE_{10}}/f)^2}}=499.3\ \Omega$$

此时 $\lambda_{c,TE_{01}}=2b'=40.64\ \text{mm}$，

$$\lambda_{c,TE_{11}}=\lambda_{c,TM_{11}}=\frac{2}{\sqrt{(1/a)^2+(1/b')^2}}=\frac{2}{\sqrt{(1/22.86)^2+(1/20.32)^2}}=30.4\ (\text{mm})$$

由于工作波长为 $\lambda=30\ \text{mm}$，所以此时能传输的模式为TE_{10}，TE_{01}，TE_{11}，TM_{11}。

例 9.2 某一内部为真空的矩形金属波导，其截面尺寸为 25 mm×10 mm，当频率 $f=10^4$ MHz 的电磁波进入波导以后，该波导能够传输的电磁波是什么模式？当波导中填充介电常数 $\varepsilon_r=4$ 的理想介质后，能够传输的模式有无改变？

解 当内部为真空时，工作波长为 $\lambda=\frac{c}{f}=30\ \text{mm}$，

截止波长为 $\lambda_c=\dfrac{2}{\sqrt{\left(\frac{m}{a}\right)^2+\left(\frac{n}{b}\right)^2}}=\dfrac{50}{\sqrt{m^2+6.25n^2}}$，

因为 $\lambda_{c,TE_{10}}=50\ \text{mm}$，$\lambda_{c,TE_{20}}=25\ \text{mm}$，更高次模的截止波长更短，可见，当该波导中为真空时，仅能传输的模式为 TE_{10} 波。

若填充 $\varepsilon_r=4$ 的理想介质，则工作波长为 $\lambda=\frac{\lambda}{\sqrt{\varepsilon_r}}=15\ \text{mm}$。因此还可传输其他模式。计算表明，$TE_{01}$，$TE_{30}$，$TE_{11}$，$TM_{11}$，$TE_{21}$ 和 TM_{21} 等模式均可传输。

例 9.3 已知空气填充的铜质波导尺寸为 7.2 cm×3.4 cm，工作于主模，工作频率为 $f=3$ GHz。如果波导壁引起的衰减常数为

$$\alpha''=\frac{R_s}{\sqrt{\frac{\mu_0}{\varepsilon_0}}\sqrt{1-\left(\frac{\lambda}{2a}\right)^2}}\left[\frac{1}{b}+\frac{2}{a}\left(\frac{\lambda}{2a}\right)^2\right]$$

求当场强振幅衰减一半时的距离。

解 对于铜质波导，波导壁表面电阻 $R_s=2.61\times10^{-7}\sqrt{f}$，则

$$\alpha''=\frac{2.61\times10^{-7}\sqrt{f}}{120\pi b\sqrt{1-\left(\frac{\lambda}{2a}\right)^2}}\left[1+\frac{2b}{a}\left(\frac{\lambda}{2a}\right)^2\right]=2.26\times10^{-3}\ \text{Np/m}$$

设场强衰减一半的距离为 d，则由 $e^{-\alpha''d}=\frac{1}{2}$，可求得 $d=307.25$ m。

9.3　矩形波导中的 TE_{10} 波

矩形波导的主模式为 TE_{10} 模，TE_{10} 模具有场分布结构简单、稳定、频带宽和损耗小等优点，在矩形波导中可以利用 TE_{10} 模实现单模传输。

9.3.1　TE_{10} 波的场分量表达式及其传播特性

将 $m=1,n=0$ 代入式(9.2.14) ～ (9.2.19)，可得 TE_{10} 波的各场分量表达式如下：

$$\begin{cases}E_x=0\\ E_y=-\frac{j\omega\mu}{k_c^2}\frac{\pi}{a}H_0\sin\left(\frac{\pi x}{a}\right)e^{-jk_g z}\\ E_z=0\\ H_x=\frac{jk_g}{k_c^2}\frac{\pi}{a}H_0\sin\left(\frac{\pi x}{a}\right)e^{-jk_g z}\\ H_y=0\\ H_z=H_0\cos\left(\frac{\pi x}{a}\right)e^{-jk_g z}\end{cases}\tag{9.3.1}$$

式中

$$k_c=\frac{\pi}{a}\tag{9.3.2}$$

$$k_g=\sqrt{k^2-\left(\frac{\pi}{a}\right)^2}\tag{9.3.3}$$

TE_{10} 模的截止波长及截止频率分别为

$$\lambda_c=2a\tag{9.3.4}$$

$$f_c=\frac{1}{2\pi\sqrt{\mu\varepsilon}}\sqrt{\left(\frac{\pi}{a}\right)^2}=\frac{1}{2a\sqrt{\mu\varepsilon}}\tag{9.3.5}$$

波导波长、相速度及波阻抗分别为

$$\lambda_g=\frac{\lambda}{\sqrt{1-\left(\frac{\lambda}{2a}\right)^2}}\tag{9.3.6}$$

$$v_p=\frac{v}{\sqrt{1-\left(\frac{\lambda}{2a}\right)^2}}\tag{9.3.7}$$

$$Z_{TE_{10}}=\frac{\eta}{\sqrt{1-\left(\frac{\lambda}{2a}\right)^2}}\tag{9.3.8}$$

可见矩形波导中的 TE_{10} 波只有 E_y，H_x 和 H_z 三个场分量，且均与 b 无关。TE_{10} 波的电场与磁场分布如图 9.11 与图 9.12 所示。

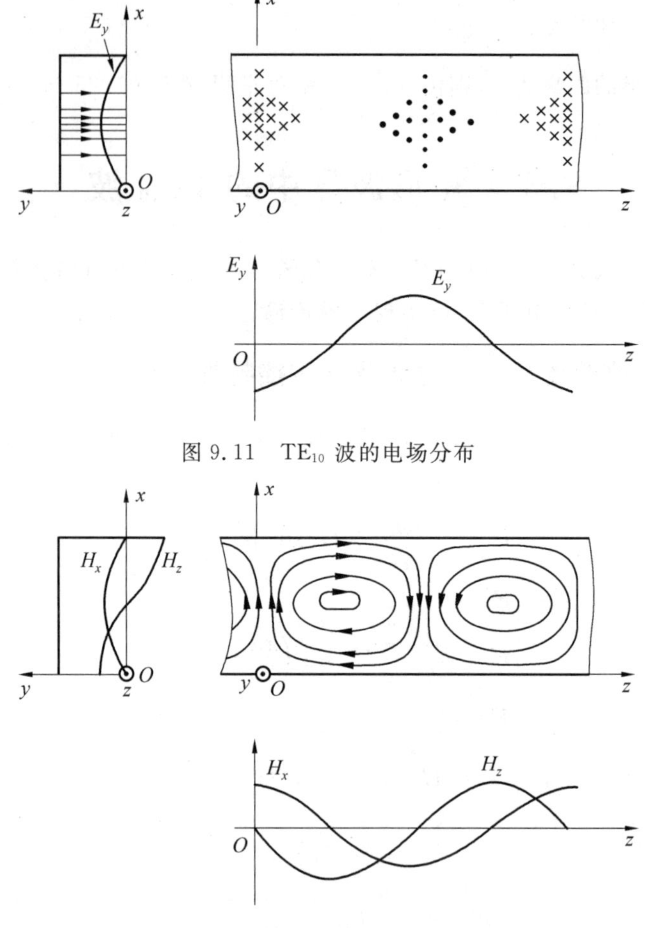

图 9.11　TE_{10} 波的电场分布

图 9.12　TE_{10} 波的磁场分布

可以看出，TE_{10} 波电场只有 E_y 分量，沿 x 方向的驻波呈正弦分布，即在 $x=0$ 和 a 处为零，在 $x=a/2$ 处最大。TE_{10} 波的磁场有 H_x 和 H_z 两个分量，H_x 沿 x 方向的单个驻波呈正弦分布，即在 $x=0$ 和 a 处为零，在 $x=a/2$ 处最大；H_z 沿 x 方向的单个驻波呈余弦分布，在 $x=0$ 和 a 处最大，$x=a/2$ 在处为零；H_x 和 H_z 在 xOz 平面内合成类似椭圆形状的闭合曲线。

还可注意到场分量与 b 无关，所以可以在很大范围内随意选择 b 值以适用不同需要：当传输很大功率时，加宽 b 边可增大功率容量；当传输小功率时，减小 b 边可减轻波导的质量。

9.3.2　波导壁上的电荷、电流分布

当矩形波导中传输 TE_{10} 波时，在金属波导内壁表面上将产生感应电流，称之为管壁电流。波导管壁电流与场分布密切相关，场分布决定了管壁电流的分布；反过来，管壁电流也影响场分布。在波导的激励、波导参数的测量以及波导器件的设计等应用上，都需要了解和利用管壁电流的分布。

导体表面的电荷分布与电场的法向分量相关，而电流分布与磁场的切向分量相关。由

式(9.3.1) 知,TE_{10} 波的电场只有 E_y 分量,且$E_y\Big|_{\substack{x=0\\x=a}}=0$,故只有上、下壁有电荷积累,其分布为

$$\rho_s\big|_{y=0}=-\varepsilon E_y=-\frac{j\omega\varepsilon\mu}{k_c^2}\frac{\pi}{a}H_0\sin\frac{\pi}{a}x\,e^{-jk_g z} \tag{9.3.9}$$

$$\rho_s\big|_{y=b}=-\varepsilon E_y=\frac{j\omega\varepsilon\mu}{k_c^2}\frac{\pi}{a}H_0\sin\frac{\pi}{a}x\,e^{-jk_g z} \tag{9.3.10}$$

对金属波导而言,由于趋肤效应,管壁电流集中在波导内壁表面薄层内流动,其趋肤深度 δ 的典型量级是 10^{-4} cm,所以这种管壁电流可看成面电流。由式(9.3.1)还可以看出,磁场有 H_x 和 H_z 分量,在上、下壁两表面都存在这两个分量,而在侧壁表面由于 $H_x\Big|_{\substack{x=0\\x=a}}=0$,故只存在 H_z 分量,于是根据$\boldsymbol{J}_s=\boldsymbol{n}\times\boldsymbol{H}$,可得横向电流和纵向电流分别为

$$\boldsymbol{J}_{sz}\big|_{y=0}=-H_x=-\frac{jk_g}{k_c^2}\frac{\pi}{a}H_0\sin\frac{\pi}{a}x\,e^{-jk_g z} \tag{9.3.11}$$

$$\boldsymbol{J}_{sx}\big|_{y=0}=+H_z=H_0\cos\frac{\pi}{a}x\,e^{-jk_g z} \tag{9.3.12}$$

$$\boldsymbol{J}_{sz}\big|_{y=b}=+H_x=\frac{jk_g}{k_c^2}\frac{\pi}{a}H_0\sin\frac{\pi}{a}x\,e^{-jk_g z} \tag{9.3.13}$$

$$\boldsymbol{J}_{sx}\big|_{y=b}=-H_z=-H_0\cos\frac{\pi}{a}x\,e^{-jk_g z} \tag{9.3.14}$$

$$\boldsymbol{J}_{sy}\big|_{x=0}=-H_z=-H_0 e^{-jk_g z} \tag{9.3.15}$$

$$\boldsymbol{J}_{sy}\big|_{x=a}=-H_z=-H_0 e^{-jk_g z} \tag{9.3.16}$$

图 9.13 是矩形波导的电流分布示意图,图 9.14 表示了电流的振幅分布情况。当矩形波导中传输 TE_{10} 模时,在左右侧壁内只有 $\boldsymbol{J}_y$ 电流分量,且大小相等,方向相同;在上下宽壁内的电流由 $\boldsymbol{J}_x$ 和 $\boldsymbol{J}_z$ 合成,在相同 x 位置的上、下宽壁内的电流大小相等,方向相反。

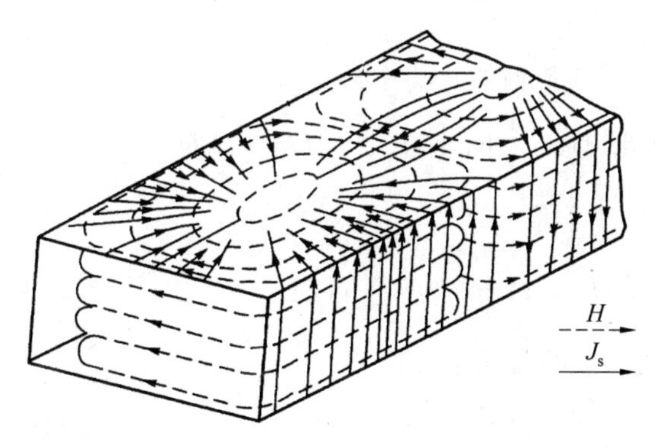

图 9.13　矩形波导的电流分布

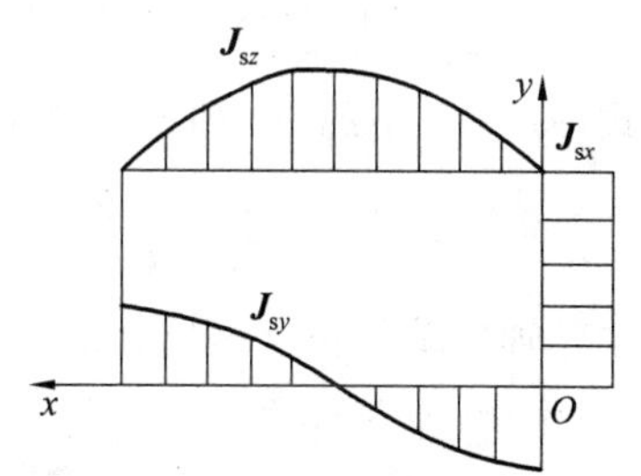

图 9.14　电流振幅分布

由式(9.3.11) ~ (9.3.16) 和图 9.6、图 9.13 与图 9.14 可以看出:

(1) 上、下两壁电荷分布沿 x 方向是呈正弦变化,上、下壁电荷反号,电场最强的地方对应表面电荷分布最密集的地方;

(2) 位移电流最强处与电场最强处相差 $\lambda_g/4$ 距离;波导中的位移电流与波导壁上的表面电流相衔接;

(3) 上、下壁的轴向电流沿 x 方向呈正弦变化，横向电流沿 x 方向呈余弦变化，且上、下两壁的电流反向；

(4) 在波导宽壁中央的面电流只有 z 方向分量，如果在波导宽壁中央沿 z 方向开一个纵向窄缝，不会切断表面电流的通路，因此电磁能量不会从该纵向窄缝辐射出来，波导内的电磁场分布也不会改变，在微波技术中正是利用这一特点制成驻波测量线的；

(5) 两侧壁只存在沿 y 方向的横向电流，且方向相同，沿轴向开一槽缝将会切断横向电流造成辐射，这一性质被广泛应用于槽缝天线。

图 9.15 给出了矩形波导表面上的辐射性与非辐射性开槽。

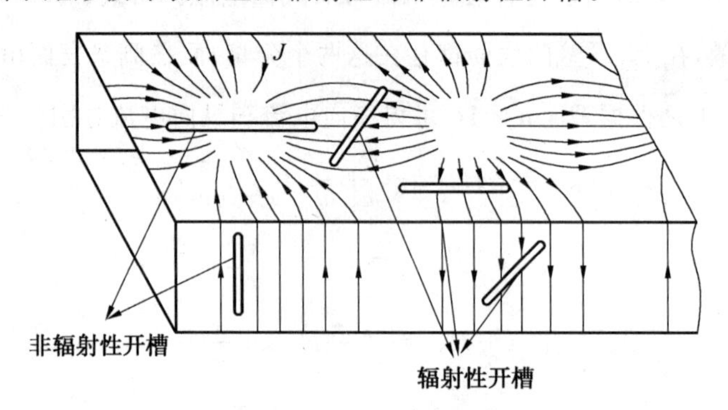

图 9.15　矩形波导表面开槽

9.3.3　TE_{10} 波的能量传输

电磁波的传播过程，也是能量传输的过程。由式(9.3.1)可见，E_y 和 H_z 存在 $\frac{\pi}{2}$ 相位差，波导的横向无能量传输：E_y 和 $-H_x$ 同相位，沿波导的轴向有能量传输。下面将分别计算沿轴向的传输功率、能量以及能量传播速度。

在横截面为 $a\times b$ 的矩形波导内，沿轴向传输的总功率为

$$P=\frac{1}{2}\mathrm{Re}\int_0^a\int_0^b(\boldsymbol{E}\times\boldsymbol{H}^*)\cdot\boldsymbol{a}_z\mathrm{d}x\mathrm{d}y=\frac{1}{2}\mathrm{Re}\int_0^a\int_0^b(E_xH_y^*-E_yH_x^*)\mathrm{d}x\mathrm{d}y \tag{9.3.17}$$

将式(9.3.1)中的 E_y 和 H_x 代入上式可得

$$P=\frac{a^3b}{4\pi^2}\omega\mu k_g\mid H_0\mid^2=\frac{a^3b}{4\pi^2}k\eta k_g\mid H_0\mid^2 \tag{9.3.18}$$

沿波导轴向单位长度内储存的电场能量的时间平均值为

$$W_e=\frac{\varepsilon}{4}\int_0^a\int_0^b\int_0^1E_yE_y^*\,\mathrm{d}x\mathrm{d}y\mathrm{d}z \tag{9.3.19}$$

将式(9.3.1)中的 E_y 代入上式可得

$$W_e=\frac{a^3b}{8\pi^2}\varepsilon k^2\eta^2\mid H_0\mid^2 \tag{9.3.20}$$

沿波导轴向单位长度内储存的磁场能量的时间平均值为

$$W_m=\frac{\mu}{4}\int_0^a\int_0^b\int_0^1(H_xH_x^*+H_zH_z^*)\mathrm{d}x\mathrm{d}y\mathrm{d}z=\frac{a^3b}{8\pi^2}\mu k^2\mid H_0\mid^2 \tag{9.3.21}$$

因为 $\varepsilon\eta^2=\mu$，故 $W_e=W_m$，于是，单位长度内储存的电磁能量的时间平均值为

$$W = W_e + W_m = \frac{a^3 b}{4\pi^2}\varepsilon k^2 \eta^2 \mid H_0 \mid^2 \tag{9.3.22}$$

受介质击穿强度的限制，在波导中传输的功率也将受到限制，波导所能传输的最大功率称为极限功率或波导的功率容量。功率容量与波导的尺寸、波型、工作波长以及波导中填充介质的击穿强度等因素有关。计算功率容量时，应首先求出传输功率与电场强度幅值的关系式，然后由介质的击穿强度确定相应的功率，即为功率容量。

9.3.4　矩形波导尺寸选择

在给定的工作频带内，一般矩形波导的设计标准为：单模传输、有足够的功率容量、损耗小、尺寸尽可能小，以减小质量。

在实际应用中，矩形波导的尺寸通常取 $a \geqslant 2b, a < \lambda < 2a$ 以便保证仅传输 TE_{10} 波。波导窄边尺寸的下限取决于传输功率、容许的波导衰减以及允许质量等。虽然波导窄边尺寸减小会使传输衰减增大，但窄边小一些可以减小波导质量且节约金属材料，所以矩形波导的尺寸应满足以下几点要求：

(1) 为了保证单模传输，要求 $\frac{\lambda}{2} < a < \lambda$ 且 $b < \frac{\lambda}{2}$；

(2) 考虑到功率容量问题，要求 $0.6\lambda < a < \lambda$ 且 $b = \frac{a}{2}$；

(3) 要求传输损耗小，应使 $a \geqslant 0.7\lambda$。

综合考虑以上因素，工程上矩形波导尺寸一般选择为 $a = 0.7\lambda$ 且 $b = (0.4 \sim 0.5)a$。

例 9.4　若矩形波导内充空气，在工作频率为 3 GHz 时，如果要求工作频率至少高于 TE_{10} 模截止频率的 20%，且至少低于 TE_{01} 模截止频率的 20%。试求：

(1) 波导长边 a 和短边 b；

(2) 根据所设计的波导，计算工作波长、相速、波导波长及波阻抗。

解　(1) TE_{10} 模的截止波长 $\lambda_c = 2a$，对应的截止频率 $f_c = \frac{c}{\lambda_c} = \frac{c}{2a}$。$TE_{01}$ 模的截止波长为 $\lambda_c = 2b$，对应的截止频率 $f_c = \frac{c}{2b}$，按题意要求，应该满足

$$\begin{cases} 3 \times 10^9 \geqslant \dfrac{c}{2a} \times 1.2 \\ 3 \times 10^9 \leqslant \dfrac{c}{2b} \times 0.8 \end{cases}$$

由此求得 $a \geqslant 0.06$ m，$b \leqslant 0.04$ m，如需满足 $a \geqslant 2b$，则可取 $a = 0.07$ m，$b = 0.03$ m。

(2) 工作波长、相速、波导波长及波阻抗分别为

$$\lambda = \frac{c}{f} = 0.1 \text{ m}, \quad v_p = \frac{c}{\sqrt{1 - \left(\dfrac{\lambda}{2a}\right)^2}} = 5.42 \times 10^3 \text{ m/s}$$

$$\lambda_g = \frac{\lambda}{\sqrt{1 - \left(\dfrac{\lambda}{2a}\right)^2}} = 0.143 \text{ m}, \quad Z_{TE_{10}} = \frac{1}{\sqrt{1 - \left(\dfrac{\lambda}{2a}\right)^2}} 120\pi = 538.3\ \Omega$$

例 9.5　空心矩形波导尺寸为 $a = 3$ cm，$b = 1$ cm，假如空气击穿强度为 30 kV/cm，当工

作频率为 7 GHz 时，计算传输 TE_{10} 波时的最大功率（为了能安全传输 TE_{10} 模，通常应给空气击穿强度乘以安全系数，这里取安全系数为 0.1）。

解 与工作频率对应的工作波长为 $\lambda=\dfrac{c}{f}=\dfrac{3.0\times10^8}{7.0\times10^9}\approx0.043(\mathrm{m})$，

TE_{10} 模的电场分量为

$$E_y(x,y,z)=-\mathrm{j}\omega\mu\left(\frac{a}{\pi}\right)H_0\sin\left(\frac{\pi}{a}x\right)\mathrm{e}^{-\mathrm{j}k_z z}=E_{10}\sin\left(\frac{\pi}{a}x\right)\mathrm{e}^{-\mathrm{j}k_z z}$$

令 $E_{10}=3.0\times10^6(\mathrm{V/m})$，则空气介质能被击穿的 TE_{10} 模的最大功率为

$$P=\frac{ab}{4\eta}E_{10}^2\sqrt{1-(\lambda/2a)^2}=\frac{0.03\times0.01}{4\times120\pi}\times(3.0\times10^6)^2\sqrt{1-\left(\frac{0.043}{2\times0.03}\right)^2}=12.55\times10^5(\mathrm{W})$$

为了能安全传输 TE_{10} 模，如果取安全系数为 0.1，则可令最大电场振幅为 $E_{10}=3\times10^5(\mathrm{V/m})$，由此可得能安全传输 TE_{10} 模的最大功率为

$$P=\frac{0.03\times0.01}{4\times120\pi}\times(3.0\times10^5)^2\sqrt{1-\left(\frac{0.043}{2\times0.03}\right)^2}=12.55\times10^3(\mathrm{W})$$

9.4 圆形波导中的导行波

由圆形空心金属管制成的导波装置称为圆形波导。圆形波导内场分布的求解方法与求矩形波导内场分布的方法类似，在分析圆形波导时采用圆柱坐标系，其内壁尺寸与坐标选取如图 9.16 所示，波导的轴向为 $+z$ 方向。

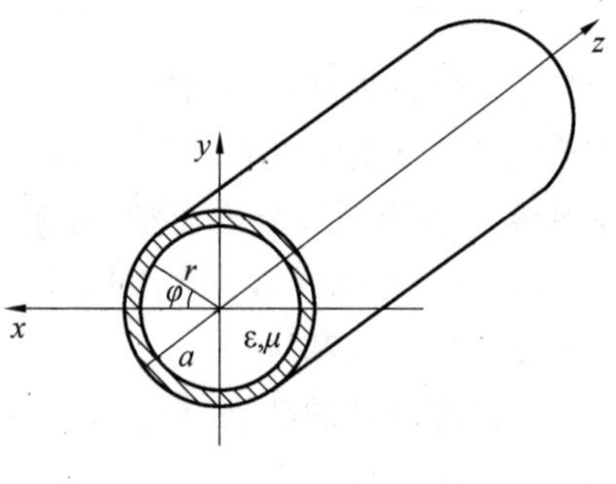

图 9.16 圆形波导的结构

在圆形波导中，导行波满足的波动方程为

$$\begin{cases}\left(\dfrac{\partial^2}{\partial r^2}+\dfrac{1}{r}\dfrac{\partial}{\partial r}+\dfrac{1}{r^2}\dfrac{\partial^2}{\partial\varphi^2}\right)\boldsymbol{E}+(k^2-k_g^2)\boldsymbol{E}=0\\[2ex]\left(\dfrac{\partial^2}{\partial r^2}+\dfrac{1}{r}\dfrac{\partial}{\partial r}+\dfrac{1}{r^2}\dfrac{\partial^2}{\partial\varphi^2}\right)\boldsymbol{H}+(k^2-k_g^2)\boldsymbol{H}=0\end{cases}\tag{9.4.1}$$

式中，k_g 为导行波的波数，可引入临界波数 $k_c=\sqrt{k^2-k_g^2}$。

求解各场分量时也可以先求出沿传播方向（$+z$ 方向，也称纵向）的场分量，再根据横截面上的横向场分量与纵向场分量之间的关系求出其他分量。

对于沿 $+z$ 方向传播的电磁波，利用 $\nabla\times\boldsymbol{E}=-\mathrm{j}\omega\mu\boldsymbol{H}$ 与 $\nabla\times\boldsymbol{H}=\mathrm{j}\omega\varepsilon\boldsymbol{E}$，可得各场分量满足

$$\frac{1}{r}\frac{\partial E_z}{\partial\varphi}-\frac{\partial E_\varphi}{\partial z}=-\mathrm{j}\omega\mu H_r\tag{9.4.2}$$

$$\frac{\partial E_r}{\partial z}-\frac{\partial E_z}{\partial r}=-\mathrm{j}\omega\mu H_\varphi\tag{9.4.3}$$

$$\frac{1}{r}\frac{\partial}{\partial r}(rE_\varphi)-\frac{1}{r}\frac{\partial E_r}{\partial\varphi}=-\mathrm{j}\omega\mu H_z\tag{9.4.4}$$

$$\frac{1}{r}\frac{\partial H_z}{\partial\varphi}-\frac{\partial H_\varphi}{\partial z}=-\mathrm{j}\omega\mu E_r\tag{9.4.5}$$

$$\frac{\partial H_r}{\partial z}-\frac{\partial H_z}{\partial r}=-\mathrm{j}\omega\mu E_{\varphi} \tag{9.4.6}$$

$$\frac{1}{r}\frac{\partial}{\partial r}(rH_{\varphi})-\frac{1}{r}\frac{\partial H_r}{\partial \varphi}=-\mathrm{j}\omega\mu E_z \tag{9.4.7}$$

联立求解以上 6 个方程,可得

$$E_r=-\frac{\mathrm{j}}{k_{\mathrm{c}}^2}\left(k_{\mathrm{g}}\frac{\partial E_z}{\partial r}+\frac{\omega\mu}{r}\frac{\partial H_z}{\partial \varphi}\right) \tag{9.4.8}$$

$$E_{\varphi}=\frac{\mathrm{j}}{k_{\mathrm{c}}^2}\left(-\frac{k_{\mathrm{g}}}{r}\frac{\partial E_z}{\partial \varphi}+\omega\mu\frac{\partial H_z}{\partial r}\right) \tag{9.4.9}$$

$$H_r=\frac{\mathrm{j}}{k_{\mathrm{c}}^2}\left(\frac{\omega\varepsilon}{r}\frac{\partial E_z}{\partial \varphi}-k_{\mathrm{g}}\frac{\partial H_z}{\partial r}\right) \tag{9.4.10}$$

$$H_{\varphi}=-\frac{\mathrm{j}}{k_{\mathrm{c}}^2}\left(\omega\varepsilon\frac{\partial E_z}{\partial r}+\frac{k_{\mathrm{g}}}{r}\frac{\partial H_z}{\partial \varphi}\right) \tag{9.4.11}$$

其中 $k_{\mathrm{g}}=\sqrt{k^2-k_{\mathrm{c}}^2}$。

E_z 和 H_z 所满足的波动方程为

$$\frac{\partial^2 E_z}{\partial r^2}+\frac{1}{r}\frac{\partial E_z}{\partial r}+\frac{1}{r^2}\frac{\partial^2 E_z}{\partial \varphi^2}+k_{\mathrm{c}}^2E_z=0 \tag{9.4.12}$$

$$\frac{\partial^2 H_z}{\partial r^2}+\frac{1}{r}\frac{\partial H_z}{\partial r}+\frac{1}{r^2}\frac{\partial^2 H_z}{\partial \varphi^2}+k_{\mathrm{c}}^2H_z=0 \tag{9.4.13}$$

对圆形波导中存在轴向分量的导行波,只要利用边界条件求得式(9.4.12)和式(9.4.13)的解,就可通过式(9.4.8)～(9.4.11)求出其余 4 个分量。在求解过程中可以将因子 $\mathrm{e}^{-\mathrm{j}k_{\mathrm{g}}z}$ 省略,求解完毕后需将其添加。

9.4.1　圆形波导中 TE 波的解

对于圆形波导中的 TE 波,$E_z=0$ 而 $H_z\neq 0$,H_z 所满足的波动方程为式(9.4.13),应用分离变量法求解式(9.4.13)时,可设

$$H_z=R(r)\Phi(\varphi) \tag{9.4.14}$$

将式(9.4.14)代入式(9.4.13)后可得

$$\frac{r^2}{R}\frac{\mathrm{d}^2R}{\mathrm{d}r^2}+\frac{r}{R}\frac{\mathrm{d}R}{\mathrm{d}r}+k_{\mathrm{c}}^2r^2=-\frac{1}{\Phi}\frac{\mathrm{d}^2\Phi}{\mathrm{d}\varphi^2} \tag{9.4.15}$$

式(9.4.15)左端只是 r 的函数,而右端只是 φ 的函数,如要左右两端相等,只有两端都为常数时才可能,可令左右两端等于常数 n^2,因而有

$$\frac{\mathrm{d}^2\Phi}{\mathrm{d}\varphi^2}+n^2\Phi=0 \tag{9.4.16}$$

$$\frac{\mathrm{d}^2R}{\mathrm{d}r^2}+\frac{1}{r}\frac{\mathrm{d}R}{\mathrm{d}r}+\left(k_{\mathrm{c}}^2-\frac{n^2}{r^2}\right)R=0 \tag{9.4.17}$$

由于圆形波导内的场量必须是单值的,因此,场量对 φ 的变化以 2π 为周期,分离常数必须是整数,即取 $n=0,1,2,3,\cdots$,此时式(9.4.16)的通解为

$$\Phi(\varphi)=A_1\cos n\varphi+B_1\sin n\varphi \tag{9.4.18}$$

式中,A_1,B_1 为任意常数。由于圆柱坐标系中 $\varphi=0$ 的参考面可以移动,总可以选取 $\varphi=0$ 的参考面来使 $\Phi=A_1\cos n\varphi$ 或 $\Phi=B_1\sin n\varphi$。也就是说式中有正弦函数和余弦函数两项,表

示在一般情况下可能会同时存在两组TE波，其区别仅仅在于场量随φ的变化是正弦函数或余弦函数，其他性质是完全一样的。如果只选余弦函数部分进行分析，那么式(9.4.16)的通解形式可写成

$$\Phi(\varphi)=A_1\cos n\varphi \tag{9.4.19}$$

式(9.4.17)为贝塞尔微分方程，其通解是

$$R(r)=A_2\mathrm{J}_n(k_c r)+B_2\mathrm{N}_n(k_c r) \tag{9.4.20}$$

式中，$\mathrm{J}_n(k_c r)$和$\mathrm{N}_n(k_c r)$分别是第一类和第二类贝塞尔函数，贝塞尔函数及其导数的函数曲线如图9.17所示。

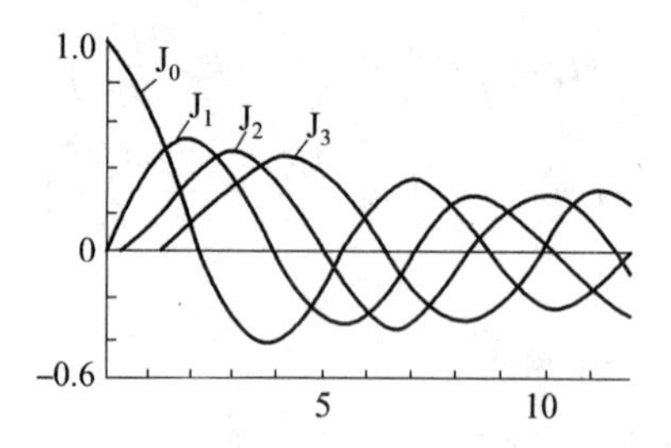

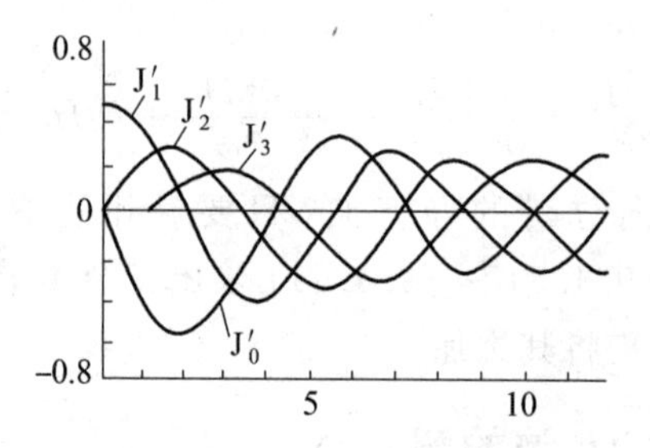

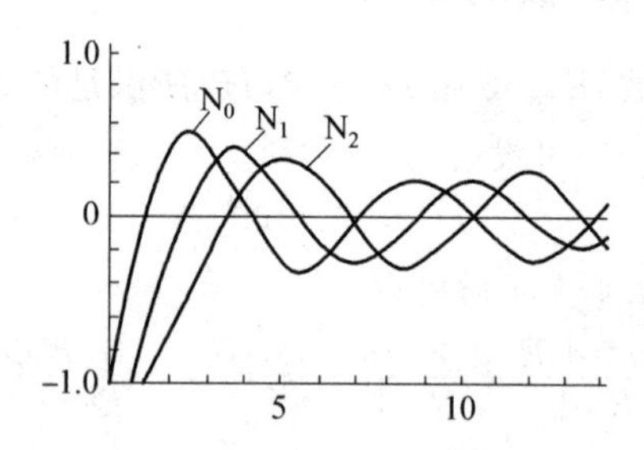

图9.17　贝塞尔函数及其导数

因为圆形波导包含$r=0$的点，当$r\to 0$时，$\mathrm{N}_n(k_c r)\to\infty$，这种情况不符合物理事实，波导内的场应为有限值，于是得$B_2=0$，从而贝塞尔方程的解为

$$R(r)=A_2\mathrm{J}_n(k_c r) \tag{9.4.21}$$

于是，H_z的通解为

$$H_z=H_0\mathrm{J}_n(k_c r)\cos n\varphi \tag{9.4.22}$$

式中，$H_0=A_1A_2$为H_z的幅值，它由初始激励条件的波源分布或强度决定。

由图9.17可见，随着x的增加，$\mathrm{J}_n(x)$有一系列零点值。这里用p_{nm}表示$\mathrm{J}_n(x)=0$的第m个根，$m=0,1,2,3,\cdots$，表9.2中列出了p_{nm}的前几个值。

表 9.2　$J_n(x)$ 的根 p_{nm}

n \ m	0	1	2	3	4
1	2.405	3.832	5.139	6.370	7.588
2	5.520	7.016	8.417	9.760	11.065
3	8.654	10.173	11.620	13.015	14.313
4	11.792	13.324	14.796	16.220	17.616

对于 TE 波，$E_z=0$ 而 $H_z\neq 0$。由边界条件可知，圆形波导中 TE 波满足的边界条件为

$$\left.\frac{\partial H_z}{\partial r}\right|_{r=a}=0 \tag{9.4.23}$$

将式(9.4.22)代入式(9.4.23)，可得

$$J'_n(k_c a)=0 \tag{9.4.24}$$

由此可求出 k_c 的取值，对 n 阶贝塞尔函数的导数 $J'_n(k_c a)=0$ 可以有多个根，即 k_c 不是单值的。如果用 p'_{nm} 表示 n 阶贝塞尔函数导数 $J'_n(k_c a)=0$ 的第 m 个根，则

$$k_{cnm}=\frac{p'_{nm}}{a}\quad (m=0,1,2,\cdots;n=1,2,3,\cdots) \tag{9.4.25}$$

表 9.3 给出了 p'_{nm} 的前几个值。

表 9.3　$J'_n(x)$ 的根 p'_{nm}

n \ m	0	1	2	3	4
1	3.832	1.841	3.054	4.201	5.317
2	7.016	5.331	6.706	8.015	9.282
3	10.173	8.536	9.965	11.846	12.682

对于式(9.4.18)的正弦函数部分也可采用上述方法进行分析。将式(9.4.25)代入式(9.4.22)，以及式(9.4.8)～(9.4.11)，并添加相位因子 $e^{-jk_g z}$，可得 TE 波的场分量(包含正弦函数和余弦函数两项)为

$$H_z=H_0 J_n(k_{cnm}r)\binom{\cos n\varphi}{\sin n\varphi}e^{-jk_g z} \tag{9.4.26}$$

$$E_z=0 \tag{9.4.27}$$

$$H_r=-\frac{jk_g}{k_{cnm}^2}H_0 J'_n(k_{cnm}r)\binom{\cos n\varphi}{\sin n\varphi}e^{-jk_g z} \tag{9.4.28}$$

$$H_\varphi=\frac{jk_g n}{k_{cnm}^2 r}H_0 J_n(k_{cnm}r)\binom{\sin n\varphi}{-\cos n\varphi}e^{-jk_g z} \tag{9.4.29}$$

$$E_r=\frac{\omega\mu}{k_g}H_\varphi \tag{9.4.30}$$

$$E_\varphi=-\frac{\omega\mu}{k_g}H_r \tag{9.4.31}$$

其中，$k_g=\sqrt{k^2-\left(\frac{p'_{nm}}{a}\right)^2}$。

9.4.2　圆形波导中 TM 波的解

对于圆形波导中的 TM 波，$H_z=0$ 而 $E_z\neq 0$，E_z 所满足的波动方程为式(9.4.12)，圆形

波导中 TM 波所满足的边界条件为

$$E_z\big|_{r=a}=0 \tag{9.4.32}$$

同样应用分离变量法求解式(9.4.12),如果只选余弦项进行分析,可得

$$E_z=E_0\mathrm{J}_n(k_c r)\cos n\varphi \tag{9.4.33}$$

式中,E_0 由初始激励条件的波源分布或强度确定。式(9.4.33)必须满足式(9.4.32)的边界条件,即要求

$$\mathrm{J}_n(k_c a)=0 \tag{9.4.34}$$

这里 p_{nm} 表示 n 阶贝塞尔函数 $\mathrm{J}_n(k_c a)=0$ 的第 m 个根,即

$$k_{cnm}=\frac{p_{nm}}{a}\quad(m=0,1,2,\cdots;n=1,2,3,\cdots) \tag{9.4.35}$$

将式(9.4.35)代入式(9.4.33),以及式(9.4.8) ~ (9.4.11),并添加相位因子 $\mathrm{e}^{-\mathrm{j}k_z z}$,可得 TM 波的场分量(包含正弦函数和余弦函数两项)为

$$E_z=E_0\mathrm{J}_n(k_{cnm}r)\binom{\cos n\varphi}{\sin n\varphi}\mathrm{e}^{-\mathrm{j}k_g z} \tag{9.4.36}$$

$$H_z=0 \tag{9.4.37}$$

$$E_r=-\frac{\mathrm{j}k_g}{k_{cnm}^2}E_0\mathrm{J}'_n(k_{cnm}r)\binom{\cos n\varphi}{\sin n\varphi}\mathrm{e}^{-\mathrm{j}k_g z} \tag{9.4.38}$$

$$E_\varphi=\frac{\mathrm{j}k_g n}{k_{cnm}^2 r}E_0\mathrm{J}_n(k_{cnm}r)\binom{\sin n\varphi}{-\cos n\varphi}\mathrm{e}^{-\mathrm{j}k_g z} \tag{9.4.39}$$

$$H_r=-\frac{\omega\varepsilon}{k_g}E_\varphi \tag{9.4.40}$$

$$H_\varphi=\frac{\omega\varepsilon}{k_g}E_r \tag{9.4.41}$$

其中,$k_g=\sqrt{k^2-\left(\frac{p_{nm}}{a}\right)^2}$。

9.4.3　圆形波导中 TE,TM 波的传播特性

由式(9.4.26) ~ (9.4.31) 和式(9.4.36) ~ (9.4.41) 可以看出,场分量沿轴向只存在相移而无幅度变化,在横截面上随 r,φ 变化但无相移,因此圆形波导中的 TE,TM 波是非均匀平面波。TE,TM 波的临界波数 k_c 分别由式(9.4.25) 和式(9.4.35) 决定,省略 n,m 脚标,则相应的临界波长等参量分别为

$$\lambda_c=\frac{2\pi}{k_c} \tag{9.4.42}$$

$$f_c=\frac{k_c}{2\pi\sqrt{\mu\varepsilon}} \tag{9.4.43}$$

$$k_g=\sqrt{k^2-k_c^2} \tag{9.4.44}$$

$$\lambda_g=\frac{\lambda}{\sqrt{1-\left(\frac{\lambda}{\lambda_c}\right)^2}} \tag{9.4.45}$$

$$v_p=\frac{v}{\sqrt{1-\left(\frac{\lambda}{\lambda_c}\right)^2}} \tag{9.4.46}$$

$$Z_{\mathrm{TE}}=\frac{\eta}{\sqrt{1-\left(\frac{\lambda}{\lambda_{\mathrm{c}}}\right)^{2}}} \tag{9.4.47}$$

$$Z_{\mathrm{TM}}=\eta\sqrt{1-\left(\frac{\lambda}{\lambda_{\mathrm{c}}}\right)^{2}} \tag{9.4.48}$$

由于 k_c 是 n,m 的离散函数，所以圆形波导中 TE 波和 TM 波的场分量及以上各参数都是 n,m 的离散函数，对于内半径为 a 的圆形波导，每一组确定的 n,m 对应一组确定的场分布，称为一种模式，记作 TE_{nm} 模和 TM_{nm} 模，圆形波导中传输的 TE，TM 波也有无限多种模式。

圆形波导中各模式的截止波长可由下面两式求得

$$\lambda_{\mathrm{c},\mathrm{TE}_{nm}}=\frac{2\pi a}{p'_{nm}} \tag{9.4.49}$$

$$\lambda_{\mathrm{c},\mathrm{TM}_{nm}}=\frac{2\pi a}{p_{nm}} \tag{9.4.50}$$

表 9.4 给出了圆形波导中一些模式的截止波长值。

表 9.4　圆形波导中的截止波长值

模　式	TE_{11}	TM_{01}	TE_{21}	TE_{01}，TM_{11}	TE_{31}	TM_{21}
λ_c	$3.41a$	$2.61a$	$2.06a$	$1.64a$	$1.50a$	$1.22a$

图 9.18 为圆形波导的模式分布图，给出了 TE，TM 波的截止波长分布规律，可以分为 3 个区域，Ⅰ 区为截止区，Ⅱ 区为单模区，Ⅲ 区为多模区。

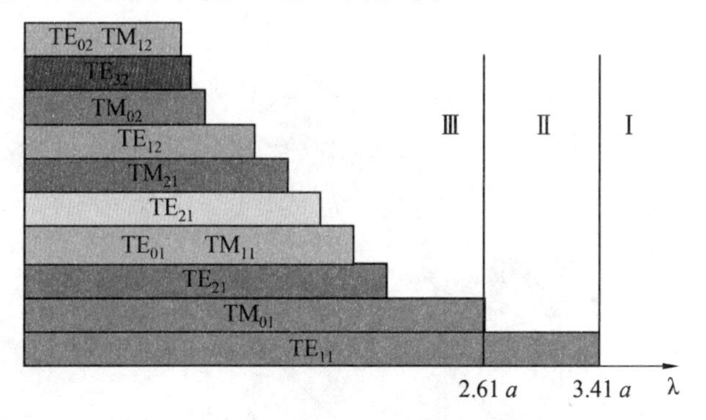

图 9.18　圆形波导的模式分布图

对于圆形波导中的模式分布，可以得到：

(1) 圆形波导中存在无穷多个可能的传播模式；

(2) 圆形波导中最低截止频率模式是 TE_{11} 模，其截止波长为 $3.41a$，在圆形波导的所有模式中 TE_{11} 模的截止波长最长，是圆形波导的主模，TM_{01} 模是第一个高次模；

(3) 圆形波导中存在着两种模式简并：

① 不同模式具有相同的截止波长，例如 $(\lambda_c)_{\mathrm{TE}_{0m}}=(\lambda_c)_{\mathrm{TM}_{1m}}$。这是由于贝塞尔函数存在 $\mathrm{J}'_0(x)=-\mathrm{J}_1(x)$ 的关系，致使 $P'_{nm}=P_{nm}$，于是 TE_{0m} 模与 TM_{1m} 模的截止波长相等。因此，TE_{0m} 模和 TM_{1n} 模存在着模式简并现象，这和矩形波导中的模式简并情况类似。

② 由 TE_{nm} 模和 TM_{nm} 模的场分量可以看出，凡是 $n\neq0$ 的模式本身均存在对 φ 呈 $\cos(n\varphi)$ 和 $\sin(n\varphi)$ 两种变化关系，这表明同一种模存在两个极化方向互相垂直的波，这种

现象称为极化简并，这是圆形波导中特有的。显然，圆波导的主模存在极化简并。

(4)n 表示 φ 从 0 到 2π，也就是沿波导横截面等半径地变化一周时场量变化的周期数。例如 $n=0$ 表示不变，$n=1$ 表示变化一个周期。m 表示从 $r=0$ 到 $r=a$ 时场量沿径向变化等于零的次数，也就是 $J_n(k_c r)$ 或 $J'_n(k_c r)$ 的根的个数。由于 m 不等于 0，所以 TM 波的最低模式为 TM_{01} 模($p_{01}=2.405$)；TE 波的最低模式为 TE_{11} 模($p'_{11}=1.841$)，它又是圆形波导中 TE，TM 波的最低模式；而 TE_{01} 波($p'_{01}=3.832$) 不是最低模式。

为形象直观地描述圆形波导内的场分布，图 9.19 ～ 9.21 给出了几种典型模式的瞬时场分布图。在这里用电力线(实线) 和磁力线(虚线) 的密与疏表示波导中电场和磁场的强与弱。

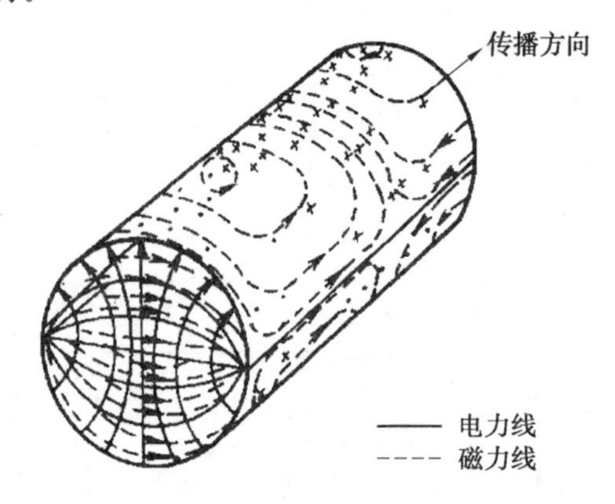

图 9.19　圆形波导中 TE_{11} 模的电磁场分布图

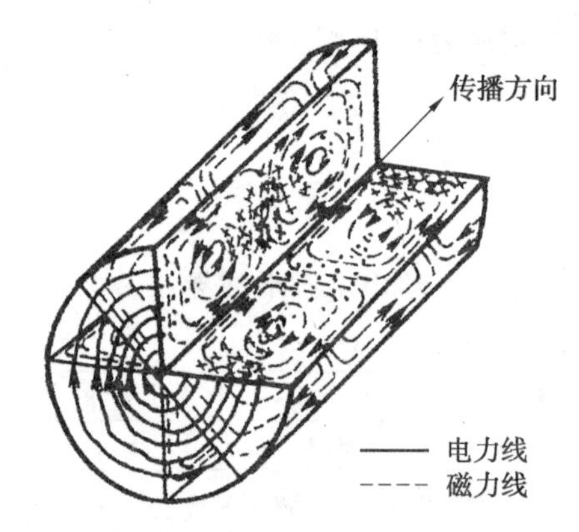

图 9.20　圆形波导中 TE_{01} 模的电磁场分布图

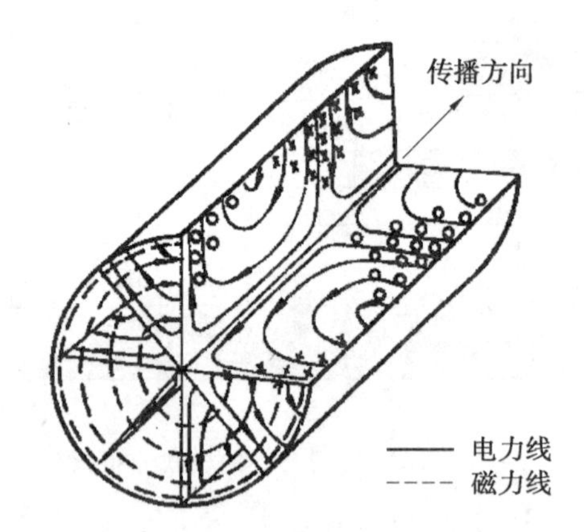

图 9.21　圆形波导中 TM_{01} 模的电磁场分布图

由图 9.19 可见，圆形波导中 TE_{11} 模的场分布与矩形波导中 TE_{10} 模的场分布有相似之处。如果把传输 TE_{10} 模式电磁波的矩形波导四壁向外拉成圆形，则矩形波导中 TE_{10} 模的场分布也会随之变成圆形波导中 TE_{11} 模的场分布；反之，把圆形波导从四面压成矩形波导，则其中 TE_{11} 模的场分布也会随之变成矩形波导中 TE_{10} 模的场分布。而且二者都是这两种波导中的最低模式，所以常被用来作为方圆波导过渡的模式。由图 9.20 可以看出，TE_{01} 波的场分布具有轴对称性，管壁电流没有轴向分量，所以这种模式损耗小，适宜用作远距离电磁波传输和制作高 Q 值的谐振腔。由图 9.21 可知，当圆形波导中传输 TM_{01} 波时，在壁上开纵向窄槽则对管壁电流和场分布没有影响，开横向窄槽则会切断管壁电流而造成辐射，所以

可以利用 TM_{01} 波只有纵向分量这一特点，使其工作于天线扫描装置的旋转关节上。

例 9.6　已知空气填充的圆形波导直径为 $d=50$ mm，如果工作频率为 $f=6.725$ GHz，给出该波导可能传输的模式；如果填充相对介电常数 $\varepsilon_r=4$ 的理想介质以后，那么可能传输的模式有哪些？

解　当圆形波导内为空气时，工作波长为

$$\lambda_c=\frac{c}{f}=\frac{3\times10^8}{6.725\times10^9}\text{m}=44.6\ \text{mm}$$

已知 TM 波的截止波长为 $\lambda_c=\dfrac{2\pi a}{p_{nm}}$，因此能够传输的模式对应的第一类贝塞尔函数的根 p_{nm} 必须满足

$$\lambda_c>\lambda\Rightarrow p_{nm}<\frac{2\pi a}{\lambda}\Rightarrow p_{nm}<3.52$$

满足这个条件的只有 p_{01}，因此只有 TM_{01} 模可以传输。

TE 波的截止波长为 $\lambda_c=\dfrac{2\pi a}{p'_{nm}}$，那么能够传输的模式对应的第一类贝塞尔函数的导数的根 p'_{nm} 必须满足

$$\lambda_c>\lambda\Rightarrow p'_{nm}<3.52$$

满足这个条件的只有 p'_{11} 和 p'_{21}，因此只有 TE_{11} 和 TE_{21} 波可以传输。

填充介电常数为 $\varepsilon_r=4$ 的理想介质以后，工作波长变为 $\lambda'=\dfrac{\lambda}{\sqrt{\varepsilon_r}}=22.3$ mm，那么能够传输 TM 模对应的第一类贝塞尔函数的根 p_{nm} 必须满足

$$\lambda'_c>\lambda'\Rightarrow p_{nm}<\frac{2\pi a}{\lambda'}\Rightarrow p_{nm}<7.04$$

满足这一条件的模式有 TM_{01} 模、TM_{02} 模、TM_{11} 模、TM_{12} 模和 TM_{21} 模。

能够传输的 TE 模对应的第一类贝塞尔函数的导数的根 p'_{nm} 必须满足

$$\lambda'_c>\lambda'\Rightarrow p'_{nm}<7.04$$

满足这一条件的模式有 TE_{01} 模、TE_{02} 模、TE_{11} 模、TE_{12} 模、TE_{21} 模和 TE_{22} 模。

例 9.7　设计一个工作波长为 5 cm 的圆形波导，材料用紫铜，波导内填充空气，并要求 TE_{11} 模的工作频率应有一定的安全因子。

解　TE_{11} 模是圆形波导的主模，为保证单模传输，应使工作频率大于 TE_{11} 模的截止频率而小于第一高次模 TM_{01} 模的截止频率，即应有

$$\lambda<(\lambda_c)_{TE_{11}}=\frac{2\pi a}{1.841}\quad 和\quad \lambda>(\lambda_c)_{TM_{01}}=\frac{2\pi a}{2.405}$$

于是可得

$$\frac{2\pi a}{2.405}<\lambda<\frac{2\pi a}{1.841}$$

所以圆形波导的半径 a 应满足 $\dfrac{\lambda}{2.61}>a>\dfrac{\lambda}{3.41}$，所以可以选择 $a=\dfrac{\lambda}{3}=\dfrac{5}{3}$ cm。

例 9.8　有一方圆过渡波导如图 9.22 所示，矩形波导尺寸为 7.2 cm×3.4 cm，工作波长为 10 cm，波导中的介质为空气，圆形波导直径与矩形波导对角线相等，从矩形波导向圆形波导方向传播 TE_{10} 波。试比较电磁波从矩形波导进入圆形波导后，截止波长和波导波长

的变化。如果 TE_{11} 波自圆形波导向矩形波导传播，情况会怎样？

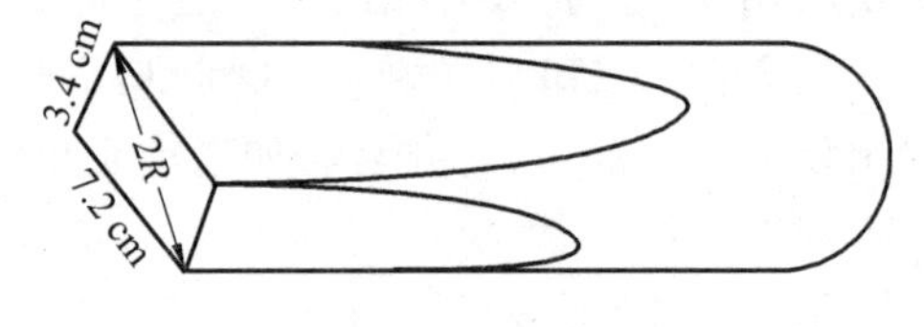

图 9.22　方圆过渡波导

解　在矩形波导中，$\lambda_{c10}=2a=14.4\ \text{cm}$，

$$\lambda_g=\frac{\lambda}{\sqrt{1-\left(\frac{\lambda}{2a}\right)^2}}=13.8\ \text{cm},$$

圆形波导直径为　$2R=\sqrt{a^2+b^2}=7.96\ \text{cm}$

电磁波从矩形波导传到圆形波导中变为 TE_{11} 波，此时有

$$\lambda_{c,TE_{11}}=3.14R=13.6\ \text{cm},\quad \lambda_g=\frac{\lambda}{\sqrt{1-\left(\frac{\lambda}{\lambda_{c,TE_{11}}}\right)^2}}=14.7\ \text{cm}$$

可见当 TE_{10} 波进入圆形波导变为 TE_{11} 波后，截止波长变短了，波导波长变长了，因此有些能在矩形波导中传播的较低频率电磁波不能进入圆形波导中传播；反过来 TE_{11} 波从圆形波导方向传来时则无此现象发生，但要注意必须使电场强度的方向要垂直于矩形波导的宽边。如果电场强度方向垂直于矩形波导的窄边，那么就相当于矩形波导的 b 边变成了 a 边，λ_c 变成 $2b=6.8\ \text{cm}<\lambda=10\ \text{cm}$，则电磁波不能通过该波导。

9.5　介质波导的导波原理

介质波导是由介质构成或介质与金属构成的导波结构，主要有介质棒、介质涂敷导线、金属平板加介质片等几种类型。

9.5.1　介质波导的原理和特点

在讨论电磁波的全反射问题时，可以发现当均匀平面波从光密媒质斜入射到光疏媒质的分界面上时，如果入射角大于临界角 θ_c，那么电磁波将发生全反射，并在分界面上形成沿分界面方向传播的表面波。利用全反射原理可以构成介质波导，图 9.23 为介质波导的结构示意图，介电常数为 ε_1 的是介质片 1，放置于介电常数为 ε_2 的介质 2 中，且 $\varepsilon_1>\varepsilon_2$。现有一均匀平面波从介质片 1 内以入射角 $\theta_i>\theta_c$ 入射到一个分界面（$x=0$）上，则发生全反射，该反射波又以同样的入射角 θ_i 入射到另一分界面（$x=a$）上，同样也发生全反射，这样电磁波会在介质 1 中连续全反射，形成了在介质 1 内部沿 $+z$ 方向传播的导行波，而在介质 2 中两介质面的外侧形成沿 $+z$ 方向传播的表面波，这就是介质波导的工作原理。

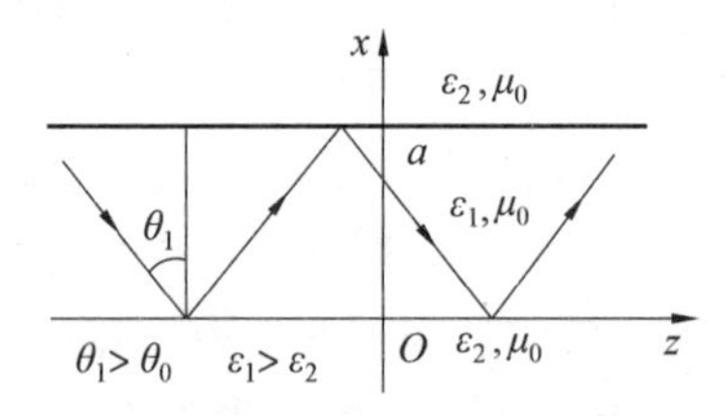

图 9.23　介质波导的结构

导行波在介质波导中的传播特点为：

(1) 只能传输 TE，TM 波，或 EH 波，不能传输 TEM 波，这一点与矩形波导和圆形波导等金属管波导相同。

(2) 如图 9.23 所示，在介质 1 中的导行波沿 $+z$ 方向传播，其传播常数为 $\beta_g=\beta_1\sin\theta_i<\beta_1$，相应的相速为 $v_{pz}=\omega/\beta_g=\omega/\beta_1\sin\theta_i=v_{p1}$，其中 $\beta_1=2\pi/\lambda_1$，等于均匀平面波在介质 1 中

的波数。沿 x 方向(即分界面的法向)仅有驻波振荡而无能量传输,这和金属管波导中的情况相同。

(3) 在介质 2 中分界面外侧的表面波,沿 $+z$ 方向传播,传播常数 $\beta_g=\beta_1\sin\theta_i$,相应的相速为 $v_{pz}=\omega/\beta_g=\omega/\beta_1\sin\theta_i>v_{p1}$,和介质 1 中的导行波相同。由折射定律可知 $\sin\theta_c=v_{p1}/v_{p2}$,如果 $\theta_i>\theta_c$,则 $\sin\theta_i>v_{p1}/v_{p2}$,于是有 $v_{p1}<v_{p2}$,总之有 $v_{p1}<v_{pz}<v_{p2}$,也就是说虽然表面波在介质 2 中传播,但其相速小于介质 2 中的相速,故称为慢波,其相速大小介于两种介质的相速大小之间。

在介质 2 中沿 x 方向只存在按指数规律衰减的振荡,随着 x 的增大,振幅迅速减小,电磁波集中于介质表面附近,故称为表面波。

(4) 和金属管波导不同,金属管波导中必须满足金属分界面上电场切向分量为 0 的边界条件,即 $E_t=0$,因此有临界频率(截止频率)存在。而在介质波导的分界面上,要求电场的切向分量连续,即 $E_{1t}=E_{2t}$,所以介质波导中不存在临界频率,这点和 TEM 波传输线相似。

(5) 在给定的工作频率下,金属管波导中可存在无限多个模式,而 TEM 波传输线理论上只存在单一波型,介质波导则介于二者之间,它存在有限个离散模式,这一点从下面介绍的金属平板加介质片波导中可以看出。

9.5.2　金属平板加介质片构成的波导

金属平板加介质片波导的结构如图 9.24 所示,一无限大理想导体平板上贴敷一厚度为 b、介电常数为 ε 的均匀介质片,介质片上面为空气。

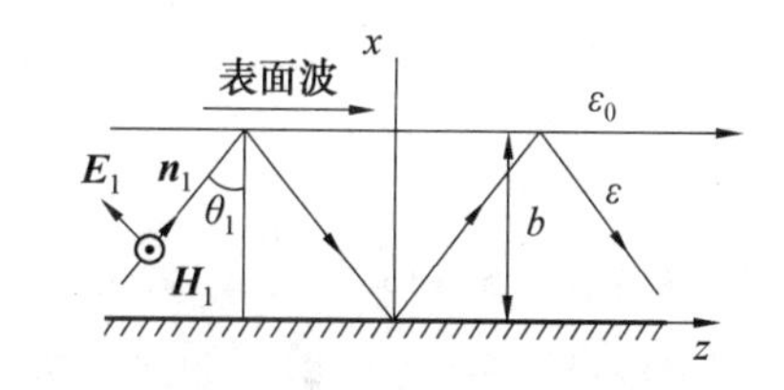

图 9.24　金属平板加介质片构成的波导结构

这里以平行极化波入射为例进行讨论,当平行极化的均匀平面波以 $\theta_i>\theta_c$ 斜入射到介质与空气的分界面时,其全反射波又以 θ_i 角斜入射到介质与金属分界面上时,同样发生全反射,此全反射过程继续下去,就形成了沿 $+z$ 方向传播的导行波,以及介质空气分界面外侧表面沿 $+z$ 方向传播的表面波。因为入射波是平行极化波,$H_z=0$ 且 $E_z\neq 0$,所以此导行波为 TM 波。

1. 场量表达式

可以从导行波的一般性质出发,综合图 9.24 所示的具体边界条件求解场分量,求得的解应具有 TM 波和表面波的基本性质。

场分量的形式由式(9.1.39)和式(9.1.40)给出,设介质在 y 方向为无限大,则该求解问题与 y 无关,入射面为 xOz 面,电场在 x,z 两个方向有分量,磁场只有 y 方向一个分量,其场量表达式可写为

$$\boldsymbol{E}=[\boldsymbol{a}_xE_x(x)+\boldsymbol{a}_zE_z(x)]\mathrm{e}^{-\mathrm{j}k_gz}\tag{9.5.1}$$

$$\boldsymbol{H}=\boldsymbol{a}_yH_y(x)\mathrm{e}^{-\mathrm{j}k_gz}\tag{9.5.2}$$

各场分量也应满足式(9.1.5)～(9.1.10)。求解式(9.5.1)和式(9.5.2)时,与矩形波导中的求解方法类似:先求解电场强度的纵向分量 E_z 所满足的方程(9.1.22)和(9.1.23),再由式(9.1.17)～(9.1.20)得到场的横向分量。由于场量与 y 无关,则有

$$\frac{\partial^2E_z(x)}{\partial x^2}+k_c^2E_z(x)=0\tag{9.5.3}$$

式中

$$k_c^2 = k^2 - k_g^2 \quad (0 < x < b) \tag{9.5.4}$$

$$k_c^2 = k_0^2 - k_g^2 \quad (x > b) \tag{9.5.5}$$

其中 $k = \omega\sqrt{\mu\varepsilon}$，$k_0 = \omega\sqrt{\mu_0\varepsilon_0}$，在两式中的 k_g 相同，是因为在介质与空气的分界面上场量的切向分量处处连续，则有分界面两侧场量的相位因子处处相等。因此介质中的导行波与介质外表面的表面波沿 $+z$ 方向的相速 v_{pz} 相等。

为区分两个 k_c，可将介质中的 k_c 记为 k_d，在空气一侧表面波的相速 $v_{pz} = \dfrac{\omega}{k_g} < \dfrac{\omega}{k_0} = c$（$c$ 为光速），所以有 $k_g^2 > k_0^2$。由式(9.5.5)可知 k_c 为虚数，可令 $k_c = \mathrm{j}h$，于是式(9.5.3)可以重写为

$$\frac{\partial^2 E_z(x)}{\partial x^2} + k_d^2 E_z(x) = 0 \quad (0 < x < b) \tag{9.5.6}$$

$$\frac{\partial^2 E_z(x)}{\partial x^2} + h^2 E_z(x) = 0 \quad (x > b) \tag{9.5.7}$$

解以上两个方程，由 $x = 0$（介质与导体分界面）和 $x \to \infty$ 时 $E_z = 0$ 的边界条件，得

$$E_z = A\sin(k_d x)\mathrm{e}^{-\mathrm{j}k_g z} \quad (0 < x < b) \tag{9.5.8}$$

$$E_z = B\mathrm{e}^{-hx}\mathrm{e}^{-\mathrm{j}k_g z} \quad (x > b) \tag{9.5.9}$$

在 $x = b$ 处，要求电场的切向分量 E_z 连续，则有

$$A\sin(k_d b) = B\mathrm{e}^{-hb} \tag{9.5.10}$$

可得

$$B = A\sin(k_d b)\mathrm{e}^{hb} \tag{9.5.11}$$

将式(9.5.11)代入式(9.5.9)，幅值 A 可由激励源的波源分布或强度来确定。

将式(9.5.8)和式(9.5.9)分别代入式(9.1.17)和式(9.1.18)，并将式(9.5.8)和式(9.5.9)一并写出，就得到场量表达式为

$$E_x = -\frac{\mathrm{j}k_g}{k_d}A\cos(k_d x)\mathrm{e}^{-\mathrm{j}k_g z} \quad (0 < x < b) \tag{9.5.12}$$

$$H_y = -\frac{\mathrm{j}\omega\varepsilon}{k_d}A(\cos k_d x)\mathrm{e}^{-\mathrm{j}k_g z} \quad (0 < x < b) \tag{9.5.13}$$

$$E_z = A\sin(k_d x)\mathrm{e}^{-\mathrm{j}k_g z} \quad (0 < x < b) \tag{9.5.14}$$

$$E_x = -\frac{\mathrm{j}k_g}{h}A\sin(k_d b)\mathrm{e}^{hb}\mathrm{e}^{-hx}\mathrm{e}^{-\mathrm{j}k_g z} \quad (x > b) \tag{9.5.15}$$

$$H_y = -\frac{\mathrm{j}\omega\varepsilon_0}{h}A\sin(k_d b)\mathrm{e}^{hb}\mathrm{e}^{-hx}\mathrm{e}^{-\mathrm{j}k_g z} \quad (x > b) \tag{9.5.16}$$

$$E_z = A\sin(k_d b)\mathrm{e}^{hb}\mathrm{e}^{-hx}\mathrm{e}^{-\mathrm{j}k_g z} \quad (x > b) \tag{9.5.17}$$

2. 传播特点

由式(9.5.4)和式(9.5.5)可得

$$k^2 - k_d^2 = k_0^2 + h^2$$

或写成

$$(k_d b)^2 + (hb)^2 = (\varepsilon_r - 1)(k_0 b)^2 \tag{9.5.18}$$

在 $x = b$ 的边界上有 H_y 连续，并根据式(9.5.13)和(9.5.16)的磁场表达式可得

$$(k_d b)\tan(k_d b) = \varepsilon_r(hb) \tag{9.5.19}$$

联立求解式(9.5.18)和式(9.5.19)，可求解 k_d 和 h 的允许取值。

由于求解这两个方程的数学计算比较复杂，一般用图解法进行求解，在以 $(k_d b)$ 和 (hb) 为坐标轴的平面上，式(9.5.18)描述了半径为 $\sqrt{\varepsilon_r - 1}(k_0 b)$ 的圆，式(9.5.19)描述了一族周期为 π 的曲线族。将它们一同画在一张图上，如图 9.25 所示，两族曲线的交点就表示了 $(k_d b)$ 和 (hb) 的允许取值。由于 $k_d > 0$，$h > 0$（h 不能为负数，这是因为 $h < 0$ 代表沿 x 轴方向随 x 增大而增大的电磁波，这是不符合实际情况的），所以只需要取第一象限的值。

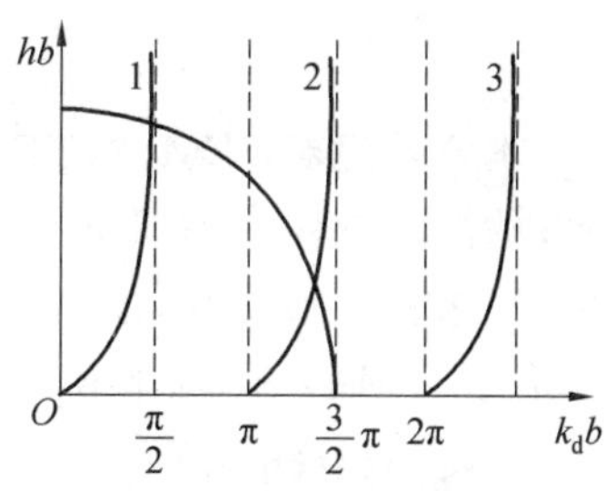

图 9.25　圆与一族曲线组

由图 9.25 可见，不论工作波长 λ 多大，即不论圆的半径 $\sqrt{\varepsilon_r - 1}(k_0 b)$ 中的 k_0 如何小，圆至少可以与一条曲线相交，就可得到一组 k_{d1} 和 h_1。λ 越小，k_0 越大，圆的半径也越大，这时圆可能和更多条曲线相交，从而得到更多的 k_{dn} 和 h_n。但不管 λ 如何小，圆的半径总是有限的，所以它只能和有限条曲线相交，k_d 和 h 的取值也只能是有限的。由此说明：对于介质波导中的导行波和表面波，既无临界频率，又只存在有限个模式。这些不同的圆与曲线的交点，即 k_d 和 h 的不同取值对应着不同的模式，可记为 TM_n 模式。

如果入射波是垂直极化波，那么就会形成 TE 波，对应的模式可记为 TE_n 模式，这里不加以详细讨论。一般情况下，介质波导中的 TE 和 TM 波可能同时存在。

9.5.3　光纤波导简介

光纤波导又称光导纤维，从工作原理讲就是一种介质棒波导。它的关键部分是纯度高、导光性能好的光学玻璃拉成的纤维芯子，表面上常包一层折射率较低的其他介质（玻璃、塑料等）作为套层，有的光纤波导采用低折射率的细管，管内充满高折射率的导光液体做成。图 9.26 是其中一种典型结构的示意图。光纤波导工作于光频，由于频率高、波长短、尺寸小、质量轻、通信容量大，再加上光学玻璃（石英）的抗腐蚀性好、耐高温等优点，使得它备受重视。

光纤波导具有极宽的传输频带，而且损耗小、质量轻、易弯曲，但由于它不具备电磁屏蔽能力，因此必须封装在封闭的光缆之中。光纤波导的典型工作频率是由损耗决定的，位于长波段的低损耗窗口是 1.33 μm 和 1.55 μm，位于短波段的低损耗窗口为 0.85 μm，目前常用的波长为 1.55 μm。早期的光纤波导损耗比较大，现在已经降到 0.2 dB/km 以下，最小的损耗已可达到 0.02 dB/km。远距离的通信光缆传输已经大范围地普及，可以用于传输语音、图像和数据信号。

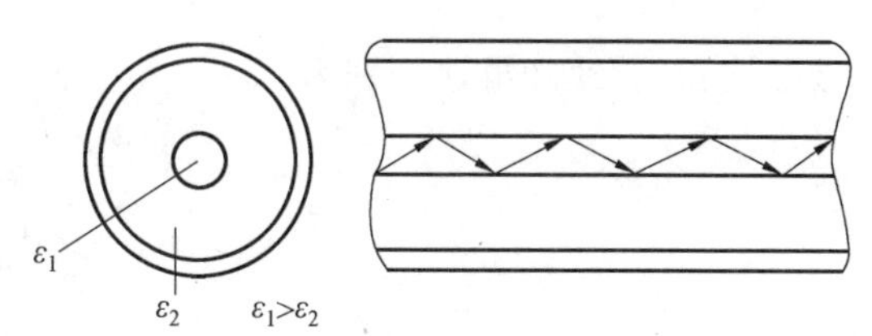

图 9.26　光纤波导结构

9.6　本章小结

本章首先对TEM波、TE波和TM波的一般特性进行了分析，然后通过纵向场法求解导行波的波动方程，对矩形波导中的TE波和TM波进行了求解，分析了矩形波导中的TE波和TM波的一般特性，接着重点分析了矩形波导中的TE_{10}波，之后又分析了圆形波导中的TE波和TM波，最后介绍了介质波导的导波原理。

1. 纵向场法

沿$+z$方向传播的电磁波，横向场分量E_x，E_y，H_x，H_y仅与E_z，H_z有关，所以可以用电磁场的纵向场分量来表示其横向场分量；

波导中电磁场能够单独存在的形式称之为电磁场的传输模式；

横电磁波(TEM波或TEM模)：$E_z(x,y)=0$，$H_z(x,y)=0$；

横电波(TE波或TE模)：$E_z(x,y)=0$，$H_z(x,y)\neq 0$；

横磁波(TM波或TM模)：$E_z(x,y)\neq 0$，$H_z(x,y)=0$。

2. 波导传输条件

不同的导波结构可以传播不同模式的电磁波。纵向均匀空心管波导中只能传播TE波和TM波。导行波在波导中传播必须满足波导的传输条件，即导行波在波导中的传输条件：

$$k>k_c \quad 或 \quad \lambda<\lambda_c \quad 或 \quad f>f_c$$

3. 波导的一般特性

对于特定的波导，沿z方向传播的电磁波可以有不同的模式。不同模式的波有不同的截止频率、不同的色散关系、不同的场结构、不同的传输功率和功率损耗。导行波在波导中传播的相速大于它在自由空间中的传播速度，而群速小于它在自由空间中的传播速度。

截止波长和截止频率分别为

$$\lambda_c=\frac{2\pi}{k_c},\quad f_c=\frac{k_c}{2\pi\sqrt{\mu\varepsilon}}$$

波导波长、相速和群速分别为

$$\lambda_g=\frac{\lambda}{\sqrt{1-\left(\frac{\lambda}{\lambda_c}\right)^2}}$$

$$v_p=\frac{1}{\sqrt{\mu\varepsilon}\sqrt{1-\left(\frac{\lambda}{\lambda_c}\right)^2}}>v,\quad v_g=\frac{1}{\sqrt{\mu\varepsilon}}\sqrt{1-\left(\frac{\lambda}{\lambda_c}\right)^2}$$

波阻抗分别为

$$Z_{TE}=\frac{1}{\sqrt{1-\left(\frac{\lambda}{\lambda_c}\right)^2}}\sqrt{\frac{\mu}{\varepsilon}},\quad Z_{TM}=\sqrt{\frac{\mu}{\varepsilon}}\sqrt{1-\left(\frac{\lambda}{\lambda_c}\right)^2}$$

4. 矩形波导的特性

如果一个矩形波导的长边为a，短边为b，则

截止波数为
$$k_c=\sqrt{\left(\frac{m\pi}{a}\right)^2+\left(\frac{n\pi}{b}\right)^2}$$

截止波长为
$$\lambda_c=\frac{2}{\sqrt{\left(\frac{m}{a}\right)^2+\left(\frac{n}{b}\right)^2}}$$

截止频率为
$$f_c=\frac{1}{2\sqrt{\mu\varepsilon}}\sqrt{\left(\frac{m}{a}\right)^2+\left(\frac{n}{b}\right)^2}$$

TE_{10} 模的参数分别为

$$k_c=\frac{\pi}{a},\quad \lambda_c=2a,\quad v_p=\frac{1}{\sqrt{\mu\varepsilon}\sqrt{1-(\frac{\lambda}{2a})^2}},\quad \lambda_g=\frac{\lambda}{\sqrt{1-(\lambda/2a)^2}},$$

$$v_g=\frac{1}{\sqrt{\mu\varepsilon}}\sqrt{1-\left(\frac{\lambda}{2a}\right)^2},\quad Z_{TE_{10}}=\frac{1}{\sqrt{1-\left(\frac{\lambda}{2a}\right)^2}}\sqrt{\frac{\mu}{\varepsilon}}$$

单模传输的矩形波导的尺寸应满足

$$\frac{\lambda}{2}<a<\lambda\quad 且\quad 2b\leqslant a$$

一般选择为 $a=0.7\lambda$ 且 $b=(0.4\sim0.5)a$。

5. 圆形波导的特性

如果一个圆形波导的半径为 a,则

$$\lambda_{c,TE_{nm}}=\frac{2\pi a}{p'_{nm}},\quad \lambda_{c,TM_{nm}}=\frac{2\pi a}{p_{nm}}$$

圆形波导中 TE_{11} 模是主模。

习　　题

9.1　已知导行波电磁场的轴向分量为

$$H_z=(A\cos k_x x+B\sin k_x x)e^{-jk_g z},\quad E_z=0$$

求:(1) 场的其余分量;

(2) 该波为何种类型的导行波？其临界波长为多长？

9.2　一个空气填充的矩形波导,$a=6$ cm,$b=3$ cm,信号源频率是 3 GHz,试计算相对于TE_{10},TE_{01},TE_{11},TM_{11} 四种模式的截止波长、波导波长、相移常数、群速和波阻抗。

9.3　一个空气填充的矩形波导中传输TE_{10} 波,已知 $a=6$ cm,$b=4$ cm,若沿纵向测得波导中电场强度最大值与最小值之间的距离是 4.47 cm,求信号源的频率。

9.4　已知 $f=3\times10^{10}$ Hz,如果选择矩形波导 $a=0.7$ cm,$b=0.3$ cm,波导内传播的导行波共有几种模式？

9.5　证明填充相对介质常数为 ε_r 的理想介质的矩形波导,其截止频率为空心矩形波导的截止频率的 $1/\sqrt{\varepsilon_r}$。

9.6　已知空心矩形波导横截面为 $a\times b=2.3\text{ cm}\times1\text{ cm}$。求:(1) TE_{10} 波的截止波数 k_c;(2) 单模传输的频率范围。

9.7 有尺寸为$a=2b=2.5$ cm的矩形波导，工作频率为10 GHz的脉冲调制载波通过此波导传播，当波导长度为100 m时，求产生的脉冲延迟时间。[提示：首先证明单模传输]

9.8 采用BJ－32矩形波导(横截面$a\times b=72.14$ mm$\times 34.04$ mm)做馈线，如果波导中传输TE_{10}模，那么：

(1) 如果测得相邻两波节之间的距离为10.9 cm，求λ_g和λ_c；

(2) 如果工作波长为$\lambda=10$ cm，求v_p，λ_g和λ_c。

9.9 矩形波导的尺寸为2.5 mm×1 mm，工作频率为7.5 GHz，如果分别满足以下条件：

(1) 波导是空心的；

(2) 波导内填充$\varepsilon_r=2$，$\mu_r=1$及$\sigma=0$的介质。

试分别计算两种情况下的v_p和$Z_{TE_{10}}$的值。

9.10 空心矩形波导中通过$\lambda=10$ cm的TE_{10}波时，如果其工作频率比临界频率高30%，即$f=1.3f_{c,TE10}$，求波导管的截面尺寸。

9.11 已知内充空气的矩形波导尺寸横截面为$a\times b=2$ cm$\times 1$ cm，空气的击穿场强为3×10^4 V/cm，当传输$f=12$ GHz的TE_{10}波时，求最大的传输功率(设安全系数为0.15)。

9.12 一个空气填充的圆形波导半径为2 cm，工作在TE_{11}模，试求该波导的截止频率。如果波导内填充$\varepsilon_r=2.25$的理想介质，要保持原截止频率不变，那么波导的半径应该变为多少？

第10章　电磁波的辐射

电荷做加速运动或电流随时间变化时，在其周围会产生随时间变化的电磁场，电场与磁场之间相互作用，就可以产生在空间中传播的电磁波，这一过程称为电磁波的辐射，能向自由空间辐射电磁波或从自由空间接收电磁波的装置称为天线。

最初的天线出现在1886年赫兹所做的发现电磁波的系列实验中。在这一系列实验中，赫兹设计制作了电磁波的发射器和接收器，发射器(直线型开放振荡器)包括两根细铜棒，将每根铜棒的一端与电极相连，每根铜棒的另一端各焊上一个金属球，通电时如果使两根铜棒上的金属球相互靠近，便会看到有火花从一个球跳到另一个球，电磁波就被发射到空间之中，这一发射器就是电基本振子的雏形；为了捕捉空间中的电磁波，赫兹制作了接收器(共振感应检波器)，他将一根两端各带有一个金属球的铜丝弯成环状回路，两个金属球之间形成火花隙，当电磁波到达接收器时，在该回路内将产生谐振作用，从而在圆环的两个金属球之间出现火花，表明接收到了电磁波，磁基本振子的雏形就来源于这个接收器。

赫兹(Heinrich Rudolf Hertz，1857—1894年)是德国物理学家。1888年他进行了一系列实验证实了电磁波的存在，从而说明麦克斯韦电磁理论的正确性。赫兹还通过实验测量了电磁波速度，他还研究了电磁波的反射、折射、衍射等性质，并且实验了电磁波的干涉。因为赫兹对电磁学有很大的贡献，所以频率的国际单位制单位以他的名字命名。

本章首先引入时变电磁场的标量位、矢量位，并求解其微分方程，然后讨论在给定电流分布条件下的电磁波辐射问题，包括电基本振子的辐射、磁基本振子的辐射，最后介绍实用的半波天线和天线阵列。

10.1　电磁场的标量位、矢量位及其微分方程

在分析静态场问题时，引进过标量电位和矢量磁位，使场的计算问题大为简化。采用相似的方法，在时变电磁场的分析中也可以引进标量位和矢量位，使得求解有源电磁场的问题得到简化。

计算电磁波的辐射问题时，需要求解有源区的麦克斯韦方程组为

$$\nabla\times \boldsymbol{E}=-\frac{\partial \boldsymbol{B}}{\partial t} \tag{10.1.1}$$

$$\nabla\times \boldsymbol{H}=\boldsymbol{J}+\frac{\partial \boldsymbol{D}}{\partial t} \tag{10.1.2}$$

$$\nabla\cdot \boldsymbol{D}=\rho \tag{10.1.3}$$

$$\nabla\cdot \boldsymbol{B}=0 \tag{10.1.4}$$

由$\nabla\cdot \boldsymbol{B}=0$可知时变磁场是无散场，和稳恒磁场一样，可以将$\boldsymbol{B}$写成某矢量$\boldsymbol{A}$的旋度，即

$$\boldsymbol{B}=\nabla\times \boldsymbol{A} \tag{10.1.5}$$

称 $\boldsymbol{A}$ 为动态矢量磁位。

$\boldsymbol{B}$ 与 $\boldsymbol{A}$ 的关系与稳恒磁场的情况类似，一般来说，时变电场是有散场和有旋场两者的叠加，所以在时变条件下，$\boldsymbol{E}$ 一般不能表示成某个标量函数的负梯度形式，但是将式(10.1.5)代入式(10.1.1)中，可得

$$\nabla\times\boldsymbol{E}+\frac{\partial\boldsymbol{B}}{\partial t}=\nabla\times\left(\boldsymbol{E}+\frac{\partial\boldsymbol{A}}{\partial t}\right)=0$$

因而可将 $\boldsymbol{E}+\dfrac{\partial\boldsymbol{A}}{\partial t}$ 表示成某个标量函数 ϕ 的负梯度，即

$$\boldsymbol{E}+\frac{\partial\boldsymbol{A}}{\partial t}=-\nabla\phi \tag{10.1.6}$$

或

$$\boldsymbol{E}=-\nabla\phi-\frac{\partial\boldsymbol{A}}{\partial t} \tag{10.1.7}$$

称 ϕ 为标量位。由式(10.1.7)知，$\boldsymbol{E}$ 不仅与 ϕ 有关，而且还与 $\boldsymbol{A}$ 有关，由此可以看出时变电场不是保守场，一般不存在位能的概念，标量位 ϕ 失去确切的物理意义。

从式(10.1.5)和式(10.1.7)中可以看出，同一个 $\boldsymbol{E}$ 和 $\boldsymbol{B}$ 所对应的 ϕ 和 $\boldsymbol{A}$ 并不唯一，如果做如下变换：

$$\begin{cases}\boldsymbol{A}\rightarrow\boldsymbol{A}'=\boldsymbol{A}+\nabla\psi\\ \phi\rightarrow\phi'=\phi-\dfrac{\partial\psi}{\partial t}\end{cases} \tag{10.1.8}$$

式中，ψ 为任意标量函数，则有

$$\nabla\times\boldsymbol{A}'=\nabla\times\boldsymbol{A}=\boldsymbol{B}$$

$$-\nabla\phi'-\frac{\partial\boldsymbol{A}'}{\partial t}=-\nabla\phi-\frac{\partial\boldsymbol{A}}{\partial t}=\boldsymbol{E}$$

可见 ϕ'，$\boldsymbol{A}'$ 和 ϕ，$\boldsymbol{A}$ 描述了同一个电磁场，把由式(10.1.8)所规定的变换称为规范变换，每一组 ϕ 和 $\boldsymbol{A}$ 称为一种规范。当位函数做规范变换时，$\boldsymbol{E}$ 和 $\boldsymbol{B}$ 及其运动规律保持不变，称为规范不变性。

从数学上看，不同的规范 ϕ 和 $\boldsymbol{A}$ 对应于同一个电磁场，这是因为只定义了 $\boldsymbol{A}$ 的旋度，而没有定义其散度。亥姆霍兹定理告诉我们，对于一个矢量场，必须在给出其旋度和散度时才能唯一确定。下面确定 $\boldsymbol{A}$ 的散度。

如果均匀媒质参数为 ε，μ，由式(10.1.3)结合式(10.1.7)可得

$$\nabla\cdot\boldsymbol{D}=\varepsilon\,\nabla\cdot\left(-\nabla\phi-\frac{\partial\boldsymbol{A}}{\partial t}\right)=\rho \tag{10.1.9}$$

由式(10.1.2)结合式(10.1.5)和式(10.1.7)可得

$$\begin{aligned}\nabla\times\boldsymbol{B}&=\nabla\times(\nabla\times\boldsymbol{A})=\nabla(\nabla\cdot\boldsymbol{A})-\nabla^2\boldsymbol{A}\\ &=\mu\boldsymbol{J}+\varepsilon\mu\frac{\partial\boldsymbol{E}}{\partial t}=\mu\boldsymbol{J}-\varepsilon\mu\frac{\partial}{\partial t}\nabla\phi-\varepsilon\mu\frac{\partial^2\boldsymbol{A}}{\partial t^2}\end{aligned} \tag{10.1.10}$$

式(10.1.9)和(10.1.10)经过整理可得

$$\nabla^2\phi-\varepsilon\mu\frac{\partial^2\phi}{\partial t^2}+\frac{\partial}{\partial t}\left(\nabla\cdot\boldsymbol{A}+\varepsilon\mu\frac{\partial\phi}{\partial t}\right)=-\frac{\rho}{\varepsilon} \tag{10.1.11}$$

$$\nabla^2\boldsymbol{A}-\varepsilon\mu\frac{\partial^2\boldsymbol{A}}{\partial t^2}-\nabla\left(\nabla\cdot\boldsymbol{A}+\varepsilon\mu\frac{\partial\phi}{\partial t}\right)=-\mu\boldsymbol{J} \tag{10.1.12}$$

由上两式可见，如果选择$\nabla\cdot\boldsymbol{A}$使得

$$\nabla\cdot\boldsymbol{A}+\varepsilon\mu\frac{\partial\phi}{\partial t}=0 \tag{10.1.13}$$

成立，那么位函数(ϕ 和$\boldsymbol{A}$)与源(ρ 和$\boldsymbol{J}$)之间的关系将大为简化，可得到

$$\nabla^2\phi-\varepsilon\mu\frac{\partial^2\phi}{\partial t^2}=-\frac{\rho}{\varepsilon} \tag{10.1.14}$$

$$\nabla^2\boldsymbol{A}-\varepsilon\mu\frac{\partial^2\boldsymbol{A}}{\partial t^2}=-\mu\boldsymbol{J} \tag{10.1.15}$$

式(10.1.14)和式(10.1.15)就是标量位 ϕ 和矢量位$\boldsymbol{A}$ 所满足的非齐次波动方程，也称达朗贝尔方程。达朗贝尔方程是线性方程，反映了位函数的可叠加性。称式(10.1.13)为洛伦兹条件，把洛伦兹条件下的 ϕ 和$\boldsymbol{A}$ 称为洛伦兹规范下的 ϕ 和$\boldsymbol{A}$。在洛伦兹规范下，式(10.1.8)中的标量函数 ψ 要受到限制。将式(10.1.13)代入式(10.1.8)中，可得

$$\nabla\cdot\boldsymbol{A}'+\varepsilon\mu\frac{\partial\phi'}{\partial t}=\nabla^2\psi-\varepsilon\mu\frac{\partial^2\psi}{\partial t^2}$$

要使得$\boldsymbol{A}'$，ϕ' 满足洛伦兹条件，则要求 ψ 满足

$$\nabla^2\psi-\varepsilon\mu\frac{\partial^2\psi}{\partial t^2}=0 \tag{10.1.16}$$

如果场量不随时间变化，则式(10.1.13)可简化成$\nabla\cdot\boldsymbol{A}=0$，称为稳恒磁场中库仑规范的条件。此时微分方程(10.1.14)和(10.1.15)变成 ϕ 和$\boldsymbol{A}$ 所满足的泊松方程

$$\nabla^2\phi=-\frac{\rho}{\varepsilon} \tag{10.1.17}$$

$$\nabla^2\boldsymbol{A}=-\mu\boldsymbol{J} \tag{10.1.18}$$

由式(10.1.14)和(10.1.15)的形式上看，ϕ 由 ρ 决定，$\boldsymbol{A}$ 由$\boldsymbol{J}$ 决定。但在时变场中，ϕ 和$\boldsymbol{A}$ 并不独立，它们由洛伦兹条件约束；而 ρ 和$\boldsymbol{J}$ 也并不独立，它们由电流连续性方程约束。事实上，将式(10.1.14)两边对时间求偏导，再将式(10.1.15)两边取散度，然后相加并整理可得

$$\nabla^2\left(\nabla\cdot\boldsymbol{A}+\varepsilon\mu\frac{\partial\phi}{\partial t}\right)+\varepsilon\mu\frac{\partial^2}{\partial t^2}\left(\nabla\cdot\boldsymbol{A}+\varepsilon\mu\frac{\partial\phi}{\partial t}\right)=-\mu\left(\nabla\cdot\boldsymbol{J}+\frac{\partial\rho}{\partial t}\right) \tag{10.1.19}$$

由上式可见，洛伦兹条件刚好是电流连续性方程的反映，有$\nabla\cdot\boldsymbol{A}+\varepsilon\mu\dfrac{\partial\phi}{\partial t}=0$ 存在，必然导致$\nabla\cdot\boldsymbol{J}+\dfrac{\partial\rho}{\partial t}=0$。

和讨论电磁波的传播问题时一样，我们关心的是时谐场，即场量随时间做正弦变化的情况。此时，式(10.1.14)和(10.1.15)变为

$$\nabla^2\phi+k^2\phi=-\frac{\rho}{\varepsilon} \tag{10.1.20}$$

$$\nabla^2\boldsymbol{A}+k^2\boldsymbol{A}=-\mu\boldsymbol{J} \tag{10.1.21}$$

其中 $k=\omega\sqrt{\mu\varepsilon}$。

电流连续性方程为

$$\nabla\cdot\boldsymbol{J}+\mathrm{j}\omega\rho=0 \tag{10.1.22}$$

洛伦兹条件为

$$\nabla\cdot \boldsymbol{A} + \mathrm{j}\omega\varepsilon\mu\phi = 0 \tag{10.1.23}$$

于是将求解有源情况下的电磁场 $\boldsymbol{E}$ 和 $\boldsymbol{B}$ 的问题，转化成了先求标量位 ϕ 和矢量位 $\boldsymbol{A}$，然后再通过式(10.1.5) 和式(10.1.7) 求得 $\boldsymbol{E}$ 和 $\boldsymbol{B}$ 的问题。这样做比直接求解有源情况下的电场 $\boldsymbol{E}$ 和磁场 $\boldsymbol{H}$ 所满足的非齐次波动方程要简便容易得多，这就是引进标量位 ϕ 和矢量位 A 的目的。

10.2 位方程的解

由式(10.1.15) 可以看出，如将矢量位 $\boldsymbol{A}$ 分解成直角坐标系中的三个分量，则其每个分量满足的方程和标量位 ϕ 满足的方程(10.1.15) 在形式上是完全一样，其解的形式也应该相同。所以可以以式(10.1.14) 为例来求标量位 ϕ 的解。

在线性均匀各向同性媒质中，方程(10.1.14) 是线性微分方程。如果场源分布处于有限空间，则可以把它分解成无穷多个点源。得到存在点源的达朗伯方程的解之后，任何分布场源的解将是各点源单独作用的解的叠加。

如图 10.1(a) 所示，如果空间中某点有一个随时间变化的点电荷 $q(t)$，则除了 $r=0$ 点之外，空间任意点的标量位 ϕ 满足齐次的达朗贝尔方程

$$\nabla^2\phi - \mu\varepsilon\frac{\partial^2\phi}{\partial t^2} = 0 \tag{10.2.1}$$

由于点电荷 $q(t)$ 在它周围空间产生的场具有球对称性，即在球坐标系中，式(10.2.1) 简化为只与 r 有关的形式

$$\frac{1}{r^2}\frac{\partial}{\partial r}\left(r^2\frac{\partial\phi}{\partial r}\right) = \frac{1}{v^2}\frac{\partial^2\phi}{\partial t^2} \tag{10.2.2}$$

其中 $v=\dfrac{1}{\sqrt{\mu\varepsilon}}$，上式两边乘以 r 可得

$$\frac{\partial^2(r\phi)}{\partial r^2} = \frac{1}{v^2}\frac{\partial^2(r\phi)}{\partial t^2} \tag{10.2.3}$$

这是一个一维波动方程，它的通解是

$$r\phi = f_1\left(t-\frac{r}{v}\right) + f_2\left(t+\frac{r}{v}\right) \tag{10.2.4}$$

式中 f_1 和 f_2 是存在二阶偏导数的两个任意函数。

f_1 和 f_2 的具体形式可根据定解条件来确定。我们知道静电场是时变场的一个特例，这时达朗贝尔方程就变为泊松方程。由于点电荷的泊松方程的解为

$$\phi(r) = \frac{q}{4\pi\varepsilon r} \tag{10.2.5}$$

则点电荷的达朗伯方程的解，可根据式(6.93) 通过类比的方法得到。即

$$\phi = \frac{q\left(t-\dfrac{r}{v}\right)}{4\pi\varepsilon r} + \frac{q\left(t+\dfrac{r}{v}\right)}{4\pi\varepsilon r} \tag{10.2.6}$$

如果时变电荷以密度 $\rho(t)$ 分布在体积 V' 内，如图 10.1(b) 所示，可把分布电荷分解为许多点源，每个点源上的电量是 $\rho(t)\cdot \mathrm{d}v'$。它在空间任意点 $P(x,y,z)$ 所产生的标量位是

$$\mathrm{d}\phi(x,y,z,t)=\frac{\rho\left(t-\dfrac{r}{v}\right)}{4\pi\varepsilon r}\mathrm{d}v'+\frac{\rho\left(t+\dfrac{r}{v}\right)}{4\pi\varepsilon r}\mathrm{d}v' \tag{10.2.7}$$

整个分布电荷在观察点 $P(x,y,z)$ 所产生的标位是式(10.2.7) 在电荷的分布域 V' 以内的体积分，即

$$\phi(x,y,z,t)=\frac{1}{4\pi\varepsilon}\int_{V'}\frac{\rho\left(x',y',z',t-\dfrac{r}{v}\right)}{r}\mathrm{d}v'+\frac{1}{4\pi\varepsilon}\int_{V'}\frac{\rho\left(x',y',z',t+\dfrac{r}{v}\right)}{r}\mathrm{d}v' \tag{10.2.8}$$

在体积 V' 内分布有时变电流源时，同理可得出动态矢位 A 的解为

$$A(x,y,z,t)=\frac{\mu}{4\pi}\int_{V'}\frac{J\left(x',y',z',t-\dfrac{r}{v}\right)}{r}\mathrm{d}v'+\frac{\mu}{4\pi}\int_{V'}\frac{J\left(x',y',z',t+\dfrac{r}{v}\right)}{r}\mathrm{d}v' \tag{10.2.9}$$

上式右边第二项表示任意点上 t 时刻的解，决定于 t 时刻之后的场源的分布，在无穷大的自由空间超前相位是没有意义的。所以，无穷大自由空间方程(10.1.14) 和(10.1.15) 的解分别为

$$\phi(x,y,z,t)=\frac{1}{4\pi\varepsilon}\int_{V'}\frac{\rho\left(x',y',z',t-\dfrac{r}{v}\right)}{r}\mathrm{d}v' \tag{10.2.10}$$

$$\boldsymbol{A}(x,y,z,t)=\frac{\mu}{4\pi}\int_{V'}\frac{\boldsymbol{J}\left(x',y',z',t-\dfrac{r}{v}\right)}{r}\mathrm{d}v' \tag{10.2.11}$$

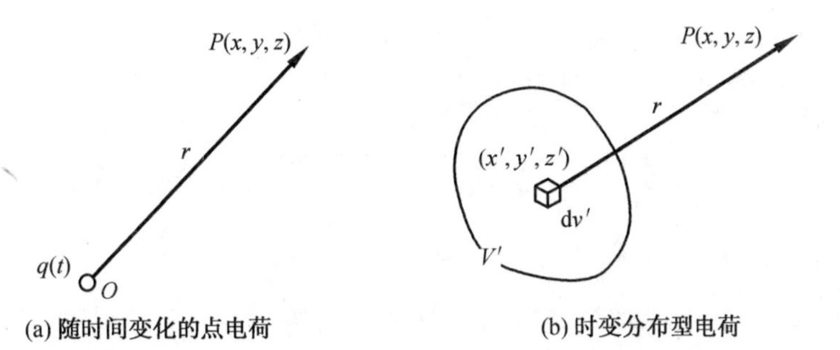

图 10.1　时变电荷

无界空间中，式(10.2.20) 的解为

$$\phi=\frac{1}{4\pi\varepsilon}\int_V\frac{\rho\mathrm{e}^{-\mathrm{j}kR}}{R}\mathrm{d}v \tag{10.2.12}$$

如果把 $k=\omega\sqrt{\varepsilon\mu}=\dfrac{\omega}{v_\mathrm{p}}$ 代入上式，则可得

$$\begin{aligned}\phi&=\frac{1}{4\pi\varepsilon}\int_V\frac{\rho\mathrm{e}^{-\mathrm{j}kR}}{R}\mathrm{d}v\\&=\frac{1}{4\pi\varepsilon}\int_V\frac{\rho\mathrm{e}^{-\mathrm{j}\omega\frac{R}{v_\mathrm{p}}}}{R}\mathrm{d}v\end{aligned} \tag{10.2.13}$$

式(10.2.13) 中的相位因子 $\mathrm{e}^{-\mathrm{j}\omega\frac{R}{v_\mathrm{p}}}$ 表示离开源点为 R 的场点，在 t 时刻的标量位并不是

由t时刻源的状态所决定的，而是由比t早$\left(t-\dfrac{R}{v_p}\right)$时刻源的状态所决定的。也就是说，场点的标量位的变化滞后于源的变化，滞后的时间$\dfrac{R}{v_p}$刚好是电磁波传播距离R所需要的时间，故称此标量位为滞后位，这一性质进一步说明电磁波是以有限速度进行传播的。

同理，式(10.1.21)所表示的矢量位微分方程在无界空间的解，应为

$$\begin{aligned}\boldsymbol{A}&=\frac{\mu}{4\pi}\int_V\frac{\boldsymbol{J}\mathrm{e}^{-\mathrm{j}kR}}{R}\mathrm{d}v\\&=\frac{\mu}{4\pi}\int_V\frac{\boldsymbol{J}\mathrm{e}^{-\mathrm{j}\omega\frac{R}{v_p}}}{R}\mathrm{d}v\end{aligned}\tag{10.2.14}$$

由于洛伦兹条件将ϕ和$\boldsymbol{A}$联系起来，所以一般只要求出ϕ和$\boldsymbol{A}$其中的一个解，再利用式(10.1.23)，就可以得到另一个解。

10.3 电基本振子的辐射场

从本节开始讨论在给定电流分布条件下的电磁波辐射问题，首先分析电基本振子的辐射。

电基本振子是指载有高频振荡电流的短导线，其长度远小于波长，可认为导线上各点电流的幅度I相同，相位也相同。将一个正弦振荡的电基本振子按图10.2所示沿z轴放置于坐标原点上。由于$\Delta l \ll \lambda$和$\Delta l \ll r$，可以认为源处于$\boldsymbol{r}'=\boldsymbol{0}$点处，即沿$\Delta l$所分布的电流$I=I_0\cos\omega t$处处相等。

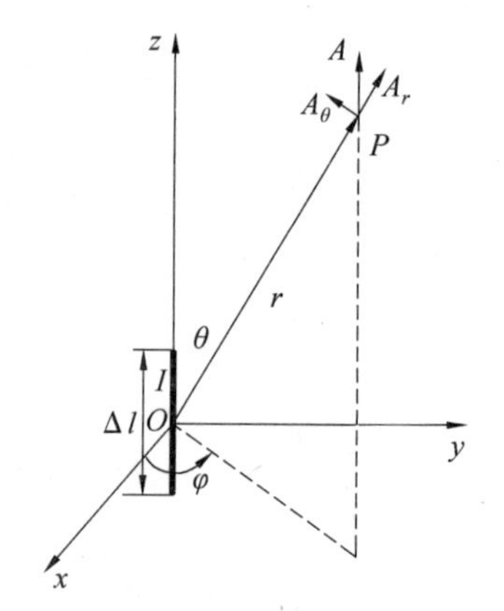

图10.2 电基本振子

下面计算此电基本振子在空间任一点P处产生的场。由式(10.2.14)可知

$$\boldsymbol{A}=\frac{\mu}{4\pi}\int_V\frac{\boldsymbol{J}\mathrm{e}^{-\mathrm{j}kr}}{R}\mathrm{d}v\tag{10.3.1}$$

假设电流元$I\Delta\boldsymbol{l}$的横截面为S，则$I\Delta\boldsymbol{l}=\boldsymbol{a}_zI\Delta l=\boldsymbol{a}_z\dfrac{I}{S}S\Delta l=\boldsymbol{a}_zJ\Delta V=\boldsymbol{J}\Delta V$，将$I\Delta\boldsymbol{l}$代替上式中的$\boldsymbol{J}\mathrm{d}V$，得到由$I\Delta\boldsymbol{l}$所产生的矢量位：

$$\boldsymbol{A}=\boldsymbol{a}_z\frac{\mu}{4\pi}\frac{\mathrm{e}^{-\mathrm{j}kr}}{r}I_0\Delta l\tag{10.3.2}$$

在这里因为$\boldsymbol{r}'=\boldsymbol{0}$，所以$\boldsymbol{R}=\boldsymbol{r}$。

由式(10.3.2)可知，$\boldsymbol{A}$的方向为沿z方向。如果用如图10.2所示的球坐标系表示，$\boldsymbol{A}$可写为

$$\boldsymbol{A}=\boldsymbol{a}_zA_z=\boldsymbol{a}_rA_r+\boldsymbol{a}_\theta A_\theta+\boldsymbol{a}_\varphi A_\varphi\tag{10.3.3}$$

其中

$$\begin{cases}A_r=A_z\cos\theta\\A_\theta=-A_z\sin\theta\\A_\varphi=0\end{cases}\tag{10.3.4}$$

于是

$$\boldsymbol{H}=\frac{1}{\mu}\nabla\times\boldsymbol{A}=\frac{1}{\mu r^2\sin\theta}\begin{vmatrix}\boldsymbol{a}_r & \boldsymbol{a}_\theta r & \boldsymbol{a}_\varphi r\sin\theta\\ \dfrac{\partial}{\partial r} & \dfrac{\partial}{\partial\theta} & \dfrac{\partial}{\partial\varphi}\\ A_r & rA_\theta & 0\end{vmatrix}$$

$$=\boldsymbol{a}_\varphi\frac{k^2I_0\Delta l}{4\pi}\sin\theta\left(\frac{\mathrm{j}}{kr}+\frac{1}{k^2r^2}\right)\mathrm{e}^{-\mathrm{j}kr} \tag{10.3.5}$$

由式(10.1.23)得到

$$\phi=-\frac{\nabla\cdot\boldsymbol{A}}{\mathrm{j}\omega\varepsilon\mu} \tag{10.3.6}$$

将式(10.3.2)和(10.3.6)共同代入式(10.1.7)，且有 $k^2=\omega^2\mu\varepsilon$，可得

$$\begin{aligned}\boldsymbol{E}&=-\nabla\phi-\frac{\partial\boldsymbol{A}}{\partial t}=\frac{\nabla(\nabla\cdot\boldsymbol{A})}{\mathrm{j}\omega\varepsilon\mu}-\mathrm{j}\omega\boldsymbol{A}\\&=\boldsymbol{a}_r\frac{2I_0\Delta lk^3\cos\theta}{4\pi\omega\varepsilon}\left(\frac{1}{k^2r^2}-\frac{\mathrm{j}}{k^3r^3}\right)\mathrm{e}^{-\mathrm{j}kr}+\\&\quad\boldsymbol{a}_\theta\frac{I_0\Delta lk^3\sin\theta}{4\pi\omega\varepsilon}\left(\frac{\mathrm{j}}{kr}+\frac{1}{k^2r^2}-\frac{\mathrm{j}}{k^3r^3}\right)\mathrm{e}^{-\mathrm{j}kr}\\&=-\boldsymbol{a}_r\frac{\mathrm{j}k^2I_0\Delta l}{2\pi}\eta\cos\theta\left(\frac{\mathrm{j}}{k^2r^2}+\frac{1}{k^3r^3}\right)\mathrm{e}^{-\mathrm{j}kr}-\\&\quad\boldsymbol{a}_\theta\frac{\mathrm{j}k^2I_0\Delta l}{4\pi}\eta\sin\theta\left(\frac{-1}{kr}+\frac{\mathrm{j}}{k^2r^2}+\frac{1}{k^3r^3}\right)\mathrm{e}^{-\mathrm{j}kr}\end{aligned} \tag{10.3.7}$$

其中 η 为媒质的特性阻抗。

式(10.3.7)和式(10.3.5)就是电基本振子所产生的电场和磁场的表达式。可以看出，如果以电基本振子为轴(也称振子轴)，则电场平行于轴线的经度面(子午面)，而磁场平行于纬度面(赤道面)。

下面我们针对两种特殊情况，来讨论式(10.3.5)和式(10.3.7)的性质：

(1) 近区场。当 $kr\ll1$，即 $r\ll\lambda$ 时，则 $\mathrm{e}^{-\mathrm{j}kr}\approx1$ 且有 $\frac{1}{kr}\ll\frac{1}{(kr)^2}\ll\frac{1}{(kr)^3}$，将式(10.3.5)略去与 $\frac{1}{kr}$ 成正比的项，可得

$$\boldsymbol{H}\approx\boldsymbol{a}_\varphi\frac{I_0\Delta l}{4\pi r^2}\sin\theta \tag{10.3.8}$$

将式(10.3.7)略去与 $\frac{1}{kr}$ 和 $\frac{1}{k^2r^2}$ 成正比的项，可得

$$\boldsymbol{E}\approx\frac{I_0\Delta l}{\mathrm{j}4\pi\omega\varepsilon r^3}(\boldsymbol{a}_r2\cos\theta+\boldsymbol{a}_\theta\sin\theta) \tag{10.3.9}$$

因为电流和电荷间的关系为 $I_0=\frac{\mathrm{d}q}{\mathrm{d}t}=\mathrm{j}\omega q$，所以电流元又可写成：$I_0\Delta l=\mathrm{j}\omega q\Delta l$，所以式(10.3.9)可以改写为

$$\boldsymbol{E}\approx\frac{p_\mathrm{e}}{4\pi\varepsilon r^3}(\boldsymbol{a}_r2\cos\theta+\boldsymbol{a}_\theta\sin\theta) \tag{10.3.10}$$

其中，$p_\mathrm{e}=q\Delta l$ 为电偶极矩。

从式(10.3.8)和式(10.3.9)可以看出，电场和磁场之间存在 $\frac{\pi}{2}$ 相位差，平均坡印廷矢

量为零，能量在电场和磁场以及场和源之间交换，电基本振子不辐射电磁波。由式(10.3.8)和式(10.3.9)表示的场称为近区场，也称为振荡场或感应场。在近区场中，场与源之间在时间上没有滞后效应，$\boldsymbol{H}$ 相当于$\boldsymbol{a}_z I_0 \Delta l$ 所产生的稳恒磁场，$\boldsymbol{E}$ 相当于$\boldsymbol{a}_z \dfrac{I_0}{\mathrm{j}\omega}\Delta l$ 所产生的静电场，所以这种场也称为准稳恒场。

(2) 远区场。当 $kr \gg 1$，即 $r \gg \lambda$ 时，有$\dfrac{1}{kr} \gg \dfrac{1}{(kr)^2} \gg \dfrac{1}{(kr)^3}$，将式(10.3.5)略去与$\dfrac{1}{k^2 r^2}$成正比的项，可得

$$\boldsymbol{H} \approx \boldsymbol{a}_\varphi \mathrm{j}\,\frac{I_0 \Delta l}{2\lambda r}\sin\theta \mathrm{e}^{-\mathrm{j}kr} \tag{10.3.11}$$

将式(10.3.7)略去与$\dfrac{1}{k^2 r^2}$ 和$\dfrac{1}{k^3 r^3}$ 成正比的项，可得

$$\boldsymbol{E} \approx \boldsymbol{a}_\theta \mathrm{j}\,\frac{I_0 \Delta l}{2\lambda r}\eta \sin\theta \mathrm{e}^{-\mathrm{j}kr} \tag{10.3.12}$$

由式(10.3.11)和式(10.3.12)可见电场与磁场同相位，而且两者的振幅比

$$\frac{\boldsymbol{E}}{\boldsymbol{H}} = \eta \tag{10.3.13}$$

η 为媒质的特性阻抗。由式(10.3.11)和式(10.3.12)表示的场称远区场。

远区场的电场为$\boldsymbol{a}_\theta$ 方向，磁场为$\boldsymbol{a}_\varphi$ 方向，由它们构成的坡印廷矢量为$\boldsymbol{a}_r$ 方向，由此可见，电基本振子所产生的电磁场，在远区场以波动形式沿径向传播，称之为电磁波的辐射，因此远区场也称为辐射场。电场、磁场与坡印廷矢量三者服从右手关系，这种电磁波是 TEM 波。由 $\mathrm{e}^{-\mathrm{j}kr}$ 可知，随着 r 的增加，滞后的相位也在增加，r 为常数的面为等相位面，等相位面为球面，所以是球面波。相速度由方程 $\omega t - kr = \mathrm{const}$ 所决定，即 $v_\mathrm{p} = \dfrac{\mathrm{d}r}{\mathrm{d}t} = \dfrac{\omega}{k}$。振幅与$\dfrac{1}{r}$ 成正比，随 r 的增加而衰减，且与辐射方向 θ 角有关。

这里还要指出，辐射场也是由电基本振子通过近区场向外辐射出来的，但在近区场，辐射场较振荡场要弱得多，所以在考虑近区场时，可以只计算振荡场。

由式(10.3.11)和式(10.3.12)得到沿$\boldsymbol{a}_r$ 方向辐射的平均坡印廷矢量为

$$\boldsymbol{S}_{\mathrm{av}} = \frac{1}{2}\mathrm{Re}(\boldsymbol{E} \times \boldsymbol{H}^*) = \boldsymbol{a}_r \,\frac{1}{2}\left(\frac{I_0 \Delta l}{2\lambda r}\right)^2 \eta \sin^2\theta \tag{10.3.14}$$

如图 10.3 所示，以电基本振子为中心，以 r 为半径做一个球面，在球面上取面积元 $\mathrm{d}\boldsymbol{s} = \boldsymbol{a}_r 2\pi ar\mathrm{d}\theta = \boldsymbol{a}_r 2\pi r^2 \sin\theta \mathrm{d}\theta$，$\boldsymbol{S}_{\mathrm{av}}$ 在此闭合球面上做积分，就得到电基本振子向 4π 空间中的辐射功率：

$$P_\mathrm{r} = \oint_S \boldsymbol{S}_{\mathrm{av}} \cdot \mathrm{d}\boldsymbol{s} = \int_0^\pi \frac{1}{2}\left(\frac{I_0 \Delta l}{2\lambda r}\right)^2 \eta \sin^2\theta 2\pi r^2 \mathrm{d}\theta = \frac{\pi}{3}\left(\frac{I_0 \Delta l}{\lambda}\right)^2 \eta \tag{10.3.15}$$

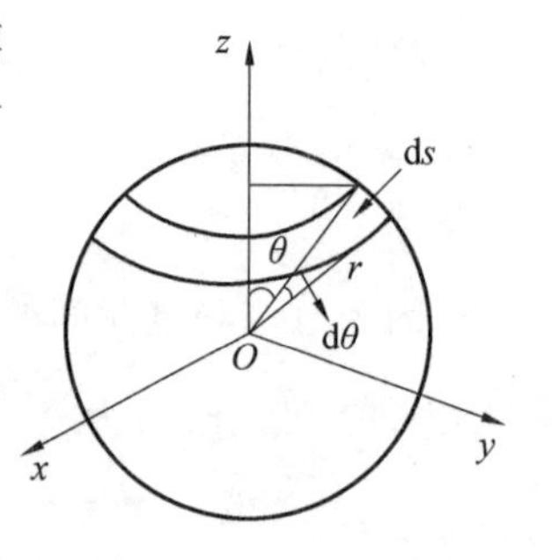

图 10.3 以电基本振子为中心的球面

如果电基本振子处于自由空间之中，则有

$$P_\mathrm{r} = 40\pi^2 \left(\frac{I_0 \Delta l}{\lambda}\right)^2 \tag{10.3.16}$$

我们知道有功功率与电阻和电流的关系为 $P = \dfrac{1}{2} I_0^2 R$，其中 I_0

为电流的振幅。如果电基本振子上电流的振幅为 I_0，它的辐射功率由式(10.3.15)决定，则仿照电路的做法，可以定义一个等效电阻

$$R_r=\frac{2P_r}{I_0^{\ 2}}=\frac{2\pi}{3}\left(\frac{\Delta l}{\lambda}\right)^2\eta \tag{10.3.17}$$

称为电基本振子的辐射电阻，它代表了天线的辐射能力。

如果电基本振子处于自由空间之中，则有

$$R_r=80\pi^2\left(\frac{\Delta l}{\lambda}\right)^2 \tag{10.3.18}$$

例 10.1　计算位于空气中的 1 m 长直导线的辐射功率和辐射电阻。设导线中高频电流的振幅 $I_0=3$ A，角频率 $\omega=2\pi\times10^6$ rad/s。

解　由题可知，波长 $\lambda=\dfrac{c}{f}=\dfrac{c}{\frac{\omega}{2\pi}}=\dfrac{3\times10^8}{10^6}=300$ m，远大于导线长度，故此导线可视为电基本振子。应用式(10.3.16)可得其辐射功率为

$$P_r=40\pi^2\left(\frac{I_0\Delta l}{\lambda}\right)^2=4\pi^2\times10^{-3}\ \text{W}$$

应用式(10.3.18)可得其辐射电阻为

$$R_r=80\pi^2\left(\frac{\Delta l}{\lambda}\right)^2=\frac{8}{9}\pi^2\times10^{-3}\ \Omega$$

例 10.2　在空气中，频率为 10 MHz 的功率源馈送给直导线的电流为 25 A，设直导线的长度为 5 cm，试计算：

(1) 赤道面上距离原点距离 10 km 处的电场和磁场；

(2) 赤道面上距离原点距离 10 km 处的平均功率密度；

(3) 辐射电阻。

解　(1) 由于波长 $\lambda=\dfrac{c}{f}=\dfrac{3\times10^8}{10\times10^6}=30$ m 远大于直导线长度，所以直导线可视为电基本振子，而且有 $k=\dfrac{2\pi}{\lambda}=\dfrac{2\pi}{c}f=\dfrac{\pi}{15}$ rad/m，则 $kz=\dfrac{\pi}{15}\times10\times10^3=\dfrac{2\pi}{3}\times10^3\gg1$ 满足电基本振子的远区场条件。

所以赤道面上离原点 10 km 处，即 $r=10$ km 时的电场和磁场分别为

$$E_\theta=\mathrm{j}\,\frac{Ilk^2\sin\theta}{4\pi\varepsilon_0\omega r}\mathrm{e}^{-\mathrm{j}kr}=\mathrm{j}\,\frac{Il}{2\lambda r}\eta\sin\theta\mathrm{e}^{-\mathrm{j}kr}=\mathrm{j}7.854\times10^{-4}\ \text{V/m}$$

$$H_\varphi=\mathrm{j}\,\frac{Ilk\sin\theta}{4\pi r}\mathrm{e}^{-\mathrm{j}kr}=\mathrm{j}\,\frac{Il}{2\lambda r}\sin\theta\mathrm{e}^{-\mathrm{j}kr}=\mathrm{j}20.83\times10^{-7}\ \text{A/m}$$

(2) $r=10$ km 处的平均功率密度为

$$\boldsymbol{S}_{av}=\boldsymbol{a}_r\,\frac{\eta}{2}\left(\frac{Il\sin\theta}{2\lambda r}\right)^2=\boldsymbol{a}_r81.8\times10^{-11}\ \text{W/m}^2$$

(3) 辐射电阻为

$$R_r=80\pi^2\left(\frac{l}{\lambda}\right)^2=0.002\,2\ \Omega$$

例 10.3　在垂直于电基本振子轴线方向上距离其 100 km 处，为了得到电场强度大于 100 μV/m，则此电基本振子在空气中至少需辐射多大功率？

解　电基本振子的辐射场为

$$E_\theta = \mathrm{j}\,\frac{Ilk^2\sin\theta}{4\pi\varepsilon_0\omega r}\mathrm{e}^{-\mathrm{j}kr} = \mathrm{j}\,\frac{Il}{2\lambda r}\eta\,\mathrm{e}^{-\mathrm{j}kr}\sin\theta$$

当 $\theta = 90°$ 时，电场强度达到的最大值为 $|E_{90°}| = \eta\,\dfrac{Il}{2\lambda r}$。于是有

$$\frac{Il}{\lambda} = \frac{2r|E_{90°}|}{\eta}$$

将 $r = 10^5$ m 和 $|E_{90°}| \geqslant 10^{-4}$ V/m 代入上式，可得 $\dfrac{Il}{\lambda} \geqslant \dfrac{2\times10^5\times10^{-4}}{\eta}$，
而辐射功率为

$$P_\mathrm{r} = 40\pi^2\left(\frac{Il}{\lambda}\right)^2$$

所以需辐射的功率应为

$$P_\mathrm{r} \geqslant 40\pi^2\left(\frac{20}{120\pi}\right)^2 = 1.11\ \mathrm{W}$$

10.4　半波天线

在上一节中已经对电基本振子做了比较详细的讨论，但由于电基本振子的 $\Delta l \ll \lambda$，辐射电阻很小，所以实用价值不大。实际应用的天线的尺寸一般与波长相比拟，本节对一种长度为半波长的天线，即半波天线进行讨论。

对于电基本振子，认为 Δl 上的电流振幅 I_0 处处相等；但对长度与波长相比拟的半波天线，沿线上的电流振幅随位置的不同而不同。求解这种天线的辐射场，可以把半波天线分解成无限多个电基本振子，这些电基本振子彼此的电流不同。由于场量服从叠加原理，于是将各电基本振子产生的场叠加起来，就得出半波天线的辐射场。

图 10.4 给出了中心馈电的半波天线，它可以看成是终端开路的双导线。

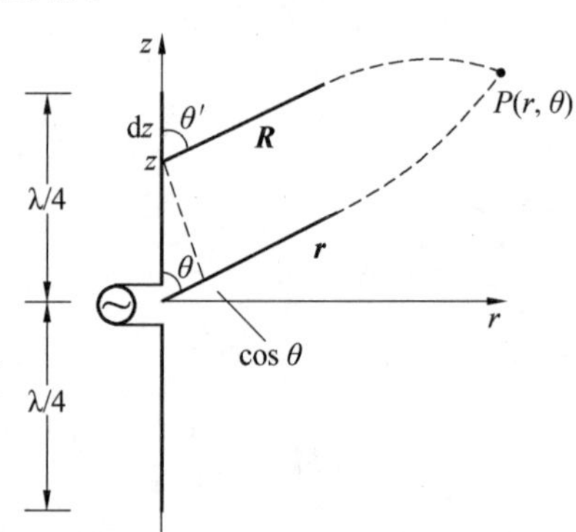

图 10.4　中心馈电的半波天线

理论和实践都证明，电流振幅沿天线的分布与终端开路的有耗双线类似，作为近似，可认为电流振幅按余弦变化，即

$$I(z) = I_0\cos(kz) \tag{10.4.1}$$

式中，I_0 为中心处的电流振幅。电基本振子 $I(z)\mathrm{d}z$ 所产生的辐射场为

$$\begin{cases} \mathrm{d}\boldsymbol{E}_{\theta'} = \boldsymbol{a}_{\theta'}\mathrm{j}\,\dfrac{I_0\cos(kz)}{2\lambda R}\eta\sin\theta'\,\mathrm{e}^{-\mathrm{j}kR}\,\mathrm{d}z \\ \mathrm{d}\boldsymbol{H}_\varphi = \boldsymbol{a}_\varphi\mathrm{j}\,\dfrac{I_0\cos(kz)}{2\lambda R}\sin\theta'\,\mathrm{e}^{-\mathrm{j}kR}\,\mathrm{d}z \end{cases} \tag{10.4.2}$$

式中，R 为所考查的电基本振子到观察点 P 的距离；θ' 是 $\boldsymbol{R}$ 与 z 轴的夹角。根据余弦定理有

$$R = (r^2 + z^2 - 2rz\cos\theta)^{\frac{1}{2}} = r\left(1 + \frac{z^2}{r^2} - 2\,\frac{z}{r}\cos\theta\right)^{\frac{1}{2}}$$

由于 $z \leqslant \frac{\lambda}{4}, r \gg \lambda$，可得 $R \approx r - z\cos\theta$，且 $\boldsymbol{R}$ 近似平行于 $\boldsymbol{r}$，得 $\theta' = \theta$；并将式(10.4.2)振幅中的 R 用 r 代替，则有

$$\begin{cases} \mathrm{d}\,\boldsymbol{E}_\theta = \boldsymbol{a}_\theta \mathrm{j}\,\dfrac{I_0\cos(kz)}{2\lambda r}\eta\sin\theta \mathrm{e}^{-\mathrm{j}kr}\mathrm{e}^{\mathrm{j}z\cos\theta}\mathrm{d}z \\ \mathrm{d}\,\boldsymbol{H}_\varphi = \boldsymbol{a}_\varphi \mathrm{j}\,\dfrac{I_0\cos(kz)}{2\lambda r}\sin\theta \mathrm{e}^{-\mathrm{j}kr}\mathrm{e}^{\mathrm{j}z\cos\theta}\mathrm{d}z \end{cases} \tag{10.4.3}$$

于是半波天线的远区辐射场为

$$\begin{cases} \boldsymbol{E} = \boldsymbol{a}_\theta E_\theta = \boldsymbol{a}_\theta \mathrm{j}\,\dfrac{I_0}{2\lambda r}\eta\sin\theta \mathrm{e}^{-\mathrm{j}kr}\displaystyle\int_{-\frac{\lambda}{4}}^{+\frac{\lambda}{4}}\cos(kz)\mathrm{e}^{\mathrm{j}z\cos\theta}\mathrm{d}z \\ \quad = \boldsymbol{a}_\theta \mathrm{j}\,\dfrac{I_0}{2\pi r}\eta\,\dfrac{\cos\left(\frac{\pi}{2}\cos\theta\right)}{\sin\theta}\mathrm{e}^{-\mathrm{j}kr} \\ \boldsymbol{H} = \boldsymbol{a}_\varphi H_\varphi = \boldsymbol{a}_\varphi \mathrm{j}\,\dfrac{I_0}{2\pi r}\,\dfrac{\cos\left(\frac{\pi}{2}\cos\theta\right)}{\sin\theta}\mathrm{e}^{-\mathrm{j}kr} \end{cases} \tag{10.4.4}$$

半波天线的平均坡印廷矢量为

$$\begin{aligned} \boldsymbol{S}_{\mathrm{av}} &= \frac{1}{2}\mathrm{Re}(\boldsymbol{E}\times\boldsymbol{H}^*) = \boldsymbol{a}_r\,\frac{I_0{}^2\eta}{8\pi^2 r^2}\,\frac{\cos^2\left(\frac{\pi}{2}\cos\theta\right)}{\sin^2\theta} \\ &= \boldsymbol{a}_r\,\frac{I_0{}^2\eta}{8\pi^2 r^2}\,\frac{\cos^2\left(\frac{\pi}{2}\cos\theta\right)}{\sin^2\theta} \end{aligned} \tag{10.4.5}$$

它沿径向且与 $\frac{1}{r^2}$ 成正比。

辐射的总功率为

$$\begin{aligned} P_{\mathrm{r}} &= \oint_S \boldsymbol{S}_{\mathrm{av}}\cdot\mathrm{d}\boldsymbol{s} = \frac{I_0{}^2\eta}{8\pi^2}\oint_S \frac{1}{r^2}\,\frac{\cos^2\left(\frac{\pi}{2}\cos\theta\right)}{\sin^2\theta}r^2\sin\theta\mathrm{d}\theta\mathrm{d}\varphi \\ &= \frac{I_0{}^2\eta}{4\pi}\int_0^\pi \frac{\cos^2\left(\frac{\pi}{2}\cos\theta\right)}{\sin\theta}\mathrm{d}\theta \end{aligned} \tag{10.4.6}$$

为了求上式的积分，设 $\frac{\alpha}{2} - \frac{\pi}{2} = \frac{\pi}{2}\cos\theta$，则 $\int_0^\pi \frac{\cos^2\left(\frac{\pi}{2}\cos\theta\right)}{\sin\theta}\mathrm{d}\theta = \pi\int_0^{2\pi}\frac{1-\cos\alpha}{2a(2\pi-\alpha)}\mathrm{d}\alpha$，由于 $\frac{1}{2\alpha(2\pi-\alpha)} = \frac{1}{4\pi}\left(\frac{1}{\alpha} + \frac{1}{2\pi-\alpha}\right)$，将后一项积分做变量代换，即令 $2\pi - \alpha = \beta$，则有

$$\int_0^\pi \frac{\cos^2\left(\frac{\pi}{2}\cos\theta\right)}{\sin\theta}\mathrm{d}\theta = \frac{1}{4}\left[\int_0^{2\pi}\frac{1-\cos\alpha}{\alpha}\mathrm{d}\alpha - \int_{2\pi}^0 \frac{1-\cos\beta}{\beta}\mathrm{d}\beta\right] = \frac{1}{2}\int_0^{2\pi}\frac{1-\cos\alpha}{\alpha}\mathrm{d}\alpha$$

查表知上式积分结果为 $\frac{2.437\,7}{2}$，代入式(10.4.6)可得

$$P_{\mathrm{r}} = \frac{2.437\,7}{8\pi}I_0^2\eta \tag{10.4.7}$$

如果半波天线位于自由空间中，则 $\eta = 120\pi$，所以

$$P_r = 36.57 I_0^2 \tag{10.4.8}$$

将上式代入式(10.3.17),可得辐射电阻为

$$R_r = \frac{2P_r}{I_0^2} = 73.1(\Omega) \tag{10.4.9}$$

可以看出,半波天线与电基本振子相比,辐射电阻要大得多。

半波天线是最常用的对称天线,可广泛用于各个波段。例如在短波通信中,如图10.5所示的水平架高半波天线可形成指向天空的波束,以便依靠电离层反射进行远距离短波通信。半波天线的工作频带主要取决于阻抗的频率特性。分析表明,半波天线的直径越粗,阻抗随频率的变化越慢,工作频带越宽。所以实际空中的半波天线一般用数根导线构成直径很粗的鼠笼形状,以获得较宽的频带。

另一种实际应用中的天线是单极天线(俗称鞭状天线),位于地面上的垂直单极天线,与其镜像(以大地为对称面)可构成一副对称天线。中波广播电台的发射天线就是一种单极天线,它是一根悬挂的垂直导线或立式铁塔,其高度小于1/4波长。为了提高辐射能力,通常在其顶部连接一根水平导线。虽然这根水平导线的辐射被其大地中的镜像抵消,但是它却可以增加垂直导线上的电流幅度,因为可以提高辐射场强。如图10.6所示为垂直接地的中波广播天线,在水平面内没有方向性,以便电台周围的听众都能收到广播信号。在广播天线附近的大地中有时还铺设导线网,或称为地网,以增加地面的电导率。

图10.5 短波通信天线

图10.6 中波广播天线

例10.4 若一个空气中的半波天线的电流振幅为1 A,求离开天线1 km处的最大电场强度。

解 空气半波天线的电场强度为

$$\boldsymbol{E}_\theta = \eta_0 \mathrm{j} \frac{I_m}{2\pi r_0} \mathrm{e}^{-\mathrm{j}kr_0} \frac{\cos\left(\frac{\pi}{2}\cos\theta\right)}{\sin\theta}$$

可见,当$\theta=90°$时电场强度取得最大值,将$\theta=90°$,$r_0=1\times10^3$ m,$I_m=1$ A和$\eta_0=120\pi$代入上式,可得

$$|E_{max}| = \frac{120\pi I_m}{2\pi r_0} = \frac{60}{10^3}\ \mathrm{V/m} = 60\times10^{-3}\ \mathrm{V/m}$$

例10.5 已知空气中一个工作频率为300 MHz的半波天线,远区最大辐射方向上

10 km 处的电场强度振幅为 0.01 V/m。求该半波天线的单臂长度和辐射功率。

解　因为 $f=300$ MHz，所以 $\omega=1.89\times10^9$ rad/s，$k=\omega/c=6.3$ rad/m，$\lambda=c/f=1$ m。因此该半波天线的单臂长度 $h=0.25$ m，又因为半波天线的远区辐射电场强度为

$$\boldsymbol{E}_\theta=\mathrm{j}\,\frac{60I_\mathrm{m}}{R}\mathrm{e}^{-\mathrm{j}kR}\,\frac{\cos\left(\dfrac{\pi}{2}\cos\theta\right)}{\sin\theta}$$

而当 $\theta=90°$ 时，$|E_\theta|=|E_\theta|_{\max}$，即

$$I_\mathrm{m}=\frac{|E_\theta|_{\max}R}{60}=\frac{0.1^2\times10^4}{60}=\frac{5}{3}=1.667\ (\mathrm{A})$$

所以此半波天线的辐射功率为

$$P_\mathrm{r}=\frac{1}{2}I_\mathrm{m}^2R_\mathrm{r}=\frac{1}{2}\times\left(\frac{5}{3}\right)^2\times73.1=101.53\ (\mathrm{W})$$

10.5　磁基本振子的辐射场

磁基本振子的辐射场可以利用对偶性原理，采取与电基本振子类比的方法求得。首先介绍电磁场的对偶性原理。

10.5.1　对偶性原理

在求解磁基本振子的辐射场问题时，为了简化计算，可以引入等效磁荷 q_m 和等效磁流 I_m，利用电磁场的对偶性原理，根据电基本振子辐射的结果进行求解，这就是对偶性原理的目的。

由静电场可知，电位移矢量 $\boldsymbol{D}$ 和极化强度 $\boldsymbol{P}$ 之间的关系为 $\boldsymbol{D}=\varepsilon\boldsymbol{E}+\boldsymbol{P}$，由稳恒磁场可知，磁感应强度 $\boldsymbol{B}$ 和磁化强度 $\boldsymbol{M}$ 之间的关系为 $\boldsymbol{B}=\mu\boldsymbol{H}+\mu\boldsymbol{M}$。极化强度 $\boldsymbol{P}$ 是单位体积中的电偶极矩，且可以写成

$$\boldsymbol{P}=\frac{\boldsymbol{l}\Delta q}{\Delta V}\tag{10.5.1}$$

式中，Δq 是电荷量；l 的大小是偶极子正负两电荷的距离，其方向由负电荷指向正电荷。

磁化强度 $\boldsymbol{M}$ 是单位体积中的磁偶极矩。从 $\boldsymbol{D}=\varepsilon\boldsymbol{E}+\boldsymbol{P}$ 和 $\boldsymbol{B}=\mu\boldsymbol{H}+\mu\boldsymbol{M}$ 两式对比中可以看出，$\mu\boldsymbol{M}$ 的地位与 $\boldsymbol{P}$ 相当，仿照式(10.5.1) 的做法，可以将 $\mu\boldsymbol{M}$ 写成相似的形式，即

$$\mu\boldsymbol{M}=\frac{\boldsymbol{l}\Delta q_\mathrm{m}}{\Delta V}\tag{10.5.2}$$

其中，Δq_m 为磁荷量；$\boldsymbol{l}$ 的大小是两个磁荷的距离，其方向由负指向正。和电流与电荷之间的关系 $I=\dfrac{\mathrm{d}q}{\mathrm{d}t}$ 相似，可以引入假想的磁流 I_m

$$I_\mathrm{m}=\frac{\mathrm{d}q_\mathrm{m}}{\mathrm{d}t}\tag{10.5.3}$$

这样，由式(10.5.2) 和式(10.5.3) 的等效方法，就可以把一个带有磁偶极矩的问题，转化成磁荷的问题来求解，于是麦克斯韦方程组就可写成对称的形式

$$\begin{cases}\nabla\times\boldsymbol{E}=-\boldsymbol{J}_{\mathrm{m}}-\dfrac{\partial\boldsymbol{B}}{\partial t}\\ \nabla\times\boldsymbol{H}=\boldsymbol{J}+\dfrac{\partial\boldsymbol{D}}{\partial t}\\ \nabla\cdot\boldsymbol{D}=\rho\\ \nabla\cdot\boldsymbol{B}=\rho_{\mathrm{m}}\end{cases}\tag{10.5.4}$$

式中，ρ_{m} 和$\boldsymbol{J}_{\mathrm{m}}$ 分别为体磁荷密度和体磁流密度，而对应的磁荷和磁流为

$$q_{\mathrm{m}}=\int_{V}\rho_{\mathrm{m}}\mathrm{d}v\tag{10.5.5}$$

$$I_{\mathrm{m}}=\int_{S}\boldsymbol{J}_{\mathrm{m}}\cdot\mathrm{d}\boldsymbol{s}\tag{10.5.6}$$

相应地，把$\dfrac{\partial\boldsymbol{B}}{\partial t}$ 称为位移磁流密度。

将$\nabla\times\boldsymbol{E}=-\boldsymbol{J}_{\mathrm{m}}-\dfrac{\partial\boldsymbol{B}}{\partial t}$ 两边取散度，并将$\nabla\cdot\boldsymbol{B}=\rho_{\mathrm{m}}$ 代入，可得

$$\nabla\cdot\boldsymbol{J}_{\mathrm{m}}+\frac{\partial\rho_{\mathrm{m}}}{\partial t}=0\tag{10.5.7}$$

称为磁流连续性方程，与电流连续性方程取类似的形式。

如果在两种媒质的分界面上，满足边界条件：

$$\boldsymbol{n}\times(\boldsymbol{E}_1-\boldsymbol{E}_2)=-\boldsymbol{J}_{\mathrm{ms}}\tag{10.5.8}$$

$$\boldsymbol{n}\cdot(\boldsymbol{B}_1-\boldsymbol{B}_2)=\rho_{\mathrm{ms}}\tag{10.5.9}$$

上两式中，$\boldsymbol{J}_{\mathrm{ms}}$ 为面磁流密度；ρ_{ms} 为面磁荷密度。

当源只存在电荷密度 ρ 和电流密度 $\boldsymbol{J}$ 时，在各向同性媒质中，源所产生的电场和磁场分别用$\boldsymbol{E}_{\mathrm{e}}$ 和$\boldsymbol{H}_{\mathrm{e}}$ 表示，则$\boldsymbol{E}_{\mathrm{e}}$ 和$\boldsymbol{H}_{\mathrm{e}}$ 满足的麦克斯韦方程为

$$\begin{cases}\nabla\times\boldsymbol{E}_{\mathrm{e}}=-\mu\dfrac{\partial\boldsymbol{H}_{\mathrm{e}}}{\partial t}\\ \nabla\times\boldsymbol{H}_{\mathrm{e}}=\boldsymbol{J}+\varepsilon\dfrac{\partial\boldsymbol{E}_{\mathrm{e}}}{\partial t}\\ \nabla\cdot\boldsymbol{E}_{\mathrm{e}}=\dfrac{\rho}{\varepsilon}\\ \nabla\cdot\boldsymbol{H}_{\mathrm{e}}=0\end{cases}\tag{10.5.10}$$

当源只存在磁荷密度 ρ_{m} 和磁流密度$\boldsymbol{J}_{\mathrm{m}}$ 时，在各向同性媒质中，源所产生的电场和磁场分别用$\boldsymbol{E}_{\mathrm{m}}$ 和$\boldsymbol{H}_{\mathrm{m}}$ 表示，则$\boldsymbol{E}_{\mathrm{m}}$ 和$\boldsymbol{H}_{\mathrm{m}}$ 满足的麦克斯韦方程为

$$\begin{cases}\nabla\times\boldsymbol{E}_{\mathrm{m}}=-\boldsymbol{J}_{\mathrm{m}}-\mu\dfrac{\partial\boldsymbol{H}_{\mathrm{m}}}{\partial t}\\ \nabla\times\boldsymbol{H}_{\mathrm{m}}=\varepsilon\dfrac{\partial\boldsymbol{E}_{\mathrm{m}}}{\partial t}\\ \nabla\cdot\boldsymbol{E}_{\mathrm{m}}=0\\ \nabla\cdot\boldsymbol{H}_{\mathrm{m}}=\dfrac{\rho_{\mathrm{m}}}{\mu}\end{cases}\tag{10.5.11}$$

比较式(10.5.10) 和式(10.5.11)，由于两组方程是对称的，因此表明电荷和电流所产生的场与磁荷和磁流所产生的场在形式上是对偶的，场和源的对偶关系为

$$\begin{cases} \boldsymbol{E}_e \leftrightarrow \boldsymbol{H}_m \\ \boldsymbol{H}_e \leftrightarrow -\boldsymbol{E}_m \\ \boldsymbol{J}_e \leftrightarrow \boldsymbol{J}_m \\ \boldsymbol{\rho} \leftrightarrow \boldsymbol{\rho}_m \\ \varepsilon \leftrightarrow \mu \\ \mu \leftrightarrow \varepsilon \\ \eta \leftrightarrow \xi \end{cases} \tag{10.5.12}$$

其中 $\xi = \dfrac{1}{\eta}$ 为媒质的特性导纳。

由此可见，电荷和电流产生的场，与磁荷和磁流产生的场，具有场量对偶、场方程对偶、解的形式对偶的特点，故称为对偶性原理。

因为磁荷和磁流产生的场，正是磁偶极矩产生的场，所以在求解由磁偶极矩产生的电磁场时，就不需重新求解，只要将电偶极矩产生的电磁场的解，利用对偶性原理，经过对偶变换，就能得到磁偶极矩产生的电磁场的解。在求解的过程中，有时还需用到位函数，位函数也满足对偶性原理。

在求解式(10.5.10)时，曾引进矢量位$\boldsymbol{A}_e$ 和标量位 ϕ_e，即

$$\boldsymbol{H}_e = \frac{1}{\mu} \nabla \times \boldsymbol{A}_e \tag{10.5.13}$$

$$\boldsymbol{E}_e = -\nabla \phi_e - \frac{\partial \boldsymbol{A}_e}{\partial t} \tag{10.5.14}$$

同理，在求解式(10.5.11)时，引进矢量位$\boldsymbol{A}_m$ 和标量位 ϕ，即

$$-\boldsymbol{E}_m = \frac{1}{\varepsilon} \nabla \times \boldsymbol{A}_m \tag{10.5.15}$$

$$\boldsymbol{H}_m = -\nabla \phi_m - \frac{\partial \boldsymbol{A}_m}{\partial t} \tag{10.5.16}$$

式中，$\boldsymbol{A}_m$ 和 ϕ_m 同时满足波动方程和洛伦兹条件：

$$\nabla^2 \boldsymbol{A}_m - \varepsilon\mu \frac{\partial^2 \phi_m}{\partial t^2} = -\varepsilon \boldsymbol{J}_m \tag{10.5.17}$$

$$\nabla^2 \phi_m - \varepsilon\mu \frac{\partial^2 \phi_m}{\partial t^2} = -\frac{\rho_m}{\mu} \tag{10.5.18}$$

$$\nabla \cdot \boldsymbol{A}_m + \varepsilon\mu \frac{\partial \phi_m}{\partial t} = 0 \tag{10.5.19}$$

在时谐场中则满足

$$\nabla^2 \boldsymbol{A}_m + k^2 \boldsymbol{A}_m = -\varepsilon \boldsymbol{J}_m \tag{10.5.20}$$

$$\nabla^2 \phi_m + k^2 \phi_m = -\frac{\rho_m}{\mu} \tag{10.5.21}$$

$$\nabla \cdot \boldsymbol{A}_m + j\omega\varepsilon\mu \phi_m = 0 \tag{10.5.22}$$

在无界空间中，上述方程的解为

$$\boldsymbol{A}_e = \frac{\mu}{4\pi} \int_V \boldsymbol{J} e^{-jkR} dv \tag{10.5.23}$$

$$\phi_e = \frac{1}{4\pi\varepsilon} \int_V \frac{\rho}{R} e^{-jkR} dv \tag{10.5.24}$$

$$\boldsymbol{A}_{\mathrm{m}}=\frac{\varepsilon}{4\pi}\int_{V}\frac{\boldsymbol{J}_{\mathrm{m}}}{R}\mathrm{e}^{-\mathrm{j}kR}\,\mathrm{d}v \tag{10.5.25}$$

$$\phi_{\mathrm{m}}=\frac{1}{4\pi\mu}\int_{V}\frac{\rho_{\mathrm{m}}}{R}\mathrm{e}^{-\mathrm{j}kR}\,\mathrm{d}v \tag{10.5.26}$$

于是在时谐场中同时存在电流和磁流的情况下，由式(10.5.14)，(10.5.15) 和式(10.5.13)，(10.5.16) 得到产生的总的电场和磁场为

$$\boldsymbol{E}=\boldsymbol{E}_{\mathrm{e}}+\boldsymbol{E}_{\mathrm{m}}=-\nabla\phi_{\mathrm{e}}-\mathrm{j}\omega\boldsymbol{A}_{\mathrm{e}}-\frac{1}{\varepsilon}\nabla\times\boldsymbol{A}_{\mathrm{m}} \tag{10.5.27}$$

$$\boldsymbol{H}=\boldsymbol{H}_{\mathrm{e}}+\boldsymbol{H}_{\mathrm{m}}=\frac{1}{\mu}\nabla\times\boldsymbol{A}_{\mathrm{e}}-\nabla\phi_{\mathrm{m}}-\mathrm{j}\omega\boldsymbol{A}_{\mathrm{m}} \tag{10.5.28}$$

10.5.2　磁基本振子的辐射

磁基本振子是一个载有时谐电流 $I=I_0\cos\omega t$ 的半径为无限小的平面小圆环，磁偶极矩的大小用电流和面积之积来表示，其正方向是电流所围面积的法向，且与电流呈右手螺旋法则，所以 $\boldsymbol{p}_{\mathrm{m}}=I\boldsymbol{s}$。下面讨论电流随时间变化时的情况。

图 10.7 给出了载流平面小圆环与磁荷和磁流的等效关系。如图 10.7(a) 所示，首先给定一个载流小圆环，位于 xOy 面上的原点上，半径 a 远小于波长，电流随时间做正弦变化，则磁偶极矩的复数形式为

$$\boldsymbol{p}_{\mathrm{m}}=\mu I\boldsymbol{s}=\boldsymbol{a}_z\pi a^2 I\mu \tag{10.5.29}$$

因为 $a\ll\lambda$，可认为其上的电流是等幅同相的。所以可认为圆环上的电流处处相同，这与电基本振子中各处的电流相同的假设一样。

利用对偶性原理，如图 10.7(b) 所示，将磁偶极矩变换为等效磁荷。q_{m} 为假想磁荷，若将载流小圆环等效为距离 Δl，两端磁荷分别为 $+q_{\mathrm{m}}$ 和 $-q_{\mathrm{m}}$ 的磁基本振子，则有如下关系式：

$$\boldsymbol{p}_{\mathrm{m}}=\boldsymbol{a}_z q_{\mathrm{m}}\Delta l \tag{10.5.30}$$

将式(10.5.29) 代入式(10.5.30)，得到磁荷为

$$q_{\mathrm{m}}=\frac{\mu Is}{\Delta l}=\frac{\mu\pi a^2 I}{\Delta l}=\frac{\mu\pi a^2 I_0}{\Delta l} \tag{10.5.31}$$

因为电流是做正弦变化的，所以如图 10.7(c) 所示，磁流和磁荷的关系为

$$I_{\mathrm{m}}=\frac{\mathrm{d}q_{\mathrm{m}}}{\mathrm{d}t}=\mathrm{j}\omega q_{\mathrm{m}} \tag{10.5.32}$$

由此得相应的磁偶极矩为

$$\boldsymbol{a}_z I_{\mathrm{m}}\Delta l=\boldsymbol{a}_z\mathrm{j}\omega q_{\mathrm{m}}\Delta l=\boldsymbol{a}_z\mathrm{j}\omega\mu\pi a^2 I_0 \tag{10.5.33}$$

依据对偶性原理，有下列对偶关系：

$$\begin{cases}\boldsymbol{H}\leftrightarrow-\boldsymbol{E}_{\mathrm{m}}\\ \boldsymbol{E}\leftrightarrow\boldsymbol{H}_{\mathrm{m}}\\ I\Delta l\leftrightarrow I_{\mathrm{m}}\Delta l\\ \varepsilon\leftrightarrow\mu\\ \mu\leftrightarrow\varepsilon\\ \eta\leftrightarrow\xi\end{cases} \tag{10.5.34}$$

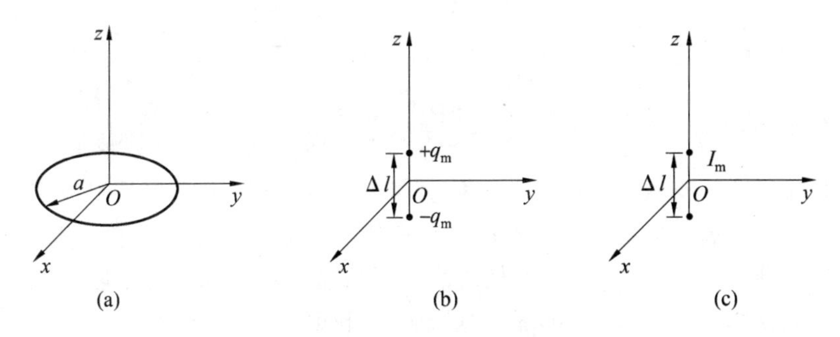

图 10.7　载流圆环的等效关系

将式(10.5.34)代入到式(10.3.5)和(10.3.7)中,可求得磁基本振子的辐射场为

$$-\boldsymbol{E}_m=\boldsymbol{a}_\varphi\frac{k^2 I_m\Delta l}{4\pi}\sin\theta\left(\frac{j}{kr}+\frac{1}{k^2r^2}\right)e^{-jkr} \tag{10.5.35}$$

$$\begin{aligned}\boldsymbol{H}_m=&\boldsymbol{a}_r\frac{jk^2 I_m\Delta l}{2\pi}\xi\cos\theta\left(\frac{j}{k^2r^2}+\frac{1}{k^3r^3}\right)e^{-jkr}-\\&\boldsymbol{a}_\theta\frac{jk^2 I_m\Delta l}{4\pi}\xi\sin\theta\left(\frac{-1}{kr}+\frac{j}{k^2r^2}+\frac{1}{k^3r^3}\right)e^{-jkr}\end{aligned} \tag{10.5.36}$$

磁基本振子所产生的电磁场也可分为近区场和远区场两部分,这里只对远区场的性质加以介绍。当 $kr\gg1$,即 $r\gg\lambda$ 时,代入 $I_m\Delta l=j\omega\mu\pi a^2 I_0$,可得远区辐射场为

$$\begin{aligned}\boldsymbol{E}_m&=\boldsymbol{a}_\varphi(-j)\frac{kI_m\Delta l}{4\pi r}\sin\theta e^{-jkr}=-\boldsymbol{a}_\varphi j\frac{j\omega\mu\pi a^2 I_0}{2\lambda r}\sin\theta e^{-jkr}\\&=\boldsymbol{a}_\varphi\frac{\omega\mu\pi a^2 I_0}{2\lambda r}\sin\theta e^{-jkr}\end{aligned} \tag{10.5.37}$$

$$\begin{aligned}\boldsymbol{H}_m&=\boldsymbol{a}_\theta j\frac{kI_m\Delta l}{4\pi r}\xi\sin\theta e^{-jkr}=\boldsymbol{a}_\theta j\frac{j\omega\mu\pi a^2 I_0}{2\lambda r}\xi\sin\theta e^{-jkr}\\&=-\boldsymbol{a}_\theta\frac{\omega\mu\pi a^2 I_0}{2\lambda r}\xi\sin\theta e^{-jkr}\end{aligned} \tag{10.5.38}$$

磁基本振子的远区场具有以下性质:

(1) $\boldsymbol{E}_m$ 和 $\boldsymbol{H}_m$ 同相位;

(2) 两者的振幅比$\dfrac{\boldsymbol{E}_m}{\boldsymbol{H}_m}=\eta$ 为媒质的特性阻抗;

(3) 与电基本振子的辐射场不同,磁基本振子的电场处于$\boldsymbol{a}_\varphi$ 方向上,即与振子轴的纬度面(赤道面)平行,磁场在 $-\boldsymbol{a}_\theta$ 方向,即与于经度面(子午面)平行,由它们构成的坡印廷矢量沿$\boldsymbol{a}_r$ 方向,三者服从右手关系;

(4) 由 e^{-jkr} 知,随着 r 的增加,滞后的相位也在增加;

(5) r 为常数的面为等相面,等相位面为球面,所以是球面波;

(6) 相速度为 $v_p=\dfrac{dr}{dt}=\dfrac{\omega}{k}$;

(7) 振幅与$\dfrac{1}{r}$ 成正比,随着 r 的增加而衰减,且与 θ 有关;

(8) 沿 a_r 方向辐射的平均坡印廷矢量为

$$\boldsymbol{S}_{av}=\frac{1}{2}\mathrm{Re}(\boldsymbol{E}\times\boldsymbol{H}^*)=\boldsymbol{a}_r\frac{1}{2}\left(\frac{I_m\Delta l}{2\lambda r}\right)^2\xi\sin^2\theta \tag{10.5.39}$$

(9) 辐射功率为
$$P_r=\oint_S \boldsymbol{S}_{av}\cdot d\boldsymbol{s}=\frac{\pi}{3}\left(\frac{I_m\Delta l}{\lambda}\right)^2\xi \tag{10.5.40}$$

(10) 辐射电阻为
$$R_r=\frac{2P_r}{I_0^{\ 2}}=\frac{8}{3}\ \frac{\pi^3a^4\eta}{\lambda^4} \tag{10.5.41}$$

尽管电基本振子和磁基本振子并不独立存在，但可以认为它们是组成实际天线的基本单元。实际天线的辐射场可由电基本振子和磁基本振子的辐射场叠加得到。

例 10.6 计算由 1 m 长的导线做成的圆环的辐射功率和辐射电阻。设导线中的高频电流的振幅 $I_0=3$ A，角频率 $\omega=2\pi\times10^6$ rad/s，圆环位于空气中。

解 电磁波的波长 $\lambda=3\times10^8/\,10^9=300$ m，圆环的半径 $=1/(2\pi)$ m，远小于波长。可视此高频电流圆环导线为磁基本振子。

由式(10.5.34)可知，此电流环等效的磁基本振子为
$$(I_m\Delta l)^2=(\mathrm{j}\omega\mu_0\pi a^2I_0)^2=(\omega\mu_0\pi a^2I_0)^2$$

由式(10.5.40)得辐射功率为
$$P_r=\frac{\pi}{3}\left(\frac{I_m\Delta l}{\lambda}\right)^2\xi=\frac{1}{9}\pi^2\times10^{-7}\ \mathrm{W}$$

由式(10.5.41)得辐射电阻为
$$R_r=\frac{8}{3}\ \frac{\pi^3a^4\eta}{\lambda^4}=\frac{2}{81}\pi^2\times10^{-7}\ \Omega$$

将本题的结果与例 10.1 相对比可以看出，环形导线的辐射电阻比同样长度的直导线的辐射电阻小得多。这说明环形天线的辐射场远比直线天线的辐射场弱，从而环形天线的开放性比直线天线差很多。

例 10.7 假设坐标原点上有电偶极矩为 $\boldsymbol{p}=\boldsymbol{a}_z p$ 的电基本振子和磁偶极矩为 $\boldsymbol{p}_m=\boldsymbol{a}_z p_m$ 的磁基本振子，在什么条件下两者所辐射的电磁波在远区场叠加为圆极化电磁波?

解 电基本振子的远区场为
$$\boldsymbol{E}=\boldsymbol{a}_\theta\mathrm{j}\ \frac{I_0\Delta l}{2\lambda r}\eta\sin\theta\mathrm{e}^{-\mathrm{j}kr}=\boldsymbol{a}_\theta\mathrm{j}\ \frac{\mathrm{j}\omega q\Delta l}{2\lambda r}\eta\sin\theta\mathrm{e}^{-\mathrm{j}kr}=-\boldsymbol{a}_\theta\ \frac{\omega p}{2\lambda r}\eta\sin\theta\mathrm{e}^{-\mathrm{j}kr}$$
$$\boldsymbol{H}=\boldsymbol{a}_\varphi\mathrm{j}\ \frac{I_0\Delta l}{2\lambda r}\sin\theta\mathrm{e}^{-\mathrm{j}kr}=\boldsymbol{a}_\varphi\mathrm{j}\ \frac{\mathrm{j}\omega q\Delta l}{2\lambda r}\sin\theta\mathrm{e}^{-\mathrm{j}kr}=-\boldsymbol{a}_\varphi\ \frac{\omega p}{2\lambda r}\sin\theta\mathrm{e}^{-\mathrm{j}kr}$$

磁基本振子的远区场为
$$\boldsymbol{E}_m=\boldsymbol{a}_\varphi\ \frac{\omega\mu\pi a^2I_0}{2\lambda r}\sin\theta\mathrm{e}^{-\mathrm{j}kr}=\boldsymbol{a}_\varphi\ \frac{\omega\mu p_m}{2\lambda r}\sin\theta\mathrm{e}^{-\mathrm{j}kr}$$
$$\boldsymbol{H}_m=-\boldsymbol{a}_\theta\ \frac{\omega\mu\pi a^2I_0}{2\lambda r}\xi\sin\theta\mathrm{e}^{-\mathrm{j}kr}=-\boldsymbol{a}_\theta\ \frac{\omega\mu p_m}{2\lambda r}\ \frac{1}{\eta}\sin\theta\mathrm{e}^{-\mathrm{j}kr}$$

根据形成圆极化电磁波所要求的振幅条件 $|\boldsymbol{E}_\theta|=|\boldsymbol{E}_\varphi|$，可知需有
$$\frac{\omega p}{2\lambda r}\eta=\frac{\omega\mu p_m}{2\lambda r}$$

所以所求条件为
$$\frac{p}{p_m}=\sqrt{\varepsilon\mu}$$

10.6　天线的电参数

电基本振子和磁基本振子是组成实际天线的基本单元。为了描述天线的辐射特性，首先以电基本振子为例，讨论方向性函数、方向图、波瓣宽度、方向性系数和增益系数等几个主要参量。

10.6.1　方向性函数、方向图与波瓣宽度

从式(10.3.12)和式(10.3.11)中可以看出，电基本振子远区场是 $\sin\theta$ 的函数，电场与磁场具有方向性，称此与角分布有关的函数为电场或磁场的方向性函数。式(10.3.14)表示电基本振子的平均坡印廷矢量是 $\sin^2\theta$ 的函数，称此与角分布有关的函数为功率方向性函数。方向性函数表明在 $\theta=0,\pi$ 的方向上没有辐射场；而在 $\theta=\frac{\pi}{2}$ 的方向上辐射最强。由于具有轴对称性，所以电基本振子的方向性函数与 φ 无关。而对于工程应用中的实际天线，方向性函数则是 θ 和 φ 的函数。

为了更直观地表示场强(或功率)的空间分布，把方向性函数绘制成图，称为方向图。它表示了在 r 一定时，场强(或功率)在不同方向上的相对大小。三维空间的方向性函数对应于空间方向图，特定平面的方向性函数对应于平面方向图。以振子轴为轴，可以给出电基本振子的两个典型平面，即子午面和赤道面上电场方向图和功率方向图。对于一般的天线通常采用“主平面”上的图形来表示典型平面方向图。主平面分为 E 面和 H 面，E 面是指与电场矢量相平行，并通过电场场强最大处的平面；H 面是指与磁场矢量相平行，并通过磁场强度最大处的平面，故可分别称之为 E 面方向图和 H 面方向图。

若将方向性函数的最大值取为 1，则所得到的方向图称为归一化方向图。实际应用的方向图，大多是归一化了的。

由式(10.3.12)可知在电基本振子的远区场中，距天线距离相同(即 r 相同)处，当 $\theta=\frac{\pi}{2}$ 时，电场强度有最大值 $|E_{\max}|=\mathrm{j}\,\frac{I\Delta l}{2\lambda r}\eta\,\mathrm{e}^{-\mathrm{j}kr}$，则电场强度的归一化方向性函数为

$$F(\theta,\varphi)=\frac{|E(\theta,\varphi)|}{|E_{\max}|}=|\sin\theta| \tag{10.6.1}$$

则如图 10.8 所示，可以画出 E 面和 H 面电场方向图。

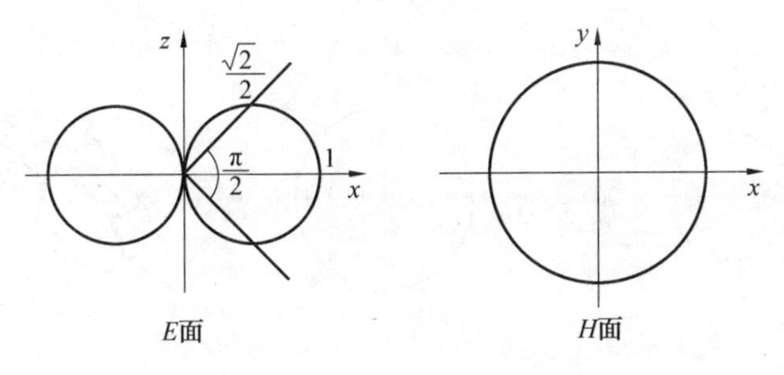

图 10.8　电基本振子的电场方向图

而由式(10.3.14)可求得功率的归一化方向性函数为

$$F(\theta,\varphi)=\frac{|\boldsymbol{S}_{\mathrm{av}}|}{|S_{\max}|}=|\sin\theta^2| \tag{10.6.2}$$

则如图10.9所示,可以画出E面和H面功率方向图。

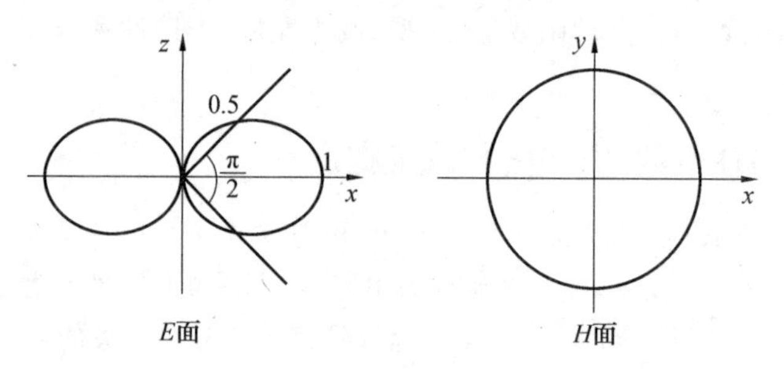

图10.9　电基本振子的功率方向图

对于磁基本振子,电场的方向性函数为$|\sin\theta|$,功率的方向性函数为$|\sin\theta^2|$。

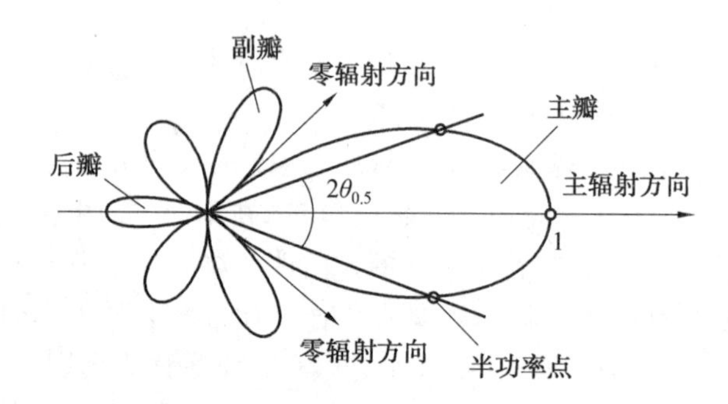

图10.10　某定向天线的归一化平面方向图

在实际应用中,天线的方向图要比电基本振子的方向图复杂,如图10.10所示为某定向天线的归一化平面方向图,方向图中可能含有多个波瓣。在功率方向图中,最大辐射功率的方向,称为主波瓣方向,达到最大辐射功率的一半的方向称为半功率点方向。半功率点也是相应场强下降为最大值的$\frac{\sqrt{2}}{2}$的角度位置。定义主波瓣方向两侧半功率点方向之间的夹角为主瓣宽度,它表示了辐射功率的集中程度。以θ_{m}代表主波瓣方向,θ_{h}代表半功率点方向,则主瓣宽度为$2\theta_{0.5}$,即

$$2\theta_{0.5}=2|\theta_{\mathrm{m}}-\theta_{\mathrm{h}}| \tag{10.6.3}$$

主瓣宽度越小,说明天线辐射的电磁能量越集中,方向性就越好。从图10.8和图10.9中可以看出,电基本振子的主瓣宽度为$\pi/2$,即90°。如图10.11所示,电基本振子的空间方向图可由子午面方向图围绕振子轴旋转一周得到。

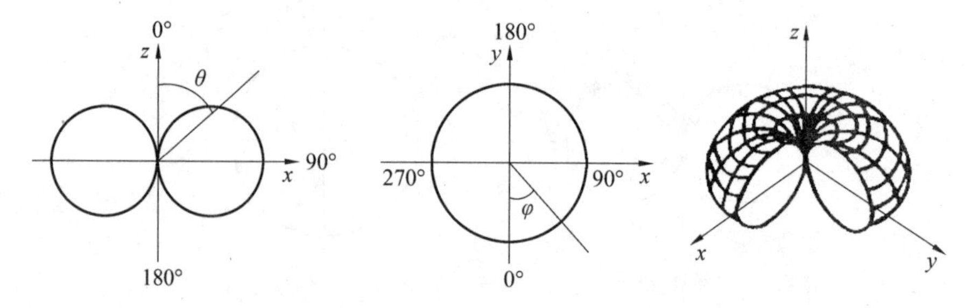

图10.11　电基本振子的空间方向图

对于实际应用的天线,如图10.10所示,不仅处于最大辐射方向上的主波瓣,还有处于

较小辐射方向上的次波瓣,称为副瓣。处于主辐射方向正后方的副瓣可称为后瓣。

定义副瓣方向上的功率密度与主瓣最大辐射方向上的功率密度之比为副瓣电平,如果以 dB 为单位,则表示为

$$SL = \left| 10\lg \frac{S_{SL}}{S_0} \right| \text{dB} \tag{10.6.4}$$

其中,SL 为副瓣电平;S_{SL} 为副瓣方向上的功率密度;S_0 为主瓣最大辐射方向上的功率密度。

在实际应用中,通常要求天线的副瓣电平应尽可能地低。一般来说,离主瓣较远的副瓣电平要比近的副瓣电平低。因此副瓣电平是指第一副瓣(离主瓣最近和电平最高)的电平。电基本振子没有副瓣。

10.6.2　方向性系数与增益系数

对一般意义上的天线而言,为了表示辐射功率在空间的集中程度,即天线的方向性,可以定义天线的方向性系数。

在相同的辐射功率条件下,某天线在最大辐射方向上某距离处产生的功率密度,与一理想的无方向性天线在同一距离处产生的功率密度之比,称为方向性系数,表示为

$$D = \left. \frac{S_{\max}}{S_0} \right|_{P_r\text{相同}} \tag{10.6.5}$$

或

$$D = \left. \frac{|E_{\max}|^2}{|E_0|^2} \right|_{P_r\text{相同}} \tag{10.6.6}$$

可以依据定义导出方向性系数的计算公式。对于任意一个天线,其辐射功率等于在半径为 r 的球面上对功率密度进行面积分,即

$$\begin{aligned} P_r &= \oint_S \boldsymbol{S}_{av} \cdot d\boldsymbol{s} \\ &= \frac{1}{2}\oint_S \frac{E^2(\theta,\varphi)}{\eta} d\boldsymbol{s} = \frac{1}{2}\int_0^{2\pi}\int_0^{\pi} \frac{|E_{\max}|^2 F^2(\theta,\varphi)}{\eta} r^2 \sin\theta d\theta d\varphi \\ &= \frac{|E_{\max}|^2 r^2}{2\eta}\int_0^{2\pi}\int_0^{\pi} F^2(\theta,\varphi)\sin\theta d\theta d\varphi \end{aligned} \tag{10.6.7}$$

所谓理想的无方向性天线,是指在空间中各方向上都具有相同辐射功率的天线,故其辐射功率为

$$P_{r0} = 4\pi r^2 S_0 = 4\pi r^2 \cdot \frac{1}{2}\frac{|E_0|^2}{\eta} = \frac{2\pi |E_0|^2 r^2}{\eta} \tag{10.6.8}$$

由式(10.6.6),考虑 $P_r = P_{r0}$,则得

$$D = \frac{|E_{\max}|^2}{|E_0|^2} = \frac{4\pi}{\int_0^{2\pi}\int_0^{\pi} F^2(\theta,\varphi)\sin\theta d\theta d\varphi} \tag{10.6.9}$$

对于电基本振子,电场强度的归一化方向性函数为 $F(\theta,\varphi) = |\sin\theta|$,代入式(10.6.9),得到方向性系数为

$$D = \frac{4\pi}{\int_0^{2\pi}\int_0^{\pi} \sin^2\theta \sin\theta d\theta d\varphi} = 1.5 \tag{10.6.10}$$

方向性系数表征天线辐射能量的集中程度,但不能反映天线转换能量能力的大小,所以

需要定义另一个能衡量天线转换能量能力的参数。

在相同的输入功率下，某天线在其最大辐射方向上某距离处产生的功率密度，与一理想的无方向性天线在同一距离处产生的功率密度之比称为增益，即

$$G=\left.\frac{S_{\max}}{S_0}\right|_{P_{\text{in}}\text{相同}} \tag{10.6.11}$$

或

$$G=\left.\frac{|E_{\max}|^2}{|E_0|^2}\right|_{P_{\text{in}}\text{相同}} \tag{10.6.12}$$

在计算天线的增益系数时首先定义天线的辐射效率，天线的辐射效率定义为天线的辐射功率与输入到天线的功率之比

$$\eta_{\mathrm{A}}=\frac{P_{\mathrm{r}}}{P_{\text{in}}}=\frac{P_{\mathrm{r}}}{P_{\mathrm{r}}+P_{\mathrm{l}}} \tag{10.6.13}$$

利用辐射电阻 R_{r} 和损耗电阻 R_{l}，天线的辐射效率也可表示为

$$\eta_{\mathrm{A}}=\frac{R_{\mathrm{r}}}{R_{\mathrm{r}}+R_{\mathrm{l}}} \tag{10.6.14}$$

要提高天线效率，应尽可能提高辐射电阻而降低损耗电阻。

然后结合方向性系数与效率可以得到增益系数。因为 $P_{\mathrm{r}}=\eta_{\mathrm{A}}P_{\text{in}}$，一般认为理想的无方向性的天线效率为 1，所以增益为

$$G=\eta_{\mathrm{A}}D \tag{10.6.15}$$

增益系数与方向性系数的差别在于：增益系数是用输入功率计算，而方向性系数是用辐射功率计算。

通常的增益系数是以理想的无方向性天线作为比较标准的，有时也采用对称半波天线、标准喇叭天线等作为比较标准。

10.6.3　输入阻抗

天线的输入阻抗是指在天线输入端的高频电压 U_{in} 与输入端的电流 I_{in} 的比值，即

$$Z_{\text{in}}=\frac{U_{\text{in}}}{I_{\text{in}}} \tag{10.6.16}$$

一般情况下，输入阻抗包含电阻和电抗两部分，即 $Z_{\text{in}}=R_{\text{in}}+\mathrm{j}X_{\text{in}}$，计算输入阻抗一般采用近似方法。

例 10.8　写出半波天线的方向性函数，计算半波天线的方向性系数与主瓣宽度，并画出半波天线的方向图。

解　由半波天线的远区辐射场式(10.4.4)可得方向性函数为

$$F(\theta)=\frac{\cos\left(\frac{\pi}{2}\cos\theta\right)}{\sin\theta}$$

将上式代入式(10.6.9)，可得半波天线的方向性系数为

$$D=\frac{4\pi}{\int_0^{2\pi}\int_0^{\pi}\left[\frac{\cos\left(\frac{\pi}{2}\cos\theta\right)}{\sin\theta}\right]^2\sin\theta\,\mathrm{d}\theta\,\mathrm{d}\varphi}=\frac{2}{\int_0^{\pi}\frac{\cos^2\left(\frac{\pi}{2}\cos\theta\right)}{\sin\theta}\mathrm{d}\theta}=1.64$$

计算半波天线的主瓣时，由下式：

$$\frac{\cos\left(\frac{\pi}{2}\cos\theta_{0.5}\right)}{\sin\theta_{0.5}}=\frac{\sqrt{2}}{2}=0.707\quad(0<\theta<\pi)$$

可得半波天线的主瓣宽度为 $2\theta_{0.5}=78^\circ$。半波天线的方向性系数比电基本振子稍大。图 10.12 画出了半波天线的电场方向图和功率方向图，半波天线的主瓣宽度为78°，比电基本振子略尖锐一点。上面的结论都是在"半波天线上的电流是余弦分布"的假设下得到的，所以这些结论只是近似地成立。

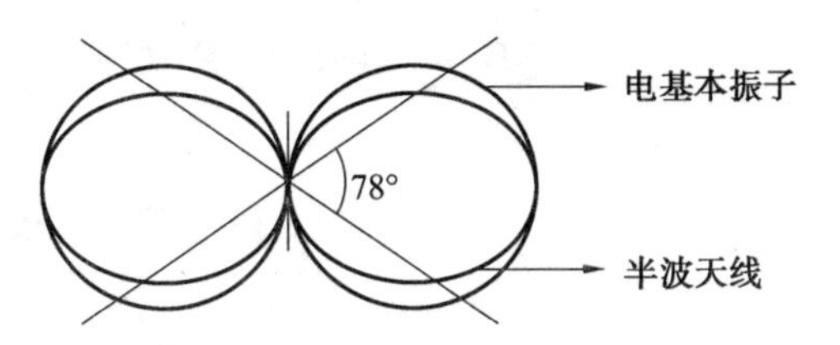

图 10.12　半波天线的方向图

例 10.9　设电基本振子的轴线沿东西方向放置，在远处有一个移动接收台放置在正南方向而接收到最大电场强度，当接收台沿以电基本振子为中心的圆周在地面移动时，电场强度逐渐减小，则当电场强度减小到最大值的 $1/\sqrt{2}$ 时，接收台的位置偏离正南方向多少度？

解　电基本振子的辐射场为$\boldsymbol{E}_\theta=\boldsymbol{a}_\theta \mathrm{j}\dfrac{Il}{2\lambda r}\eta \mathrm{e}^{-\mathrm{j}kr}\sin\theta$，其电场强度的归一化方向性函数为

$$F(\theta,\varphi)=\frac{|E_\theta|}{|E_{\max}|}=|\sin\theta|$$

当接收台放在正南方向（即 $\theta=90^\circ$）时，可得到最大的电场强度，由 $\sin\theta=1/\sqrt{2}$，可得 $\theta=45^\circ$。所以此时接收台偏离正南方向 $\pm 45^\circ$。

例 10.10　已知某天线的辐射功率为 100 W，方向性系数为 3，试求：

(1) 最大辐射方向上 $r=10$ km 处的电场强度振幅值；

(2) 如果保持辐射功率不变，要使 $r_2=20$ km 处的场强等于原来 $r_1=10$ km 处的场强，应选用方向性系数 D 为多少的天线？

解　(1) 根据方向性系数的定义 $D=\left.\dfrac{|E_{\max}|^2}{|E_0|^2}\right|_{P_\mathrm{r}相同}$，

而理想无方向性天线的辐射功率为

$$P_{\mathrm{r}0}=\frac{E_0^2}{2\eta_0}\times 4\pi r^2=\frac{E_0^2}{2\times 120\pi}\times 4\pi r^2$$

所以距离天线 r 处的场强为 $E_0^2=60\dfrac{P_{\mathrm{r}0}}{r^2}$，

当 $P_\mathrm{r}=P_{\mathrm{r}0}$ 时，有方向性天线最大辐射方向上的电场为 $E_{\max}^2=DE_0^2=60\dfrac{DP_\mathrm{r}}{r^2}$，所以 $r=10$ km 时，$E_{\max}=\dfrac{\sqrt{60\times 3\times 100}}{10\times 10^3}$ V/m $=13.42\times 10^{-3}$ V/m。

(2) 如果保持 P_r 不变，要使 $r=20$ km 处与原来 $r=10$ km 处的场强相等，则需要有

$$\frac{\sqrt{60D'P_\mathrm{r}}}{20\times 10^3}=\frac{\sqrt{60\times 3\times P_\mathrm{r}}}{10\times 10^3}=13.42\times 10^{-3}$$

由此可得 $D'=12$，即应选用方向性系数为 12 的天线。

例 10.11　已知某天线的发射功率为 5 kW，方向性系数为 36 dB，问距离天线 25 km 处功率密度为多少？

解　方向性系数的线性值为 $D=10^{\frac{36}{10}}=3.98\times10^{3}$，如果发射功率为 5 kW，则距离天线 25 km 处的功率密度为

$$S_r=D\frac{P}{4\pi r^2}=3.98\times10^{3}\ \frac{5\times10^{3}}{4\pi\times(25\times10^{3})^{2}}=2.54\times10^{-3}\,(\mathrm{W/m^2})$$

10.7　天线阵列原理

在一些工程应用中，要求天线能够把辐射能量集中于给定的方向上，利用干涉效应采用天线阵列即可达到这一目的。

最简单的平面天线阵列，是将许多半波天线布置成如图 10.13 所示 xOz 面上的 p 行 q 列的矩形平面阵列。

半波天线的轴向与 z 轴平行，每个半波天线称为阵列单元，简称为阵元。沿 z 方向看，阵元间距为 a，沿 x 方向看，阵元间距为 b。该平面天线阵列的辐射场可由每个阵元的辐射场叠加求得。调整阵元的电流振幅、相位以及阵元的相对位置，就可以得到各种形状的方向图。下面分别对二元阵列、均匀直线阵列和矩形分布的均匀平面阵列进行分析。

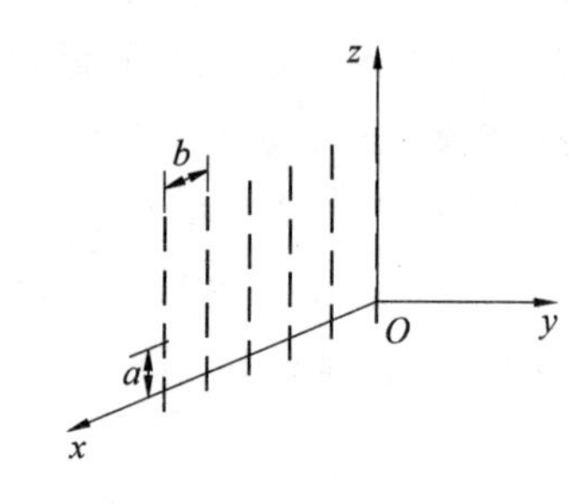

图 10.13　矩形分布的均匀平面阵列

10.7.1　二元阵列

如图 10.14 所示，两个半波天线沿 z 轴放置，间距为 a。由于 $r\gg a$ 且 $r\gg\lambda$，则 $\boldsymbol{r}_1$ 与 $\boldsymbol{r}$ 近似平行，在利用式(10.4.4)计算辐射场时，天线到 P 点的距离 $r_1\approx r$；但在计算天线到 P 点的相位差时，应采用 $r_1=r-a\cos\theta$。

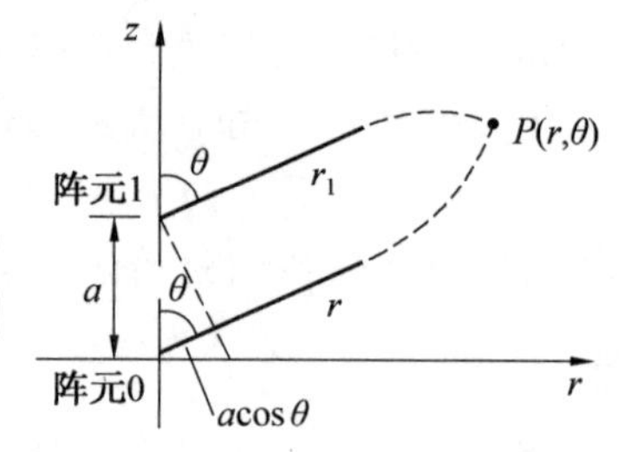

图 10.14　电基本振子阵列

设阵元 0 的电流为 I_0，阵元 1 的电流 $I_1=I_1=mI_0\mathrm{e}^{-\mathrm{j}\alpha}$，则 P 点产生的辐射场是阵元 0 和 1 各自产生的辐射场之和。即

$$\boldsymbol{E}=\boldsymbol{a}_\theta E_0+\boldsymbol{a}_\theta E_1=\boldsymbol{a}_\theta\mathrm{j}\,\frac{I_0\eta}{2\lambda r}\,\frac{\cos\left(\dfrac{\pi}{2}\cos\theta\right)}{\sin\theta}\mathrm{e}^{-\mathrm{j}kr}+$$

$$\boldsymbol{a}_\theta\mathrm{j}\,\frac{mI_0\eta}{2\lambda r}\,\frac{\cos\left(\dfrac{\pi}{2}\cos\theta\right)}{\sin\theta}\mathrm{e}^{-\mathrm{j}\alpha}\mathrm{e}^{-\mathrm{j}k(r-a\cos\theta)}$$

$$=\boldsymbol{a}_\theta\mathrm{j}\,\frac{I_0\eta}{2\lambda r}\,\frac{\cos\left(\dfrac{\pi}{2}\cos\theta\right)}{\sin\theta}(1+m\mathrm{e}^{\mathrm{j}(ka\cos\theta-\alpha)})\,\mathrm{e}^{-\mathrm{j}kr}\tag{10.7.1}$$

令

$$A=\mathrm{j}\,\frac{I_0\eta}{2\lambda r}\tag{10.7.2}$$

$$f_1(\theta,\varphi)=\frac{\cos\left(\dfrac{\pi}{2}\cos\theta\right)}{\sin\theta}\tag{10.7.3}$$

称 $f_1(\theta,\varphi)$ 是阵元的方向性函数，而

$$f_2(\theta,\varphi)=1+m\mathrm{e}^{\mathrm{j}(ka\cos\theta-\alpha)} \tag{10.7.4}$$

称为方向性函数的阵因子，它由两个阵元的电流比值、相对位置决定，于是式(10.7.1) 可以写成

$$\boldsymbol{E}=\boldsymbol{a}_\theta Af_1(\theta,\varphi)f_2(\theta,\varphi)\mathrm{e}^{-\mathrm{j}kr} \tag{10.7.5}$$

所以由两个阵元所构成的天线阵列的方向性函数，是阵元的方向性函数与阵因子的乘积。

10.7.2　均匀直线阵列

所谓均匀直线天线阵列，是指各阵元排列在一条直线上，且各阵元的取向相同、间距相等，电流大小相等，而相位按某一步进角递增。当 $m=1$ 时，图 10.14 就是一个二元均匀直线阵列。

如图 10.15 所示，有 p 个半波天线沿 z 轴放置，间距为 a，电流振幅为 I_0，相邻阵元间电流的相位差，即相位步进角为 α_z，相邻阵元到观察点 $P(r,\theta,\varphi)$ 的路程差为 $a\cos\theta$。P 点所产生的辐射场为 p 个阵元在 P 点各自产生的辐射场之和，即

$$\begin{aligned}\boldsymbol{E}&=\boldsymbol{a}_\theta(E_0+E_1+\cdots+E_{r-1})\\&=\boldsymbol{a}_\theta Af_1(\theta,\varphi)\mathrm{e}^{-\mathrm{j}kr}(1+\mathrm{e}^{\mathrm{j}\psi}+\mathrm{e}^{\mathrm{j}2\psi}+\cdots+\mathrm{e}^{\mathrm{j}(p-1)\psi})\end{aligned} \tag{10.7.6}$$

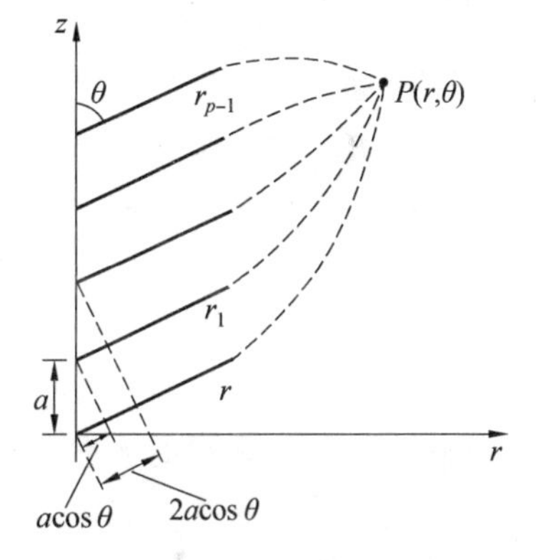

图 10.15　沿 z 方向的均匀直线天线阵列

式中
$$\psi=ka\cos\theta-\alpha_z \tag{10.7.7}$$

为相邻两阵元在 P 点所产生辐射场的相位差。利用等比级数求和，可将式(10.7.6) 改写成

$$\boldsymbol{E}=\boldsymbol{a}_\theta Af_1(\theta,\varphi)\frac{\sin\dfrac{p}{2}\psi}{\sin\dfrac{1}{2}\psi}\mathrm{e}^{-\mathrm{j}kr} \tag{10.7.8}$$

令阵因子为
$$f_2(\theta,\varphi)=\frac{\sin\dfrac{p}{2}\psi}{\sin\dfrac{1}{2}\psi} \tag{10.7.9}$$

利用阵因子，式(10.7.8) 可改写成

$$\boldsymbol{E}=\boldsymbol{a}_\theta Af_1(\theta,\varphi)f_2(\theta,\varphi)\mathrm{e}^{-\mathrm{j}kr} \tag{10.7.10}$$

如图 10.16 所示，如果有 q 个轴向沿 z 方向的半波天线，沿 x 方向排列形成均匀直线天线阵，阵元间距为 b，电流振幅为 I_0，相邻阵元间电流相位步进角为 α_x，相邻阵元到 xOy 面上 $P'\left(r,\frac{\pi}{2},\varphi\right)$ 点路程差为 $b\cos\varphi$，故对 $P'\left(r,\frac{\pi}{2},\varphi\right)$ 点，仿照式(10.7.9) 可得阵因子：

$$f_3(\theta,\varphi)=\frac{\sin\dfrac{q}{2}\phi}{\sin\dfrac{1}{2}\phi} \tag{10.7.11}$$

式中

$$\phi = kb\cos\varphi - \alpha_x \tag{10.7.12}$$

对于空间任意一点 $P(r,\theta,\varphi)$，相邻阵元到 $P(r,\theta,\varphi)$ 点的路程差为 $b\sin\theta\sin\varphi$，此时式(10.7.11) 的形式不变，但

$$\phi = kb\sin\theta\cos\varphi - \alpha_x \tag{10.7.13}$$

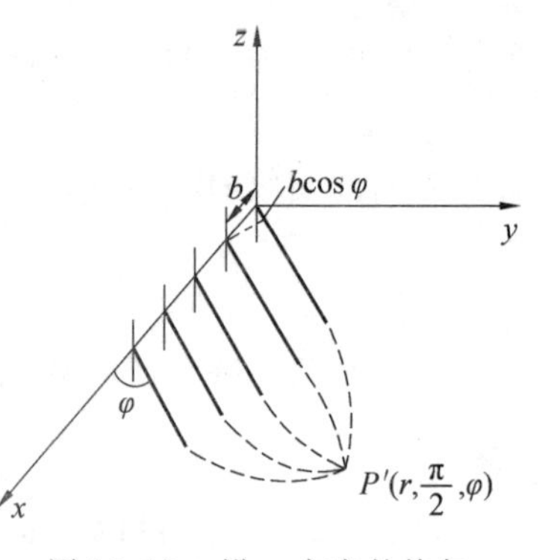

图 10.16　沿 x 方向的均匀直线天线阵列

10.7.3　矩形分布的均匀平面阵列

图 10.13 就是一个矩形分布的均匀平面阵列，可以看作是由图 10.15 所示的均匀直线阵列做列，和图 10.16 所示的均匀直线阵列做行所构成，它的方向性函数由三部分组成：阵元方向性函数 $f_1(\theta,\varphi)$、z 轴线阵的阵因子 $f_2(\theta,\varphi)$、x 轴线阵的阵因子 $f_3(\theta,\varphi)$，即均匀平面阵列的辐射场为

$$\boldsymbol{E} = \boldsymbol{a}_\theta AF(\theta,\varphi)\mathrm{e}^{-jkr} \tag{10.7.14}$$

式中

$$F(\theta,\varphi) = f_1(\theta,\varphi)f_2(\theta,\varphi)f_3(\theta,\varphi) = \frac{\cos\left(\frac{\pi}{2}\cos\theta\right)}{\sin\theta}\cdot\frac{\sin\frac{p}{2}(ka\cos\varphi - \alpha_z)}{\sin\frac{1}{2}(ka\cos\varphi - \alpha_z)}\cdot\frac{\sin\frac{q}{2}(kb\sin\theta\cos\varphi - \alpha_x)}{\sin\frac{1}{2}(kb\sin\theta\cos\varphi - \alpha_x)} \tag{10.7.15}$$

是矩形均匀平面阵列的方向性函数。对式(10.7.15) 进行分析可以看出方向性函数的特点：

(1) 当 $\alpha_x = 0, \alpha_z = 0$ 时，

$\theta = \frac{\pi}{2}$ 时，$f_1(\theta,\varphi)$ 取得最大值，即 $f_1\left(\frac{\pi}{2},\varphi\right) = 1$。$f_2(\theta,\varphi)$ 也取得最大值，即 $f_2\left(\frac{\pi}{2},\varphi\right) = p$。在 $\theta = \frac{\pi}{2}$ 附近，由于 $f_1(\theta,\varphi)$ 变化不大，故讨论方向性函数时，一般只讨论 $f_2(\theta,\varphi)$ 和 $f_3(\theta,\varphi)$。

$\theta = \frac{\pi}{2}, \varphi = \pm\frac{\pi}{2}$ 时，$f_3(\theta,\varphi)$ 取得最大值，即 $f_3\left(\frac{\pi}{2},\pm\frac{\pi}{2}\right) = q$。

可见沿平面阵列两侧的法向方向，$F(\theta,\varphi)$ 有最大值，且 $F\left(\frac{\pi}{2},\pm\frac{\pi}{2}\right) = pq$，天线阵列的最大波束指向为阵面的法向，$p$，$q$ 值越大，波瓣宽度越窄。

(2) 当 $\alpha_x \neq 0, \alpha_z \neq 0$ 时，

$\psi = ka\cos\theta - \alpha_z = 0$ 时，$f_2(\theta,\varphi)$ 取得最大值，且等于 p。

$\phi = kb\sin\theta\cos\varphi - a_x = 0$ 时，$f_3(\theta,\varphi)$ 取得最大值，且等于 q。

就是说当 $\alpha_x \neq 0, \alpha_z \neq 0$ 时，随 α_x 和 α_z 的取值不同，天线阵列最大波束指向也随着改变。如果采用电控的办法控制 α_x 和 α_z 的取值，则最大波束将在空间扫描，这就是相控阵天线的基本原理。

例 10.12　已知水平放置的半波天线的架空高度为 h，地面可看作无限大的理想导电平

面，为了使电磁波射向电离层，要求在与天线轴线相垂直的平面内30°仰角方向上形成主辐射方向，试确定其架空高度。

解　由于地面可看作无限大的理想导电平面，因此可根据镜像原理进行解答。为了考虑地面的影响，对于水平放置的半波天线，可看作为一个相位差为 π，间距为 $2h$ 的二元天线阵列。那么，在与半波天线轴线相垂直的平面内，天线阵列的方向性仅由阵因子决定。

由于半波天线水平放置，因此与天线轴线相垂直的平面内30°仰角方向上 $\theta=60^\circ$，为了在 $\theta=60^\circ$ 处形成最强的辐射，即要求阵因子达到最大值。因此必须满足 $2hk\cos 60^\circ=\pi$，由此求得距离地面的高度为 $h=\dfrac{\lambda}{2}$。

例 10.13　均匀直线天线阵列的阵元间距为 $d=\dfrac{\lambda}{2}$，如果要求它的最大辐射方向在偏离天线阵列轴线 $\pm 60^\circ$ 的方向，问阵元之间的相位差应为多少？

解　均匀直线天线阵列的阵因子为

$$f(\psi)=\frac{\sin\dfrac{N\psi}{2}}{\sin\dfrac{\psi}{2}}$$

其最大辐射条件可由 $\dfrac{\mathrm{d}f(\psi)}{\mathrm{d}\psi}=0$ 求得，所以 $\psi=0$，即 $\psi=\xi+kd\sin\theta\cos\varphi=0$，其中，$\xi$ 为阵元天线上电流的相位差。

考虑到 $\theta=90^\circ$ 的平面，当 $\phi=\pm 60^\circ$ 时，有：$\xi+kd\cos 60^\circ=0$，

所以有 $\xi=-kd\cos 60^\circ=-\dfrac{2\pi}{\lambda}\dfrac{\lambda}{2}\cos 60^\circ=-\dfrac{\pi}{2}$。

天线阵列的应用十分广泛，可将几个甚至几十个天线单元组成阵列。例如图 10.17 所示的调频广播天线就是一种由四个垂直半波天线所组成的天线阵列。

图 10.17　调频广播天线

10.8 本章小结

本章首先引入时变电磁场中的标量位和矢量位，然后对标量位和矢量位的微分方程进行了求解，接着分别讨论了电基本振子和磁基本振子的辐射问题，然后对半波天线进行了讨论，最后分别对二元阵列、均匀直线阵列和矩形分布的均匀平面阵列进行了分析。

1. 时谐场的标量位、矢量位及其微分方程，滞后位解

标量位、矢量位的微分方程

$$\nabla^2\phi+k^2\phi=-\frac{\rho}{\varepsilon}$$

$$\nabla^2\boldsymbol{A}+k^2\boldsymbol{A}=-\mu\boldsymbol{J}$$

标量位解
$$\phi=\frac{1}{4\pi\varepsilon}\int_V\frac{\rho\,\mathrm{e}^{-\mathrm{j}\omega\frac{R}{v_p}}}{R}\mathrm{d}v$$

矢量位解
$$\boldsymbol{A}=\frac{\mu}{4\pi}\int_V\frac{\boldsymbol{J}\,\mathrm{e}^{-\mathrm{j}\omega\frac{R}{v}}}{R}\mathrm{d}v$$

2. 电基本振子的辐射场

(1) 近区场

当 $kr\ll1$ 时，电场与磁场分别为

$$\boldsymbol{E}\approx\frac{I_0\Delta l}{\mathrm{j}4\pi\omega\varepsilon r^3}(\boldsymbol{a}_r2\cos\theta+\boldsymbol{a}_\theta\sin\theta)=\boldsymbol{a}_r\frac{q\Delta l}{2\pi\varepsilon r^3}\cos\theta+\boldsymbol{a}_\theta\frac{q\Delta l}{4\pi\varepsilon r^3}\sin\theta$$

$$\boldsymbol{H}\approx\boldsymbol{a}_\varphi\frac{I_0\Delta l}{4\pi r^2}\sin\theta$$

(2) 远区场

当 $kr\gg1$ 时，电场与磁场分别为

$$\boldsymbol{E}=\boldsymbol{a}_\theta\mathrm{j}\frac{I_0\Delta l}{2\lambda r}\eta\sin\theta\mathrm{e}^{-\mathrm{j}kr}$$

$$\boldsymbol{H}=\boldsymbol{a}_\varphi\mathrm{j}\frac{I_0\Delta l}{2\lambda r}\sin\theta\mathrm{e}^{-\mathrm{j}kr}$$

平均坡印廷矢量$\boldsymbol{S}_{\mathrm{av}}=\frac{1}{2}\mathrm{Re}(\boldsymbol{E}\times\boldsymbol{H}^*)=\boldsymbol{a}_r\frac{(I_0\Delta l)^2}{8\lambda^2r^2}\eta\sin^2\theta$；

自由空间中的辐射功率 $P_{\mathrm{r}}=\oint_S\boldsymbol{S}_{av}\cdot\mathrm{d}\boldsymbol{s}=40\pi^2\left(\frac{I_0\Delta l}{\lambda}\right)^2$；

自由空间中的辐射电阻 $R_{\mathrm{r}}=\frac{2P_{\mathrm{r}}}{I^2}=80\pi^2\left(\frac{\Delta l}{\lambda}\right)^2$；

电场强度的归一化方向性函数$|\sin\theta|$；

功率的归一化方向性函数$|\sin\theta^2|$；

方向性系数 $D=1.5$；

主瓣宽度为90°。

3. 磁基本振子的辐射场

远区场的电场与磁场分别为

$$\boldsymbol{E}_{\mathrm{m}}=\boldsymbol{a}_{\varphi}\frac{\omega\mu\pi a^{2}I_{0}}{2\lambda r}\sin\theta\mathrm{e}^{-\mathrm{j}kr}$$

$$\boldsymbol{H}_{\mathrm{m}}=-\boldsymbol{a}_{\theta}\frac{\omega\mu\pi a^{2}I_{0}}{2\lambda r}\frac{1}{\eta}\sin\theta\mathrm{e}^{-\mathrm{j}kr}。$$

4. 半波天线

自由空间中的辐射功率 $P_{\mathrm{r}}=36.57I_0^2$；

自由空间中的辐射电阻 $R_{\mathrm{r}}=\dfrac{2P_{\mathrm{r}}}{I^2}=73.1\ \Omega$；

方向性系数 $D=1.64$；

主瓣宽度为78°。

5. 天线阵列

阵元所构成的天线阵列的方向性函数，是阵元的方向性函数与阵因子的乘积。

习　　题

10.1　已知坐标原点上的点电荷 $q(t)=q_0\cos\omega t$，在距原点为 r 处产生的滞后位为

$$\phi(\boldsymbol{r},t)=\frac{\boldsymbol{A}}{r}\cos(\omega t-kr)$$

证明：在 $r>0$ 的区域，$\phi(\boldsymbol{r},t)$ 满足达朗贝尔方程。

10.2　长度为 0.1 m 电基本振子的电偶极矩 $\boldsymbol{p}=\boldsymbol{a}_z 10^{-9}\sin 2\pi\times10^7 t$ C·m，求此电基本振子上的电流。

10.3　与地面垂直放置的电基本振子作为辐射天线，已知 $q_0=3\times10^7 C$，$\Delta z=1$ m，$f=0.5$ MHz，求与地面成40°角、距电基本振子中心分别为 6 m 和 60 km 处的 $\boldsymbol{E}$ 和 $\boldsymbol{H}$ 表达式。

10.4　一个电子以恒定角频率 ω 沿半径为 a 做圆周运动时，求产生辐射的电磁场表达式和辐射功率。

10.5　已知电基本振子 $\Delta l=10$ m，$I_0=35$ A，$f=10^6$ Hz，求其辐射功率和辐射电阻。

10.6　若振荡频率分别为 50 Hz 和 50 MHz，则在距电基本振子一个波长远处，辐射场与感应场振幅之比为多少？

10.7　一个天线位于原点，周围媒质为空气，已知远区场 $E_\theta=\dfrac{100\sin\theta}{r}\mathrm{e}^{\mathrm{j}2\pi r/\lambda}$ V/m，求辐射功率 P_{r}。

10.8　载流圆环的圆周长为 $\lambda/100$，如果辐射功率为 100 W，计算所需的电流。

10.9　两个半径相同的磁基本振子互相垂直，试证明若其中一个磁基本振子比另一个落后 $\pi/2$ 相位，则在垂直于它们的公共直径的平面内，辐射方向图（振幅对 θ 的函数关系）是一个圆；并说明合成场的性质。

10.10　一个半波天线辐射 1 kW 的功率，如果 $\lambda\ll1$ km，计算它在赤道面上 1 km 远处的电场强度。

10.11　已知天线远区场中的矢量磁位为

$$\boldsymbol{A}=\boldsymbol{a}_z\frac{\mu I}{2\pi kr}\frac{\cos\left(\dfrac{\pi}{2}\cos\theta\right)}{\sin^2\theta}\mathrm{e}^{-\mathrm{j}kr}$$

试求该天线的远区场强、方向性函数和方向性系数。

10.12　由于某种应用上的要求，在自由空间中离天线1 km的点处需保持1 V/m的电场强度，若天线是以下几类：

(1) 理想无方向性天线；

(2) 电基本振子天线；

(3) 对称半波天线；

若不计损耗，则需分别馈给三种天线多大的功率？

10.13　如图10.18所示为一个天线阵列，它由多个方向相同、等间隔排列在一条直线上的相同电基本振子所组成。应用场强的合成、电磁波传播距离和相位之间的关系，定性分析当各电基本振子相位发生变化时方向图的变化情况。如果希望z轴方向为最大辐射方向，那么各电基本振子的相位应如何调整？

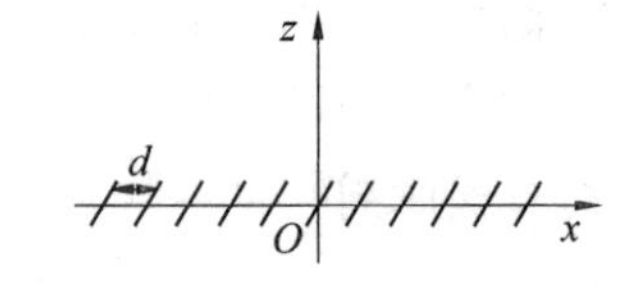

图10.18　电基本振子阵列

附　　录

附录Ⅰ　矢量分析公式

1. 梯度、散度、旋度和拉普拉斯公式

(1) 直角坐标系

$$\boldsymbol{A}=\boldsymbol{a}_x A_x+\boldsymbol{a}_y A_y+\boldsymbol{a}_z A_z$$

$$\nabla u=\boldsymbol{a}_x \frac{\partial u}{\partial x}+\boldsymbol{a}_y \frac{\partial u}{\partial y}+\boldsymbol{a}_z \frac{\partial u}{\partial z}$$

$$\nabla\cdot \boldsymbol{A}=\frac{\partial A_x}{\partial x}+\frac{\partial A_y}{\partial y}+\frac{\partial A_z}{\partial z}$$

$$\nabla\times \boldsymbol{A}=\begin{vmatrix} \boldsymbol{a}_x & \boldsymbol{a}_y & \boldsymbol{a}_z \\ \dfrac{\partial}{\partial x} & \dfrac{\partial}{\partial y} & \dfrac{\partial}{\partial z} \\ A_x & A_y & A_z \end{vmatrix}$$

$$\nabla^2 u=\frac{\partial^2 u}{\partial x^2}+\frac{\partial^2 u}{\partial y^2}+\frac{\partial^2 u}{\partial z^2}$$

(2) 圆柱坐标系

$$\boldsymbol{A}=\boldsymbol{a}_\rho A_\rho+\boldsymbol{a}_\varphi A_\varphi+\boldsymbol{a}_z A_z$$

$$\nabla u=\boldsymbol{a}_\rho \frac{\partial u}{\partial \rho}+\boldsymbol{a}_\varphi \frac{1}{\rho}\frac{\partial u}{\partial \varphi}+\boldsymbol{a}_z \frac{\partial u}{\partial z}$$

$$\nabla\cdot \boldsymbol{A}=\frac{1}{\rho}\frac{\partial}{\partial \rho}(\rho A_\rho)+\frac{1}{\rho}\frac{\partial A_\varphi}{\partial \varphi}+\frac{\partial A_z}{\partial z}$$

$$\nabla\times \boldsymbol{A}=\frac{1}{\rho}\begin{vmatrix} \boldsymbol{a}_\rho & \rho\boldsymbol{a}_\varphi & \boldsymbol{a}_z \\ \dfrac{\partial}{\partial \rho} & \dfrac{\partial}{\partial \varphi} & \dfrac{\partial}{\partial z} \\ A_\rho & \rho A_\varphi & A_z \end{vmatrix}$$

$$\nabla^2 u=\frac{1}{\rho}\frac{\partial}{\partial \rho}\left(\rho\frac{\partial u}{\partial \rho}\right)+\frac{1}{\rho^2}\frac{\partial^2 u}{\partial \varphi^2}+\frac{\partial^2 u}{\partial z^2}$$

(3) 球坐标系

$$\boldsymbol{A}=\boldsymbol{a}_r A_r+\boldsymbol{a}_\theta A_\theta+\boldsymbol{a}_\varphi A_\varphi$$

$$\nabla u=\boldsymbol{a}_r \frac{\partial u}{\partial r}+\boldsymbol{a}_\theta \frac{1}{r}\frac{\partial u}{\partial \theta}+\boldsymbol{a}_\varphi \frac{1}{r\sin\theta}\frac{\partial u}{\partial \varphi}$$

$$\nabla\cdot \boldsymbol{A}=\frac{1}{r^2}\frac{\partial}{\partial r}(r^2 A_r)+\frac{1}{r\sin\theta}\frac{\partial}{\partial \theta}(\sin\theta A_\theta)+\frac{1}{r\sin\theta}\frac{\partial A\varphi}{\partial \varphi}$$

$$\nabla\times\boldsymbol{A}=\frac{1}{r^2\sin\theta}\begin{vmatrix}\boldsymbol{a}_r & r\boldsymbol{a}_\theta & r\sin\theta\boldsymbol{a}_\varphi\\ \dfrac{\partial}{\partial r} & \dfrac{\partial}{\partial\theta} & \dfrac{\partial}{\partial\varphi}\\ A_r & rA_\theta & r\sin\theta A_\varphi\end{vmatrix}$$

$$\nabla^2 u=\frac{1}{r^2}\frac{\partial}{\partial r}\left(r^2\frac{\partial u}{\partial r}\right)+\frac{1}{r^2\sin\theta}\frac{\partial}{\partial\theta}\left(\sin\theta\frac{\partial u}{\partial\theta}\right)+\frac{1}{r^2\sin^2\theta}\frac{\partial u^2}{\partial\varphi^2}$$

2. 积分公式

$$\int_V \nabla\cdot\boldsymbol{A}\mathrm{d}v=\oint_S\boldsymbol{A}\cdot\mathrm{d}\boldsymbol{s}\quad\text{(高斯散度公式)}$$

$$\int_S(\nabla\times\boldsymbol{A})\cdot\mathrm{d}\boldsymbol{s}=\oint_C\boldsymbol{A}\cdot\mathrm{d}\boldsymbol{l}\quad\text{(斯托克斯公式)}$$

$$\int_V \nabla\times\boldsymbol{A}\mathrm{d}v=\oint_S\boldsymbol{n}\times\boldsymbol{A}\mathrm{d}s$$

$$\int_V \nabla u\,\mathrm{d}v=\oint_S u\,\mathrm{d}\boldsymbol{s}$$

$$\int_S(\boldsymbol{n}\times\nabla u)\cdot\mathrm{d}\boldsymbol{s}=\oint_C\boldsymbol{u}\cdot\mathrm{d}\boldsymbol{l}$$

3. 重要的矢量恒等式

$$\boldsymbol{A}\cdot(\boldsymbol{B}\times\boldsymbol{C})=\boldsymbol{B}\cdot(\boldsymbol{C}\times\boldsymbol{A})=\boldsymbol{C}\cdot(\boldsymbol{A}\times\boldsymbol{B})$$

$$\boldsymbol{A}\times(\boldsymbol{B}\times\boldsymbol{C})=(\boldsymbol{A}\cdot\boldsymbol{C})\boldsymbol{B}-(\boldsymbol{A}\cdot\boldsymbol{B})\boldsymbol{C}$$

$$\nabla(u+v)=\nabla u+\nabla v$$

$$\nabla\cdot(\boldsymbol{A}+\boldsymbol{B})=\nabla\cdot\boldsymbol{A}+\nabla\cdot\boldsymbol{B}$$

$$\nabla\times(\boldsymbol{A}+\boldsymbol{B})=\nabla\times\boldsymbol{A}+\nabla\times\boldsymbol{B}$$

$$\nabla(uv)=u\,\nabla v+v\,\nabla u$$

$$\nabla\cdot(u\boldsymbol{A})=u\,\nabla\cdot\boldsymbol{A}+\boldsymbol{A}\cdot\nabla u$$

$$\nabla\times(u\boldsymbol{A})=\nabla u\times\boldsymbol{A}+u\,\nabla\times\boldsymbol{A}$$

$$\nabla(\boldsymbol{A}\cdot\boldsymbol{B})=(\boldsymbol{A}\cdot\nabla)\boldsymbol{B}+(\boldsymbol{B}\cdot\nabla)\boldsymbol{A}+\boldsymbol{A}\times(\nabla\times\boldsymbol{B})+\boldsymbol{B}\times(\nabla\times\boldsymbol{A})$$

$$\nabla\cdot(\boldsymbol{A}\times\boldsymbol{B})=\boldsymbol{B}\cdot\nabla\times\boldsymbol{A}-\boldsymbol{A}\cdot\nabla\times\boldsymbol{B}$$

$$\nabla\times(\boldsymbol{A}\times\boldsymbol{B})=(\boldsymbol{B}\cdot\nabla)\boldsymbol{A}-(\boldsymbol{A}\cdot\nabla)\boldsymbol{B}+\boldsymbol{A}(\nabla\cdot\boldsymbol{B})-\boldsymbol{B}(\nabla\cdot\boldsymbol{A})$$

$$\nabla\cdot\nabla u=\nabla^2 u$$

$$\nabla\times\nabla u=0$$

$$\nabla\cdot(\nabla\times A)=0$$

$$\nabla\times\nabla\times\boldsymbol{A}=\nabla(\nabla\cdot\boldsymbol{A})-\nabla^2\boldsymbol{A}$$

$$\nabla R=\frac{\boldsymbol{R}}{R}$$

$$\nabla\cdot\boldsymbol{R}=3$$

$$\nabla\times\boldsymbol{R}=\boldsymbol{0}$$

$$\nabla^2 \frac{1}{R} = -4\pi\sigma(r - r')$$

$$\nabla \frac{1}{R} = -\frac{\boldsymbol{R}}{R^3}$$

$$\nabla' \frac{1}{R} = \frac{\boldsymbol{R}}{R^3} = -\nabla \frac{1}{R}$$

其中

$$R = [(x - x')^2 + (y - y')^2 + (z - z')^2]^{\frac{1}{2}}$$

附录Ⅱ 单位

物理量	符号	国际制单位		
		名称	代号	
			中文	国际
长度	L	米	米	M
质量	m	千克	千克	kg
时间	t	秒	秒	s
电流	I	安培	安	A
力	F	牛顿	牛	N
功能	W	焦耳	焦	J
能量密度	ω	焦耳每立方米	焦/米^3	J/m^3
功率	P	瓦特	瓦	W
电荷	q	库仑	库	C
电荷体密度	ρ	库仑每立方米	库/米^3	C/m^3
电荷面密度	ρ_s	库仑每平方米	库/米^2	C/m^2
电荷线密度	ρ_l	库仑每米	库/米	C/m
电位	ϕ	伏特	伏	V
电场强度	E	伏特每米	伏/米	V/m
电感应强度	D	库仑每平方米	库/米^2	C/m^2
电偶极矩	p	库仑米	库·米	C·m
电导率	σ	西门子每米	西/米	S/m
电阻	R	欧姆	欧	Ω
电容	C	法拉	法	F
电流面密度	J	安培每平方米	安/米^2	A/m^2
电流线密度	J_s	安培每米	安/米	A/m
磁通量	Φ	韦伯	韦	Wb
磁感应强度	B	特斯拉	特	T
磁场强度	H	安培每米	安/米^2	A/m
磁化强度	M	安培每米	安/米	A/m
极化强度	P	库仑每平方米	库/米^2	C/m^2
电感	L	亨利	亨利	H
介电常数	ε	法拉每米	法/米	F/m
磁导率	μ	亨利每米	亨/米	H/m
磁偶极矩	p_m	安培平方米	安·米^2	A·m^2
矢量位	A	韦伯每米	韦/米	Wb/m
电通量		库仑	库	C
平面角		弧度	弧度	rad
立体角	Ω	球平面	球面度	Sr
衰减常数	α	奈培每米	奈培/米	Np/m
相移常数	β	弧度每米	弧度/米	rad/m

参 考 文 献

[1] 王玉仑，郭文彦.电磁场与电磁波[M].哈尔滨:哈尔滨工业大学出版社,1985.
[2] 邱景辉,李在清,王宏,等. 电磁场与电磁波[M].3 版.哈尔滨:哈尔滨工业大学出版社,2008.
[3] 赵凯华,陈熙谋.电磁学[M].北京:高等教育出版社,1992.
[4] 德显.电磁场理论[M].北京:电子工业出版社,1985.
[5] 罗惠萍,马冰然.电磁场与微波技术[M].广州:华南理工大学出版社,1997.
[6] 谢处方,饶克谨.电磁场与电磁波[M].北京:高等教育出版社,2011.
[7] 陈抗生.电磁场与电磁波[M].北京:高等教育出版社,2003.
[8] 刘圣民.电磁场的数值方法[M].广州:华南理工大学出版社,1991.
[9] 倪光正,杨仕友,钱秀英,等.工程电磁场数值计算[M]. 北京:机械工业出版社,2004.
[10] 吕英华.计算电磁学的数值方法[M].北京:清华大学出版社,2006.
[11] 贾起民,郑永令,陈暨耀.电磁学[M].北京:高等教育出版社,2011.
[12] MAGID L M.电磁场、电磁能和电磁波[M].何国瑜,等译.北京:人民教育出版社,1982.
[13] GURU B S,HIZIROGLU H R. Electromagnetic field theory fundamentals[M]. Cambridge:Cambridge University Press,2005.
[14] BALANIS C A. Advanced engineering electromagnetics[M]. New Jersey:John Wiley & Sons,Inc. ,2012.
[15] HAYT W H,BUCK J J A. Engineering electromagnetics[M]. 8th ed. New York: McGraw Hill Company,2011.
[16] CHENG D K. Fundamentals of engineering electromagnetics[M]. Massachusetts: Addison-Wesley,1992.
[17] STRATTON J A. Electromagnetic theory[M]. New Jersey:John Wiley and Sons Inc. ,2007.
[18] NOTAROS B M. Electromagnetics[M]. London:Pearson,2011.